工业和信息化设计人才实训指南

CorelDRAW基础与实战教程

张春凤 刘新 曹培强 编著

電子工業出版社
Publishing House of Electronics Industry
北京 • BEIJING

读者服务

读者在阅读本书的过程中如果遇到问题，可以关注“有艺”公众号，通过公众号中的“读者反馈”功能与我们取得联系。此外，通过关注“有艺”公众号，您还可以获取艺术教程、艺术素材、新书资讯、书单推荐、优惠活动等相关信息。

扫一扫关注“有艺”

资源下载方法：关注“有艺”公众号，在“有艺学堂”的“资源下载”中获取下载链接。如果遇到无法下载的情况，可以通过以下三种方式与我们取得联系。

1.关注“有艺”公众号，通过“读者反馈”功能提交相关信息。

2.请发邮件至art@phei.com.cn，邮件标题命名方式：资源下载+书名。

3.读者服务热线：（010）88254161~88254167转1897。

扫一扫看视频

投稿、团购合作：请发邮件至art@phei.com.cn。

图书在版编目（CIP）数据

CorelDRAW基础与实战教程 / 张春凤, 刘新, 曹培强编著. -- 北京 : 电子工业出版社, 2023.4

（工业和信息化设计人才实训指南）

ISBN 978-7-121-45350-2

Ⅰ. ①C… Ⅱ. ①张… ②刘… ③曹… Ⅲ. ①图形软件－教材 Ⅳ. ①TP391.412

中国国家版本馆CIP数据核字(2023)第059984号

责任编辑：田　蕾　　特约编辑：刘红涛

印　　刷：中国电影出版社印刷厂

装　　订：中国电影出版社印刷厂

出版发行：电子工业出版社

北京市海淀区万寿路173信箱　　邮编：100036

开　　本：787×1092　1/16　印张：18.5　字数：592千字

版　　次：2023 年 4 月第 1 版

印　　次：2023 年 4 月第 1 次印刷

定　　价：79.00 元

凡所购买电子工业出版社图书有缺损问题，请向购买书店调换。若书店售缺，请与本社发行部联系，联系及邮购电话：（010）88254888，88258888。

质量投诉请发邮件至 zlts@phei.com.cn，盗版侵权举报请发邮件至 dbqq@phei.com.cn。

本书咨询联系方式：（010）88254161 ～ 88254167 转 1897。

Preface

前言

如今在平面设计圈已经很难找到只用纸和笔就能进行创作的人了，设计师需要借助计算机中的平面设计软件来提高和增强自己作品的竞争力。在所有的矢量图形软件中，CorelDRAW 是众所周知的佼佼者。

随着社会的进步，软件的更新速度也加快了脚步。本着对读者负责的态度，我们反复考察用户的需求，特意为想要学习 CorelDRAW 软件的人群推出了本书，让读者根据本书的理论、课堂案例、课堂练习等方面的知识快速进行学习，从而进入 CorelDRAW 的奇妙世界。

本书采用实践与理论相结合的形式进行编写，兼具实战技巧和应用理论参考手册的特点，从基础出发，循序渐进地对软件知识进行系统的讲解。

本书配套资源包含全书所有案例的源文件、素材文件和教学视频，详细讲解相关案例的制作过程和方法；提供了每章课后习题答案和练习素材，以便读者检验学习效果；还提供了教学配套的 PPT 课件，方便老师课堂教学使用。读者可以通过学习本书的内容来解决学习中的难题，提高技术水平，快速成为 CorelDRAW 高手中的一员。

本书特点

本书内容由浅入深，力争涵盖 CorelDRAW 中全部的知识点。运用大量的实例，贯穿整个讲解过程。

- 以理论为基础，辅以课堂案例、课堂练习和综合案例，注重技巧的归纳和总结，对重要的知识进行了单独的讲解和说明，使读者更容易理解和掌握，从而方便知识点的记忆，进而能够举一反三。
- 内容全面，几乎涵盖了 CorelDRAW 中的所有知识点。本书由具有丰富教学经验的设计师编写，从学习 CorelDRAW 一般流程入手，按照循序渐进的方式将知识点进行分割，逐步引导读者学习软件和设计的各种技能。
- 语言通俗易懂，讲解清晰，标注明了，前后呼应，以最易读懂的语言来讲解每一项功能和每一个实例，让读者学习变得更加轻松。

- 在实例中结合理论知识，技巧全面实用，技术含量高，与实践应用紧密结合。
- 本书配有全书所有案例的多媒体视频教程、源文件、素材文件和教学 PPT 课件等。

本书章节安排

本书分 12 章，对 CorelDRAW 进行了全面、系统的讲解（本书以 CorelDRAW 2018 版本界面操作截图），内容包括 CorelDRAW 精彩体验，直线与曲线的绘制，几何图形的绘制，对象的基本操作、编辑与管理，图形编辑，艺术笔的使用，度量连接与标注，填充与轮廓，创建交互式特殊效果，文本的编辑与表格，位图的操作与编辑，以及综合案例。

本书的作者有着多年的丰富教学经验与实际工作经验，在编写本书时希望能够将自己实际授课和作品设计制作过程中积累下来的宝贵经验与技巧展现给读者。希望读者能够在体会 CorelDRAW 软件强大功能的同时，把设计思想和创意通过软件反映到平面设计制作的视觉效果上来。

本书读者对象

本书主要面向初、中级读者。对每个软件的讲解都从必备的基础操作开始，以前没有接触过 CorelDRAW 的读者无须参照其他图书也可轻松入门，接触过 CorelDRAW 的读者同样可以从中快速了解 CorelDRAW 的各种功能和知识点，自如地踏上新的台阶。

本书主要编著者有张春凤、刘新、曹培强，参与编写的人员还有张志凌、王永彬、林丽、李亚非、陈志成、马红蕾、沈明胜、王洪亮、马丰威、王慧莉、刘羽、费菲、邹国庆、王毅、李懿轩、陈海燕、尚明娟、崔哲军、刘晶、张颖辉、徐南南、杨秋环、徐可欣、张白鸽、岳春智、高颖、张伟。由于作者知识水平有限，书中难免有错误和疏漏之处，恳请广大读者批评、指正。

增值服务介绍

本书增值服务丰富，包括图书相关的训练营、素材文件、源文件、视频教程；设计行业相关的资讯、开眼、社群和免费素材，助力大家自学与提高。

在每日设计APP中搜索关键词"D45350"，进入图书详情页面获取；设计行业相关资源在APP主页即可获取。

训练营

书中课后习题线上练习，提交作品后，有专业老师指导。

赠送配套讲义、素材、源文件和课后习题答案，辅助学习。

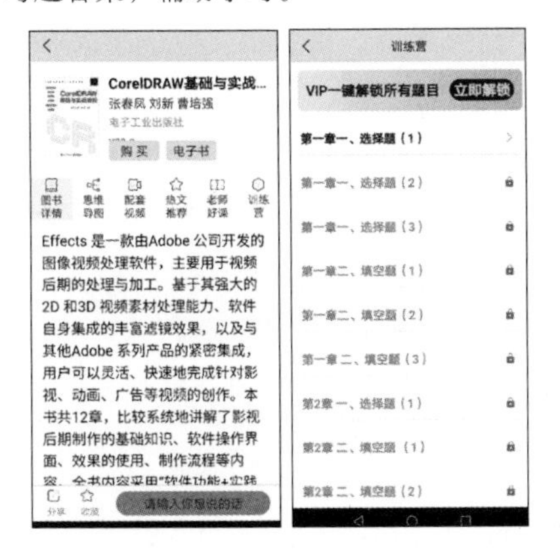

视频教程

配套视频讲解知识点，由浅入深，让你学以致用。

设计资讯

搜集设计圈内最新动态、全球尖端优秀创意案例和设计干货，了解圈内最新资讯。

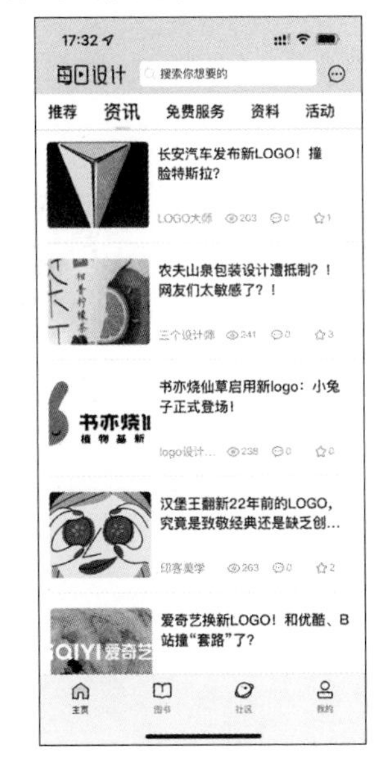

设计开眼

汇聚全球优质创作者的作品，带你遍览全球，看更好的世界，挖掘更多灵感。

设计社群

八大设计学习交流群，专业老师在线答疑，帮助你成为更好的自己。

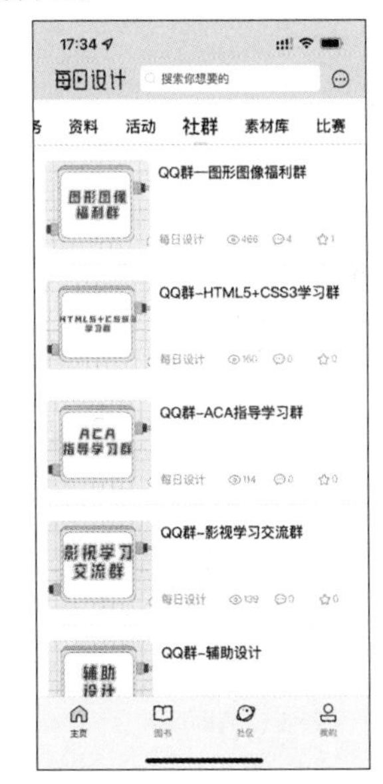

免费素材

涵盖Photoshop、Illustrator、Auto CAD、Cinema 4D、Premiere、PowerPoint等相关软件的设计素材、免费教程，满足你全方位学习需求。

目录 Contents

第01章 CorelDRAW精彩体验

第02章 直线与曲线的绘制

第03章 几何图形的绘制

第04章 对象的基本操作、编辑与管理

第05章 图形编辑

第06章 艺术笔的使用

第07章 度量连接与标注

第08章 填充与轮廓

第09章 创建交互式特殊效果

第10章 文本的编辑与表格

第11章 位图的操作与编辑

第12章 综合案例

第01章 CorelDRAW精彩体验

本章主要介绍 CorelDRAW 的工作环境及图形对象基本知识，主要包括图像知识、操作界面、辅助功能等内容。

CORELDRAW

学习要点

- 初识 CorelDRAW
- 学习 CorelDRAW 应该了解的图像知识
- CorelDRAW 能做什么
- CorelDRAW 欢迎界面
- CorelDRAW 操作界面
- CorelDRAW 的基本操作
- CorelDRAW 视图调整
- CorelDRAW 的辅助功能

技能目标

- CorelDRAW 新建与打开文档的方法
- CorelDRAW 导入素材与导出图像的方法
- CorelDRAW 保存文档的方法
- CorelDRAW 撤销与重做的方法
- CorelDRAW 设置标尺的方法
- CorelDRAW 设置辅助线的方法
- CorelDRAW 设置页面背景的方法

初识CorelDRAW

CorelDRAW 是一款由 Corel 公司推出的实用型矢量图形工具，功能强大，能够帮助用户轻松进行专业矢量插图绘制、页面布局、图片编辑和设计等操作。软件操作简便，可以支持全新的 LiveSketch 矢量图绘制体验，让用户能够享受强大的触控笔触和触摸功能。

使用 CorelDRAW 可以轻而易举地进行广告设计、产品包装造型设计、封面设计、网页设计和印刷排版等工作，还可以把制作好的矢量图转换为不同的格式，如 TIF、JPG、PSD、EPS、BMP 等进行保存。

1.2 学习CorelDRAW的图像知识

在当今设计领域主要把图像分为位图和矢量图两种，两种图像类型各有优点和用途，在创作时会起到相互补充的作用。本节主要介绍矢量图和位图的基本概念及色彩模式。

1.2.1 矢量图

矢量图是使用数学方式描述的曲线，以及由曲线围成的色块组成的面向对象的绘图图像。矢量图中的图形元素叫作对象，每个对象是独立的，具有各自的属性，如颜色、形状、轮廓、大小、位置等。由于矢量图与分辨率无关，所以无论如何改变图形的大小，都不会影响图形的清晰度和平滑度。图 1-1 所示的图像分别为原图放大 3 倍和放大 24 倍后的效果。

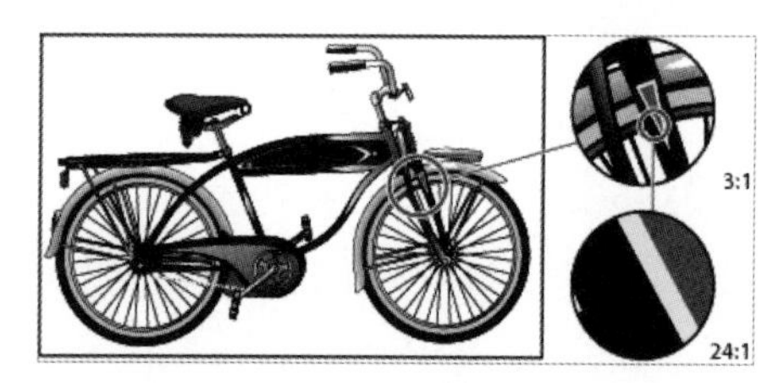

图 1-1 矢量图放大

注意

对矢量图进行任意缩放都不会影响分辨率，矢量图的缺点是不能表现色彩丰富的自然景观和色调丰富的图像。

1.2.2 位图

位图也叫作点阵图，是由很多不同色彩的像素组成的。与矢量图相比，位图可以更逼真地表现自然界的景物。

此外，位图与分辨率有关，当放大位图时，位图中的像素增加，图像的线条将会显得参差不齐，这是像素被重新分配到网格中的缘故。此时可以看到构成位图图像的无数个单色块，因此放大位图或在比图像本身的分辨率低的输出设备上显示位图时，则将丢失其中的细节，并会呈现锯齿。图 1-2 所示的图像为原图和放大 4 倍后的效果。

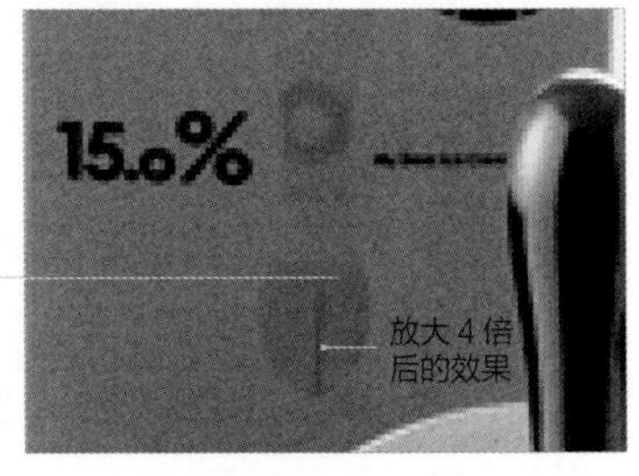

图 1-2 位图放大

1.2.3 色彩模式

在 CorelDRAW 中有多种色彩模式，不同的色彩模式对颜色有着不同的要求。下面介绍 CorelDRAW 中的几种色彩模式。

1. RGB 色彩模式

RGB 是一种以三原色（R 为红色，G 为绿色，B 为蓝色）为基础的加光混色系统，RGB 色彩模式也称为光源色彩模式，原因是 RGB 能够产生和太阳光一样的颜色，在 CorelDRAW 中 RGB 颜色使用得比较广，一般来说 RGB 颜色只用在屏幕上，不用在印刷上。

计算机显示器用的就是 RGB 色彩模式。在 RGB 色彩模式中，每一个像素由 25 位的数据表示，其中 R、G、B 3 种原色各用了 8 位。因此这 3 种颜色各具有 256 个亮度级，能表示出 256 种不同浓度的色调，用 0 ~ 255 之间的整数来表示。所以 3 种颜色叠加就能生成 1677 万种色彩，足以表现出我们身边五彩缤纷的世界。

2. CMYK 色彩模式

CMYK 色彩模式是一种印刷模式，与 RGB 色彩模式不同的是，RGB 是加色法，CMYK 是减色法。CMYK 的含义：C 为青色，M 为洋红，Y 为黄色，K 为黑色。这 4 种颜色都是以百分比的形式进行描述的，每一种颜色所占的百分比可以从 0% 到 100%，百分比越高，它的颜色就越暗。

CMYK 色彩模式是大多数打印机用于打印全色或四色文档的一种方法，CorelDRAW 和其他应用程序把四色分解成模板，每个模板对应一种颜色。然后打印机按比率一层叠一层地打印全部色彩，最终得到用户想要的色彩。

通常 CMYK 色彩模式用于印刷机、色彩打印校正机、热升华打印机、全色海报打印机或专门打印机的文档。在 CorelDRAW 中所用的调色板色彩就是用 CMYK 值来定义的。

3. HSB 色彩模式

从物理学来讲，一般颜色需要具有色度、饱和度和亮度 3 个要素。色度（Hue）表示颜色的面貌特质，是区别种类的必要名称，如绿色、红色、黄色等；饱和度（Saturation）表示颜色纯度的高低，表明一种颜色含有白色或黑色成分的多少；亮度（Brightness）表示颜色的明暗强度关系。HSB 色彩模式便是基于此种物理关系所定制的色彩标准。

在 HSB 色彩模式中，如果饱和度为 0，那么所表现出的颜色将是灰色；如果亮度为 0，那么所表现出的颜色是黑色。

4. HLS 色彩模式

HLS 色彩模式是 HSB 色彩模式的扩展，它是由色度（Hue）、光度（Lightness）和饱和度（Saturation）3 个要素组成的。色度决定颜色的面貌特质；光度决定颜色光线的强弱度；饱和度表示颜色纯度的高低。在 HLS 色彩模式中，色度可设置的色彩数值范围为 0 ~ 360；光度可设置的强度数值范围为 0 ~ 100；饱和度可设置的数值范围为 0 ~ 100。如果光度数值为 100，那么所表现出的颜色是白色；如果光度数值为 0，那么所表现出的颜色是黑色。

5. Lab 色彩模式

Lab 色彩模式常被用于图像或图形不同色彩模式之间的转换，通过它可以将各种色彩模式在不同系统或平台之间进行转换，因为该色彩模式是独立于设备的色彩模式。L（Lightness）代表光亮度强弱，它的数值范围为 0 ~ 100；a 代表从绿色到红色的光谱变化，数值范围为 -128 ~ 127；b 代表从蓝色到黄色的光谱变化，数值范围为 -128 ~ 127。

6. 灰度模式

灰度（Grayscale）模式一般只用于灰度和黑白色。在灰度模式中只存在灰度。也就是说，在灰度模式中只有亮度是唯一能够影响灰度图像的因素。在灰度模式中，每一个像素用 8 位的数据表示，因此只有 256 个亮度级，能表示出 256 种不同浓度的色调。当灰度值为 0 时，生成的颜色是黑色；当灰度值为 255 时，生成的颜色是白色。

1.3 CorelDRAW能做什么

CorelDRAW 是一个功能强大的绘图软件，利用它具体能做什么呢？CorelDRAW 可以用来进行标志设计、矢量绘制、版面设计、文字处理、图像编辑、网页设计、高质量输出等工作。

1. 标志设计

标志设计是当今设计师需要了解的一项不可不知的设计内容，标志设计也被称为 LOGO 设计，是整个 VI 视觉识别系统中的灵魂。标志设计在平面设计中是十分重要的一项内容，使用 CorelDRAW 软件可以非常轻松地进行矢量标志设计及位图图像区域的编辑，如图 1-3 所示。

图 1-3 标志设计

2. 矢量绘制

CorelDRAW 最主要的功能就是绘制矢量图。作为一款专业的矢量图绘制软件，CorelDRAW 拥有强大的绘图功能，用户可以通过绘图工具来绘制图形，并对其进行编辑、排列等，最终得到一幅精美的作品，如图 1-4 所示。

图 1-4 矢量绘制

3. 版面设计

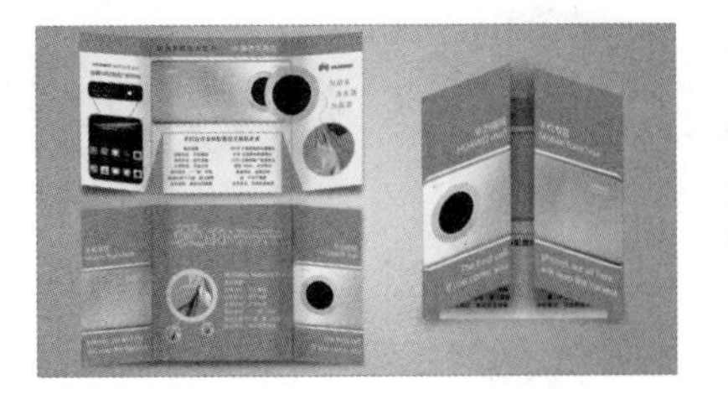

图 1-5 版面设计

CorelDRAW 可以用于设计各类版面，包括平面广告、新闻插图、标识设计、海报招贴等作品的设计与制作。在对排版和设计的感觉指导下，可以使用辅助线，预设样式和重新组织文字、图像，以达到最佳效果，如图 1-5 所示。

4. 文字处理

CorelDRAW 虽然是一个处理矢量图形的软件，但其处理文字的功能也很强大，可以制作出非常漂亮的文字艺术效果。在 CorelDRAW 中有两种输入文字的方法：一种是输入美术文本；另一种是输入段落文本。所以 CorelDRAW 不但能对单个文字进行处理，还能对整段文字进行处理，如图 1-6 所示。

图 1-6 文字处理

5. 图像编辑

利用 CorelDRAW 除了可以处理矢量图，还可以处理位图。它不但可以直接处理位图，还可以把矢量图转换为位图，也可以把位图转换为矢量图。另外，运用 CorelDRAW 中的滤镜选项，可以把位图处理成各种特殊效果，如图 1-7 所示。

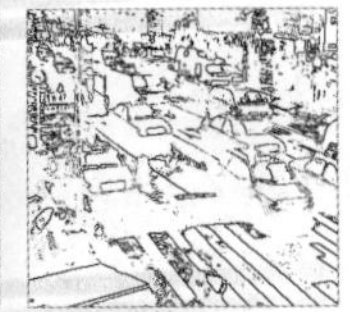

图 1-7 图像编辑

6. 网页设计

如今网页设计效果图可利用位图软件或矢量软件设计制作，位图软件当仁不让就是 Photoshop，矢量软件有 Illustrator、CorelDRAW 等。CorelDRAW 在网页设计中发挥着非常重要的作用，如图 1-8 所示。

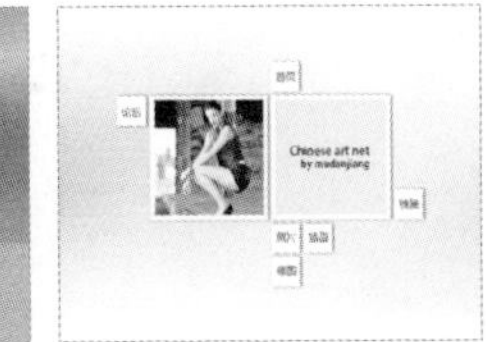

图 1-8 网页设计

7. 高质量输出

要想将一个奇妙的创意设想变成一幅精美的作品供人欣赏，就要将它打印输出，在 CorelDRAW 中输出图像文件可以使用多种方式。可以将其转换为其他应用程序支持的图像文件类型，也可以将其发布到因特网上，使更多人通过网络欣赏该作品，还可以将作品打印到指定的介质上，如纸张、不干胶、透明胶片等。

CorelDRAW欢迎界面

在“CorelDRAW 2018 – 欢迎界面”窗口中提供了 8 个选项卡，每个选项卡有着不同的功能。图 1-9 所示的图像为，在选项卡中显示“立即开始”“工作区”的子内容。

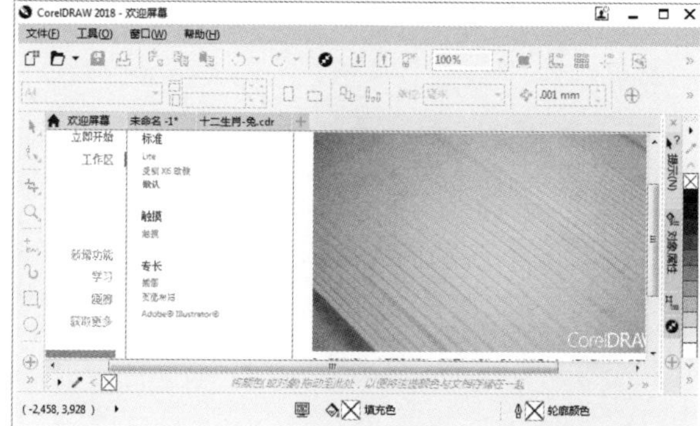

图 1-9 欢迎界面

CorelDRAW操作界面

CorelDRAW 2018 的操作界面如图 1-10 所示。

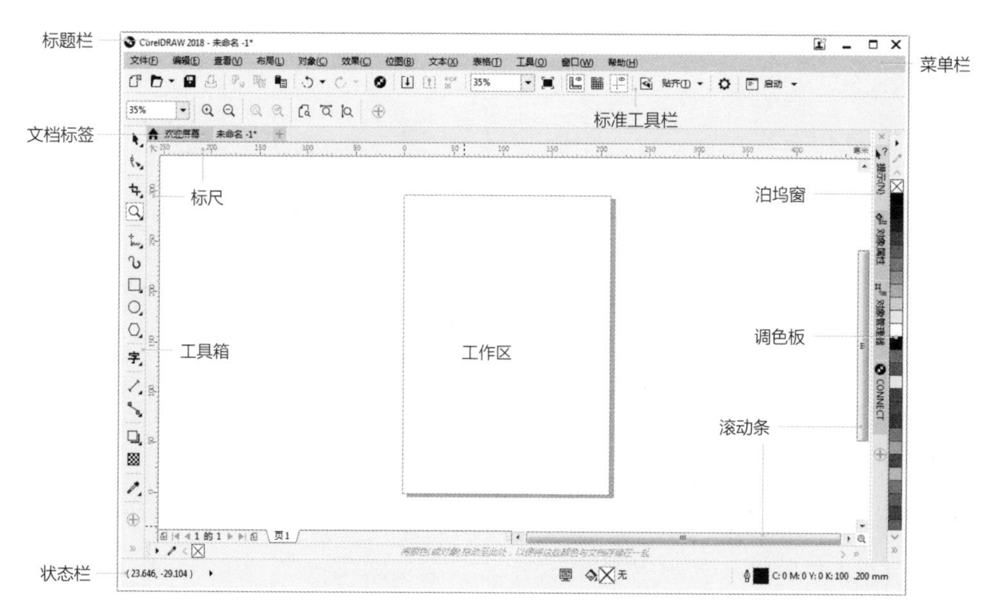

图 1-10 操作界面

1. 标题栏

标题栏位于 CorelDRAW 2018 操作页面的顶端，显示了当前运行程序的名称和打开文件的名称，最左边显示的是软件图标和名称，单击该图标可以打开控制菜单，通过此菜单可以移动、关闭、放大或缩小窗口；右边 3 个按钮分别为“最小化”“最大化 / 还原”“关闭”按钮。

2. 菜单栏

在默认情况下，菜单栏位于标题栏的下方，包括“文件”“编辑”“查看”“布局”“对象”“效果”“位图”“文本”“表格”“工具”“窗口”“帮助”菜单，包含了操作过程中需要的所有命令，单击菜单名称可弹出下拉菜单。

3. 标准工具栏

标准工具栏是由一组命令按钮组成的，在默认情况下，其位于菜单栏的下方，如图 1-11 所示。

图 1-11 标准工具栏

标准工具栏中各选项的含义如下。

- “新建”按钮：单击此按钮，可以新建一个 CorelDRAW 文件。
- “打开”按钮：单击此按钮，会弹出“打开绘图”对话框，让用户选择需要打开的文件。
- “保存”按钮：单击此按钮，可以将当前操作的 CorelDRAW 文件进行保存。
- “打印”按钮：单击此按钮，会弹出“打印”对话框，在该对话框中可以设置打印机的相关参数。
- “剪切”按钮：单击此按钮，可以将选中的文件剪切到 Windows 的剪贴板中。
- “复制”按钮：“复制”和“粘贴”是相辅相成的一对按钮，单击此按钮可以对选中的对象进行复制。
- “粘贴”按钮：可以将复制后的对象粘贴到所需要的位置。
- “撤销”按钮：可以将错误的操作取消，在下拉菜单中可以选择要撤销的步骤。
- “重作”按钮：如果取消的步骤过多，那么可以用此按钮进行恢复。
- “搜索内容”按钮：使用 CorelConnect 泊坞窗搜索剪贴画、照片或字体。
- “导入”按钮：单击此按钮可以将非 CorelDRAW 格式的文件导入 CorelDRAW 窗口中。
- “导出”按钮：可以将 CorelDRAW 格式的文件导出为非 CorelDRAW 格式的文件。
- “发布为 PDF”按钮：将当前文档转换为 PDF 格式。
- “缩放级别”按钮：通过对该参数进行设置，可以调整 CorelDRAW 页面的显示比例。
- “全屏预览”按钮：将当前文档进行全屏显示。
- “显示标尺”按钮：显示或隐藏文档中的标尺。
- “显示网格”按钮：显示或隐藏文档中的网格。
- “显示辅助线”按钮：显示或隐藏文档中的辅助线。

- “贴齐关闭”按钮：关闭所有贴齐。再次单击以恢复选定的贴齐选项。
- “贴齐”按钮：在此按钮的下拉列表中，可以为页面中绘制或移动的对象选择贴齐方式，包括贴齐网格、贴齐辅助线、贴齐对象和贴齐动态辅助线。
- “选项”按钮：单击此按钮会弹出“选项”对话框，从中可以设置相应选项的属性。
- “应用程序启动器”按钮：单击右侧的下拉箭头，弹出 CorelDRAW 自带的应用程序。

4. 属性栏

在默认情况下，属性栏位于标准工具栏的下方。属性栏会根据用户选择的工具和操作状态显示不同的相关属性，用户可以方便地设置工具或对象的各项属性。如果用户没有选择任何工具，那么属性栏将会显示与整个绘图有关的属性，如图 1-12 所示。

图1-12 属性栏

5. 文档标签

可以将多个文档以标签的形式进行显示，既方便管理又方便操作。

6. 工具箱

工具箱是 CorelDRAW 的一个很重要的组成部分，位于软件界面的最左边，绘图与编辑工具都被放置在工具箱中。其中有些工具按钮的右下方有一个小黑三角形，表示该按钮下还隐含着一列同类按钮，如果选择某个工具，那么直接单击即可。

7. 标尺

在 CorelDRAW 中，标尺可以帮助用户确定图形的大小和设定精确的位置。在默认情况下，标尺显示在操作界面的左侧和上方。选择菜单栏中的“视图”/“标尺”命令即可显示或隐藏标尺。

8. 页面导航器

页面导航器位于工作区的左下角，显示了 CorelDRAW 文件当前的页码和总页码，并且通过单击页面标签或箭头，可以选择需要的页面，特别适用于多文档操作。

9. 状态栏

状态栏位于操作界面的底部，显示了当前工作状态的相关信息，如被选中对象的简要属性、工具使用状态提示及鼠标坐标位置等信息。

10. 调色板

调色板位于操作界面的最右侧，是放置各种常用色彩的区域，利用调色板可以快速地为图形和文字添加轮廓色和填充色。用户也可以将调色板浮动在 CorelDRAW 操作界面的其他位置。

11. 泊坞窗

在通常情况下，泊坞窗位于 CorelDRAW 操作界面的右侧。泊坞窗的作用就是方便用户查看或修改参数选项，在操作界面中可以把泊坞窗浮动在其他任意位置。

1.6 CorelDRAW的基本操作

在使用 CorelDRAW 2018 开始工作之前，必须了解如何新建文件、打开文件、导入素材，以及对完成的作品进行保存等操作。

1.6.1 新建文档

选择菜单栏中的“文件”/“新建”命令或按【Ctrl+N】组合键可以新建文档，也可以通过单击标准工具栏中的“新建”按钮来创建新文件。选择“新建”命令或单击“新建”按钮都会弹出如图 1-13 所示的“创建新文档”对话框。

“创建新文档”对话框中各选项的含义如下。

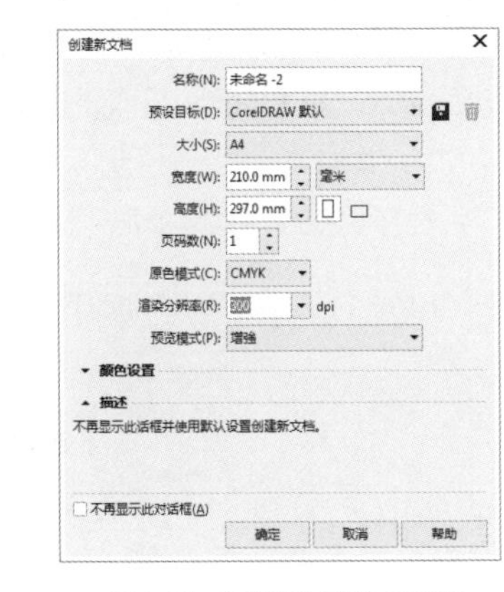

图 1-13 “创建新文档”对话框

- “名称”：用来设置新建文件的名称。
- “预设目标”：用来选择用于本文档的颜色模式。
- “添加预设”按钮：用来将当前预设添加到“预设目标”中。
- “移除预设”按钮：用来将“预设目标”中的某个预设删除。
- “大小”：用来选择已经设置好的文档大小，如“A4”“A5”“信封”等。
- “宽度 / 高度”：新建文档的宽度与高度。单位包括像素、英寸、厘米、毫米、点、派卡、列等。
- “横向 / 纵向”按钮：可以以横幅或竖幅形式新建文档，也就是将“宽度”和“高度”互换。
- “页码数”：用来设置新建文档的页码数量。
- “原色模式”：用来设置文档的 RGB 或 CMYK 颜色模式。
- “渲染分辨率”：用来设置新建文档的分辨率。
- “预览模式”：用来设置文档的显示视图模式，包括简单线框、线框、草稿、正常、增强和像素模式。
- “不再显示此对话框”：选中此复选框后，新建文档就会自动按照默认值进行文档创建。

技巧

将鼠标指针移动到欢迎界面的“新建文档”按钮处，当鼠标指针变为手形时单击，系统会弹出“创建新文档”对话框。单击“确定”按钮，进入 CorelDRAW 2018 的工作界面，系统会自动新建一个空白文档。

技巧

在 CorelDRAW 2018 中，还可以在菜单栏中选择“文件”/“从模板新建”命令，弹出“从模板新建”对话框，在其中选择“类型”“行业”后，即可选择模板来新建文档，如图 1-14 所示。

对各项参数设置完毕后，直接单击“打开”按钮，系统便会自动新建一个模板文档，可以对模板进行编辑、更改，如图 1-15 所示。

图 1-14 “从模板新建”对话框

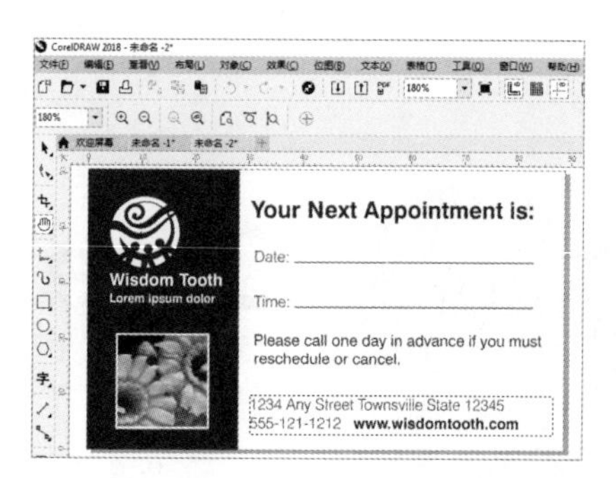

图 1-15 新建的模板文档

1.6.2 打开文档

利用“打开”命令可以将存储的文件或者可以用于该软件格式的图片在软件中打开。在菜单栏中选择“文件”/“打开”命令或按【Ctrl+O】组合键，弹出如图 1-16 所示的“打开绘图”对话框，在该对话框中可以选择需要打开的 CDR 文档。

选择文档后，直接单击“打开”按钮，系统便会将其打开，如图 1-17 所示。

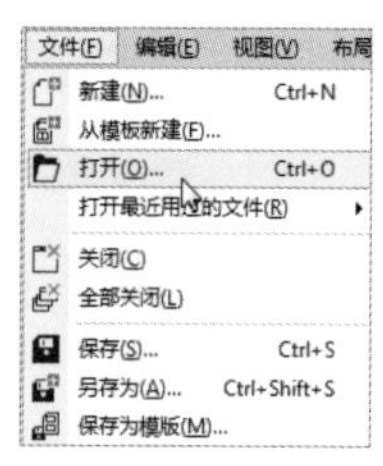

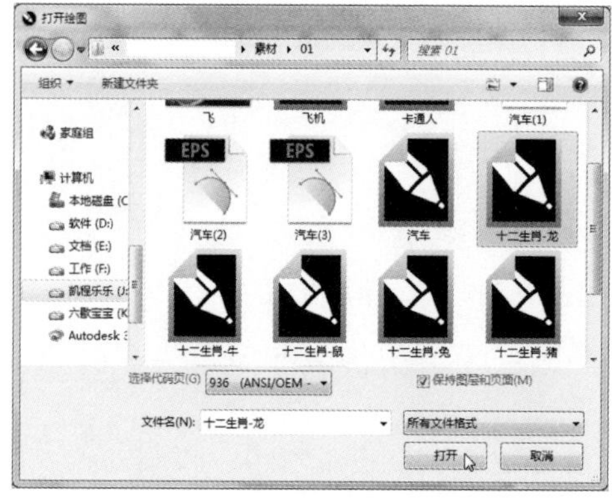

图 1-16 “打开绘图”对话框

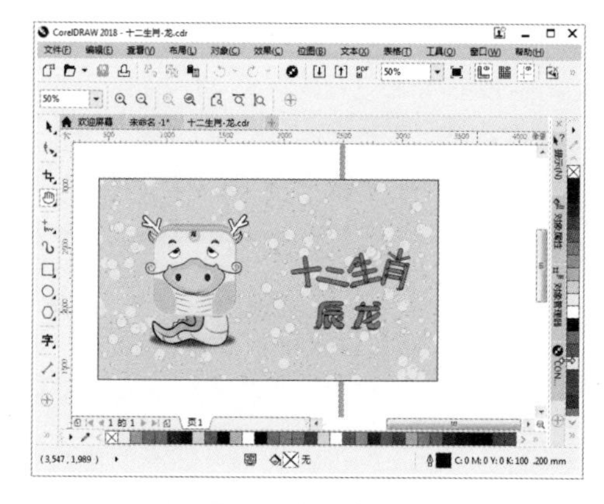

图 1-17 打开的文档

技巧

在“打开绘图”对话框中双击文档，可以直接将其打开。

高版本的 CorelDRAW 可以打开低版本的 CDR 文件，但低版本的 CorelDRAW 不能打开高版本的 CDR 文件。因此在保存文件时可以选择相应的低版本。

安装 CorelDRAW 软件后，系统将自动识别 CDR 格式的文件，在 CDR 格式的文件上双击，无论 CorelDRAW 软件是否启动，都可以用 CorelDRAW 软件打开该文件。

1.6.3 素材的导入

在使用 CorelDRAW 软件绘图或编辑时，有时需要从外部导入非 CDR 格式的图片文件。下面将通过实例来讲解导入非 CDR 格式的外部图片的方法。在 CorelDRAW 软件中是不能直接打开位图图像的，例如 JPG 和 TIF 格式文件。

课堂案例 导入素材

素材文件	素材文件 / 第 01 章 /< 倒钩.jpg>	扫码观看视频
视频教学	录屏 / 第 01 章 / 课堂案例——导入素材	
案例要点	掌握导入素材的方法	

操作步骤

Step 01 选择菜单栏中的“文件” / “新建”命令，新建一个空白文件。

Step 02 选择菜单栏中的“文件” / “导入”命令或按【Ctrl+I】组合键，或者单击标准工具栏中的 “导入”按钮，弹出“导入”对话框，如图 1-18 所示。

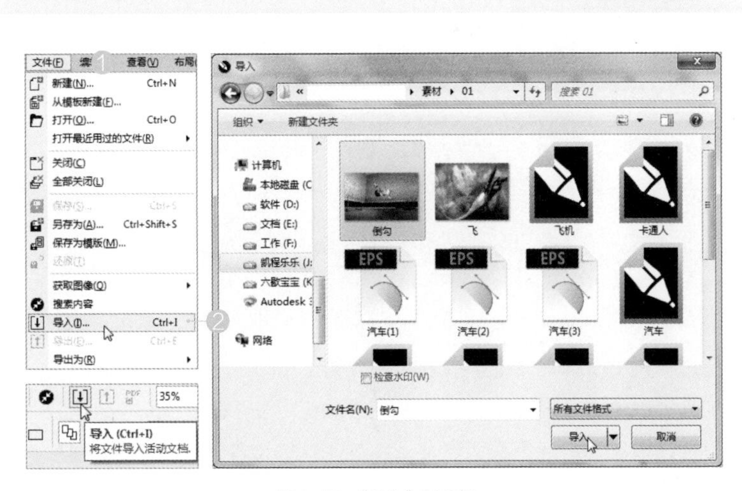

图 1-18 “导入”对话框

Step 03 选择素材文件夹中的“倒钩”素材后，单击“导入”按钮，此时文档中的鼠标指针变为如图 1-19 所示的状态。

Step 04 移动鼠标指针至合适的位置，按住鼠标左键拖动，显示一个红色矩形框，在鼠标指针的右下方显示导入图片的宽度和高度，如图 1-20 所示。

Step 05 将鼠标指针移动至合适位置，松开鼠标左键，即可导入图片，如图 1-21 所示。

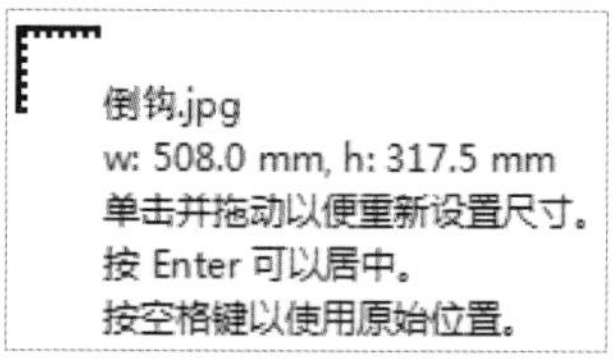

倒钩.jpg
w: 508.0 mm, h: 317.5 mm
单击并拖动以便重新设置尺寸。
按 Enter 可以居中。
按空格键以使用原始位置。

图 1-19 导入状态

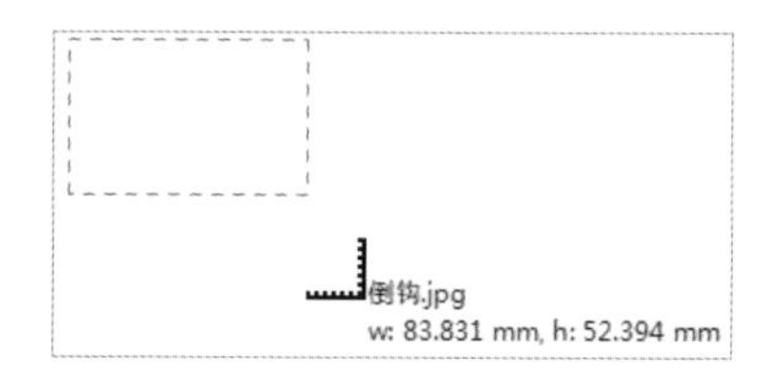

图 1-20 拖动导入图片

图 1-21 导入的图片

技巧

在 CorelDRAW 中导入图片的方法有 3 种，即单击导入图片、用拖动鼠标的方法导入图片和按【Enter】键导入图片。单击导入图片，图片将保持原来的大小，单击的位置为图片左上角所在的位置；用拖动鼠标的方法导入图片，根据拖动出的矩形框的大小重新设置图片的大小；按【Enter】键导入图片，图片将保持原来的大小且自动与页面居中对齐。

1.6.4 导出图像

在 CorelDRAW 中可以将绘制完成的或打开的矢量图存为多种图像格式，这就需要用到“导出”命令。

课堂案例 导出图像

素材文件	素材文件 / 第 01 章 /< 猪.cdr >	扫码观看视频
视频教学	录屏 / 第 01 章 / 课堂案例——导出图像	
案例要点	掌握导出图像的方法	

操作步骤

Step 01 打开“猪.cdr”素材文件，如图 1-22 所示。

图 1-22 打开的文档

Step 02 选择菜单栏中的“文件”/“导出”命令，或者单击标准工具栏中的“导出”按钮，弹出“导出”对话框。在该对话框中选择需要导出的图像的路径，在下方输入文件名，如图 1-23 所示。

“导出”对话框中各选项的含义如下。

- “文件名”：用于设置导出后的文件名称。
- “保存类型”：用于设置导出文件的类型，其中包含各种图片格式，有矢量图，也有位图。
- “只是选定的”：选中该复选框，导出的文档只是选取的部分，没有选取的部分不会被导出。
- “不显示过滤器对话框”：选中该复选框，不会显示具体的设置过滤对话框，会直接将文件导出。

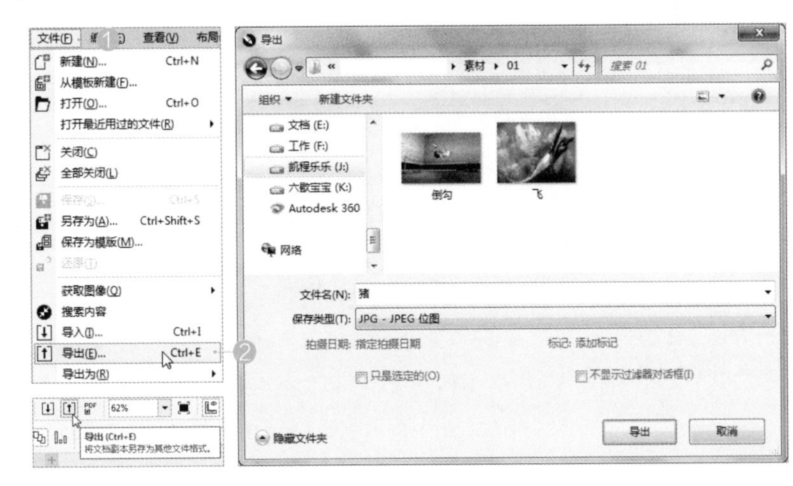

图1-23 “导出”对话框

Step 03 单击“导出”按钮后，弹出“导出到 JPEG”对话框，在该对话框中可以更改图像的大小和图像的分辨率等设置，如图 1-24 所示。

Step 04 单击“确定”按钮，完成导出，如图 1-25 所示。

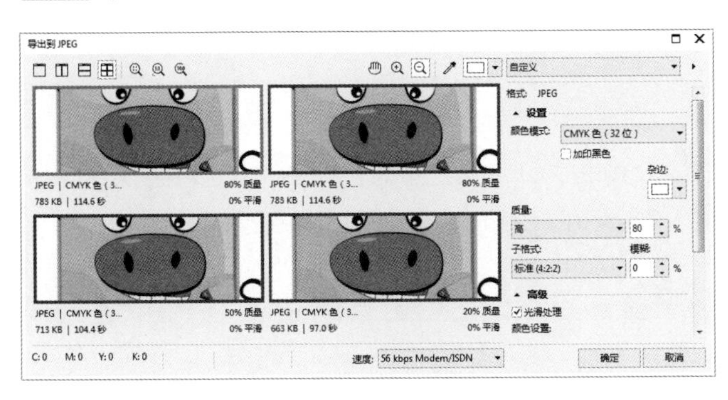

图1-24 “导出到 JPEG”对话框

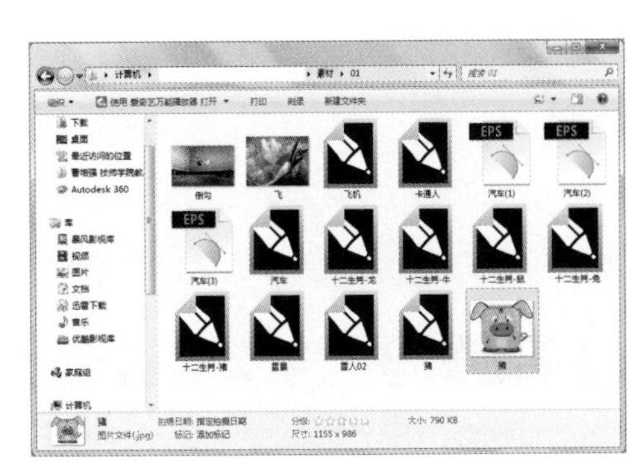
图1-25 导出的位图

1.6.5 导出为

在 CorelDRAW 中不但能将绘制的适量文档导出为不同的图片格式，还可以将其导出为不同类型的文档格式。可以将当前文档或图片导出为 Office、Web 和 WordPress 三种格式，如图 1-26 所示。

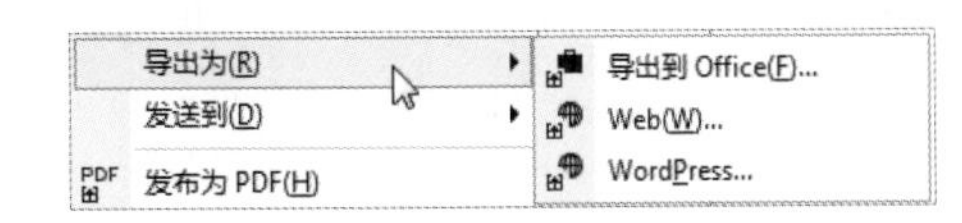

图1-26 “导出为”菜单

“导出为”菜单中各命令的含义如下。

- “导出到 Office”：可以将当前编辑的文档导出为“Microsoft Office”文档，最终可优化为“演示文稿”“桌面打印”“商业印刷”3 种模式。
- “Web”：可以将当前编辑的文档或图片导出为应用于网页的图片，例如 GIF、PNG 或 JPG 格式的图片。
- “WordPress”：可以将当前编辑的文档导出为属于自己的网站，其中包含站点、主页、图像文件夹等。

1.6.6 发送到

在 CorelDRAW 中可以将当前编辑的文档以不同的工作方式进行发送，其中包含“Illustrator”“传真收件人”“压缩文件夹”“文档”“桌面快捷方式”“邮件收件人”和“邮件”7 种方式，如图 1-27 所示。

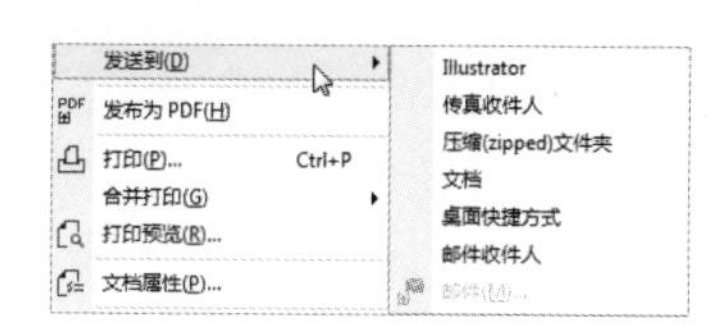

图 1-27 发送到

其中各选项的含义如下。

- “Illustrator”：将 CDR 文档发送到 Illustrator。
- “传真收件人”：利用软件将文档传真给接收人。
- “压缩文件夹”：可以将当前编辑的文档或图片进行 ZIP 格式的压缩。
- “文档”：可以将当前编辑的文档或图片，以文档形式进行发送。
- “桌面快捷方式”：将编辑的文档以图标的方式显示在桌面中。
- “邮件收件人”：将编辑的文档在设置电子邮件接收人后进行发送。

1.6.7 保存文档

每当用户运用 CorelDRAW 软件完成一件作品后，都需要对作品进行保存，以便于以后的使用。文件的保存有如下两种方式。

1. 直接保存

选择菜单栏中的“文件”/“保存”命令或按【Ctrl+S】组合键，如果所绘制的作品从没有保存过，那么会弹出“保存绘图”对话框，在该对话框中的“文件名”处，输入所需要的文件名即可对文件进行保存。

技巧

单击标准工具栏中的“保存”按钮，可对文件进行保存。

技巧

通常低版本的 CorelDRAW 软件打不开高版本的 CorelDRAW 文件，因此在保存文件时可以在“版本”下拉列表中选择低版本的格式进行保存，以适应 CorelDRAW 的各种版本。

2. 另存为

选择菜单栏中的“文件”/“另存为”命令可以将当前图像文件保存到另外一个文件夹中，也可以将当前文件更改名称或改变图像格式等。

技巧

对已经保存的文件进行修改，可选择“文件”/“保存”命令，或者单击标准工具栏中的“保存”按钮直接保存文件。此时，不再弹出“保存绘图”对话框。还可将文件更换名称再保存，即选择“文件”/“另存为”命令，弹出“保存绘图”对话框，重复前面的操作，在“文件名”文本框中更换一个文件名，再进行保存。

技巧

按【Ctrl+Shift+S】组合键，可以在“保存绘图”对话框的“文件名”文本框中输入新名称后保存绘图。

1.6.8 关闭文档

对不需要的文档可以通过“关闭”命令将其关闭，选择菜单栏中的“文件”/“关闭”命令，或者单击标签右侧的“×”按钮。

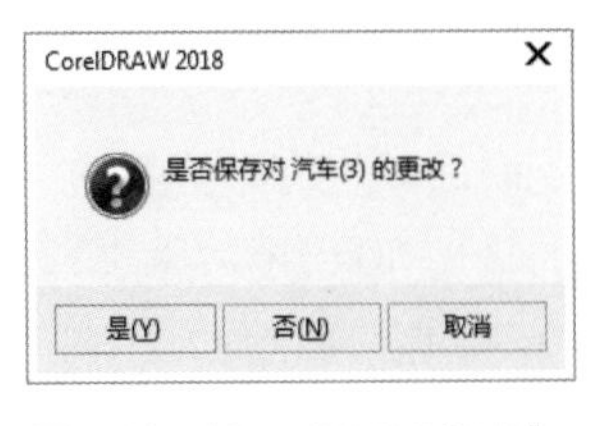

图 1-28 “CorelDRAW 2018”对话框

技巧

关闭时，如果文件没有任何改动，那么文件将直接关闭。如果对文件进行了修改，那么将弹出如图1-28所示的对话框。单击“是”按钮，保存文件的修改，并关闭文件；单击“否”按钮，将关闭文件，不保存文件的修改；单击“取消”按钮，取消文件的关闭操作。

技巧

在对 CorelDRAW 进行操作时，有时会打开多个文件，如果要一次将所有文件都关闭，就要使用“全部关闭”命令。选择菜单栏中的“文件”/“全部关闭”命令，即可将所有打开的文件全部关闭，为用户节省了时间。

1.6.9 撤销与重做的操作

在 CorelDRAW 2018 软件中绘图时，撤销和重做操作可以快速地纠正错误。

课堂案例 撤销与重做的操作

素材文件	素材文件 / 第 01 章 /< 汽车（01）.cdr >
视频教学	录屏 / 第 01 章 / 课堂案例——撤销与重做的操作
案例要点	掌握撤销与重做的方法

扫码观看视频

操作步骤

Step 01 打开“汽车（01）.cdr”文件，如图 1-29 所示。

直接删除图形

Step 02 选择右下角的汽车图形，将其删除，效果如图 1-30 所示。

图 1-29 打开“汽车 (01).cdr”文件

图 1-30 删除右下角的汽车图形

Step 03 选择菜单栏中的“编辑”/“撤销移动”命令，取消前一步的操作，删除的汽车图形重新出现在视图中，如图 1-31 所示。

技巧

按【Ctrl+Z】组合键，可以快速撤销上一次的操作。

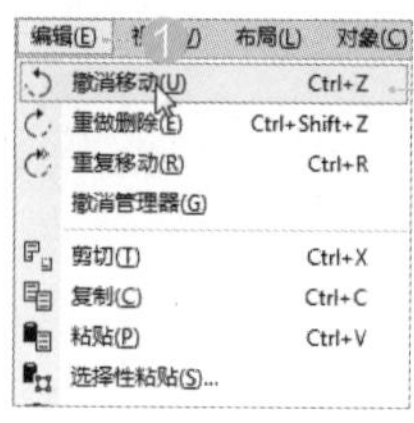

图 1-31 “撤销移动”操作

Step 04 如果选择“编辑”/“重做删除”命令，那么右下角的汽车图形将重新被删除，如图 1-32 所示。

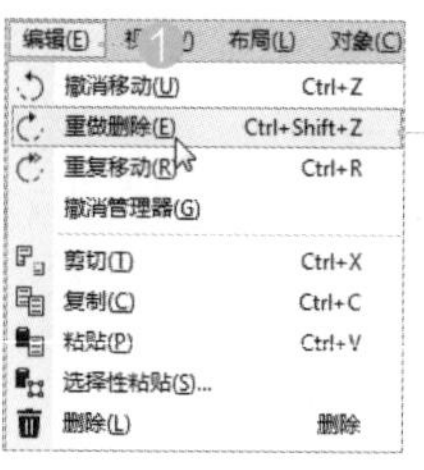

图 1-32 “重做删除”操作

移动删除图形

Step 05 选择右下角的汽车图形，将其调整到其他位置，然后将其删除，效果如图 1-33 所示。

图 1-33 删除后的效果

Step 06 单击标准工具栏中“撤销”按钮右侧的按钮，在弹出的面板中，单击“移动”选项，效果如图 1-34 所示。

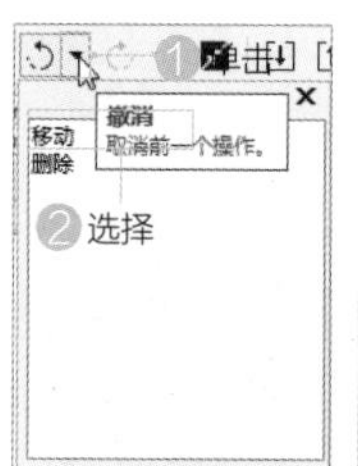

图 1-34 撤销操作

技巧

按【Ctrl+Shift+Z】组合键，退回上一次的“撤销”操作。

技巧

执行的操作不同，在“编辑”菜单和标准工具栏中的“撤销或重做”面板中显示的撤销命令也不同。读者在使用该命令时应灵活掌握其方法。

技巧

“撤销”操作可将一步或已执行的多步操作撤销，返回操作前的状态；“重做”操作是在“撤销”操作后的恢复操作。

1.7 CorelDRAW视图调整

在图形的绘制过程中，为了快速地浏览或工作，可以在编辑过程中以适当的方式查看效果或调整视图比例，有效地管理、控制视图，如图 1-35 所示。

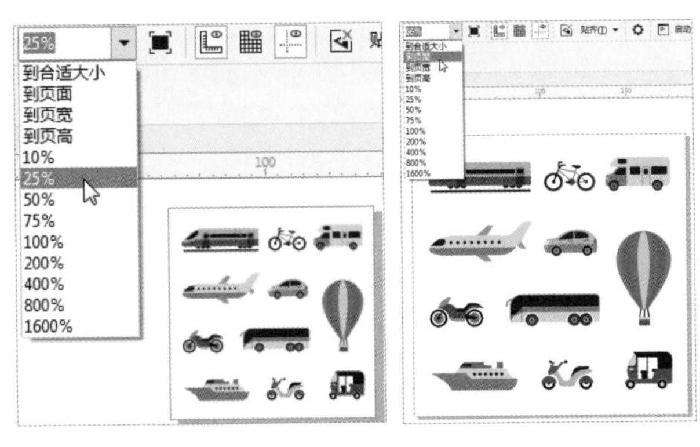

图 1-35 不同显示比例

CorelDRAW 2018 为了满足用户的需求，提供了 6 种图形的显示方式，分别为“简单线框”模式、“线框”模式、“草稿”模式、“正常”模式、“增强”模式和“像素”模式。图 1-36 所示的图像为“简单线框”模式和“增强”模式。

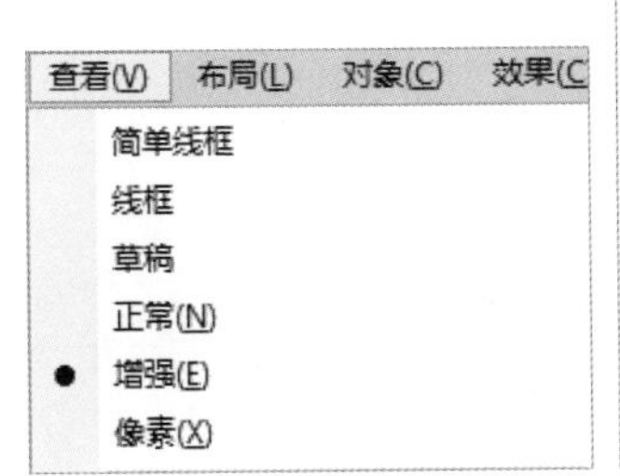

图 1-36 不同模式显示效果

1.8 CorelDRAW的辅助功能

在运用 CorelDRAW 软件绘制图形和编辑图形时，使用页面标尺或页面辅助线可以使用户更精确地绘制和编辑图像。

1.8.1 标尺的使用

选择菜单栏中的“视图”/“标尺”命令，可以显示或隐藏 CorelDRAW 页面中的标尺，标尺包括水平标尺和垂直标尺，如图 1-37 所示。

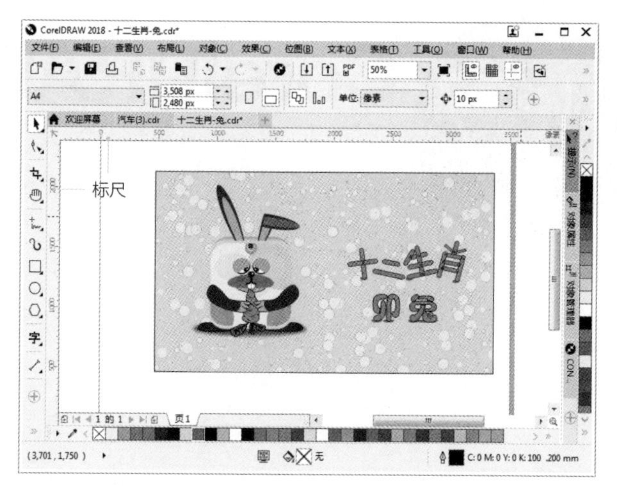

图 1-37 CorelDRAW 页面中的标尺

课堂案例 设置标尺参数

素材文件	素材文件 / 第 01 章 /< 十二生肖——兔.cdr >
视频教学	录屏 / 第 01 章 / 课堂案例——设置标尺参数
案例要点	掌握设置标尺参数的方法

扫码观看视频

操作步骤

Step 01 在标尺上任意位置单击鼠标右键，在弹出的快捷菜单中选择“标尺设置”命令，如图 1-38 所示。

Step 02 在打开的“选项”对话框中，用户可以根据自己的需要来设置标尺的参数，如图 1-39 所示。

Step 03 将“单位”改为“毫米”后，单击“确定”按钮，此时以“毫米”显示，如图 1-40 所示。

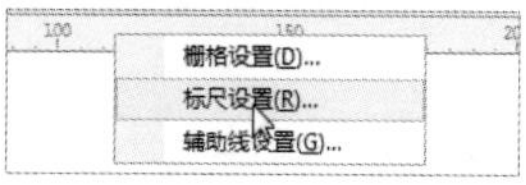

图 1-38 快捷菜单

图 1-39 “选项”对话框

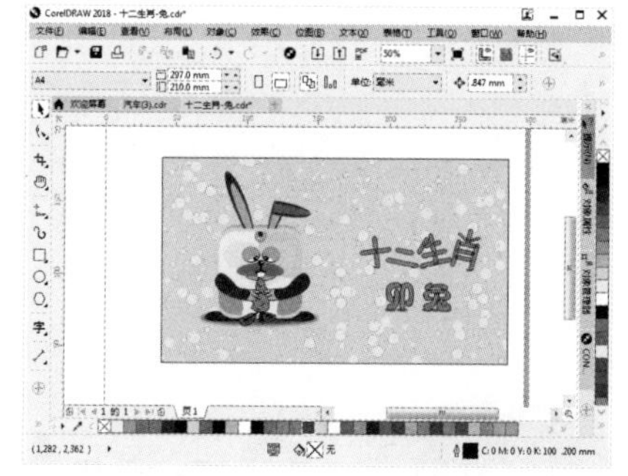

图 1-40 以“毫米”显示

技巧

选择菜单栏中的“工具”/“选项”命令，在打开的“选项”对话框中同样可以选择“标尺”选项，再对标尺进行相应的设置。

技巧

用户如果需要更为精确的定位，那么可以在标尺交叉的位置将标尺拖动到绘图区域，此时该位置将作为标尺的零起点，如图 1-41 所示。按住【Shift】键，然后拖动标尺放置在所需要的位置，可以将标尺拖动到工作区的相应位置，如图 1-42 所示。

图 1-41 标尺改变位置

提示

如果要使标尺回到最初位置，在标尺相交的位置上双击即可。

提示

如果要使标尺回到最初位置，还可以按住【Shift】键，然后在标尺上双击。

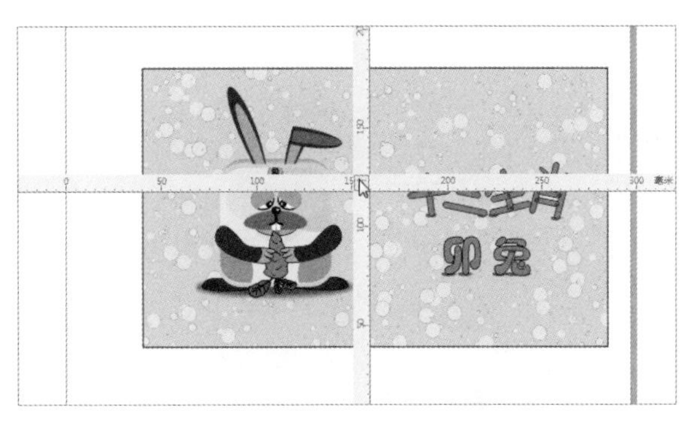

图 1-42 改变标尺位置

1.8.2 辅助线的使用

我们在使用 CorelDRAW 绘制图形时，有时会借助辅助线来完成操作，辅助线是可以帮助用户排列对齐对象的直线。辅助线有水平辅助线和垂直辅助线两种，可以放置在页面中的任何位置，在 CorelDRAW 中辅助线以虚线的形式显示，且在打印时不显示，如图 1-43 所示。

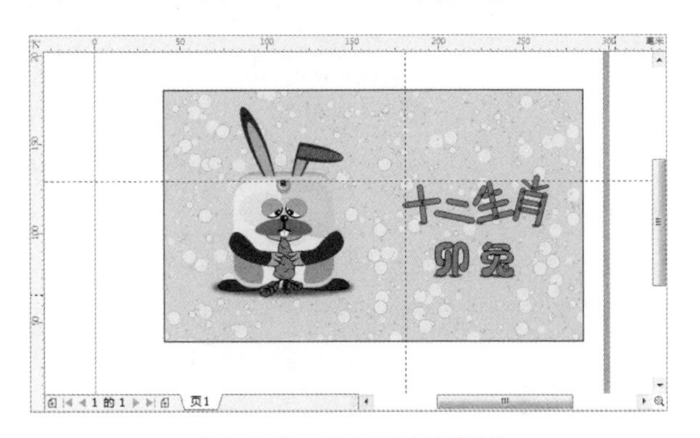

图 1-43 CorelDRAW 中的辅助线

课堂案例 辅助线的设置

案例学习目标	掌握设置辅助线的方法
视频教程位置	录屏 / 第 01 章 / 课堂练习——辅助线的设置

扫码观看视频

操作步骤

在对辅助线进行设置时，通常有如下几种方法。

方法一：将鼠标指针放置在水平或垂直的标尺上，按住鼠标左键向页面内拖动，在合适的位置松开鼠标即可得到一条辅助线。

方法二：在标尺上任意位置单击鼠标右键，在弹出的快捷菜单中选择“辅助线设置”命令，此时弹出“辅助线”泊坞窗，在其中可以设置添加水平、垂直的辅助线，如图 1-44 所示。

方法三：选择菜单栏中的“工具”/“选项”命令，在打开的“选项”对话框中展开“辅助线”选项，在其中可以设置辅助线的“水平”值和“垂直”值，如图 1-45 所示。

图 1-44 “辅助线”泊坞窗

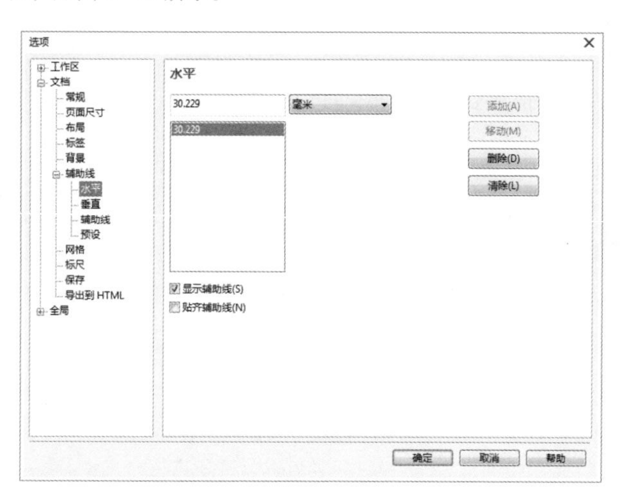

图 1-45 “选项”对话框

方法四：在添加的辅助线上单击，此时会在辅助线上出现旋转符号，拖动即可改变角度，如图 1-46 所示。在“选项”对话框和“辅助线”泊坞窗中同样可以调整辅助线角度，这样会调整得更加精确。

方法五：如果用户不需要页面中的辅助线，那么只需单击插入的辅助线，然后按【Delete】键，即可将其删除。

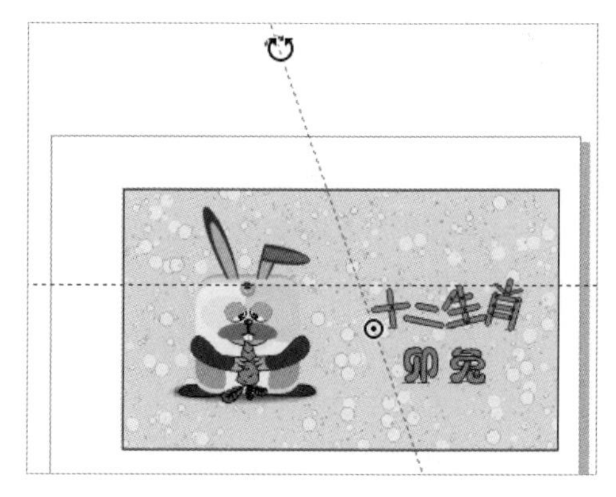

图 1-46 设置角度

提示

如果要显示或隐藏辅助线，那么只需选择菜单栏中的“查看”/“辅助线”命令即可，或者在“选项”对话框和“辅助线”泊坞窗中进行设置。

1.8.3 网格的使用

利用 CorelDRAW 进行操作时，可以使用网格。网格是由一连串水平和垂直的细线纵横交叉构成的，用于辅助捕捉、排列对象。在 CorelDRAW 2018 中，网格包含文档网格、基线网格和像素网格，选择菜单栏中的“工具”/“选项”命令，用户可以在弹出的“选项”对话框中对网格的相关参数进行设置，如图 1-47 所示。

图 1-47 “选项”对话框

“选项”对话框中各选项的含义如下（之前讲解过的功能将不再讲解）。

- “水平 / 垂直”：在文本框中输入的数值用于设置网格线之间的距离或每毫米的网格线数。
- “每毫米的网格线数”：每毫米距离中所包含的线数。打开此选项的下拉列表，选择“英寸间距”选项，可以设置指定水平或垂直方向上网格线的间距距离。
- “贴齐网格”：选中此复选框，在移动选定的对象时，系统会自动将对象中的节点按网格点对齐。
- “将网格显示为线 / 点”：用户可以通过选中这两个按钮来切换网格显示为线或点的样式。
- “间距”：在该文本框中可以输入基线网格间距的数值。
- “从顶部开始”：可以设定基线与页面顶部之间的距离。
- “像素网格”：移动“不透明度”滑块，可以调节网格的不透明度效果。在右侧色样的下拉列表中可以选择网格的颜色，用户可以根据绘图的需要和自己的喜好自行设定。

选择菜单栏中的“查看”/“网格”/“文档网格 / 基线网格 / 像素网格”命令，即可显示网格，也可以直接在标准工具栏中单击“显示网格”按钮▦，显示和隐藏网格，如图 1-48 所示。

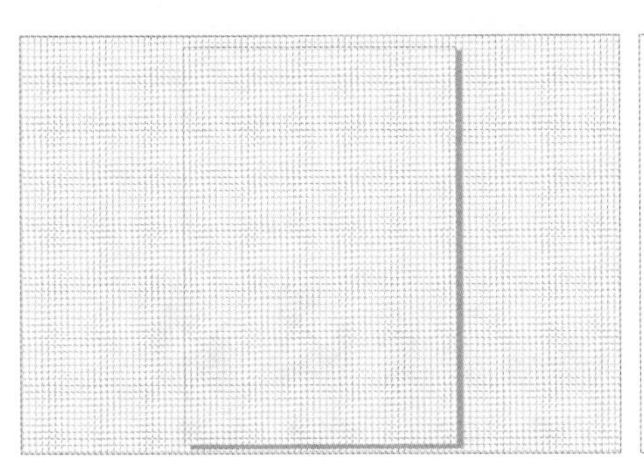

图 1-48 网格

提示

只有将页面放大到 800% 以上才能看到像素网格，并且必须将视图设置为“像素”。

1.8.4 页面背景的设置

在 CorelDRAW 中可以设置页面背景。页面背景可以是单一的颜色，也可以是一幅背景图片。选择菜单栏中的“布局”/“页面背景”命令，打开“选项”对话框。在该对话框中有 3 个单选项，分别为“无背景”“纯色”“位图”，如图 1-49 所示。

图 1-49 “选项”对话框

“选项”对话框中各选项的含义如下（之前讲解过的功能将不再讲解）。

- “无背景”：选择该单选项，即不为 CorelDRAW 设置任何背景。
- “纯色”：选择该单选项，可以设置一种颜色作为 CorelDRAW 的背景色，但这种背景色是单一的颜色。
- “位图”：选择该单选项，可以将一幅位图作为 CorelDRAW 绘图页面的背景。
- “链接”：以链接的方式插入选择的位图。
- “嵌入”：直接将选择的素材嵌套到当前文档中。
- “位图尺寸”：用来设置插入位图的尺寸。

课堂案例 为文档添加一张位图背景

案例学习目标	为新建文档设置图片背景	扫码观看视频
视频教程位置	录屏 / 第 01 章 / 课堂案例——为文档添加一张位图背景	

操作步骤

Step 01 选择菜单栏中的“布局”/“页面背景”命令，在弹出的“选项”对话框中选择“位图”单选项，如图 1-50 所示。

Step 02 单击“位图”单选项右侧的“浏览”按钮，在“导入”对话框中选择一幅需要作为背景图片的位图，如图 1-51 所示。

图 1-50 “选项”对话框

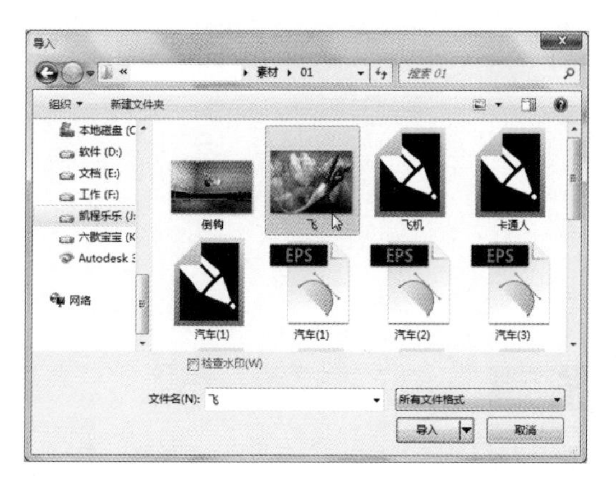

图 1-51 选择位图

Step 03 选择需要作为背景的位图后，单击“导入”对话框中的“导入”按钮，在“自定义尺寸”右侧的设置框内设置“水平”值为297.0，“垂直”值为210.0，如图1-52所示。

Step 04 设置完成后单击“确定”按钮，此时就将选中的图片设置为当前文档的背景图，最终效果如图1-53所示。

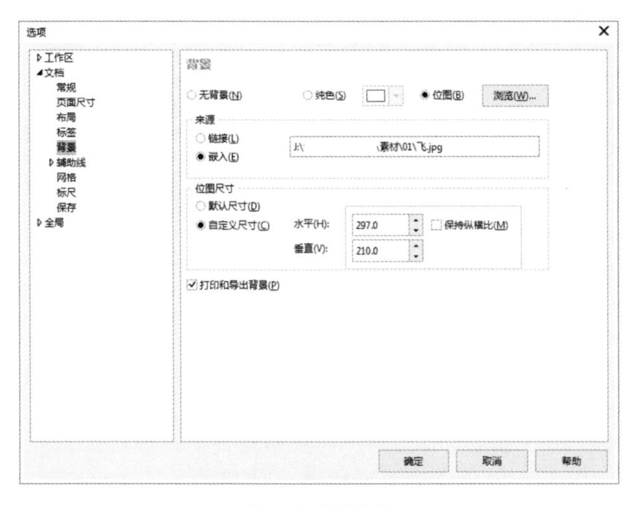

图1-52 设置参数

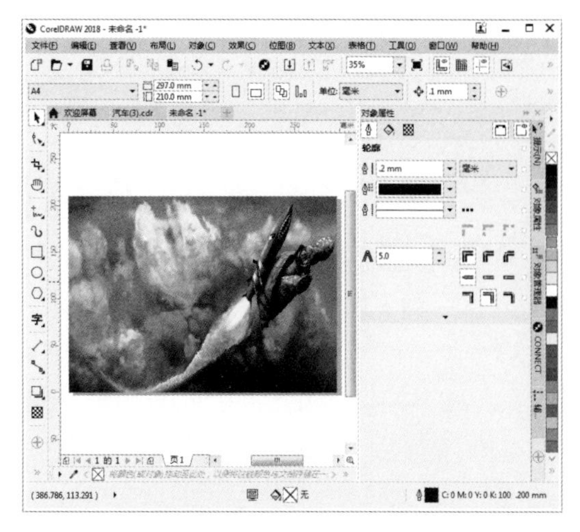

图1-53 最终效果

1.8.5 自动对齐功能

在CorelDRAW中，系统为用户设置了自动对齐功能。所谓自动对齐功能是指用户在绘制图形和排列对象时，自动向网格、辅助线或者另外的对象吸附的功能，在CorelDRAW中自动对齐距离为“3”，是指对象与辅助线、网格之间的距离小于3个像素点时，CorelDRAW会启动自动吸附功能。

- “自动对齐网格”：选择该命令可以帮助用户精确地对齐对象。选择菜单栏中的“视图”/“贴齐”命令中的“贴齐网格”命令，即可启动该命令，在拖动对象时，与网格相交时会自动停顿一下。
- “自动对齐辅助线”：该命令是CorelDRAW帮助用户对齐对象的一个方便、快捷的命令。选择菜单栏中的“视图”/“贴齐”命令中的“辅助线”命令，即可启动该命令。
- “自动对齐对象”：选择该命令可以使两个对象准确地对齐。在“视图”菜单下拉列表中选择“贴齐对象”选项，即可启动该命令。
- “自动对齐页面”：选择该命令可以使拖动的对象与页面的边框准确地对齐。选择菜单栏中的“查看”/“贴齐”命令中的“页面”命令，即可启动该命令，在拖动对象时会自动出现与页面对齐的辅助线。

提示

当利用CorelDRAW进行操作时，可以在用到自动对齐功能时将其开启，使用结束后可将其关闭，以免造成操作不便。

1.8.6 管理多页面

CorelDRAW 软件不仅可以用来绘制图形，还可以用来制作名片、排列版面等，这就需要建立多个页面，并对多个页面进行管理。它有两种管理方法：一种是通过导航器来进行管理，如图 1-54 所示；另一种是运用菜单命令来进行管理。

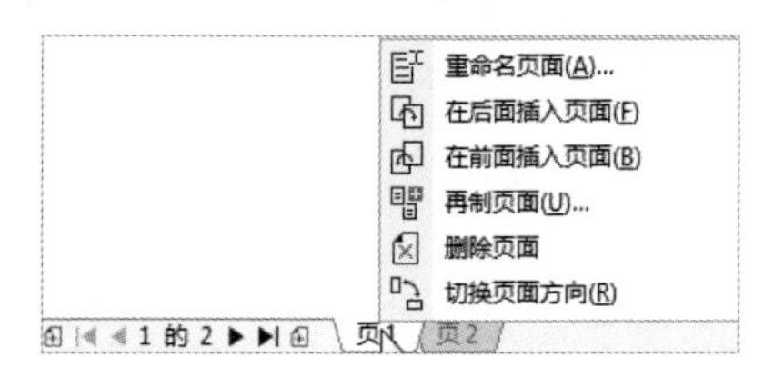

图 1-54 导航器

导航器中各选项的含义如下（之前讲解过的功能将不再讲解）。

- “重命名页面”：在 CorelDRAW 左下角的导航栏上单击鼠标右键，在弹出的快捷菜单中选择“重命名页面”命令，在弹出的“重命名页面”对话框中输入所需要的页名即可，如图 1-55 所示。
- “在后面插入页面”：在原有的页面后面插入页面。
- “在前面插入页面”：在原有的页面前面插入页面。
- “再制页面”：将当前页面复制一个副本页面。
- “删除页面”：删除不需要的页面。
- “切换页面方向”：将页面在横向与纵向之间转换。

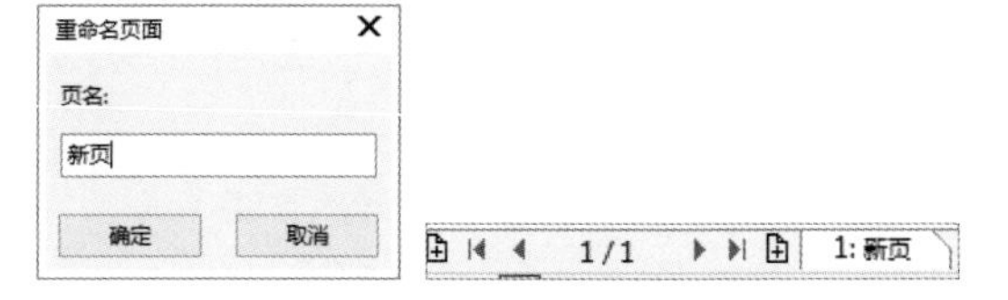

图 1-55 重命名页面

课后习题

一、选择题

1. 通常在向 CorelDRAW 中导入位图时，放置在页面中的位图都维持其原有比例，如果需要在导入时改变位图的原有比例，那么应该在单击导入位置光标时按（　）键。

A. Alt　　B. Ctrl　　C. Shift　　D. Tab

2. 运行速度比较快，且又能显示图形效果的预览方式是哪一种？（　）

A. 草稿　　B. 正常　　C. 线框　　D. 增强

3. 在设置页面背景色时，只针对以下哪种效果？（　）

A. 纸张与所有显示区域　　B. 纸张　　C. 矩形框内　　D. 纸张以外

二、填空题

1. ______ 是使用数学方式描述的曲线，以及由曲线围成的色块组成的面向对象的绘图图像。

2. RGB 是一种以三原色（R 为红色　G 为绿色　B 为蓝色）为基础的加光混色系统，RGB 模式也称为光源色彩模式，原因是 RGB 能够产生和太阳光一样的颜色，在 CorelDRAW 中 RGB 颜色使用的范围也比较广泛，一般来说，RGB 颜色只用在 ______ 上，不用在印刷上。

3. 在默认情况下，菜单栏位于标题栏的下方，它是由“文件”“编辑”“查看”“布局”“对象”“效果”“______”“______”“表格”“工具”“窗口”“帮助”这 12 类菜单组成的，包含了在操作过程中所需要的所有命令，单击可弹出下拉列表。

第02章 直线与曲线的绘制

在日常生活中，使用绘图工具，如直尺、圆规等，可以很容易地绘制直线、曲线。那么运用 CorelDRAW 如何绘制直线、曲线呢？本章将具体讲解线条和曲线工具的应用。

CORELDRAW

学习要点

- 手绘工具
- 贝济埃工具
- 钢笔工具
- B 样条工具
- 折线工具
- 三点曲线工具
- 智能绘图工具
- LiveSketch 工具

技能目标

- 使用“手绘工具”绘制直线与曲线的方法
- 使用“两点线工具”绘制直线、垂线和切线的方法
- 使用“贝济埃工具”绘制曲线的方法
- 使用“钢笔工具”绘制直线与曲线的方法
- 使用“B 样条工具”绘制曲线的方法
- 使用“折线工具”绘制曲线与直线的方法
- 使用“三点曲线工具”绘制曲线的方法
- 使用“智能绘制工具”的绘制方法
- 使用“LiveSketch 工具”绘制曲线的方法

手绘工具

“手绘工具”是CorelDRAW中的一个非常重要的绘图工具，使用该工具可以在页面中绘制直线和随意的曲线。

2.1.1 绘制直线

选择“手绘工具”后，在页面中单击，然后移动鼠标指针到另一位置，再次单击，完成直线的绘制，如图2-1所示。

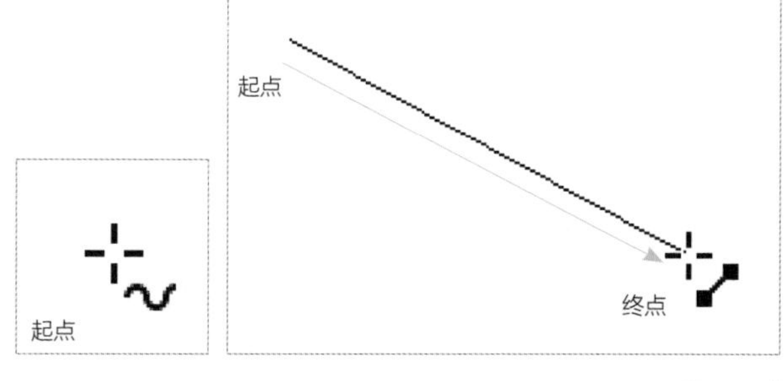

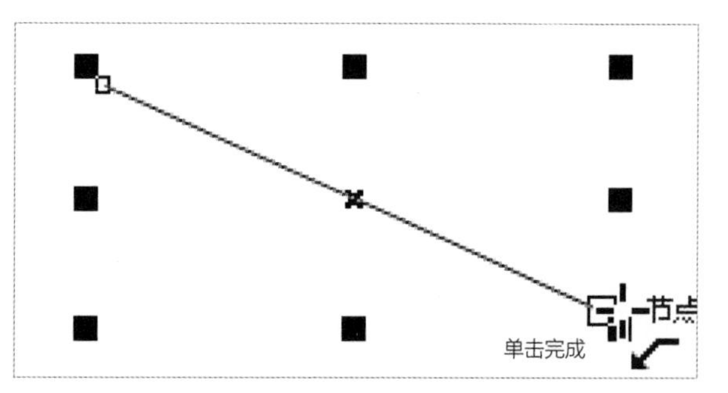

图2-1 绘制直线

技巧

绘制直线的长短与鼠标移动的位置和距离有关，直线的方向与尾端的单击的位置相同。使用“手绘工具”在绘制直线时方向也是比较随意的。如果想按照水平或垂直方向绘制标准角度的直线，那么可以在绘制的同时按住【Shift】键。角度为水平或垂直方向加/减15°。

2.1.2 接续直线绘制

使用“手绘工具”在页面中绘制一条直线线段后，将鼠标指针移动到线段的末端节点上，此时鼠标指针变为形状，如图2-2所示，单击会将新线段与之前的线段末端相连接，向另外的方向拖动鼠标，如图2-3所示。以此类推，可以绘制连续的直线线段，如图2-4所示。

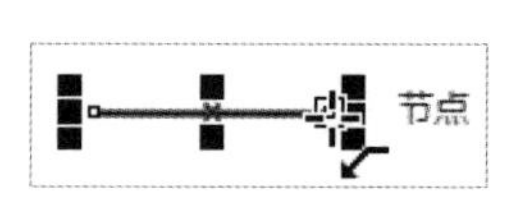

图2-2 连接节点

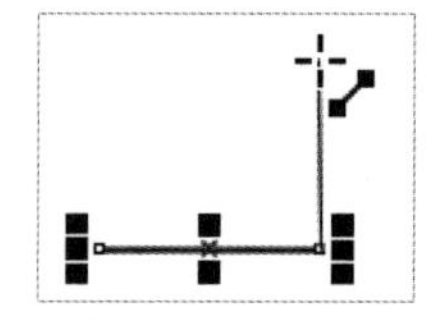

图2-3 绘制另一条线段

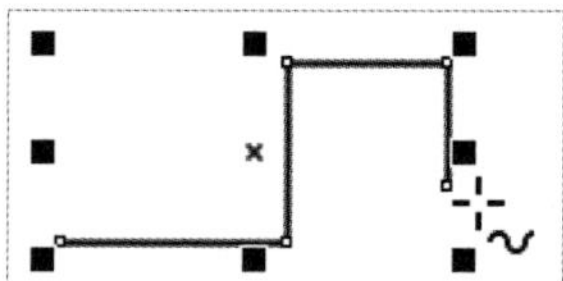

图2-4 接续直线绘制

技巧

在绘制连续线条时，当终点与起点相交时，光标同样会变为 形状，只要单击，就可以将线段变为一个封闭整体形状，还可以对封闭区域进行填充等相应操作。

2.1.3 绘制曲线

使用“手绘工具” 在页面中选择一个起点后，按住鼠标左键在页面中拖动，松开鼠标后，即可得到一条曲线，如图 2-5 所示。

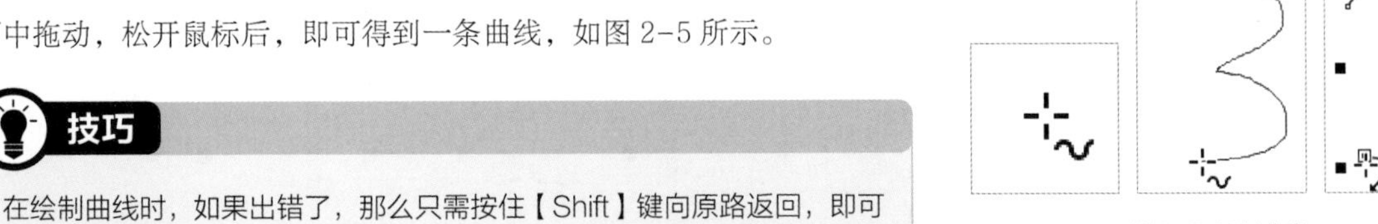

图 2-5 绘制曲线

技巧

在绘制曲线时，如果出错了，那么只需按住【Shift】键向原路返回，即可将经过的区域擦除，如图 2-6 所示。

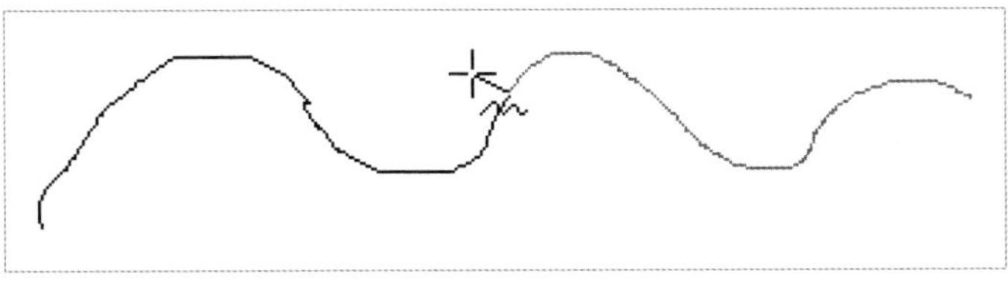

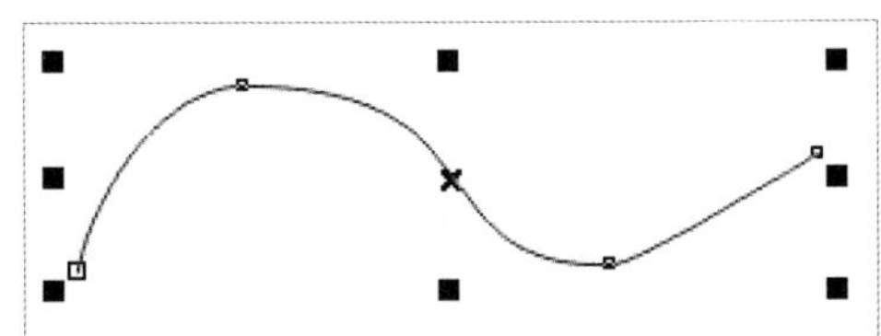

图 2-6 擦除曲线

2.1.4 在直线上接续曲线

使用“手绘工具” 在页面中绘制一条线段后，将光标再次移动到末端节点上。当光标变为 形状时，按住鼠标左键拖动即可在线段中添加曲线，如图 2-7 所示。

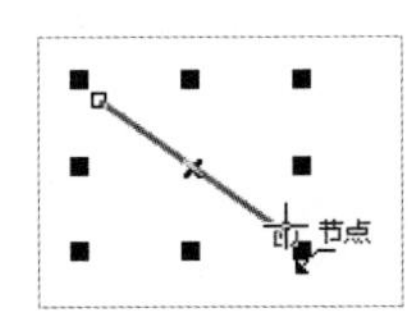

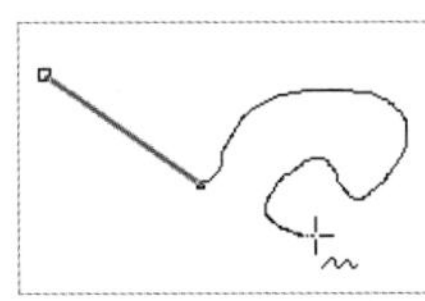

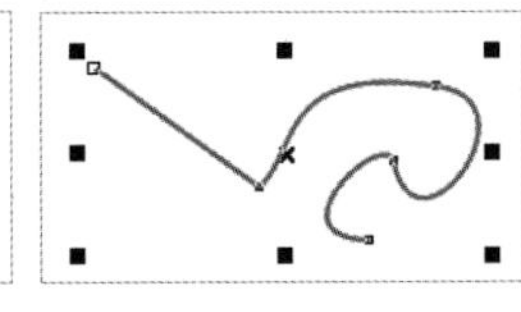

图 2-7 绘制连接曲线

单击工具箱中的“手绘工具”按钮 ，此时属性栏中会显示该工具对应的属性选项，如图 2-8 所示。

图 2-8 “手绘工具”的属性栏

“手绘工具”属性栏中各选项的含义如下（之前讲解过的功能将不再讲解）。

- “对象圆点” ：在定位或缩放对象时，用来设置要使用的参考点。
- “对象位置” ：用来显示当前绘制矩形的坐标位置。
- “对象大小” ：用来控制绘制矩形的大小。
- “缩放因子” ：可以在文本框内输入数值改变对象的缩放比例，单击其右侧的“锁定”按钮 ，可以进行等比例或不等比例的缩放。

- “旋转角度” ：在文本框中输入数值可以将对象进行不同角度的旋转。
- “水平镜像” 、“垂直镜像” ：可将对象进行水平或垂直镜像翻转。
- “拆分” ：该按钮只有在结合对象或修整对象后才会启用，用于将合并后的对象进行拆分，以便于对单独个体进行编辑。
- “轮廓宽度” ：在此下拉列表中可以设置矩形的轮廓线的宽度。
- “起始箭头与终止箭头” ：用来设置直线或曲线起始端箭头和终止端箭头，如图 2-9 所示。
- “线条样式” ：用来设置直线或曲线的线条样式，如图 2-10 所示。
- “闭合曲线” ：用来在未封闭的曲线起点和终点之间创建一条连接线，将其变为闭合的曲线，如图 2-11 所示。

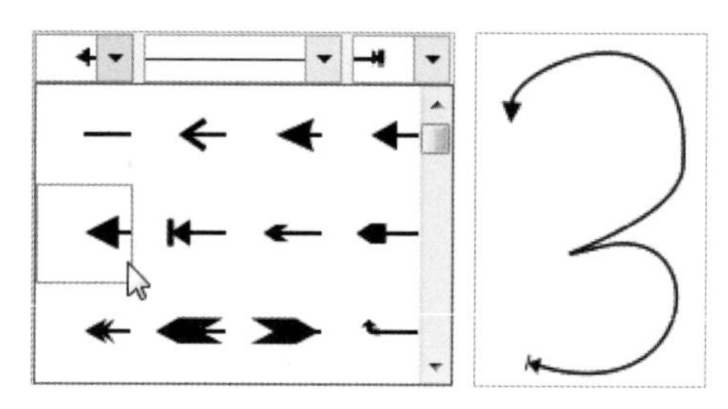

图 2-9 设置起始 / 终止箭头

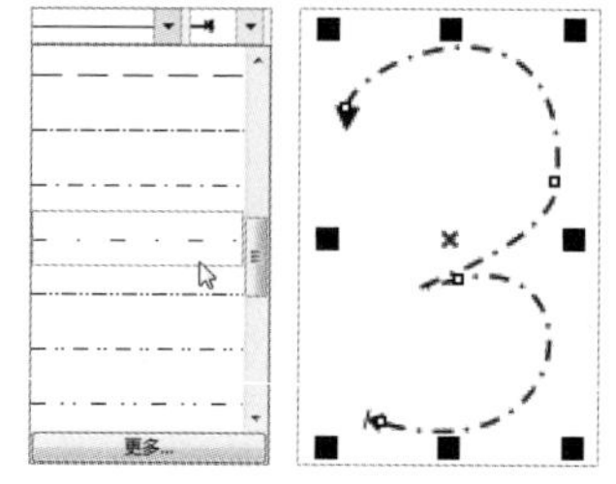

图 2-10 设置线条样式

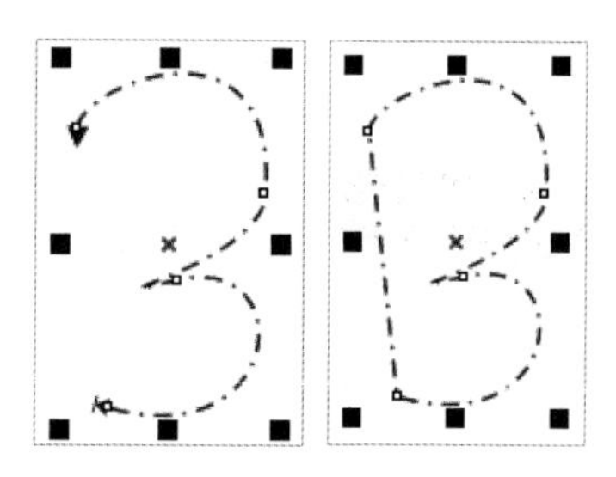

图 2-11 闭合曲线

- “文本换行” ：用来设置段落文本绕图的选项，如图 2-12 所示。
- “手绘平滑” ：用来设置手绘曲线的平滑度，数值越大，手绘线条的平滑度就会越大。
- “边框” ：用来设置显示与隐藏绘制的直线或曲线的选择框。
- “快速自定义” ：可以对属性栏中的各个选项进行重新定义，屏蔽不常用的选项。

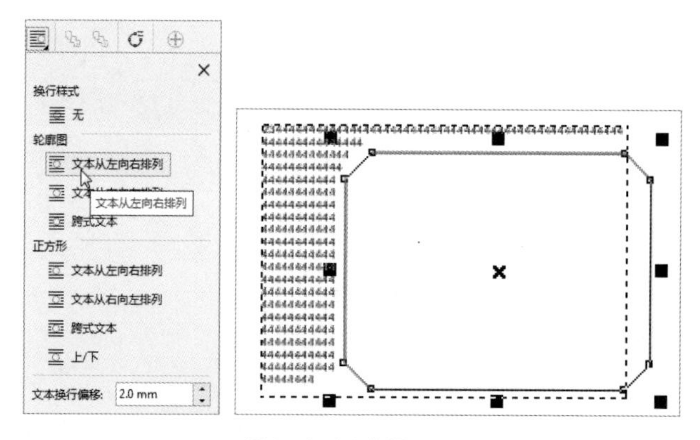

图 2-12 文本绕图

2.1.5 两点线工具

“两点线工具” 是 CorelDRAW 2018 中的一个专门绘制直线线段的工具，使用该工具还可以绘制与对象垂直或相切的直线。

在默认情况下，选择“两点线工具” ，在文档中选择起点，按住鼠标左键向外拖动，松开鼠标后即可得到一条直线，如图 2-13 所示。

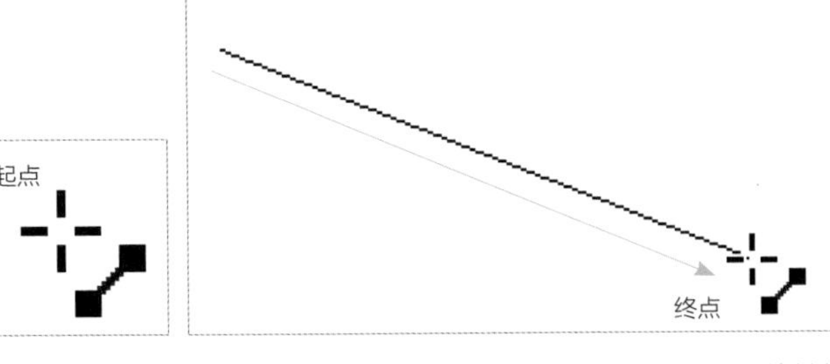

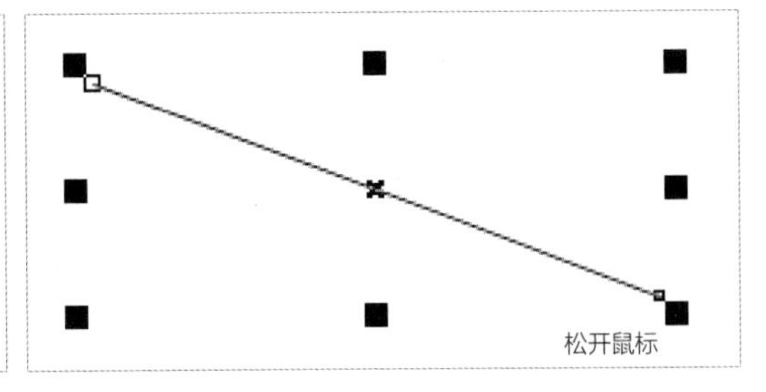

图 2-13 绘制直线

单击工具箱中的“两点线工具”按钮，此时属性栏中会显示该工具的属性选项，如图 2-14 所示。

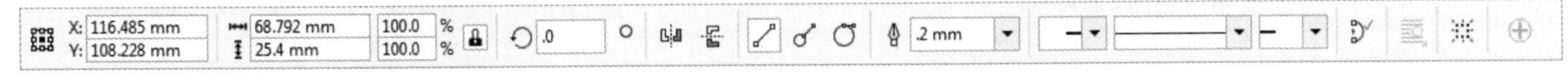

图 2-14 “两点线工具”的属性栏

“两点线工具”属性栏中各选项的含义如下（之前讲解过的功能将不再讲解）。

- “两点线工具”：用来连接起点与终点之间的连线，如图 2-15 所示。
- “垂直两点线”：用来将当前绘制的两点线与之前的直线或对象成直角，如图 2-16 所示。

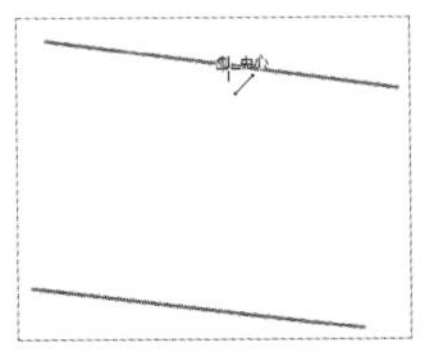
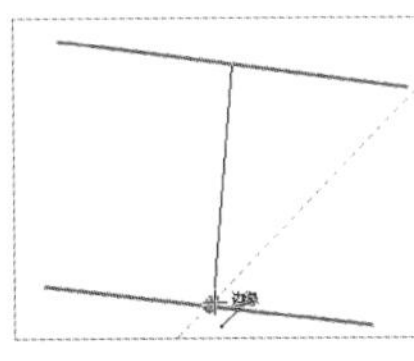
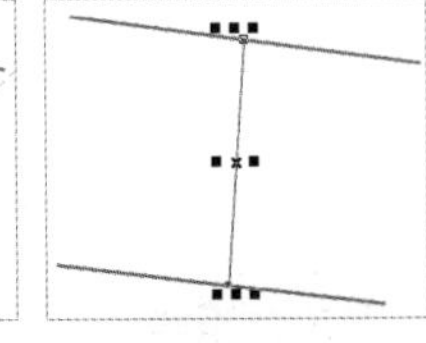

图 2-15 绘制两点线

- “相切的两点线”：用来将当前绘制的两点线与之前的直线或对象相切，如图 2-17 所示。

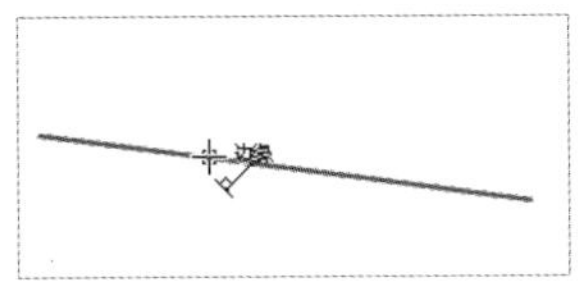
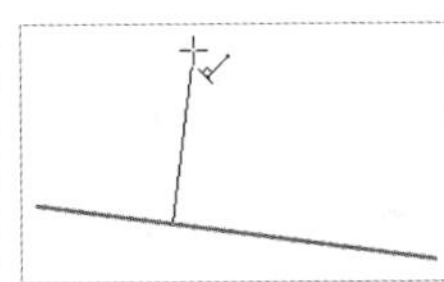
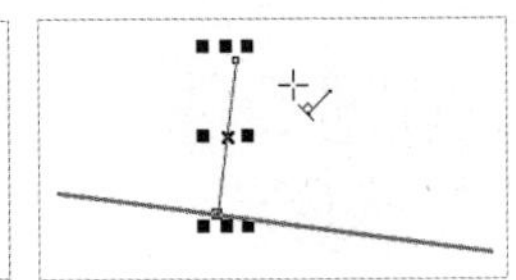

图 2-16 垂直两点线

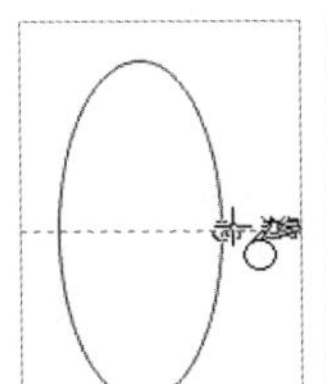
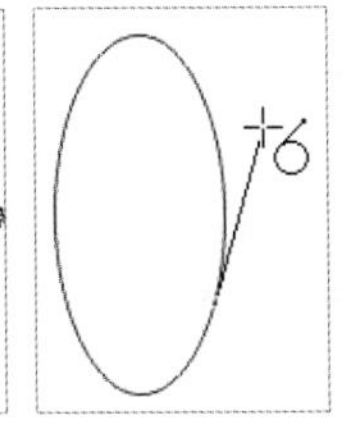
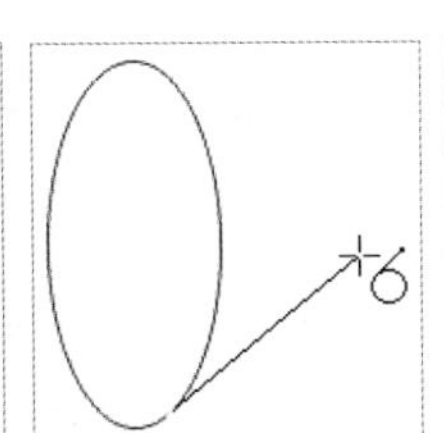
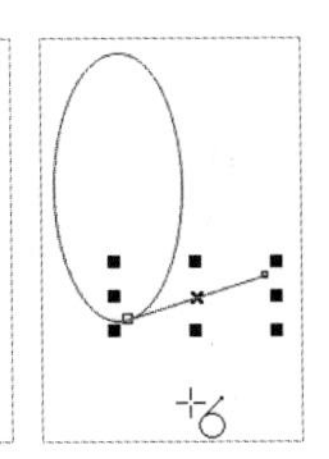

图 2-17 相切的两点线

技巧

使用“两点线工具”中的“相切的两点线”在椭圆形对象上绘制相切线段时，随着拖动角度的变化，选择的起点也会跟随变化。

课堂案例 使用“两点线工具”绘制三角形

视频教学	录屏 / 第 02 章 / 课堂案例——使用“两点线工具”绘制三角形
案例要点	掌握“两点线工具”的使用方法

扫码观看视频

操作步骤

Step 01 新建空白文档，使用“两点线工具”在页面中选择起点后按住【Shift】键绘制垂直直线，如图 2-18 所示。

Step 02 按住【Shift】键，绘制水平直线，如图 2-19 所示。

Step 03 按住鼠标左键将终点与起点相连接，得到一个封闭的三角形，如图 2-20 所示。

Step 04 选择绘制的封闭三角形，在调色板中单击“橘色”色标，为三角形填充橘色，如图 2-21 所示。

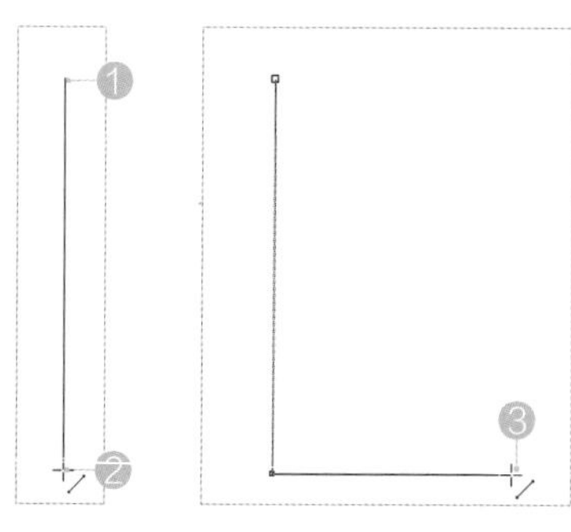

图 2-18 绘制垂直直线

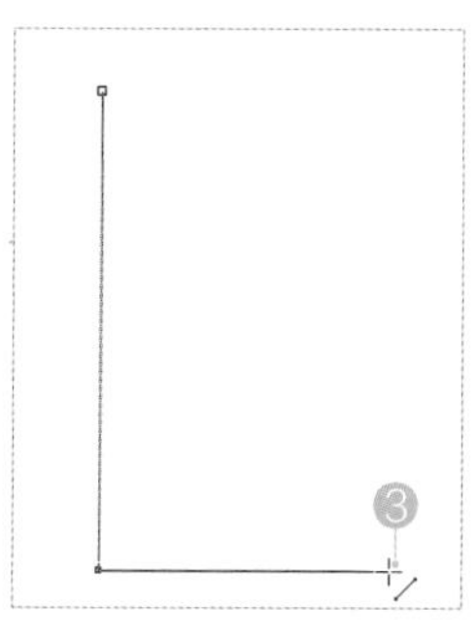

图 2-19 绘制水平直线

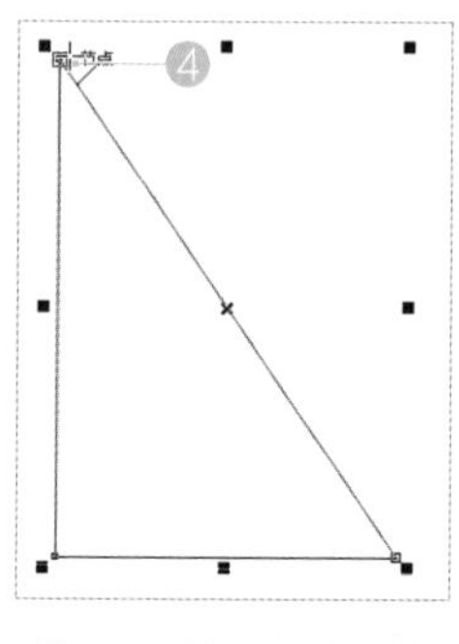

图 2-20 得到一个封闭的三角形

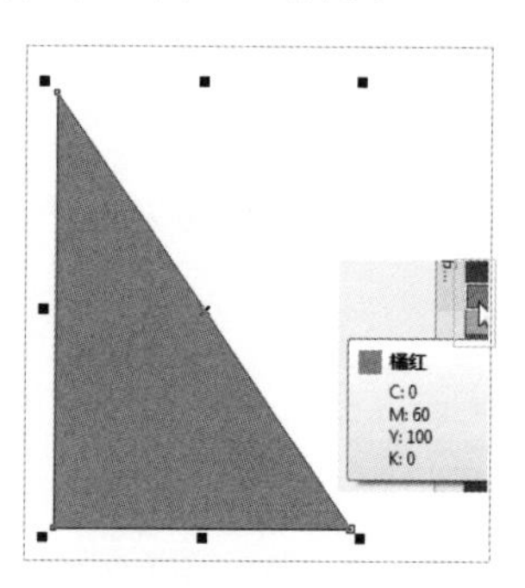

图 2-21 填充颜色

2.2 贝济埃工具

“贝济埃工具”是 CorelDRAW 中的一个专门用来绘制曲线的工具，使用该工具还可以绘制连续的线段和封闭形状。方法是选择“贝济埃工具”，在页面中单击，移动到另一位置再单击，可以得到直线，到第二点按住鼠标左键拖动会得到一条与前一点形成的曲线，如图 2-22 所示。

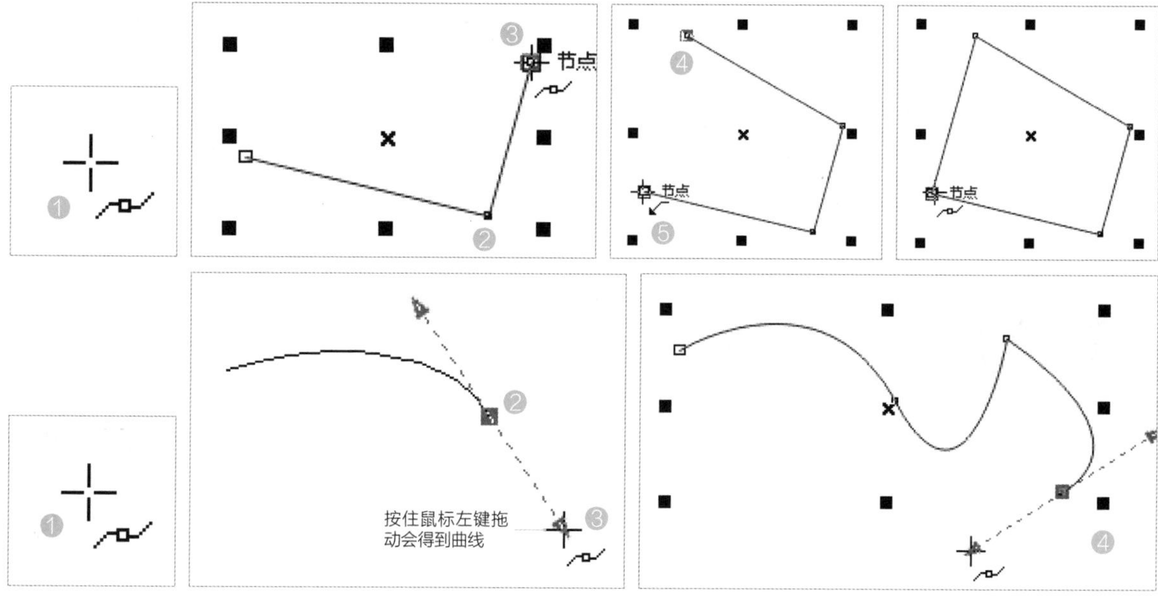

图 2-22 使用“贝济埃工具”绘制线段与曲线

单击工具箱中的“贝济埃工具”按钮，此时属性栏会变成该工具对应的属性选项，如图 2-23 所示。

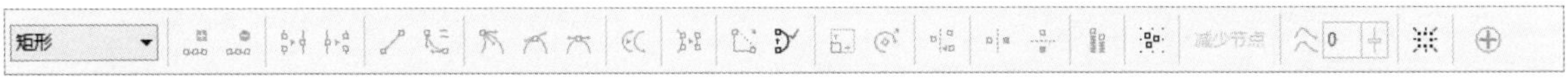

图 2-23 “贝济埃工具”的属性栏

2.3 钢笔工具

“钢笔工具”是 CorelDRAW 中的一个专门用来绘制直线与曲线的工具，还能在绘制过程中添加和删除节点。方法是选择“钢笔工具”，在页面中单击，移动到另一位置单击，可以绘制直线，到第二点按住鼠标左键拖动会得到一条与前一点形成的曲线，按【Enter】键完成绘制，如图 2-24 所示。

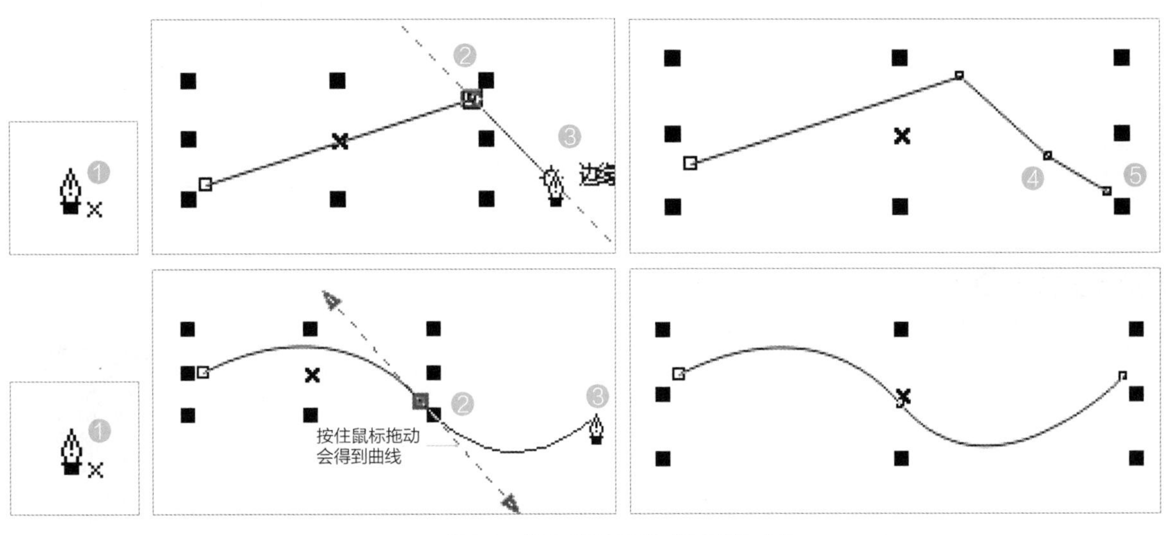

图 2-24 使用“钢笔工具”绘制线段与曲线

技巧

在使用“钢笔工具”绘制直线或曲线时，可以在末端节点上双击，完成绘制。

单击工具箱中的“钢笔工具”按钮，此时属性栏中会显示该工具的属性选项，如图 2-25 所示。

图 2-25 “钢笔工具”的属性栏

“钢笔工具”属性栏中各选项的含义如下（之前讲解过的功能将不再讲解）。

- “预览模式”：用来预览将要绘制的直线或曲线的效果，默认以蓝色线条显示，不选择该选项将不会出现预览效果，如图 2-26 所示。

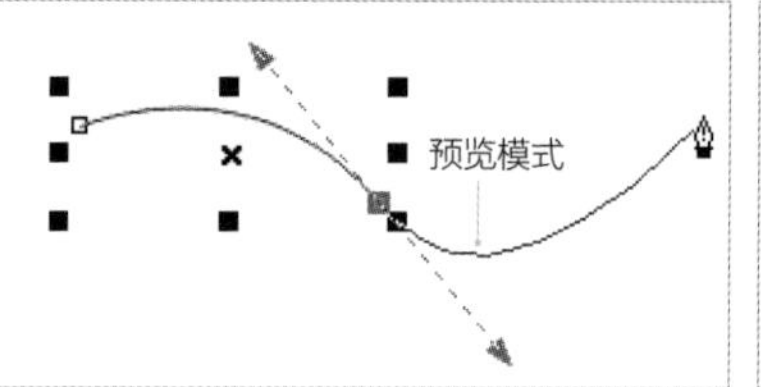

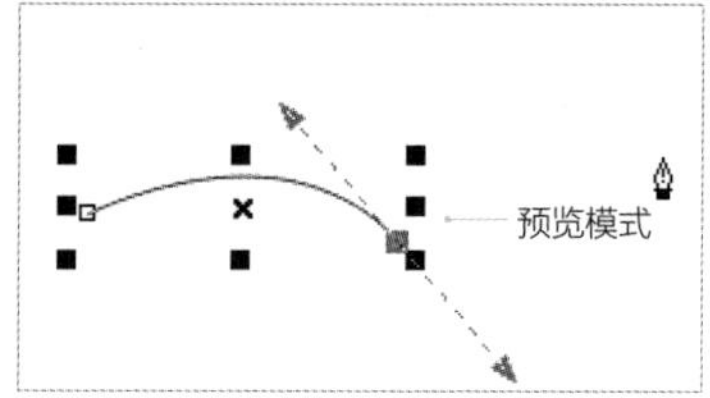

图 2-26 预览模式

- “自动添加与删除节点”：开启此功能后，可以在曲线中没有节点的位置通过单击来添加节点，如图 2-27 所示；在有节点的位置单击可以将节点删除，如图 2-28 所示。

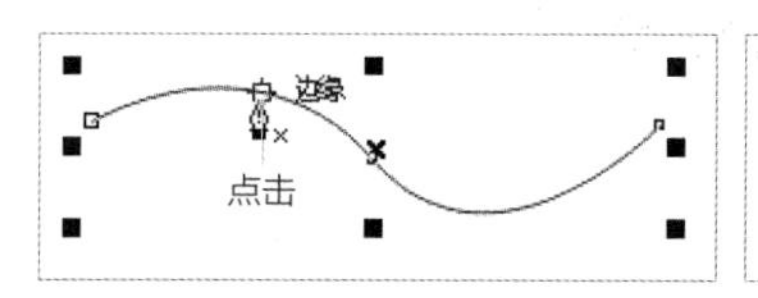

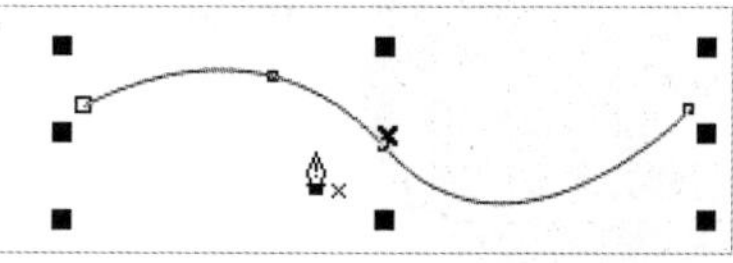

图 2-27 添加节点

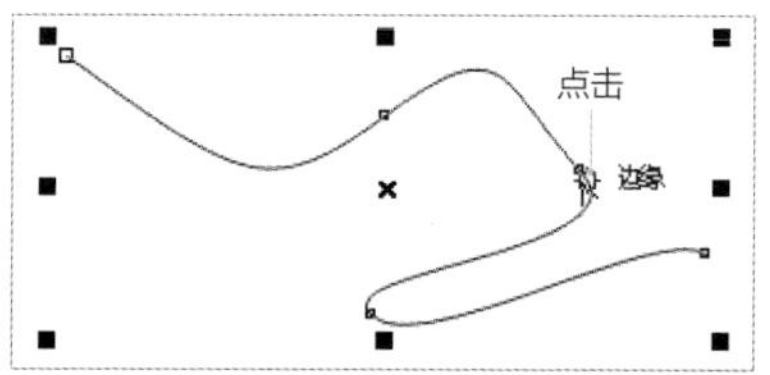

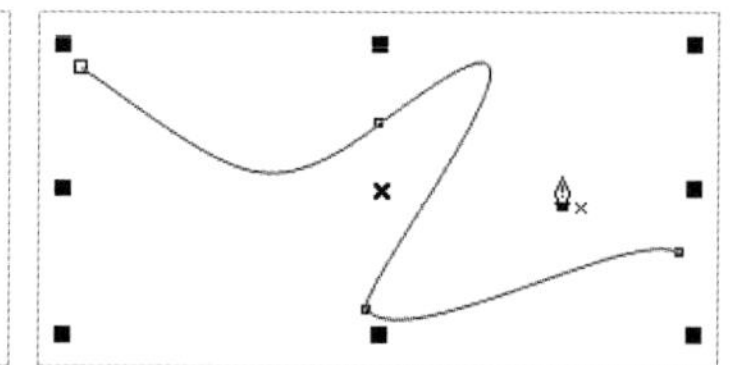

图 2-28 删除节点

课堂案例 通过“钢笔工具”绘制卡通伞

素材文件	源文件 / 第 02 章 /< 课堂案例——通过“钢笔工具”绘制卡通伞 >	扫码观看视频
视频教学	录屏 / 第 02 章 / 课堂案例——通过“钢笔工具”绘制卡通伞	
案例要点	掌握“钢笔工具”的使用方法	

操作步骤

Step 01 新建空白文档，在标尺处向页面中拖动出辅助线，如图 2-29 所示。

Step 02 使用“钢笔工具”在辅助线的交点处创建起点后，在顶端的辅助线交点处按住鼠标左键拖动将其变为曲线，按【Enter】键完成曲线的绘制，如图 2-30 所示。

图 2-29 拖动出辅助线

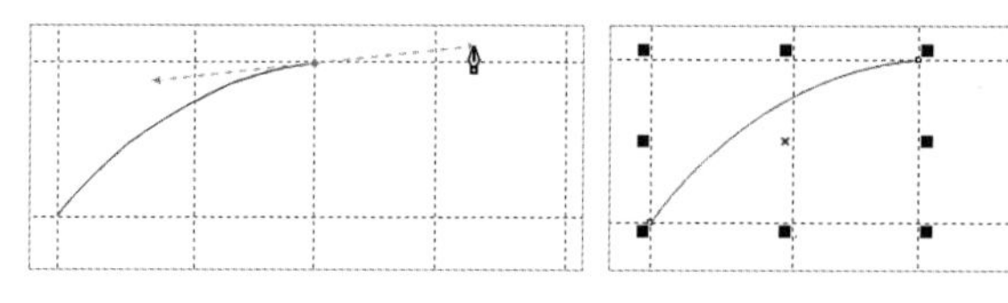

图 2-30 绘制曲线

Step 03 再使用“钢笔工具”在辅助线上绘制另一条曲线，效果如图 2-31 所示。

Step 04 使用“选择工具”框选两条曲线，按住鼠标左键向右拖动，到合适位置后单击鼠标右键，复制一个副本，如

图 2-32 所示。

Step 05 确保副本处于选取状态，单击属性栏中的“水平镜像”按钮，将其水平翻转，再移动到合适的位置，如图 2-33 所示。

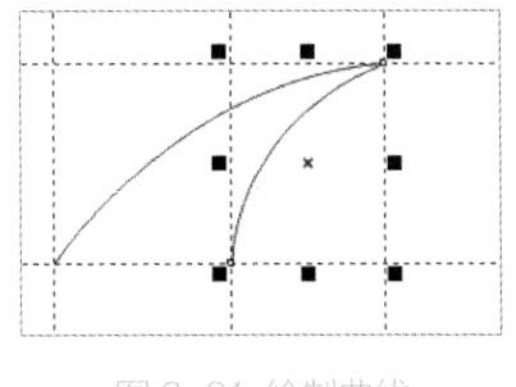

图 2-31 绘制曲线

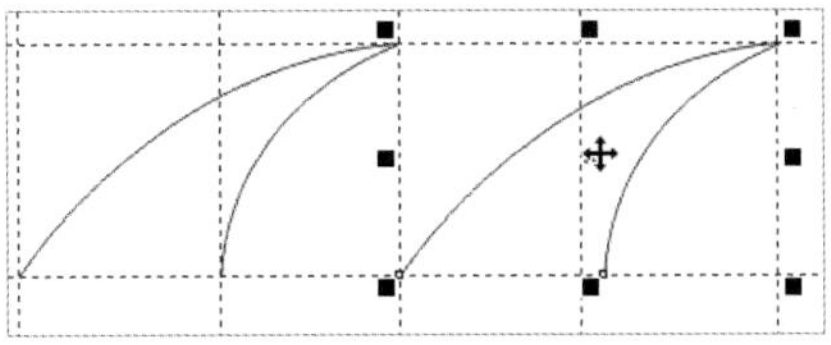

图 2-32 复制曲线

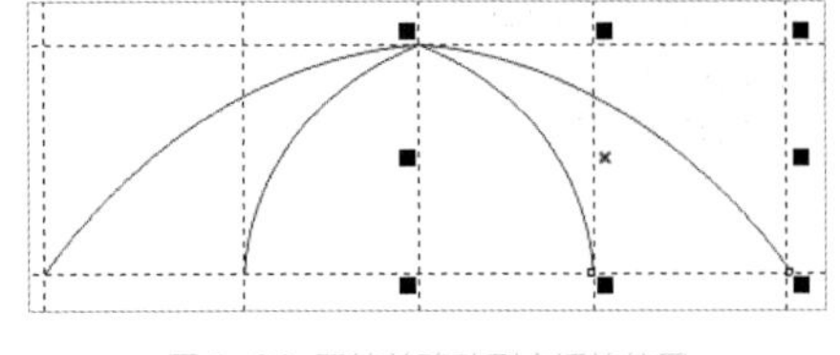

图 2-33 翻转并移动到合适的位置

Step 06 使用“钢笔工具”在左侧的曲线下端单击，移动到第二条曲线下端按住鼠标左键拖动调整曲线形状，如图 2-34 所示。

Step 07 将鼠标指针移动到所绘制的曲线的末端，按住【Alt】键，当鼠标指针右下角显示拐角符号时单击，将其变为一个新的起点，移动鼠标指针到第三条垂直辅助线上，按住鼠标左键拖动，将其变为曲线，如图 2-35 所示。

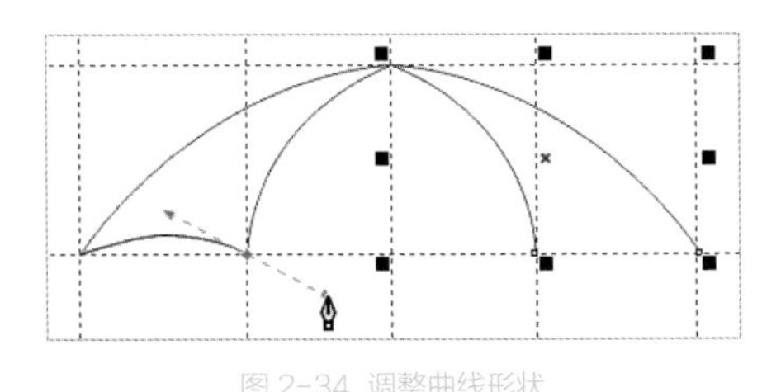

图 2-34 调整曲线形状

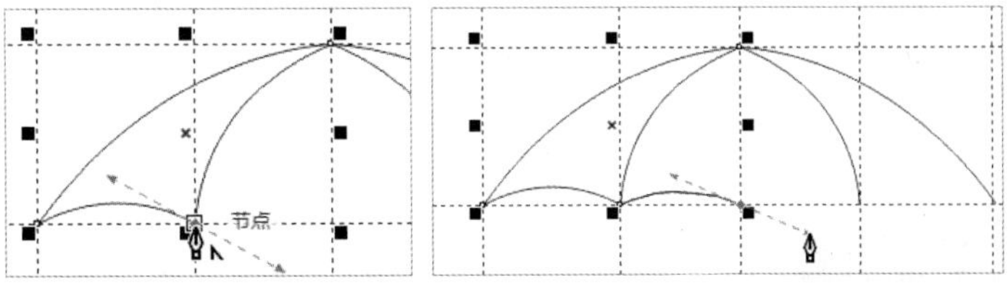

图 2-35 继续绘制曲线

Step 08 使用同样的方法绘制后面的曲线，效果如图 2-36 所示。

Step 09 使用“手绘工具”在中间那条垂直辅助线上绘制直线，效果如图 2-37 所示。

Step 10 框选所有曲线，在“颜色”调板中的“橘色”上单击鼠标右键，将轮廓线填充为橘色，效果如图 2-38 所示。

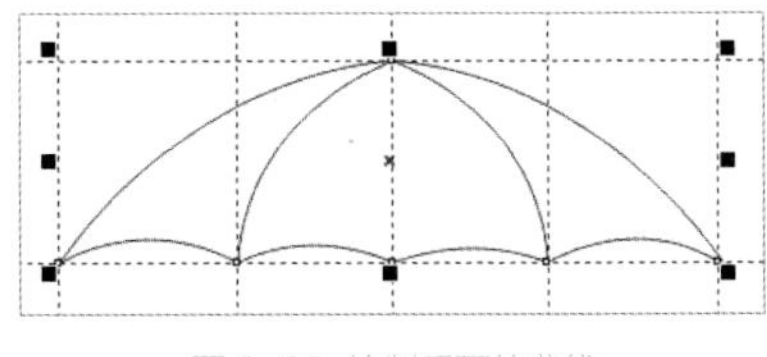

图 2-36 绘制后面的曲线

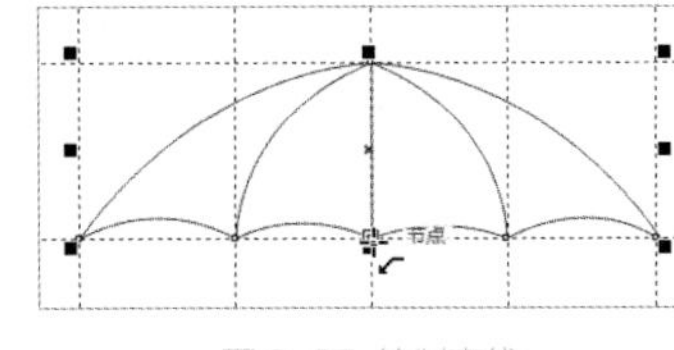

图 2-37 绘制直线

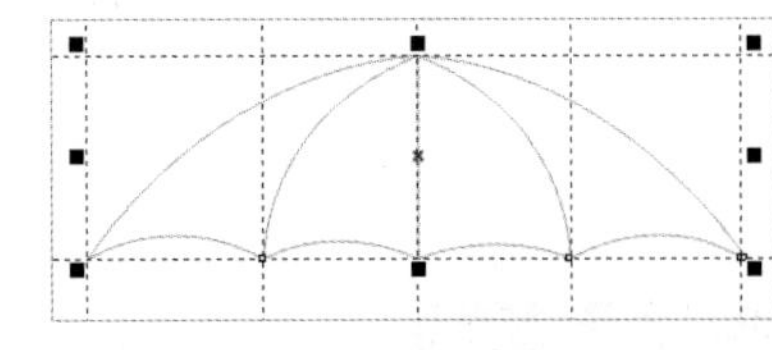

图 2-38 将轮廓线填充为橘色

Step 11 使用“钢笔工具”在中间那条直线下端绘制一条直线和一条曲线，将“轮廓宽度”设置为“2.5mm”，效果如图 2-39 所示。

Step 12 选择菜单栏中的“文件”/“导入”命令或按【Ctrl+I】组合键，导入本章素材中的“猪”素材，调整大小后将其放置到伞把的位置，将辅助线隐藏，效果如图 2-40 所示。

Step 13 使用“两点线工具”在伞的顶端绘制一个三角形。至此，本例制作完毕，最终效果如图 2-41 所示。

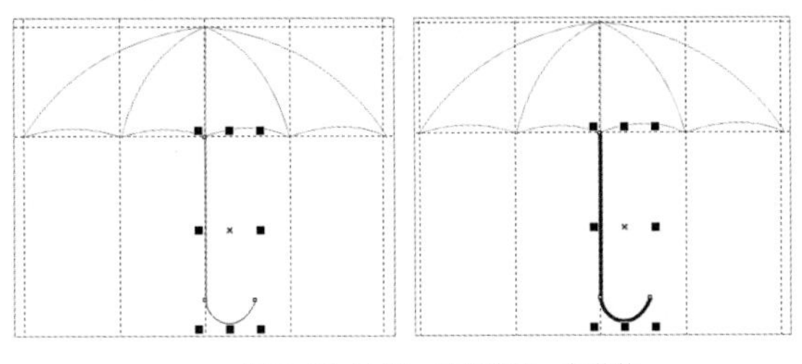

图 2-39 绘制一条直线和一条曲线

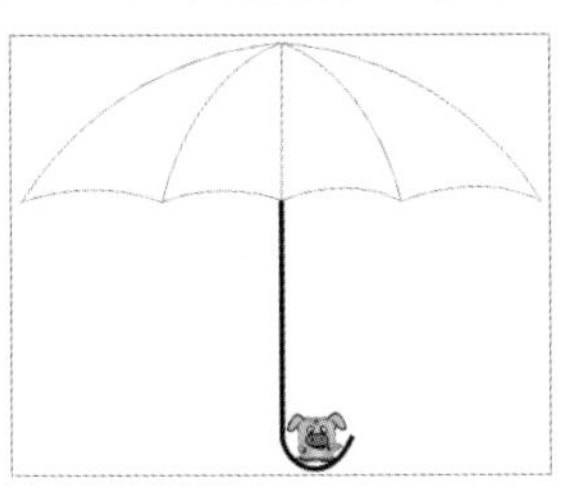

图 2-40 导入素材效果

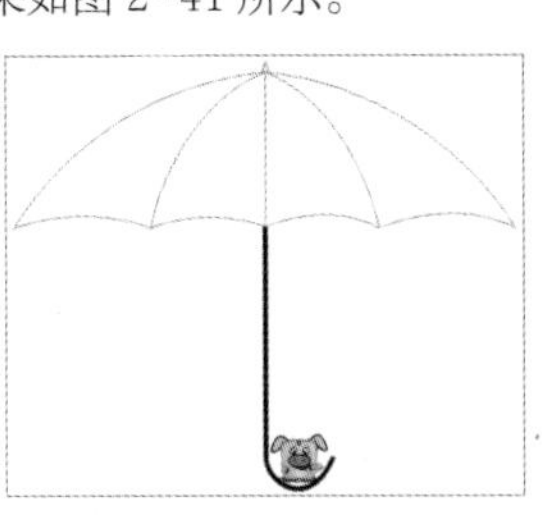

图 2-41 最终效果

B样条工具

“B样条工具”是CorelDRAW中的一个通过设置构成曲线的控制点来绘制曲线的工具。方法是选择“B样条工具”，在页面中单击，移动到另一位置单击，再移动鼠标到另一点就能够出现曲线，在最后一点上双击即可完成曲线的绘制，如图2-42所示。

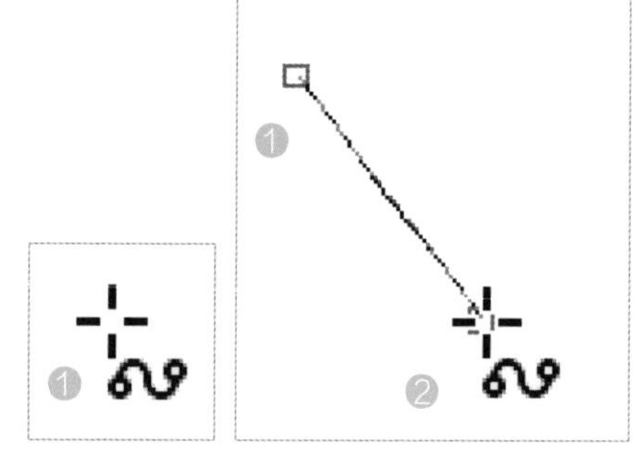
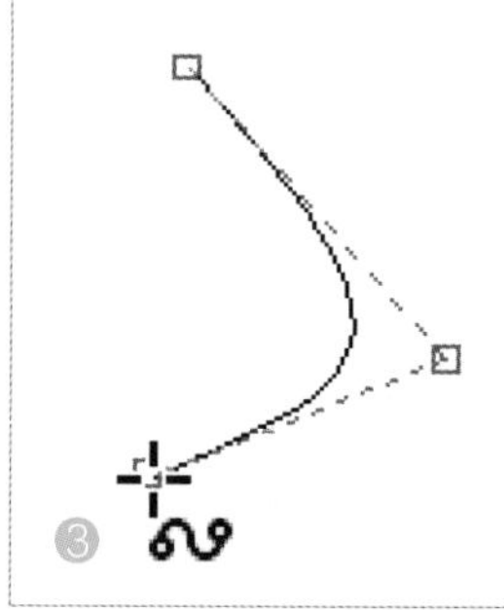
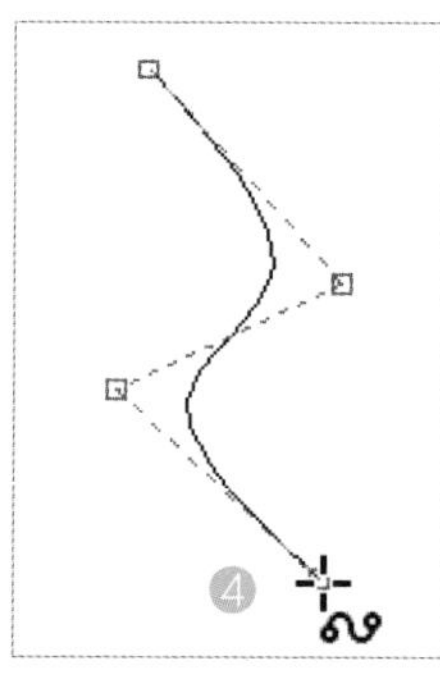
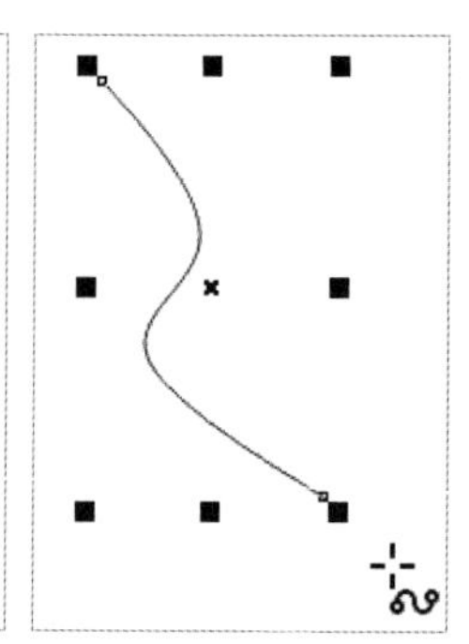

图2-42 使用“B样条工具”绘制曲线

技巧

在使用“B样条工具”绘制曲线时，当起点与终点相交时，单击即可绘制封闭的图形。

单击工具箱中的“B样条工具”按钮，此时属性栏中会显示该工具的属性选项，如图2-43所示。

图2-43 “B样条工具”的属性栏

课堂案例 通过“B样条工具”绘制卡通蜜蜂

素材文件	源文件 / 第02章 /< 课堂案例——通过“B样条工具”绘制卡通蜜蜂 >	扫码观看视频
视频教学	录屏 / 第02章 / 课堂案例——通过“B样条工具”绘制卡通蜜蜂	
案例要点	掌握“B样条工具”的使用方法	

操作步骤

Step 01 新建空白文档，首先绘制蜻蜓翅膀。使用“B样条工具”在页面中合适的位置单击，移动鼠标到另一位置单击后再移动到下一位置，如图2-44所示。

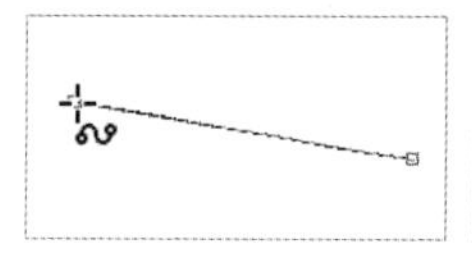
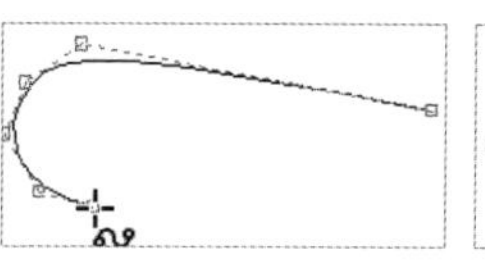
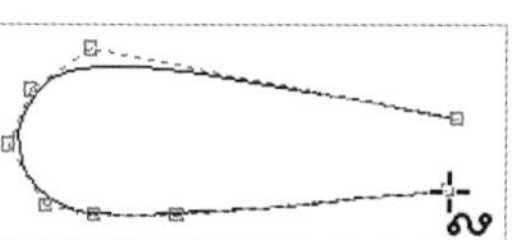

图2-44 绘制蜻蜓翅膀

Step 02 将鼠标指针移动到下面的位置，单击后再次移动，形成单侧翅膀形状后双击，完成翅膀的绘制，如图 2-45 所示。

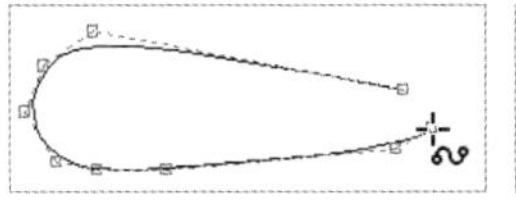
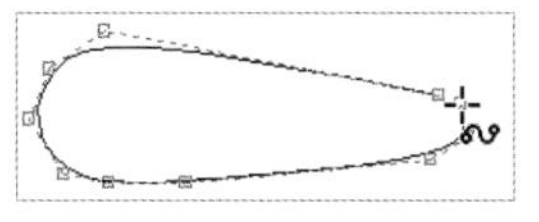
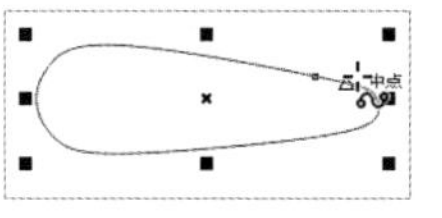

图 2-45 完成翅膀的绘制

Step 03 为翅膀填充橙色，在“无填充”☒上单击鼠标右键，使用“透明度工具”▩，设置不透明度，如图 2-46 所示。

Step 04 按【Ctrl+D】组合键复制一个副本，将副本缩小并调整位置，效果如图 2-47 所示。

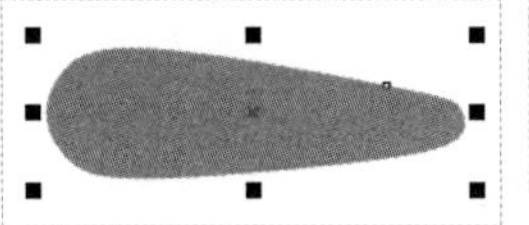
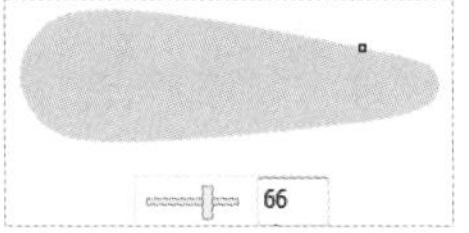

图 2-46 设置不透明度

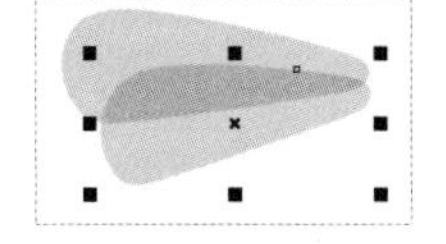

图 2-47 复制并缩小

Step 05 框选两个翅膀，按【Ctrl+D】组合键复制一个副本，单击属性栏中的“水平镜像”按钮，进行水平翻转，并将其移动到合适的位置，效果如图 2-48 所示。

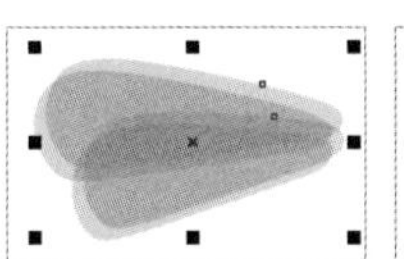
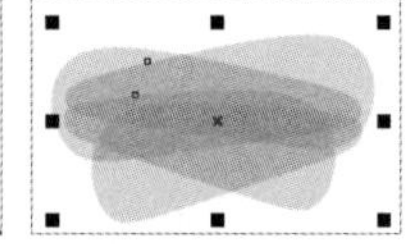
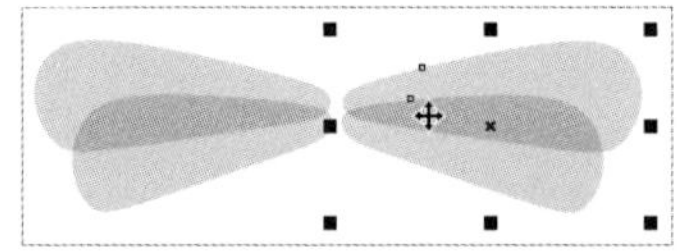

图 2-48 复制并水平翻转

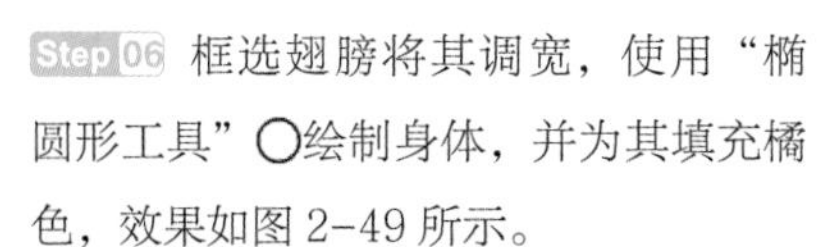

Step 06 框选翅膀将其调宽，使用“椭圆形工具”○绘制身体，并为其填充橘色，效果如图 2-49 所示。

Step 07 使用“手绘工具”在身体上绘制多条直线，效果如图 2-50 所示。

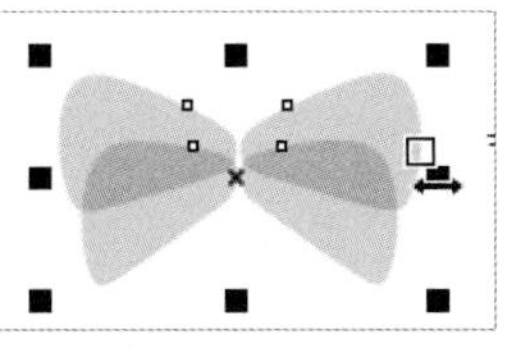
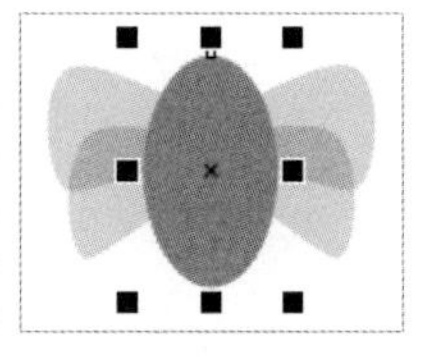

图 2-49 绘制身体并将其填充为橘色

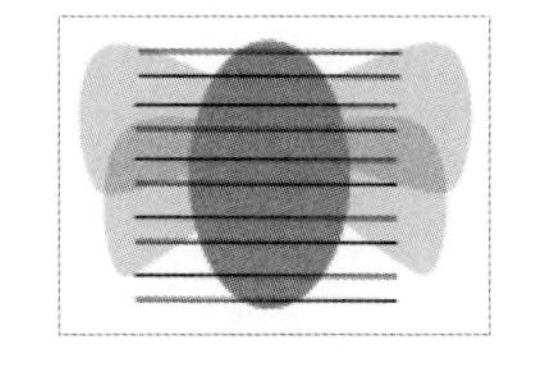

图 2-50 绘制多条直线

Step 08 使用“智能填充工具”在线条之间填充深褐色，框选所有对象，在“颜色”调板中的“无填充”☒上单击鼠标右键，去掉轮廓，效果如图 2-51 所示。

Step 09 选择身体部分，按【Ctrl+End】组合键将其调整到最后一层，使用“椭圆形工具”○在身体顶部绘制正圆头部，将其填充为深褐色，再绘制黄色和黑色正圆作为眼睛，效果如图 2-52 所示。

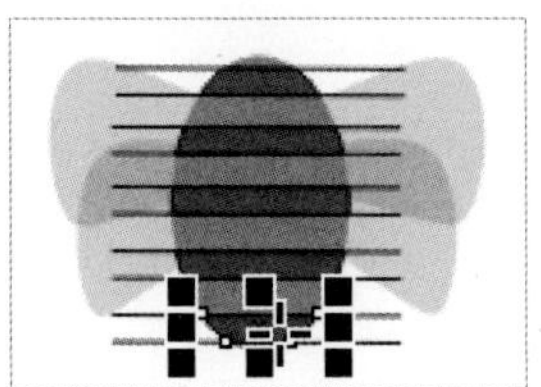
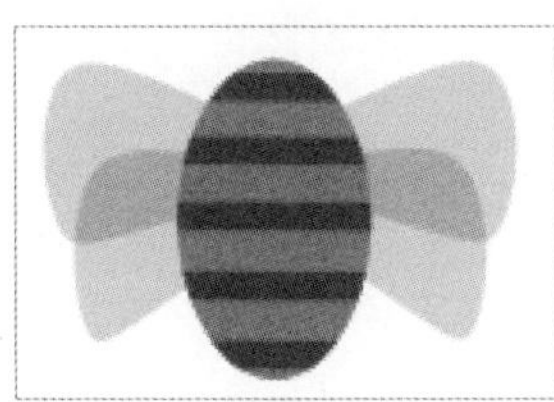

图 2-51 填充深褐色并去掉轮廓

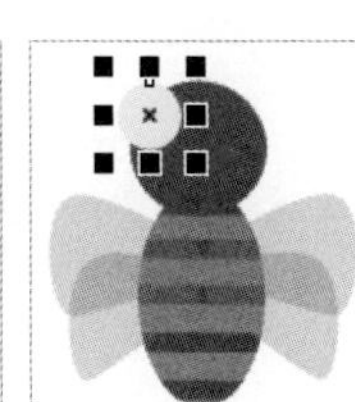

图 2-52 绘制头部和眼睛

Step 10 使用“钢笔工具”在头部的顶端绘制曲线将其作为触须，再使用“椭圆形工具”○在触须上绘制小正圆，框选触须和小正圆复制一个副本，单击属性栏中的“水平镜像”按钮，效果如图 2-53 所示。

Step 11 使用“钢笔工具”在尾部绘制一个三角形，将其填充为黑色。至此，本例制作完毕，最终效果如图 2-54 所示。

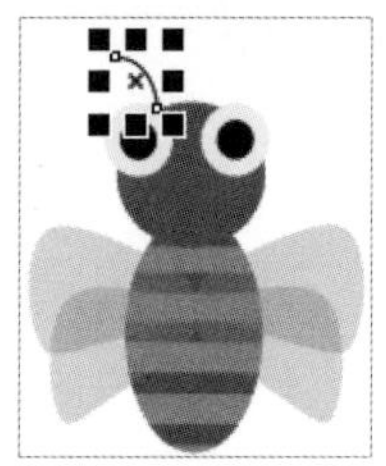

图 2-53 绘制触须

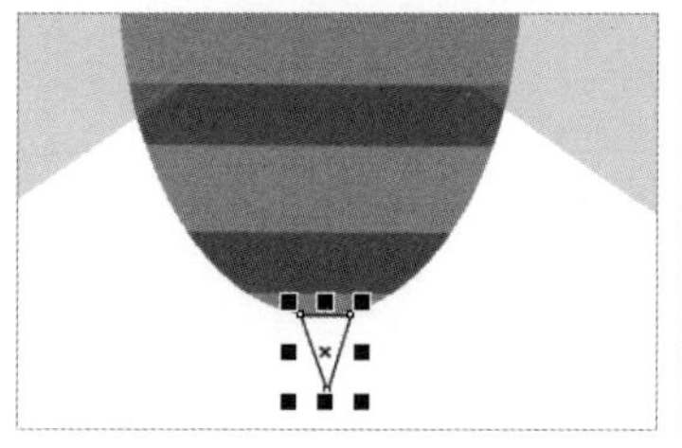

图 2-54 最终效果

2.5 折线工具

在 CorelDRAW 中使用“折线工具”可以自由地绘制曲线和连续的线段。方法是选择“折线工具”，在页面中将鼠标光标移动到需要绘制的位置，然后按住鼠标左键，向右侧拖动鼠标，在合适的位置双击，即可将曲线绘制完成，如图 2-55 所示。选择起点单击，将鼠标光标移动到另一点单击，使用此方法可以绘制多条直线线段，在终点双击，完成绘制，如图 2-56 所示。

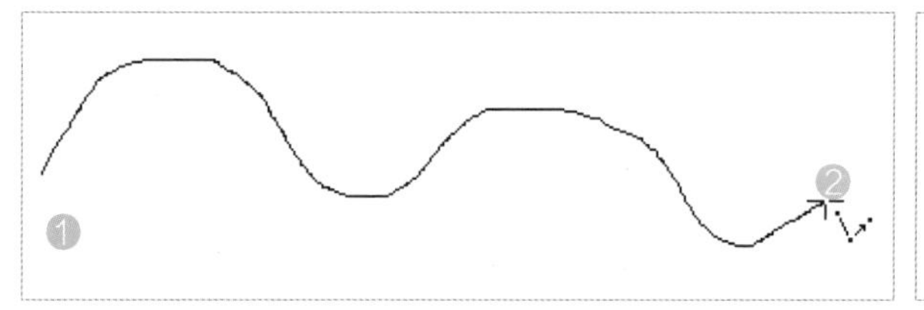
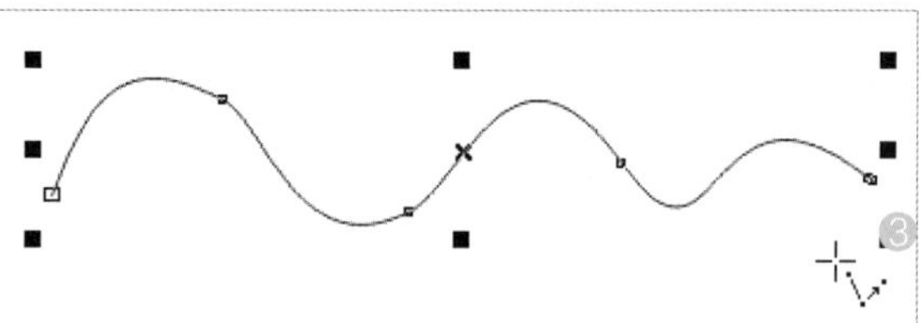

图 2-55 绘制曲线

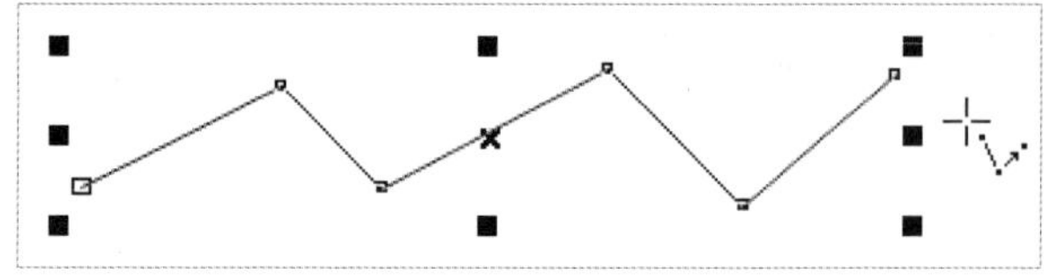

图 2-56 绘制直线线段

技巧

在使用“折线工具”绘制曲线时，松开鼠标再单击，就可以完成曲线与直线相连接的图形的绘制。

单击工具箱中的“折线工具”按钮，此时属性栏中会显示该工具的属性选项，如图 2-57 所示。

图 2-57 “折线工具”的属性栏

其中的选项含义如下（之前讲解过的功能将不再讲解）。

“自动闭合”：选择此选项后，在使用“折线工具”绘制曲线时，绘制的曲线会自动将起点与终点相连接形成闭合图形，如图 2-58 所示。

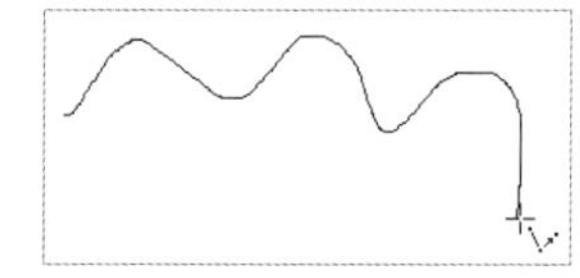
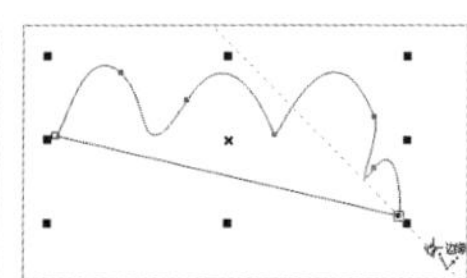

图 2-58 自动闭合

2.6 三点曲线工具

在 CorelDRAW 中，“三点曲线工具”用来绘制多种弧线或近似圆弧的曲线。而用户只需确定曲线的两个端点和一个中心点即可。方法是选择“三点曲线工具”，在绘图页面单击并按住鼠标左键向右拖动，在合适的位置松开鼠标并向其他方向拖动，单击，即可完成弧线的绘制，如图 2-59 所示。

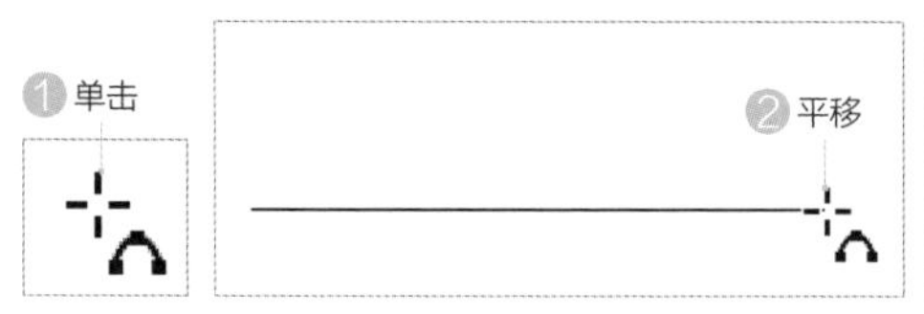

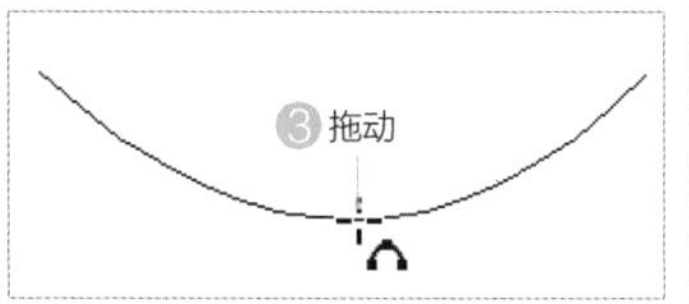

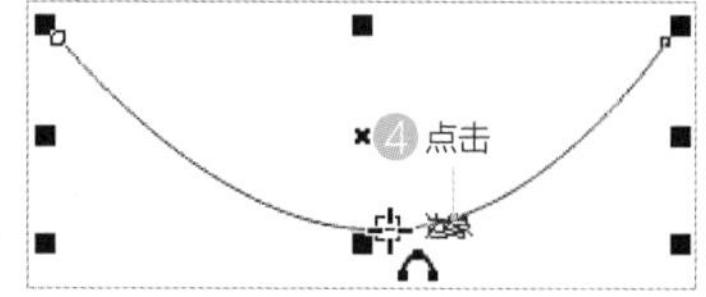

图 2-59 绘制多种弧线或近似圆弧的曲线

单击工具箱中的“三点曲线工具”按钮，此时属性栏中会显示该工具的属性选项，如图 2-60 所示。

图 2-60 “三点曲线工具”的属性栏

课堂案例 通过“三点曲线工具”绘制直线及接续曲线

视频教程位置	录屏 / 第 02 章 / 课堂案例——通过“三点曲线工具”绘制直线及接续曲线	扫码观看视频
案例要点	掌握“三点曲线工具”的使用方法	

操作步骤

Step 01 新建空白文档，使用“三点曲线工具”在页面中按住鼠标左键拖动，移动一段位置后单击，即可绘制一条直线，如图 2-61 所示。

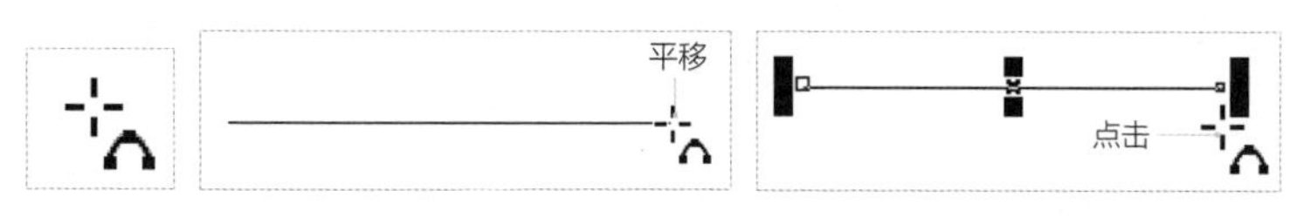

图 2-61 绘制直线

Step 02 将鼠标光标拖动到直线节点上，当鼠标指针变为形状时，按住鼠标左键，拖动到另一点松开鼠标，再拖动鼠标到其他位置单击，即可在线段中添加三点曲线，如图 2-62 所示。

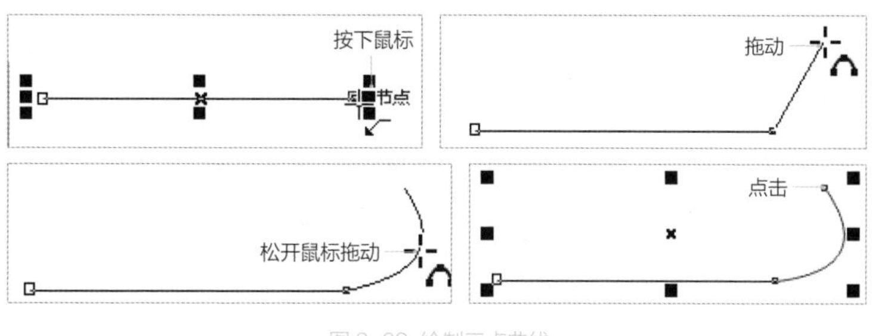

图 2-62 绘制三点曲线

2.7 智能绘图工具

在CorelDRAW中使用“智能绘图工具”可以自动识别很多形状，包括圆、矩形、箭头、菱形、梯形等，还能自动平滑和修饰曲线，快速规整和完善图像。使用“智能绘图工具”绘图，有点像我们不借助尺规徒手绘制草图，只不过笔变成了鼠标等输入设备。用户可以随意地草绘一些线条，最好有一点规律性，如圆形或者不精确的三角形等，这样智能绘图工具可以自动对涂鸦的线条进行识别、判断并组织成最接近的几何形状。使用方法是选择“智能绘图工具”，在绘图页面中按住鼠标左键按几何图形的大致图形进行拖动，松开鼠标后，系统会自动识别绘制的图形并将其转换为标准图形，如图2-63所示。

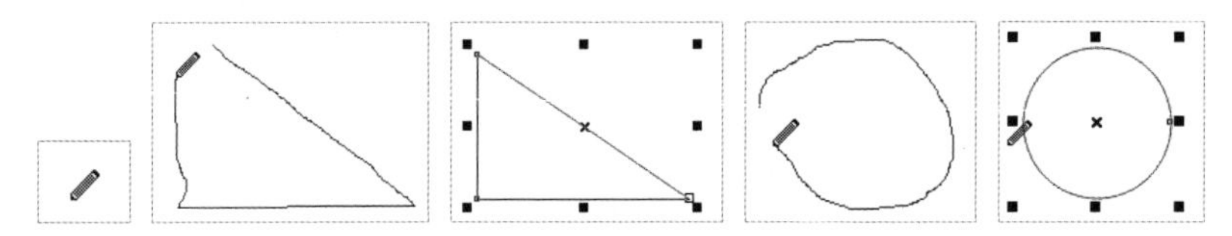

图2-63 将草绘的图形转换为标准图形

提示

当我们绘制流程图、原理图等草图时，一般要求准确而快速，使用“智能绘图工具”正好可以满足这些要求。

单击工具箱中的“智能绘图工具”按钮，此时属性栏中会显该工具的属性选项，如图2-64所示。

图2-64 “智能绘图工具”的属性栏

“智能绘图工具”属性栏中各选项的含义如下（之前讲解过的功能将不再讲解）。

- “形状识别等级”：用来设置检测形状并转换为形状的等级，如图2-65所示。

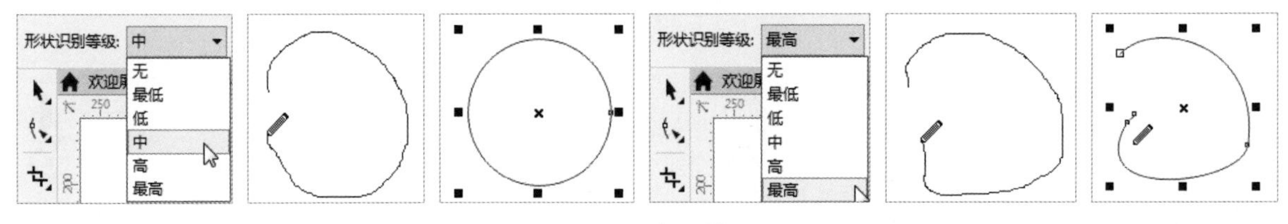

图2-65 形状识别等级

- “智能平滑等级”：用来设置使用“智能绘图工具”创建的图形轮廓的平滑度，等级越高越平滑，如图2-66所示。

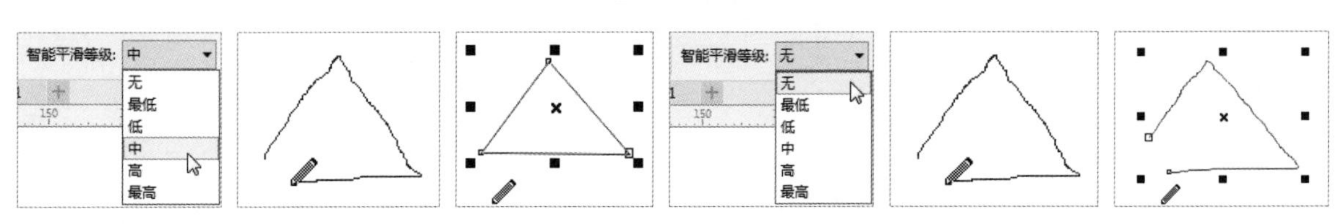

图2-66 智能平滑等级

2.8 LiveSketch 工具

"LiveSketch 工具"在为手绘草图等提供简便性和效率的同时，结合了智能笔触调整和矢量绘图。在用户绘制草图时，软件会分析其输入笔触的属性、时序和空间接近度，对其进行调整并将其转换为贝济埃曲线。要绘制草图，可在绘图窗口中绘制笔触，就像用铅笔在纸张上绘图一样。用户的手绘笔触经过调整会成为曲线，如图 2-67 所示。

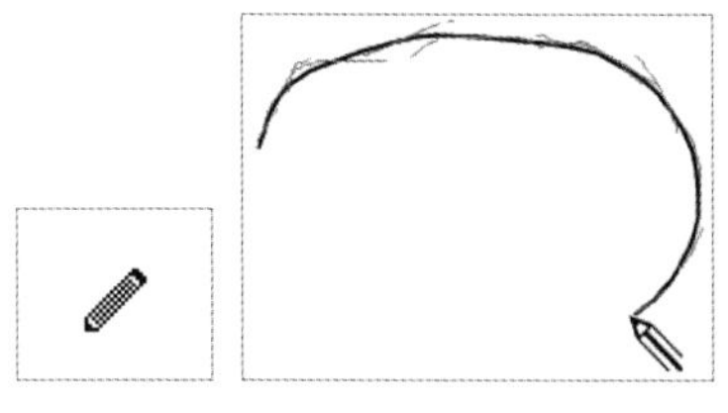
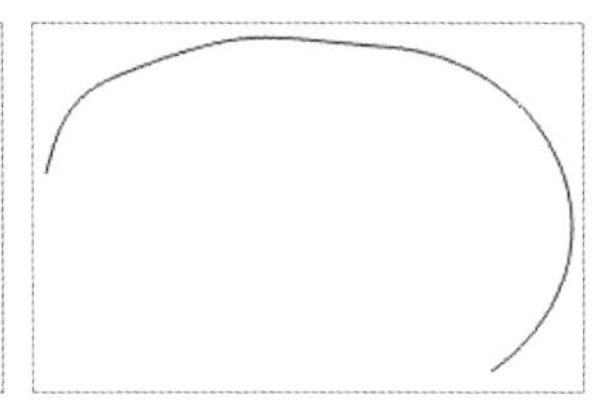

图 2-67 绘制草图曲线

单击工具箱中的"LiveSketch 工具"按钮，此时属性栏会变成该工具对应的属性选项，如图 2-68 所示。

图 2-68 "LiveSketch 工具"的属性栏

"LiveSketch 工具"属性栏中各选项的含义如下（之前讲解过的功能将不再讲解）。

- "定时器" 5.0 秒：用来设置草图绘制笔触前的延迟，在绘制时可以随时调整定时，以发现最适合用户的草图绘制速度和风格的设置。
- "包括曲线"：可以将现有的笔触进行重新调整，如图 2-69 所示。
- "与曲线的距离" 30 px ：可以设置何种距离的现有曲线会被添加到草图中。
- "创建单条曲线"：通过指定时间范围内绘制的笔触来创建单条曲线。为实现最佳效果，应该设置较长的延迟时间。CorelDRAW 仅会处理指定延迟时间内的笔触。
- "装订框"：在绘制曲线时，显示与隐藏选择框。
- "预览模式"：用来显示或隐藏生成曲线的预览效果。

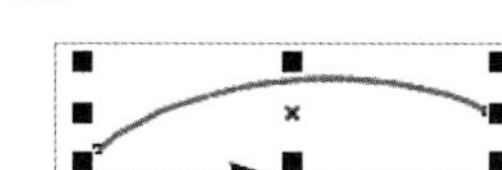
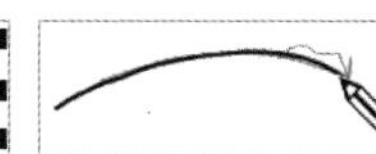
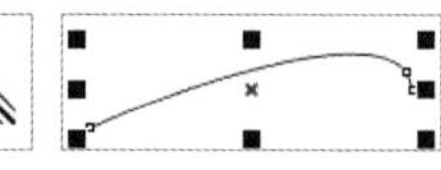

图 2-69 调整笔触

课堂练习 通过"智能绘图工具"绘制拼贴三角形

素材文件	源文件 / 第 02 章 /< 课堂练习——通过"智能绘图工具"绘制拼贴三角形 >	扫码观看视频
视频教学	录屏 / 第 02 章 / 课堂练习——通过"智能绘图工具"绘制拼贴三角形	
案例要点	掌握"智能绘图工具"和"智能填充工具"的结合使用方法	

1. 练习思路

（1）使用"智能绘图工具"绘制大三角形和小三角形。

（2）使用"智能填充工具"设置填充颜色和轮廓颜色。

2. 操作步骤

Step 01 新建空白文档，使用“智能绘图工具”在文档中绘制三角形，如图 2-70 所示。

Step 02 在三角形内部绘制一个倒三角形，如图 2-71 所示。

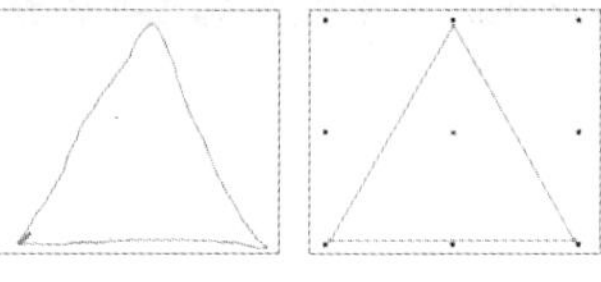

图 2-70 绘制三角形

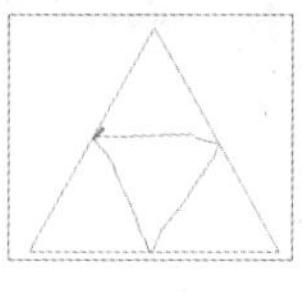
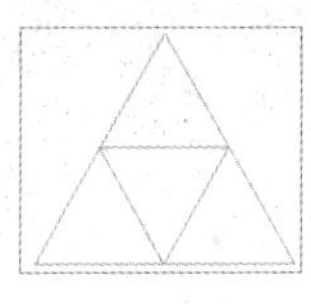

图 2-71 绘制倒三角形

Step 03 使用“智能填充工具”在属性栏中设置“填充色”为绿色，之后在拼接的两个三角形上单击进行填充，如图 2-72 所示。

Step 04 为另两个三角形填充不同的颜色，如图 2-73 所示。

Step 05 框选所有对象，在“颜色”调板中的“绿色”色标上单击鼠标右键，至此本例制作完毕，效果如图 2-74 所示。

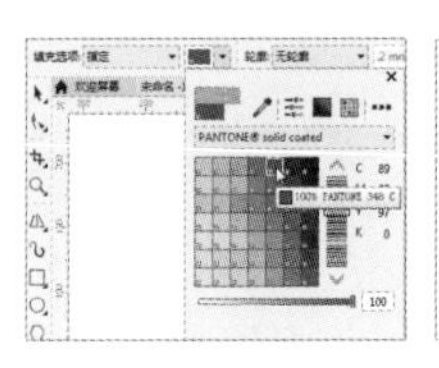
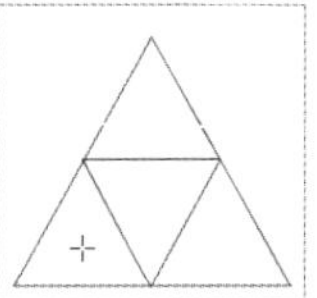
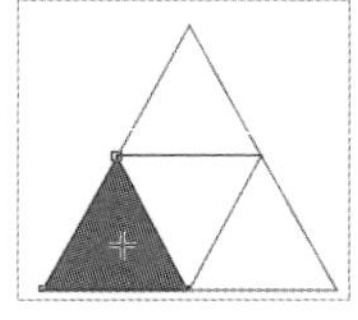
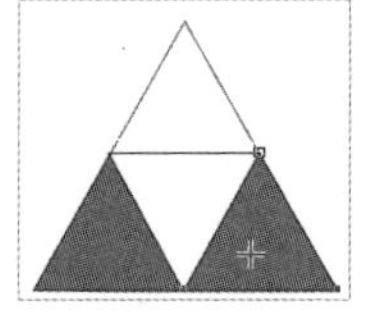

图 2-72 为拼接的两个三角形填充颜色

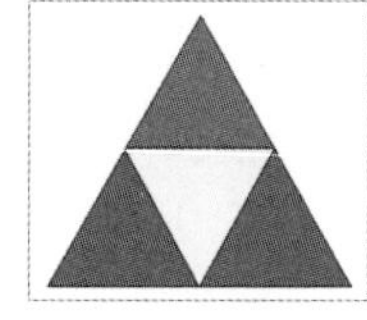

图 2-73 为另两个三角形填充颜色

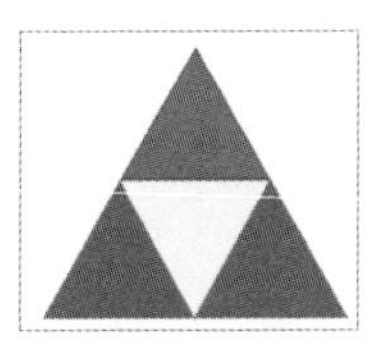

图 2-74 最终效果

课后习题

一、选择题

1. 在使用手绘工具进行绘图时，如果要绘制如图 2-75 所示的连续折线，那么在绘制时要在每个节点处（　）？

A. 单击，然后移动鼠标到下一点再单击，直到结束绘制

B. 双击，然后移动鼠标到下一点再单击，直到结束绘制

C. 单击并拖动鼠标到下一点，直到结束绘制

D. 单击鼠标右键，然后移动鼠标到下一点再单击，直到结束绘制

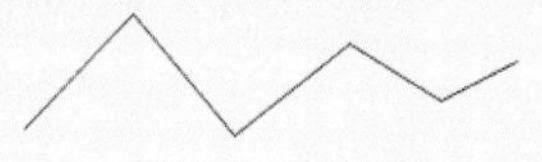

图 2-75 连续折线

二、填空题

1. “垂直两点线”：用来将当前绘制的两点线与之前的直线或对象成 ______。

2. “贝济埃工具”是 CorelDRAW 中的一个专门用来绘制曲线的工具。该工具还可以用来绘制连续的线段及封闭形状，方法是选择“贝济埃工具”，在页面中单击，将鼠标光标移动到另一位置再单击，可以得到直线，到第二点按住鼠标左键拖动会得到一条与前一点形成的 ______。

三、案例习题

习题要求：通过“三点曲线工具”绘制卡通表情，如图 2-76 所示。

案例习题文件：案例文件 / 第 02 章 / 案例习题——通过“三点曲线工具”绘制“卡通表情.cdr”。

视频教学：录屏 / 第 02 章 / 案例习题——通过“三点曲线工具”绘制卡通表情

习题要点：

（1）使用“椭圆形工具”绘制椭圆。

（2）转换为曲线。

（3）调整形状。

（4）使用“三点曲线工具”绘制嘴巴和眉毛。

图 2-76 案例文件

第03章 几何图形的绘制

人们在日常生活中会接触到很多图形，但无论是表面看起来很复杂的图形，还是简单的图形，都是由方形、圆形和多边形演变而来的。本章将介绍在 CorelDRAW 中绘制这些基本几何图形的方法。

CORELDRAW

学习要点

- 矩形工具组
- 椭圆工具组
- 多边形工具组

技能目标

- 掌握矩形的绘制方法
- 掌握椭圆的绘制方法
- 掌握多边形的绘制方法
- 掌握星形与复杂星形的绘制方法
- 掌握“图纸工具”的使用方法
- 掌握“螺纹工具”的使用方法
- 掌握基本形状工具的使用方法
- 掌握影响工具的使用方法

矩形工具组

矩形工具组包括“矩形工具”□和“三点矩形工具”□两个工具。下面具体讲解这两个工具的用法。

3.1.1 矩形工具

“矩形工具”□是CorelDRAW中一个重要的绘图工具，使用该工具可以在页面中绘制矩形和正方形。选择“矩形工具”□，在页面中按住鼠标左键向对角方向拖动，松开鼠标后即可绘制一个矩形，如图3-1所示。

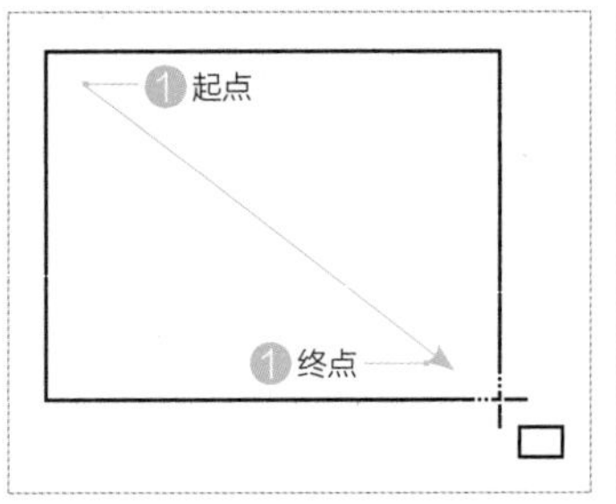

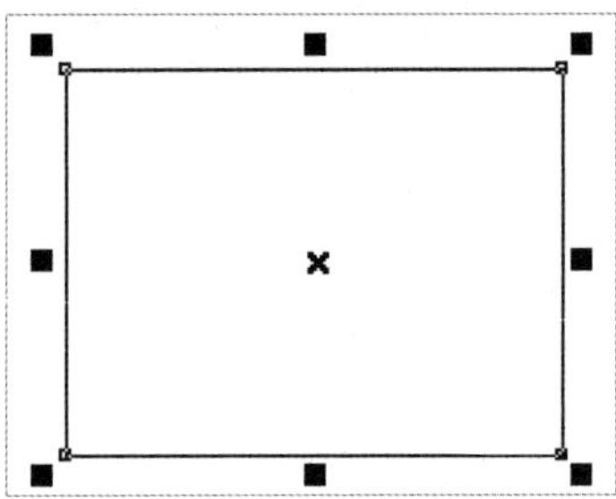

图3-1 绘制矩形

单击工具箱中的“矩形工具”按钮□，此时属性栏中会显示该工具的属性选项，如图3-2所示。

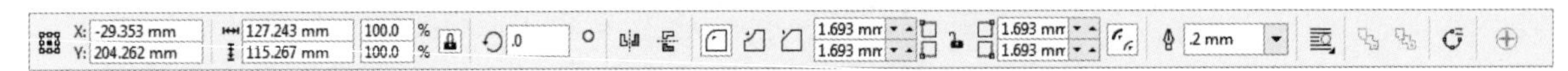

图3-2 “矩形工具”的属性栏

“矩形工具”属性栏中各选项的含义如下（之前讲解过的功能将不再讲解）。

- “圆角”□：当转角半径大于0时，矩形拐角会出现弧度，如图3-3所示。
- “扇形角”□：当转角半径大于0时，矩形拐角会出现凹陷弧度，如图3-4所示。

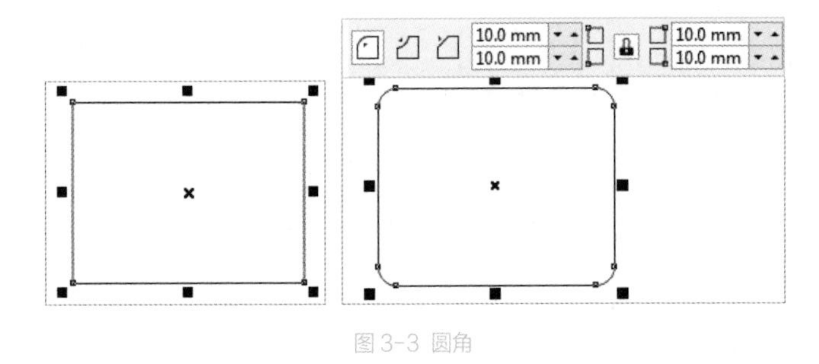

图3-3 圆角

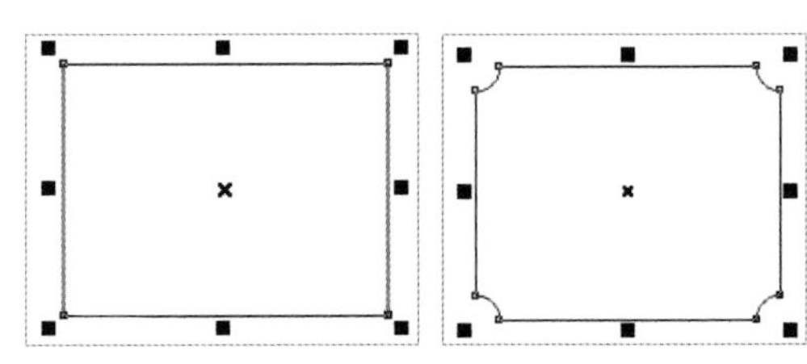

图3-4 扇形角

- “倒棱角”□：当转角半径大于0时，矩形拐角被替换为直边，如图3-5所示。
- “转角半径”□：用来设置圆角、扇形角和倒棱角的大小。
- “相对角缩放”□：根据矩形的大小缩放。
- “到图层前面”□/“到图层后面”□：用来设置矩形与图层的

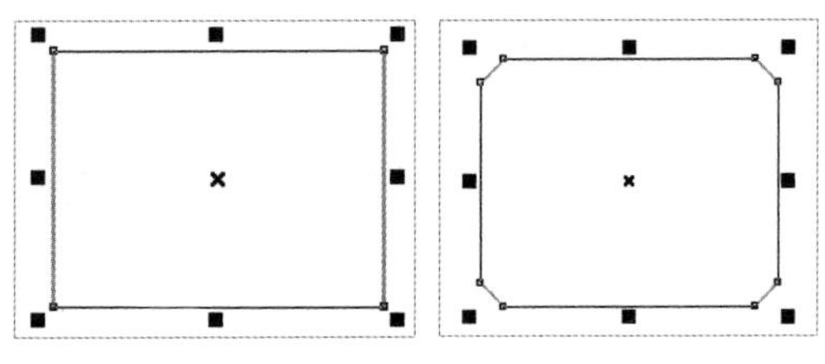

图3-5 倒棱角

前后顺序。

- “转换为曲线”：将绘制的矩形转换为曲线，之后可以使用“形状工具”对其进行编辑。

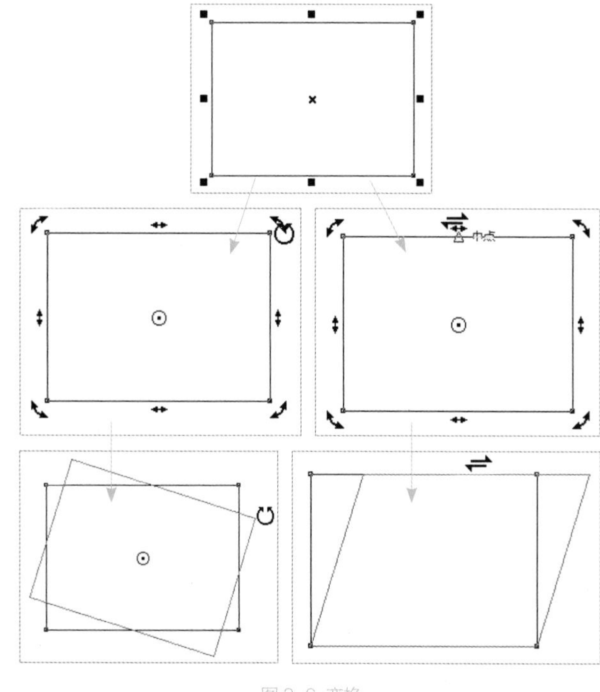

图 3-6 变换

技巧

矩形绘制完毕后，单击矩形，会调出矩形的变换框，拖动 4 个角可以旋转矩形，平行拖动矩形的边会对矩形进行斜切变换，如图 3-6 所示。

课堂案例 通过“矩形工具”绘制立体方框

素材文件	源文件 / 第 03 章 /< 课堂案例——通过“矩形工具”绘制立体方框 >	扫码观看视频
视频教学	录屏 / 第 03 章 / 课堂案例——通过“矩形工具”绘制立体方框	
案例要点	掌握“矩形工具”的使用方法	

操作步骤

Step 01 新建空白文档，在工具箱中选择“矩形工具”，在页面中选择一个合适的位置后，按住鼠标左键向对角拖动，绘制矩形，如图 3-7 所示。

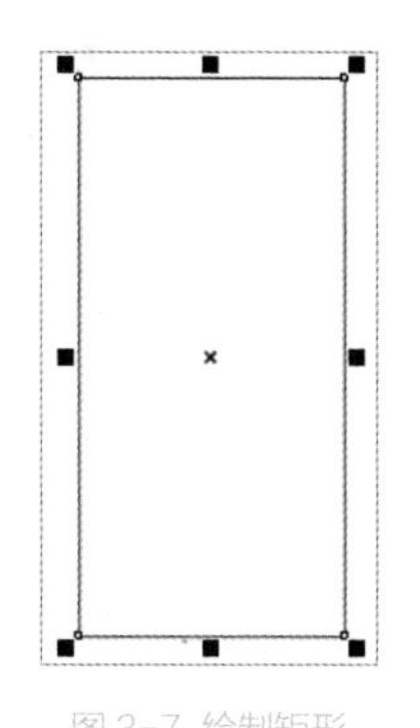
图 3-7 绘制矩形

Step 02 矩形绘制完毕后，使用“选择工具”选择矩形并向左拖动，到合适的位置单击鼠标右键，复制出一个副本，如图 3-8 所示。

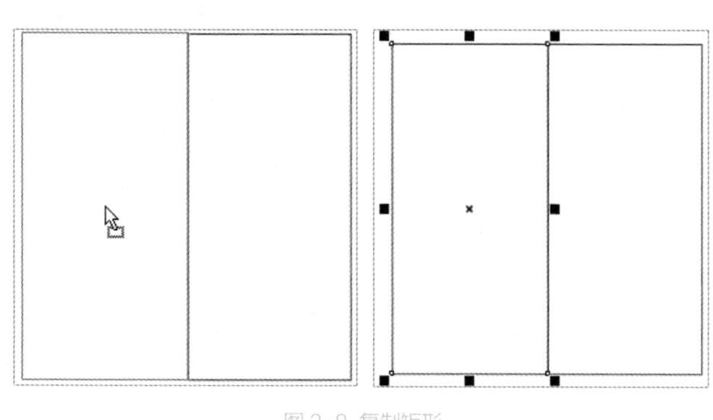
图 3-8 复制矩形

Step 03 在绘制的小矩形中间单击，调出变换框，拖动左侧边，进行斜切变换，如图 3-9 所示。

Step 04 还原变换框，向右拖动斜切矩形，到合适的位置后单击鼠标右键，复制出一个副本，如图 3-10 所示。

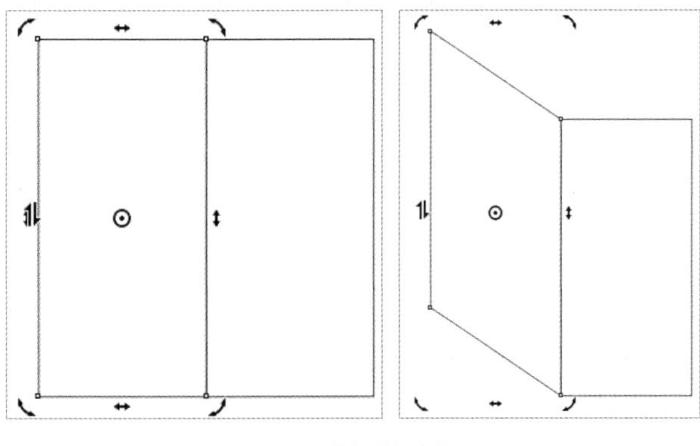

图 3-9 进行斜切变换

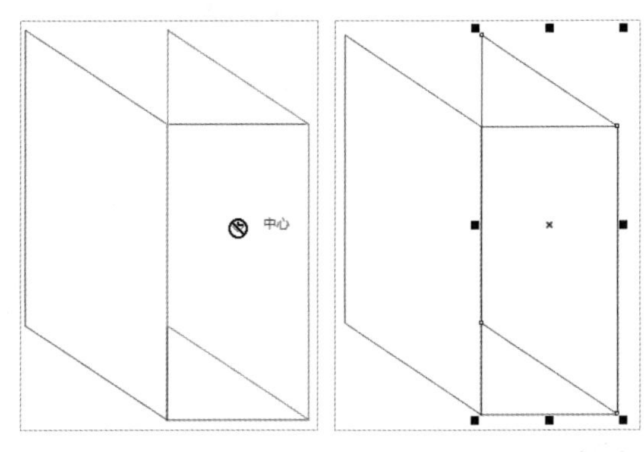

图 3-10 复制矩形

Step 05 选择绘制的第一个矩形向上方拖动，当矩形两条长边与两个斜切矩形的长边对齐位置后单击鼠标右键，复制出一个副本。至此，本例制作完毕，最终效果如图 3-11 所示。

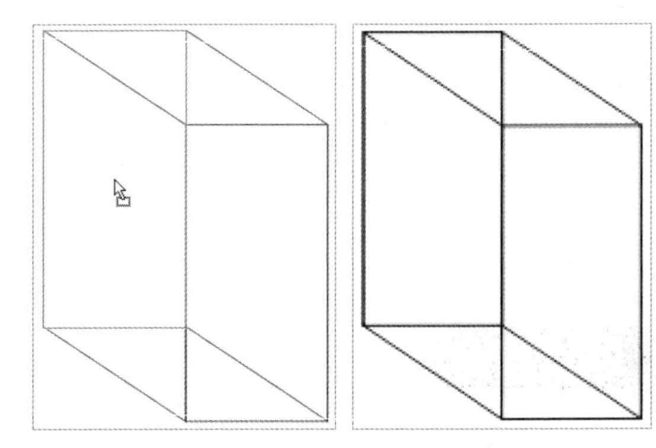

图 3-11 最终效果

3.1.2 三点矩形工具

“三点矩形工具”是矩形的延伸工具，用来绘制有倾斜角度的矩形。具体的绘制方法是，使用“三点矩形工具”在页面中选择一点后，拖住鼠标左键移动到另一位置，松开鼠标向 90° 方向拖动，单击即可绘制一个矩形，如图 3-12 所示。

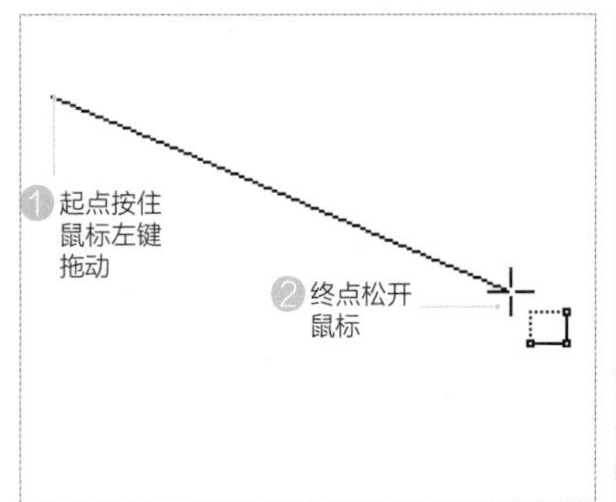

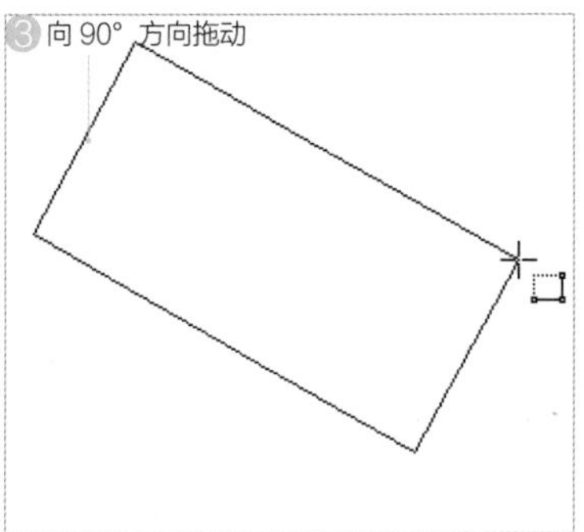

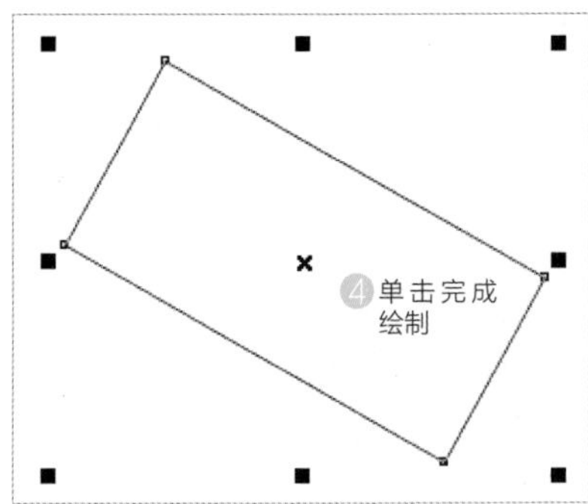

图 3-12 绘制矩形

技巧

在使用“三点矩形工具”绘制矩形时，通常沿第一条边的垂直方向绘制，并且按照第一条边的角度来定义矩形的方向，如图 3-13 所示。

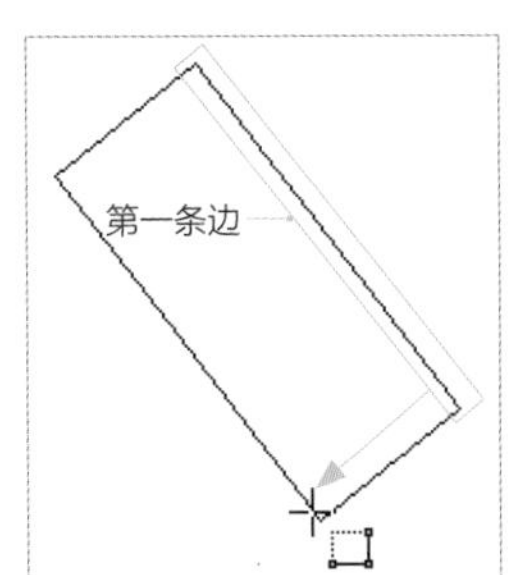

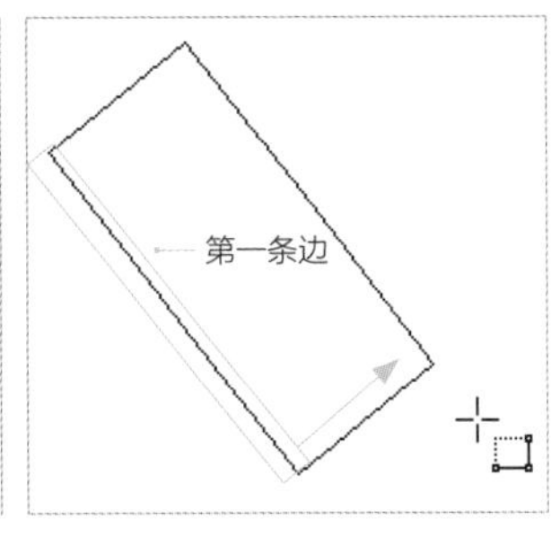

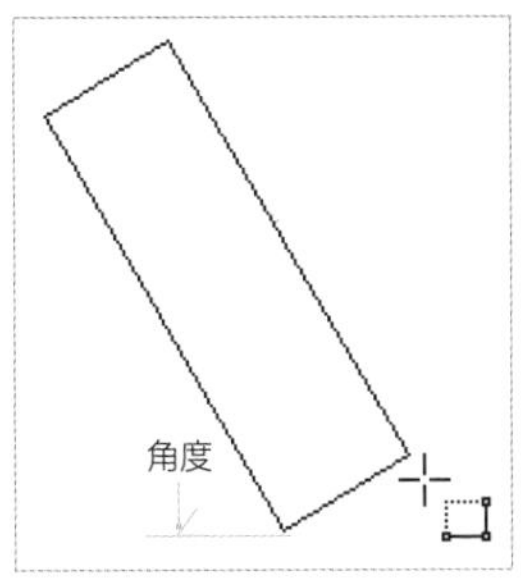

图 3-13 使用“三点矩形工具”绘制矩形

3.2 椭圆形工具组

椭圆工具组包括“椭圆形工具”和“三点椭圆形工具”两个工具。下面具体讲解这两个工具的用法。

3.2.1 椭圆形工具

“椭圆形工具”是 CorelDRAW 中一个重要的绘图工具，使用该工具可以在页面中绘制椭圆形和正圆形。选择“椭圆形工具”，在页面中按住鼠标左键向对角拖动，松开鼠标后即可绘制一个椭圆形；在绘制的同时按住【Ctrl】键可以绘制正圆形，如图 3-14 所示。

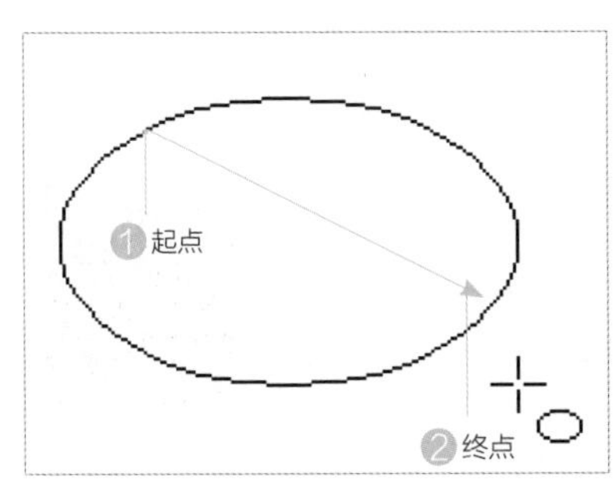

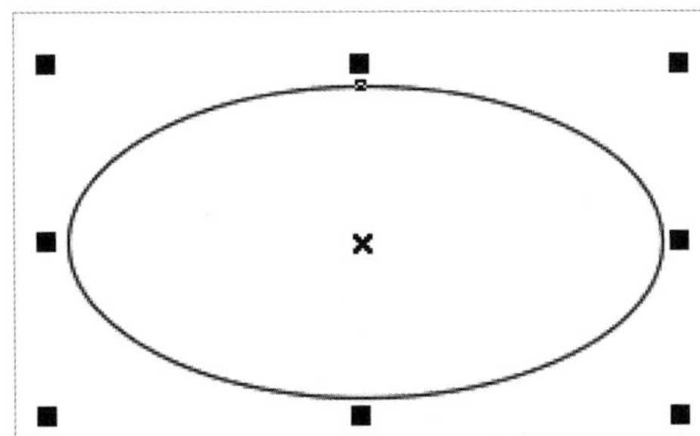
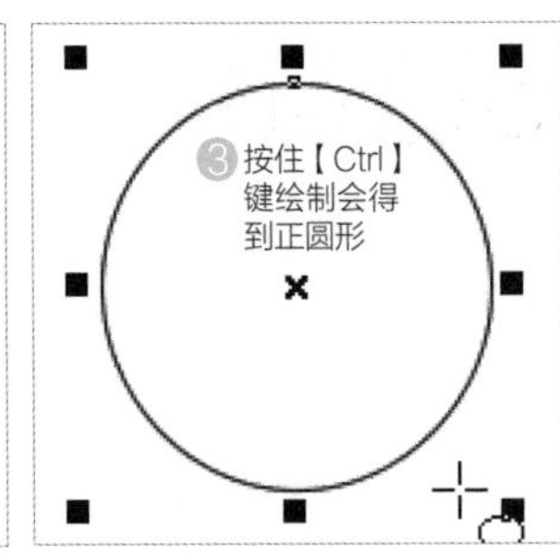

图 3-14 绘制椭圆形和正圆形

技巧

在 CorelDRAW 2018 中使用“椭圆形工具”绘制椭圆形时，按住【Shift】键可以以起始点为中心绘制椭圆形；按住【Ctrl】键可以绘制正圆形；按住【Shift+Ctrl】组合键可以绘制以起始点为中心的正圆形。

单击工具箱中的“椭圆形工具”按钮，此时属性栏中会显示该工具的属性选项，如图 3-15 所示。

X: 69.821 mm Y: 170.58 mm 72.603 mm 70.358 mm 100.0 % 100.0 % .0 ° 90.0 ° 90.0 ° .2 mm

图 3-15 “椭圆形工具”的属性栏

“椭圆形工具”的属性栏中各选项的含义如下（之前讲解过的功能将不再讲解）。

- “椭圆形”：单击该按钮，在绘图窗口中绘制的是椭圆形。
- “饼图”：单击该按钮，在绘图窗口中绘制的是饼图，具体的绘制方法与椭圆形一致，如图 3-16 所示。
- “弧”：单击该按钮，在绘图窗口中绘制的是弧形，具体的绘制方法与椭圆形一致，如图 3-17 所示。

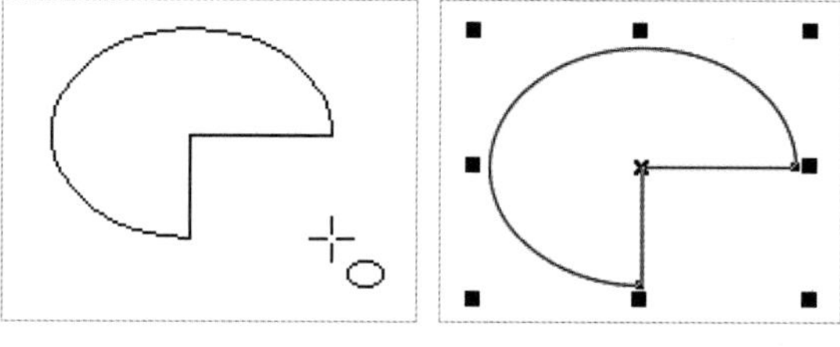

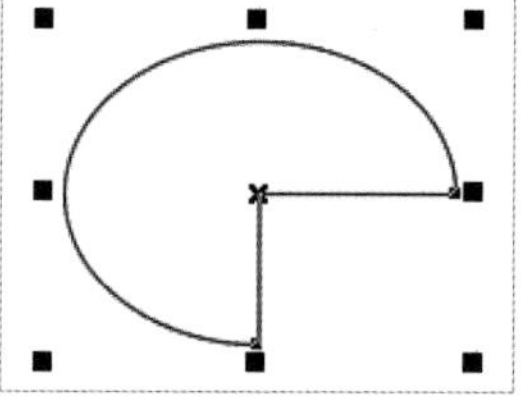

图 3-16 绘制的饼图

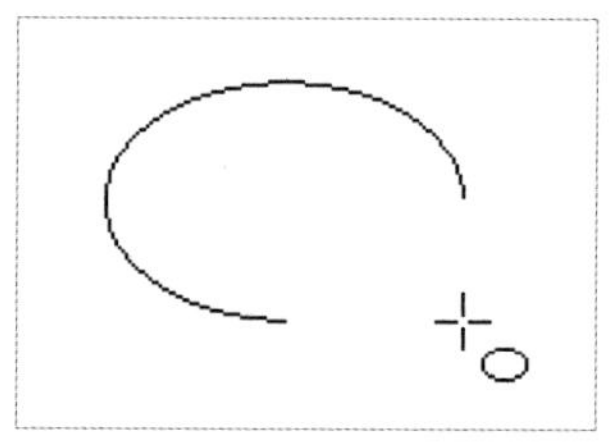

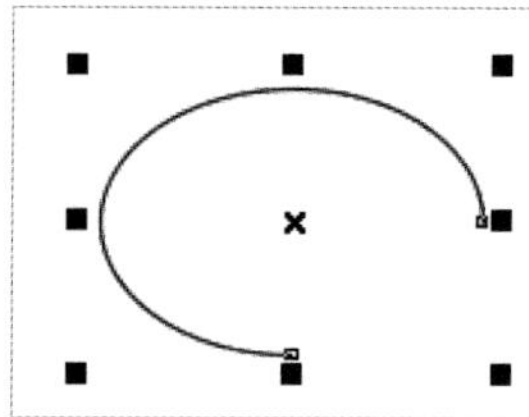

图 3-17 绘制的弧形

- “起始和结束角度”：用来控制饼图和弧形的绘制角度，以饼图为例，如图 3-18 所示。
- “更改方形”：单击该按钮，可以将创建的弧形或饼图在顺时针或逆时针方向上转换，以饼图为例，如图 3-19 所示。

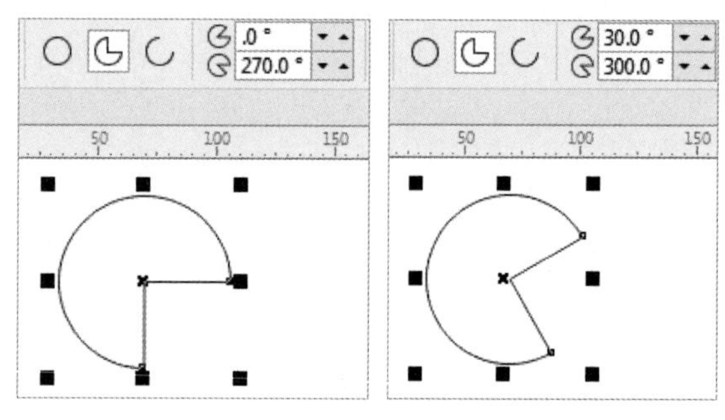

图 3-18 不同角度

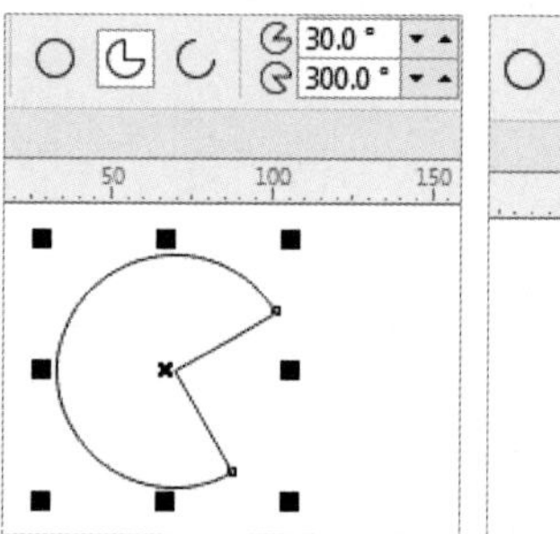

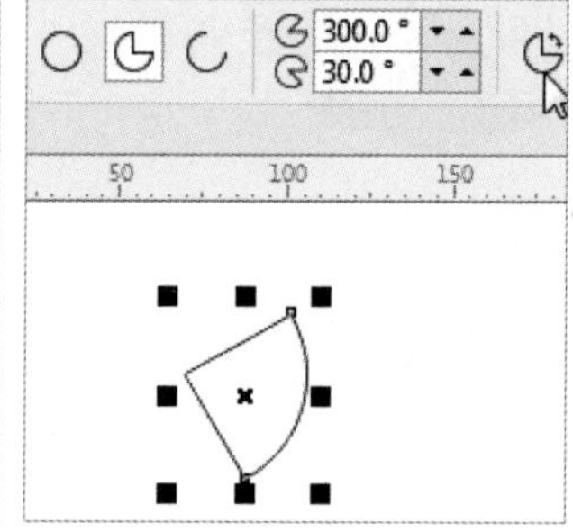

图 3-19 更改方向

课堂案例 通过“椭圆形工具”绘制萌态小狗

素材文件	源文件 / 第 03 章 /< 课堂案例——通过“椭圆形工具”绘制萌态小狗 >	扫码观看视频
视频教学	录屏 / 第 03 章 / 课堂案例——通过“椭圆形工具”绘制萌态小狗	
案例要点	掌握“椭圆形工具”的不同用法	

操作步骤

Step 01 新建空白文档，在工具箱中选择“椭圆形工具”，在页面中选择一个合适的位置，按住鼠标左键拖动，松开鼠标后在页面中绘制一个椭圆形，如图 3-20 所示。

Step 02 选择菜单栏中的“对象”/“转换为曲线”命令或按【Ctrl+Q】组合键，将绘制的椭圆形转换为曲线，使用“形状工具”选择下面的节点，向上拖动后，再拖动两边的控制杆，改变形状，在“调色板”中单击浅灰色，为椭圆形填充浅灰色，如图 3-21 所示。

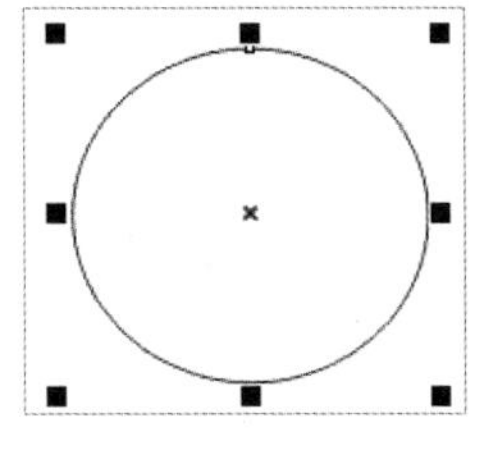

图3-20 绘制椭圆形

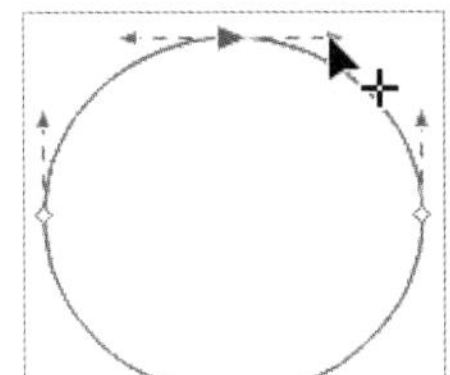
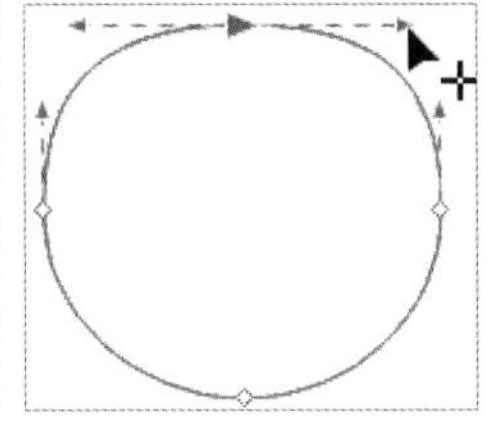
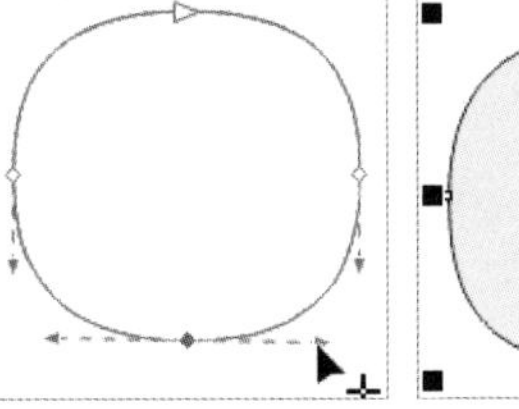
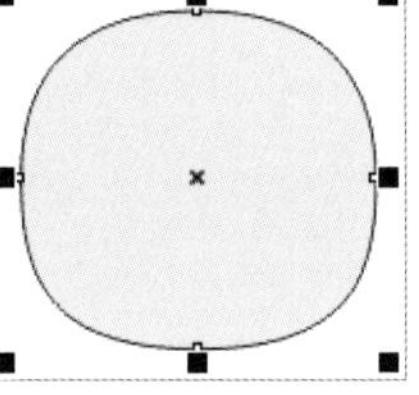

图3-21 绘制头部

Step 03 头部绘制完毕后，绘制椭圆形作为眼睛，然后单击“调色板”中的白色，再绘制黑色的椭圆形和白色的正圆形作为眼球，效果如图3-22所示。

Step 04 框选眼睛部位的图形，复制一个副本并将其向右移动，单击属性栏中的“水平镜像”按钮，效果如图3-23所示。

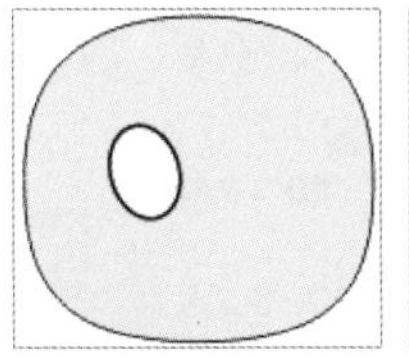
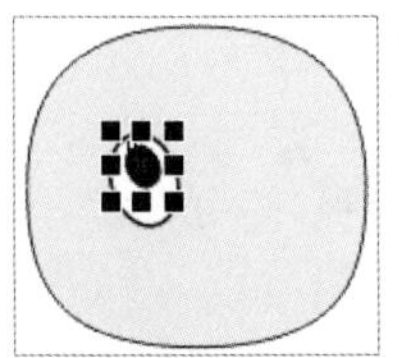
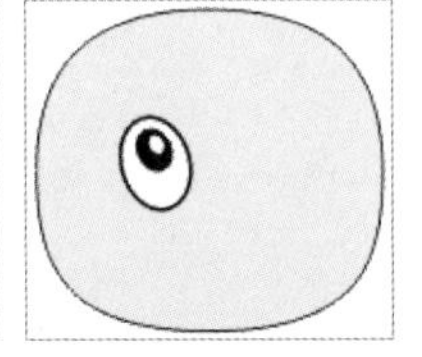

图3-22 绘制眼球

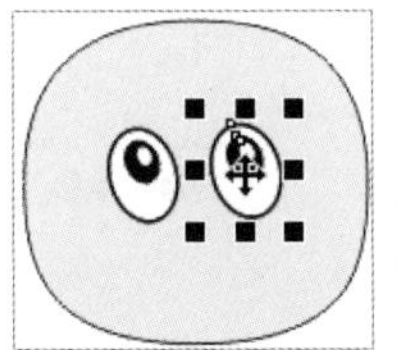
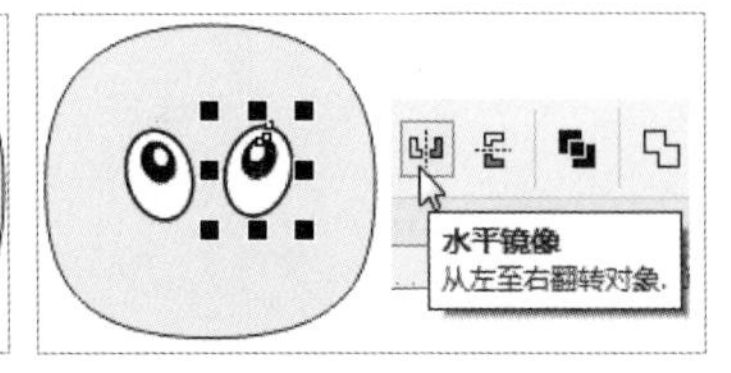

图3-23 复制并水平镜像

Step 05 使用“椭圆形工具”绘制一个椭圆形，为其填充灰色并将其作为嘴巴区域，然后再绘制一个椭圆形，将其作为鼻子，在鼻子处绘制两个黑色正圆形，效果如图3-24所示。

Step 06 使用“LiveSketch 工具”在鼻子下方绘制一条曲线，将其作为嘴巴，效果如图3-25所示。

Step 07 绘制耳朵。使用“椭圆形工具”绘制一个黑色的椭圆形，按【Ctrl+Q】组合键，将绘制的椭圆形转换为曲线，使用“形状工具”选择下面的节点并对其进行调整，效果如图3-26所示。

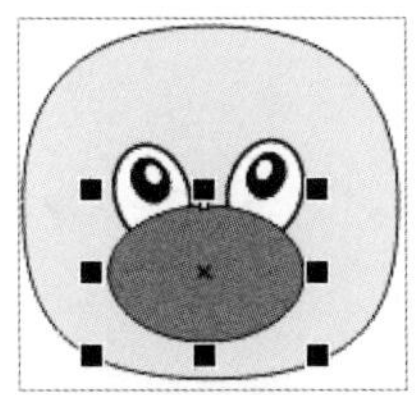

图3-24 绘制嘴巴区域和鼻子

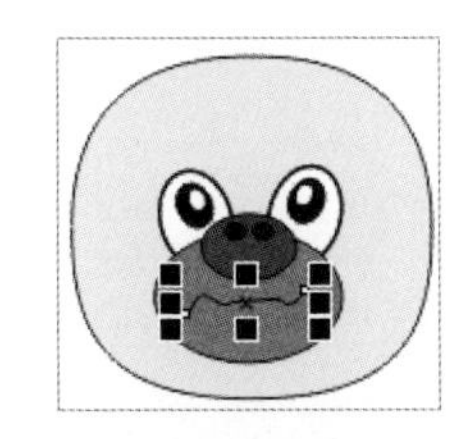

图3-25 绘制嘴巴

图3-26 绘制耳朵

Step 08 选择耳朵部位的图形，复制出一个副本并将其向右移动，单击属性栏中的“水平镜像”按钮，效果如图3-27所示。

Step 09 绘制身体部分。选择头部的图形，复制出一个副本并将其向下移动，将副本缩小，按【Ctrl+End】组合键将其放置到最后面，效果如图3-28所示。

图3-27 复制并水平镜像

图3-28 复制并缩小

Step 10 绘制小狗的爪子部分。使用"椭圆形工具"绘制一个黑色椭圆形。按【Ctrl+Q】组合键，将绘制的椭圆形转换为曲线，使用"形状工具"选择下面的节点并将其进行调整，效果如图 3-29 所示。

Step 11 使用"两点线工具"在调整后的图形上绘制黑色的线条，效果如图 3-30 所示。

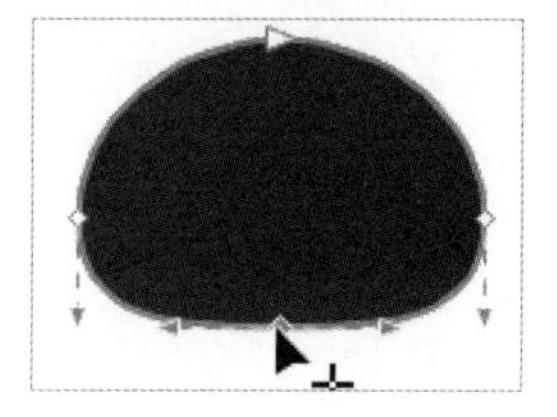

图 3-29 绘制椭圆形并转换为曲线

图 3-30 绘制黑色的线条

Step 12 框选爪子并将其移动到身体部分，复制出 3 个副本，调整其位置和大小并改变其顺序，效果如图 3-31 所示。

Step 13 选择头部图形，复制出一个副本并将其向下移动，将副本缩小，再使用"文本工具"在缩小后的图形中输入文字。至此，本例制作完毕，最终效果如图 3-32 所示。

图 3-31 完成爪子的绘制

图 3-32 最终效果

3.2.2 三点椭圆形工具

"三点椭圆形工具"是"椭圆形工具"的延伸工具，用来绘制随意角度的椭圆形。具体的绘制方法：使用"三点椭圆形工具"在页面中选择一点，按住鼠标左键将其移动到另一位置，松开鼠标向 90° 方向拖动，单击即可绘制一个椭圆形，如图 3-33 所示。

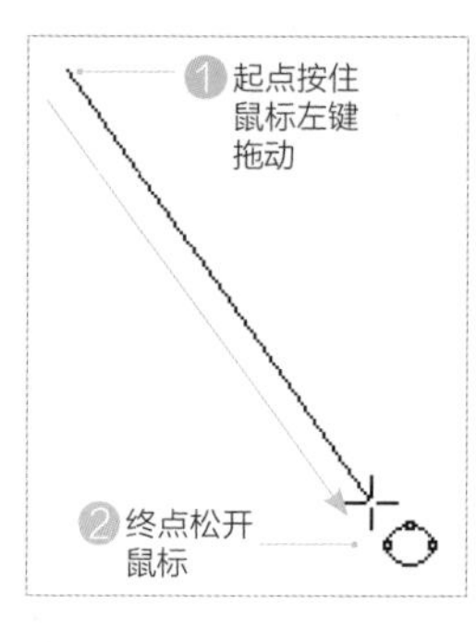

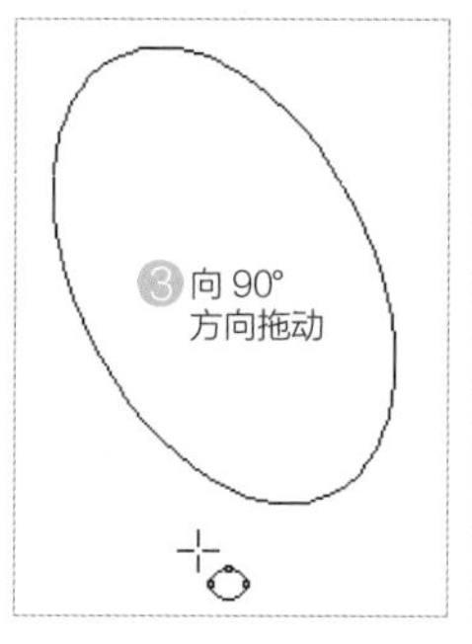

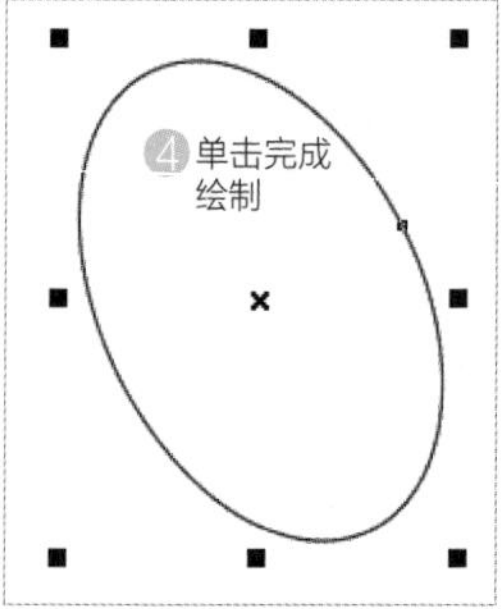

图 3-33 通过三点绘制椭圆

技巧

在使用"三点椭圆形工具"绘制椭圆形时按住【Ctrl】键，会得到一个以起始点到终点的距离为直径的正圆形，如图 3-34 所示。

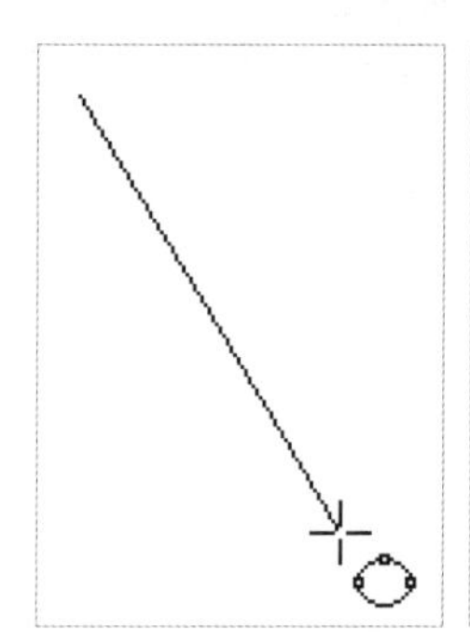

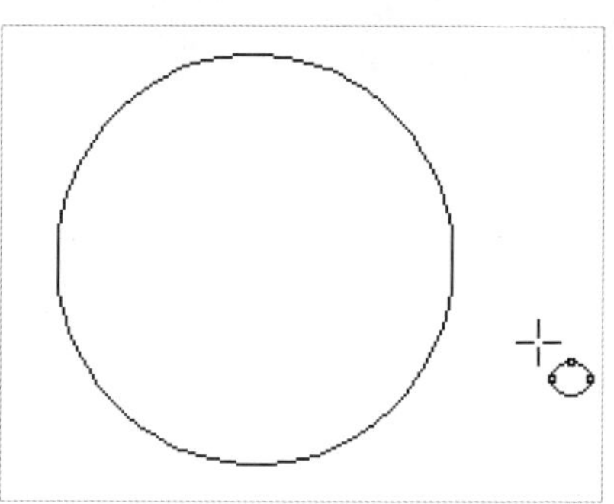

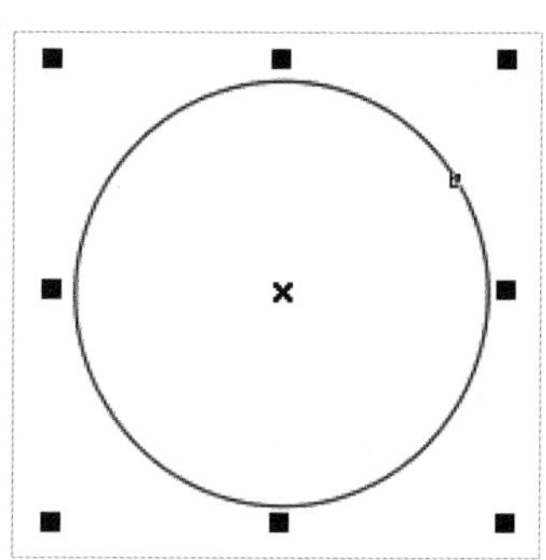

图 3-34 绘制正圆形

3.3 多边形工具组

多边形工具组包括“多边形工具”、“星形工具”、“复杂星形工具”、“图纸工具”、“螺纹工具”和基本形状工具。下面具体讲解这几个工具的用法。

3.3.1 多边形工具

“多边形工具”是CorelDRAW中一个重要的绘图工具，使用该工具可以在页面中绘制多边形。选择“多边形工具”，在属性栏中设置边数，然后在页面中按住鼠标左键向对角拖动，松开鼠标即可绘制一个多边形。在绘制的同时按住【Ctrl】键可以绘制规则多边形，如图3-35所示。

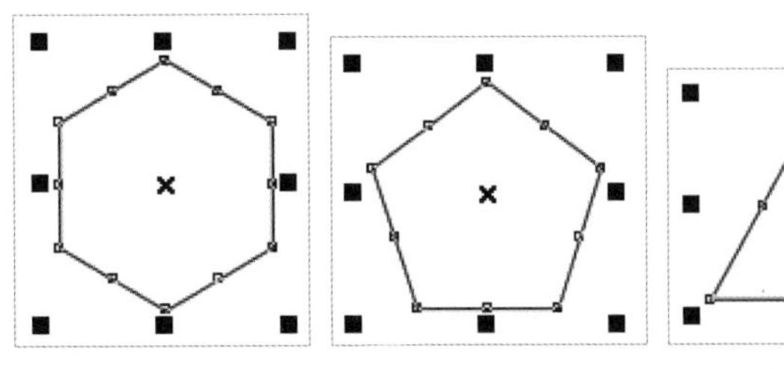

图3-35 绘制多边形

单击工具箱中的“多边形工具”按钮，此时属性栏中会显示该工具的属性选项，如图3-36所示。

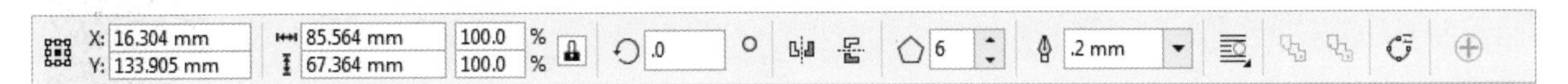

图3-36 “多边形工具”的属性栏

“多边形工具”的属性栏中各选项的含义如下（之前讲解过的功能将不再讲解）。

“点数或边数”：在此文本框中输入数值可以设置绘制多边形、星形和复杂星形的边数或点数，取值范围为3～500。绘制完多边形后，也可以通过更改文本框中的数值来改变边数，输入“7”“9”后的效果如图3-37所示。

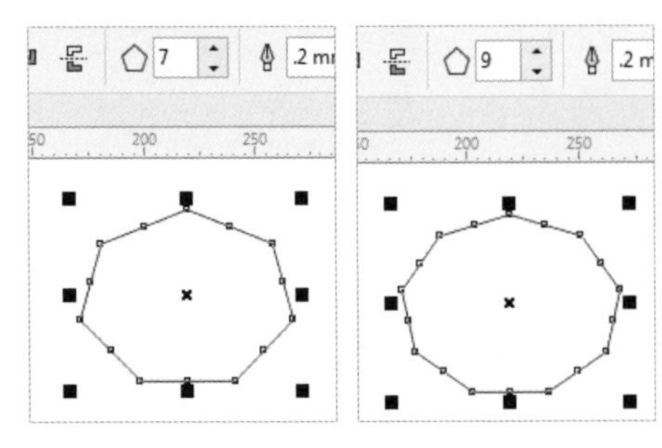

图3-37 绘制的多边形

3.3.2 星形工具

“星形工具”在CorelDRAW中用来绘制星形。在属性栏中设置边数，然后在页面中按住鼠标左键向对角拖动，松开鼠标即可绘制一个星形。在绘制的同时按住【Ctrl】键可以绘制规则星形，如图3-38所示。

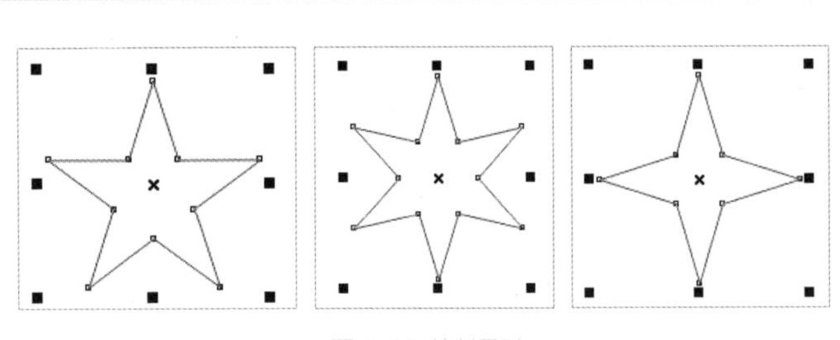

图3-38 绘制星形

单击工具箱中的“星形工具”按钮☆，此时属性栏会显示该工具的属性选项，如图 3-39 所示。

图 3-39 “星形工具”的属性栏

“星形工具”的属性栏中各选项的含义如下（之前讲解过的功能将不再讲解）。

“锐度” ▲53：在此文本框中输入数值可以设置所绘星形和复杂星形角的锐度。绘制完星形后，也可以通过更改文本框中的数值来改变边数，例如默认为“53”，其取值范围为 1 ~ 99，分别输入“20”“70”后的效果如图 3-40 所示。

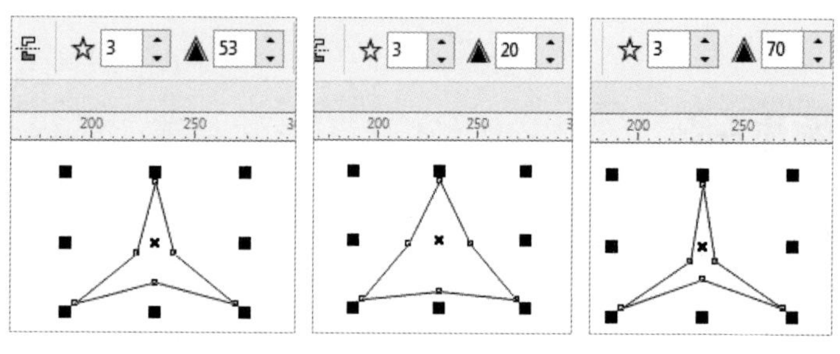

图 3-40 不同锐角的星形

课堂案例 通过“星形工具”绘制五角星

素材文件	源文件 / 第 03 章 /< 课堂案例——通过“星形工具”绘制五角星 >
视频教学	录屏 / 第 03 章 / 课堂案例——通过“星形工具”绘制五角星
案例要点	掌握使用“星形工具”绘制星形并进行智能填充的方法

扫码观看视频

操作步骤

Step 01 新建空白文档，在工具箱中选择“星形工具”☆，并在属性栏中设置“边数”值为 5、“锐度”值为 53。在页面中选择一个合适的位置后，按住【Ctrl】键并按住鼠标左键拖动，松开鼠标后即绘制了一个五角形，如图 3-41 所示。

Step 02 使用“手绘工具”在角点和相对节点处绘制直线，效果如图 3-42 所示。

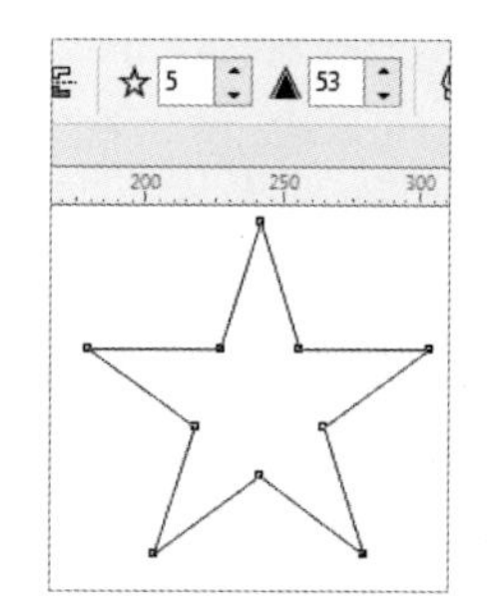

图 3-41 绘制五角形

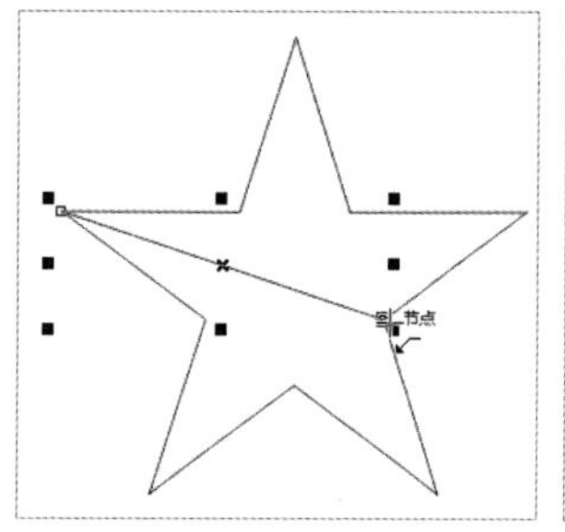

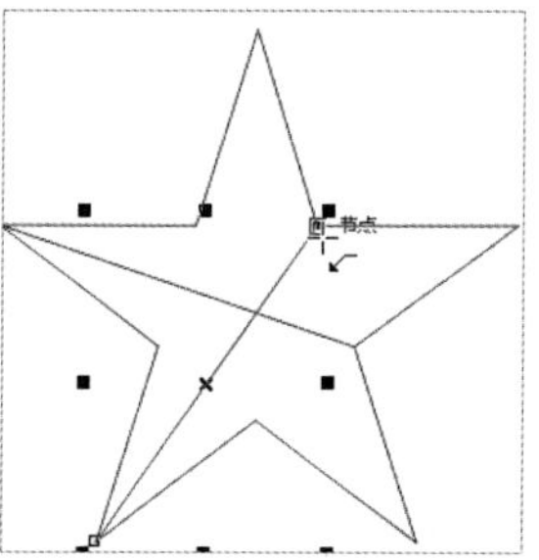

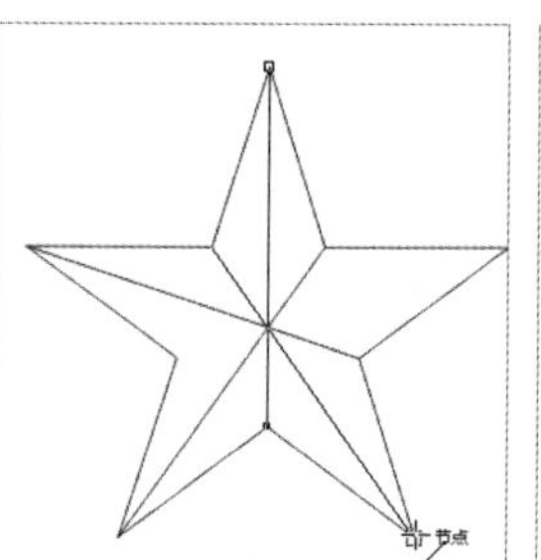

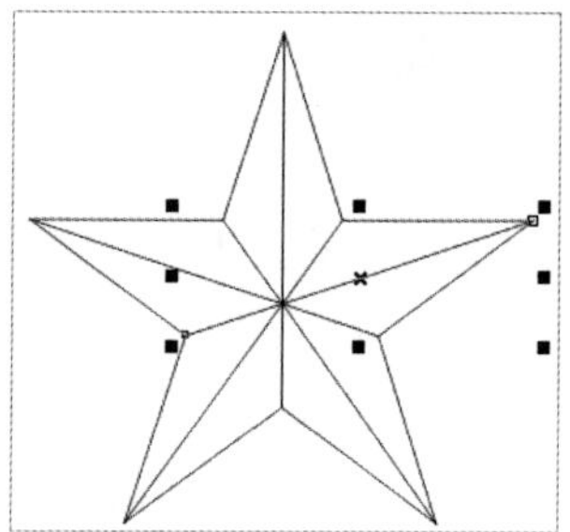

图 3-42 绘制直线

Step 03 在工具箱中选择“智能填充工具”，在属性栏中设置“填充”为红色。使用“智能填充工具”在绘制的五角形与直线相分割的区域单击，为其填充红色，效果如图 3-43 所示。

Step 04 为最后一个角填充颜色，本例即制作完毕，最终效果如图 3-44 所示。

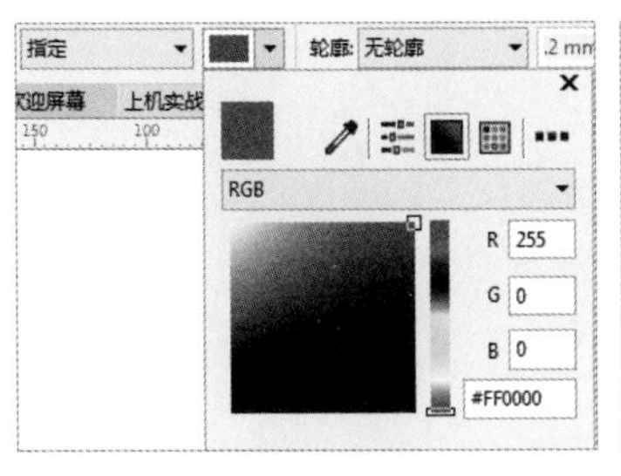

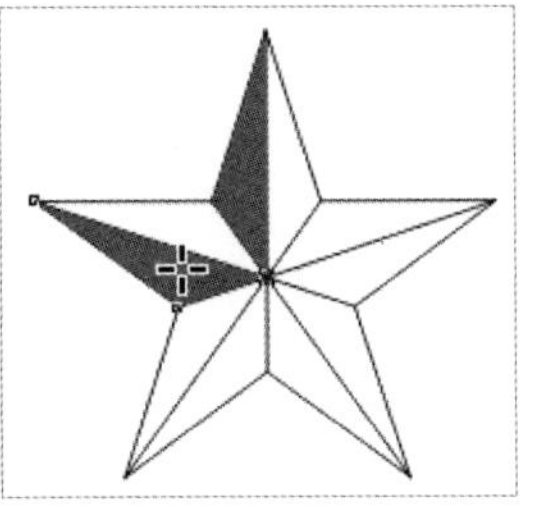
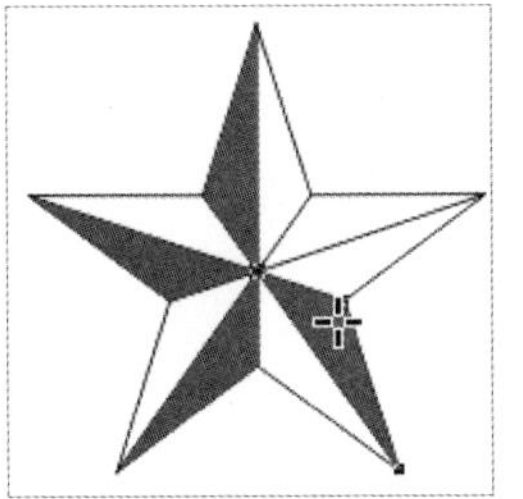

图 3-43 选择颜色并填充

图 3-44 最终效果

3.3.3 复杂星形工具

在 CorelDRAW 中，“复杂星形工具”用来绘制星形。在属性栏中设置边数，然后在页面中按住鼠标左键向对角拖动，松开鼠标即可绘制一个复杂星形。在绘制的同时按住【Ctrl】键可以绘制规则的复杂星形，如图 3-45 所示。

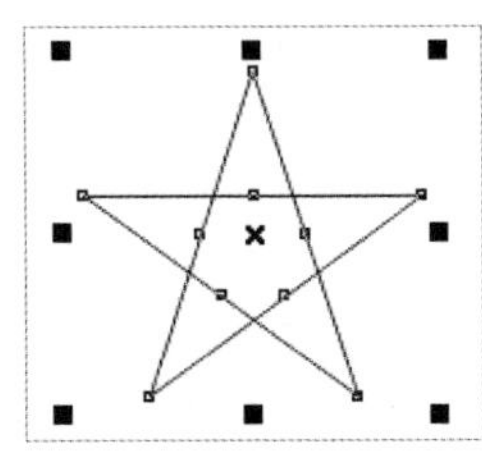
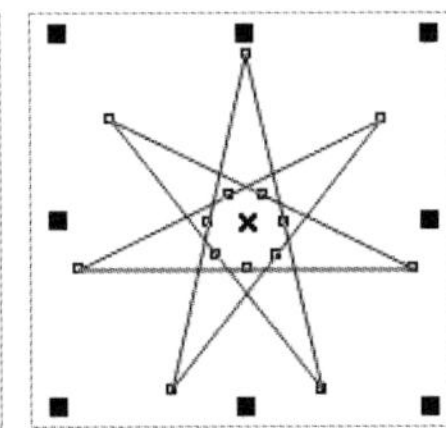
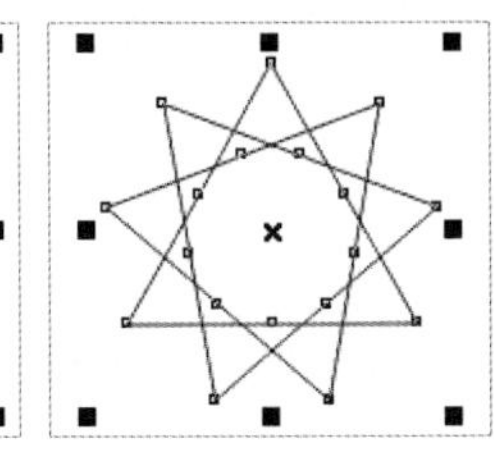

图 3-45 绘制规则的复杂星形

单击工具箱中的“复杂星形工具”按钮，此时属性栏中会显示该工具的属性选项。“复杂星形工具”与“星形工具”的属性栏是相同的，读者可以参考“星形工具”属性栏中各选项的介绍。绘制完复杂星形后，也可以通过更改文本框中的数值来改变锐度。

技巧

在使用“多边形工具”、“星形工具”和“复杂星形工具”绘制时，“多边形工具”和“星形工具”边数的取值范围为 3 ~ 500，“复杂星形工具”边数的取值范围为 5 ~ 500。

3.3.4 图纸工具

在 CorelDRAW 中，“图纸工具”主要用于绘制表格、网格等，在绘制曲线图或其他对象时辅助用户精确排列对象。在属性栏中设置行和列后，在页面中按住鼠标左键向对角拖动，松开鼠标即绘制网格图形。在绘制的同时按住【Ctrl】键可以绘制正方形网格，如图 3-46 所示。

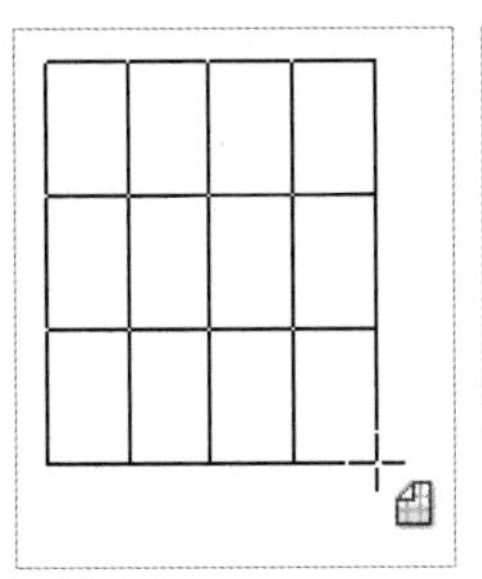
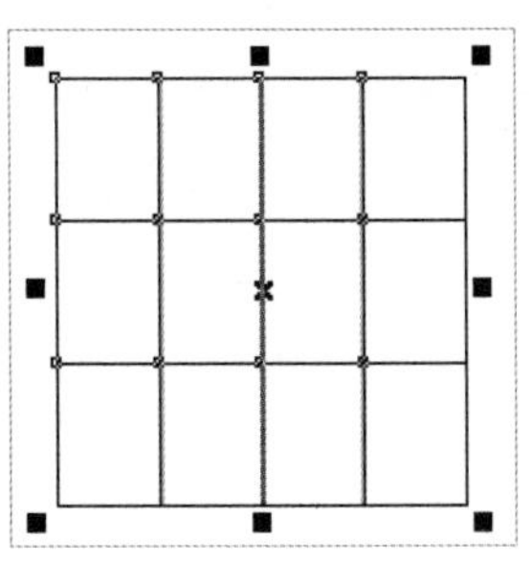

图 3-46 绘制正方形网格

单击工具箱中的“图纸工具”按钮，此时属性栏会显示该工具的属性选项，如图 3-47 所示。

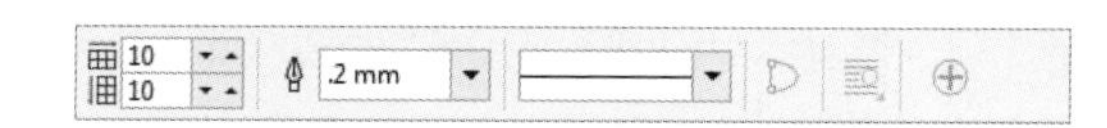

图 3-47 “图纸工具”的属性栏

“图纸工具”属性栏中各选项的含义如下（之前讲解过的功能将不再讲解）。

行和列：用来设置使用“图纸工具”绘制图形时的行数和列数，其取值范围为 1 ~ 99，分别输入“10”“8”或“5”“6”后，效果如图 3-48 所示。

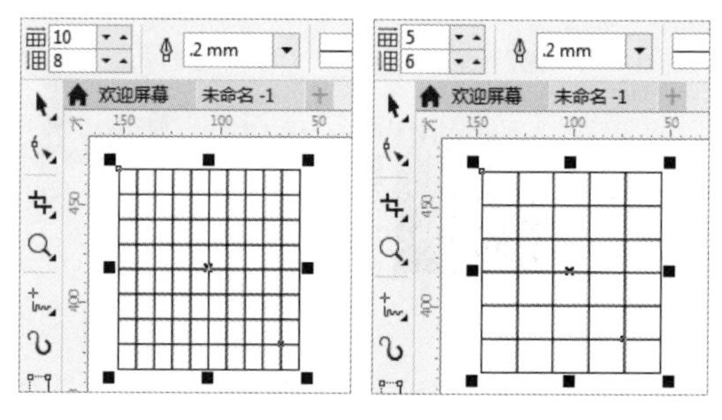

图 3-48 绘制的图纸

课堂案例 通过“图纸工具”制作分散图像

素材文件	素材文件 / 第 03 章 /< 油漆 >	扫码观看视频
案例文件	源文件 / 第 03 章 /< 课堂案例——通过“图纸工具”制作分散图像 >	
视频教学	录屏 / 第 03 章 / 课堂案例——通过“图纸工具”制作分散图像	
案例要点	掌握“图纸工具”的应用方法并进行编辑	

操作步骤

Step 01 新建空白文档，在工具箱中选择“图纸工具”，并在属性栏中设置“行”“列”值均为 3。在页面中选择一个合适的位置后，按住【Ctrl】键并按住鼠标左键拖动，松开鼠标后即绘制网格，如图 3-49 所示。

Step 02 选择菜单栏中的“文件” / “导入”命令，导入“油漆”素材，如图 3-50 所示。

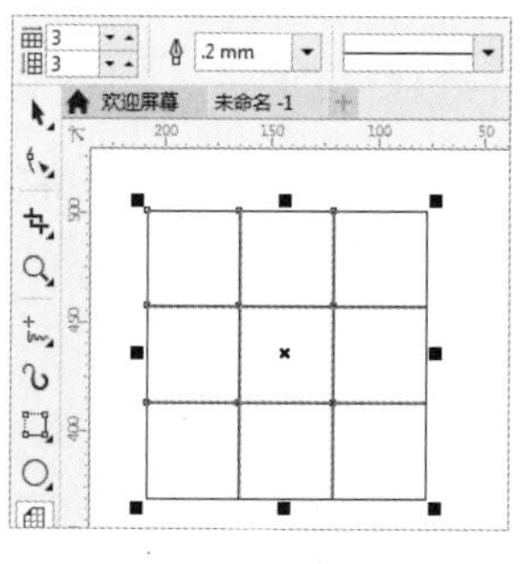

图 3-49 绘制网格

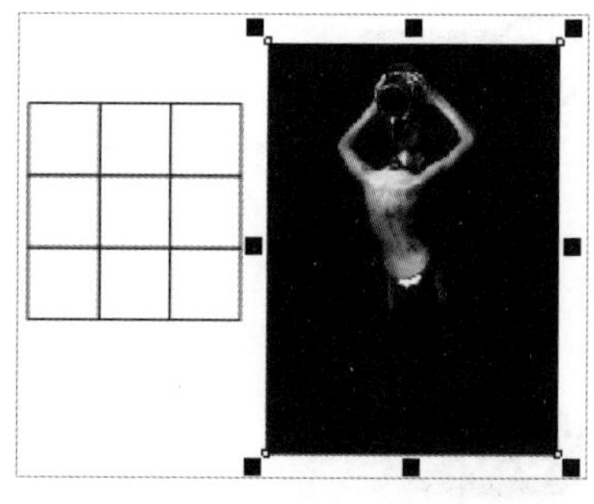

图 3-50 导入素材

Step 03 使用鼠标右键拖动“油漆”素材到绘制图纸上方，松开鼠标，在弹出的快捷菜单中选择“PowerClip 内部”命令，如图 3-51 所示。

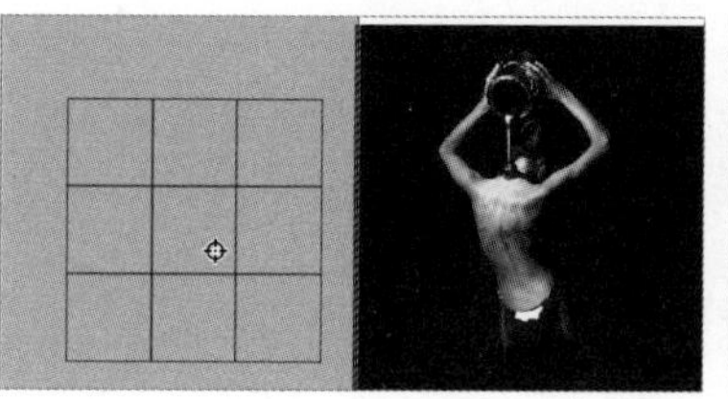

图 3-51 选择“PowerClip 内部”选项

Step 04 应用“PowerClip 内部”命令后，单击“编辑 PowerClip”按钮进入编辑状态，调整素材大小，效果如图 3-52 所示。

Step 05 单击“停止编辑内容”按钮完成编辑。选择菜单栏中的“对象”/“群组”/“取消组合对象”命令，此时可以分别将单元格进行移动，效果如图 3-53 所示。

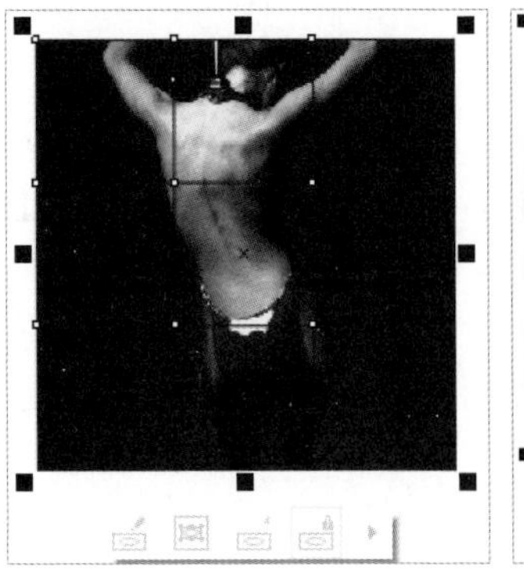
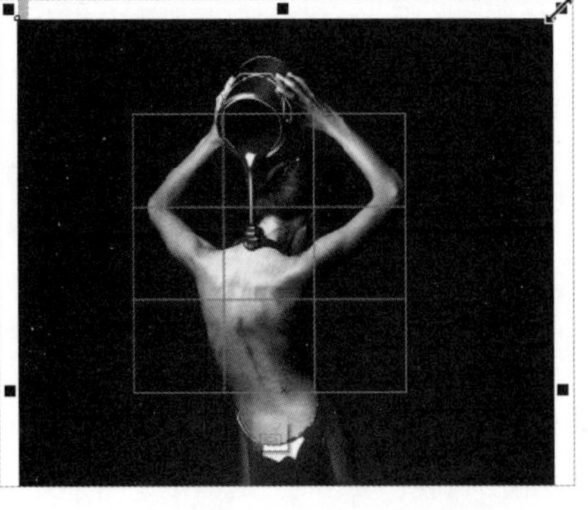

图 3-52 进入编辑状态并调整素材大小

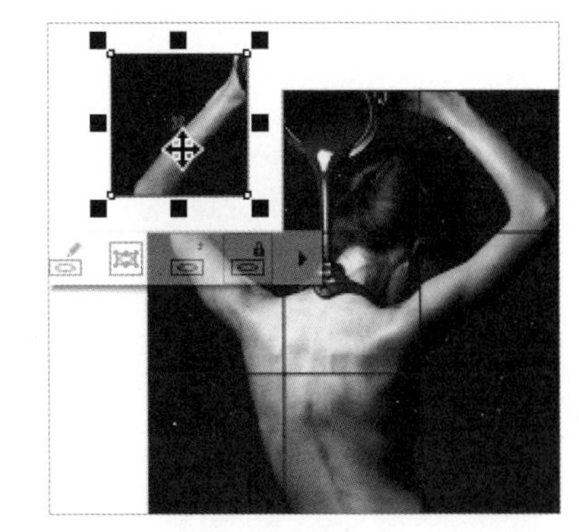

图 3-53 移动单元格

Step 06 结合辅助线，将单元格移动到合适的位置，可以将轮廓设置为其他颜色。至此，本例制作完毕，最终效果如图 3-54 所示。

图 3-54 最终效果

3.3.5 螺纹工具

在 CorelDRAW 中，“螺纹工具”是一个比较特别的工具，主要用于绘制螺纹。比如，对称式螺纹和对数式螺纹。在属性栏中设置螺纹样式后，在页面中按住鼠标左键向对角拖动，松开鼠标即可绘制一个螺纹图形。在绘制的同时按住【Ctrl】键可以绘制规则的螺纹图形，拖动的方向决定了螺纹方向，如图 3-55 所示。

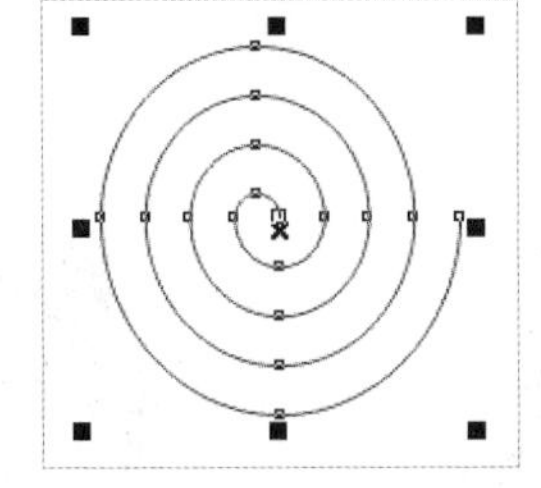
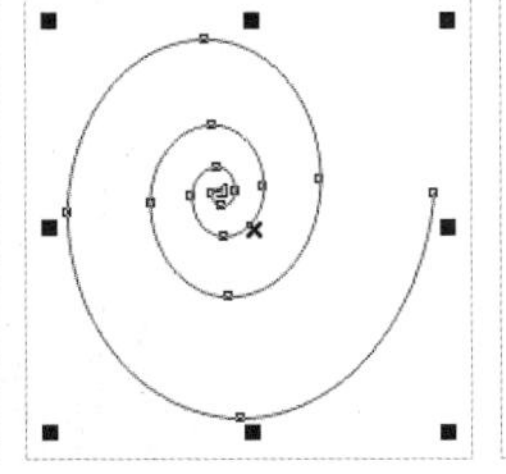
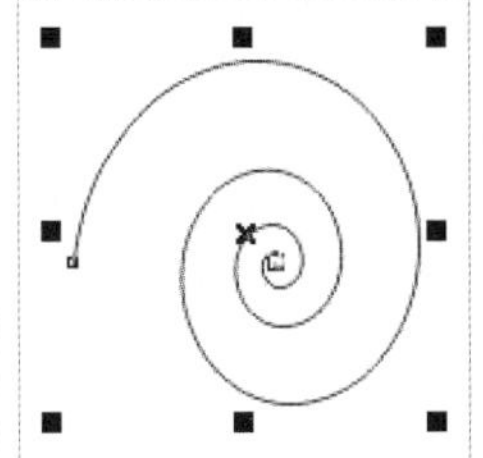

图 3-55 绘制螺纹

单击工具箱中的“螺纹工具”按钮，此时属性栏中会显示该工具的属性选项，如图 3-56 所示。

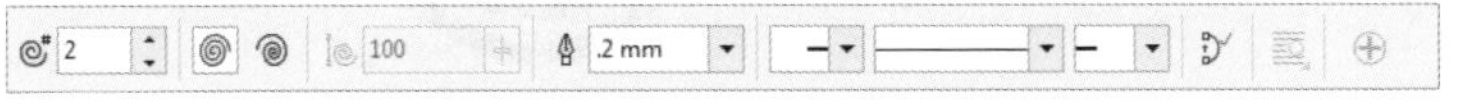

图 3-56 “螺纹工具”的属性栏

“螺纹工具”属性栏中各选项的含义如下（之前讲解过的功能将不再讲解）。

- “螺纹回圈”：用来设置螺纹的圈数。
- “对称式螺纹”：单击该按钮可以绘制螺纹间距一致的螺纹形状，如图 3-57 所示。
- “对数式螺纹”：单击该按钮可以绘制螺纹回圈间距越来越紧密的螺纹形状，如图 3-58 所示。
- “螺纹扩展参数”：用来设置新螺纹向外扩张的速率，只对对数式螺纹起作用。

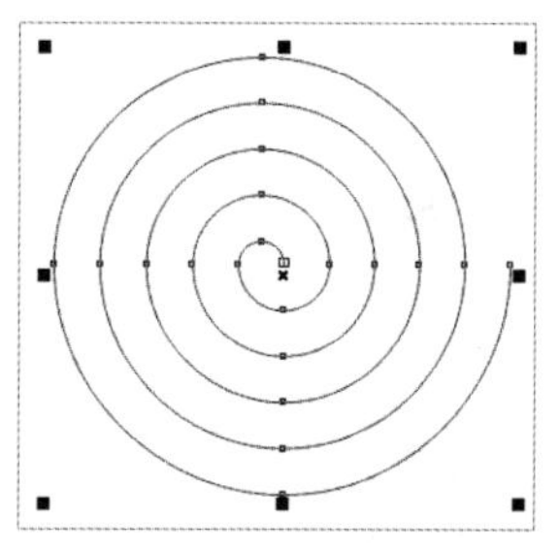

图 3-57 对称式螺纹

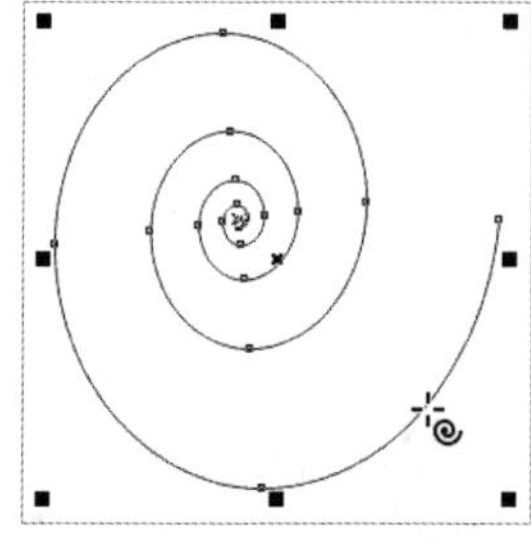

图 3-58 对数式螺纹

技巧

在使用“螺纹工具”绘制螺纹时，绘制的方向直接决定了螺纹的开口方向，向右下方拖动可以使螺纹开口朝右，如图 3-59 所示，向左上方拖动可以使螺纹开口朝左，如图 3-60 所示。

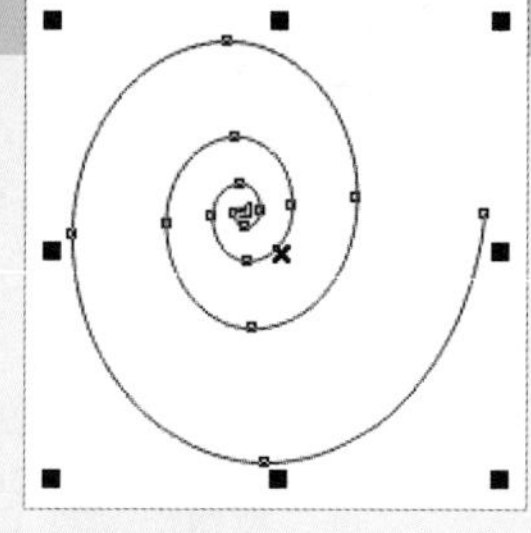

图 3-59 螺纹开口朝右

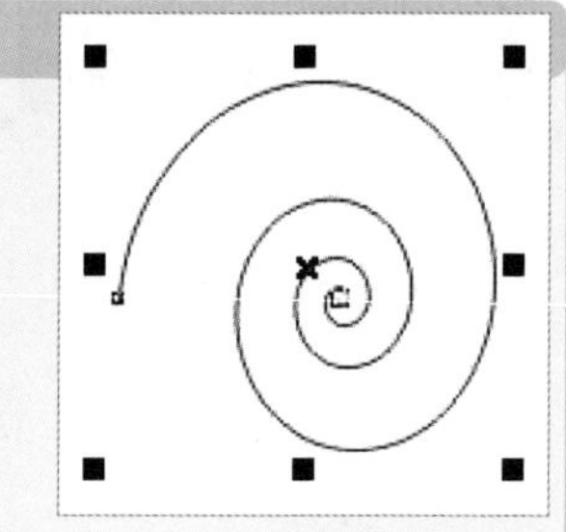

图 3-60 螺纹开口朝左

课堂案例 通过“螺纹工具”制作蚊香

素材文件	源文件 / 第 03 章 /< 课堂案例——通过“螺纹工具”制作蚊香 >	扫码观看视频 
视频教学	录屏 / 第 03 章 / 课堂案例——通过“螺纹工具”制作蚊香	
案例要点	掌握“螺纹工具”的绘制方法并进行编辑	

操作步骤

Step 01 新建空白文档，在工具箱中选择“螺纹工具”并在属性栏中设置“螺纹回圈”值为 4，选择“对称式螺纹”，设置“轮廓宽度”为“10.0mm”。在页面中选择一个合适的位置后，按住【Ctrl】键并按住鼠标左键拖动，松开鼠标即可绘制一个 4 圈的螺纹，如图 3-61 所示。

Step 02 选择菜单栏中的“窗口”/“泊坞窗”/“对象属性”命令，打开“对象属性”泊坞窗，单击“圆形端头”按钮，效果如图 3-62 所示。

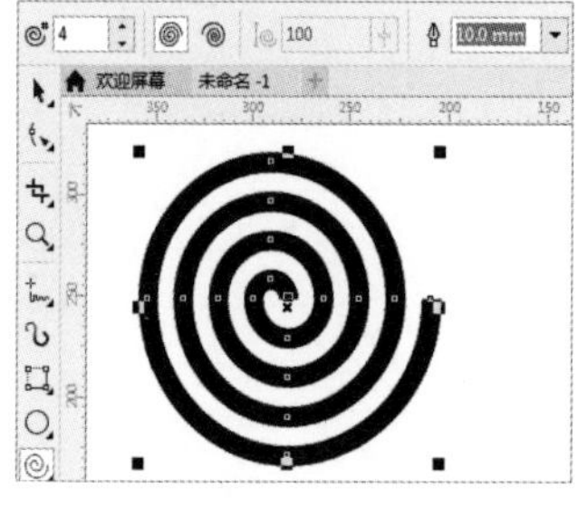

图 3-61 绘制螺纹

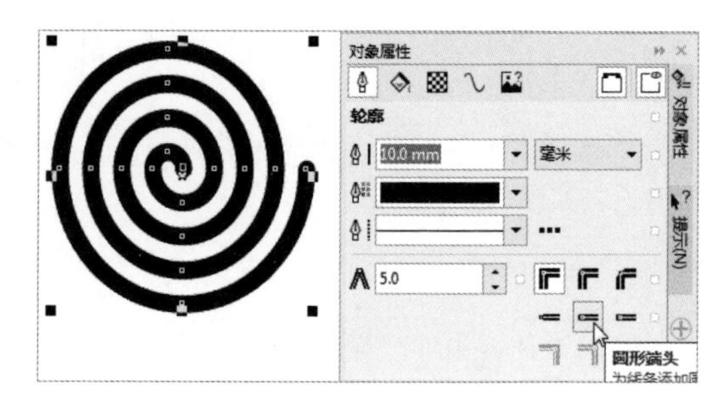

图 3-62 改变端头形状

Step 03 按【Ctrl+C】组合键复制，再按【Ctrl+V】组合键粘贴，系统会复制出一个副本，在“调色板”中的深褐色上单击鼠标右键，如图 3-63 所示。

Step 04 移动副本，完成本例的制作，最终效果如图 3-64 所示。

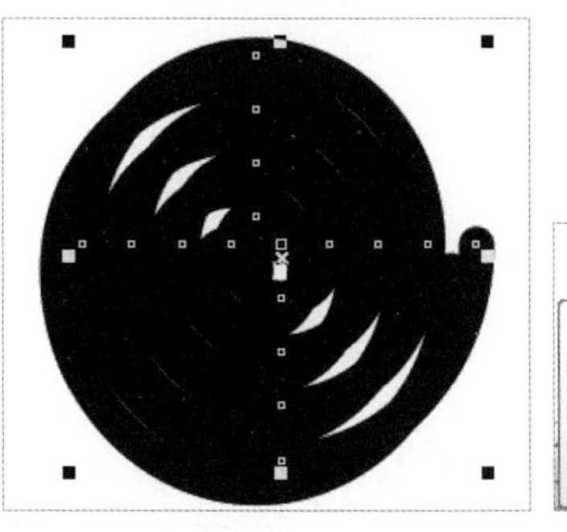

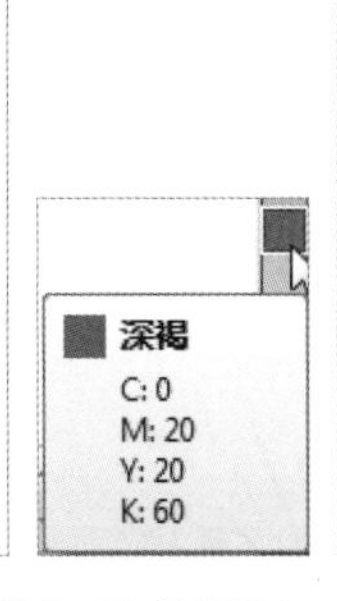

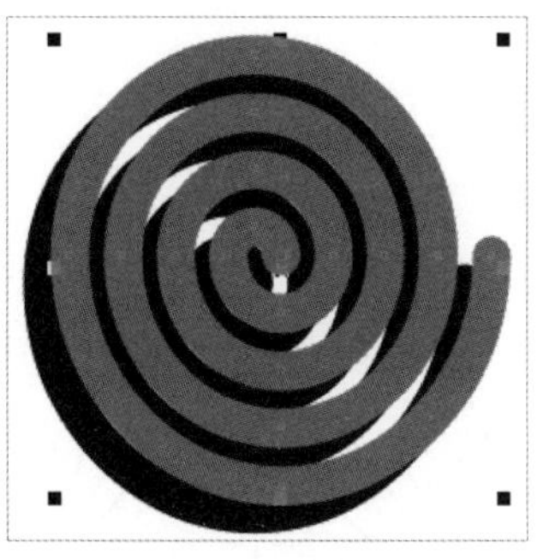

图 3-63 复制副本

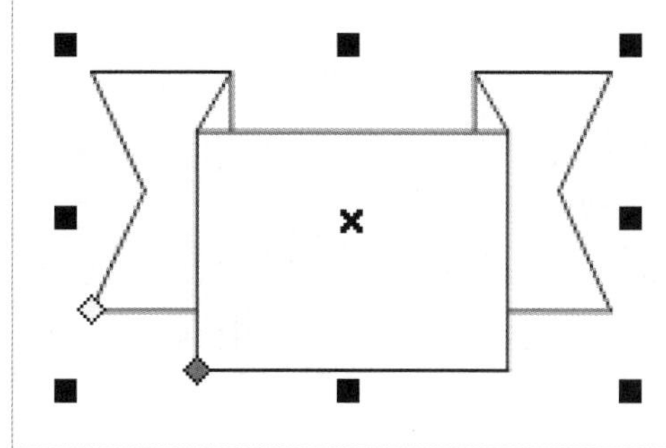

图 3-64 最终效果

3.3.6 基本形状工具

基本形状工具包括“基本形状”、“箭头形状”、“流程图形状”、“标题形状”、“标注形状”等工具。在基本形状工具组中只要选择对应的工具，并在属性栏中的“完美形状”下拉列表中选择所需图形，再在页面中按住鼠标拖动就可以进行绘制，如图 3-65 所示。

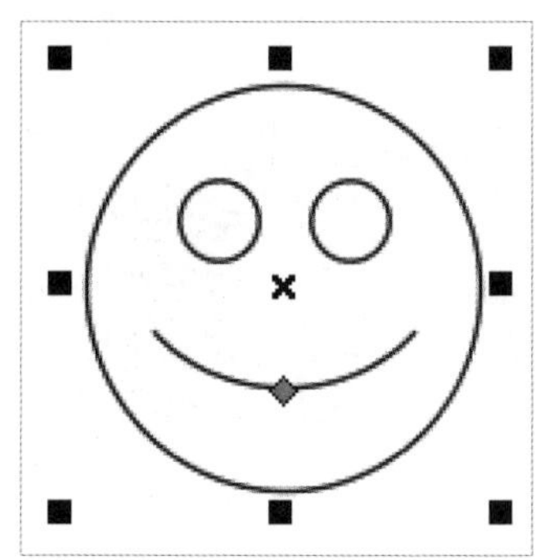

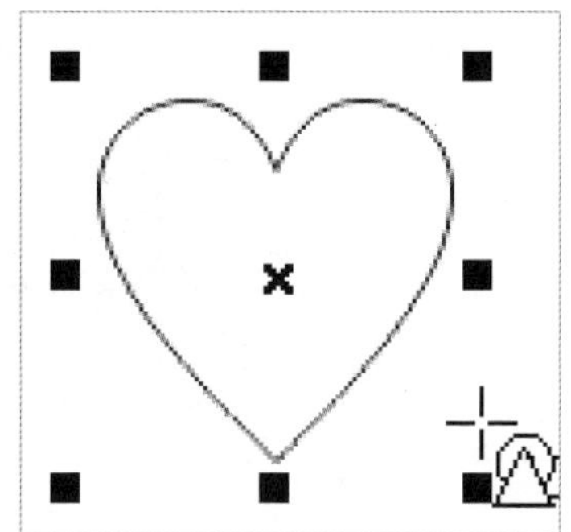

图 3-65 绘制基本形状

3.3.7 影响工具

使用 CorelDRAW 2018 中的“影响工具”可以在页面中绘制平行图形和辐射图形。在属性栏中设置相关参数后，再在页面中按住鼠标拖动即可完成绘制，如图 3-66 所示。

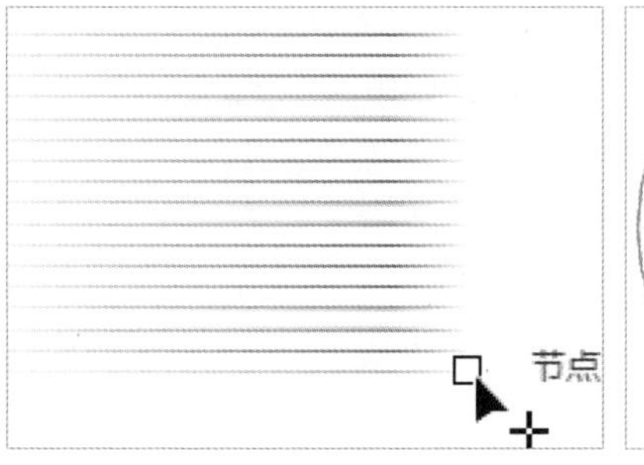

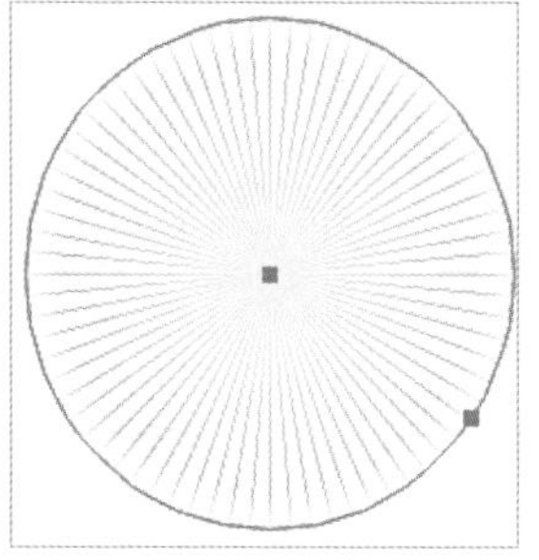

图 3-66 绘制平行图形和辐射图形

单击工具箱中的“影响工具”按钮，此时属性栏会显示该工具的属性选项，如图 3-67 所示。

图 3-67 “影响工具”的属性栏

“影响工具”属性栏中各选项的含义如下（之前讲解过的功能将不再讲解）。

- “效果样式”：用来选择绘制平行或辐射图形。
- “内边界”：选择对象以确定效果内边缘形状并使用选定的对象形状创建间隙。绘制完图形后单击“内边界”按钮，此时鼠标指针变为形状，在猫图形上单击，即可创建内边界，移开小猫后的效果如图 3-68 所示。

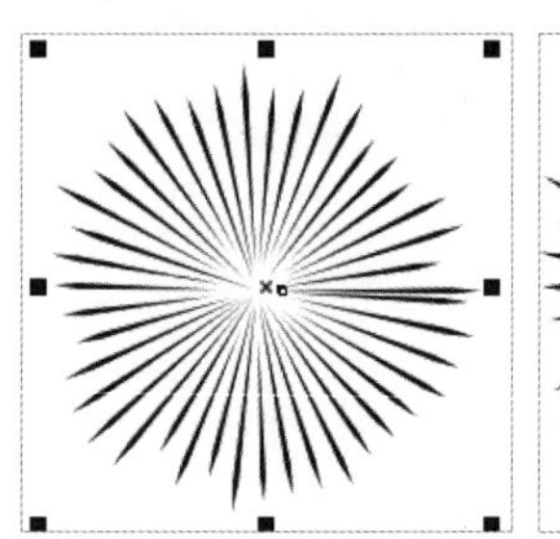

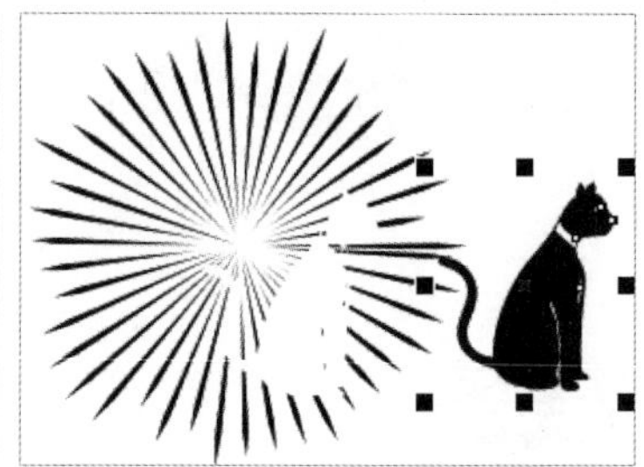

图 3-68 创建内边界

- “外边界”：选择对象以确定外边缘形状并将效果限制在对象形状内。绘制完图形后单击“外边界”按钮，此时鼠标指针变为形状，在矩形上单击，即可创建外边界，效果如图 3-69 所示。
- “旋转角度”：用来指定效果中线的角度（平行样式）或围绕内边缘旋转线条（辐射样式），如图 3-70 所示。

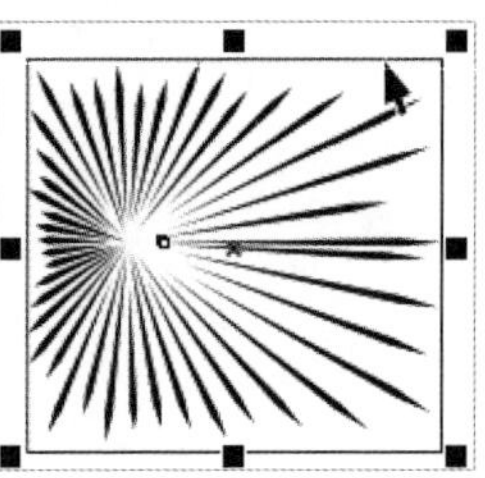

图 3-69 创建外边界

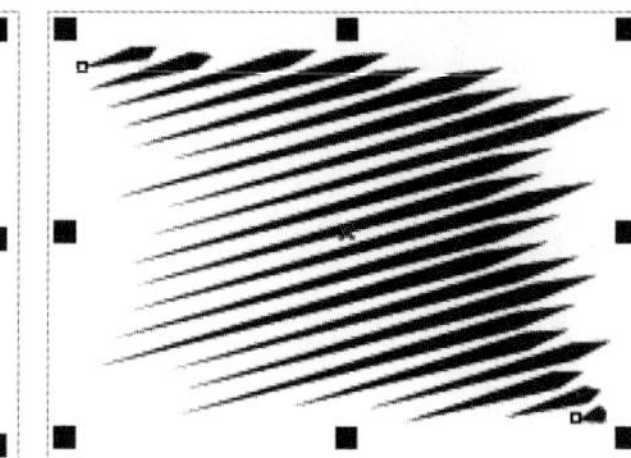

图 3-70 旋转线条

- “起点和终点”：用来在边界边缘处或边界内随机开始和终止所有线条，如图 3-71 所示。
- “线宽”：用来设置效果中线条的最小宽度和最大宽度。
- “宽度步长”：用来设置最小宽度和最大宽度的步长值。
- “随机排列宽度顺序”：用来随机排列最小宽度和最大宽度之间的步长顺序。
- “行间距”：用来设置效果中行之间的最小间距和最大间距。
- “间距步长”：用来设置最小间距和最大间距的步长值。
- “随机排列间距顺序”：用来随机排列最小间距和最大间距之间的步长顺序。
- “线条样式”：用来在下拉列表中选择绘制的图形线条样式。
- “最宽点”：用来沿线条设置最宽点的位置。

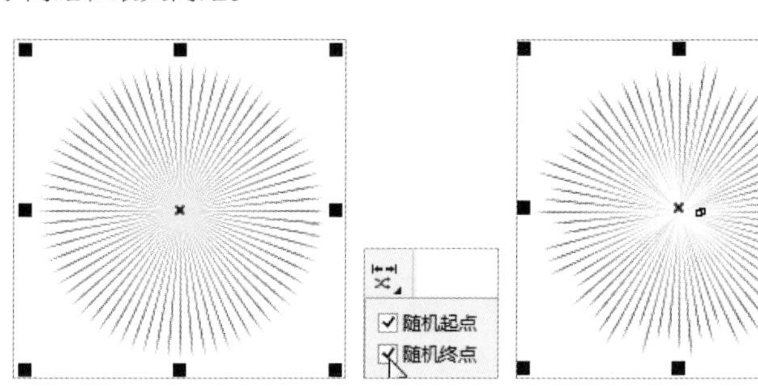

图 3-71 随机开始和终止所有线条

课堂练习 绘制绵羊头像

素材文件	源文件 / 第 03 章 /< 课堂练习——绘制绵羊头像 >
视频教学	录屏 / 第 03 章 / 课堂练习——绘制绵羊头像
案例要点	掌握使用“标注形状”工具绘制图形、拆分后转换为曲线、对曲线进行编辑、绘制曲线的方法

扫码观看视频

1. 练习思路

（1）使用“标注形状”绘制图形。

（2）按【Ctrl+K】组合键拆分图形。

（3）按【Ctrl+Q】组合键将图形转换为曲线。

（4）绘制椭圆形并转换为曲线。

（5）使用“形状工具”调整椭圆形状。

（6）使用“椭圆形工具”和“贝济埃工具”绘制眼睛和嘴巴。

2. 操作步骤

Step 01 新建空白文档，选择“标注形状”工具，在属性栏中单击“完美形状”按钮，在下拉列表中选择一个形状后进行绘制，如图 3-72 所示。

Step 02 按【Ctrl+Q】组合键将图形转换为曲线，再按【Ctrl+K】组合键将曲线拆分，选取上面的椭圆形并将其删除，再为剩余的部分填充白色，如图 3-73 所示。

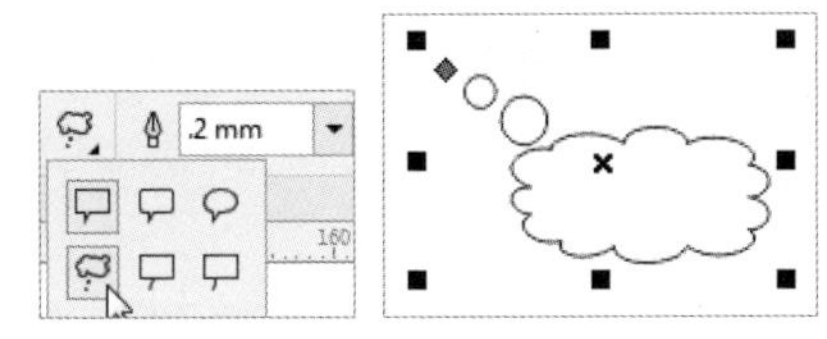

图 3-72 绘制形状

图 3-73 拆分删除后填充颜色

Step 03 绘制一个椭圆形并为其填充白色，再按【Ctrl+Q】组合键将椭圆转换为曲线，使用“形状工具”调整椭圆形状，如图 3-74 所示。

Step 04 选择菜单栏中的“对象”/“顺序”/“向后一层”命令或按【Ctrl+PgDn】组合键，改变前后图形顺序，如图 3-75 所示。

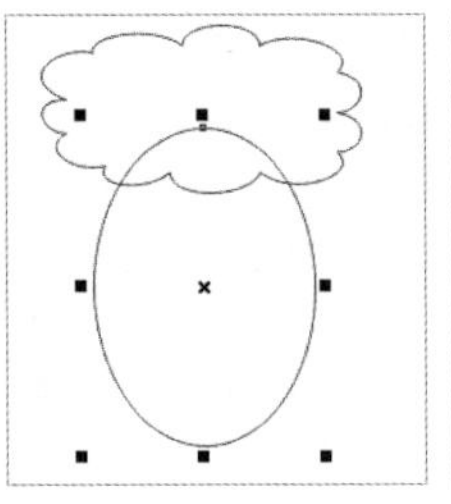

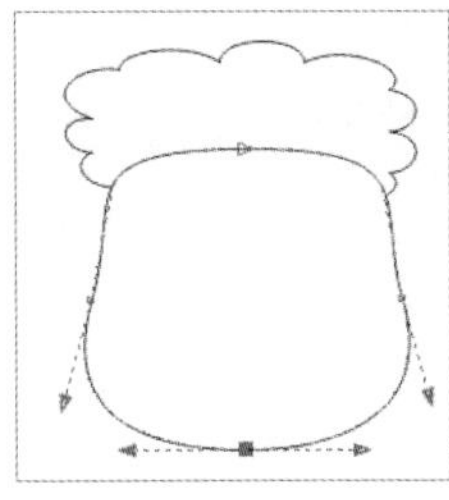

图 3-74 绘制椭圆并调整形状

图 3-75 改变顺序

Step 05 选择“螺纹工具”后，在属性栏中设置“螺纹回数”为“2”，选择“对数式螺纹”，在文档中绘制螺纹，调整图形前后顺序后，按【Ctrl+V】组合键复制，再按【Ctrl+V】组合键粘贴，复制出一个副本后再单击 “水平镜像”按钮，完成犄角的绘制，如图 3-76 所示。

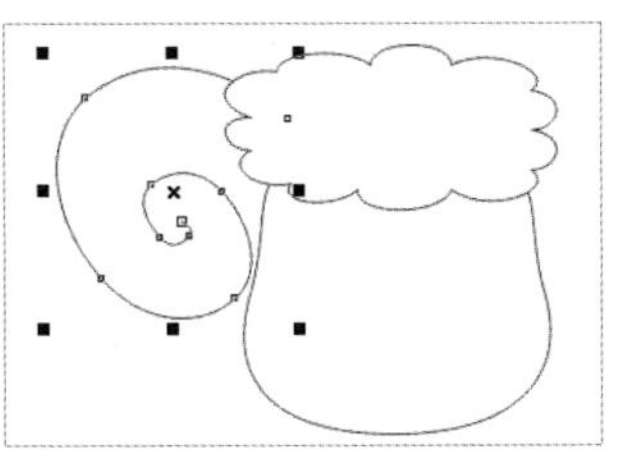

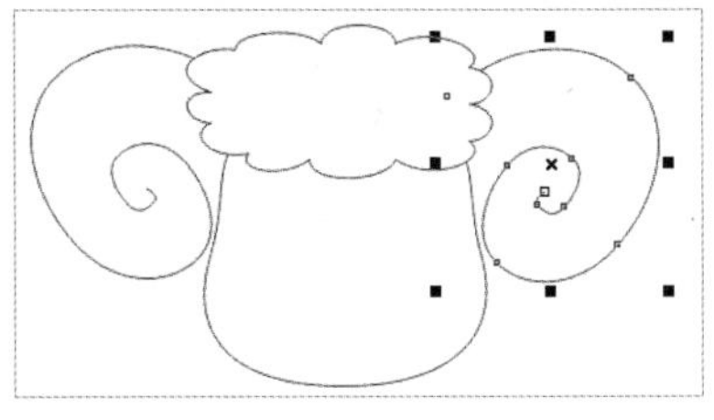

图 3-76 绘制螺纹

Step 06 使用“椭圆形工具”○和“贝济埃工具”绘制眼睛和嘴巴，复制两个羊头副本并将其缩小。至此，本例制作完毕，最终效果如图 3-77 所示。

图 3-77 最终效果

课后习题

一、选择题

1. 如果要在绘图过程中取消选定所有对象，那么可以按（ ）。

A. Enter 键 B. Esc 键 C. 空格键 D. Ctrl 键

2. 使用“椭圆形工具”○绘制正圆形时需要按住键盘上的（ ）键。

A. Enter B. Esc C. Shift D. Ctrl

二、填空题

1. “矩形工具”□是 CorelDRAW 中一个重要的绘图工具，使用该工具可以在页面中绘制矩形和 _____ 形。

2. 在使用“多边形工具”、“星形工具”和“复杂星形工具”绘制图形时，“多边形工具”和“星形工具”边数的取值范围为 _____，“复杂星形工具”边数的取值范围为 _____。

三、案例习题

习题要求：通过“三点曲线工具”绘制卡通表情。

案例习题文件：案例文件 / 第 03 章 / 案例习题——通过“三点椭圆形工具”和“多边形工具”绘制热气球 .cdr，如图 3-78 所示。

视频教学：录屏 / 第 03 章 / 案例习题——通过“三点椭圆形工具”和“多边形工具”绘制热气球。

习题要点：

（1）使用“三点椭圆形工具”绘制椭圆形。

（2）将椭圆形转换为曲线。

（3）调整图形的形状。

（4）复制图形并为其填充颜色。

（5）使用“多边形工具”绘制五边形，然后将其转换成曲线并调整形状。

（6）使用“手绘工具”绘制直线。

图 3-78 热气球

第04章

对象的基本操作、编辑与管理

CorelDRAW 提供了强大的对象操作编辑功能，包括对象的选择、对象的定位、对象的缩放与镜像、仿制和删除对象、对象的变换等。通过学习本章内容，读者可以使用最适合的方式对对象进行编辑，合理地组织与排列对象，有效地提高绘图的工作效率。例如，将多个图形对象组合在一起，使其具有统一的属性，或者统一进行某种操作；使用 CorelDRAW 提供的多种排列顺序来排列同一绘图窗口中的多个图形对象的位置。

CORELDRAW

学习要点

- 选择工具
- 对象的基本编辑
- 对象的复制与删除
- 对象的变换
- 对象的对称
- 使对象适合路径
- 调整对象的排列次序
- 对象的锁定与解锁
- 对齐与分布
- 群组与取消群组
- 合并与拆分
- 使用图层控制对象

技能目标

- 掌握选择对象的方法
- 掌握调整对象位置与大小的方法
- 掌握旋转与斜切对象方法
- 掌握镜像对象的方法
- 掌握复制对象的方法
- 掌握变换对象的方法
- 掌握调整对象排列次序的方法
- 掌握锁定与解锁对象的方法
- 掌握对象对齐与分布的操作方法
- 掌握群组与取消群组的方法
- 掌握合并与拆分对象的操作方法
- 掌握使用图层控制对象的方法

选择工具

CorelDRAW 2018 中的“选择工具”是使用最频繁的工具。使用该工具不仅可以选择单个或多个对象，还可以对其进行定位与变换、调节大小、旋转与倾斜、缩放与镜像等基本操作。

单击工具箱中的“选择工具”按钮，此时属性栏中会显示该工具的属性选项，如图 4-1 所示。

图 4-1 “选择工具”的属性栏

“选择工具”属性栏中选项的含义如下（之前讲解过的功能将不再讲解）。

“所有对象视为已填充”：通过单击对象内部，可以选择未填充的对象。

提示

当使用“选择工具”选择不同的对象时，属性栏会根据选择的对象进行改变。

对象的基本编辑

针对对象的基本编辑包括选择对象、定位对象、调节大小、旋转与倾斜、缩放与镜像等。

4.2.1 选择对象

“选择对象”是 CorelDRAW 2018 中最常用的操作，在编辑处理一个对象之前，必须先选择它。选取对象有多种方法，读者可以根据自己不同的目的来灵活使用。如果要取消选择，在页面的其他位置单击或按【Esc】键即可。

直接选取

打开一个包含多个对象的文档。如果要选取其中的一个对象，那么可以用直接选取法。在工具箱中选择“选择工具”，单击打开的多个对象中的某一个，此时被选择的对象周围会出现选取框，如图 4-2 所示。

图 4-2 直接选取对象

选取多个对象

若要同时选取多个对象，则需要使用“选择工具”，按住【Shift】键，分别在需要选取的对象上单击，此时会在选择的多个对象上出现一个选取框，如图 4-3 所示。

图 4-3 选择多个对象

拖动选取（框选）多个对象

通过框选可以选取一个或多个对象，使用“选择工具”在要被选取的对象外围拖动，会出现一个虚线选框，松开鼠标后，在此虚线选框内的对象就会被全部选取，如图 4-4 所示。

图 4-4 框选对象

提示

如果想把文档中的所有对象一同选取，那么只需选择菜单栏中的“编辑”/“全选”/“对象”命令即可；使用“手绘选择工具”在多个对象上拖动，创建选取范围后同样可以选择多个对象。

课堂案例 通过查找命令选择对象

素材文件	素材文件 / 第 04 章 /< 心形矩形箭头 .cdr>	扫码观看视频
视频教学	录屏 / 第 04 章 / 课堂案例——通过查找命令选择对象	
案例要点	掌握“查找对象”命令的使用方法	

操作步骤

Step 01 打开“心形矩形箭头.cdr”文档，如图 4-5 所示。

图 4-5 打开文档

Step 02 将圆形全部选取。选择菜单栏中的“编辑”/“查找并替换”/“查找对象”命令，打开“查找向导”对话框，选中“开始新的搜索”单选按钮，如图 4-6 所示。

Step 03 单击“下一步”按钮，单击“填充”选项卡，再选中“标准色”复选框，如图 4-7 所示。

Step 04 单击“下一步”按钮，选中“指定的均匀填充”单选按钮，再在后面设置颜色为“C:0M:60Y:100K:0”，如图 4-8 所示。

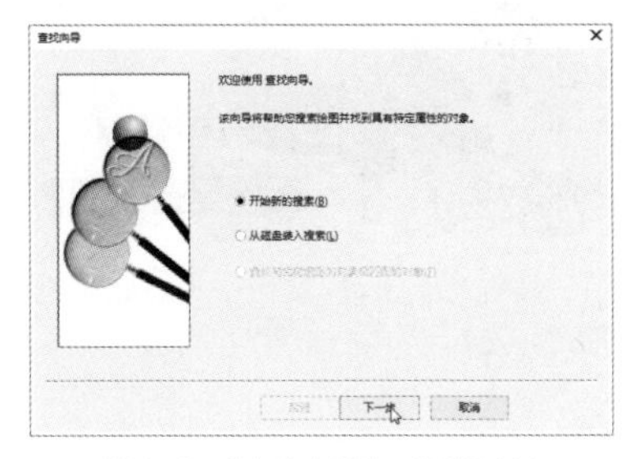
图 4-6 “查找向导”对话框（1）

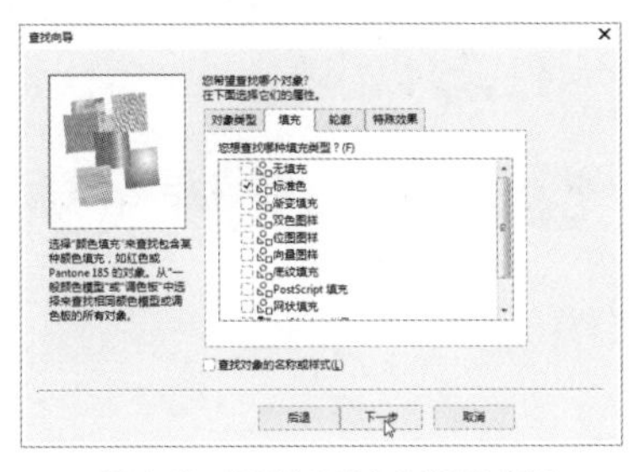
图 4-7 “查找向导”对话框（2）

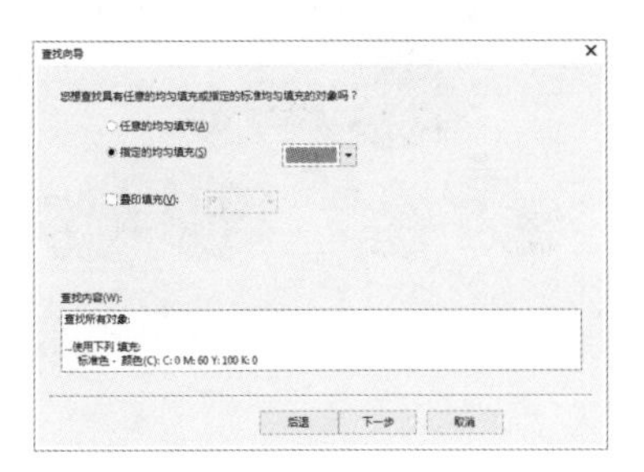
图 4-8 “查找向导”对话框（3）

Step 05 单击“下一步”按钮，再单击“完成”按钮，如图 4-9 所示。

Step 06 单击“查找全部”按钮，可以将所有的橘色图形一同选中，如图 4-10 所示。

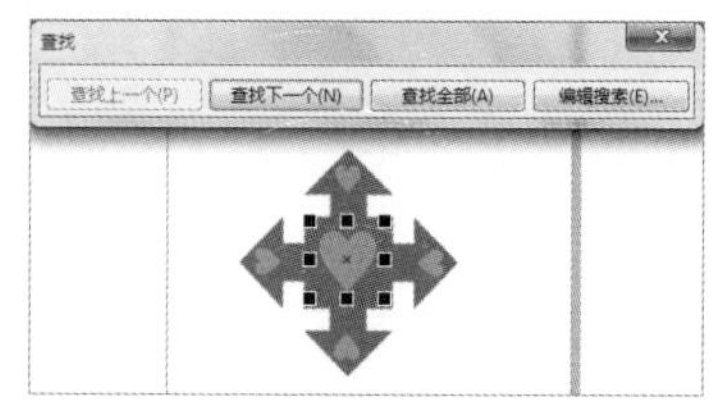

图 4-9 查找

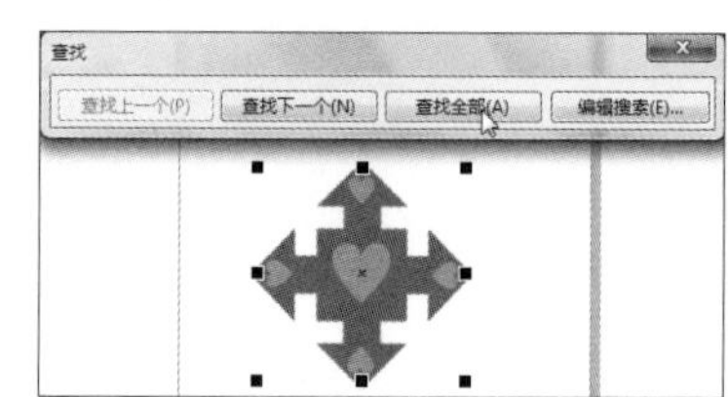

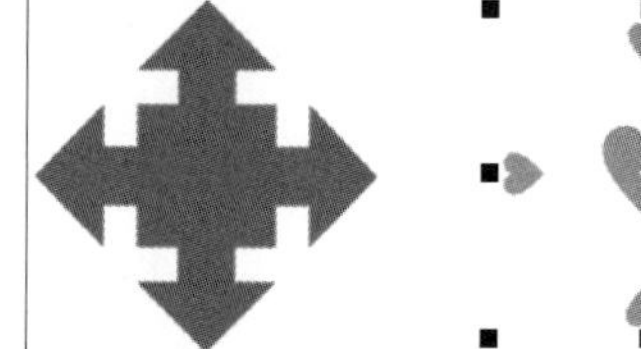

图 4-10 查找后

4.2.2 调整对象的位置

在 CorelDRAW 2018 中，经常需要移动对象，用户可以用鼠标自由地拖动图形对象来调整它们的位置。使用“选择工具” 在要被移动的对象上单击并拖动，在合适的位置松开鼠标即可移动对象，如图 4-11 所示；通过调整属性栏或泊坞窗中的位置参数也可以精确移动对象，使用键盘还可以微调对象的位置。

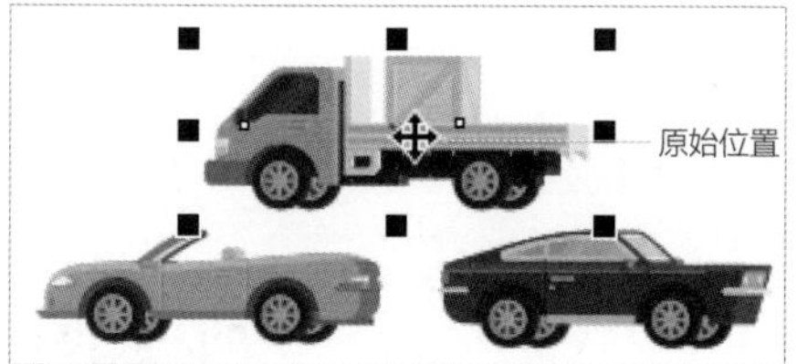

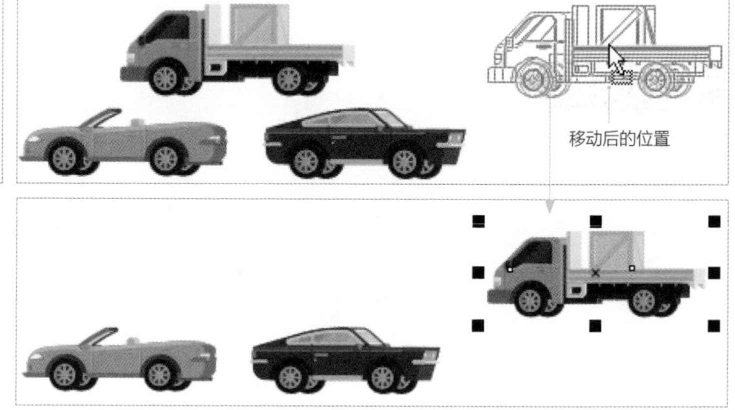

图 4-11 用鼠标拖动来移动对象

4.2.3 调节对象的大小

当在 CorelDRAW 2018 中调节对象的大小时，可以用鼠标拖动控制点来完成，如图 4-12 所示，也可以直接在属性栏中输入参数进行精确调节。

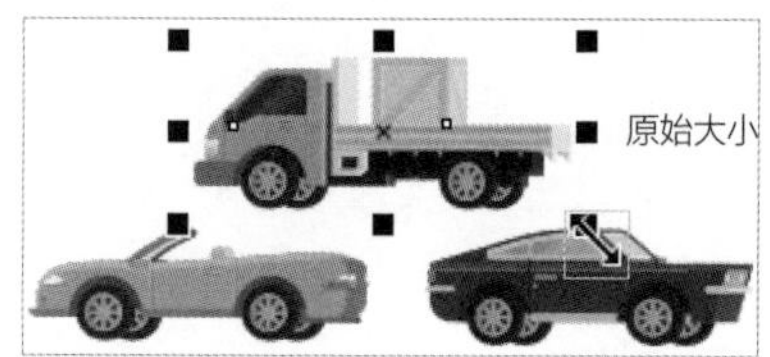

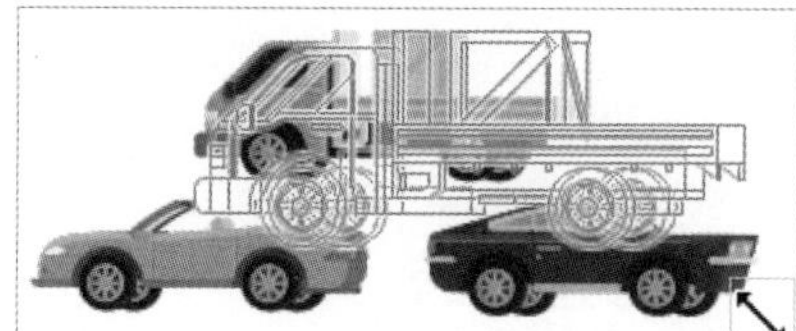

图 4-12 用鼠标拖动来调整对象

提示

运用鼠标调整对象的方法最简单，但也最不精确，在调整时最好拖动左上角、左下角、右上角、右下角的节点，这样被调整的对象才能保持等比例缩放而不变形。

4.2.4 旋转与斜切对象

在 CorelDRAW 2018 中，旋转与斜切对象的基本方法是用鼠标拖动控制点。使用“选择工具”在选中的对象上双击，此时选中的对象处于可旋转、斜切状态。将鼠标指针移动到 4 个“旋转”符号处按住鼠标左键拖动，松开鼠标即可将对象进行旋转；将鼠标指针移动到 4 个“斜切”符号处按住鼠标左键拖动，松开鼠标即可将对象进行斜切，如图 4-13 所示。在属性栏中直接输入参数可以进行精确的旋转。

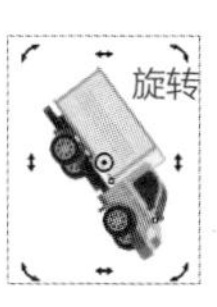

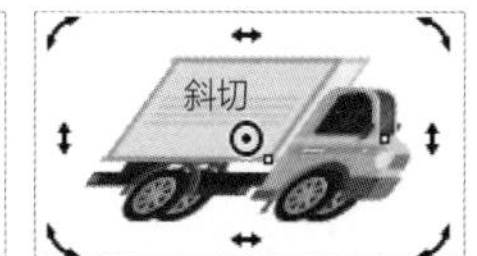

图 4-13 用鼠标旋转与斜切对象

4.2.5 对象的镜像翻转

在 CorelDRAW 2018 中，可以对对象进行水平镜像翻转和垂直镜像翻转。打开一个需要镜像的文件，使用“选择工具”选中对象。单击属性栏中的“水平镜像”按钮，就可以对对象进行水平镜像翻转，如图 4-14 所示；单击“垂直镜像”按钮，就可以对对象进行垂直镜像翻转，如图 4-15 所示

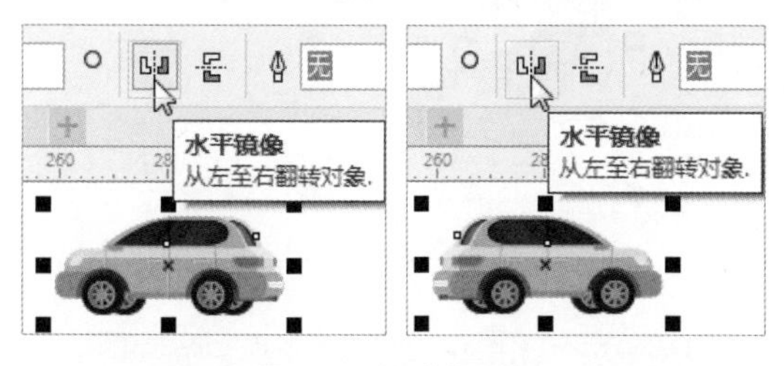

图 4-14 水平镜像翻转

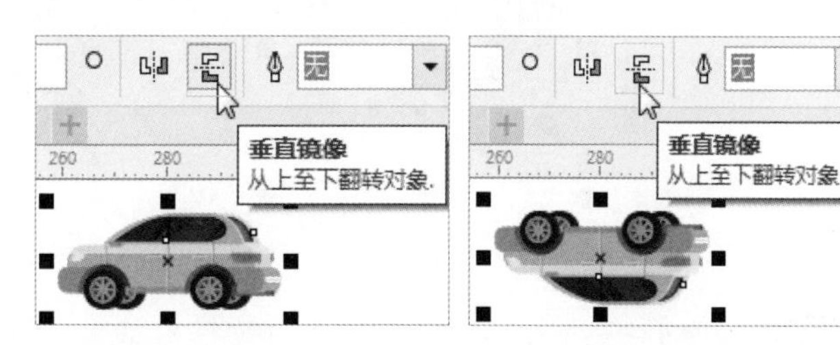

图 4-15 垂直镜像翻转

4.3 对象的复制与删除

在编辑、处理对象的过程中，经常需要制作图像的副本，或者将不需要的图形对象清除。下面简要介绍 CorelDRAW 提供的复制、克隆、再制、删除等功能的用法。

4.3.1 复制、粘贴对象

所谓复制就是将对象放在剪贴板上，经过粘贴在页面中产生副本对象。因此“复制”“粘贴”是一对组合命令，二者缺一不可。对象的复制是在绘图时用到的基本技巧，同样这也是一个跨软件的功能，即用户不仅可以将对象在本软件内进行复制，通过复制、粘贴还可以将其粘贴到其他软件中。下面通过课堂案例介绍在同一文档中进行复制与粘贴的具体操作。

课堂案例 复制、粘贴对象

素材文件	素材文件 / 第 04 章 /< 鱼 .cdr>	扫码观看视频
视频教学	录屏 / 第 04 章 / 课堂案例——复制、粘贴对象	
案例要点	掌握“复制”“粘贴”命令的使用方法	

操作步骤

Step 01 使用工具箱中的“选择工具”选中文档中需要复制的对象，如图 4-16 所示。

Step 02 单击属性栏中的“复制”按钮将对象复制到剪贴板，再单击属性栏中的“粘贴”按钮，将复制后的对象进行粘贴，然后运用鼠标将粘贴后的对象移动至原图像的右侧，如图 4-17 所示。

图 4-16 选择对象

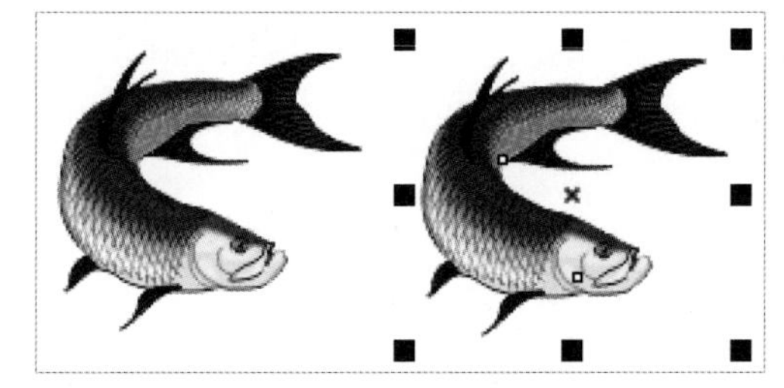

图 4-17 粘贴并移动后的对象

技巧

选择菜单栏中的“编辑”/“复制”命令或按【Ctrl+C】组合键，再选择菜单栏中的“编辑”/“粘贴”命令或按【Ctrl+V】组合键，可以进行复制和粘贴；选中对象后单击鼠标右键，在弹出的快捷菜单中选择“复制”命令，将鼠标指针移动到另外一个位置，单击鼠标右键，在弹出的快捷菜单中选择“粘贴”命令，即可粘贴复制的内容；选择对象后按键盘上的【+】键，可以在原位复制出一个副本；选中对象，按住鼠标左键向另一处拖动，此时会出现一个蓝色线框图，直接单击鼠标右键就可以复制对象。

4.3.2 克隆对象

在 CorelDRAW 2018 中使用“克隆”命令，可以快速将选取的对象进行复制，此时的副本会跟随主图进行变换，具体的克隆操作如下。

课堂案例 克隆对象

素材文件	素材文件 / 第 04 章 /< 鱼.cdr>	扫码观看视频
视频教学	录屏 / 第 04 章 / 课堂案例——克隆对象	
案例要点	掌握克隆对象的方法	

操作步骤

Step 01 使用“选择工具”选中需要克隆的对象，选择菜单栏中的“编辑”/“克隆”命令，将选中的对象进行仿制，如图 4-18 所示。

Step 02 使用鼠标将克隆后的对象移动至合适的位置。旋转主对象，则克隆对象也随之旋转，如图 4-19 所示。

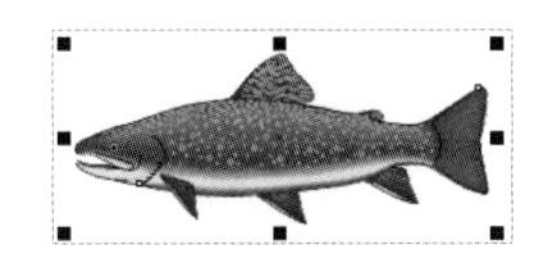

图 4-18 仿制对象

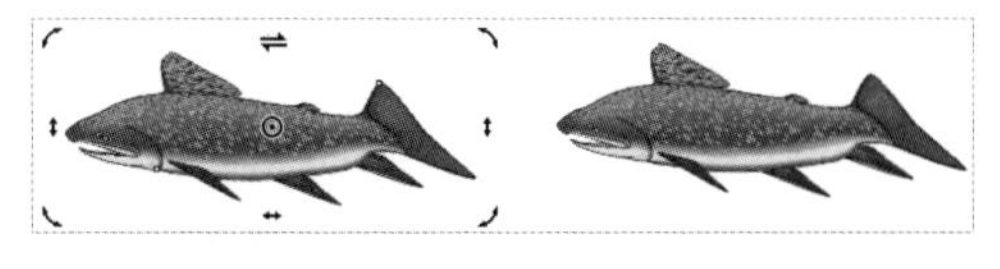

图 4-19 克隆对象随主对象一起旋转

4.3.3 再制对象

在 CorelDRAW 2018 中，除复制、克隆对象外，还有一个类似于复制的功能——再制。使用再制功能可以将对象复制到偏离初始位置的右上角。从某种意义上讲，“再制”命令相当于“复制 + 粘贴”。

课堂案例 再制对象

素材文件	素材文件 / 第 04 章 /< 自行车.cdr>	扫码观看视频
视频教学	录屏 / 第 04 章 / 课堂案例——再制对象	
案例要点	掌握再制对象的方法	

操作步骤

Step 01 打开“自行车.cdr”文档，使用“选择工具”选中需要再制的对象，选择菜单栏中的“编辑”/“再制”命令或按【Ctrl+D】组合键，将选中的对象进行再制，默认效果如图 4-20 所示。

Step 02 使用“选择工具”选中需要再制的对象，将其水平向右拖动一段距离，单击鼠标右键，复制出一个副本。再选择菜单栏中的“编辑”/“再制”命令，将选中的对象按照第一次再制的距离和方向进行再制，如图 4-21 所示。

图 4-20 再制对象

图 4-21 再制对象

Step 03 选择“选择工具”，在属性栏中将“再制距离”的水平值设置为 0、垂直值设置为“40.0mm”，如图 4-22 所示。选择菜单栏中的“编辑”/“再制”命令，选中的对象会按照设置的再制距离进行复制，效果如图 4-23 所示。

图 4-22 设置再制属性

图 4-23 再制对象

技巧

通过设置“再制距离”来再制对象时，该值为正值会将其向右和向上再制，该值为负值会将其向左和向下再制。

4.3.4 删除对象

如果在绘图过程中需要删除一些不需要的对象，那么可以在选中对象后按【Delete】键来进行删除，也可以通过选择菜单栏中的“编辑”/“删除”命令来删除不需要的对象。

对象的变换

在 CorelDRAW 2018 中，除了使用工具和属性变换对象，还可以通过“变换”命令来进行位置、旋转、镜像等方面的变换。选择菜单栏中的“对象”/“变换”命令，弹出“变换”子菜单。

4.4.1 位置变换

通过“位置”命令，可以精确地变换对象的位置。选择菜单栏中的“对象”/“变换”/“位置”命令，打开“变换”泊坞窗，如图 4-24 所示。

“变换”泊坞窗中各选项的含义如下（之前讲解过的功能将不再讲解）。

- “位置坐标”：用来设置变换对象的坐标位置。
- “相对位置”：以当前选取对象所在位置作为变换起点。
- “位置”：用来快速定位变换位置的方向。
- “副本”：用来设置复制对象的个数。

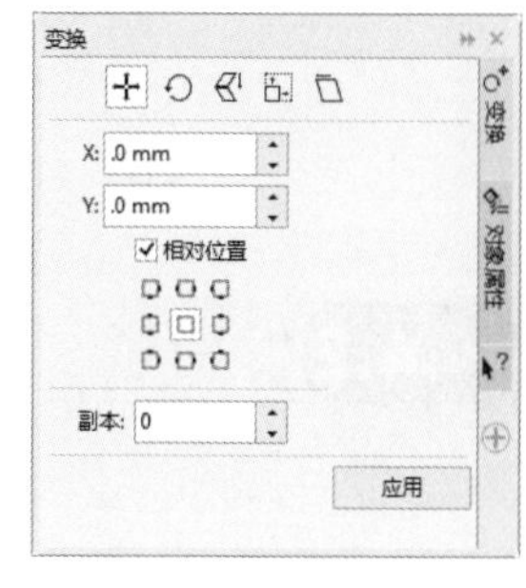

图 4-24 位置变换

课堂案例 通过位置变换快速复制对象

素材文件	素材文件 / 第 04 章 /< 直升机 .cdr>	扫码观看视频
视频教学	录屏 / 第 04 章 / 课堂案例——通过位置变换快速复制对象	
案例要点	掌握位置变换的方法	

操作步骤

Step 01 打开“直升机.cdr”文档，选择其中的直升机并将其移动到合适的位置，如图 4-25 所示。

Step 02 选择菜单栏中的“对象”/“变换”/“位置”命令，打开“变换”泊坞窗，选中“相对位置”复选框。单击“相对位置”选项组中的“向右”按钮，设置“副本”值为 4，如图 4-26 所示。

图 4-25 选择对象

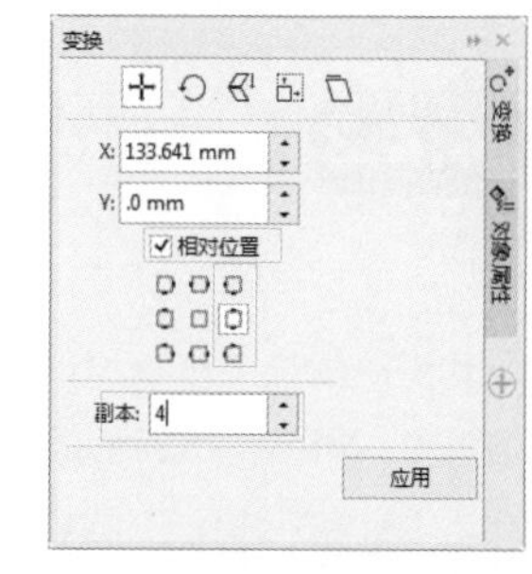

图 4-26 设置参数

Step 03 设置完毕，单击“应用”按钮，此时会向右自动复制出 4 个副本对象，如图 4-27 所示。

图 4-27 复制对象

技巧

设置“副本”值后，每单击一次“应用”按钮，就会按设置的个数再复制一次，位置会自动延续，如图 4-28 所示。

单击两次"应用"按钮后

图 4-28 复制对象

4.4.2 旋转变换

通过"旋转"命令，可以精确地按照旋转中心点旋转变换对象，选择菜单栏中的"对象"/"变换"/"旋转"命令，打开"变换"泊坞窗，如图 4-29 所示。

"变换"泊坞窗中各选项的含义如下（之前讲解过的功能将不再讲解）。

"角度"：用来设置旋转变换对象的角度，不同角度的效果如图 4-30 所示。

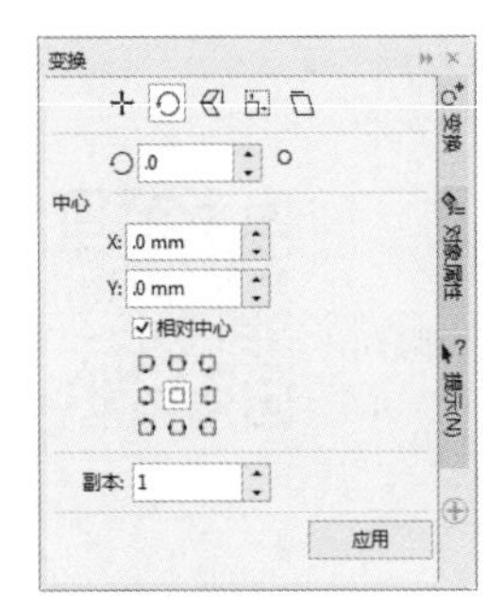

图 4-29 旋转变换

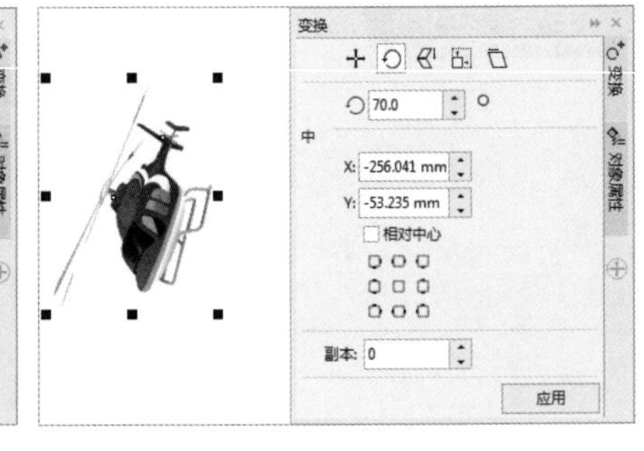

图 4-30 不同角度的旋转效果

4.4.3 缩放与镜像变换

通过"缩放与镜像"命令，可以通过指定百分比来调整对象大小，并且达到镜像效果。选择菜单栏中的"对象"/"变换"/"缩放与镜像"命令，打开"变换"泊坞窗，如图 4-31 所示。

"变换"泊坞窗中各选项的含义如下（之前讲解过的功能将不再讲解）。

- "缩放对象"：用来设置对象变换的缩放值。
- "按比例"：变换对象时保持对象的原始长宽比例。

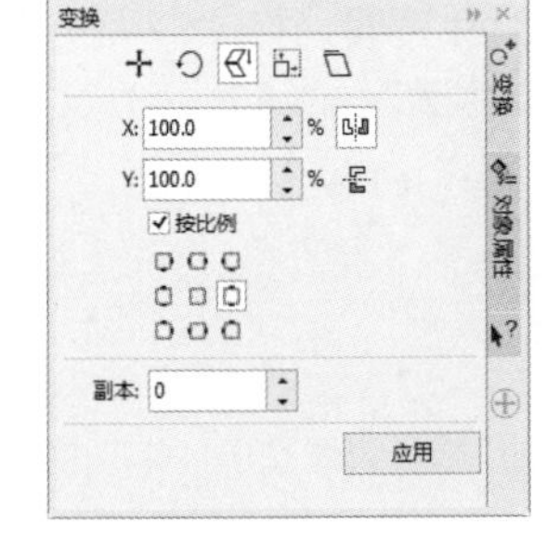

图 4-31 缩放与镜像变换

课堂案例 缩放与镜像变换对象

素材文件	素材文件 / 第 04 章 /< 飞机 .cdr>
视频教学	录屏 / 第 04 章 / 课堂案例——缩放与镜像变换对象
案例要点	掌握缩放与镜像变换的方法

扫码观看视频

Step 01 打开“飞机.cdr”文档，使用“选择工具”选择绘制的飞机对象并将其移动到合适的位置，如图 4-32 所示。

Step 02 选择菜单栏中的“对象”/“变换”/“缩放与镜像”命令，打开“变换”泊坞窗，其中的参数设置如图 4-33 所示。

Step 03 设置完毕，单击“应用”按钮，效果如图 4-34 所示。

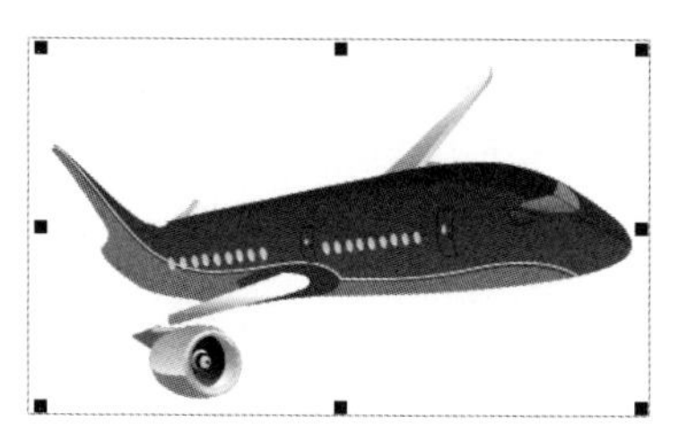

图 4-32 选择对象

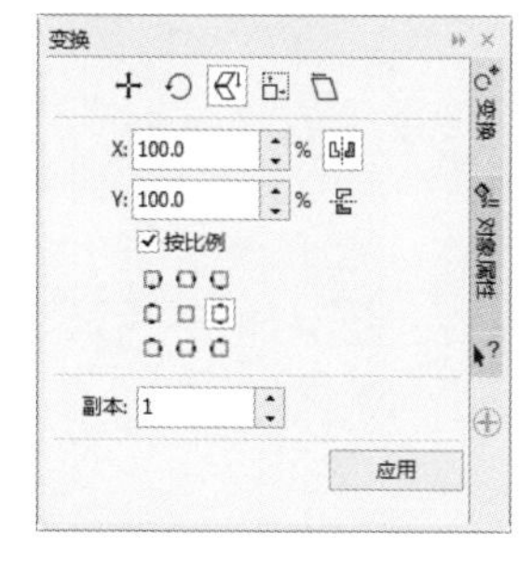

图 4-33 缩放与镜像变换

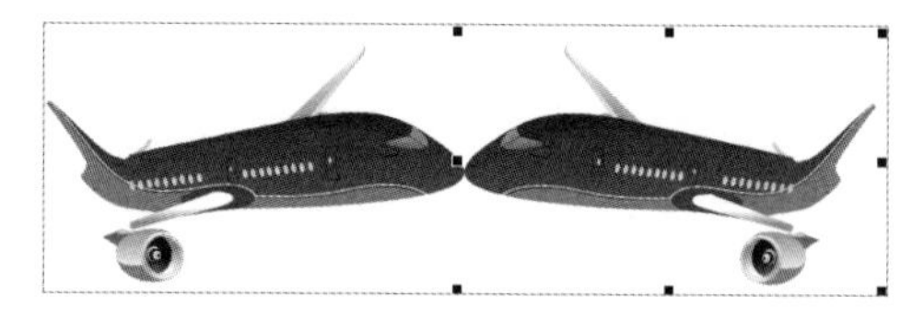

图 4-34 效果

技巧

在“变换”泊坞窗中，更改“缩放对象”参数，镜像复制后会自动调整对象大小，如图 4-35 所示。

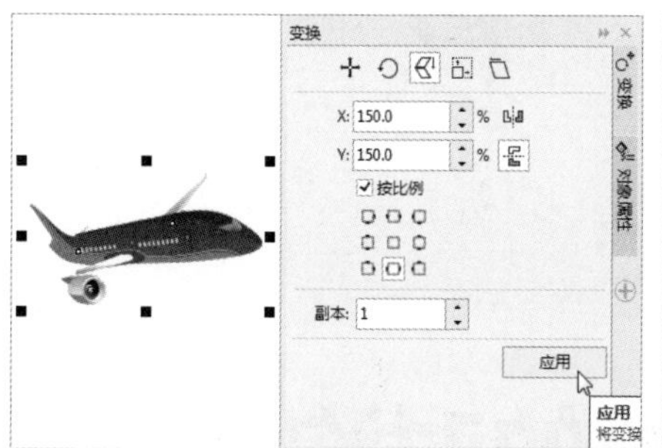

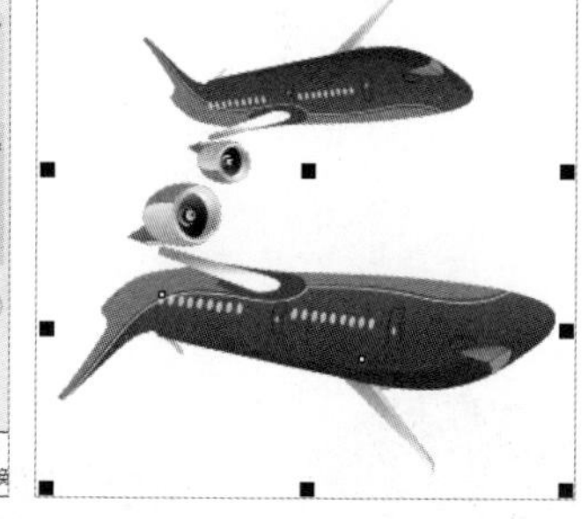

图 4-35 缩放镜像

4.4.4 大小变换

通过“大小”命令，可以通过指定尺寸来调整对象大小。选择菜单栏中的“对象”/“变换”/“大小”命令，打开“变换”泊坞窗，如图 4-36 所示。

“变换”泊坞窗中各选项的含义如下（之前讲解过的功能将不再讲解）。

“缩放对象”：用来设置对象变换的缩放值。选择对象，重新设置“缩放对象”，选中“按比例”复选框，单击“按比例”选项组中的“右下”按钮，设置“副本”值为 1，单击“应用”按钮，效果如图 4-37 所示。

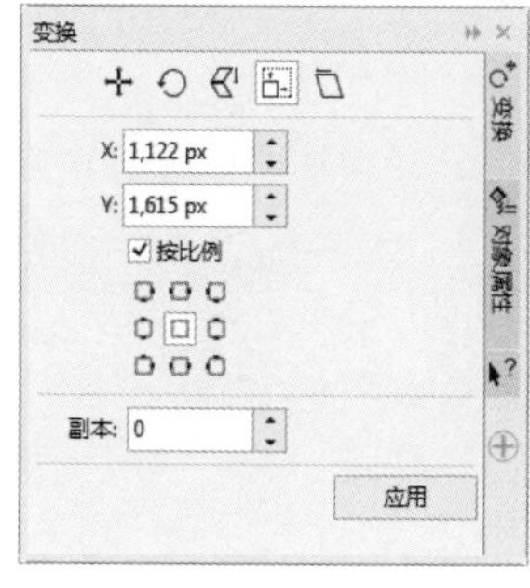

图 4-36 大小变换

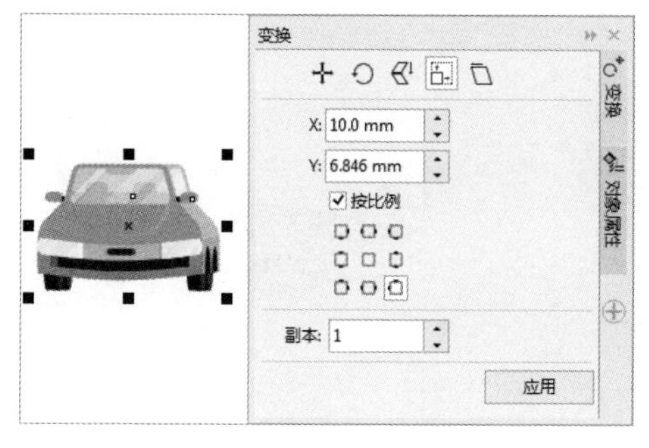

图 4-37 设置参数及大小变换的效果

4.4.5 倾斜变换

通过“倾斜”命令，可以将对象进行水平或垂直方向上的倾斜变换。选择菜单栏中的“对象”/“变换”/“倾斜”命令，打开“变换”泊坞窗，如图 4-38 所示。

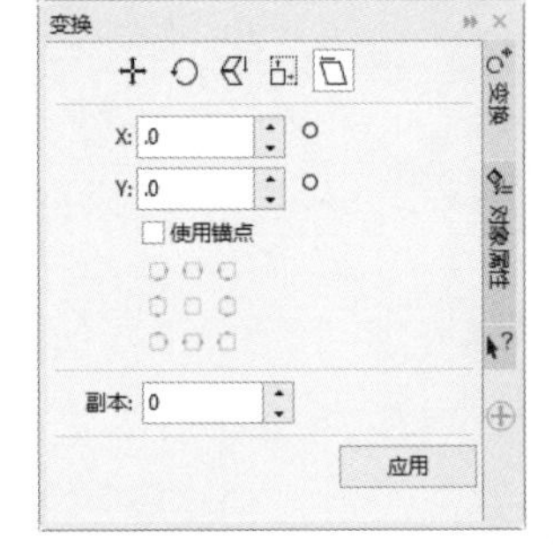

图 4-38 倾斜变换

“变换”泊坞窗中各选项的含义如下（之前讲解过的功能将不再讲解）。

- “倾斜角度”：用来设置对象水平或垂直方向的倾斜角度，如图 4-39 所示。
- “使用锚点”：用来设置倾斜对象时中心点的位置。

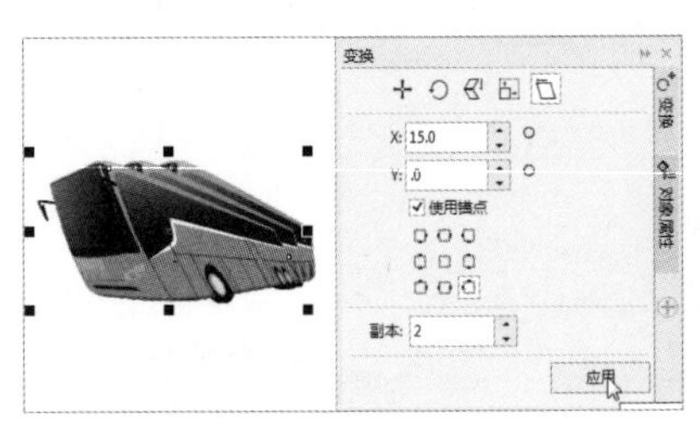
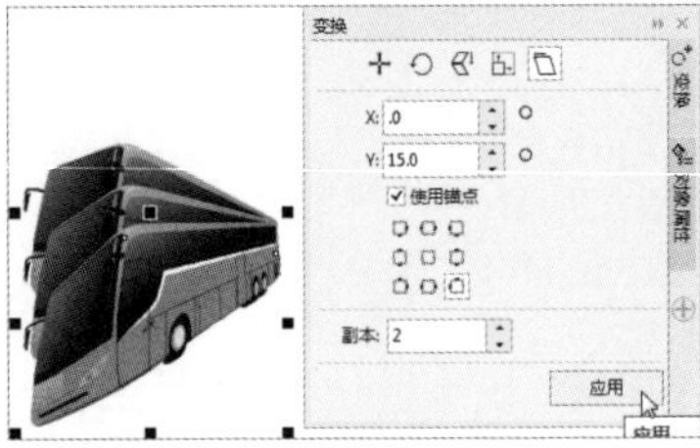
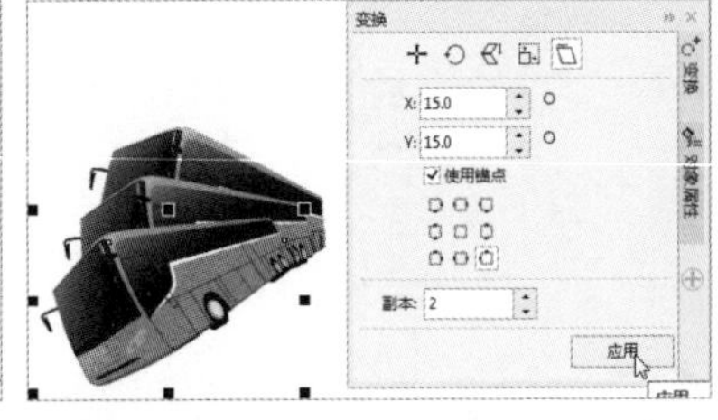
图 4-39 设置倾斜变换的角度

4.5 对象的对称

在 CorelDRAW 2018 中，可以为选择的对象创建一个与之相对称的副本，并且可以根据中间的对称线来改变对称副本的位置。

4.5.1 创建新对称

选择菜单栏中的“对象”/“对称”/“创建新对称”命令，可以在文档中创建对称效果，此时只要在对称线上绘制或移入对象，就可以自动创建一个该对象的对称副本，如图 4-40 所示。选择对象后，选择菜单栏中的“对象”/“对称”/“创建新对称”命令，可以为选择对象创建一个对称副本，如图 4-41 所示。

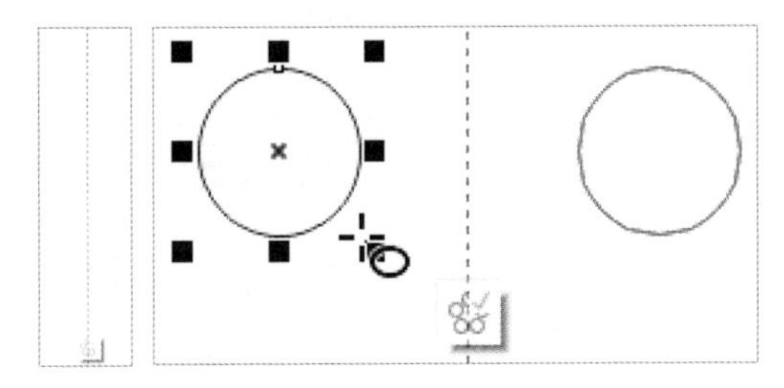
图 4-40 创建对称副本

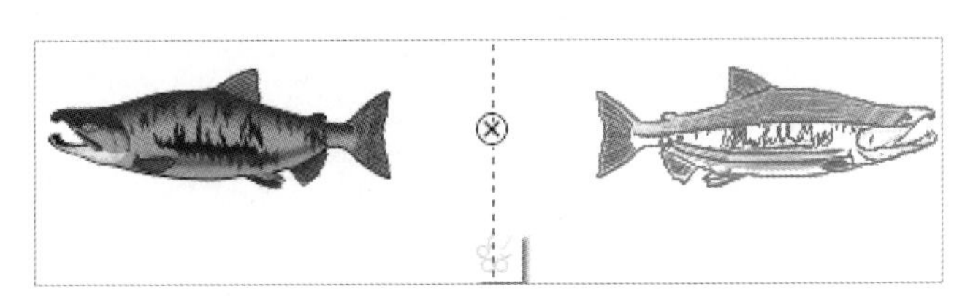
图 4-41 为选择对象创建一个对称副本

4.5.2 完成编辑对称

选择菜单栏中的“对象”/“对称”/“完成编辑对称”命令，可以创建一个完成编辑对称副本，如图 4-42 所示。

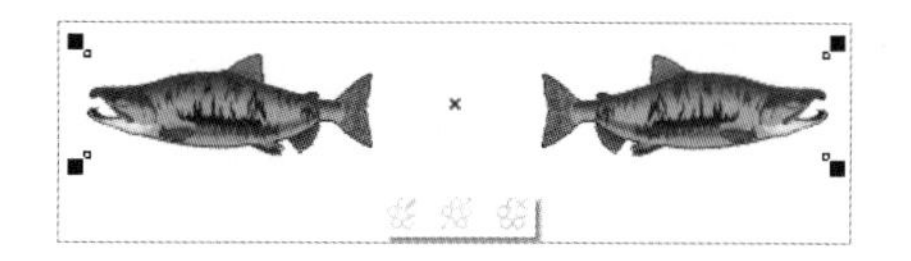

图 4-42 完成编辑对称的效果

4.5.3 编辑对称

选择菜单栏中的“对象”/“对称”/“编辑对称”命令，可以进入对称编辑状态，此时可以通过拖动对称线来改变对称副本与原图之间的距离，如图 4-43 所示。在对称线上双击，调出旋转图标，拖动该对称线会发现对称副本也跟随角度进行旋转，如图 4-44 所示。

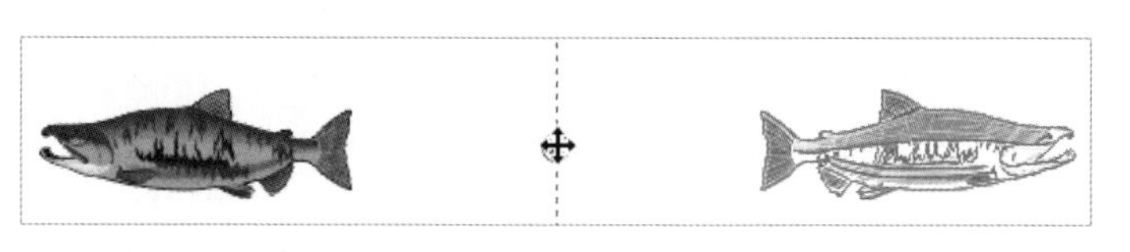

图 4-43 拖动对称线移动对象

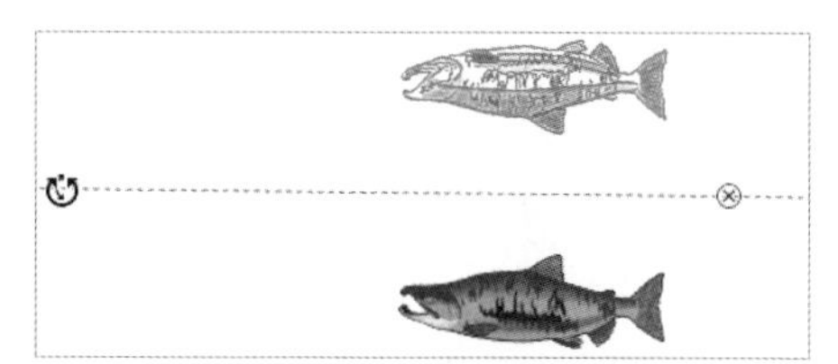

图 4-44 编辑对称的旋转操作

4.5.4 断开对称的链接

选择菜单栏中的“对象”/“对称”/“断开对称的链接”命令，则对原图和副本不能再进行对称编辑。

4.5.5 移除对称

选择菜单栏中的“对象”/“对称”/“移除对称”命令，可以将创建的对称副本删除。

4.6 使对象适合路径

在 CorelDRAW 2018 中，可以将选择的对象依附到绘制的路径上。路径可以是开放的曲线，也可以是封闭的轮廓。将对象和绘制的路径一同选择，选择菜单栏中的“对象”/“使对象适合路径”命令，打开“使对象适合路径”泊坞窗，单击“应用”按钮，即可将对象依附到路径上，如图 4-45 所示。

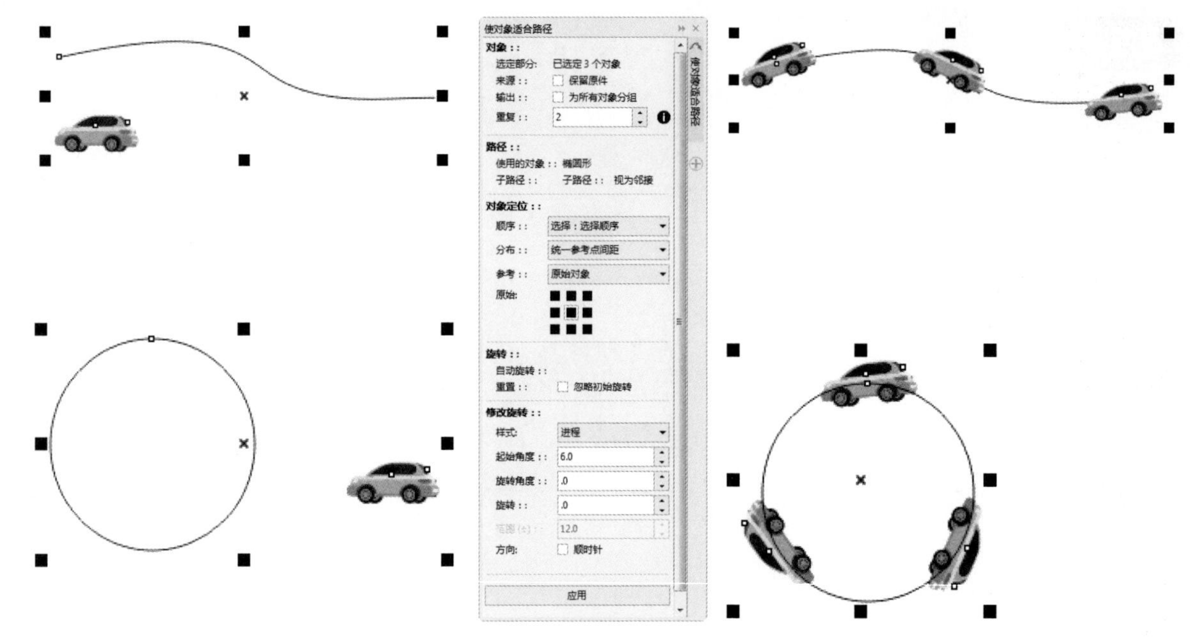

图 4-45 使对象适合路径

"使对象适合路径"泊坞窗中各选项的含义如下（之前讲解过的功能将不再讲解）。

- "对象"：用来选择要放置在路径上的对象。
  - "选定部分"：用来选定对象的数量（不包括路径）。
  - "来源"：用来使对象副本适合路径，将原始对象保留在原位。
  - "输出"：用来在将对象放置到路径上后对所有对象分组（不包括路径）。
  - "重复"：用来指定要添加到路径上的副本数量。
- "路径"：用来用作路径的对象。
- "对象定位"：用来定义如何将对象放置到路径上。
  - "顺序"：用来设置选择对象在路径上放置的顺序，单击后面的倒三角符号可以展开选择的对象列表。
  - "分布"：用来定义对象间的间距，单击后面的倒三角符号可以展开选择的间距设置。
  - "参考"：用来设置选择对象跨越路径时围绕的点，单击后面的倒三角符号可以展开选择的参考内容。
  - "原始"：用来设置所选对象的原点。
- "旋转"：用来定义对象如何沿路径旋转。
  - "自动旋转"：用来单独旋转每个对象已匹配路径的局部切角。
  - "重置"：在使对象适合路径之前，清除之前应用的旋转。
- "修改旋转"：通过选择样式并添加到旋转角来增强对象的旋转。
  - "样式"：用来选择旋转效果。
  - "起始角度"：用来将旋转角添加到每个对象。
  - "旋转角度"：用来逐渐将旋转角添加到每个对象——从 0 到指定值。该选项只有在"样式"下拉列表中选择"进程""渐进抖动"选项时才会被激活。
  - "旋转"：设置对象旋转转数。该选项只有在"样式"下拉列表中选择"进程""渐进抖动"选项时才会被激活。
  - "范围"：为随机旋转指定一个范围。当值为 15° 时，旋转角在 15° ~ -15° 范围内变动。该选项只有在"样式"下拉列表中选择"渐进抖动"选项时才会被激活。
  - "方向"：用来反转添加的旋转方向。

4.7 调整对象的次序

在 CorelDRAW 2018 中绘制的图形对象都存在重叠关系，通常情况下，图形排列顺序是由绘制顺序决定的。用户绘制的第一个对象被放置在底层，用户绘制的最后一个对象被放置在顶层。同样的几个图形对象，排列的顺序不同，所产生的视觉效果也不同，用户可以通过“顺序”命令来调整对象的排列次序。

4.7.1 到页面前面

通过“到页面前面”命令，可以使所选择的对象移动到所有对象的上方，所在图层会变为最上方的图层。

课堂案例 将对象移动至最上方

素材文件	素材文件 / 第 04 章 /< 米老鼠.cdr>
视频教学	录屏 / 第 04 章 / 课堂案例——将对象移动至最上方
案例要点	掌握调整对象排列顺序的方法

扫码观看视频

操作步骤

Step 01 打开“米老鼠.cdr”文档，如图 4-46 所示。

Step 02 使用工具箱中的“选择工具”选中中间的米老鼠图形，如图 4-47 所示。

Step 03 选择菜单栏中的“对象”/“顺序”/“到页面前面”命令，此时，被选中的米老鼠对象已被移动至所有对象的上方，效果如图 4-48 所示。

图 4-46 打开文档

图 4-47 选择中间的米老鼠图形

图 4-48 到页面前面效果

按【Ctrl+Home】组合键，可以选择“到页面前面”命令。

4.7.2 到页面后面

选择“到页面后面”命令，可以将选中的对象移动至所有对象的下方，所在图层会变为最下方的图层。

课堂案例 将对象移动至最下方

素材文件	素材文件 / 第 04 章 /< 米老鼠 .cdr>	扫码观看视频
视频教学	录屏 / 第 04 章 / 课堂案例——将对象移动至最下方	
案例要点	掌握调整对象排列顺序的方法	

操作步骤

Step 01 打开“米老鼠 .cdr”文档，如图 4-46 所示。

Step 02 使用工具箱中的“选择工具”选择中间的小白兔图形，选择菜单栏中的“排列” / “顺序”/“到页面后面”命令，此时的图形效果如图 4-49 所示。

图 4-49 到页面后面效果

技巧

按【Ctrl+End】组合键，可以选择“到页面后面”命令。

4.7.3 到图层前面

选择“到图层前面”命令，可以将选中对象所在图层移动至所有图层的上方，操作方法与“到页面前面”一致，前提是被操作的图形必须在同一图层中。

技巧

按【Shift+PgUp】组合键，可以选择“到图层前面”命令，选中的对象所在图层被放置到所有图层的上方。

4.7.4 到图层后面

选择“到图层后面”命令，可以将选中对象所在图层移动至所有图层的下方，操作方法与“到页面后面”一致，前提是被操作的图形必须在同一图层中。

技巧

按【Shift+PgDn】组合键，可以选择“到图层后面”命令，将选中的对象所在图层被放置到所有图层的下方。

4.7.5 向前一层

选择菜单栏中的“排列”/“顺序”/“向前一层”命令，可以使被选中的对象向前移动一层。

课堂案例 将对象向前移动一层

素材文件	素材文件 / 第 04 章 /<2021 辛丑年新春快乐 .cdr >	扫码观看视频
视频教学	录屏 / 第 04 章 / 课堂案例——将对象向前移动一层	
案例要点	掌握调整对象排列顺序的方法	

操作步骤

Step 01 打开“2021 辛丑年新春快乐.cdr”文档，如图 4-50 所示。

Step 02 使用工具箱中的“选择工具”选中如图 4-51 所示的“乐”字图形。

Step 03 选择菜单栏中的“排列”/“顺序”/“向前一层”命令，此时选中的“乐”字图形向前移动了一层，效果如图 4-52 所示。

图 4-50 打开文件

图 4-51 选中“乐”字图形

图 4-52 向前一层效果

技巧

按【Ctrl+PgUp】组合键，可以选择“向前一层”命令。

4.7.6 向后一层

选择菜单栏中的“排列”/“顺序”/“向后一层”命令，可以使被选中的对象向后移动一层。

课堂案例 将对象向后移动一层

素材文件	素材文件 / 第 04 章 /<2021 辛丑年新春快乐 .cdr >	扫码观看视频
视频教学	录屏 / 第 04 章 / 课堂案例——将对象向后移动一层	
案例要点	掌握调整对象顺序的方法	

操作步骤

Step 01 打开“2021辛丑年新春快乐.cdr”文件，如图4-50所示。

Step 02 使用工具箱中的“选择工具”选中如图4-53所示的“新”字图形。

Step 03 选择菜单栏中的“排列”/“顺序”/“向后一层”命令，此时选中的“新”字图形向后移动了一层，效果如图4-54所示。

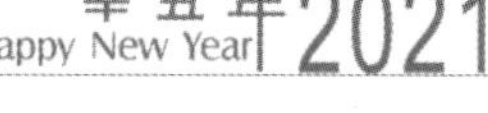
图4-53 选中“新”字图形

图4-54 向后一层效果

技巧

按【Ctrl+PgDn】组合键，可以选择“向后一层”命令。

4.7.7 置于此对象前

选择“置于此对象前”命令，可以将所选择的对象放在指定对象的前面。

课堂案例 将对象放在指定对象的前面

素材文件	素材文件/第04章/<2021辛丑年新春快乐.cdr>	扫码观看视频
视频教学	录屏/第04章/课堂案例——将对象放在指定对象的前面	
案例要点	掌握调整对象排列顺序的方法	

操作步骤

Step 01 打开“2021辛丑年新春快乐.cdr”文档，如图4-50所示。

Step 02 使用工具箱中的“选择工具”选中如图4-55所示的“春”字图形。

Step 03 选择菜单栏中的“排列”/“顺序”/“置于此对象前”命令，此时鼠标指针已变为一个向右的大箭头➡，将其放置在“新”字上单击，如图4-56所示。

Step 04 完成后的效果如图4-57所示。

图4-55 选中“春”字图形

图4-56 鼠标位置

图4-57 置于此对象前效果

4.7.8 置于此对象后

选择“置于此对象后”命令，可以将选择的对象放在指定对象的后面。

课堂案例 将对象放在指定对象的后面

素材文件	素材文件 / 第 04 章 /<2021 辛丑年新春快乐.cdr >	扫码观看视频
视频教学	录屏 / 第 04 章 / 课堂案例——将对象放在指定对象的后面	
案例要点	掌握调整对象排列顺序的方法	

操作步骤

Step 01 打开“2021 辛丑年新春快乐.cdr”文件，如图 4-50 所示。

Step 02 使用工具箱中的“选择工具”选中如图 4-58 所示的“春”字图形。

Step 03 选择菜单栏中的“排列”/“顺序”/“置于此对象后”命令，此时鼠标指标已变为一个向右的大箭头➡，将其放置在“乐”字上单击，如图 4-59 所示。

Step 04 完成后的效果，如图 4-60 所示。

图 4-58 选中“春”字图形

图 4-59 鼠标位置

图 4-60 置于此对象后效果

4.7.9 逆序

选择“逆序”命令，可以将选择的对象的排列顺序进行逆转，最前面的变为最后面的，最后面的变为最前面。选择多个对象后，选择菜单栏中的“对象”/“顺序”/“逆序”命令，效果如图 4-61 所示。

图 4-61 逆序效果

4.8 对象的锁定与解锁

在 CorelDRAW 2018 中将对象进行锁定，可以对绘制的矢量图或导入的位图进行保护，绘图期间不会对其应用任何操作，而解锁后可以把受保护的对象转换为可编辑状态。

4.8.1 锁定对象

在 CorelDRAW 2018 中将对象锁定后，就不能对被锁定的对象进行移动、复制或其他任何操作。换句话说，就是对对象进行了保护。选择菜单栏中的“对象”/“锁定”/“锁定对象”命令，或者选取对象后，在对象上单击鼠标右键，在弹出的快捷菜单中选择“锁定对象”命令，此时对象的控制点会变成🔒形状，如图 4-62 所示。

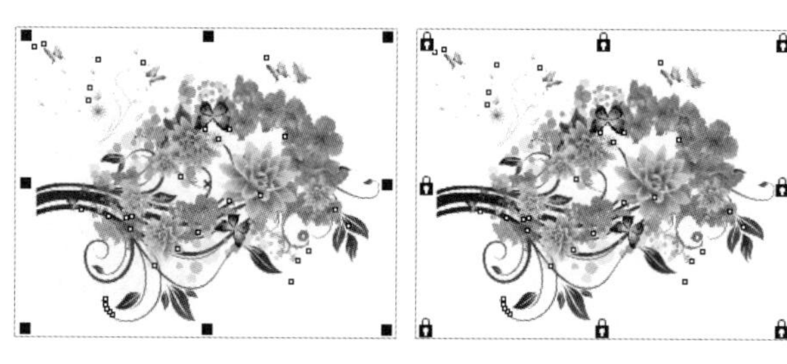

图 4-62 锁定对象

> **技巧**
>
> 对被锁定的对象不能再进行其他任何编辑。比如，选择菜单栏中的“对象”/“变换”/“倾斜”命令，打开的“变换”泊坞窗处于不可用状态。

4.8.2 解锁对象

在 CorelDRAW 2018 中，当需要对已经锁定的对象进行编辑时，只需将其解锁即可恢复对象的编辑状态。选择菜单栏中的“对象”/“锁定”/“解锁对象”命令，或者在锁定对象上单击鼠标右键，在弹出的快捷菜单中选择“解锁对象”命令，此时对象的控制点会由🔒形状变成■形状，如图 4-63 所示。

图 4-63 解锁对象

4.9 对齐与分布

当页面中包含多个不同的对象时，可能会显得杂乱不堪，此时可以对其进行对齐与排布。CorelDRAW 2018 提供了一系列的对齐与分布命令，使用这些命令可以自由地选择对象的排列方式，以及将其对齐到指定的位置。

1. 左对齐

通过“左对齐”命令可以将选取的对象以左边框为基准进行对齐，如图 4-64 所示。

图 4-64 左对齐

2. 右对齐

通过“右对齐”命令可以将选取的对象以右边框为基准进行对齐，如图 4-65 所示。

图 4-65 右对齐

3. 顶端对齐

通过“顶端对齐”命令可以将选取的对象以顶边为基准进行对齐，如图 4-66 所示。

图 4-66 顶端对齐

4. 底端对齐

通过“底端对齐”命令可以将选取的对象以底边为基准进行对齐，如图 4-67 所示。

图 4-67 底端对齐

5. 水平居中对齐

通过“水平居中对齐”命令可以将选取的对象在垂直方向居中对齐，如图 4-68 所示。

图 4-68 水平居中对齐

6. 垂直居中对齐

通过“垂直居中对齐”命令可以将选取的对象在水平方向居中对齐，如图 4-69 所示。

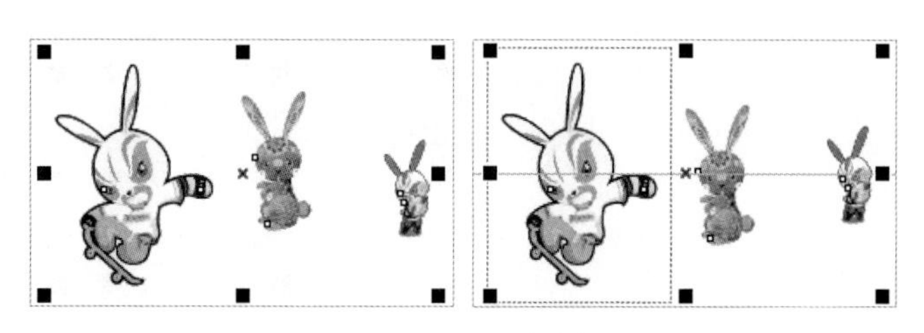

图 4-69 垂直居中对齐

7. 在页面居中对齐

通过“在页面居中对齐”命令可以将选取的对象以文档页面的中心点为基准进行对齐，如图 4-70 所示。

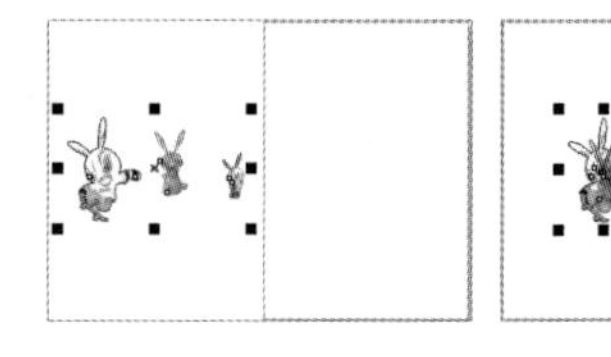

图 4-70 在页面居中对齐

8. 在页面水平居中

通过“在页面水平居中”命令可以将选取的对象以文档页面的垂直中心线为基准进行对齐，如图 4-71 所示。

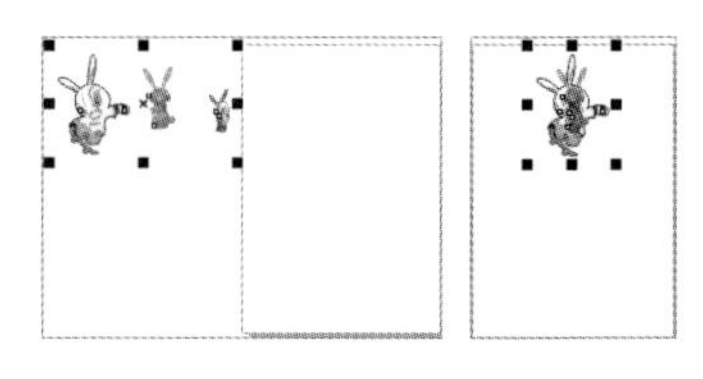

图 4-71 在页面水平居中

9. 在页面垂直居中

通过“在页面垂直居中”命令可以将选取的对象以文档页面的水平中心线为基准进行对齐，如图 4-72 所示。

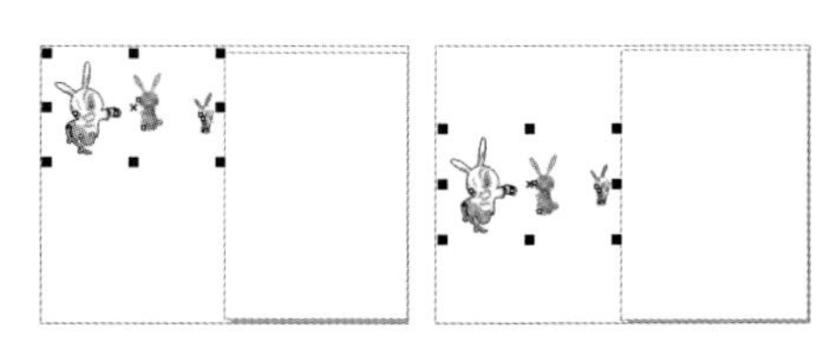

图 4-72 在页面垂直居中

10. 对齐与分布

通过“对齐与分布”命令可以打开“对齐与分布”泊坞窗，在其中可以对选取的对象进行对齐与分布操作，如图 4-73 所示。

“对齐与分布”泊坞窗中各选项的含义如下（之前讲解过的功能将不再讲解）。

- “对齐”：用来设置选取对象的对齐方式。
- “分布”：用来设置选取对象的分布样式，框选对象后单击分布样式即可，如图 4-74 所示。

提示

在分布对象时，只有选择 3 个以上的对象才能进行分布操作。

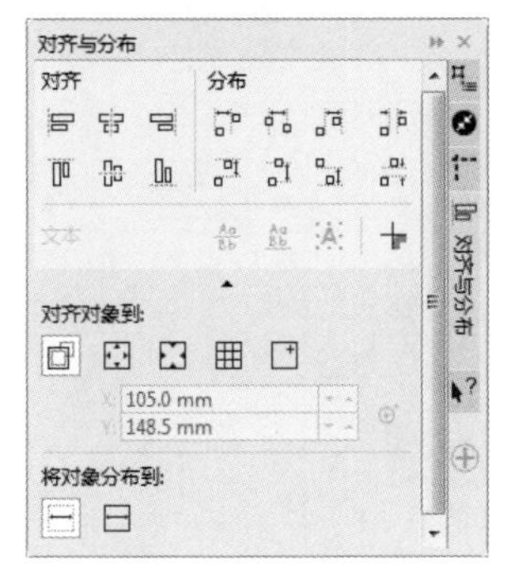

图 4-73 “对齐与分布”泊坞窗

图 4-74 分布对象

- “文本”：用来设置选取多个文本对象时的对齐与分布，包括“从第一条基线开始对齐与分布文本”、“从最后一条基线开始对齐与分布文本”、“从边框起对齐和分布文本”、“从轮廓起对齐和分布文本”。
- “对齐对象到”：用来设置对齐对象的方式，如图 4-75 所示。

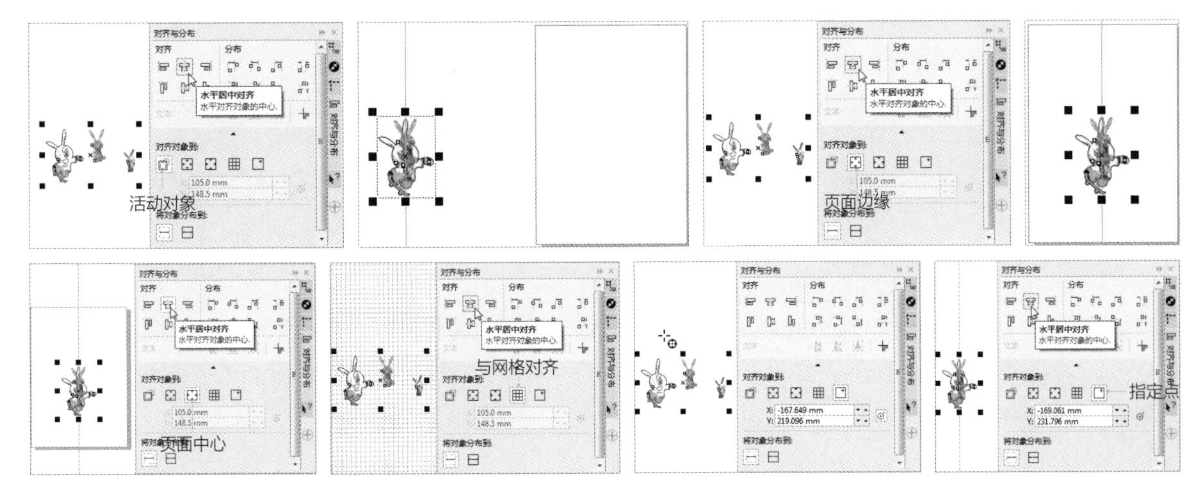

图 4-75 对齐对象到

- “将对象分布到”：用来设置选取多个对象时是按照“选定的范围”分布，还是按照“页面范围”分布。
- “选定的范围”：用来将对象分布排列在包围这些对象的边框内，如图 4-76 所示。
- “页面范围”：用来将对象分布排列在整个页面内，如图 4-77 所示。

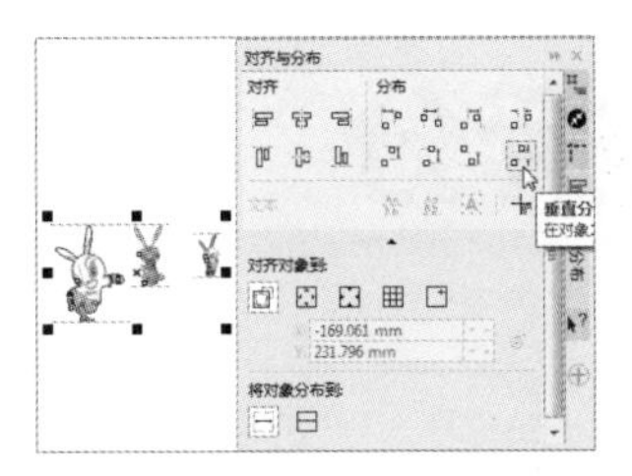

图 4-76 按照“选定的范围”分布

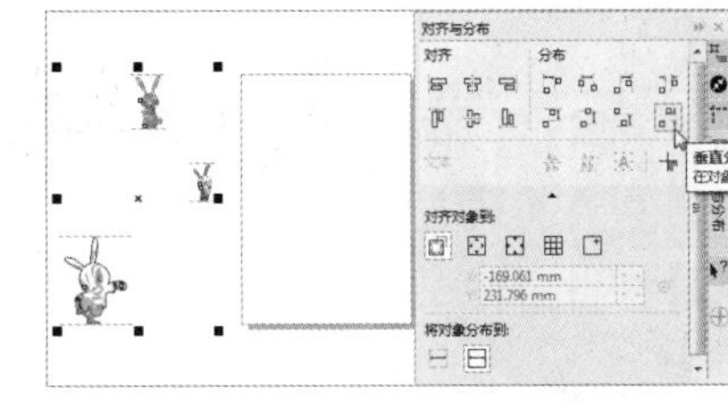

图 4-77 按照“页面范围”分布

4.10 群组与取消群组

群组是指把选中的两个或两个以上对象捆绑在一起，形成一个整体，作为一个有机整体统一应用某些编辑格式或特殊效果；取消群组是和群组相对应的一个命令，可以将群组后的对象进行打散，使其恢复成单独的个体。

1. 将对象群组

执行群组命令以后，群组中的每个对象都会保持原来的属性，移动其中的某一个对象，则其他的对象会一起移动，要为几个群组后的对象填充统一颜色，只需选中群组后的对象，单击需要填充的颜色即可。选择菜单栏中的“对象”/“组合”/“组合对象”命令，即可将选取的多个对象组合为一个群体。

2. 将群组对象取消组合

通过“取消组合对象”命令可以将群组后的对象解散，它和“组合对象”命令相对应。“取消组合对象”命令只有在组合对象以后才能被激活。选择菜单栏中的“对象”/“组合”/“取消组合对象”命令，即可将选取的组合对象打散为多个独立的个体。

提示

如果在对选取对象进行组合之前，已经存在组合效果的对象，那么使用“取消组合对象”命令后，之前的组合效果还是存在的。

3. 取消组合所有对象

通过“取消组合所有对象”命令可以将群组后的对象彻底解散，直接将其变为独立的个体。即使是进行两次以上组合的对象，也会被彻底打散。选择菜单栏中的“对象”/“组合”/“取消组合所有对象”命令，即可将选取的对象打散为多个独立的个体。

4.11 合并与拆分

使用合并与拆分命令可以将选取的对象合并为一个整体，再将其拆分后会将合并后的整体分离开来，成为一个全新的造型对象，这两个命令是相对应的一对命令。

1. 将对象进行合并

通过“合并”命令可以把不同的对象结合在一起，使其成为一个新的对象，结合的对象可以是分离开的，也可以是相互重叠的。将相互重叠的对象进行结合后，重叠的部分会变成无图形区域。将互相分离的对象结合后，其原来的位置保持不变，只是具有了统一的属性。选择菜单栏中的“对象”/“合并”命令，即可将选取的多个对象合并为一个对象，如图 4-78 所示。

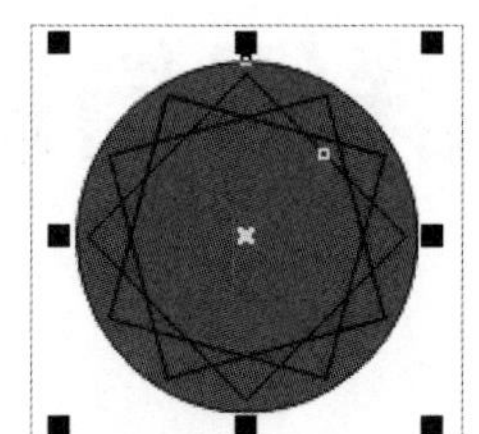

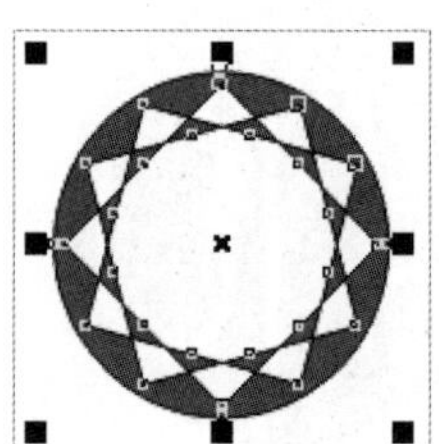

图 4-78 有重叠区域的对象合并后

2. 将对象进行拆分

通过“拆分”命令不仅可以对已经结合的对象进行拆分，还可以将立体化后的对象、艺术笔后的对象和带阴影的对象进行拆分。将合并的对象拆分后，会变成单个对象并且由大到小排列。选择菜单栏中的“对象”/“拆分曲线”命令，即可将之前合并为一个对象的个体拆分为之前的多个个体，删除上面的大对象后会看到下面的小对象，如图 4-79 所示。

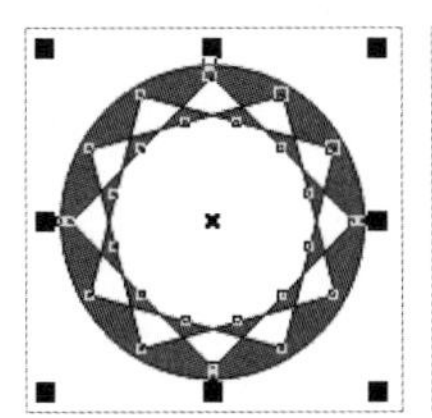
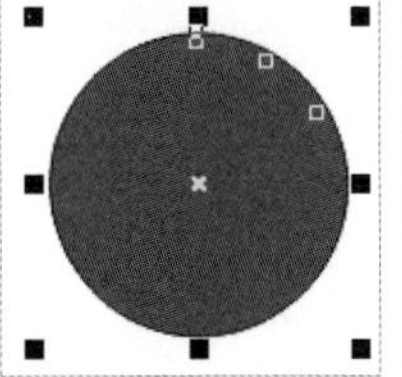

图 4-79 将合并的对象拆分后

提示

在使用“拆分”命令时，软件会根据选择的对象来改变名称。例如，在对绘制画笔进行拆分时，会显示“拆分艺术笔组”命令，如图 4-80 所示，在对添加阴影的对象进行拆分时，会显示“拆分阴影群组”命令，如图 4-81 所示。

图 4-80 拆分艺术笔组　　图 4-81 拆分阴影群组

4.12 使用图层控制对象

使用图层可以更好地管理对象，执行排序、锁定、隐藏图层等常用的操作，“对象管理器”泊坞窗是进行图层管理的主要工具，使用它可以新建图层和删除图层，并在各个图层中复制、移动对象。

4.12.1 对象管理器

选择菜单栏中的“窗口”/“泊坞窗”/“对象管理器”命令，打开当前图像的“对象管理器”泊坞窗，在该泊坞窗中显示了当前对象的相关属性。在默认情况下，绘制的图形都处于同一个图层中，如图 4-82 所示。下面讲解在 CorelDRAW 2018 中常用的图层选项。

图 4-82 “对象管理器”泊坞窗

“对象管理器”泊坞窗中各选项的含义如下（之前讲解过的功能将不再讲解）。

- “显示对象属性”：单击该按钮，会在“对象管理器”泊坞窗中显示文档中绘制对象的属性，如图 4-83 所示。
- “跨图层编辑”：单击该按钮，在编辑对象时会把多个图层中的对象都按照一个图层的方式进行编辑。
- “图层管理器视图”：用来在“对象管理器”泊坞窗中显示相关的内容，例如所有图层、对象或当前图层，如图 4-84 所示。

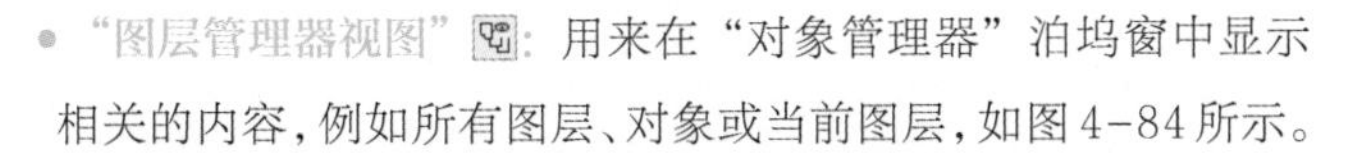

- “对象管理器选项”：用来编辑对象管理器中的内容，单击该按钮会弹出一个编辑菜单，如图 4-85 所示。
- “新建图层”：用来在当前页面中新建图层。
- “新建主页所有图层”：用来在主页中新建图层，如图 4-86 所示。

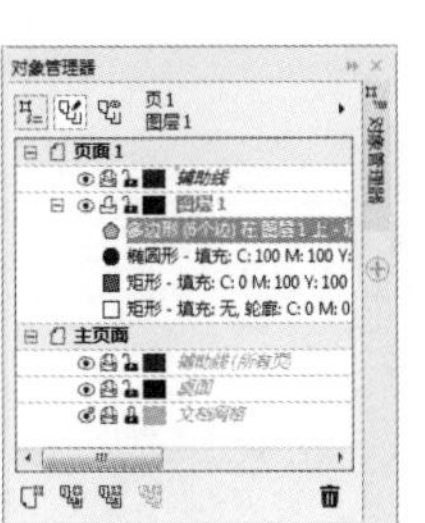

图 4-83 显示对象属性

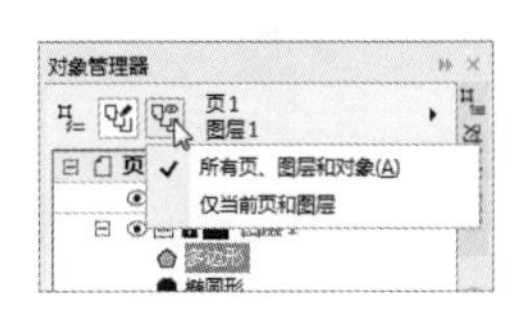

图 4-84 图层管理器视图

- “新建主图层（奇数页）”![icon]: 用来在奇数页面中新建图层，如图 4-87 所示。
- “新建主图层（偶数页）”![icon]: 用来在偶数页面中新建图层，如图 4-88 所示。
- “删除”![icon]: 单击该按钮可以将选中的图层删除。

图 4-85 单击“对象管理器选项”按钮

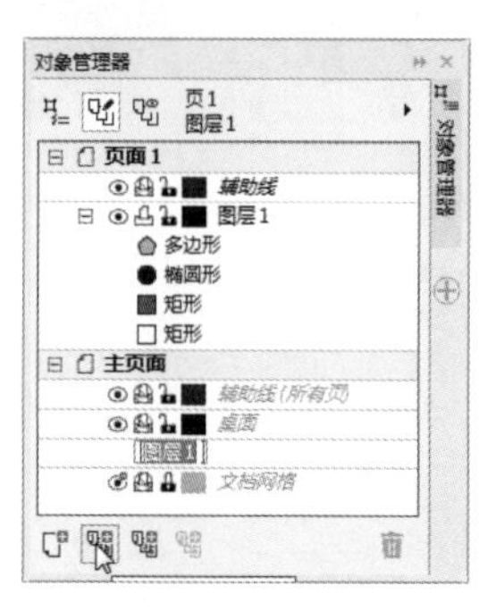

图 4-86 在主页中新建图层

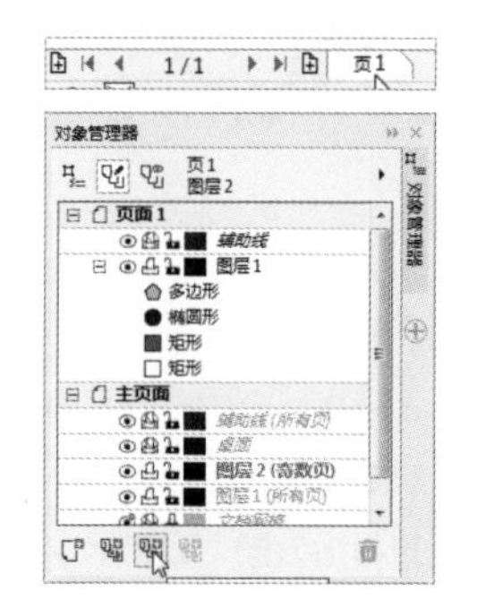

图 4-87 在奇数页面中新建图层

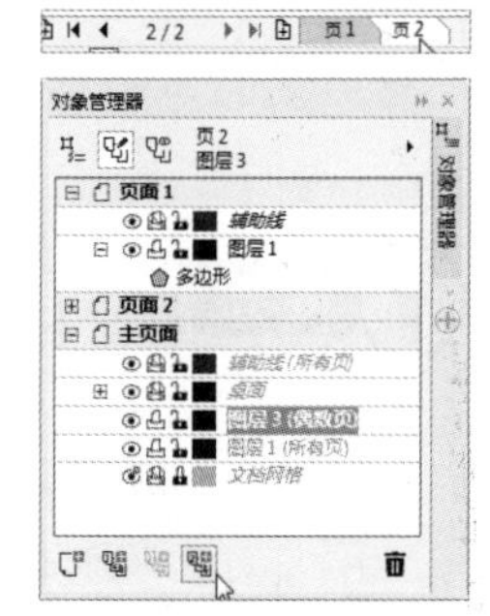

图 4-88 在偶数页面中新建图层

4.12.2 新建图层

在“对象管理器”泊坞窗中单击“新建图层”按钮![icon]，即可新建一个图层，系统自动将其命名为“图层 2”，如图 4-89 所示。

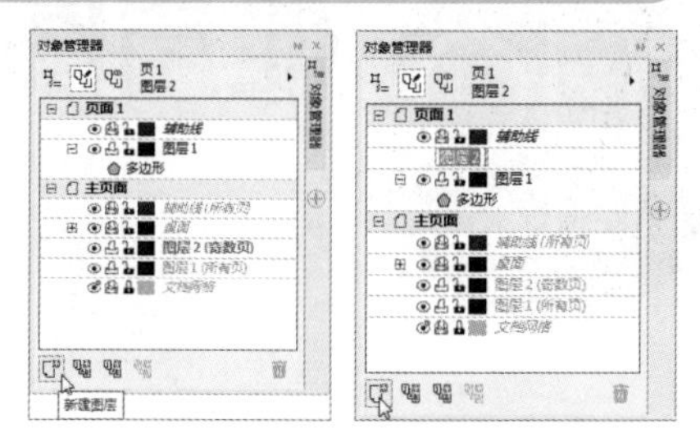

图 4-89 新建图层

4.12.3 删除图层

在“对象管理器”泊坞窗中选中某一对象后，单击右下角的“删除”按钮![icon]，即可将选中的对象删除。要删除某一图层，只需选中一个图层，然后单击“删除”按钮![icon]，即可将该图层中的对象全部删除。

4.12.4 复制图层间的对象

如果要在图层间复制对象，那么选中需要复制的对象，然后单击“对象管理器”泊坞窗右上角的“对象管理器选项”按钮![icon]，在弹出的菜单中选择“复制到图层”命令，如图 4-90 所示。此时鼠标指针的形状会变为![icon]，只需在“图层 2”上单击，即可复制选中的对象，如图 4-91 所示。

图 4-90 在图层间复制对象

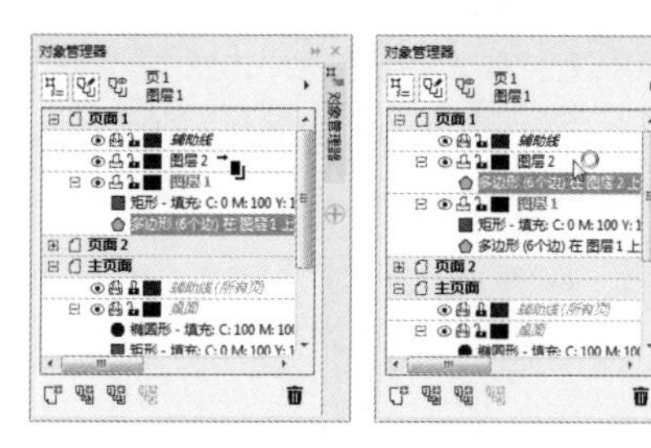

图 4-91 复制后的“对象管理器”泊坞窗

课堂练习 通过“再制”命令制作生肖日记本内页

素材文件	素材文件 / 第 04 章 /< 丑牛 .cdr>	扫码观看视频 
案例文件	源文件 / 第 04 章 /< 课堂练习——通过“再制”命令制作生肖日记本内页 >	
视频教学	录屏 / 第 04 章 / 课堂练习——通过“再制”命令制作生肖日记本内页	
案例要点	掌握“矩形工具”“椭圆形工具”的使用方法，以及设置矩形扇形角、使用“再制”命令及调整顺序的方法	

1. 练习思路

（1）使用“矩形工具”□绘制矩形并调整圆角值。

（2）导入素材。

（3）使用“椭圆形工具”○绘制正圆形。

（4）复制正圆形。

（5）使用“再制”命令。

2. 操作步骤

Step 01 新建一个空白文档，使用“矩形工具”□绘制一个“宽度”为“200.0mm”、“高度”为“240.0mm”的灰色矩形，如图 4-92 所示。

Step 02 使用“矩形工具”□绘制一个灰色矩形框，设置“轮廓宽度”为“1.0mm”，在属性栏中单击“扇形角”按钮，设置“转角半径”为“6.0mm”，如图 4-93 所示。

Step 03 导入“丑牛.cdr”素材，放置到画面右下角并调整其大小，效果如图 4-94 所示。

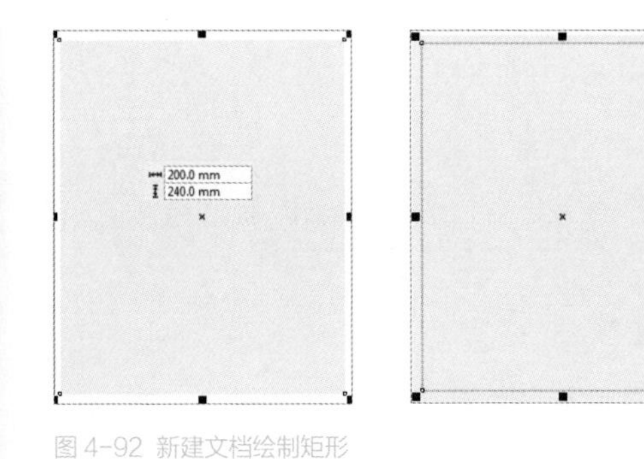

图 4-92 新建文档绘制矩形

图 4-93 设置各选项

图 4-94 导入素材

Step 04 在画面左上角使用“椭圆形工具”○绘制一个正圆形并为其填充灰色，然后向右复制出一个正圆形，效果如图 4-95 所示。

Step 05 选择复制的正圆形，选择菜单栏中的“编辑 / 再制”命令或按【Ctrl+D】组合键，反复使用此命令直到复制到右侧为止，效果如图 4-96 所示。

Step 06 框选所有水平的正圆形，按【Ctrl+G】组合键将其进行群组，再向下复制出一个副本后，按【Ctrl+D】组合键数次，直到复制到底部为止，效果如图 4-97 所示。

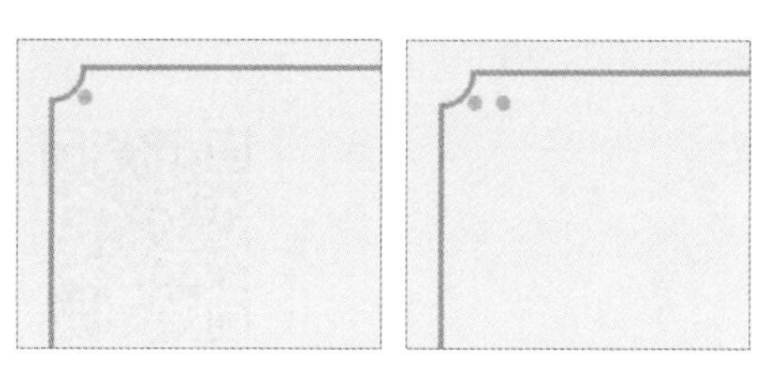

图 4-95 绘制灰色正圆并复制

图 4-96 再制

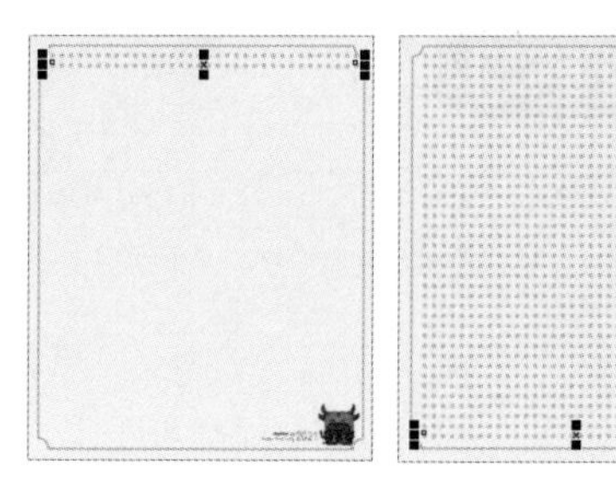

图 4-97 复制到底部

Step 07 选择“丑牛”图形，选择菜单栏中的“对象”/“顺序”/“到图层前面”命令或按【Shift+PgUp】组合键，调整图像的顺序，效果如图 4-98 所示。

Step 08 至此，本例制作完毕，最终效果如图 4-99 所示。

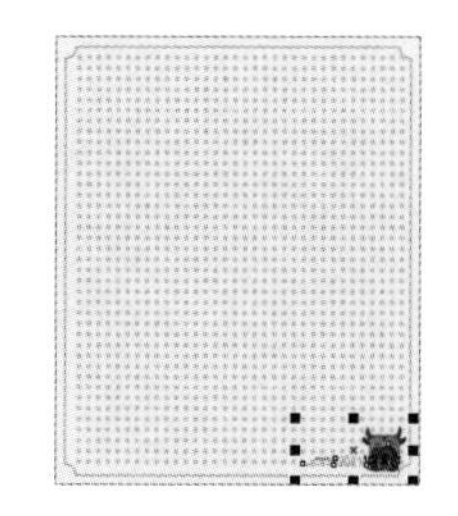

图 4-98 调整顺序

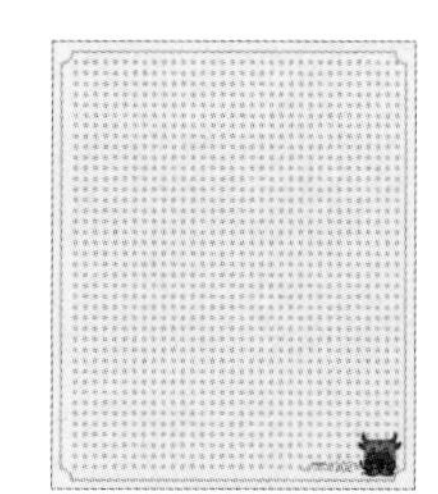

图 4-99 最终效果

课后习题

一、选择题

1. 将图形变为不可编辑状态，可以应用以下哪个命令？（ ）

A. 锁定　B. 向上一层　C. 取消群组　D. 合并

2. 将选取对象向后移动一层的快捷键是（ ）。

A. Shift+Ctrl　B. Ctrl+PgDn　C. Ctrl+PgUp　D. Shift+ PgDn

二、填空题

1.“选择工具”是 CorelDRAW 2018 中使用最频繁的工具，使用该工具不仅可以选择单个或多个对象，还可以对其进行定位与变换、____、旋转与倾斜、缩放与镜像等操作。

2. 将对象群组以后，群组中的每个对象都会保持原来的属性，移动其中的某一个对象，则其他的对象会一起____。如果要为几个群组后的对象填充统一的颜色，那么只需选中群组后的对象，单击需要____即可。

三、案例习题

习题要求：通过“合并”命令制作叠加文字效果，如图 4-100 所示。

案例习题文件：案例文件 / 第 04 章 / 案例习题——通过合并命令制作叠加文字效果.cdr

视频教学：录屏 / 第 04 章 / 案例习题——通过合并命令制作叠加文字效果

习题要点：

（1）使用“文本工具”输入文字并进行大小与位置的调整。

（2）使用“矩形工具”在文字上面绘制一个矩形。

（3）将文字和矩形一同选取。

（4）选择菜单栏中的“对象”/“合并”命令。

（5）为合并后的区域填充颜色，再将其放置到素材上面。

图 4-100 合并后效果

第05章 图形编辑

本章主要介绍 CorelDRAW 中图形对象的高级编辑，包括“形状工具”、“平滑工具”、“涂抹工具”、“转动工具”、“吸引工具”、“排斥工具”、“沾染工具”、“粗糙工具”、“裁剪工具”、“刻刀工具”、“虚拟段删除工具”、“橡皮擦工具”等工具的讲解，以及对象造型、透镜命令、PowerClip 的使用等。

CORELDRAW

学习要点

- 形状工具
- 平滑工具
- 涂抹工具
- 转动工具
- 吸引工具
- 排斥工具
- 沾染工具
- 粗糙工具
- 裁剪工具
- 刻刀工具
- 虚拟段删除工具
- 橡皮擦工具
- 对象的造型
- 透镜命令
- PowerClip

技能目标

- 掌握使用“形状工具”编辑曲线的方法
- 掌握使用“平滑工具”编辑图形的方法
- 掌握“涂抹工具”与“转动工具”的使用方法
- 掌握“吸引工具”与“排斥工具”的使用方法
- 掌握“沾染工具”与“粗糙工具”的使用方法
- 掌握使用“裁剪工具”裁剪图像与图形的方法
- 掌握使用“刻刀工具”分割图像与图形的方法
- 掌握使用“虚拟段删除工具”删除线条的方法
- 掌握使用“橡皮擦工具”擦除曲线与填充的方法
- 掌握使用造型命令编辑对象的方法
- 掌握使用“透镜”命令编辑对象的方法
- 掌握“置于图文框内部”命令的使用方法

5.1 形状工具

在使用 CorelDRAW 2018 绘制图形时，大多数情况下并不能一次绘制完毕，需要反复地编辑与修改，才能将图形绘制得完美、漂亮，这时就需要使用“形状工具”，绘制一条曲线，选择“形状工具”，属性栏中会显示该工具对应的属性选项，如图 5-1 所示。

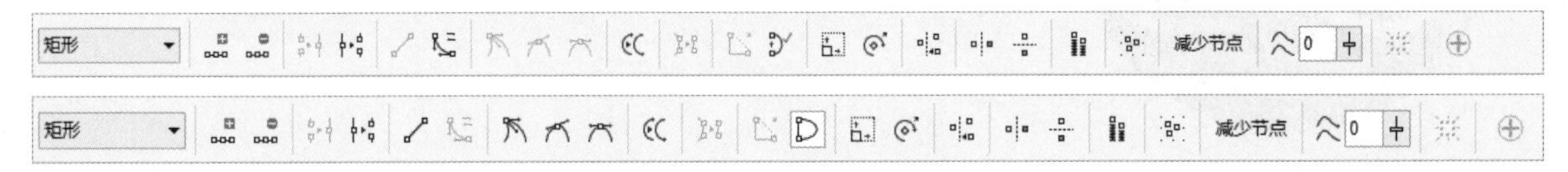

图 5-1 “形状工具”的属性栏

“形状工具”的属性栏中各选项的含义如下。

- “添加节点”：在对对象进行编辑时，有时会遇到节点数量不够而得不到想要的形状的情况，这时就需要通过增加节点来改变对象的形状。方法是使用“形状工具”在曲线上选择一点，单击“添加节点”按钮，即可为其添加一个节点，如图 5-2 所示。

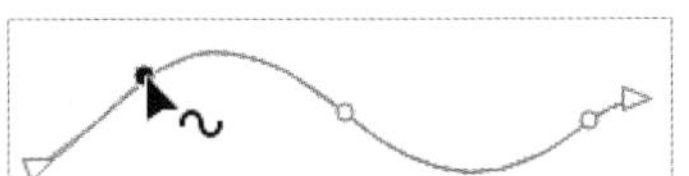
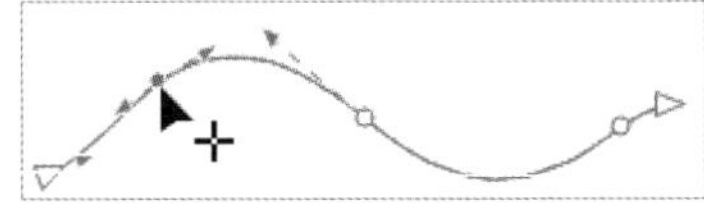

图 5-2 添加节点

> **技巧**
>
> 添加节点的其他方法：选中两个或两个以上的节点，然后单击属性栏中的“添加节点”按钮；使用“形状工具”在曲线上双击，可以快速地在双击的位置添加节点。

- “删除节点”：在一条线段中，有时会因节点太多而影响图形的平滑度，这时就需要删除一些多余的节点。在选择的节点上双击可以快速地将节点删除；选择一个或多个节点后，单击属性栏中的“删除节点”按钮，即可将选中的节点删除，如图 5-3 所示。

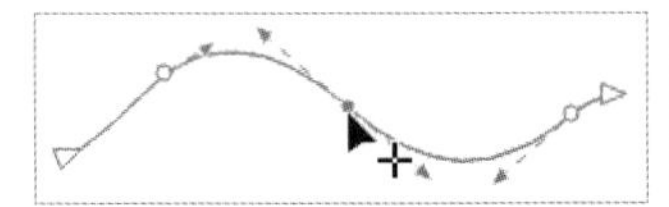

图 5-3 删除节点

> **技巧**
>
> 选择一个或多个节点后，按【Delete】键可以将选择的节点删除。

- “连接两个节点”：选择起始和结束节点，通过“连接两个节点”工具可以将其转换为一个封闭的图形，如图 5-4 所示。

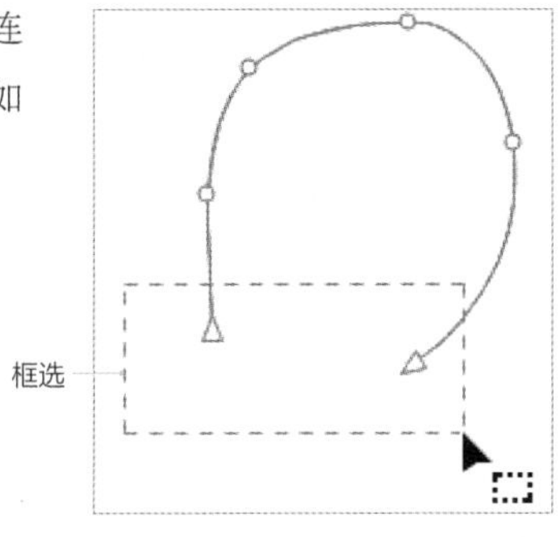

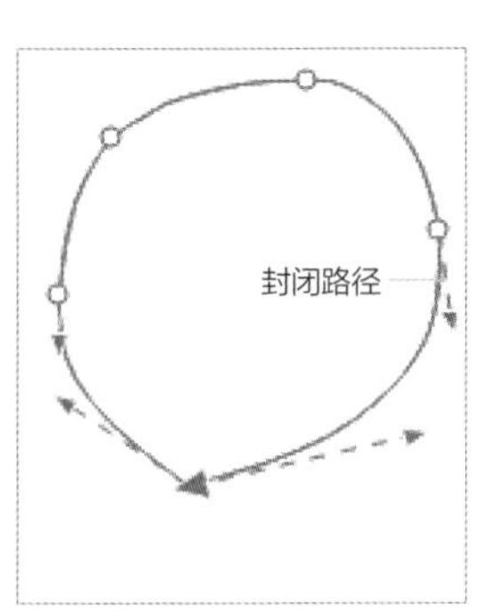

图 5-4 连接两个节点

- “断开曲线”：单击该按钮可以将一条曲线分割为两条或两条以上的曲线。使用“形状工具”选中一个节点，然后单击属性栏中的“断开曲线”按钮，将曲线进行分割，分割后可以使用“形状工具”将两个节点分开，形成两条曲线，如图 5-5 所示。
- “转换为线条”：用来将曲线线段转换为直线线段，如图 5-6 所示。

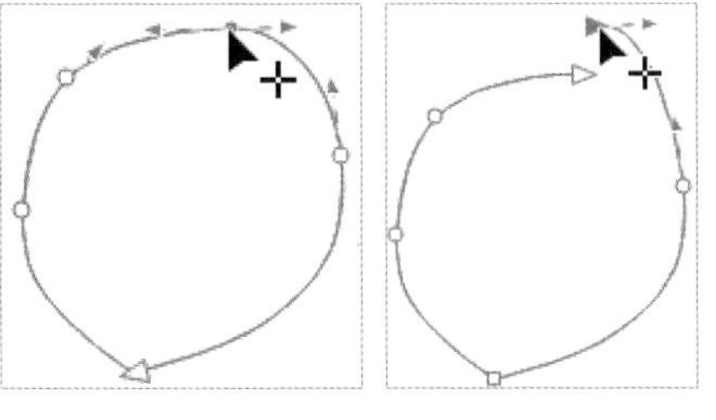

图 5-5 断开曲线

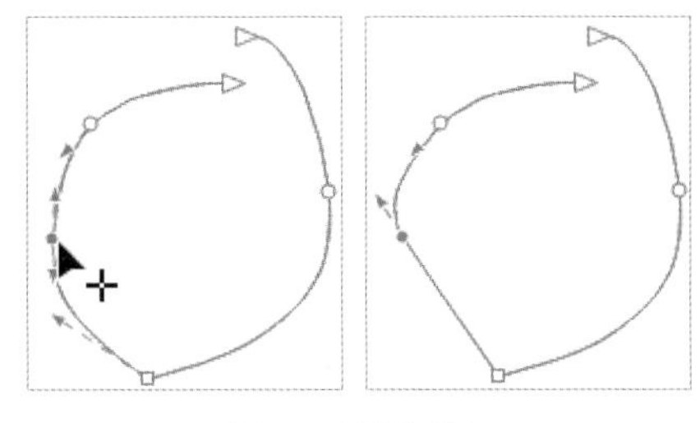

图 5-6 转换为线条

技巧

在编辑曲线时用到“转换为线条”工具的概率非常大，该工具对起始节点不起作用。

- “转换为曲线”：“转换为曲线”“转换为直线”是两个互补的功能。绘制直线后，使用“形状工具”选中一个节点，单击属性栏中的“转换为曲线”按钮，调整两个节点间的直线就可以将其变为曲线，如图 5-7 所示。
- “尖突节点”：在编辑线条时，有时在拖动节点上的一个控制柄时，另一条控制杆也随着一起动，这时可以使用“尖突节点”命令拉动其中一边的控制杆，另一边的控制杆不会受到影响，如图 5-8 所示。

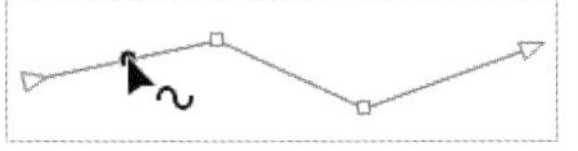

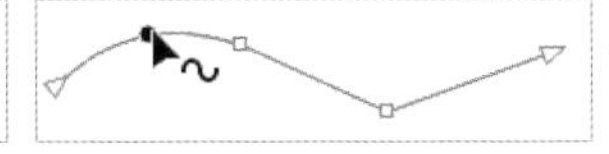

图 5-7 转换为曲线

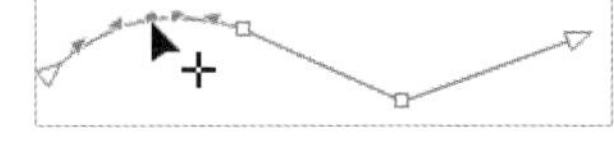

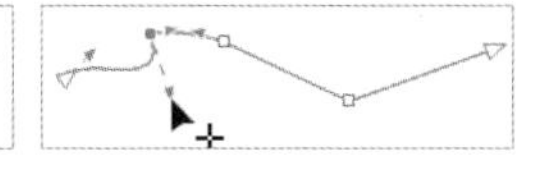

图 5-8 尖突节点后

- “平滑节点”：用于将尖突节点转换为平滑节点，来提高曲线的圆滑度。“平滑节点”工具通常与“尖突节点”工具一同使用，如图 5-9 所示。
- “对称节点”：将同一曲线形状应用到节点两侧，该工具和“平滑节点”工具相似，唯一不同的是单击此按钮会生成对称节点，节点两侧的距离始终相等，如图 5-10 所示。

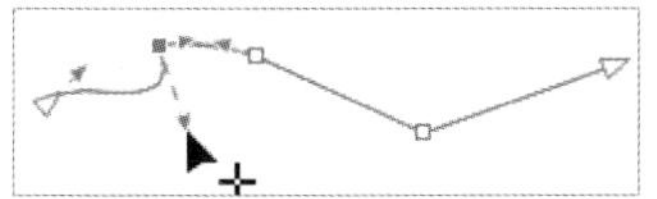

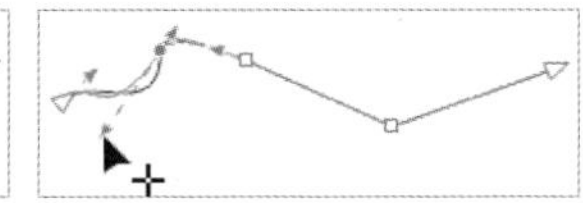

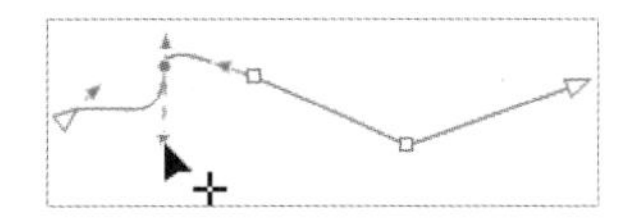

图 5-9 平滑节点后

图 5-10 对称节点后

- “反转方向”：利用该工具可以将绘制的曲线方向进行翻转，起点变为终点、终点变为起点，如图 5-11 所示。
- “提取子路径”：选择带有子路径对象上的一点，单击“提取子路径”按钮，即可将两个结合的路径单独拆分，此时可将其中的一个路径从上面移走，如图 5-12 所示。

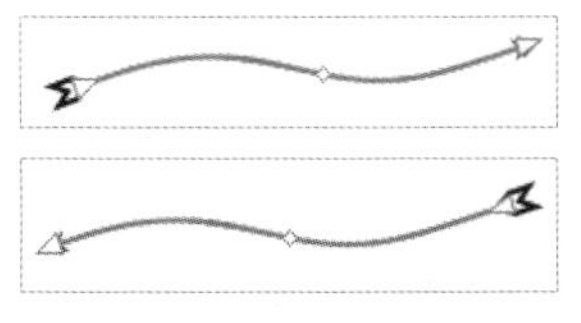

图 5-11 反转方向

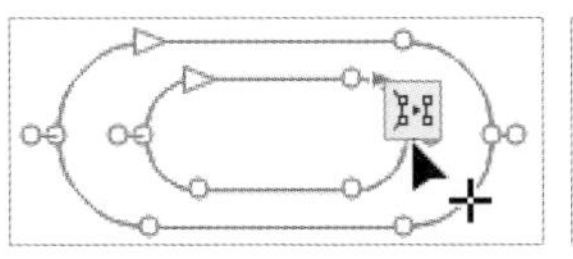

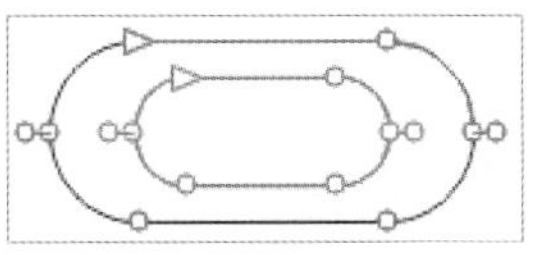

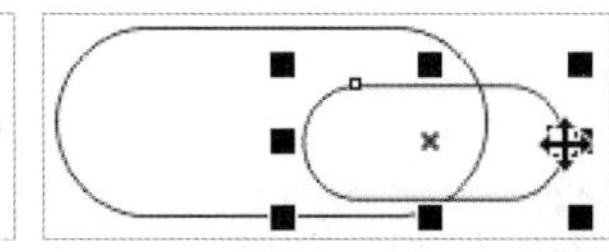

图 5-12 提取子路径

- “延长曲线使之闭合”：该工具只对曲线的起点和终点使用，选中曲线起点和终点的节点，单击属性栏中的“延长曲线使之闭合”按钮，两个端点之间便自动以一条直线连接，如图 5-13 所示。
- “闭合曲线”：用来将断开的曲线用直线自动连接起来，和“延长曲线使之闭合”工具的作用基本一致。

技巧

“闭合曲线”工具和“延长曲线使之闭合”工具的不同是，后者需要选中起点与终点两个节点，而前者只需选中一个节点。

- “延展与缩放节点”：用于在绘制的曲线或形状上显示缩放变换框，拖动控制点即可对其进行缩放变换，如图 5-14 所示。
- “旋转与倾斜节点”：用于在绘制的曲线或形状上显示旋转变换框，拖动控制点即可对其进行旋转或斜切变换，如图 5-15 所示。

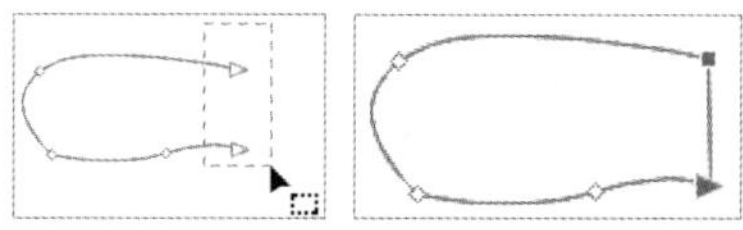

图 5-13 延长曲线使之闭合

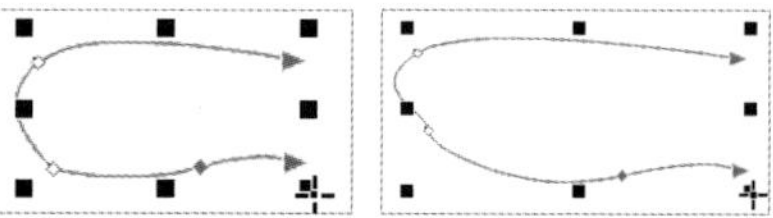
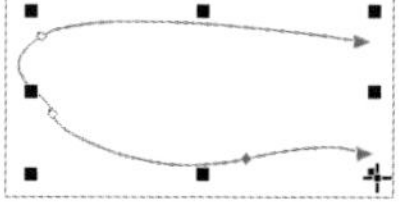

图 5-14 延展与缩放节点

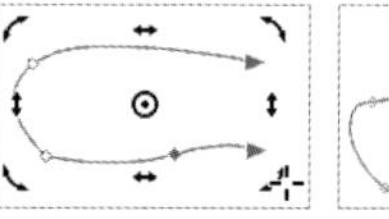
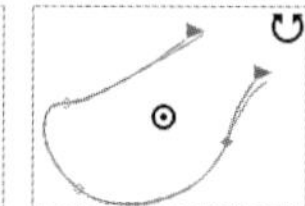

图 5-15 旋转与倾斜节点

- “对齐节点”：单击该按钮可以将选择的曲线节点进行水平或垂直对齐，如图 5-16 所示。
- “水平反射节点”/“垂直反射节点”：单击这两个按钮后，拖动曲线控制点时，会出现对应该节点的水平或垂直反射，如图 5-17 所示。

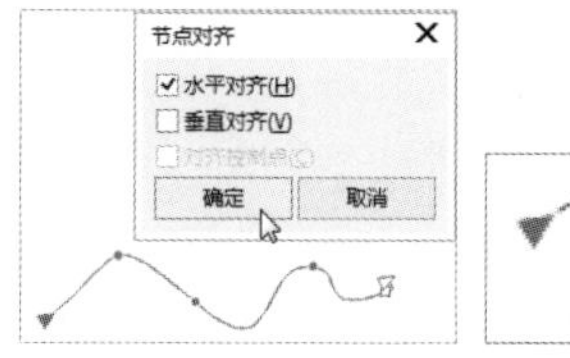

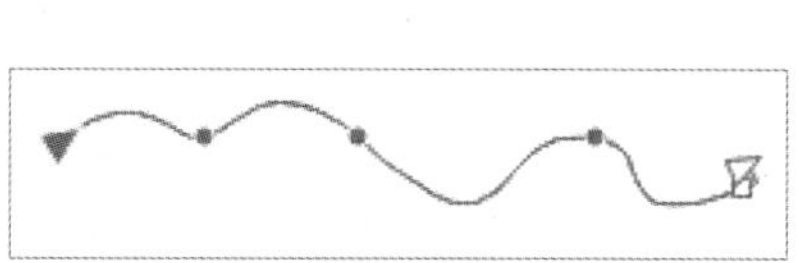

图 5-16 对齐节点

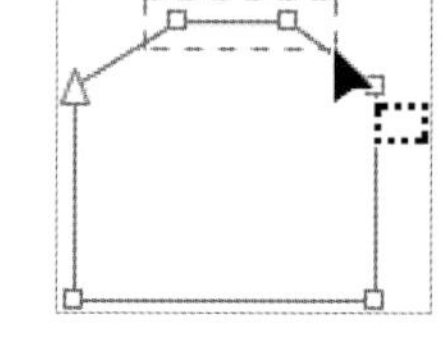
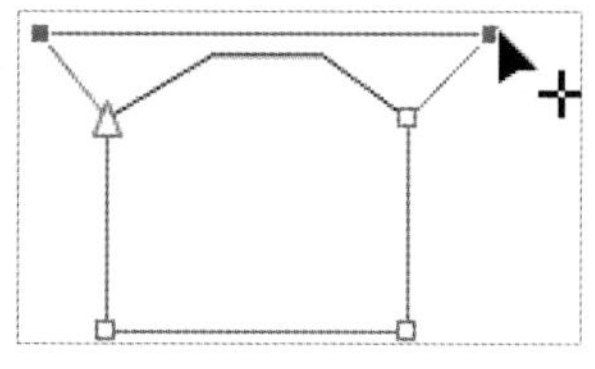

图 5-17 水平与垂直反射节点

- “弹性模式”：单击该按钮后，进入弹性模式，移动节点时，其他被选节点将随着正在拖动的节点进行不同比例的移动，使曲线随着鼠标的移动具有弹性、膨胀、收缩等特性，如图 5-18 所示。
- “选择所有节点”：用于将曲线上的所有节点全部选取。
- “减少节点”：单击该按钮后，可以通过减少节点数量来调整曲线的平滑度。

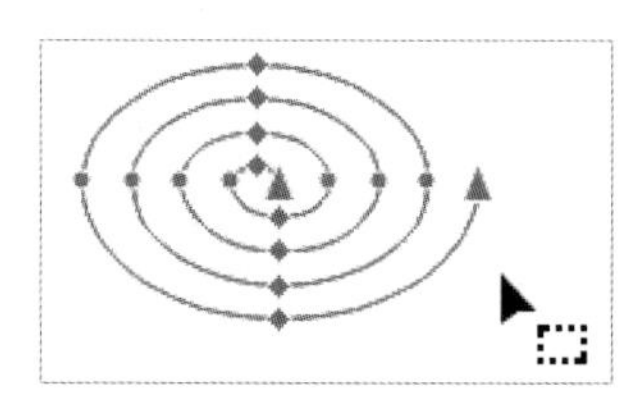
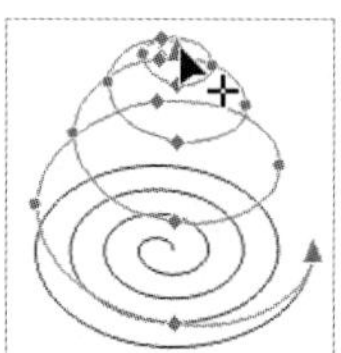
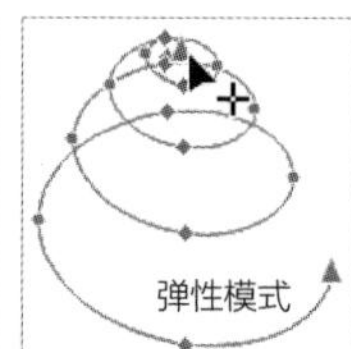

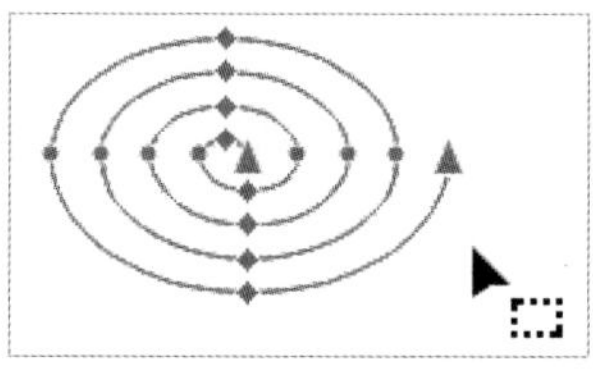
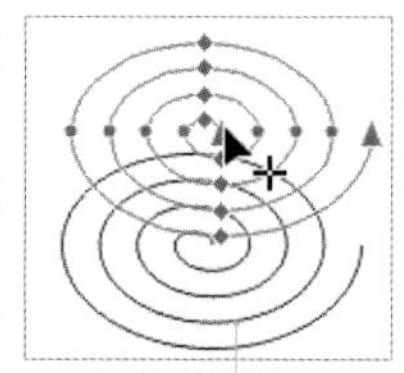

图 5-18 弹性模式和非弹性模式

课堂案例 使用“形状工具”修改、绘制卡通小狗

素材文件	源文件 / 第 05 章 /< 课堂案例——使用“形状工具”修改、绘制卡通小狗 >	扫码观看视频
视频教学	录屏 / 第 05 章 / 课堂案例——使用“形状工具”修改、绘制卡通小狗	
案例要点	掌握“形状工具”的使用方法	

操作步骤

Step 01 新建空白文档，使用“椭圆形工具”绘制一个椭圆形，为其填充浅灰色，按【Ctrl+Q】组合键将其转换为曲线，如图 5-19 所示。

Step 02 使用“形状工具”选择最下边的节点，拖动节点调整形状，再选择控制杆进行调整，如图 5-20 所示。

Step 03 在“颜色”调板中的“无填充”选项上单击鼠标右键，去掉轮廓，再使用“椭圆形工具”绘制一个黑色的椭圆形，按【Ctrl+Q】组合键将其转换为曲线，使用“形状工具”进行调整，如图 5-21 所示。

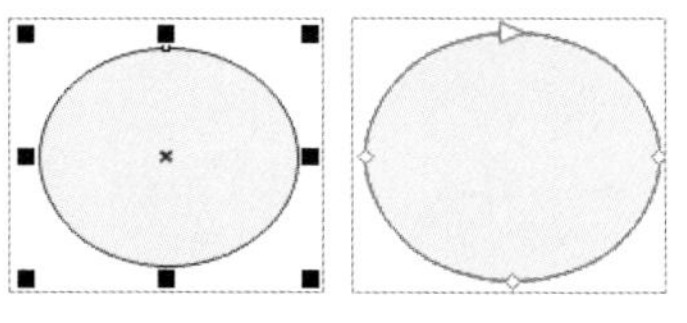

图 5-19 绘制椭圆形并将其转换为曲线

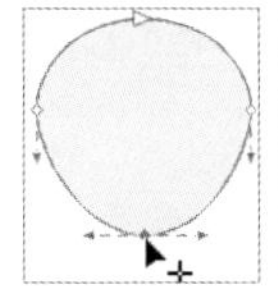

图 5-20 调整形状

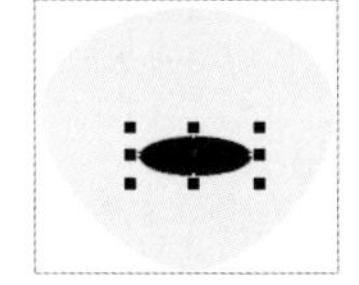

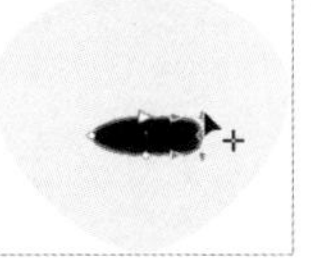

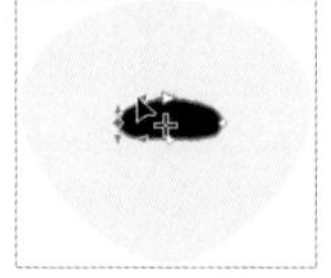

图 5-21 调整曲线

Step 04 复制调整后的对象并将其缩小，移动并为其填充浅灰色，效果如图 5-22 所示。

Step 05 使用“手绘工具”绘制一段黑色的线条，设置“轮廓宽度”为“1.0mm”，使用“形状工具”在直线中间双击为其添加节点，向下拖动节点，效果如图 5-23 所示。

Step 06 在属性栏中单击“转换为曲线”按钮，拖动控制杆调整曲线，效果如图 5-24 所示。

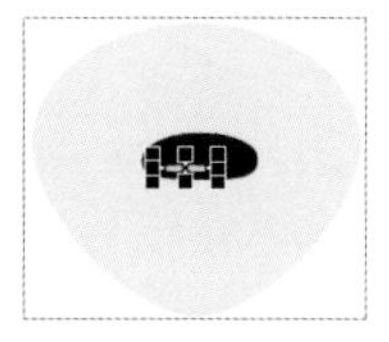

图 5-22 复制并填充颜色

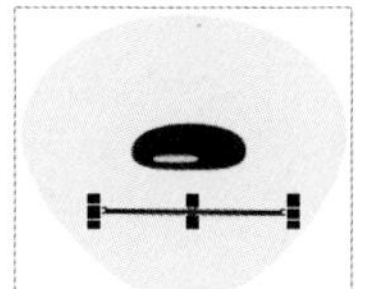

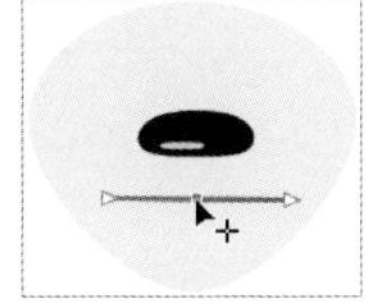

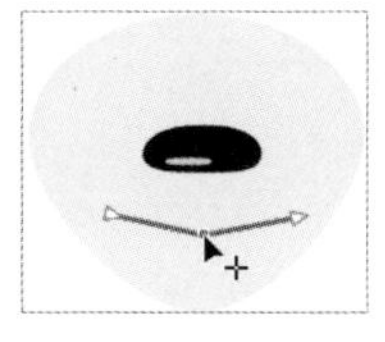

图 5-23 绘制线条并调整

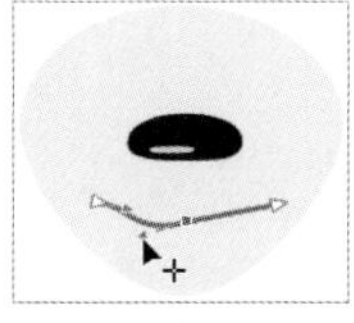

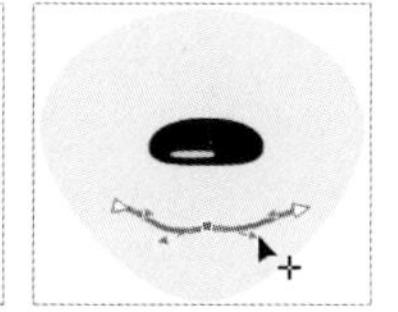

图 5-24 添加节点并调整

Step 07 复制调整后的线条并将其调窄，单击属性栏中的“垂直镜像”按钮，效果如图 5-25 所示。

Step 08 再复制出一个副本，单击属性栏中的“水平镜像”按钮，移动副本，使用“椭圆形工具”绘制两个黑色的椭圆形，效果如图 5-26 所示。

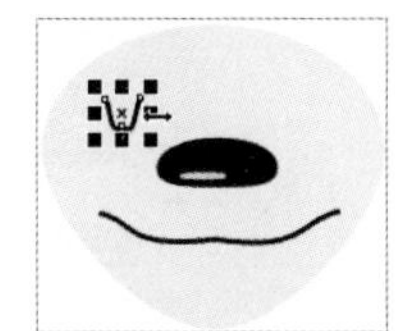

图 5-25 调整线条

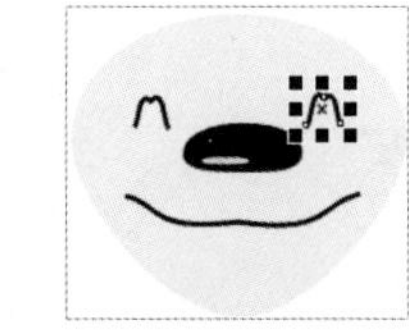

图 5-26 水平镜像并绘制椭圆形

Step 09 选择头部，复制出一个副本，将其缩小后，使用“形状工具”调整其形状，将其作为耳朵，效果如图 5-27 所示。

Step 10 复制出一个耳朵副本，单击属性栏中的“水平镜像”按钮，移动副本，使用“钢笔工具”绘制耳朵线条，效果如图 5-28 所示。

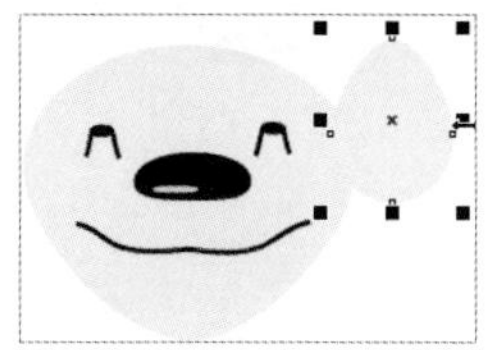

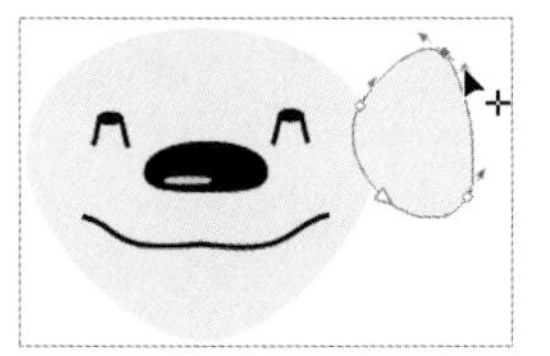

图 5-27 复制头部并调整

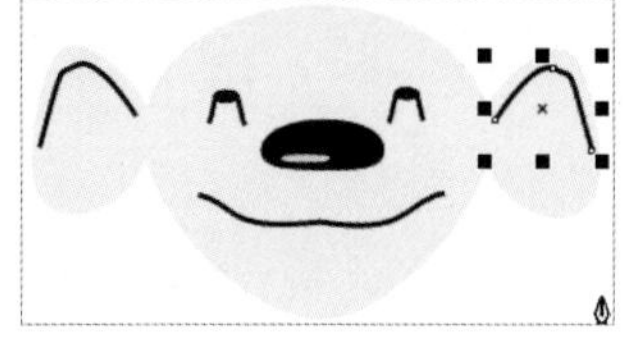

图 5-28 绘制耳朵线条

Step 11 使用“矩形工具”▢在头顶部位绘制一个黑色的矩形，按【Ctrl+Q】组合键将其转换为曲线。使用“形状工具”选择矩形上方的线条，在属性栏中单击“转换为曲线”按钮，将其调整成圆弧状，效果如图 5-29 所示。

Step 12 使用“形状工具”在矩形下部双击添加节点，拖动节点进行调整，效果如图 5-30 所示。

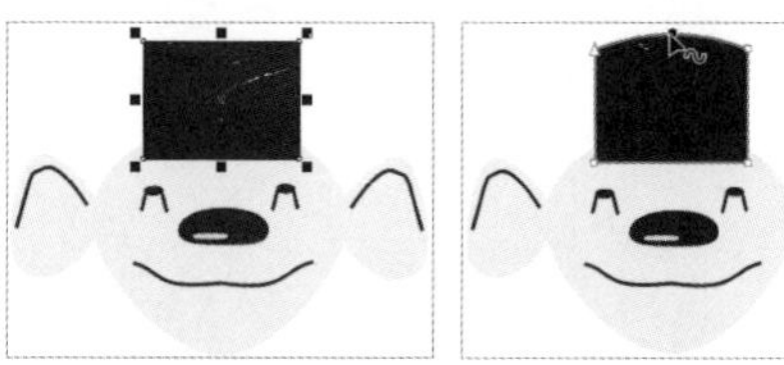

图 5-29 绘制矩形转换成曲线并调整

图 5-30 添加节点调整形状

Step 13 选择底部线条，在属性栏中单击“转换为曲线”按钮，将其调整成圆弧状，效果如图 5-31 所示。

Step 14 使用与制作帽子相同的方法，制作帽子中间的区域。使用“手绘工具”在上面绘制线条，效果如图 5-32 所示。

Step 15 使用“智能填充工具”在线条间隔处填充颜色，效果如图 5-33 所示。

图 5-31 调整底部线条

图 5-32 绘制线条

图 5-33 填充颜色

Step 16 使用“矩形工具”▢在头像的底部绘制一个灰色的矩形，将其作为身体部分。按【Ctrl+Q】组合键将其转换为曲线，使用“形状工具”在矩形上添加节点，效果如图 5-34 所示。

Step 17 使用“形状工具”对矩形进行调整，效果如图 5-35 所示。

图 5-34 绘制矩形并添加节点

图 5-35 调整矩形形状

Step 18 使用“椭圆形工具”◯在身体部位绘制黑色的椭圆形作为扣子，使用“钢笔工具”绘制曲线和直线，效果如图 5-36 所示。

Step 19 选择身体，按【Shift+PgDn】组合键，将其调整到图层的最后一层。至此，本例制作完毕，效果如图 5-37 所示。

图 5-36 绘制椭圆形及曲线和直线

图 5-37 最终效果

5.2 平滑工具

使用“平滑工具”在曲线上涂抹可以将曲折的曲线变得更加平滑，如图5-38所示。

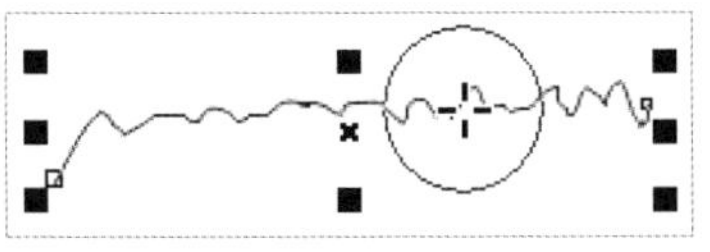
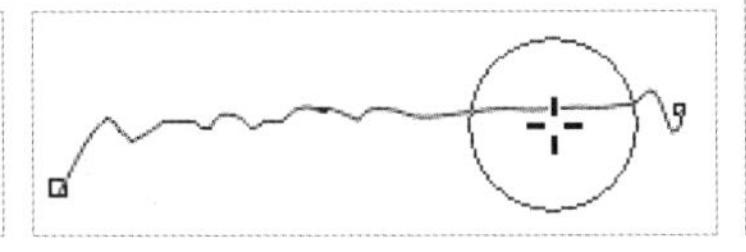
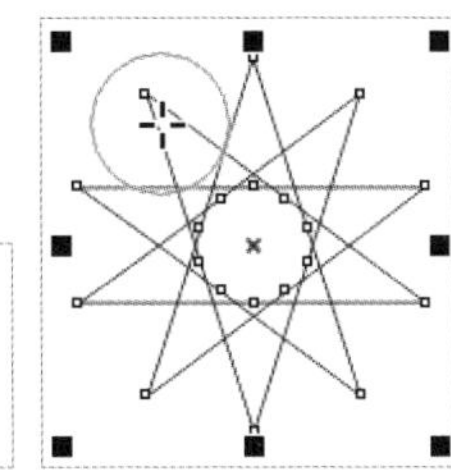
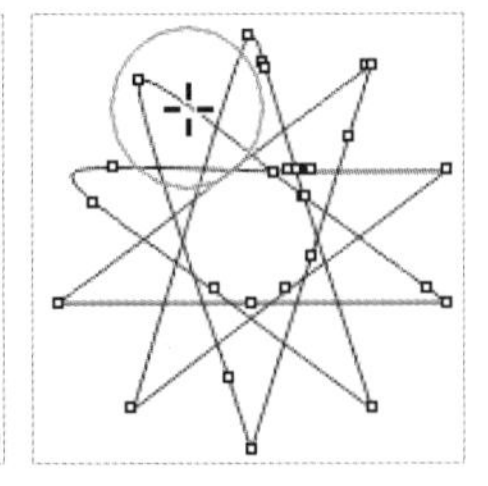

图5-38 平滑曲线

技巧

使用“平滑工具”在图形上涂抹，可以直接将其转换为曲线并对其进行平滑处理。

单击工具箱中的“平滑工具”按钮，此时属性栏中会显示该工具的属性选项，如图5-39所示。

图5-39 “平滑工具”的属性栏

“平滑工具”属性栏中各选项的含义如下。

- “笔尖半径”：用来设置“平滑工具”的笔尖大小。
- “速度”：用来设置“平滑工具”应用效果的速度，数值越大，曲线变平滑的速度越快。
- “笔压”：用来连接数位板后，设置数位笔的绘画压力。

5.3 涂抹工具

使用“涂抹工具”可以使曲线轮廓变得扭曲，并且会在扭曲部分生成若干个节点，方便用户对扭曲的形状进行编辑、调整，使用“涂抹工具”可以对组合对象进行操作，如图5-40所示。

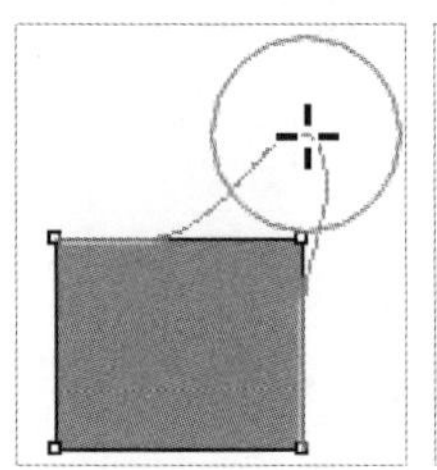
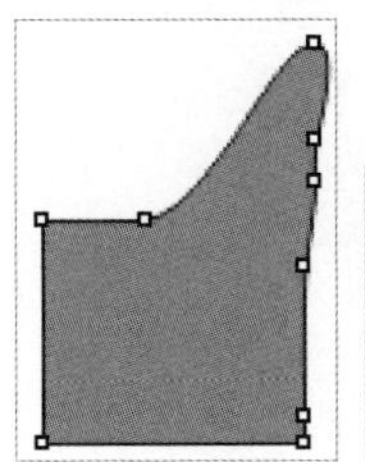
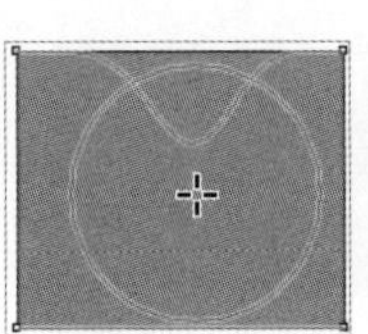
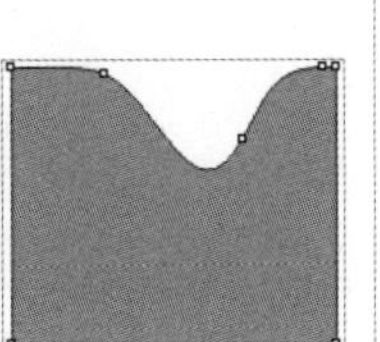
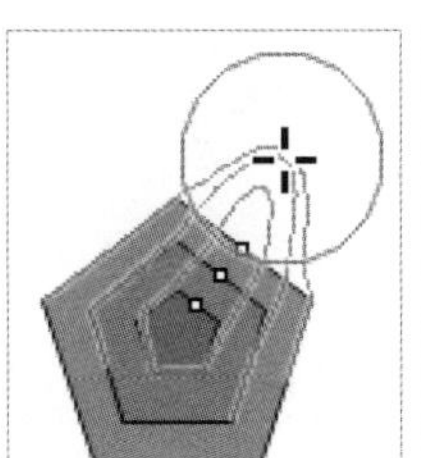
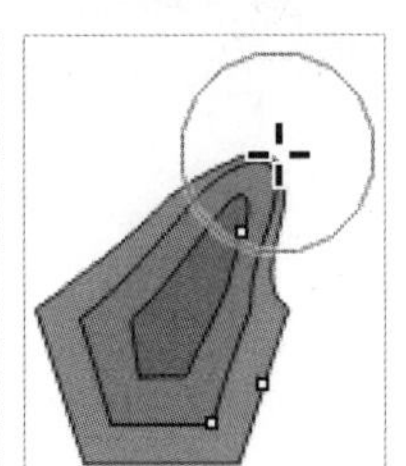

图5-40 涂抹

单击工具箱中的“涂抹工具”按钮，此时属性栏中会显示该工具的属性选项，如图 5-41 所示。

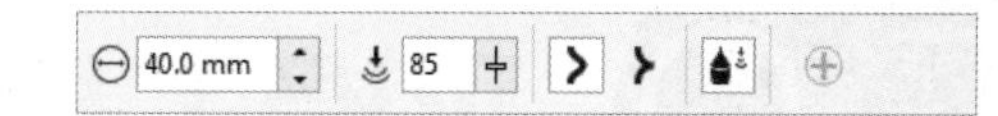

图 5-41 “涂抹工具”的属性栏

“涂抹工具”属性栏中各选项的含义如下。

- “压力”：用来设置涂抹的力度，数值越大，效果越强。
- “平滑涂抹”：用来将边缘以平滑曲线的方式进行涂抹。
- “尖状涂抹”：用来将边缘以带尖角曲线的方式进行涂抹。

课堂案例 使用“涂抹工具”进行平滑涂抹与尖状涂抹

视频教学	录屏 / 第 05 章 / 课堂案例——使用“涂抹工具”进行平滑涂抹与尖状涂抹	扫码观看视频
案例要点	掌握“涂抹工具”的使用方法	

操作步骤

Step 01 新建空白文档，使用“椭圆形工具”绘制一个正圆并为其填充橘色。选择“涂抹工具”，单击属性栏中的“平滑涂抹”按钮，在正圆右侧进行涂抹，如图 5-42 所示。

Step 02 单击属性栏中的“尖状涂抹”按钮，在正圆左侧进行涂抹，如图 5-43 所示。

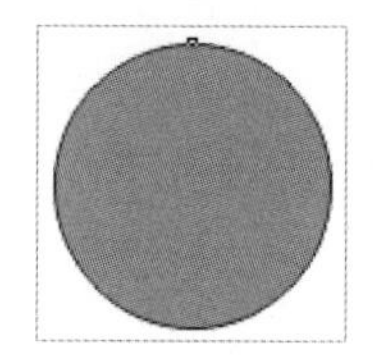

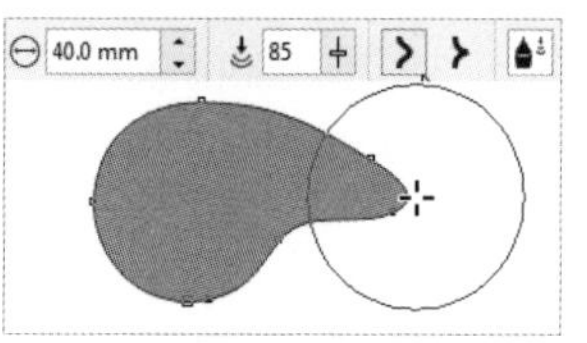

图 5-42 平滑涂抹

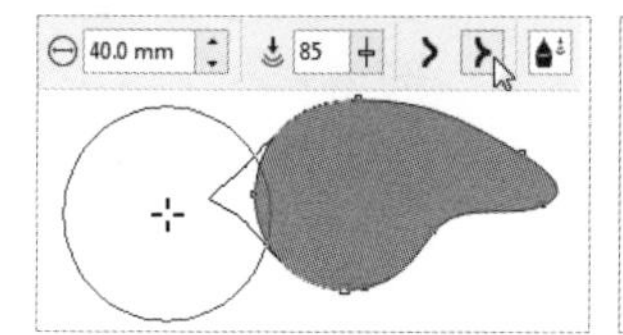

图 5-43 尖状涂抹

5.4 转动工具

使用“转动工具”可以在 CorelDRAW 2018 中的图形或群组对象上，按住鼠标左键进行旋转、扭曲，如图 5-44 所示。

技巧

在使用“转动工具”旋转对象时，要确保被旋转的对象处于选取状态。根据需要旋转的强度，用户可以自行调整按住鼠标的时间。时间越长，圈数越多；时间越短，圈数越少。

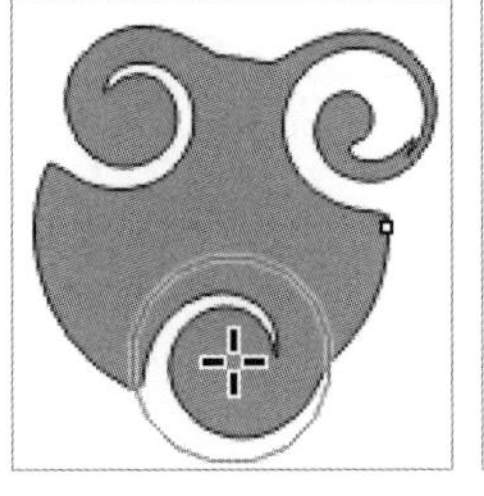

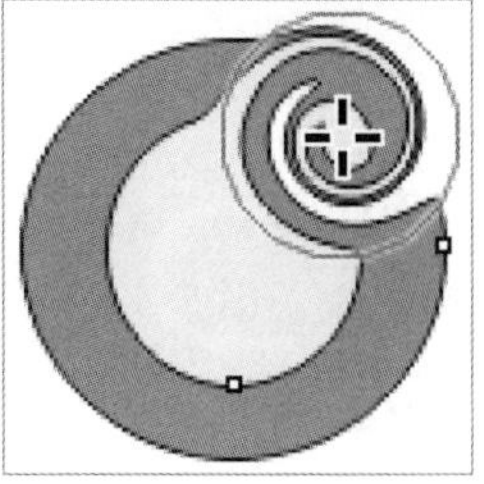

图 5-44 转动

单击工具箱中的“转动工具”按钮，此时属性栏中会显示该工具的属性选项，如图 5-45 所示。

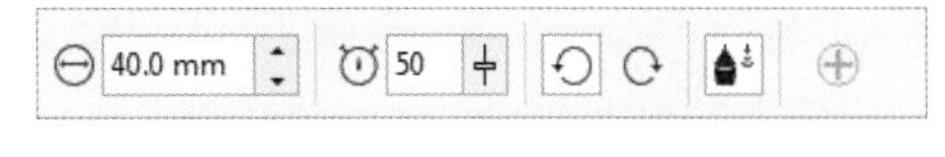

图 5-45 “转动工具”的属性栏

“转动工具”属性栏中各选项的含义如下。

- “逆时针转动”：用来设置“转动工具”以逆时针方向旋转。
- “顺时针转动”：用来设置“转动工具”以顺时针方向旋转。

课堂案例 使用“转动工具”进行顺时针与逆时针转动

素材文件	源文件 / 第 05 章 /< 小猴 .cdr>	扫码观看视频
视频教学	录屏 / 第 05 章 / 课堂案例——使用“转动工具”进行顺时针与逆时针转动	
案例要点	掌握“转动工具”的使用方法	

操作步骤

Step 01 打开“小猴.cdr”素材，选择“转动工具”，单击属性栏中的“逆时针转动”按钮，在小猴左上角处按住鼠标左键进行旋转，如图 5-46 所示。

Step 02 单击属性栏中的“顺时针转动”按钮，在小猴右上角处按住鼠标左键进行旋转，如图 5-47 所示。

图 5-46 逆时针旋转

图 5-47 顺时针旋转

吸引工具

“吸引工具”可以用于操作 CorelDRAW 2018 中的单个图形或多个对象，通过按住或拖动鼠标左键的方式将节点吸引到鼠标指针中心来调节对象的形状，也就是将对象进行收缩处理，如图 5-48 所示。

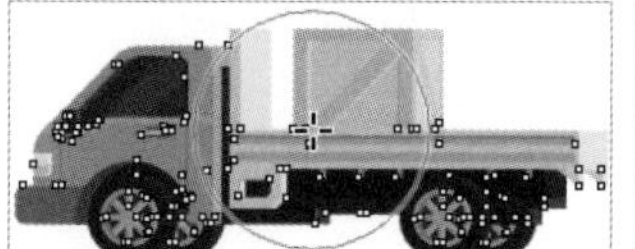
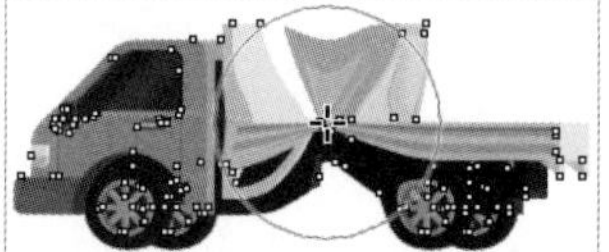

图 5-48 按住鼠标左键进行吸引

技巧

在使用“吸引工具”时，被吸引的对象轮廓边缘必须在鼠标指针范围内，才能看到吸引效果。

单击工具箱中的“吸引工具”按钮，此时属性栏中会显示该工具的属性选项，如图 5-49 所示。

图 5-49 “吸引工具”的属性栏

排斥工具

“排斥工具”可以用于操作 CorelDRAW 2018 中的单个图形或多个对象，通过按住或拖动鼠标左键的方式将节点推离鼠标指针边缘处来调节对象的形状，也就是将对象进行膨胀处理，如图 5-50 所示。

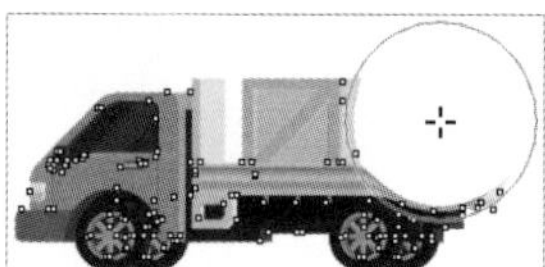
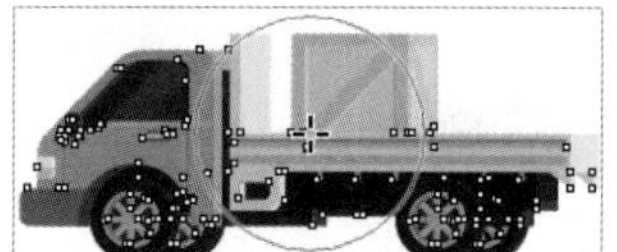
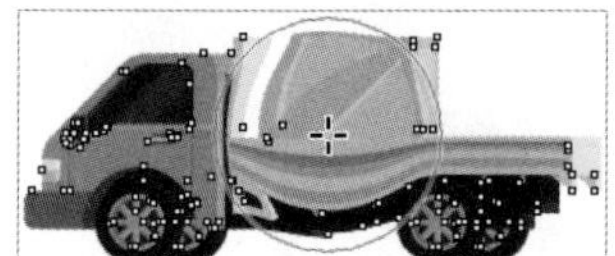

图 5-50 按住鼠标左键进行排斥

技巧

使用“排斥工具”涂抹对象时，当鼠标指针中心点在对象内部时，对象会向外鼓出变形；当鼠标指针中心点在对象外部时，对象会向内凹陷变形。

单击工具箱中的“排斥工具”按钮，此时属性栏中会显示该工具的属性选项。该工具的属性栏与“吸引工具”的一致。

5.7 沾染工具

使用“沾染工具”可以在CorelDRAW 2018中使曲线轮廓变得扭曲，并且会在扭曲的部分生成若干个节点，方便用户对曲线扭曲的形状进行编辑、调整。使用方法是在选择的对象上按住鼠标左键进行涂抹，对象轮廓会根据鼠标指针经过的方向进行推移变形，如图5-51所示。

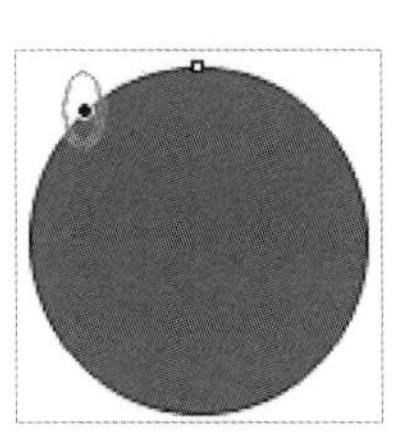
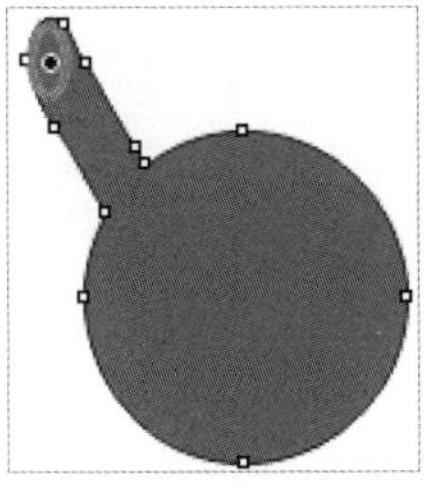
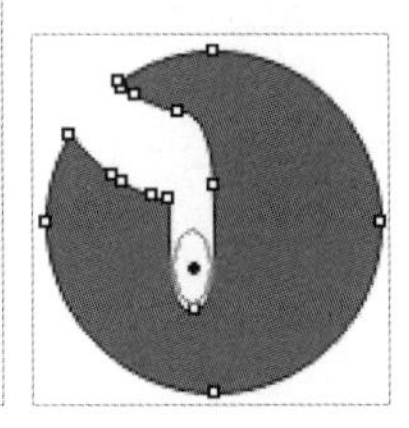

图5-51 使用“沾染工具”进行变形

技巧

使用“沾染工具”不仅可以对封闭的对象进行涂抹，还可以对绘制的曲线或线段进行涂抹。在封闭的对象中使用“沾染工具”涂抹时，如果贯穿整个对象，那么被贯穿的对象并没有被切割。

单击工具箱中的“沾染工具”按钮，此时属性栏中会显示该工具的属性选项，如图5-52所示。

图5-52 “沾染工具”的属性栏

“沾染工具”属性栏中各选项的含义如下。

- “笔压”：连接数位板和数位笔时，可以根据此选项调整涂抹效果的宽度。
- “干燥”：用来设置涂抹的宽窄效果，取值范围为-10至10。当数值为0时，涂抹的画笔从头到尾宽窄一致；当数值为-10时，随着画笔的移动会将涂抹效果变宽；当数值为10时，随着画笔的移动会将涂抹效果变窄，如图5-53所示。

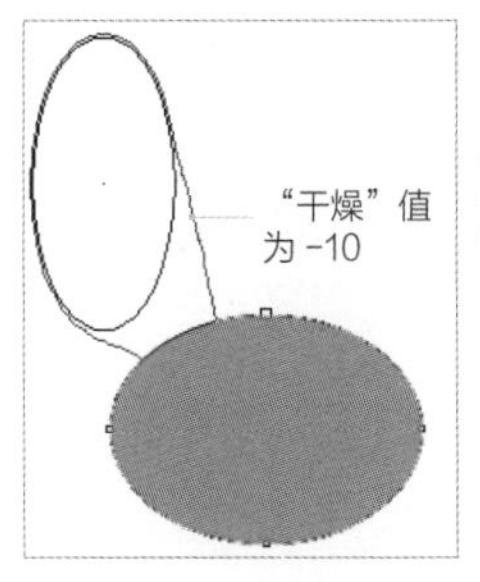

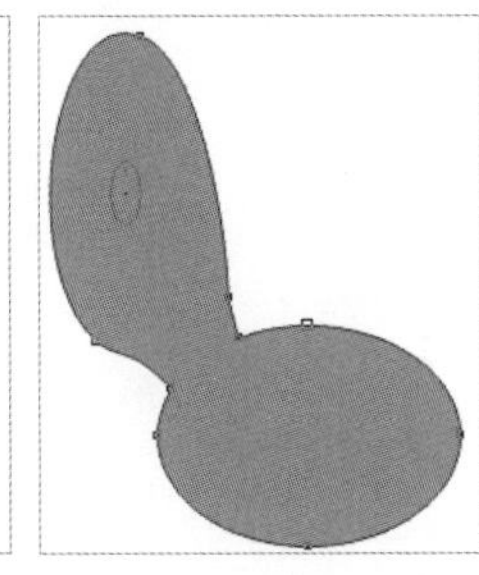
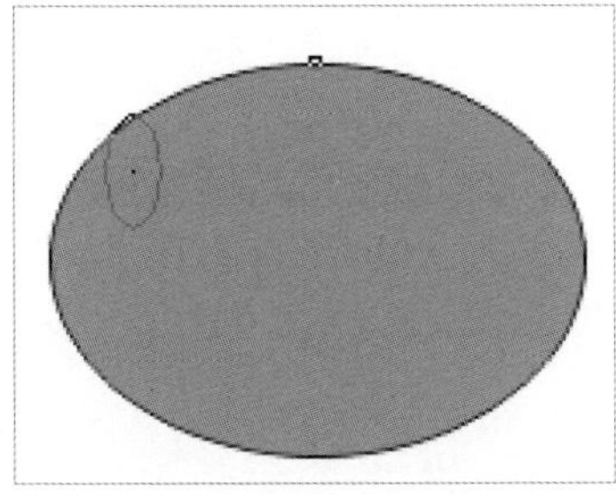
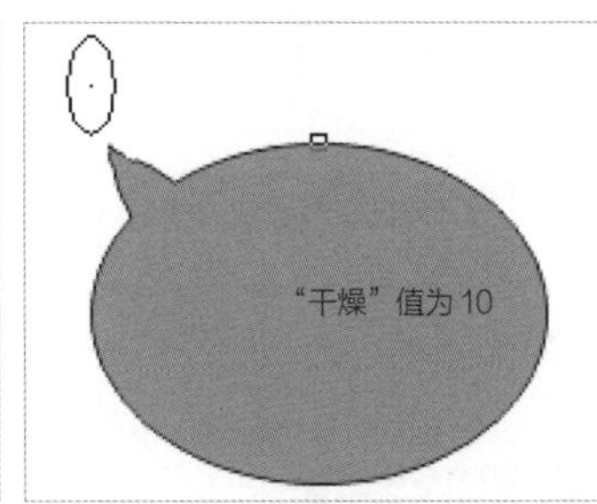

图5-53 不同“干燥”值效果对比

- “使用笔倾斜”：连接数位板和数位笔时，可以根据绘画时画笔的角度调整涂抹效果的形状。
- “笔倾斜”：设置的数值越大，笔头就越圆滑，取值范围为15至90，如图5-54所示。
- “笔方位”：通过设置固定的数值更改沾染画笔的方位。

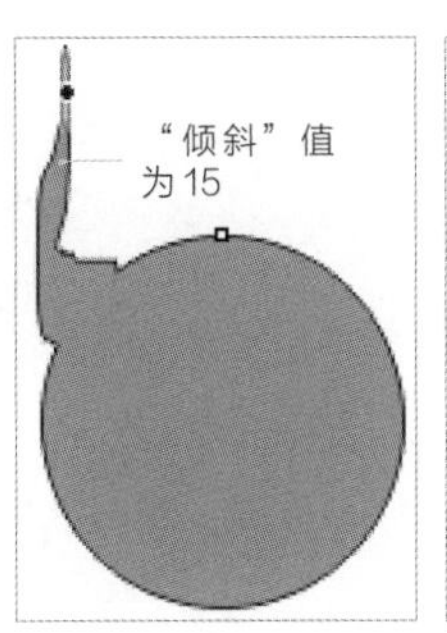

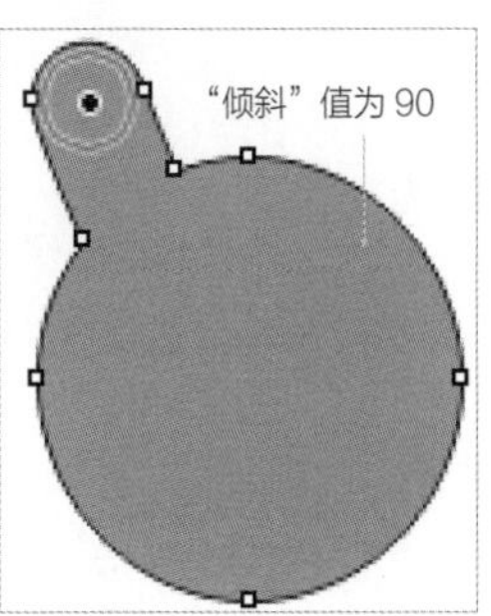

图5-54 “倾斜”值分别为15和90的效果

5.8 粗糙工具

使用“粗糙工具”可以在CorelDRAW 2018中对曲线的轮廓进行粗糙处理，将曲线的轮廓处理为锯齿状。使用方法是在选择的对象上按住鼠标左键进行涂抹，对象轮廓会根据鼠标指针经过方向进行锯齿状粗糙变形，如图5-55所示。

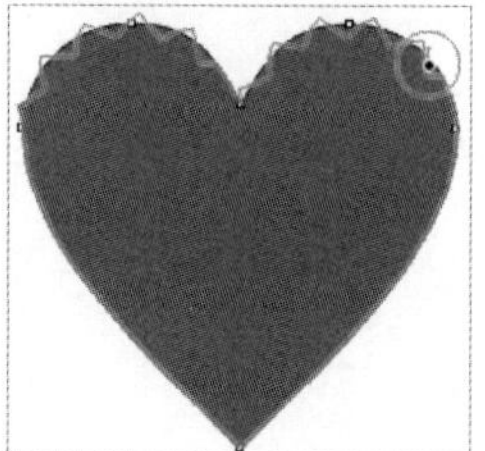

图5-55 使用“粗糙工具”涂抹

单击工具箱中的“粗糙工具”按钮，此时属性栏中会显示该工具对应的属性选项，如图5-56所示。

图5-56 “粗糙工具”中属性栏

“粗糙工具”属性栏中各选项的含义如下。

“尖突的频率”：设置此参数可以调节笔刷的尖突频率，其取值范围为1至10，数值越大，尖突的密度越大，数值越小，则尖突的密度越小，如图5-57所示。

图5-57 不同尖突的频率

课堂练习 使用“粗糙工具”改变小猴的发型

素材文件	源文件/第05章/<小猴.cdr>	扫码观看视频
案例文件	源文件/第05章/<课堂案例——使用“粗糙工具”改变小猴的发型>	
视频教学	录屏/第05章/课堂案例——使用“粗糙工具”改变小猴的发型	
案例要点	掌握“粗糙工具”的使用方法	

操作步骤

Step 01 新建空白文档，导入“小猴.cdr”素材，选择菜单栏中的“对象”/“组合”/“取消组合对象”命令，如图5-58所示。

Step 02 使用“粗糙工具”在属性栏中设置相关参数，再选择小猴的面部，如图5-59所示。

图5-58 导入素材

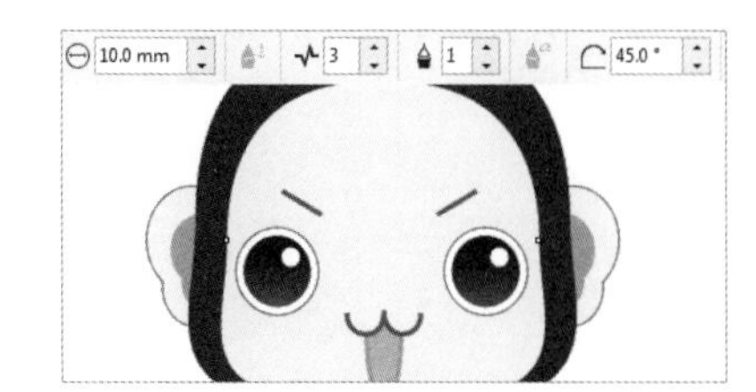

图5-59 设置相关参数

Step 03 使用“粗糙工具”在头发和面部相接处从左向右拖动鼠标，如图5-60所示。

Step 04 此时，小猴的发型发生了变化，如图5-61所示。

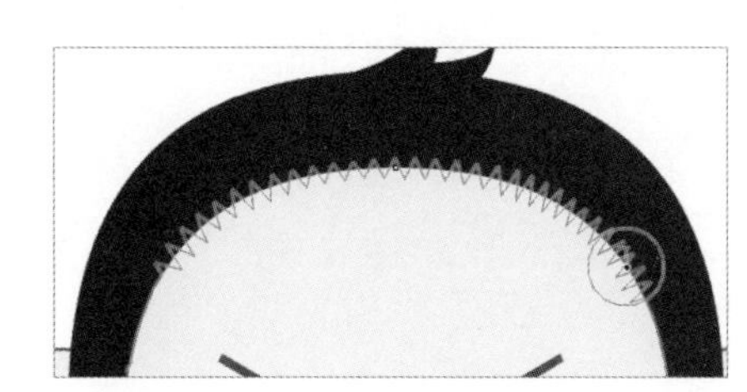

图5-60 涂抹

图5-61 使用“粗糙工具”调整后

5.9 裁剪工具

使用“裁剪工具”可以在CorelDRAW 2018中将绘制的矢量图、群组的对象甚至导入的位图进行剪裁，最后只保留裁剪框以内的区域，如图5-62所示。

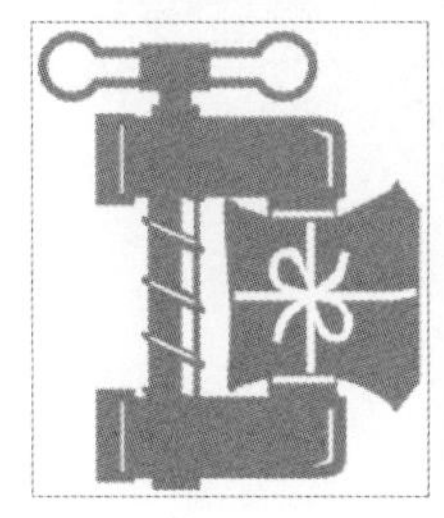

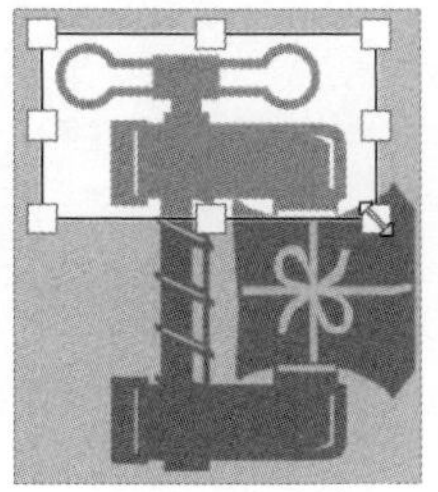

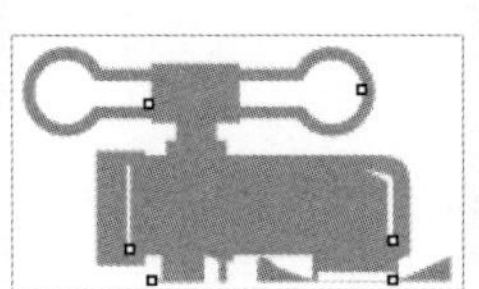

图5-62 裁剪

使用“裁剪工具”进行裁剪时，绘制的裁剪框可以调整大小和旋转任意角度，还可以调整裁剪框所在的位置；使用“裁剪工具”进行裁剪时，可以把页面中不在裁剪框内的对象全部剪切掉，对于创建的裁剪框只需按【Esc】键即可取消。

单击工具箱中的“裁剪工具”按钮，此时属性栏中会显示该工具对应的属性选项，如图 5-63 所示。

图 5-63 “裁剪工具”的属性栏

“裁剪工具”的属性栏中各选项的含义如下。

- “裁剪位置” ：手动输入数值，可以精准定位到用户想裁剪的区域。
- “裁剪大小” ：手动输入数值，可以以准确的尺寸裁剪对象。
- “裁剪角度” ：手动输入 0° ~ 360° 之间的任意数值，可以旋转矩形裁剪框的角度。
- “清除裁剪选取框” ：若想取消裁剪选取框，则单击该按钮。

课堂案例 通过“裁剪工具”进行重新构图

素材文件	源文件 / 第 05 章 /< 自行车广告 >	扫码观看视频
案例文件	源文件 / 第 05 章 /< 课堂案例——通过“裁剪工具”进行重新构图 >	
视频教学	录屏 / 第 05 章 / 课堂案例——通过“裁剪工具”进行重新构图	
案例要点	掌握“裁剪工具”的使用方法	

操作步骤

Step 01 选择菜单栏中的“文件” / “打开”命令，打开“自行车广告”素材，如图 5-64 所示。

Step 02 使用“选择工具”，移动图形和文本，如图 5-65 所示。

图 5-64 打开素材

图 5-65 移动图形和文本

Step 03 使用“裁剪工具”在图形中绘制一个裁剪框，如图 5-66 所示。

Step 04 按【Enter】键完成裁剪。至此，本次实战讲解完毕，效果 5-67 所示。

图 5-66 绘制裁剪框

图 5-67 裁剪后

5.10 刻刀工具

使用“刻刀工具”可以在 CorelDRAW 2018 中将对象分割成多个部分，但是不会使对象的任何一部分消失，不仅可以编辑路径对象，而且可以编辑形状对象和位图。

5.10.1 直线分割

当使用“刻刀工具”在对矢量图或位图进行直线分割时，只需在鼠标指针变为形状后单击确定起点，按住鼠标左键拖动到终点位置单击，就可以完成切割，如图 5-68 所示。

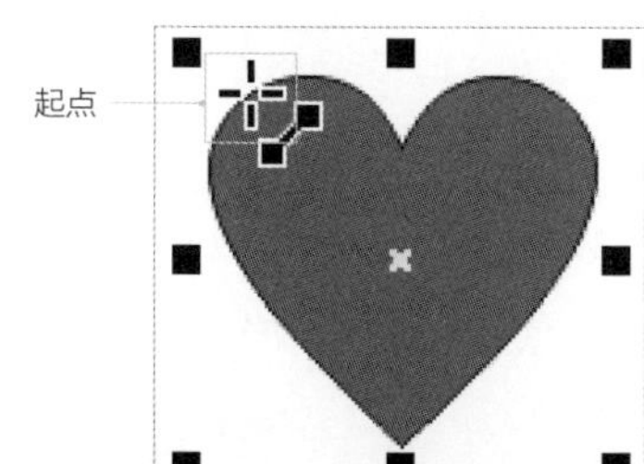

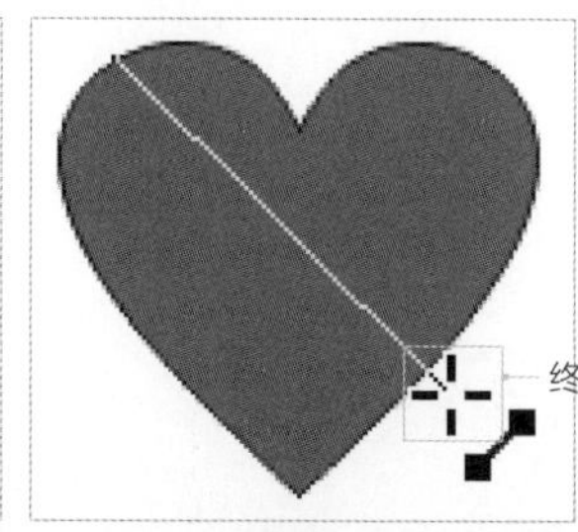

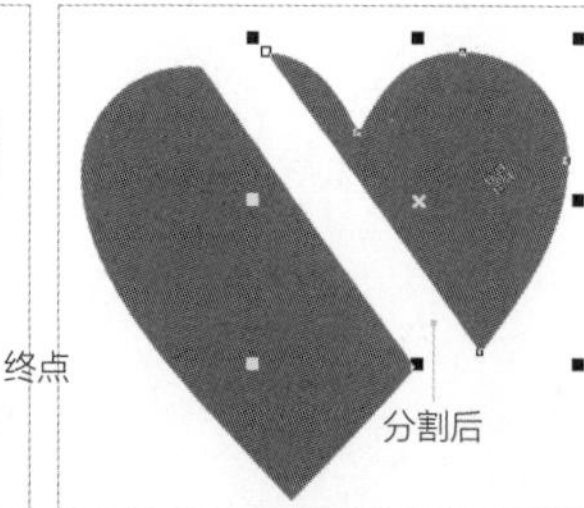

图 5-68 直线分割

5.10.2 曲线分割

当使用“刻刀工具”在对矢量图或位图进行曲线分割时，只需在鼠标指针变为形状时单击确定起点，按住鼠标左键在图形上随意拖动，到终点时单击，就可以完成切割，如图 5-69 所示。

图 5-69 曲线分割

单击工具箱中的“刻刀工具”按钮，此时属性栏中会显示该工具对应的属性选项，如图 5-70 所示。

图 5-70 “刻刀工具”的属性栏

“刻刀工具”属性栏中各选项的含义如下。

- “两点线模式”：用来以直线的方式进行切割。
- “手绘模式”：用来沿手绘曲线进行切割。
- “贝济埃模式”：用来沿贝济埃曲线进行切割。
- “剪切时自动闭合”：用来闭合分割对象形成的路径。

5.11 虚拟段删除工具

使用“虚拟段删除工具”可以在 CorelDRAW 2018 中删除相交对象中两个交叉点之间的线段，从而产生新的形状。在相交的区域内，选择“虚拟段删除工具”，在有节点的线段上，当鼠标指针变为形状后单击，就可以将其删除，如图 5-71 所示。

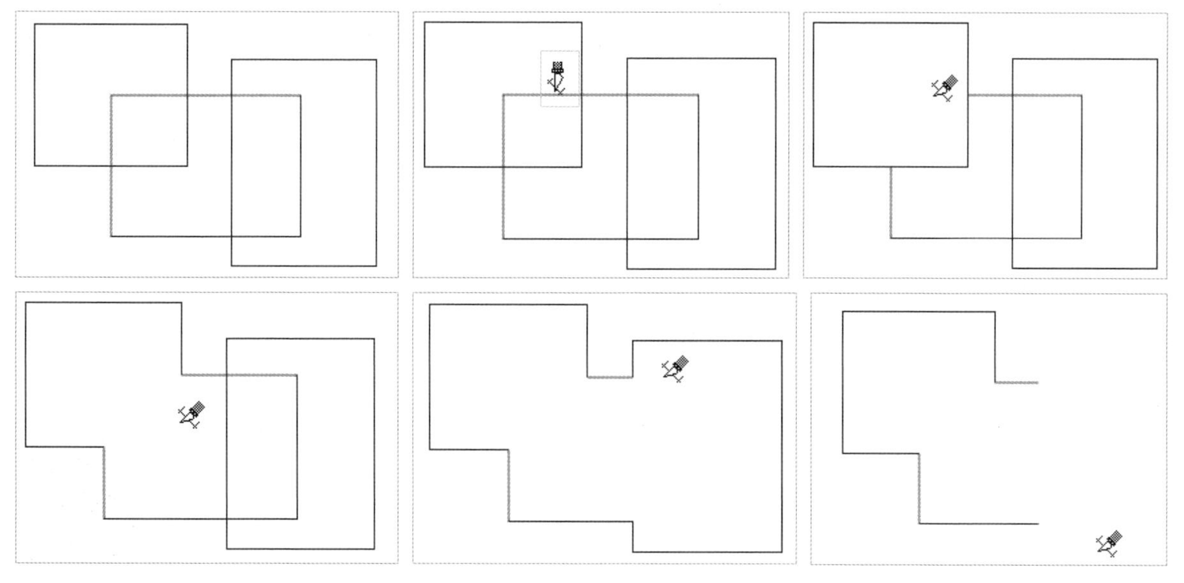

图 5-71 虚拟段删除

橡皮擦工具

使用"橡皮擦工具"可以在 CorelDRAW 2018 中改变、分割选定的对象或路径，在对象上拖动，可以擦除对象内部的一些图形，而且对象中被破坏的路径会自动封闭。处理后的图形对象具有和处理前一样的属性。

单击工具箱中的"橡皮擦工具"按钮，此时属性栏中会显示该工具对应的属性选项，如图 5-72 所示。

图 5-72 "橡皮擦工具"的属性栏

"橡皮擦工具"属性栏中各选项的含义如下（之前讲解过的功能将不再讲解）。

- "形状"：在应用圆形笔尖和方形笔尖时，移除的区域是以圆形或正方形为基底的，如图 5-73 所示。
- "笔压"：用来改变笔触压力大小。
- "橡皮擦厚度" 5.3 mm：用来控制橡皮擦笔头的大小。
- "笔倾斜"：用来改变笔尖的平滑度。
- "倾斜角" 90.0°：设置固定的笔倾斜值来决定笔尖的平滑度。
- "笔方位"：用来改变笔尖的旋转。
- .0°：设置固定的笔方位值来决定笔尖的旋转。
- "减少节点"：单击该按钮可以在擦除对象时自动去除多余的节点，如图 5-74 所示。

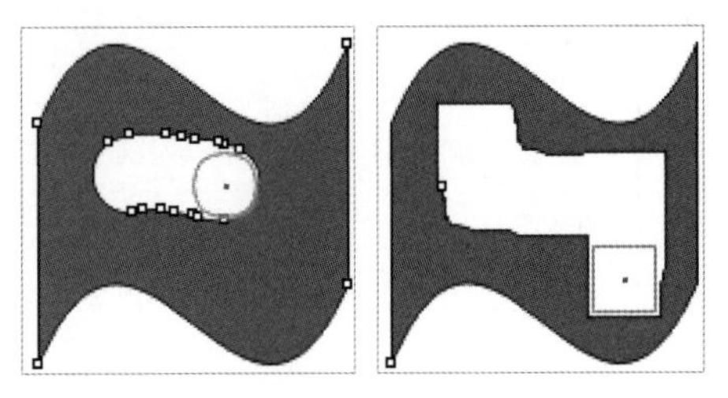

图 5-73 圆形和方形

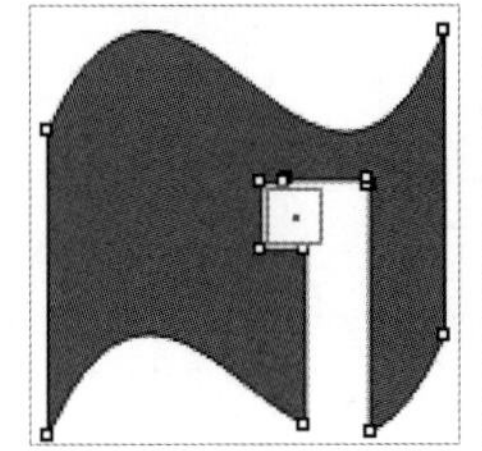

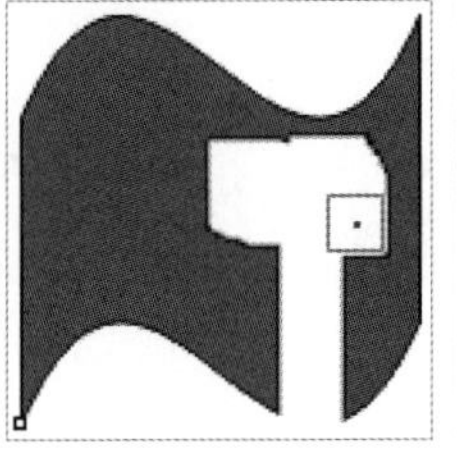

图 5-74 减少节点

课堂案例 擦除曲线

视频教学	录屏 / 第 05 章 / 课堂案例——擦除曲线	扫码观看视频
案例要点	掌握"橡皮擦工具"的使用方法	

操作步骤

Step 01 新建空白文档，使用"手绘工具"绘制一条曲线，如图 5-75 所示。

Step 02 选择"橡皮擦工具"，属性栏中的选项采取默认值即可，然后在绘制的曲线上按住鼠标左键拖动，则鼠标经过的路径部分已被进行了擦除，如图 5-76 所示。

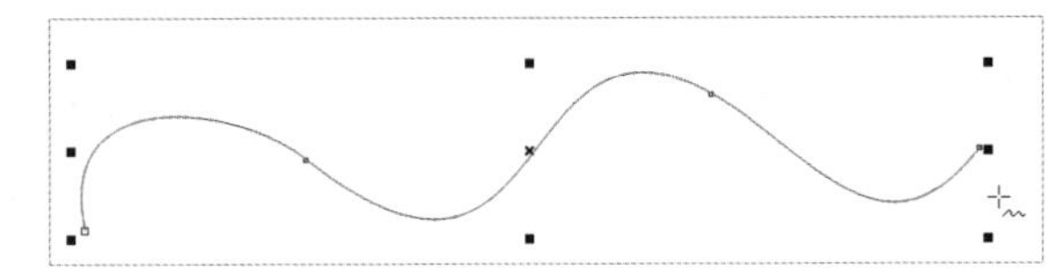

图 5-75 绘制曲线

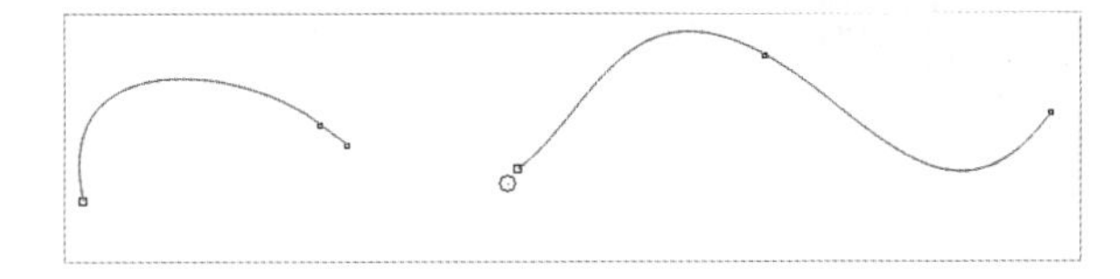

图 5-76 擦除曲线中间部分

技巧

曲线虽然已经被进行了擦除，但是擦除后仍旧为一个对象。

课堂案例 擦除图形或位图

素材文件	素材文件 / 第 05 章 /< 创意海边 >	扫码观看视频
视频教学	录屏 / 第 05 章 / 课堂案例——通过"裁剪工具"进行重新构图	
案例要点	掌握"裁剪工具"的使用方法	

操作步骤

Step 01 新建空白文档，使用“星形工具”☆在页面中绘制一个五角星，为其填充红色，如图 5-77 所示。

Step 02 选择“橡皮擦工具”，属性栏中的选项采取默认值即可，然后在绘制的图形上按住鼠标左键拖动，鼠标经过的路径部分已被进行了擦除，如图 5-78 所示。

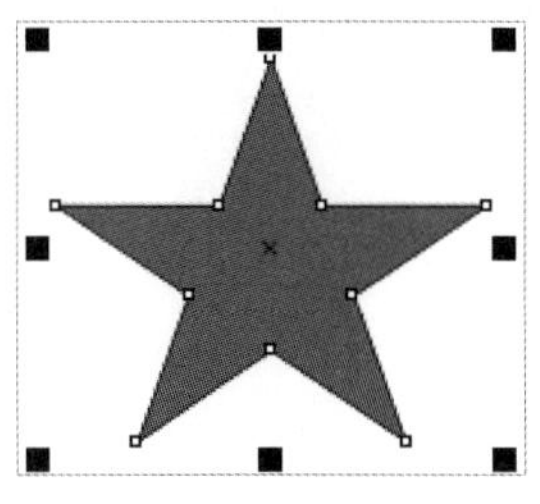

图 5-77 绘制五角星并填充

图 5-78 擦除图形

技巧

使用“橡皮擦工具”只能对单一的对象进行擦除，不能对群组后的对象进行擦除。

Step 03 导入“创意海边”素材，如图 5-79 所示。

Step 04 选择“橡皮擦工具”，在导入的素材上按住鼠标左键拖动，此时会发现鼠标经过的区域可以被擦除，效果如图 5-80 所示。

图 5-79 导入素材

图 5-80 擦除

5.13 对象的造型

对象的造型就是通过合并、修剪、相交、简化、移除后面的对象、移除前面的对象等将两个或两个以上的对象重新组合成新形状，利用这几项操作可以在重叠对象中快速地生成各种不同形状的新对象。选择菜单栏中的“对象”/“造型”命令，在弹出的子菜单中通过相应命令可以进行对象的造型；选择“对象”/“造型”/“造型”命令，打开“造型”泊坞窗，可以在泊坞窗中通过选择命令进行对象的造型。

技巧

选择菜单栏中的“窗口”/“泊坞窗”/“造型”命令，同样可以打开“造型”泊坞窗。菜单中的“合并”命令与“造型”泊坞窗中的“焊接”命令属于一个命令。

5.13.1 合并对象

合并对象是将两个或两个以上的对象焊接在一起，形成一个新对象。合并后的对象是一个独立的对象，其填充、轮廓属性和指定的目标对象相同。选择两个对象，选择菜单栏中的“对象”/“造型”/“合并”命令，即可将其焊接为一个对象，如图 5-81 所示。

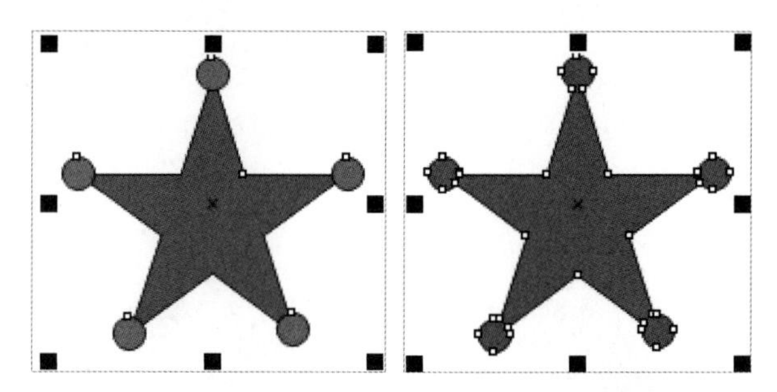

图 5-81 合并对象

技巧

将两个对象合并后，如果两个对象颜色不同，那么焊接后会将两个对象的颜色统一成后面对象的颜色。

课堂案例 通过“合并”命令绘制卡通小鸡

素材文件	源文件 / 第 05 章 /< 课堂案例——通过“合并”命令绘制卡通小鸡 >	扫码观看视频
视频教学	录屏 / 第 05 章 / 课堂案例——通过“合并”命令绘制卡通小鸡	
案例要点	掌握“合并”命令的使用方法	

操作步骤

Step 01 新建空白文档，使用“椭圆形工具”绘制一个正圆，按【Ctrl+Q】组合键将正圆转换为曲线，使用“形状工具”调整正圆形状，如图 5-82 所示。

Step 02 复制图形，调整大小并将其移动到顶部，再复制出两个上述图形，分别进行调整，如图 5-83 所示。

Step 03 框选所有对象，选择菜单栏中的“对象”/“造型”/“合并”命令，将对象合并为一个整体，再将轮廓加宽，如图 5-84 所示。

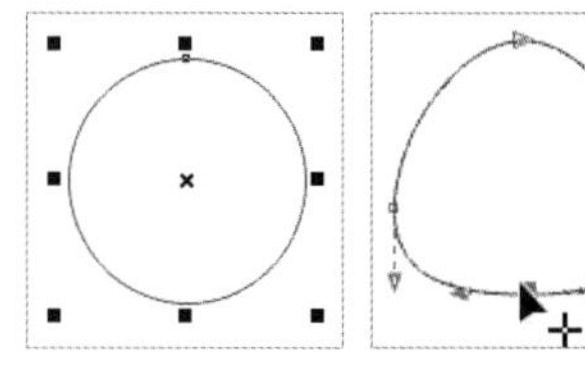

图 5-82 绘制正圆并将其转换为曲线

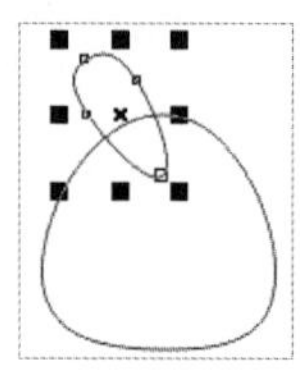

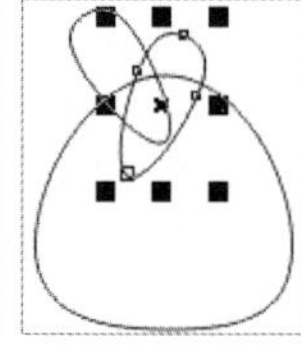

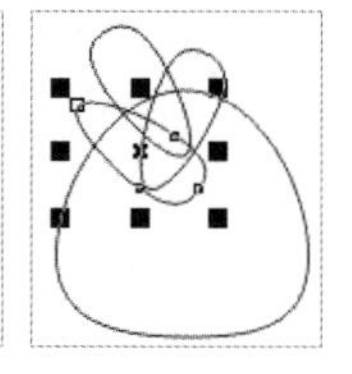

图 5-83 复制图形并调整

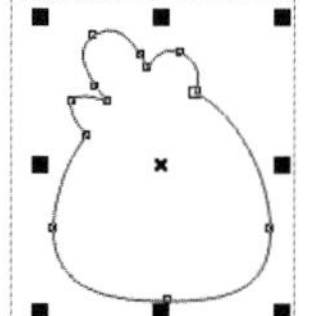

图 5-84 将对象合并，再将轮廓加宽

Step 04 为合并后的对象填充橘色，再绘制 5 个椭圆分别作为眼睛、嘴巴和腮红，如图 5-85 所示。

Step 05 使用“贝济埃工具”在嘴巴中间绘制一条曲线，如图 5-86 所示。

Step 06 框选所有对象后调出变换框，将其进行旋转。之后绘制一个灰色椭圆作为阴影，调整到最后一层。再使用“文本工具”输入一个问号，最终效果如图 5-87 所示。

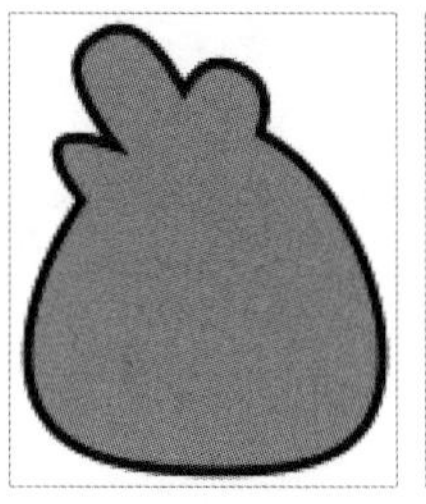

图 5-85 填充颜色并绘制椭圆

图 5-86 绘制曲线

图 5-87 最终效果

5.13.2 修剪对象

利用“修剪”功能可以去掉与其他对象的相交部分，从而达到更改对象形状的目的。对象被修剪后，填充和轮廓属性保持不变。在页面中框选绘制的两个对象，选择菜单栏中的“对象”/“造型”/“修剪”命令，会通过上面的对象修剪掉后面的对象与之相交的区域，如图 5-88 所示。

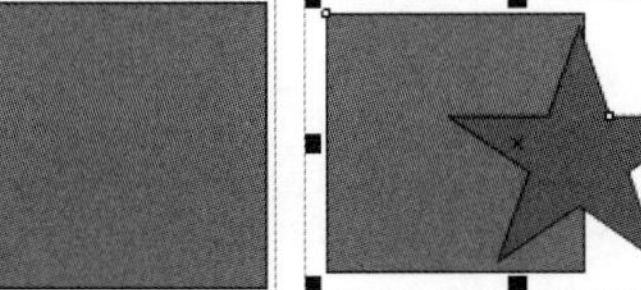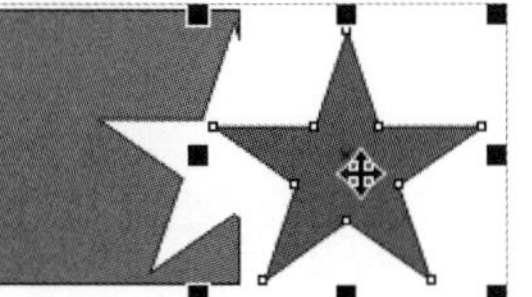

图 5-88 修剪对象

技巧

“修剪”命令不能应用于段落文本、尺度线和仿制的源对象，但可以用于修剪仿制对象；在利用泊坞窗修剪时，可以对多个对象进行逐个修剪，也可以通过底层的对象来修剪上层的对象，在修剪时还可以保留源对象或目标对象。

5.13.3 相交对象

利用“相交”功能可以创建一个以对象重叠区域为内容的新对象。新对象的尺寸和形状与重叠区域完全相同，其颜色和轮廓属性取决于目标对象。在页面中框选绘制的两个对象，选择菜单栏中的“对象”/“造型”/“相交”命令，会将两个对象相交的区域变为一个新的对象。选择相交区域，为其填充一种颜色，可以看得更加清晰，如图 5-89 所示。

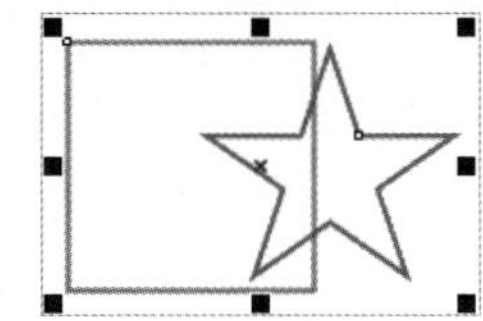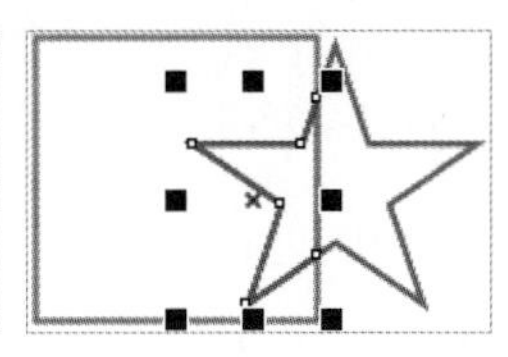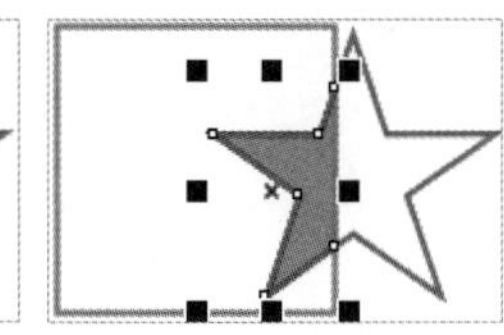

图 5-89 相交对象

5.13.4 简化对象

利用“简化”功能可以减去后面对象和前面对象重叠的部分，并保留前面对象和后面对象的状态。对于复杂的绘图作品，使用该功能可以有效地减小文件的大小，而不影响作品的外观。在页面中框选绘制的两个对象，选择菜单栏中的“对象”/“造型”/“简化”命令，会将两个对象相交的区域剔除，如图 5-90 所示。

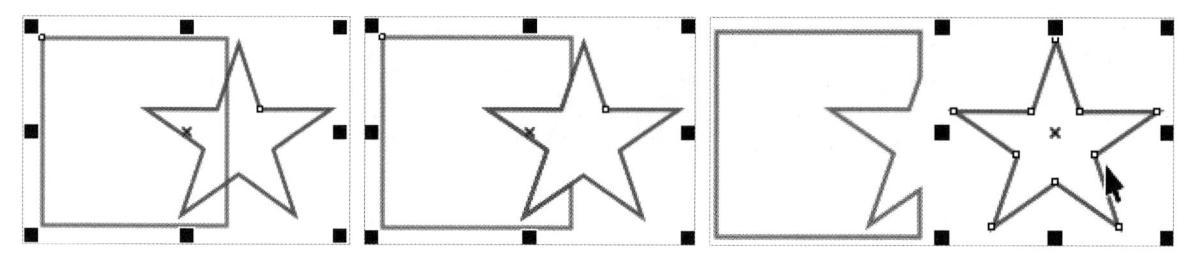

图 5-90 简化对象

课堂案例 通过简化造型制作扳手

素材文件	源文件 / 第 05 章 /< 课堂案例——通过简化造型制作扳手 >	扫码观看视频
视频教学	录屏 / 第 05 章 / 课堂案例——通过简化造型制作扳手	
案例要点	掌握“合并”“简化”命令的使用方法	

操作步骤

Step 01 新建空白文档，使用“椭圆形工具”和“矩形工具”绘制两个正圆和一个矩形，如图 5-91 所示。

Step 02 使用“选择工具”框选矩形和正圆，选择菜单栏中的“窗口”/“泊坞窗”/“对齐与分布”命令，打开“对齐与分布”泊坞窗，单击“垂直居中对齐”按钮，效果如图 5-92 所示。

图 5-91 绘制正圆和矩形

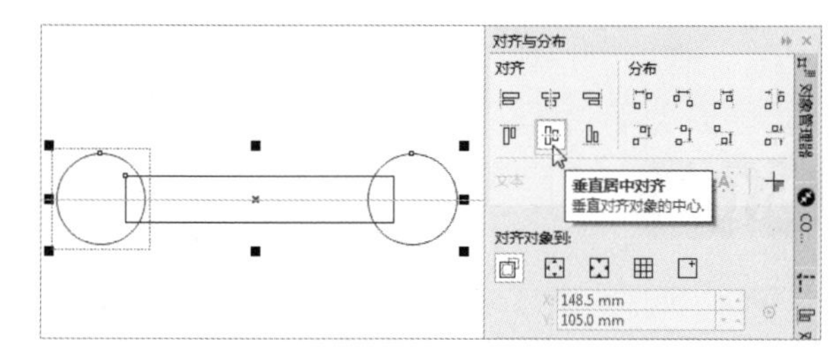

图 5-92 调整正圆和矩形

Step 03 在属性栏中单击“焊接”按钮，将矩形和正圆合并为一个对象，如图 5-93 所示。

Step 04 使用“多边形工具”在页面中绘制一个六边形，选择六边形将其拉宽，如图 5-94 所示。

Step 05 复制出一个副本，将其移动到右侧，如图 5-95 所示。

图 5-93 合并矩形和正圆

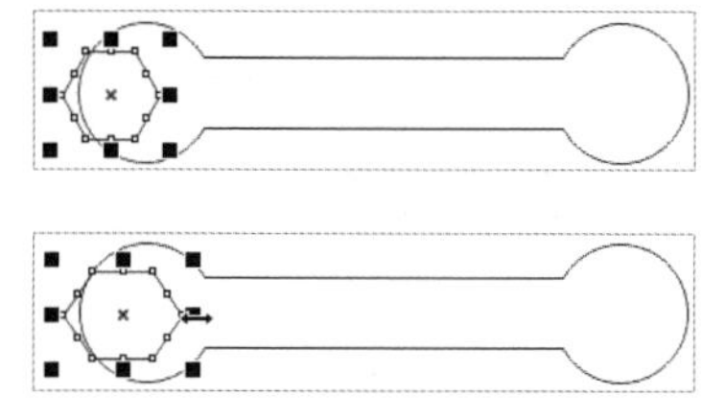

图 5-94 绘制并调整

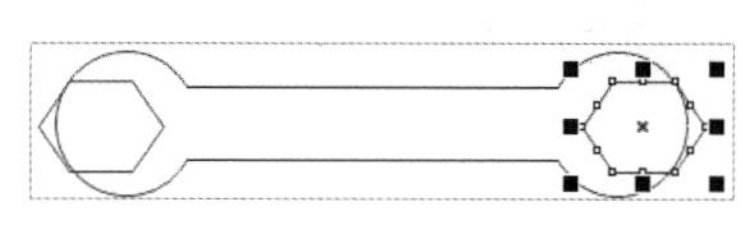

图 5-95 复制并调整

Step 06 框选所有对象，在“对齐与分布”泊坞窗中单击“垂直居中对齐”按钮，效果如图 5-96 所示。

Step 07 在属性栏中单击“简化”按钮，将选取的对象进行简化造型处理，如图 5-97 所示。

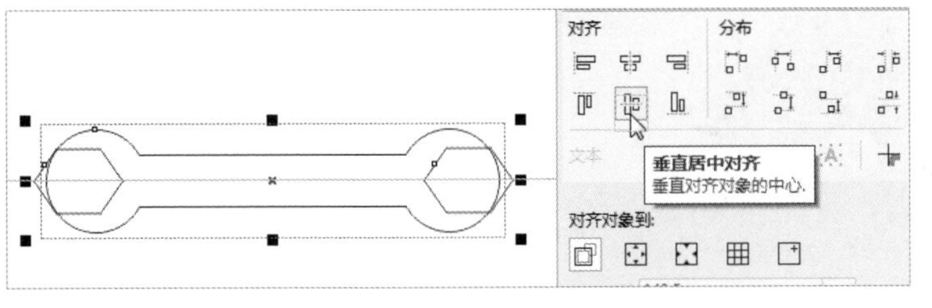

图 5-96 对齐对象

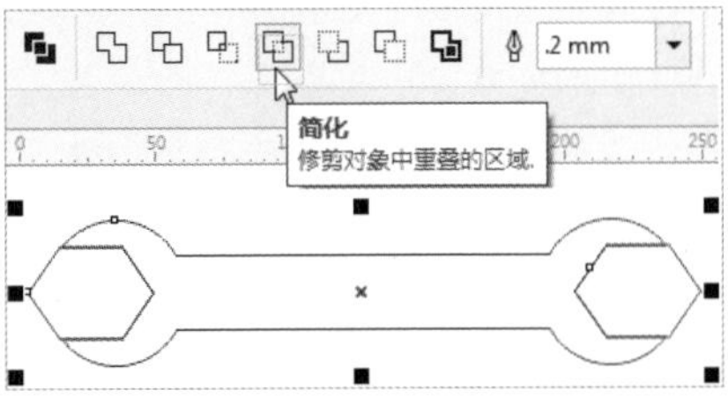

图 5-97 简化

Step 08 选择六边形后将其删除，效果如图 5-98 所示。

Step 09 选择简化后的对象，为其填充灰色。至此，本例制作完毕，最终效果如图 5-99 所示。

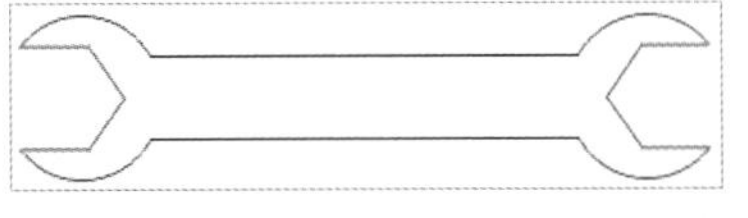

图 5-98 简化对象

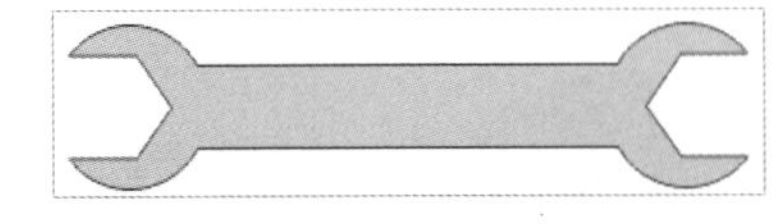

图 5-99 最终效果

5.13.5 移除后面的对象

利用“移除后面的对象”功能可以减去前后对象的重叠区域，仅保留前面对象的非重叠区域。在页面中框选绘制的两个对象，选择菜单栏中的“对象”/“造型”/“移除后面的对象”命令，会通过后面的对象修剪与前面对象相重叠的区域，并将后面的对象整体修剪掉，如图 5-100 所示。

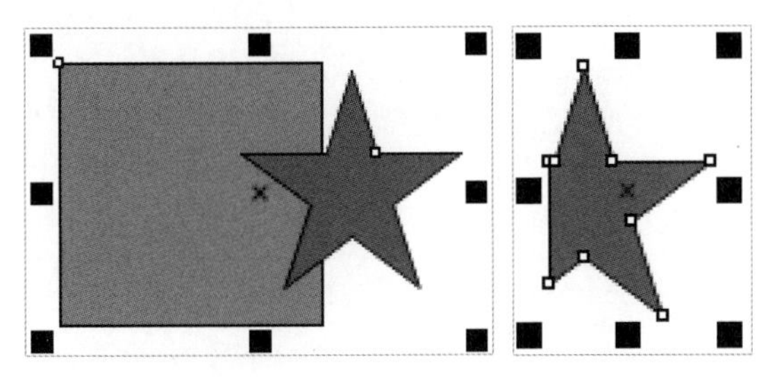

图 5-100 移除后面的对象

5.13.6 移除前面的对象

利用“移除前面的对象”功能可以减去前后对象的重叠区域，仅保留后面对象的非重叠区域。在页面中框选绘制的两个对象，选择菜单栏中的“对象”/“造型”/“移除前面的对象”命令，会通过前面的对象修剪与后面对象相重叠的区域，并将前面的对象整体修剪掉，如图 5-101 所示。

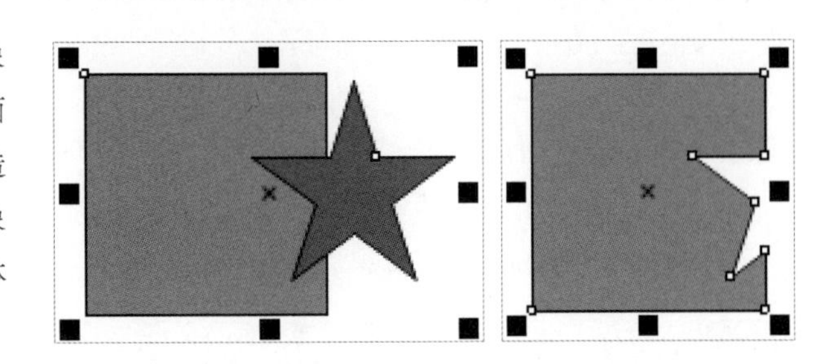

图 5-101 移除前面的对象

5.13.7 边界

利用“边界”功能可以为多个对象创建一个新对象，围绕在选定对象的周围。在页面中框选绘制的所有对象，选择菜单栏中的“对象”/“造型”/“边界”命令，会在框选的所有对象基础之上新建一个合并后的外轮廓。在页面中框选绘制的所有对象，在属性栏中单击“创建边界”按钮，同样会在框选的所有对象基础之上新建一个合并后的外轮廓，如图 5-102 所示。

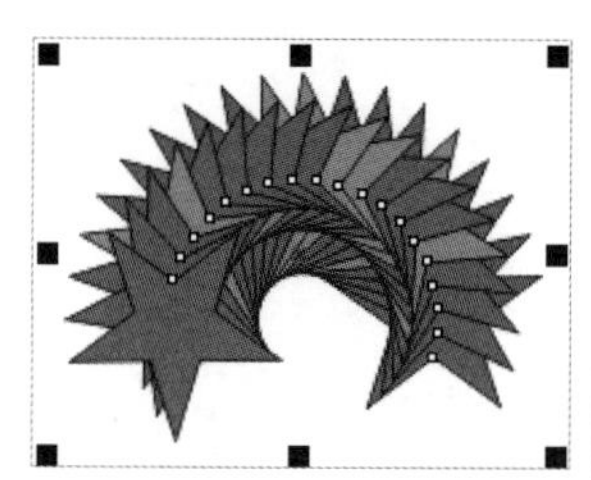
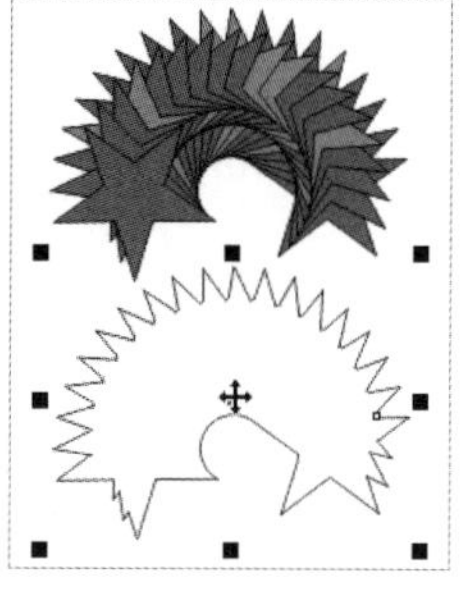
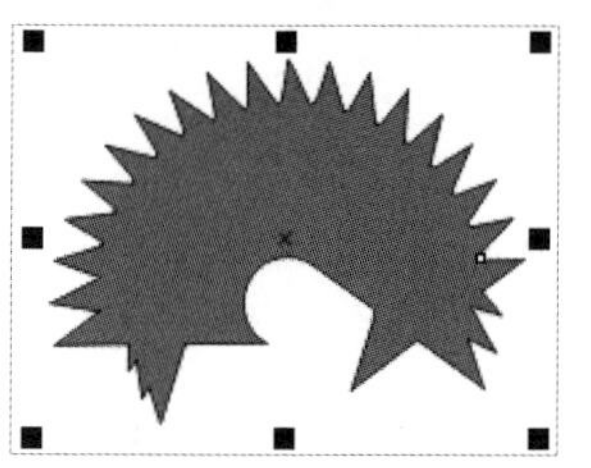

图 5-102 创建边界

5.14 透镜命令

透镜效果运用了相机成像的某些原理，使对象在镜头的影响下产生各种不同类型的效果，透镜只能改变对象本身的观察方式，并不能改变对象的属性。CorelDRAW 2018 中的透镜效果有 12 个，每一种类型的透镜都有自己的特色，能使位于透镜下的对象显示出不同的效果。选择菜单栏中的“效果”/“透镜”命令，即可打开“透镜”泊坞窗，如图 5-103 所示。

“透镜”泊坞窗中各选项的含义如下。

图 5-103 “透镜”泊坞窗

- “冻结”：选中该复选框后，可以将应用透镜效果的对象下面的其他对象所产生的效果作为透镜效果的一部分，不会因透镜或者对象的移动而改变该透镜效果，如图 5-104 所示。
- “视点”：该参数的作用是在不移动透镜的情况下，只弹出透镜下面的对象的一部分。当选中该复选框时，其右边会出现一个编辑按钮。单击该按钮，则在对象的中心会出现一个“×”标记。此标记代表透镜所观察到对象的中心，可以拖动该标记到新的位置或在“透镜”泊坞窗中输入该标记的坐标值。单击“应用”按钮，则可观察到以新视点为中心的对象的一部分透镜效果，如图 5-105 所示。
- “移除表面”：选中该复选框，则透镜效果只显示该对象与其他对象重合的区域，而被透镜覆盖的其他区域则不可见。

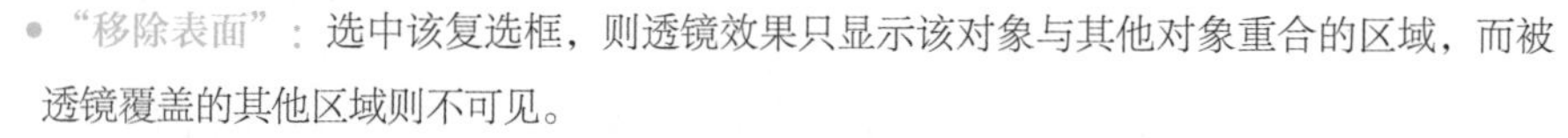

- “锁定应用”：当按钮变为形状时，应用的透镜效果会自动显示出来；当按钮变为形状时，选择透镜后必须单击后面的“应用”按钮，才能看到效果。

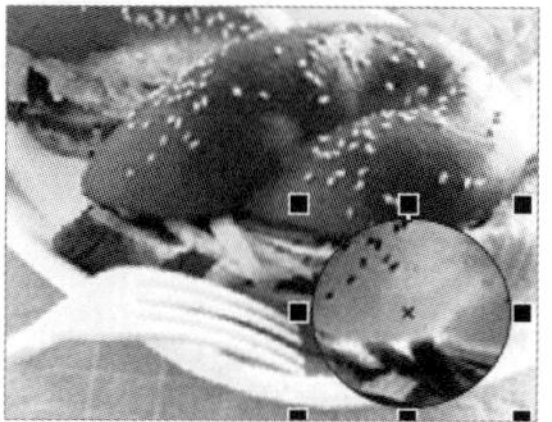

图 5-104 冻结

图 5-105 视点

5.14.1 应用透镜效果

透镜效果可以应用在任何封闭的图像上，也可以用来观察位图的效果。透镜效果不能应用在已经进行了立体化、具有轮廓图及交互式调和效果的对象上。要对群组的对象应用透镜效果，必须将其取消群组。下面讲解透镜效果的应用方法。

课堂案例 透镜效果的应用

素材文件	素材文件 / 第 05 章 /< 面包 >	扫码观看视频
视频教学	录屏 / 第 05 章 / 课堂案例——透镜效果的应用	
案例要点	掌握透镜效果的应用	

操作步骤

Step 01 新建空白文档，导入“面包”素材，使用“椭圆形工具”在导入素材的上方绘制一个正圆，为其填充红色，如图 5-106 所示。

Step 02 选择菜单栏中的“效果”/“透镜”命令，打开“透镜”泊坞窗。单击“透镜”泊坞窗中的按钮，使其处于锁定状态，然后打开该泊坞窗中的“透镜效果”下拉列表，选择“色彩限制”透镜效果，如图 5-107 所示。

Step 03 选择“色彩限制”透镜效果后，会发现此时在照片中绘制的正圆处变成了限制的颜色，如图 5-108 所示。

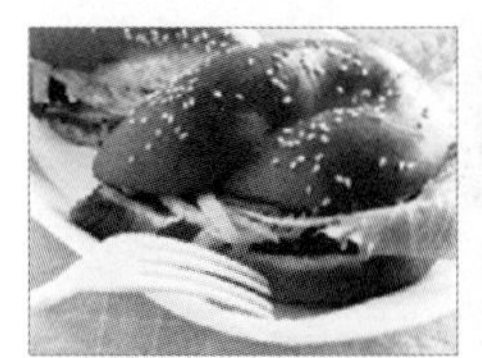

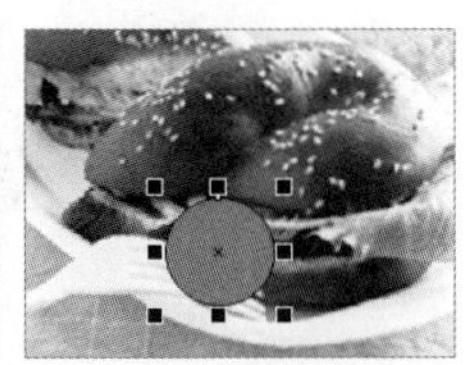

图 5-106 导入素材，绘制正圆并填充颜色

图 5-107 “透镜”泊坞窗

图 5-108 应用透镜效果

5.14.2 透镜类型

使用菜单栏中的“透镜”命令，可以获得很多特殊效果，如局部的变亮、变暗、放大等效果。

无透镜效果

无透镜效果是指消除已应用的透镜效果，恢复对象的原始外观。

变亮

该透镜可以用来控制对象在透镜范围内的亮度。“比率”的取值范围是 -100 至 100，该选项为正值时使对象变亮，为负值时使对象变暗，如图 5-109 所示。

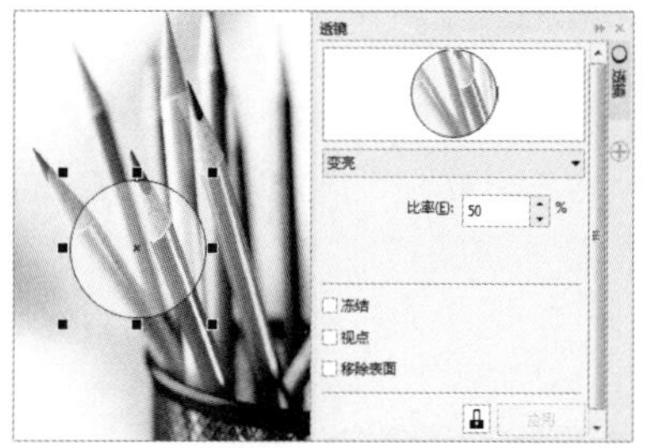

图 5-109 变亮

颜色添加

该透镜可以为对象添加指定颜色，就像在对象的上面加上一层有色滤镜一样。该透镜以红、绿、蓝三原色为亮色，这 3 种色相结合的区域产生白色。“比率”的取值范围是 0 至 100。值越大，透镜颜色越深，反之，透镜颜色越浅，如图 5-110 所示。

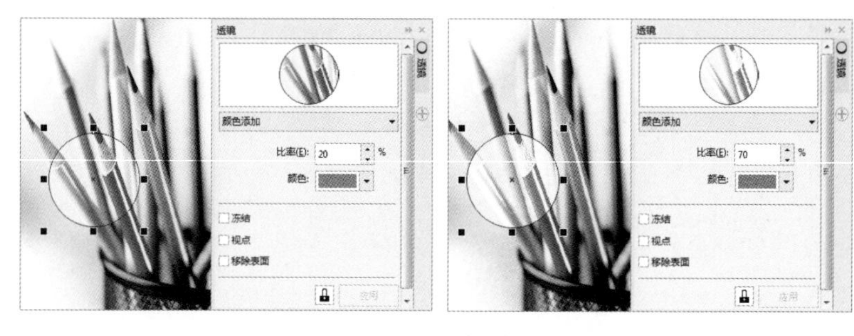

图 5-110 颜色添加

色彩限度

使用该透镜时，将把对象上的颜色都转换为指定的透镜颜色弹出显示。在“比率”数值框中可设置转换为透镜颜色的比例，取值范围是 0 至 100，如图 5-111 所示。

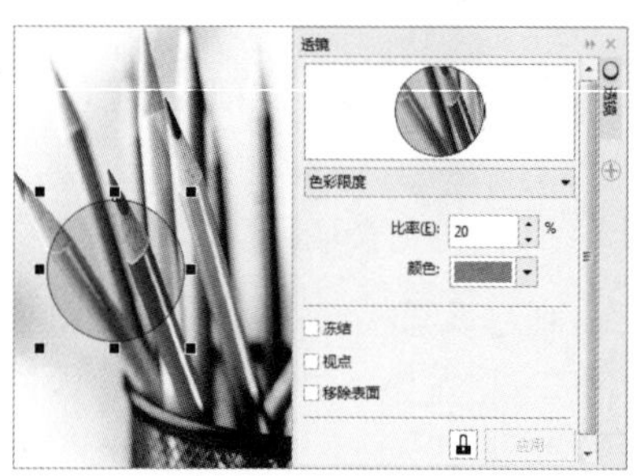

图 5-111 色彩限度

自定义彩色图

选择该透镜，可以将对象的填充色转换为双色调。转换颜色以亮度为基准，用设定的起始颜色和终止颜色与对象的填充色对比，再反转成弹出显示的颜色。在颜色间级数下拉列表中可以选择“向前的彩虹”或“向后的彩虹”选项，指定使用两种颜色间色谱的正反顺序，如图 5-112 所示。

鱼眼

“鱼眼”透镜可以使透镜下的对象产生扭曲的效果。通过改变“比率”值可以设置扭曲的程度，“比率”的取值范围是 -1000 至 1000。该选项为正值时向外突出，为负值时向内下陷，如图 5-113 所示。

提示

“透镜”泊坞窗中的“鱼眼”选项不能应用于位图。

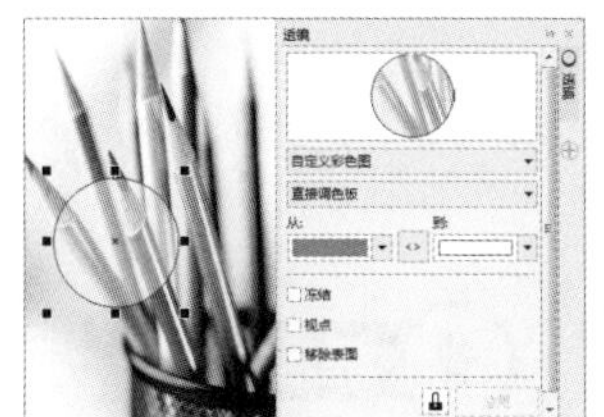
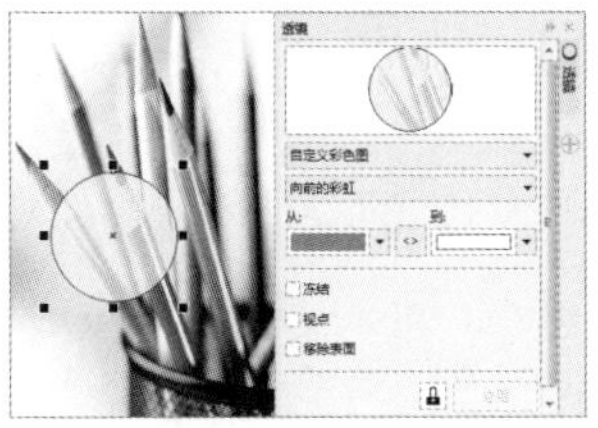

图 5-112 自定义彩色图

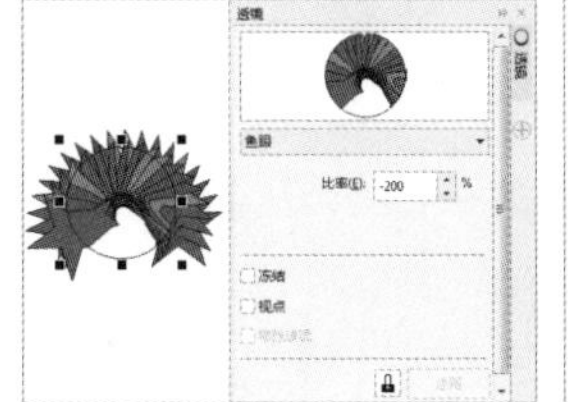

图 5-113 鱼眼

热图

该透镜用于模拟为对象添加红外线成像的效果，弹出显示的颜色由对象的颜色和“调色板旋转”参数值决定，其旋转参数值的范围是 0 至 100。色盘的旋转顺序为白、青 、蓝、紫、红、橙、黄，如图 5-114 所示。

反转

该透镜通过按 CMYK 模式将透镜下对象的颜色转换为互补色，来产生类似相片底片的特殊效果，如图 5-115 所示。

图 5-114 热图

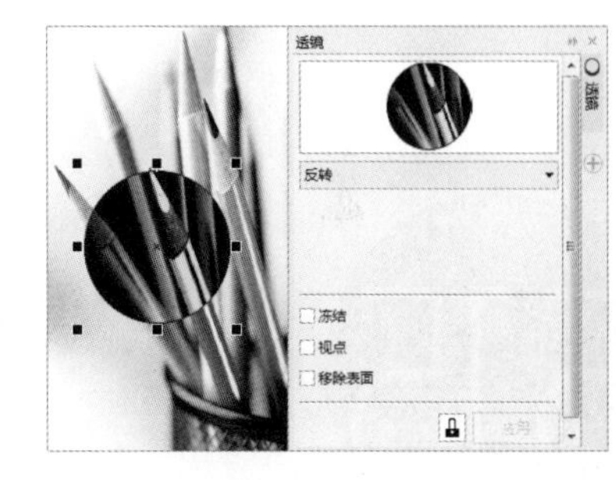

图 5-115 反转

放大

应用该透镜可以产生放大镜一样的效果。在“数量”数值框中设置放大倍数，取值范围是 0 至 100。数值在 0 至 1 之间为缩小，数值在 1 至 100 之间为放大，如图 5-116 所示。

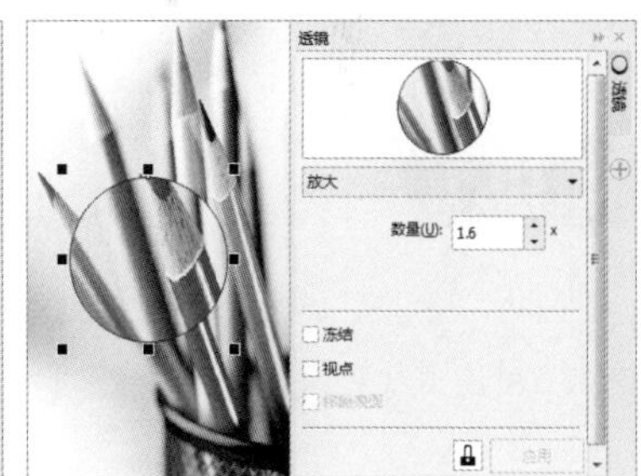

图 5-116 放大

灰度浓淡

应用该透镜可以将透镜下的对象颜色转换成透镜色的灰度等效色，如图 5-117 所示。

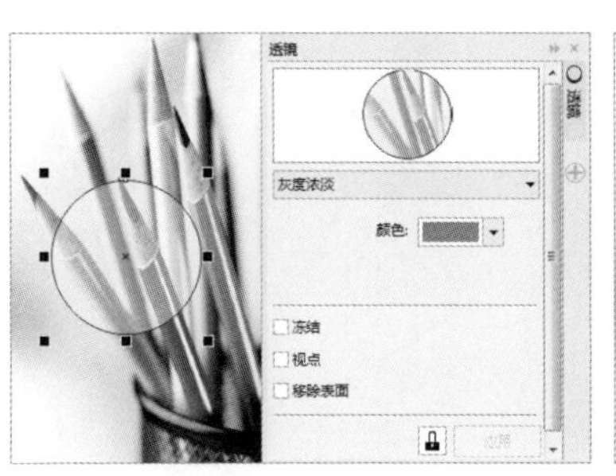
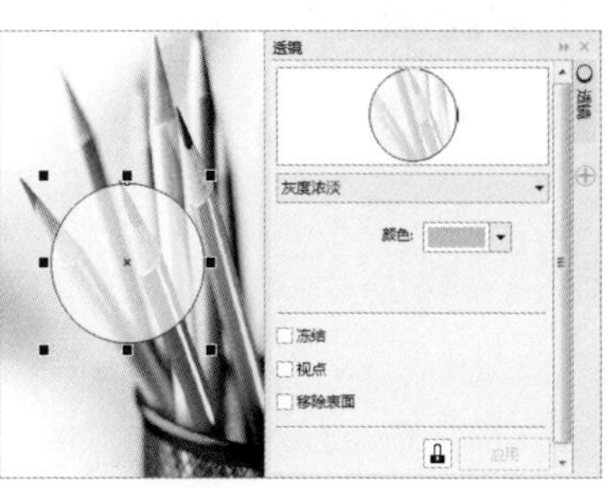

图 5-117 灰度浓淡

透明度

应用该透镜时，就像透过有色玻璃看物体一样。在“比率”数值框中可以调节有色透镜的透明度，取值范围为 0 至 100%。在“颜色”下拉列表中可以选择透镜颜色，如图 5-118 所示。

线框

应用该透镜可以显示对象的轮廓，并可为轮廓指定填充色。在“轮廓”下拉列表中可以设置轮廓线的颜色；在“填充”下拉列表中可以设置是否填充及填充颜色，如图 5-119 所示。

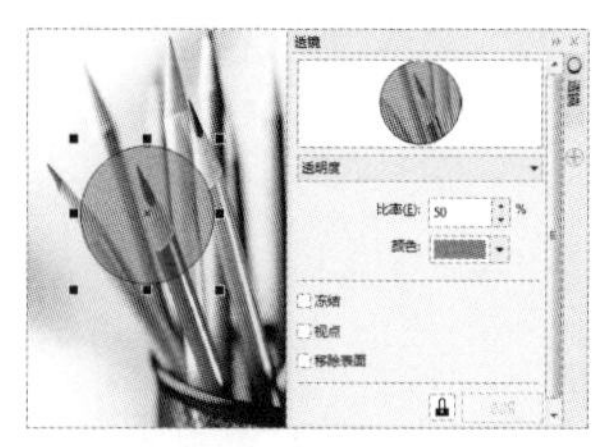

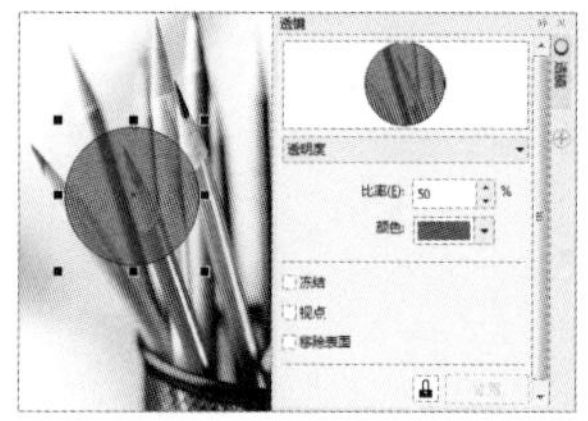

图 5-118 透明度

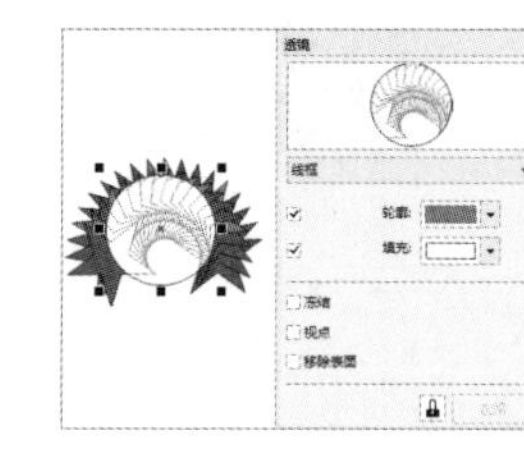

图 5-119 线框

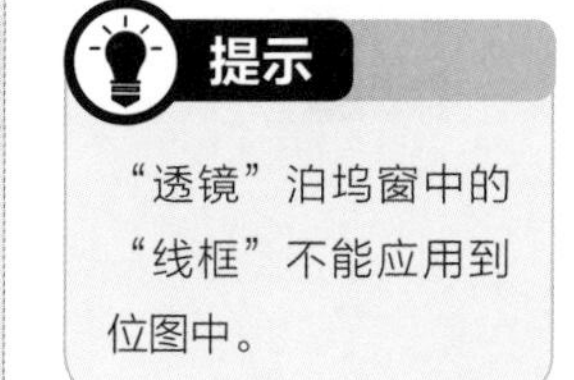

5.14.3 清除透镜

清除透镜效果的方法很简单，只需选中被添加透镜对象上方的闭合曲线，按【Delete】键，即可将其删除。

5.15 PowerClip

用户可以 CorelDRAW 2018 中的任何一个图像或图形通过“置入图文框内部”命令作为内容放入容器内，使对象按目标对象的外形进行精确剪裁，可用来进行图像编辑、版式安排等，不过作为容器的对象必须是封闭的，如矩形、圆形、多边形、美术文本等。

5.15.1 置于图文框内部

使用“置于图文框内部”命令，可以将一个对象精确地放置在另一个对象中。在这个操作过程中，被内置的对象称为精确剪裁对象。

课堂案例 将对象置于形状图形内部

素材文件	素材文件 / 第 05 章 /< 瑜伽 >、< 海滩树桩 >
案例文件	源文件 / 第 05 章 /< 课堂案例——将对象置于形状图形内部 >
视频教学	录屏 / 第 05 章 / 课堂案例——将对象置于形状图形内部
案例要点	掌握“PowerClip”命令的使用方法

扫码观看视频

Step 01 新建一个空白文档，导入“瑜伽”和“海滩树桩”素材，如图 5-120 所示。

Step 02 使用“钢笔工具”在“瑜伽”素材上沿人物边缘创建封闭的轮廓，如图 5-121 所示。

图 5-120 素材

图 5-121 创建封闭的轮廓

Step 03 选择“瑜伽”素材，选择菜单栏中的“对象”/“PowerClip”/“置于图文框内部”命令，在人物边缘创建的轮廓上单击，效果如图 5-122 所示。

Step 04 在颜色表中的“无填充”按钮上单击鼠标右键，去掉轮廓，效果如图 5-123 所示。

Step 05 将 PowerClip 后的人物拖动到“海滩树桩”上，效果如图 5-124 所示。

图 5-122 置于图文框内部

图 5-123 去掉轮廓

图 5-124 移动人物图像

Step 06 使用“椭圆形工具”在人物的手掌处绘制灰色椭圆，按【Ctrl+PgDn】组合键调整顺序，如图 5-125 所示。

Step 07 选择菜单栏中的“位图”/“转换为位图”命令，打开“转换为位图”对话框，其中的参数设置如图 5-126 所示。

Step 08 选择菜单栏中的“位图”/“模糊”/“高斯模糊”命令，打开“高斯式模糊”对话框，其中的参数设置如图 5-127 所示。

图 5-125 绘制椭圆

Step 09 设置完毕后，单击“确定”按钮。至此，本例制作完毕，最终效果如图 5-128 所示。

图 5-126 设置参数

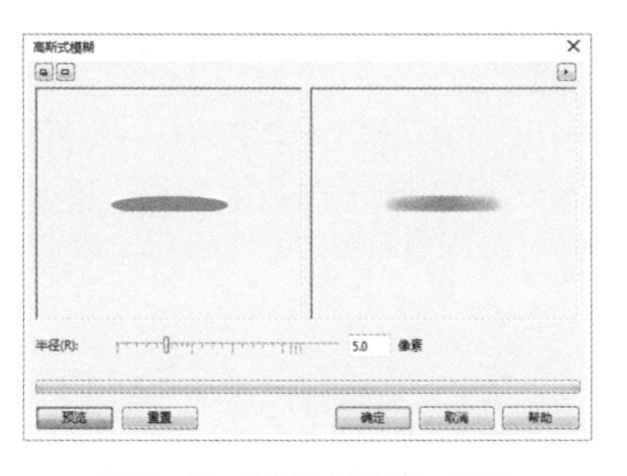

图 5-127 “高斯式模糊”对话框

图 5-128 最终效果

技巧

将对象直接放置到容器内，还可以使用鼠标右键将图像拖动到容器内，当鼠标指针变为⊕形状时松开鼠标，在弹出的菜单中选择“PowerClip内部”命令，如图5-129所示。

图5-129 PowerClip内部

5.15.2 编辑内容

置入对象后，可以通过菜单命令进行编辑。选择菜单栏中的“对象”/“PowerClip”命令，在弹出的子菜单中选择所需命令进行编辑，还可以直接利用对象下方的快速编辑按钮进行编辑，如图5-130所示。

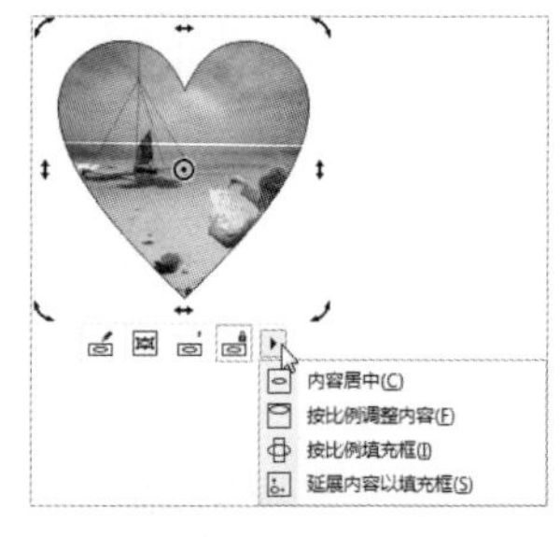

图5-130 快速编辑

编辑PowerClip

选择精确剪裁后的对象，在下面直接单击“PowerClip”按钮，此时会自动进入容器内，如图5-131所示。进入编辑状态后，可以对源图片进一步进行编辑，比如调整位置、改变大小、旋转等，如图5-132所示。编辑完成后，直接单击“停止编辑内容”按钮，如图5-133所示。

图5-131 单击“PowerClip”按钮进入编辑状态

图5-132 编辑

图5-133 完成编辑

选择PowerClip内容

选择精确剪裁后的对象，在下面直接单击“选择PowerClip内容”按钮，此时会直接对置入的位置进行选取，如图5-134所示。通过“选择PowerClip内容”命令编辑内容时，不需要进入容器内，可以直接在外部选取对象进行编辑，此时对象外框会以圆点的形式进行标记，如图5-135所示。设置完毕后，直接单击页面中的任意位置即可完成编辑。

内容居中

当置入的对象在外框中的位置出现偏移时，选择精确剪裁后的对象，在下面的快捷菜单中选择“内容居中”命令，就可以将对象在外框内居中对齐，如图5-136所示。

图 5-134 单击"选择 PowerClip 内容"按钮

图 5-135 在外部选取对象进行编辑

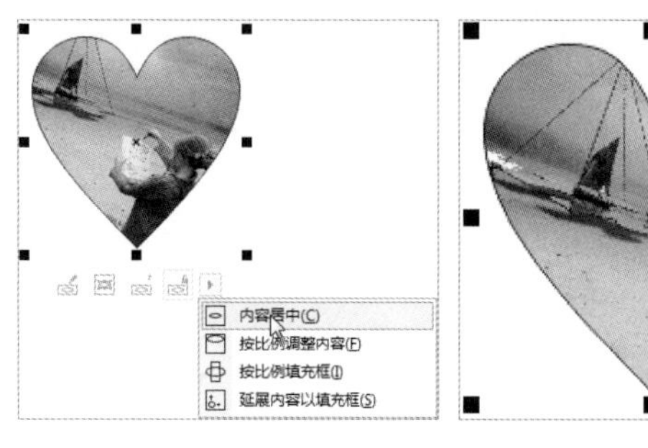

图 5-136 选择"内容居中"命令

按比例调整内容

当置入的对象大小与容器不符时，选择精确剪裁后的对象，在下面的快捷菜单中选择"按比例调整内容"命令，就可以将对象与外框进行等比例调整，如图 5-137 所示。

按比例填充框

当置入的对象大小与容器不符时，选择精确剪裁后的对象，在下面的快捷菜单中选择"按比例填充框"命令，就可以将对象按外框的比例进行调整，如图 5-138 所示。

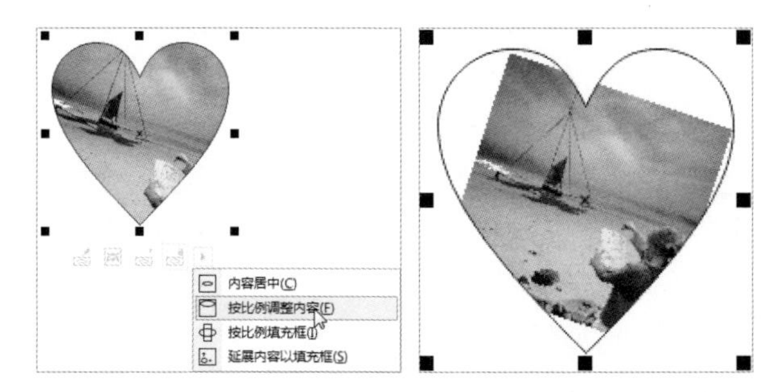

图 5-137 按比例调整内容

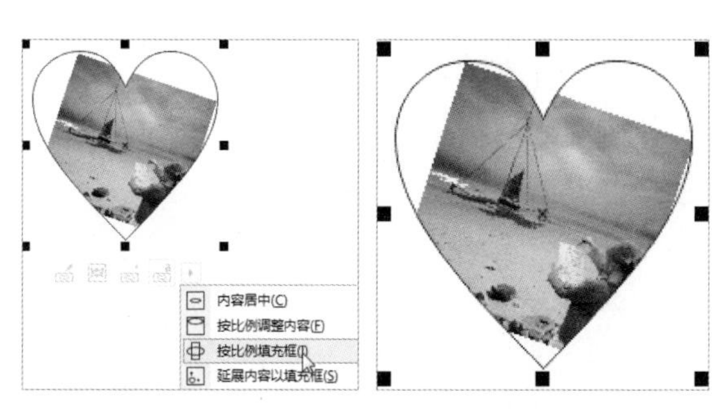

图 5-138 按比例填充框

技巧

在应用"按比例调整内容"命令编辑对象时，当对象与置入的容器形状不符时，应用此命令在对象边缘会出现留白。

延展内容以填充框

当置入的对象大小与容器不符时，选择精确剪裁后的对象，在下面的快捷菜单中直接选择"延展内容以填充框"命令，就可以对对象按外框的边缘进行调整，此时图片出现变形，如图 5-139 所示。

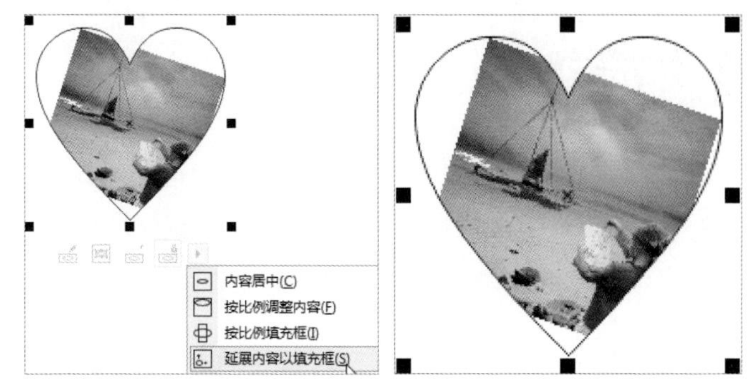

图 5-139 延展内容以填充框

锁定 PowerClip 的内容

选择精确剪裁后的对象，在下面单击“锁定 PowerClip 的内容”按钮，此时移动心形外框，会发现置入其中的对象跟随移动。再次单击“锁定 PowerClip 的内容”按钮，此时移动心形外框，会发现置入其中的对象不会跟随外框一起移动，如图 5-140 所示。

图 5-140 锁定与非锁定 PowerClip 的内容

提取内容

将图像置于封闭的容器后，有时候还需要对其进行拆分，以便对图像的位置重新进行定位或重新编辑图像效果，满足最终的制作需要。选择精确剪裁后的对象，在下面单击“提取内容”按钮，可以将置入其中的对象提取出来，如图 5-141 所示。提取对象后，将对象拖动到其他位置，容器内部会出现“×”线，如图 5-142 所示。

图 5-141 单击“提取内容”按钮

图 5-142 提取内容

技巧

将提取出来的对象拖回原来的外框内，松开鼠标可以快速进行置入。

技巧

在已经提取后的外框上单击鼠标右键，在弹出的快捷菜单中选择“框类型”/“无”命令，即可将对象中的斜线隐藏；选择菜单栏中的“工具”/“选项”命令，打开“选项”对话框，在对话框左侧找到“PowerClip”选项，取消选中“在空的 PowerClip 图文框中显示线”复选框。

课堂练习 通过透镜凸显局部特效

素材文件	素材文件 / 第 05 章 /< 人物 >	扫码观看视频
案例文件	源文件 / 第 05 章 /< 课堂练习——通过透镜凸显局部特效 >	
视频教学	录屏 / 第 05 章 / 课堂练习——通过透镜凸显局部特效	
练习要点	导入素材，复制出一个副本；“取消饱和”命令、透明度工具的使用；绘制正圆并应用透镜效果；绘制直线	

1. 练习思路

（1）导入“人物”素材并复制出一个副本。

（2）对副本使用“取消饱和”命令。

（3）使用“透明度工具”添加透明效果。

（4）绘制椭圆并应用“透镜”中的“放大”效果。

（5）锁定后进行移动。

（6）使用“两点线工具”绘制黄色线条。

2. 操作步骤

Step 01 新建一个空白文档，导入“人物”素材后，复制出一个副本。选择菜单栏中的“效果 / 调整 / 取消饱和”命令，如图 5-143 所示。

Step 02 使用“透明度工具”选择取消饱和后的图像，单击属性栏中的“渐变透明度”按钮，再单击“编辑透明度”按钮，打开“编辑透明度”对话框，其中的参数设置如图 5-144 所示。

图 5-143 素材

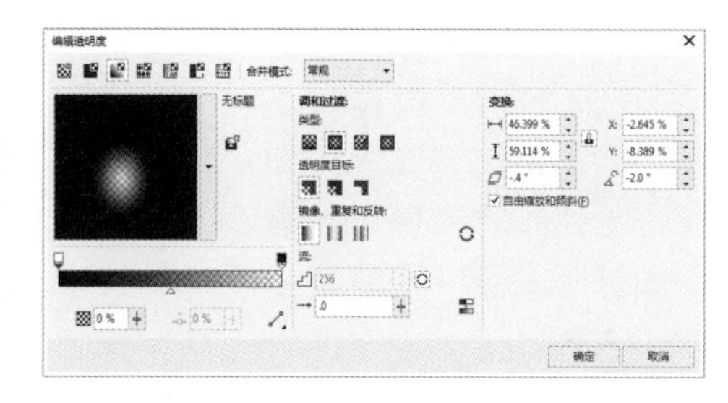

图 5-144 编辑透明度

Step 03 设置完毕后，单击“确定”按钮，效果如图 5-145 所示。

Step 04 在人物的嘴巴处使用“椭圆形工具”绘制正圆，将轮廓颜色设置为黄色。选择菜单栏中的“效果”/“透镜”命令，打开“透镜”泊坞窗，应用“放大”透镜。设置“数量”为“1.5”，选中“冻结”复选框，效果如图 5-146 所示。

Step 05 将正圆移动到图像右侧，效果如图 5-147 所示。

图 5-145 编辑透明度后的效果

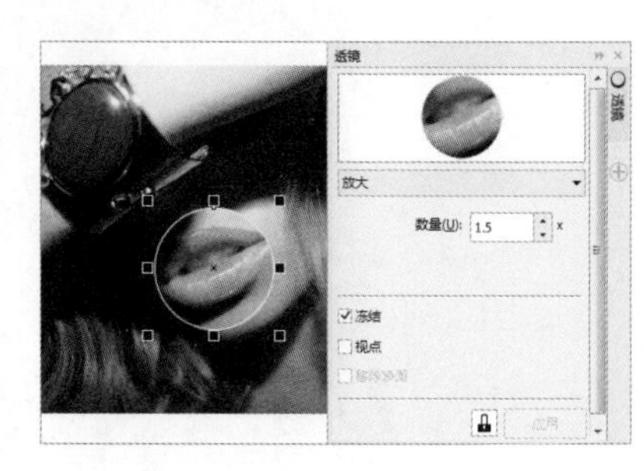

图 5-146 放大

图 5-147 移动正圆

Step 06 在图像的嘴巴处再使用“椭圆形工具”绘制一个较小的正圆，在“透镜”泊坞窗中设置“透镜”为“浓度减淡”，设置“颜色”为“黑色”，效果如图 5-148 所示。

Step 07 使用“两点线工具”在两个正圆之间绘制两段黄色线条，效果如图 5-149 所示。

Step 08 使用“文本工具”字在左下角输入文字，使用“两点线工具”在文字周围绘制黄色连接线作为修饰，至此本例制作完毕，最终效果如图 5-150 所示。

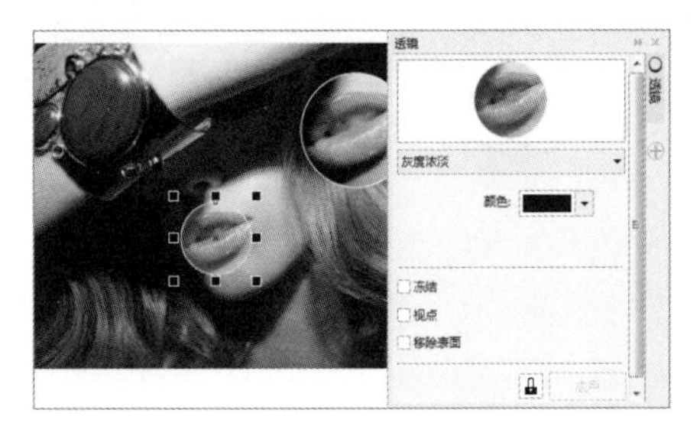
图 5-148 应用透镜效果

图 5-149 绘制线条

图 5-150 最终效果

课后习题

一、选择题

1. 下面哪个工具可以将图形一分为二？（　）

A. 平滑工具　B. 裁剪工具　C. 刻刀工具　D. 形状工具

2. 以下哪个造型命令可以将两个图形的相交区域变为一个图形？（　）

A. 相交　B. 简化　C. 移除后面的对象　D. 边界

3. “透镜”泊坞窗中的哪个命令不能应用于位图？（　）

A. “鱼眼”　B. “放大”　C. “变亮”　D. “反转”

二、案例习题

习题要求：通过“刻刀工具”切割图像，如图 5-151 所示。

案例习题文件：案例文件 / 第 05 章 / 案例习题——通过“刻刀工具”切割图像.cdr。

视频教学：录屏 / 第 05 章 / 案例习题——通过“刻刀工具”切割图像

习题要点：

（1）导入“小猫”素材。

（2）使用“刻刀工具”为图像创建分割线。

（3）调整分割后的图像的位置。

（4）使用“裁剪工具”重新裁剪图像。

（5）使用“矩形工具”绘制矩形，并调整图像或图形顺序。

图 5-151 刻刀分割图像

第06章 艺术笔的使用

在 CorelDRAW 中绘制图案，能够真正让用户体验到方便，并得到美观图案的画笔只有“艺术笔工具”，本章介绍艺术笔的使用。

CORELDRAW

学习要点

- 艺术笔工具
- 预设
- 笔刷
- 喷涂
- 书法
- 表达式

技能目标

- 掌握“艺术笔工具”笔刷的使用方法
- 掌握“艺术笔工具”喷涂的使用方法
- 掌握“艺术笔工具”书法的使用方法
- 掌握“艺术笔工具”表达式的使用方法

艺术笔工具

"艺术笔工具"是CorelDRAW中一种具有固定或可变宽度及形状的特殊的画笔工具。利用它可以创建具有特殊艺术效果的线段或图案，它是所有绘画工具中最灵活多变的，为矢量绘画增添了丰富的效果，使用方法也非常简单。在属性栏中只要选择需要的图案或笔触，将鼠标指针移动到页面中的任意位置，按住鼠标左键拖动，松开鼠标后，系统就会绘制出所选择的画笔图案，绘制的艺术笔图案的颜色及轮廓色可以随意改变，如图6-1所示。

在属性栏中选择不同类的画笔或不同的笔触后，在页面中进行拖动会得到更加丰富的绘制效果，如图6-2所示。

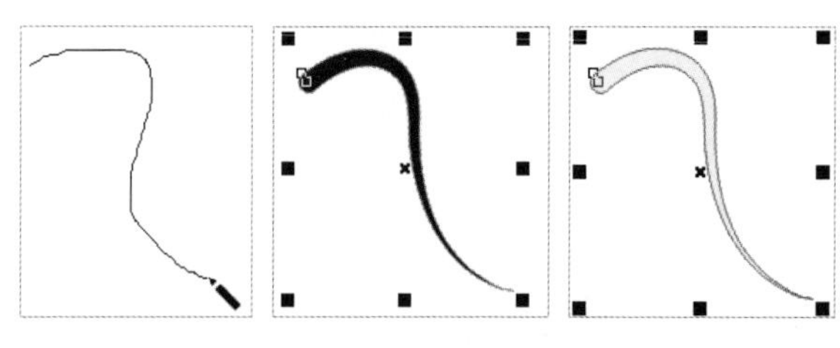

图6-1 绘制的艺术笔效果

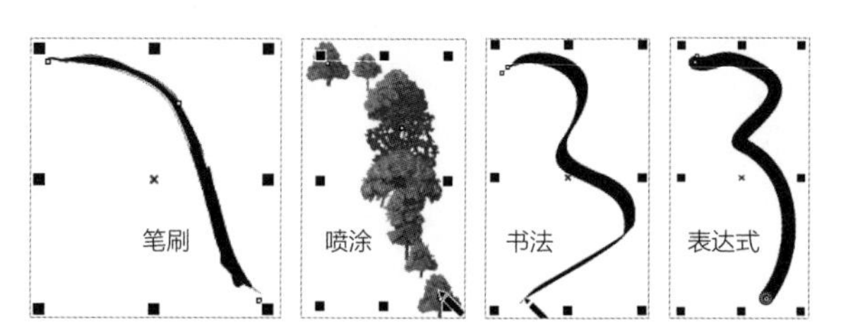

图6-2 丰富的绘制效果

预设

通过"艺术笔工具"的预设功能可以使用软件预设的矢量形状来绘制曲线。

在"艺术笔工具"的属性栏中单击"预设"按钮，此时属性栏中会显示"预设"类型的各个选项，如图6-3所示。

图6-3 "预设"属性栏

"预设"属性栏中各选项的含义如下。

- "预设笔触"：选择用来绘制线条和曲线的笔触，单击后面的倒三角符号，在弹出的菜单中选择笔触进行绘制，不同笔触的绘制效果如图6-4所示。
- "手绘平滑"：用来在手绘曲线时调整平滑度，取值范围为0～100。
- "笔触宽度"：调整笔触大小，数值越大，笔触越宽，如图6-5所示。
- "随对象一起缩放笔触"：将变换应用到艺术笔触宽度，如图6-6所示；不单击此按钮，变换画笔时，宽度不跟随改变，如图6-7所示。

图 6-4 绘制的笔触　　图 6-5 不同笔触宽度

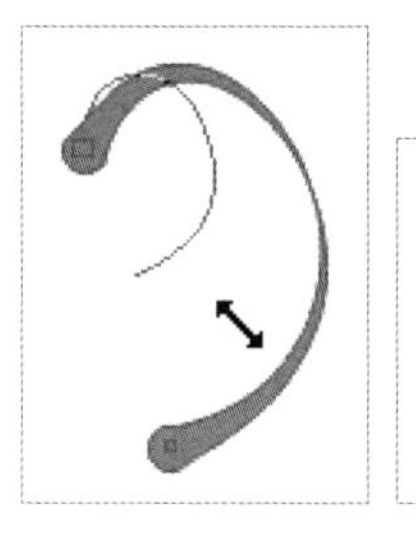
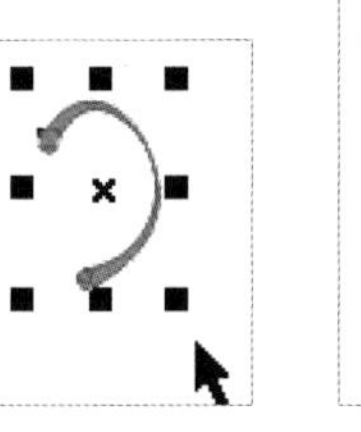

图 6-6 一同缩放

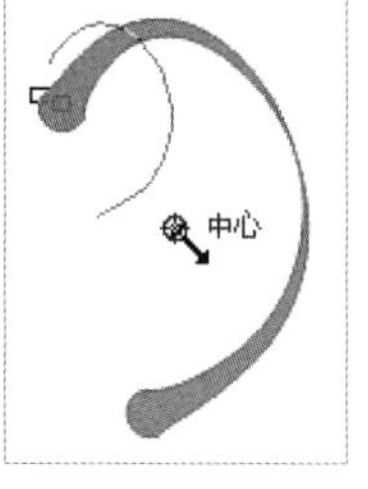

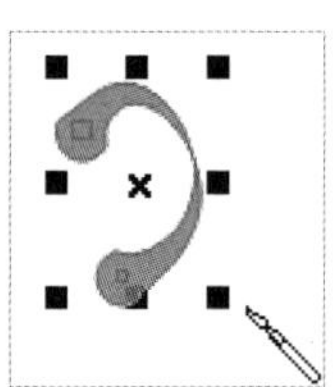

图 6-7 宽度不变

6.3 笔刷

使用“笔刷”工具可以绘制与着色笔刷笔触相似的曲线。

在“艺术笔工具”的属性栏中单击“笔刷”按钮，此时属性栏中会显示“笔刷”类型的各个选项，如图 6-8 所示。

图 6-8 “笔刷”的属性栏

“笔刷”属性栏中各选项的含义如下。

- “类别”：为所选的艺术笔选择一个类别，单击后面的倒三角符号，可在弹出的列表中选择类别。
- “笔刷笔触”：在下拉列表中选择需要的笔刷笔触。
- “浏览”：单击此按钮，可以打开包含自定义艺术笔触的文件夹，选择笔刷可以将其导入，如图 6-9 所示。
- “保存艺术笔触”：将艺术笔触另存为自定义笔触，选择自定义的画笔笔触后，单击此按钮，会弹出“另存为”对话框，文件格式为“.cmx”，位置在默认的艺术笔文件夹中，如图 6-10 所示。
- “删除”：用于将选择的自定义艺术笔笔触删除。

图 6-9 浏览

图 6-10 保存

课堂案例 自定义艺术笔笔触

视频教学	录屏 / 第 06 章 / 课堂案例——自定义艺术笔笔触
案例要点	掌握“艺术笔工具”中“笔刷”功能的使用方法

扫码观看视频

操作步骤

Step 01 新建一个空白文档，使用“基本形状工具”在页面中绘制两个心形，图 6-11 所示。

Step 02 框选绘制的两个心形，选择菜单栏中的“对象”/“合并”命令。为了便于查看，可以为其填充一种颜色，如图 6-12 所示。

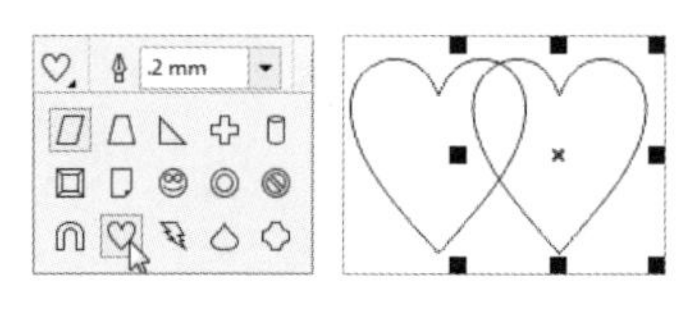

图 6-11 绘制心形

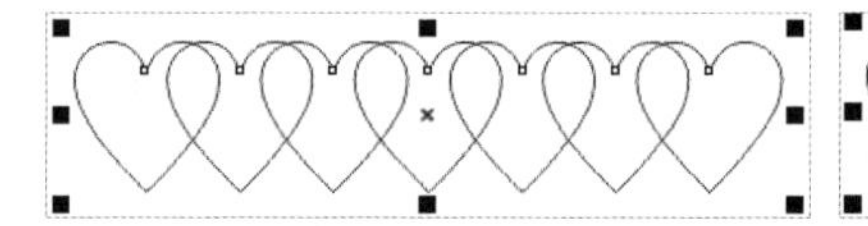

图 6-12 合并

Step 03 确保当前对象处于选取状态，单击工具箱中的“艺术笔工具”按钮，之后在属性栏中单击“笔刷”按钮，再单击属性栏中的“保存艺术笔触”按钮，弹出“另存为”对话框，设置“名称”为“心形空心画笔”，如图 6-13 所示。

Step 04 设置完毕后，单击“保存”按钮，此时在“类别”下拉列表中会出现自定义选项，在“画笔笔触”下拉列表中可以看到刚才储存的自定义画笔“心形空心画笔”，如图 6-14 所示。

Step 05 选择“心形空心画笔”笔触后，在页面中即可按照自定义的样式进行绘制，如图 6-15 所示。

图 6-13 命名

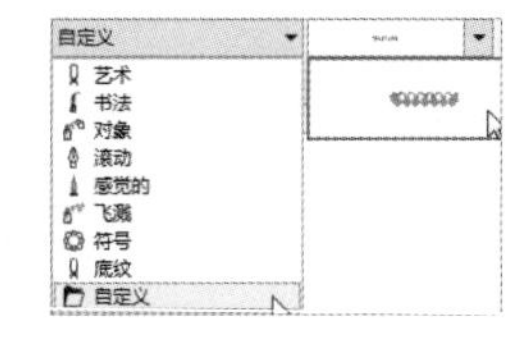

图 6-14 显示自定义的画笔

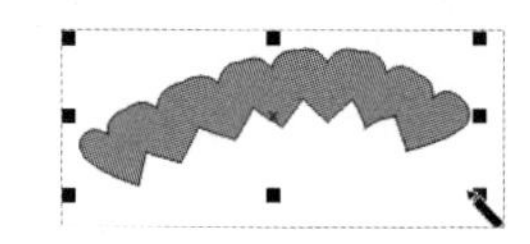

图 6-15 用自定义笔刷绘制图形

6.4 喷涂

使用“喷涂”工具可以通过喷射一组预设图像绘制所需的图形。

在“艺术笔工具”的属性栏中单击“喷涂”按钮，此时的属性栏中会显示“喷涂”类型的各个选项，如图 6-16 所示。

图 6-16 “喷涂”属性栏

“喷涂”属性栏中各选项的含义如下。

- “类型”：为所选的艺术笔选择一个喷涂类别，单击后面的倒三角符号，可在弹出的菜单中选择类别。
- “喷射图样”：不同类别有自己对应的一组喷射图案，用户可在此下拉列表中选择喜欢的图样，如图 6-17 所示。

- “喷涂列表选项”：通过添加、移除和重新排列喷射对象来编辑喷涂列表，单击该按钮，打开“创建播放列表”对话框，如图 6-18 所示。

  - “喷涂列表”：用来设置喷涂时该项目的所有图案。
  - “播放列表”：用来设置实际喷涂时的图案个数，如图 6-19 所示。

图 6-17 喷射图案

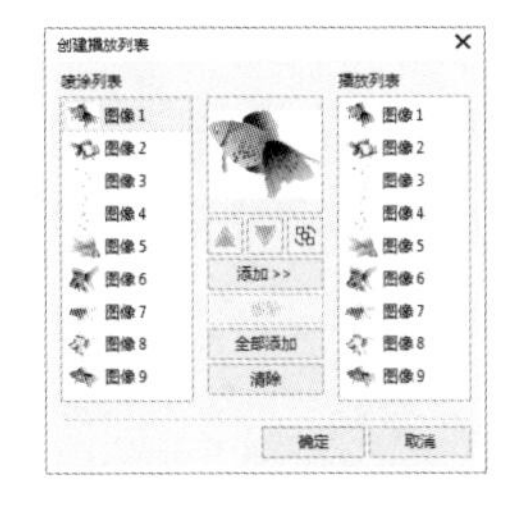

图 6-18 打开“创建播放列表”对话框

图 6-19 设置实际喷涂时的图案个数

  - “顺序”：调整喷涂时选择图案的排列顺序，只能对“播放列表”中的图案进行调整，包括下移一层（如图 6-20 所示）、上移一层（如图 6-21 所示）和反转顺序，如图 6-22 所示。

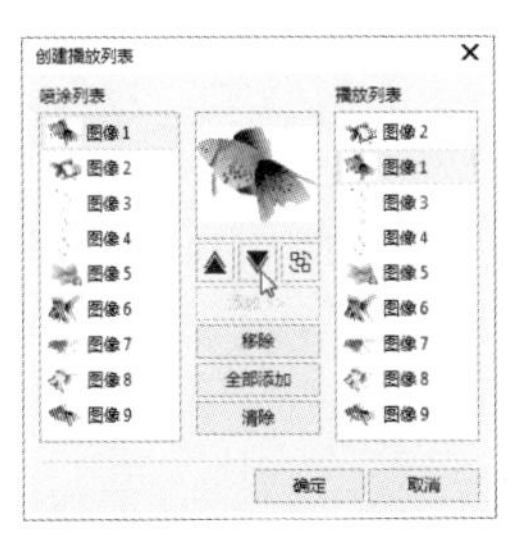

图 6-20 下移一层

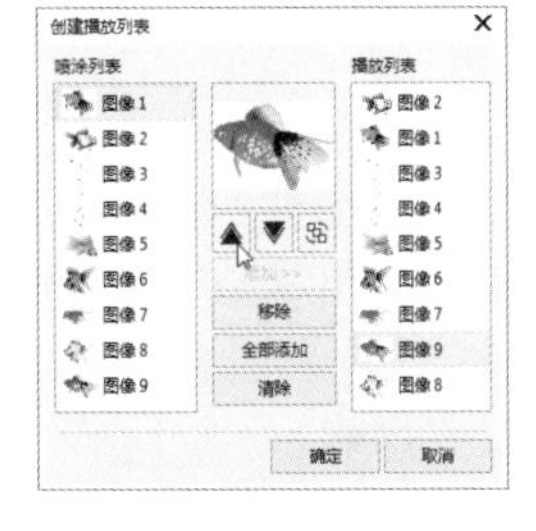

图 6-21 上移一层

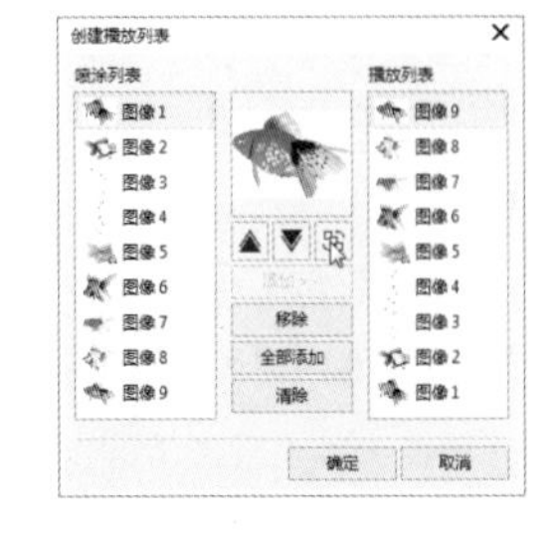

图 6-22 反转顺序

  - “添加”：用来将当前在“喷涂列表”中选择的图案添加到“播放列表”中，如图 6-23 所示。
  - “移除”：用来将当前在“播放列表”中选择的图案删除，如图 6-24 所示。

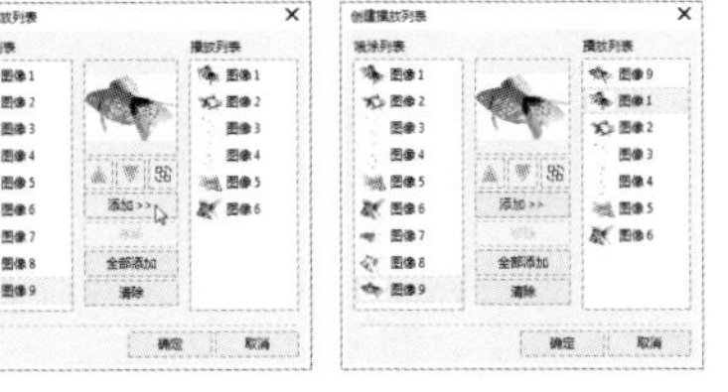

图 6-23 添加图案

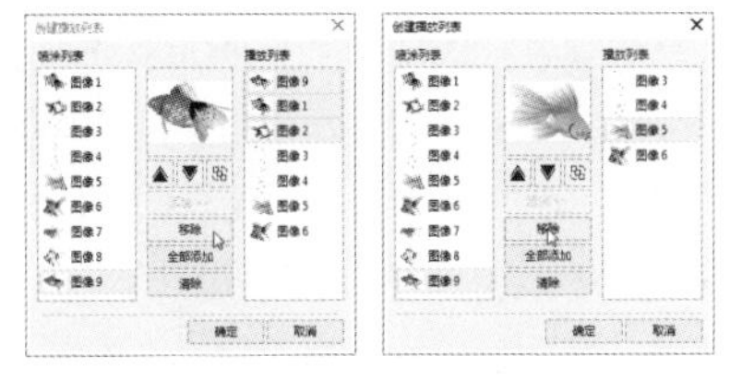

图 6-24 移除图案

  - “全部添加”：用来将“喷涂列表”中的图案全部添加到“播放列表”中，如图 6-25 所示。
  - “清除”：用来将“播放列表”中的所有图案全部删除，如图 6-26 所示。

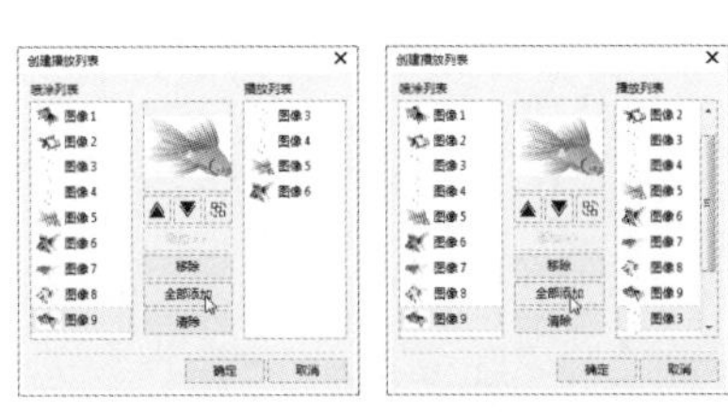

图 6-25 添加全部图案

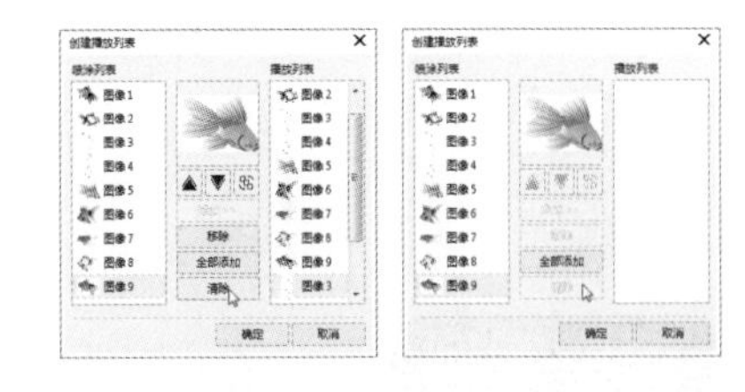

图 6-26 清除全部图案

技巧

使用艺术笔绘制的图案通常会依附到绘制的路径上，通过按【Ctrl+K】组合键，可以将其分离，这样可以把路径从图案中分离出来，再按【Ctrl+U】组合键取消群组，就可以单独选择一个图案，如图 6-27 所示。

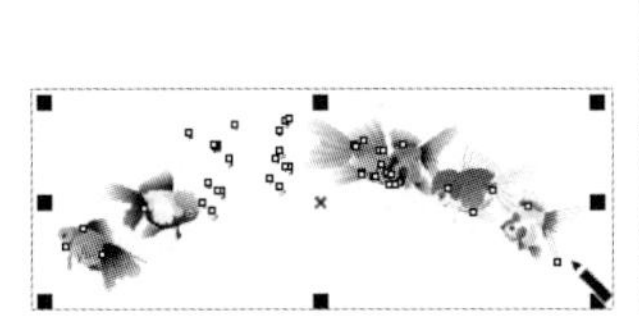

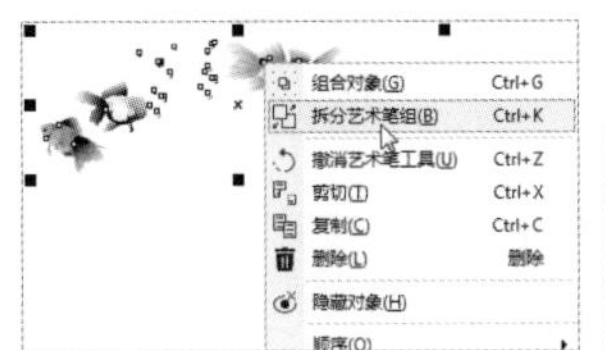

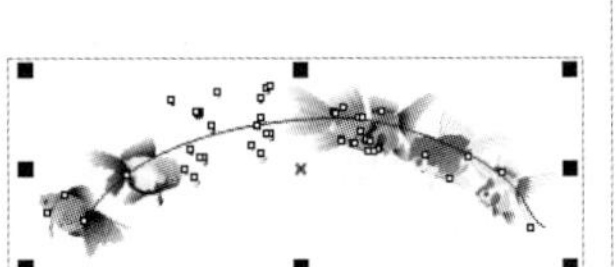

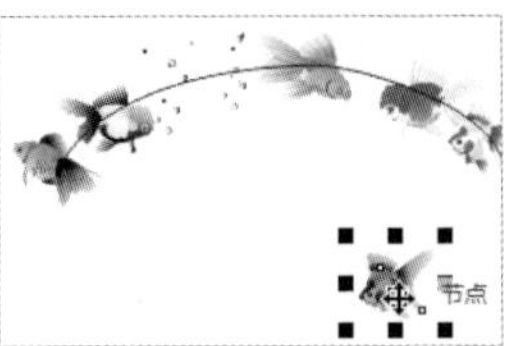

图 6-27 分离路径，取消群组

- “喷涂大小” ：上方的数值框用来将喷射对象的大小统一调整为其原始大小的某一特定百分比；下方的数值框用来将每一个喷射对象的大小调整为前面对象大小的某一特定百分比。
- “递增按比例放缩” ：单击该按钮，将允许喷射对象在沿笔触移动的过程中放大或缩小。
- “喷涂顺序”：用来选择喷涂对象沿笔触显示的顺序，包括“随机”“顺序”“按方向”等选项。随机：在创建喷涂效果时，随机出现播放列表中的图案，如图 6-28 所示。顺序：在创建喷涂效果时，按编号顺序出现播放列表中的图案，如图 6-29 所示。按方向：在创建喷涂效果时，在播放列表中处于同一方向的图案会重复出现，如图 6-30 所示。

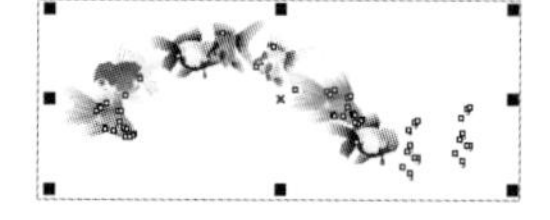

图 6-28 随机效果

图 6-29 顺序效果

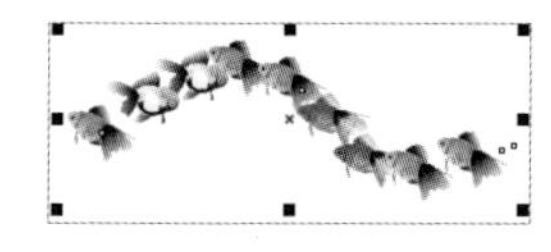

图 6-30 按方向的效果

- “添加到喷涂列表” ：用来添加一个或多个对象到喷涂列表，单击该按钮，可以将选择的图案添加到“自定义类型”中的喷涂列表中，如图 6-31 所示。
- “每个色块中的图像数和图像间距” ：上方的数值框用来设置每个色块中的图像数；下方的数值框用来调整每个色块间的距离。
- “旋转” ：用来访问喷射对象的旋转选项，如图 6-32 所示。
  - “旋转角度”：用于设置图案相对于路径或页面的旋转角度。
  - “增量”：用于使已经发生旋转图案的角度进行递增式增加，旋转角度为 30° 、增量为 30° 的效果如图 6-33 所示。
  - “相对于路径”：用于设置图案旋转时以路径为参照物。
  - “相对于页面”：用于设置图案旋转时以页面为参照物。

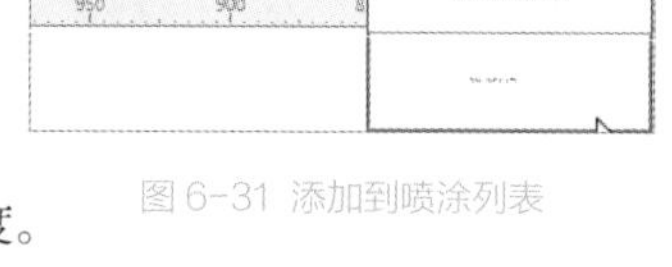

图 6-31 添加到喷涂列表

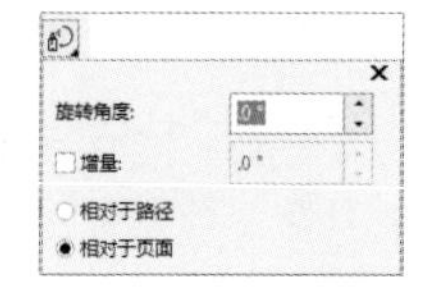

图 6-32 旋转选项

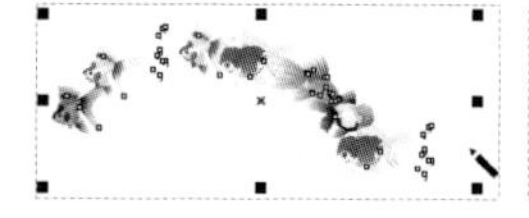

图 6-33 旋转角度为 30° 、增量为 30° 的效果

- “偏移” ：用来访问喷射对象的偏移选项，如图 6-34 所示。
  - “使用偏移”：对绘制的喷涂图案进行位置上的偏移，如图 6-35 所示。
  - “偏移”：用数值确定偏移距离。
  - “方向”：用来设置图案偏移的方向。

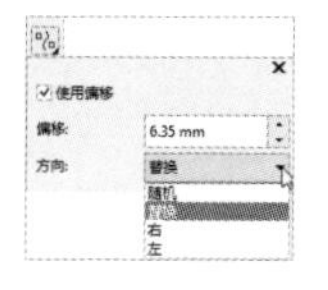

图 6-34 偏移选项

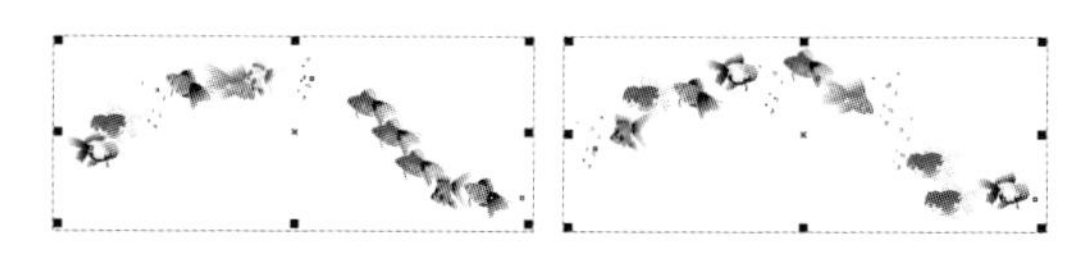

图 6-35 进行位置上的偏移

课堂案例 通过创建播放列表绘制喷涂中的一个图案

视频教学	录屏 / 第 06 章 / 课堂案例——通过创建播放列表绘制喷涂中的一个图案	扫码观看视频
案例要点	掌握“艺术笔工具”中喷涂功能的使用方法	

操作步骤

Step 01 单击工具箱中的“艺术笔工具”按钮，在属性栏中单击“喷涂”按钮，在“类型”下拉列表中选择“其他”选项，在“喷射图样”下拉列表中选择一个图案，如图 6-36 所示。

Step 02 在属性栏中单击“喷涂列表选项”按钮，在打开的“创建播放列表”对话框中，按住【Ctrl】键选择“播放列表”下除“图像 2”外的图案，单击“移除”按钮，如图 6-37 所示。

Step 03 设置完毕后，单击“确定”按钮，使用“喷涂”工具在页面中涂抹，此时会发现绘制的只是“图像 2”图案，如图 6-38 所示。如果在页面中拖动很短的距离，就只绘制一个“图像 2”，如图 6-39 所示。

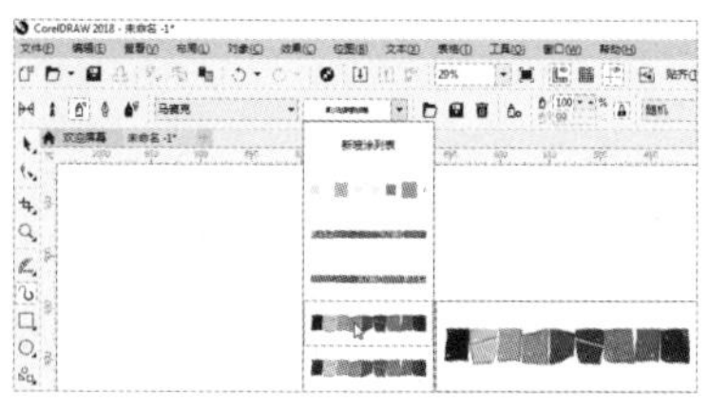

图 6-36 选择

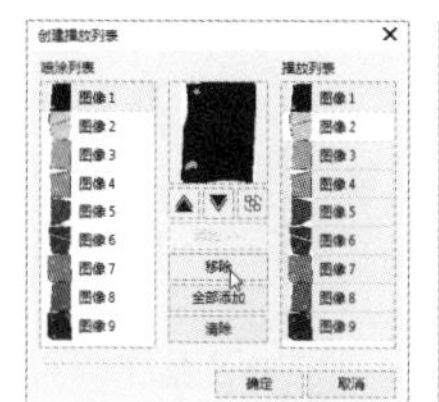

图 6-37 移除

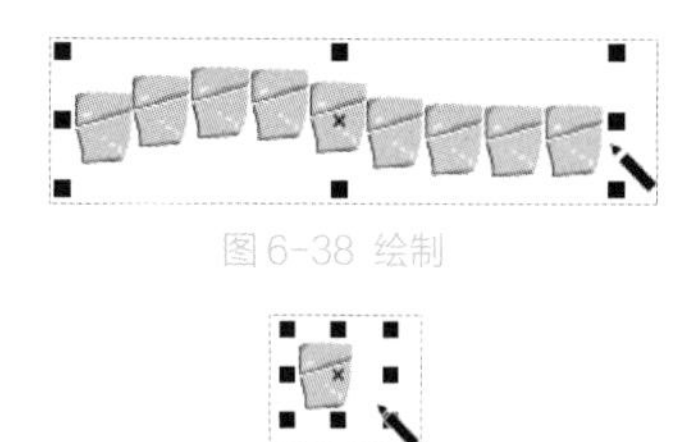

图 6-38 绘制

图 6-39 绘制一个图案

课堂案例 通过喷涂绘制装饰画

素材文件	源文件 / 第 06 章 /< 课堂案例——通过喷涂绘制装饰画 >	扫码观看视频
视频教学	录屏 / 第 06 章 / 课堂案例——通过喷涂绘制装饰画	
案例要点	掌握“艺术笔工具”中的喷涂功能的使用方法	

操作步骤

Step 01 新建空白文档，使用“矩形工具”在页面中绘制一个矩形，如图 6-40 所示。

Step 02 在颜色表中单击“黑色”按钮，在“橘色”上单击鼠标右键，在弹出的快捷菜单中选择“锁定对象”命令，将绘制的矩形锁定，如图 6-41 所示。

Step 03 在工具箱中单击“艺术笔工具”按钮，在属性栏中单击“喷涂”按钮，在“类型”下拉列表中选择“植物”选项，在“喷射图样”下拉列表中选择一棵树图案，如图 6-42 所示。

图 6-40 绘制矩形

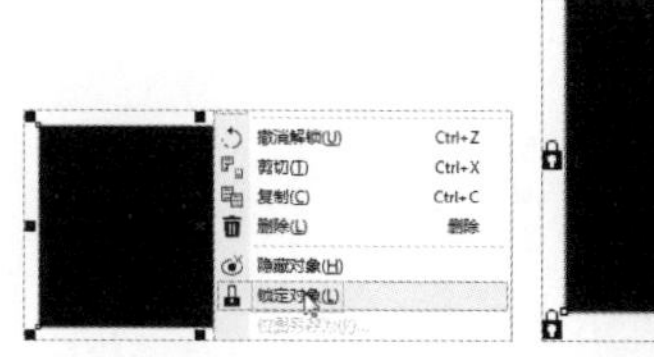

图 6-41 锁定矩形

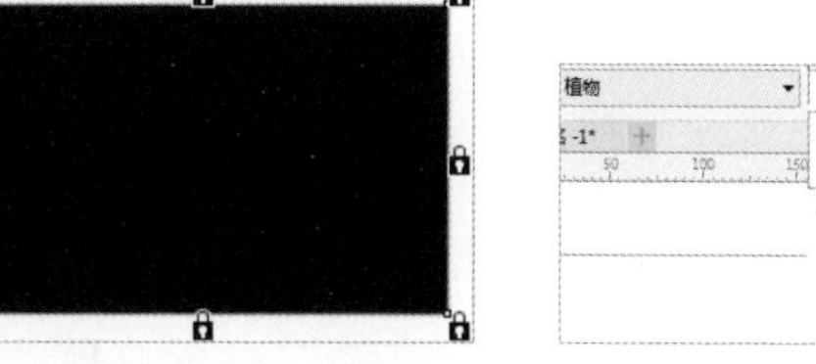

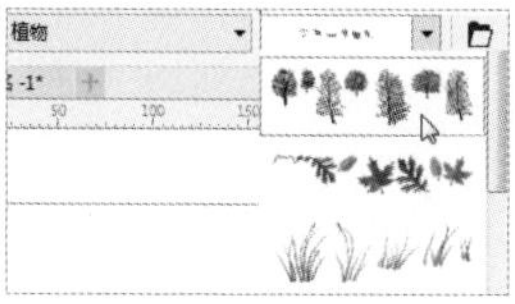

图 6-42 选择一个图案（树）

Step 04 按住鼠标左键拖动，绘制一棵树图案，如图 6-43 所示。

Step 05 选择菜单栏中的“对象”/“拆分艺术笔触”命令，将图案与路径分离，效果如图 6-44 所示。

Step 06 使用“选择工具”选择路径，按【Delete】键将其删除。在选择树图案后，选择菜单栏中的“对象”/“组合”/“取消组合对象”命令，选择其中的一棵树图案移动到黑色矩形上，为其填充橘色，效果如图 6-45 所示。

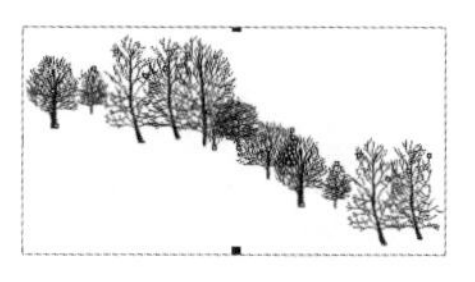

图 6-43 绘制树图案

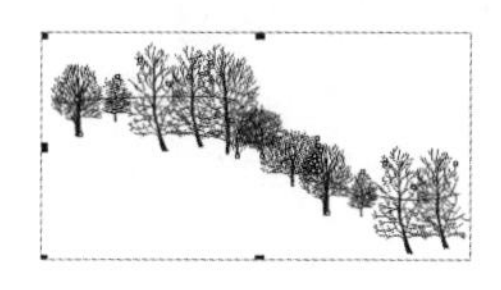

图 6-44 分离

图 6-45 取消群组后移动树

Step 07 选择菜单栏中的“效果”/“艺术笔”命令，打开“艺术笔”泊坞窗，在其中选择一种小动物图案，在页面中涂抹绘制，效果如图 6-46 所示。

Step 08 选择菜单栏中的“对象”/“拆分艺术笔触”命令，将图案与路径分离。使用“选择工具”选择路径，按【Delete】键将其删除。在选择动物图案后，选择菜单栏中的“对象”/“组合”/“取消组合对象”命令，选择其中的狐狸图案并将其移动到黑色矩形上，效果如图 6-47 所示。

Step 09 使用“文本工具”字在矩形中输入文字。至此，本例制作完毕，效果如图 6-48 所示。

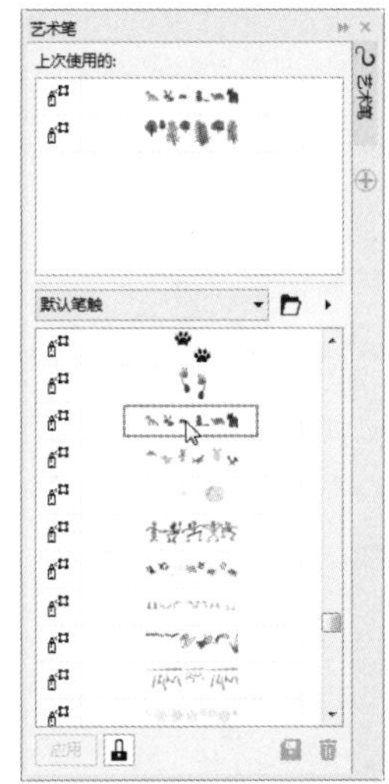

图 6-46 选择图案并在页面中涂抹绘制

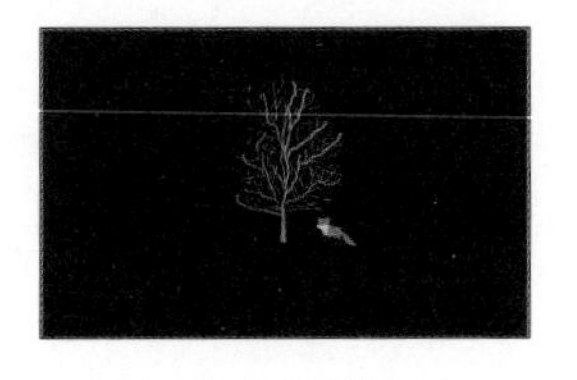

图 6-47 移动狐狸图案

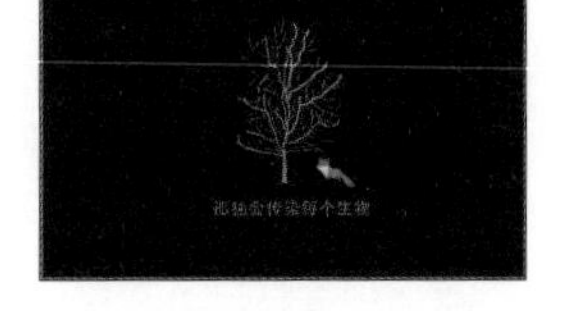

图 6-48 最终效果

6.5 书法

使用“书法”工具可以绘制与实物笔相似的曲线书法笔触。

在“艺术笔工具”的属性栏中单击“书法”按钮，此时的属性栏中会显示“书法”类型的各个选项，如图 6-49 所示。

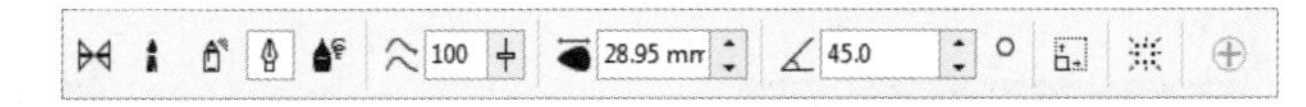

图 6-49 “书法”类型的属性栏

“书法”类型属性栏中各选项的含义如下。

“书法角度”：用来指定书法笔触的角度，通过输入的数值控制书法笔尖的角度，取值范围为 0° ~ 360°，如图 6-50 所示。

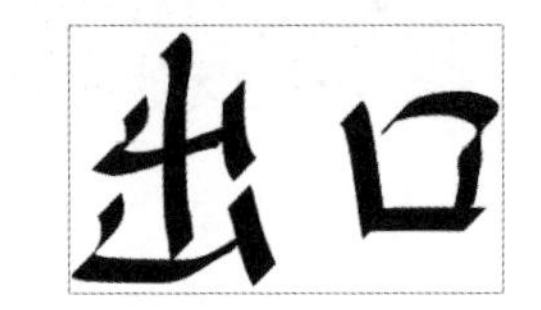

图 6-50 书法角度

6.6 表达式

通过“表达式”工具可以模拟使用压感笔绘画的效果，通过触笔的压力、倾斜和方位来改变笔刷的笔触。

在“艺术笔工具”的属性栏中单击“表达式”按钮，此时的属性栏中会显示“表达式”类型的各个选项，如图 6-51 所示。绘制压力线条与在 Adobe Photoshop 中用数位板绘制线条相似，绘制的线条非常匀称，如图 6-52 所示。

图 6-51 “表达式”类型的属性栏

“表达式”类型属性栏中各选项的含义如下。

- “笔压”：使用此选项可以改变画笔大小。
- “笔倾斜”：通过此选项可以改变笔尖的平滑度。
- “倾斜角”：用来设置固定的笔倾斜值来决定笔尖的平滑度。
- “笔方位”：使用此选项可以改变笔尖的旋转角度。
- ：用来设置固定的笔触方位值来决定笔尖的旋转角度。

图 6-52 压力绘制

课堂练习 通过描边艺术笔制作书法效果

素材文件	素材文件 / 第 06 章 /< 文字装裱 >	扫码观看视频
案例文件	源文件 / 第 06 章 /< 课堂练习——通过描边艺术笔制作书法效果 >	
视频教学	录屏 / 第 06 章 / 课堂练习——通过描边艺术笔制作书法效果	
练习要点	掌握将输入文字转换为曲线，以及使用“艺术笔”泊坞窗描边曲线、拆分曲线的方法	

1. 练习思路

（1）使用“文本工具”输入文字。

（2）按【Ctrl+Q】组合键将文字转换为曲线。

（3）绘制椭圆并将其转换为曲线。

（4）使用“艺术笔”泊坞窗中的画笔描边曲线。

（5）按【Ctrl+K】组合键拆分文字描边，删除文字路径。

（6）导入素材并调整顺序和大小。

2. 操作步骤

Step 01 新建空白文档，使用“文本工具”在页面中输入自己喜欢的字体的文本，如图 6-53 所示。

Step 02 选择菜单栏中的“对象”/“转换为曲线”命令或按【Ctrl+Q】组合键，将文本转换为曲线，如图 6-54 所示。

Step 03 选择菜单栏中的“效果”/“艺术笔”命令，打开“艺术笔”泊坞窗，在其中选择一种画笔笔触，如图 6-55 所示。

Step 04 单击“应用”按钮或双击笔触图标，得到描边效果，如图 6-56 所示。

Step 05 选择描边文字后，按【Ctrl+K】组合键进行拆分，删除文字路径，如图 6-57 所示。

Step 06 按【Ctrl+U】组合键取消文字群组，调整文字顺序，如图 6-58 所示。

Step 07 导入“文字装裱”素材，选择描边文字后，将其拖动到素材上面，效果如图 6-59 所示。

图 6-53 输入文字

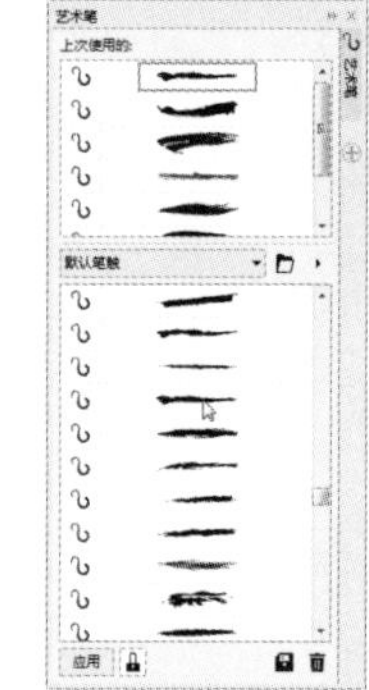

图 6-55 选择笔触

图 6-56 描边　图 6-58 调整顺序

图 6-54 转换为曲线

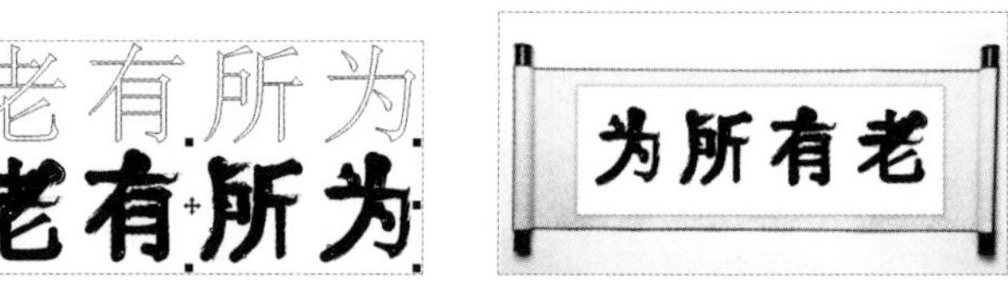

图 6-57 分离路径　图 6-59 导入素材

Step 08 绘制一个矩形框，在“艺术笔”泊坞窗中单击笔触进行描边，效果如图 6-60 所示。

Step 09 在矩形框内输入文字，将文字转换为曲线，在“艺术笔”泊坞窗中单击笔触进行描边，效果如图 6-61 所示。

Step 10 选择矩形框和文字，为其填充红色。至此，本例制作完毕，最终效果如图 6-62 所示。

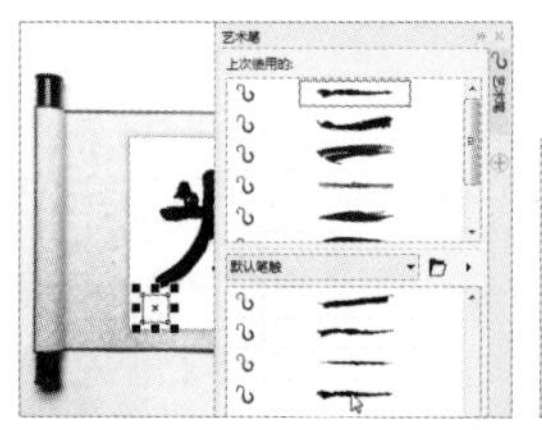
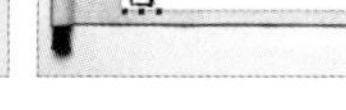

图 6-60 描边

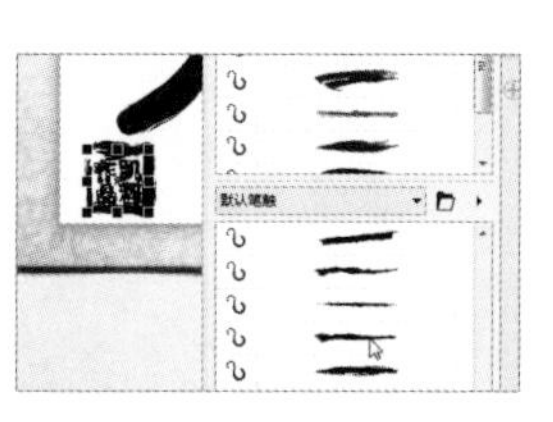

图 6-61 描边文字

图 6-62 最终效果

课后习题

一、选择题

1. 如果想对绘制的艺术笔进行单独编辑，那么必须进行什么操作？（　）

A. 预设画笔　　B. 书法　　C. 拆分艺术笔　　D. 形状工具

2. 对于“艺术笔工具”中的喷涂功能，可以使用以下哪个操作来进行单一图案的绘制？（　）

A. 画笔偏移　　B. 喷涂顺序　　C. 拆分艺术笔　　D. 喷涂列表选项

二、案例习题

习题要求：通过喷涂制作创意插画，如图 6-63 所示。

案例习题文件：案例文件 / 第 06 章 / 案例习题——通过喷涂制作创意插画.cdr

视频教学：录屏 / 第 06 章 / 案例习题——通过喷涂制作创意插画

习题要点：

（1）使用“矩形工具”□绘制矩形。

（2）使用“艺术笔工具”选择“喷涂”功能。

（3）通过“喷涂”绘制小脚丫。

（4）拆分艺术笔。

（5）为画笔图形填充颜色，再输入文字。

（6）复制副本并进行移动。

图 6-63 艺术插画

第07章

度量连接与标注

对象之间的测量与连接可以通过“度量工具”“连接工具”来完成。下面详细讲解这些工具的具体使用方法。

CORELDRAW

学习要点

- 度量工具
- 连接工具

技能目标

- 掌握使用“度量工具”测量图形与图像的方法
- 掌握使用“三点标注工具”标注图形与图像的方法
- 掌握使用“连接工具”连接图形的方法

7.1 度量工具

在 CorelDRAW 2018 中，在执行创建技术图表、建筑施工图等需要精确度量尺寸，严格把持比例的绘图任务时，使用“度量工具”可以帮助用户轻松完成任务。

用户使用“度量工具”可以十分轻松地测量出对象水平、垂直方向上的距离，还可以测量角度等。下面详细讲解度量工具的具体使用方法。

7.1.1 平行度量工具

使用“平行度量工具”可以对任意两点之间的距离进行测量并添加标注。使用方法非常简单，只要选择一个点，当鼠标指针出现节点字样时，按住鼠标左键拖动到另一点，松开鼠标后，在垂直方向上拖动鼠标并单击，就可以显示测量结果及标注文字了，如图 7-1 所示。

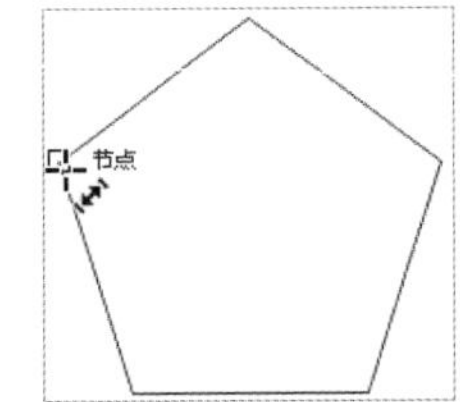

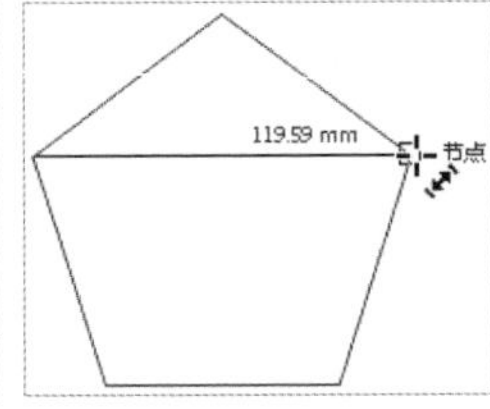

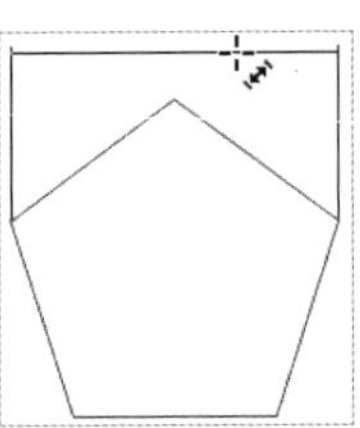
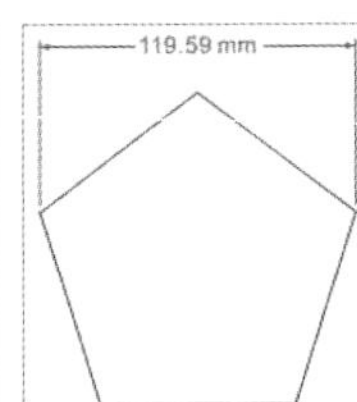

图 7-1 “平行度量工具”的使用

技巧

当使用“平行度量工具”测量距离时，除了通过单击测量节点之间的距离，还可以对选择对象边缘之间的距离进行测量，使用“平行度量工具”可以测量任意角度方向上节点或两点之间的距离并添加注释。

在工具箱中单击“平行度量工具”按钮后，属性栏中会显示该工具对应的选项设置，如图 7-2 所示。

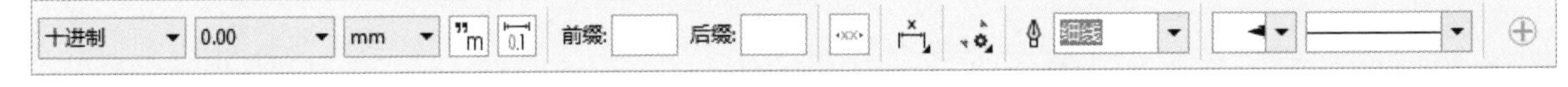

图 7-2 “平行度量工具”属性栏

“平行度量工具”属性栏中各选项的含义如下。

- “度量样式” 十进制：有 4 种度量线样式可选，在其下拉列表中可以选择不同的样式。
- “度量精度” 0.00：用来选择度量线测量的精确度，最高可精确到小数点后 10 位。
- “度量单位” mm：用来选择度量线的测量单位。
- “显示单位”：用来在度量线文本中显示测量单位。
- “显示前导零”：当值小于 1 时，在度量线测量中显示前导零，如图 7-3 所示。
- “前缀”：在文本框中输入的文字会自动出现在测量数值的前面，如图 7-4 所示。
- “后缀”：在文本框中输入的文字会自动出现在测量数值的后面。
- “动态度量”：用于设置当重新调整度量线大小时自动进行度量线测量。若不激活该按钮，则重新调整度量线时，测量的数据不变，如图 7-5 所示。

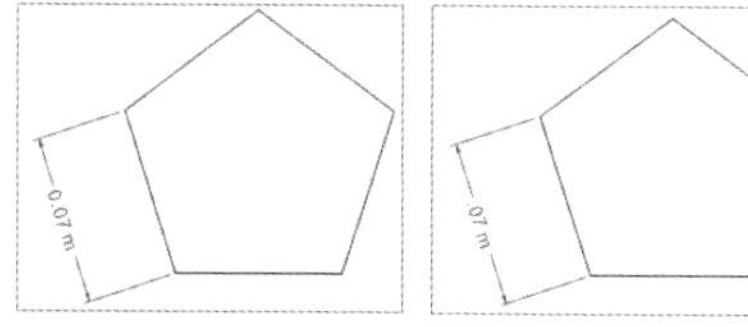

图 7-3 显示前导零

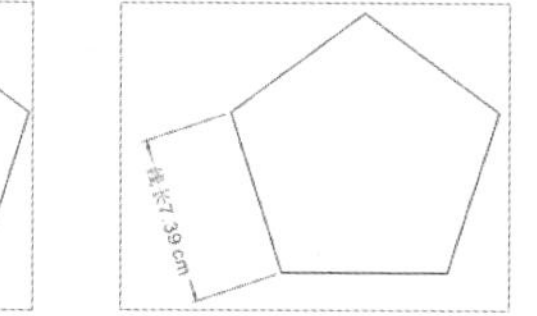

图 7-4 前缀

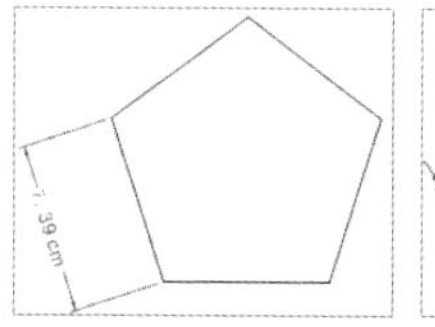

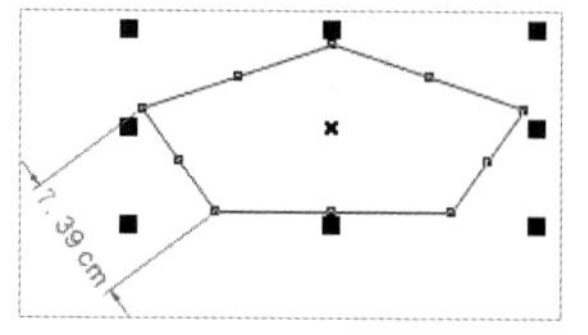

图 7-5 动态度量

技巧

若在属性栏中激活“动态度量”按钮，可以在属性栏中设置详细的参数；若不激活该按钮，则对参数部分不能进行编辑。

- “文本位置”：依照度量线定位度量线文本。单击“文本位置”按钮，会看到6种不同的文本位置，如图7-6所示。
  - “尺度线上方的文本”：测量后出现的文本数据出现在度量线的上方，位置可以改变，如图7-7所示。
  - “尺度线中的文本”：测量后出现的文本数据出现在度量线中，位置可以改变，如图7-8所示。
  - “尺度线下方的文本”：测量后出现的文本数据出现在度量线的下方，位置可以改变，如图7-9所示。
  - “将延伸线间的文本居中”：设置文本位置后加选此选项，会将度量文本放置到度量线的中间，如图7-10所示。

图 7-6 文本位置

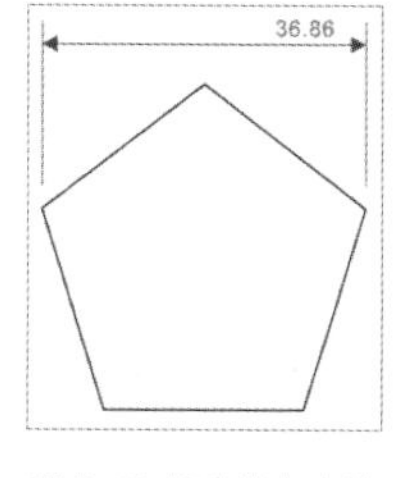

图 7-7 尺度线上方的文本

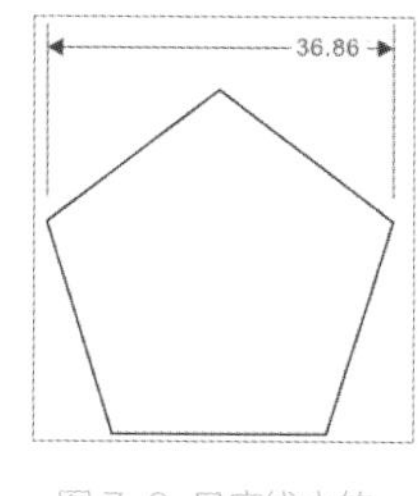

图 7-8 尺度线中的文本

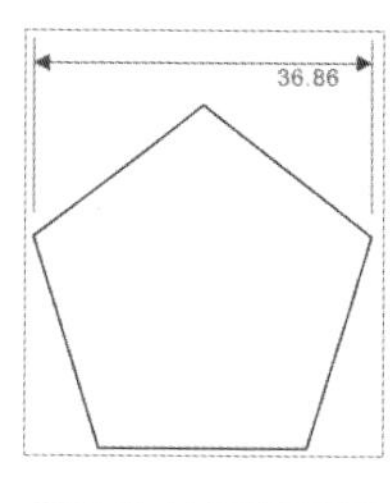

图 7-9 尺度线下方的文本

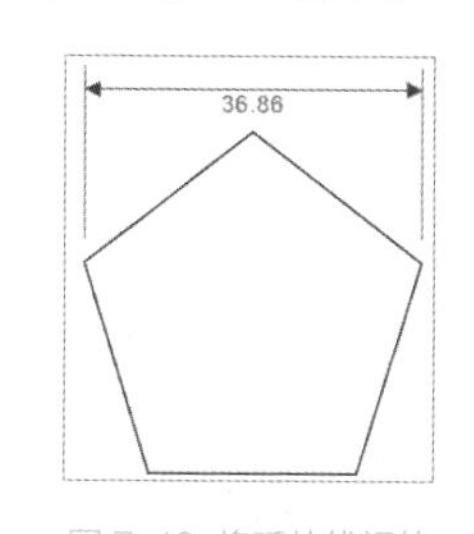

图 7-10 将延伸线间的文本居中

  - “横向放置文本”：设置文本位置后加选此选项，会将度量文本横向摆放，如图7-11所示。
  - “在文本周围绘制文本框”：设置文本位置后加选此选项，会为度量文本添加一个文本框，如图7-12所示。
- “延伸线选项”：自定义度量线上的延伸线，单击该按钮，可以在弹出的面板中进行设置，如图7-13所示。
  - “到对象的距离”：选中此复选框，可以自定义延伸线到测量对象之间的距离，如图7-14所示。

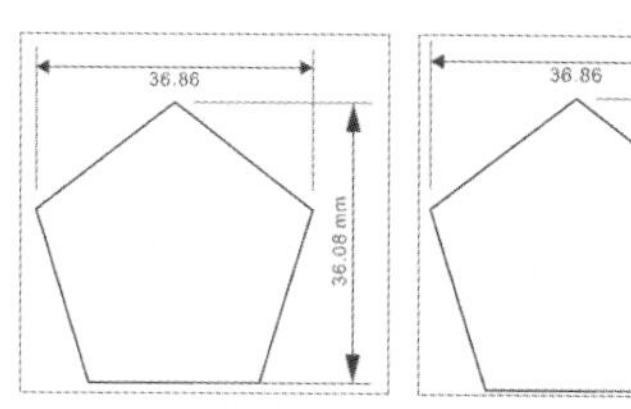

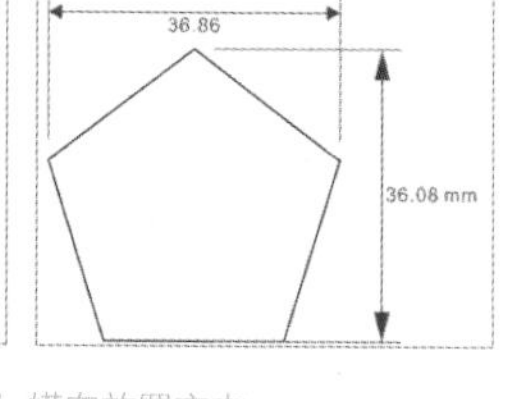

图 7-11 横向放置文本

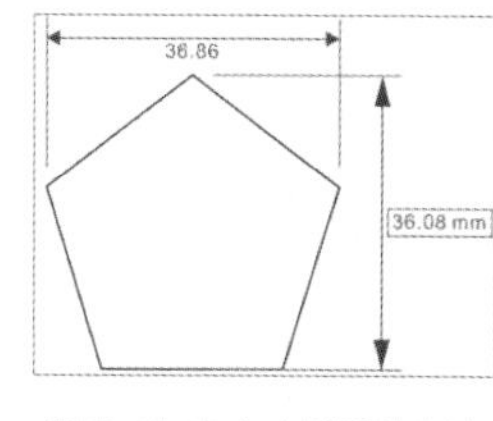

图 7-12 在文本周围绘制文本框

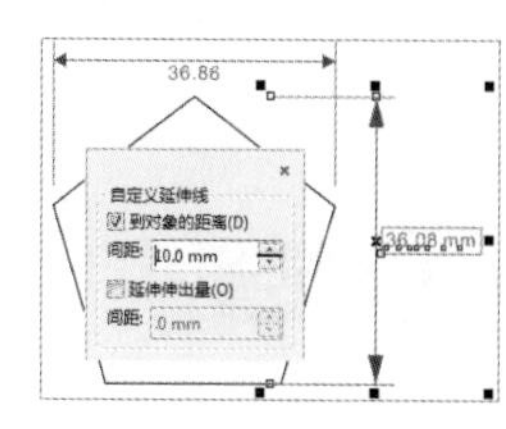

图 7-13 延伸线选项

图 7-14 自定义延伸线到测量对象之间的距离

  - “延伸伸出量”：选中此复选框，可以自定义延伸线伸出的距离，如图7-15所示。

技巧

要度量数据文本的大小，可以直接选择数据文本，在属性栏中设置文字的大小。

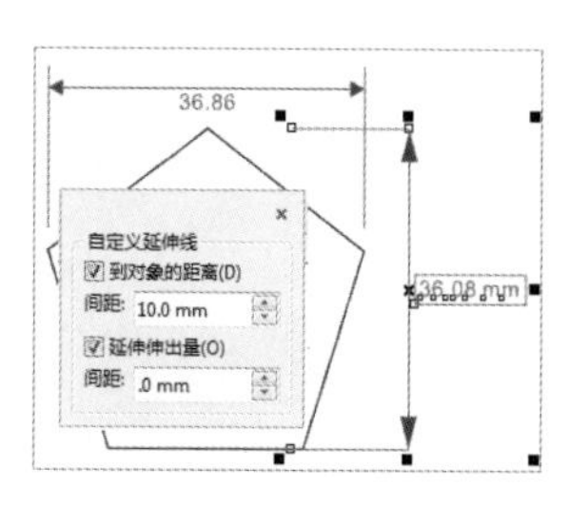

图 7-15 自定义延伸线伸出的距离

技巧

延伸线向外延伸的距离最大值取决于度量时文本的位置，文本离对象的距离就是“到对象的距离”的最大值，值为最大时则不显示箭头到对象的延伸线，如图 7-16 所示。

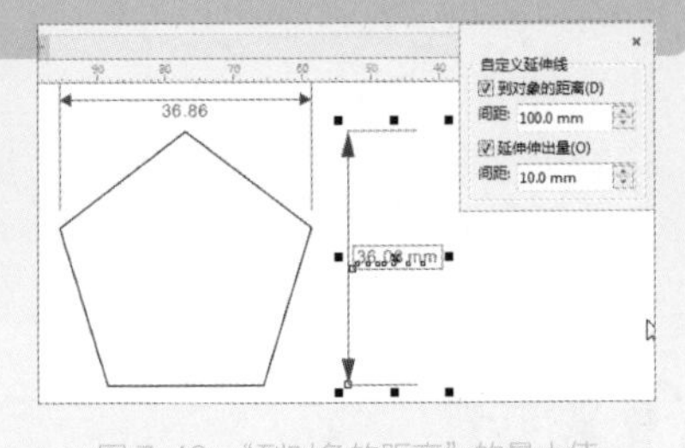

图 7-16 “到对象的距离”的最大值

- “轮廓宽度”：通过在下拉列表中选择或直接输入参数值，来设置延伸线的粗细。
- “双箭头”：可在其下拉列表中选择不同的延伸线箭头。
- “线条样式”：可在其下拉列表中选择不同的轮廓样式，来设置延伸线的样式。

技巧

双击工具箱中的“平行度量工具”按钮，系统会打开“选项”对话框，在该对话框中可以设置“样式”“精度”“单位”“前缀”“后缀”等，如图 7-17 所示。

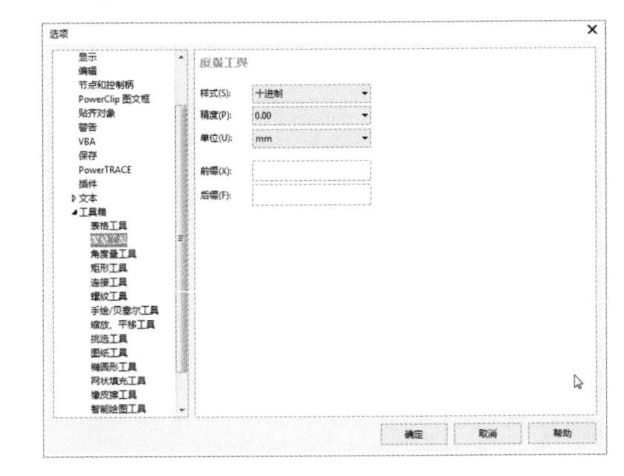

图 7-17 “选项”对话框

7.1.2 水平与垂直度量工具

使用“水平与垂直度量工具”可以在对象的两点之间进行水平或垂直间距的测量，并为其添加标注。使用方法非常简单，选择一个点按住鼠标左键，拖动到另一个点后松开鼠标，再在垂直的方向拖动，单击即可完成度量，如图 7-18 所示。

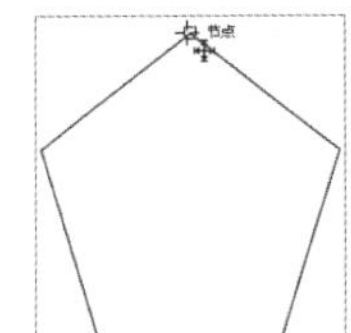
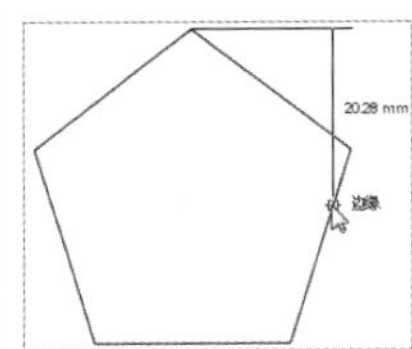
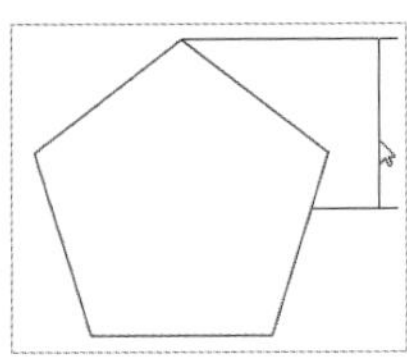
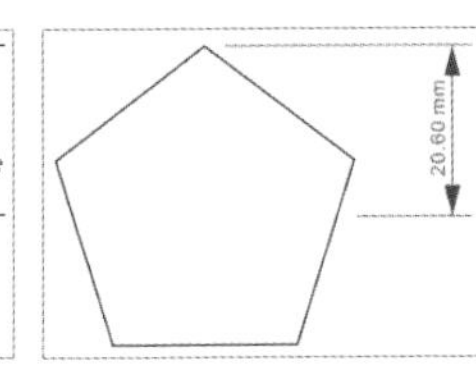

图 7-18 “水平与垂直度量工具”的使用

技巧

因为“水平与垂直度量工具”只能用于绘制水平或垂直方向的度量线，所以在确定第一节点后若向斜线方向拖动，则会出现两条长短不一的延伸线，但是不会出现倾斜的度量线。

7.1.3 角度量工具

使用“角度量工具”可以精确地测量两条线的夹角。使用方法非常简单，选择要测量的夹角顶点，如图 7-19 所示，沿着一条边按住鼠标左键拖动，确定夹角的一条边，如图 7-20 所示，松开鼠标，向夹角另一条边拖动，单击确定另一条边，如图 7-21 所示，最后拖动鼠标到空白处，以确定夹角标注文本的位置，如图 7-22 所示。

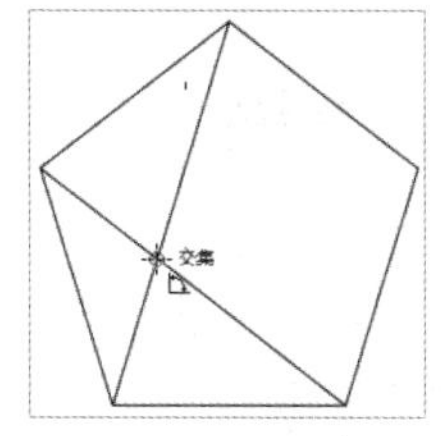

图 7-19 顶点

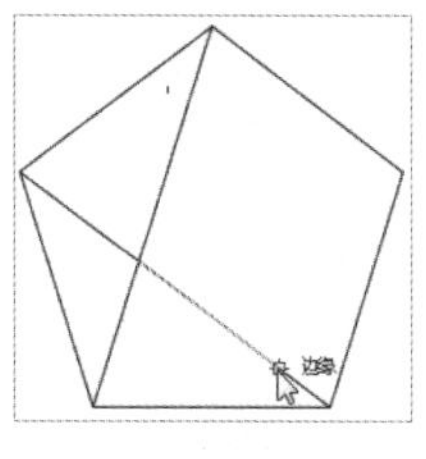

图 7-20 第一条边

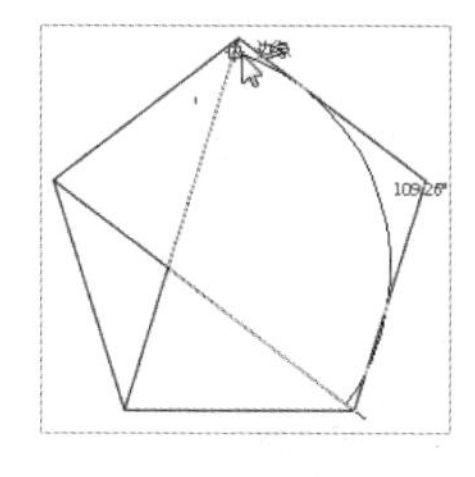

图 7-21 第二条边

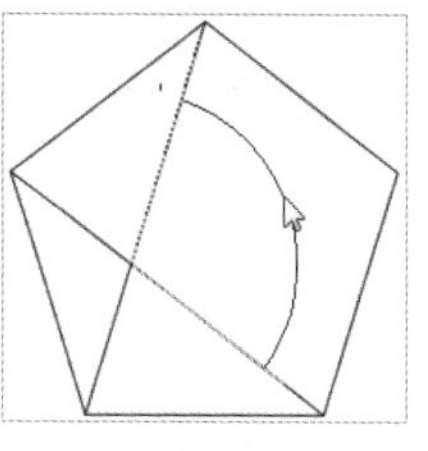

图 7-22 确定夹角标注文本的位置

技巧

在测量角度之前，可以先在属性栏中设置“单位”，如“度”“°”“弧度”“粒度”等。

7.1.4 线段度量工具

使用“线段度量工具”可以自动捕捉两个节点之间的线段距离，并写出标注。使用方法非常简单，选择要测量的线段，单击，即可对当前线段进行测量，接着移动鼠标确定文本位置，如图 7-23 所示。

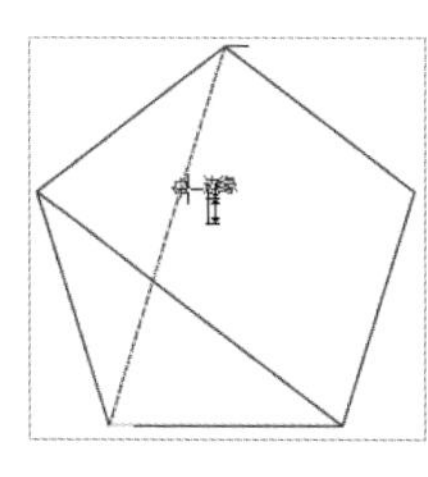

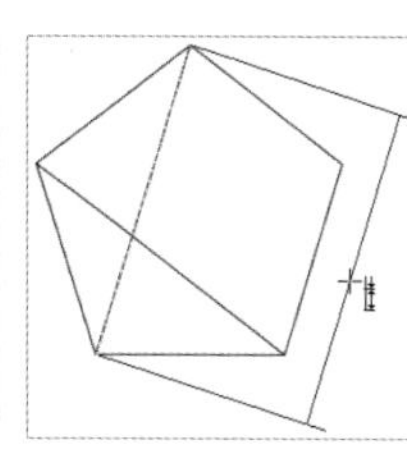

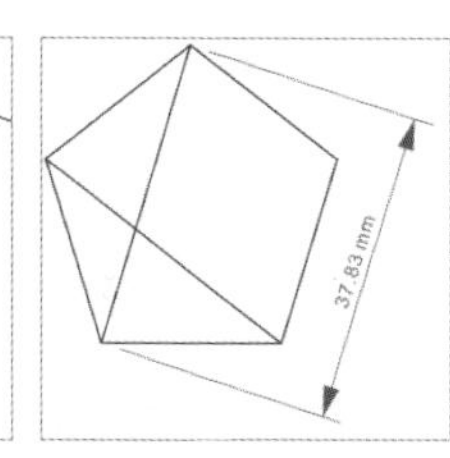

图 7-23 选择线段

在工具箱中单击“线段度量工具”按钮，属性栏中将显示该工具对应的选项设置，如图 7-24 所示。

图 7-24 “线段度量工具”的属性栏

“线段度量工具”属性栏中各选项的含义如下（之前讲解过的功能将不再讲解）。

“自动连续度量”：用来自动测量连续的线段，使用“线段度量工具”框选需要测量的连续节点，之后松开鼠标，在空白处单击完成连续测量，如图 7-25 所示。

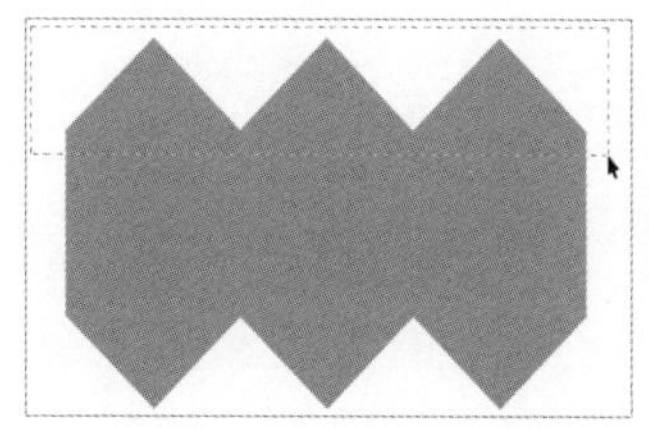

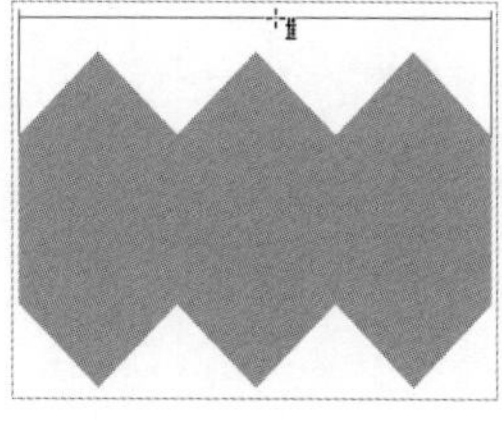

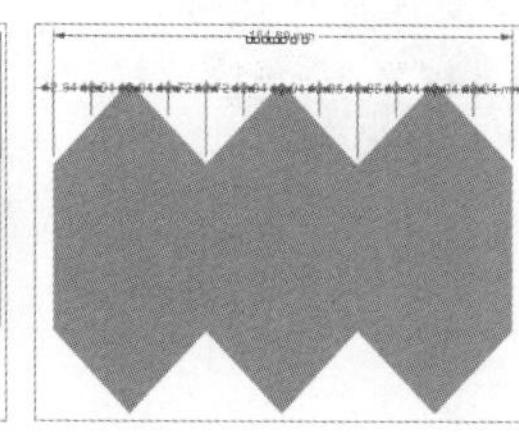

图 7-25 连续测量

7.1.5 三点标注工具

使用“三点标注工具”可以快速为对象添加折线标注文字。使用方法非常简单，选择第一个点，然后按住鼠标左键拖动到第二个点，松开鼠标后，再拖动一段距离，单击确定文字位置后，输入标注文字，如图 7-26 所示。

图 7-26 三点标注

在工具箱中单击“三点标注工具”按钮，属性栏中会显示该工具对应的选项设置，如图 7-27 所示。

图 7-27 “三点标注工具”的属性栏

“三点标注工具”属性栏中各项的含义如下（之前讲解过的功能将不再讲解）。

- “标注形状”：为标注添加文本样式，在其下拉列表中选择形状后，就可以将其添加到标注文本中，如图 7-28 所示。
- “间隙”：用来设置文本与标注形状之间的距离。
- “起始箭头”：用来设置标注线对应位置的箭头形状，在其下拉列表中可以选择样式。

图 7-28 标注形状

7.2 连接工具

“连接工具”包括“直线连接器”、“直角连接器”、“圆直角连接器”和“编辑锚点工具”4 个选项，使用它们可以在对象之间绘制连线，甚至在移动一个或两个对象时，通过这些线条连接的对象仍保持连接状态。下面讲解在 CorelDRAW 2018 中“连接工具”的运用。

7.2.1 直线连接器

“直线连接器”工具可用于以任意角度创建直线连接线。使用方法非常简单，选择“直线连接器”工具后，会在要添加连接线的对象上出现红色菱形锚点，在两个对象中的红色菱形锚点上拖动，即可创建连接线，如图 7-29 所示。拖动其中的一个对象，会发现连接线仍然保持连接状态，如图 7-30 所示。

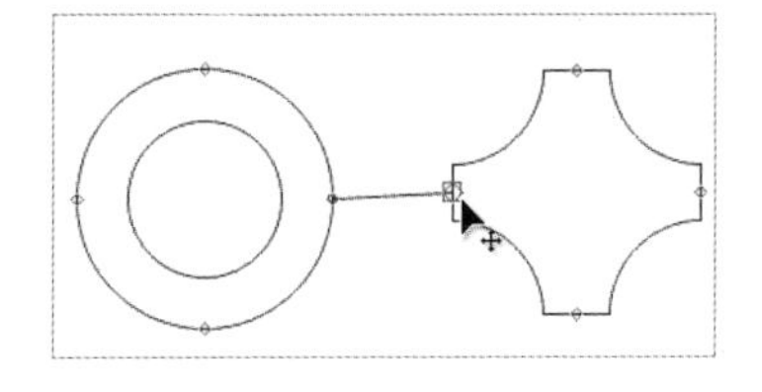

图 7-29 创建连接线

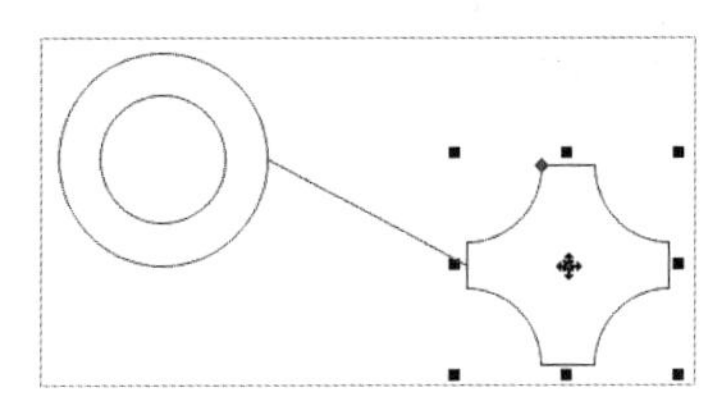

图 7-30 拖动对象，连接线仍然连接

技巧

对于创建的连接线，要想改变一个新的连接位置，通过"形状工具"调整节点位置即可；要想删除连接线，只需选择连接线，按【Delete】键即可。

技巧

在一个节点上创建多个连接线时，只要使用"直线连接器"工具在节点上按住鼠标左键拖动到新的节点上，松开鼠标就可以创建连接线。移动对象时，所有的连接线仍然处于连接状态。

7.2.2 直角连接器

"直角连接器"工具用于创建包含构成直角的垂直线段和水平线段的连接线，连接线也称为"流程线"，多用于技术绘图，如流程图、电路图、图表等。使用方法非常简单，选择"直角连接器"工具，将在要添加连接线的对象上出现红色菱形锚点，在两个对象中的红色菱形锚点上拖动，即可创建直角连接线，如图 7-31 所示。拖动其中的一个对象，会发现连接线仍然保持连接状态。

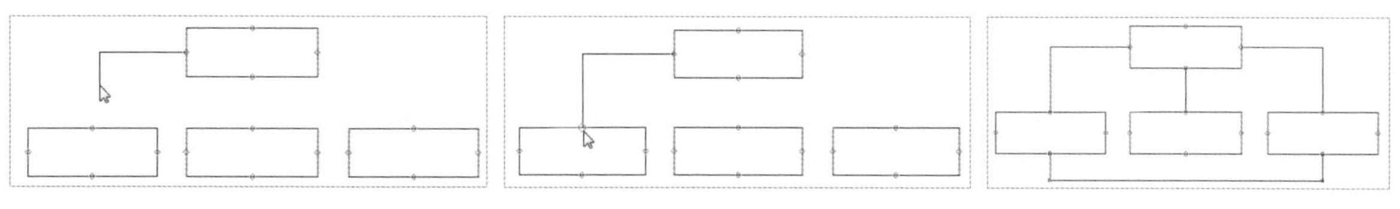

图 7-31 创建直角连接线

技巧

若要更改连接线位置，则可以直接单击一边的节点并将节点拖动至新的位置。也可以使用"形状工具"，将一边的节点拖动到新的位置，拖动连接线可以调整连接线与对象之间的距离。

在工具箱中单击"直角连接器"按钮，属性栏中会显示该工具对应的选项设置，如图 7-32 所示。

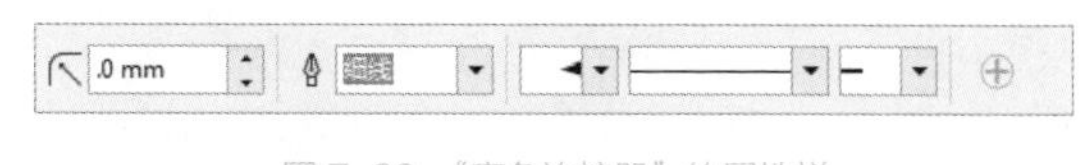

图 7-32 "直角连接器"的属性栏

"直角连接器"属性栏中各选项的含义如下（之前讲解过的功能将不再讲解）。

"圆形直角"：用来设置直角连接线的弧度，数值越大，圆弧越明显，如图 7-33 所示。

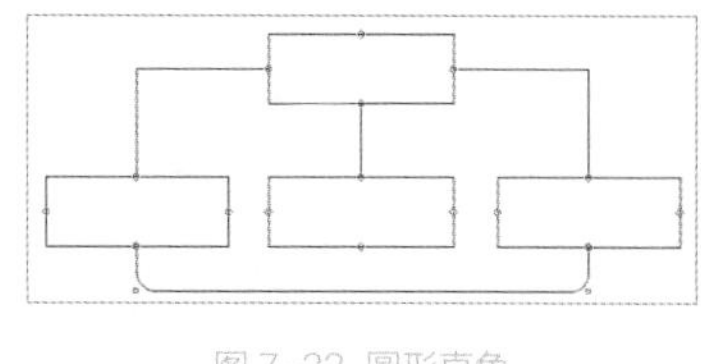

图 7-33 圆形直角

7.2.3 圆直角连接器

"圆直角连接器"工具用于创建包含构成圆直角的垂直元素和水平元素的连接线，连接线也称为"流程线"，多用于技术绘图，如流程图、电路图、图表等。使用方法非常简单，选择“圆直角连接器”工具，将在要添加连接线的对象上出现红色菱形锚点，在两个对象中的红色菱形锚点上拖动，即可创建圆直角连接线，如图 7-34 所示。拖动其中的一个对象，会发现连接线仍然保持连接状态。

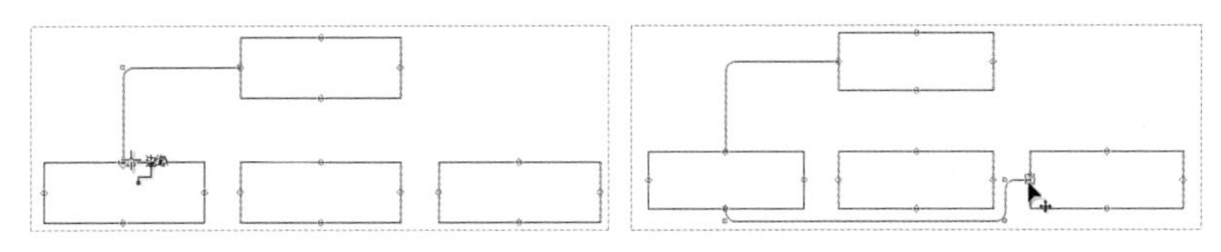

图 7-34 创建圆直角连接线

7.2.4 编辑锚点工具

使用“编辑锚点工具”可以改变对象中创建连接线的锚点的位置，也可以调整连接线的连接位置，如图 7-35 所示。

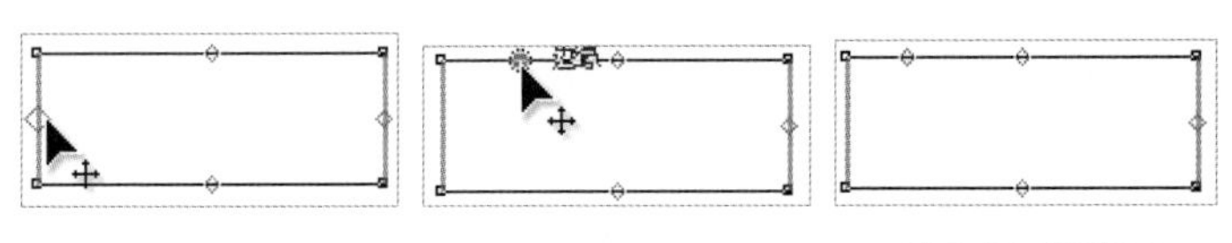

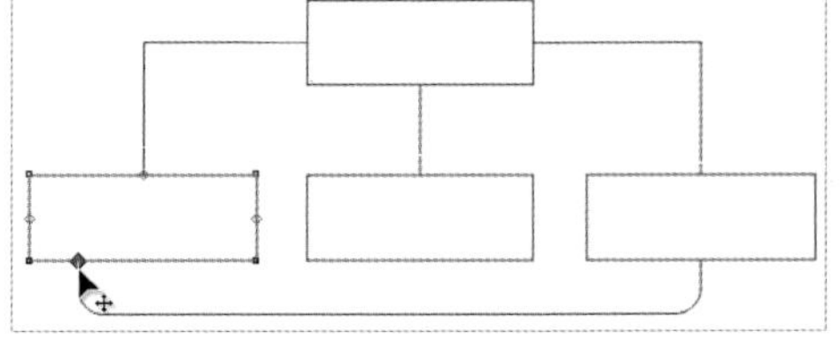

图 7-35 编辑锚点

在工具箱中单击“编辑锚点工具”按钮，属性栏中会显示该工具对应的选项设置，如图 7-36 所示。

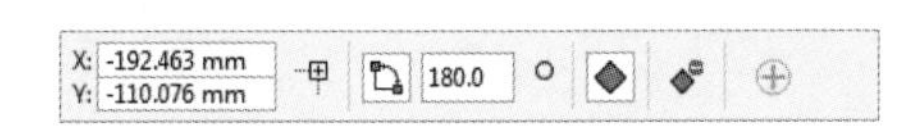

图 7-36 “编辑锚点工具”的属性栏

“编辑锚点工具”属性栏中各选项的含义如下（之前讲解过的功能将不再讲解）。

- “相对于对象”：根据对象定位锚点，而不是将其定位到页面中的某个位置。
- “调整锚点方向”：按照指定的角度调整锚点方向，如图 7-37 所示。

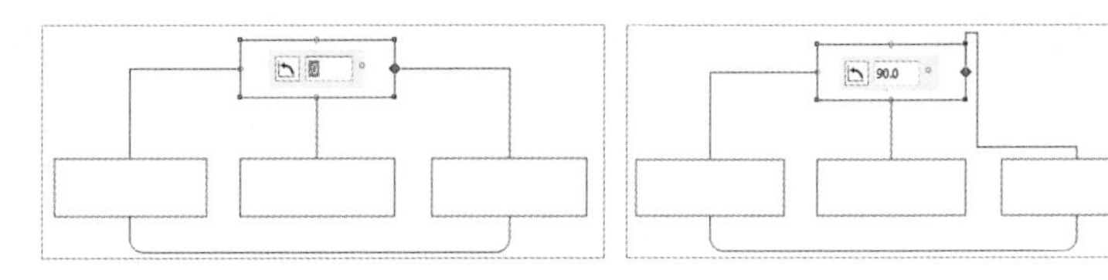

图 7-37 锚点方向

- “自动锚点”：单击该按钮，允许锚点成为连接线上的贴齐点，可以将新增的蓝色锚点变为红色锚点，如图 7-38 所示。
- “删除锚点”：单击该按钮，可以将选择的锚点删除，如图 7-39 所示。

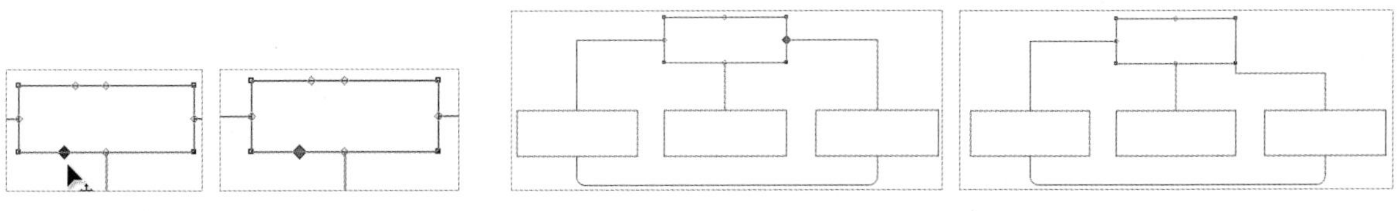

图 7-38 自动锚点　　图 7-39 删除锚点

技巧

在对象的轮廓上使用“编辑锚点工具”双击空白处，可以增加一个锚点。此时锚点为蓝色菱形，在锚点上双击可以将该锚点删除。

课堂练习 对图像进行标注

素材文件	素材文件 / 第 07 章 /< 手表 >	扫码观看视频
案例文件	源文件 / 第 07 章 /< 课堂练习——对图像进行标注 >	
视频教学	录屏 / 第 07 章 / 课堂练习——对图像进行标注	
练习要点	掌握使用“三点标注工具”创建标注的方法	

1. 练习思路

（1）导入素材。

（2）设置“三点标注工具”的“标注形状”选项。

（3）使用“三点标注工具”创建标注。

（4）设置字体和文字大小。

2. 操作步骤

Step 01 新建空白文档，导入“手表”素材，如图 7-40 所示。下面通过“三点标注工具”为手表添加标注说明。

Step 02 选择“三点标注工具”，在属性栏中设置“标注形状”为“线和边框”，其他参数保持默认值，如图 7-41 所示。

图 7-40 素材

图 7-41 设置属性

Step 03 使用“三点标注工具”在手表的 LOGO 上按住鼠标左键向外拖动，松开鼠标后再拖动一段距离，确定文字位置后单击，之后输入说明文字“标志”，设置文字字体为“微软雅黑”，效果如图 7-42 所示。

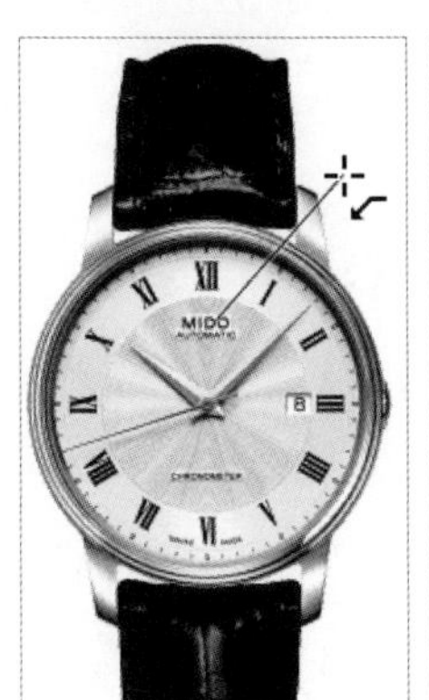

图 7-42 添加标注

Step 04 为手表添加“分针”标注，如图 7-43 所示。

Step 05 依次添加标注说明，最终效果如图 7-44 所示。

图 7-43 添加标注

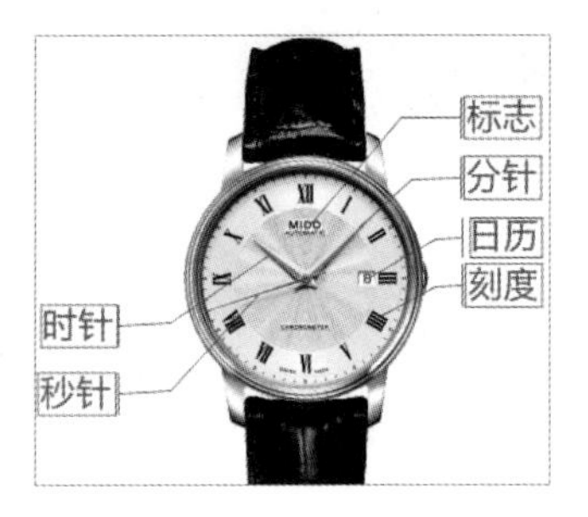

图 7-44 最终效果

课后习题

一、选择题

1. 使用“三点标注工具”设置标注时不可以设置以下哪个选项？（　）

A. 标注形状　B. 标注间隙　C. 轮廓宽度　D . 前缀

2. 使用“平行度量工具”可以设置以下哪个选项？（　）

A. 样式　B. 精度　C. 单位　D . 前缀　E. 后缀

二、案例习题

习题要求：通过“度量工具”测量图像中的元素，如图 7-45 所示。

案例习题文件：案例文件 / 第 07 章 / 案例习题——通过“度量工具”测量图像中的元素.cdr

视频教学：录屏 / 第 07 章 / 案例习题——通过“度量工具”测量图像中的元素

习题要点：

（1）导入素材。

（2）设置“平行度量工具”的相关参数。

（3）设置“水平与垂直度量工具”的相关参数。

（4）对图像进行测量。

图 7-45 测量

第08章 填充与轮廓

运用 CorelDRAW 软件对绘制完成的对象进行颜色填充时，首先要了解软件可以通过哪些方式进行颜色、位图、底纹等方面的填充，而对于对象的轮廓部分就需要知道轮廓笔及轮廓线的一些知识。

CORELDRAW

学习要点

- 使用调色板进行颜色填充
- 使用“颜色”泊坞窗进行颜色填充
- 智能填充工具
- 填充工具
- 通过“对象属性”泊坞窗进行颜色填充
- 吸管工具
- 网状填充
- “轮廓笔”对话框
- 轮廓线宽度
- 消除轮廓线
- 轮廓线颜色
- 轮廓线样式
- 将轮廓线转换为对象

技能目标

- 掌握颜色填充的方法
- 掌握使用“智能填充工具”填充图形的方法
- 掌握使用“吸管工具”吸取颜色和属性的方法
- 掌握网状填充的方法
- 掌握设置轮廓宽度与颜色的方法
- 掌握轮廓线样式的设置方法
- 掌握将轮廓线转换为对象的方法

8.1 使用调色板进行填充

在CorelDRAW 2018中，在默认情况下，调色板出现在软件界面右侧，只需在调色板中直接单击所需颜色，就可以为绘制的封闭对象填充颜色。在颜色上单击鼠标右键，会将颜色填充到轮廓上，如图8-1所示。

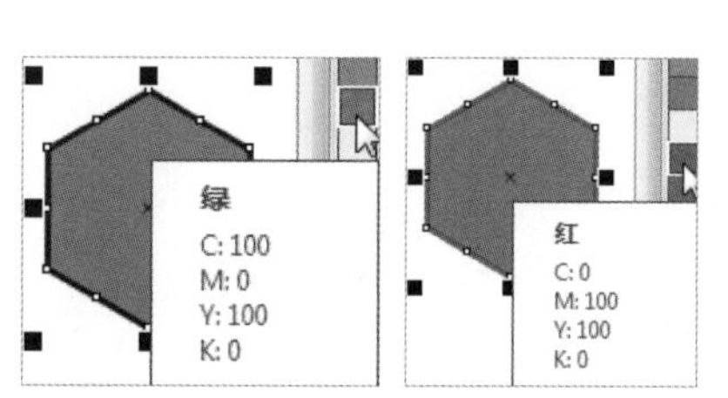

图8-1 使用调色板填充颜色及轮廓

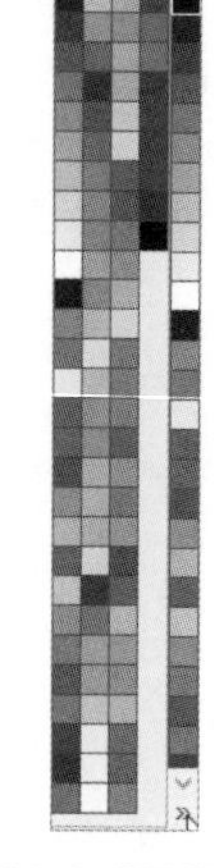

图8-2 显示所有颜色

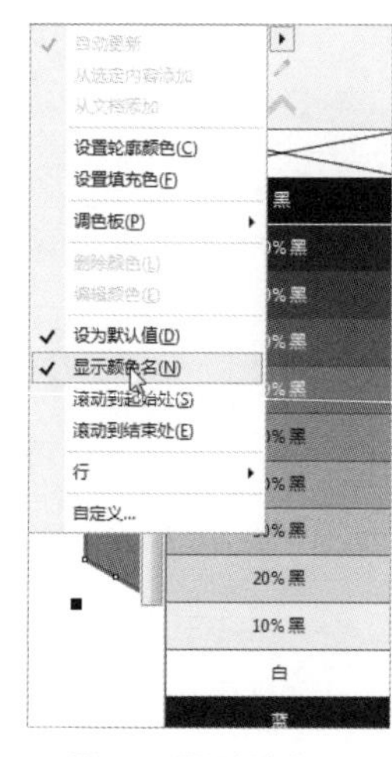

图8-3 显示颜色条和颜色名称

技巧

单击“调色板”泊坞窗右下角的»符号，会展开整个调色板，这样便于查看颜色，如图8-2所示；单击上面的▸按钮，将弹出菜单，在其中选择“显示颜色名”命令，在“调色板”泊坞窗中将不仅有颜色条，还有颜色名称，如图8-3所示。

8.1.1 打开调色板

在工作中，有时需要不同颜色模式的调色板，这时只要选择菜单栏中的“窗口”/“调色板”命令，在弹出的子菜单中选择不同的调色板，就会在软件界面右侧显示打开的调色板。

技巧

选择菜单栏中的“窗口”/“调色板”/“调色板管理器”命令，在打开的“调色板管理器”中同样可以打开自己喜欢的调色板。

8.1.2 关闭调色板

选择菜单栏中的“窗口”/“调色板”/“关闭所有调色板”命令，可以将软件界面中显示的所有调色板关闭；选择菜单栏中的“窗口”/“调色板”命令，在弹出的菜单中，取消选择打钩的选项，会单独关闭该选项的调色板；在调色板中直接单击▶按钮，按顺序选择“调色板”/“关闭”命令，会将当前的调色板关闭。

8.1.3 将颜色添加到调色板

在工作过程中，有时需要将一些颜色添加到调色板中，用户可以通过“从选定内容添加”“从文档添加”“吸管添加”等方式来进行添加。

从选定内容添加

选择一个填充颜色的对象，之后在调色板中单击▶按钮，在弹出的菜单中选择“从选定内容添加”命令，就可以将选择对象的填充颜色添加到当前调色板中，如图 8-4 所示。

图 8-4 从选定内容添加

从文档添加

如果想将当前文档中的颜色全部添加到调色板中，那么单击▶按钮，在弹出的菜单中选择“从文档添加”命令，就可以将当前文档中的颜色添加到当前调色板中，如图 8-5 所示。

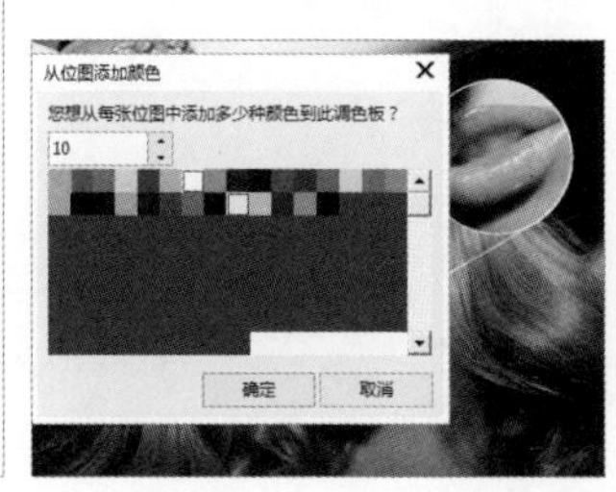

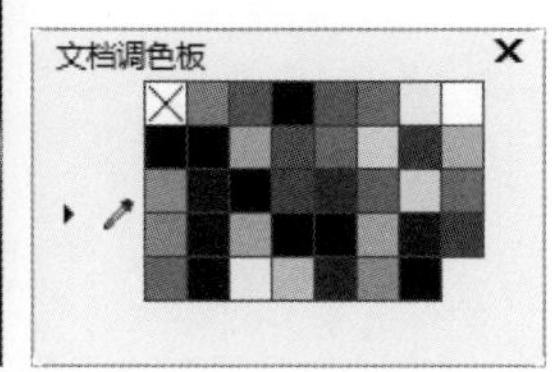

图 8-5 从文档添加

通过吸管添加

在调色板中单击吸管按钮，当鼠标指针变为吸管形状时，在文档中的任意位置单击，就会把当前吸取的颜色添加到当前调色板中，如图 8-6 所示。

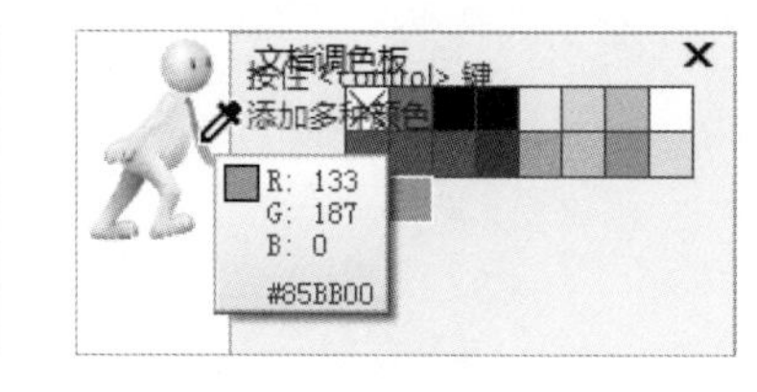

图 8-6 通过吸管添加

技巧

在使用吸管添加颜色的同时按住【Ctrl】键，鼠标指针变为吸管形状，此时在不同颜色上单击，会将多个颜色添加到调色板中。

8.1.4 创建属于自己的调色板

在绘制图像时，总会出现常用几种颜色的情况，这时只要自行定制一个调色板，那么在后期工作中会更加方便，创建自定义的调色板可以通过如下几种方法。

从文档中创建调色板

当文档中存在多个对象时，选择菜单栏中的“窗口”/“调色板”/“从文档中创建调色板”命令，将打开“另存为”对话框，设置“文件名”为“红绿蓝调色板”，单击“保存”按钮，然后就可以按照页面中的对象颜色创建一个调色板，调色板会出现在软件界面右侧，如图 8-7 所示。

从选择中创建调色板

在文档中选择一个填充较为复杂的渐变色对象，选择菜单栏中的“窗口”/“调色板”/“从选择中创建调色板”命令，此时会打开“另存为”对话框，设置“文件名”为“色谱”，单击“保存”按钮，然后就可以按照页面中的对象颜色创建一个调色板，调色板会出现在软件界面右侧，如图 8-8 所示。

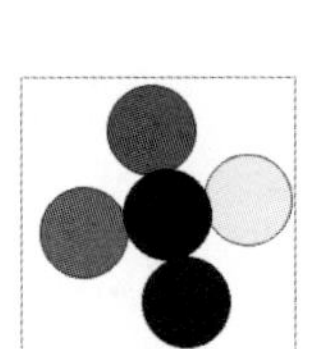

图 8-7 “另存为”对话框（1）

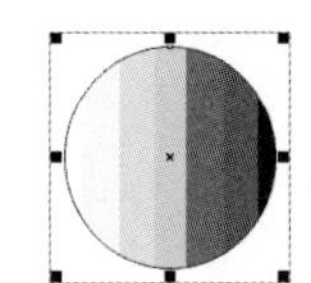

图 8-8 “另存为”对话框（2）

从调色板中进行创建

在之前创建的颜色板中，如果增加了很多颜色，但之前的还想保留，那么这时只要将其进行保存就可以。方法：在调色板中单击▶按钮，在弹出的菜单中选择“调色板”/“另存为”命令，就可以将其另存为一份，如图 8-9 所示。

图 8-9 “另存为”对话框（3）

8.1.5 导入自定义调色板

对于创建后的调色板，需要时可以将其导入文档中。导入自定义调色板的方法有两种，可以直接通过菜单命令，也可以通过“调色板”弹出菜单。

通过菜单导入自定义调色板

选择菜单栏中的“窗口”/“调色板”/“打开调色板”命令，系统会打开“打开调色板”对话框，在该对话框中选择之前自定义的调色板，单击“打开”按钮，就可以将之前创建的自定义调色板导入当前文档中，如图 8-10 所示。

通过调色板导入自定义调色板

在调色板中单击▶按钮，在弹出的菜单中选择“调色板”/“打开”命令，系统会打开“打开调色板”对话框，在该对话框中选择之前自定义的调色板，单击“打开”按钮，就可以将之前创建的自定义调色板导入当前文档中，如图 8-11 所示。

图 8-10 导入调色板（1）

图 8-11 导入调色板（2）

8.1.6 调色板编辑器

使用“调色板编辑器”对话框可以对“文档调色板”“调色板”“我的调色板”进行编辑。选择菜单栏中的“窗口”/“调色板”/“调色板编辑器”命令，即可打开“调色板编辑器”对话框，如图 8-12 所示。

“调色板编辑器”对话框中各选项的含义如下。

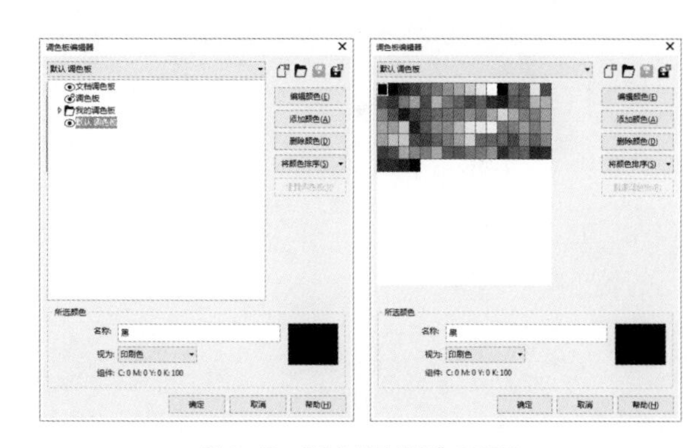

图 8-12 “调色板编辑器”对话框

- “新建调色板”：单击该按钮，可以弹出“新建调色板”对话框，单击“保存”按钮，即可将编辑好的调色板进行保存，如图 8-13 所示。
- “打开调色板”：单击该按钮，可以弹出“打开调色板”对话框，选择一个调色板，单击“打开”按钮，即可将选择的调色板显示在“调色板编辑器”对话框中，如图 8-14 所示。
- “保存调色板”：用来保存新编辑的调色板。

技巧

“保存调色板”按钮只有在编辑好一个新的调色板后才能被激活。

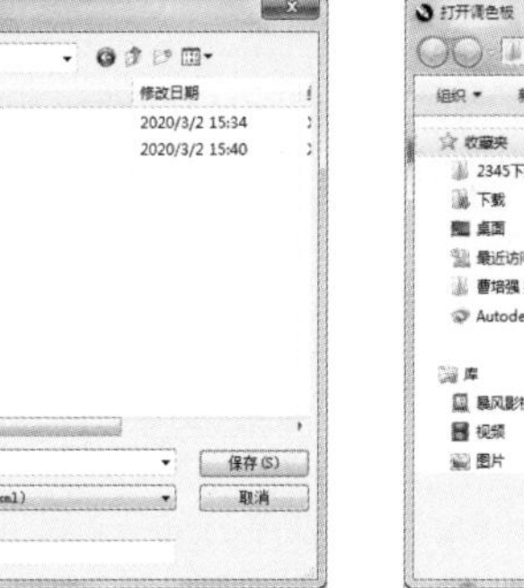

图 8-13 “另存为”对话框

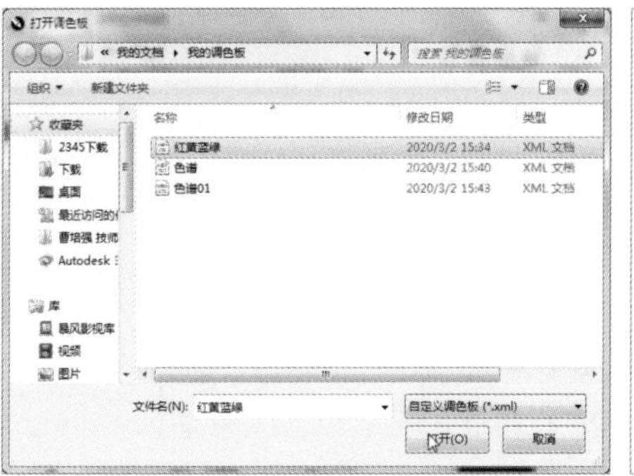

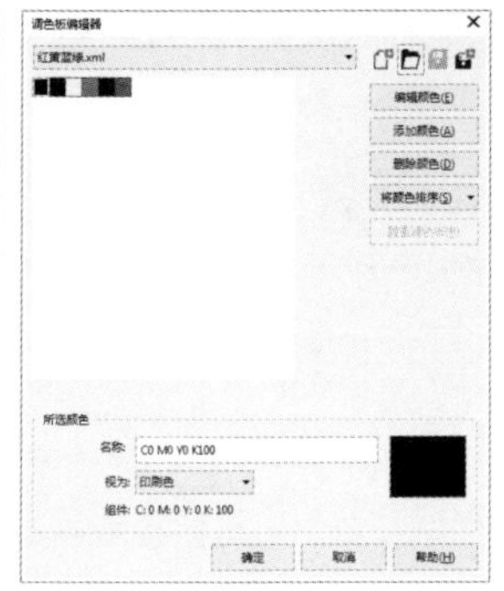

图 8-14 “打开调色板”对话框

- “调色板另存为”：单击该按钮，可以弹出“另存为”对话框，设置一个新的名称后，单击“保存”按钮，即可将当前编辑好的调色板重新命名为一个新的名称。
- “编辑颜色”：单击该按钮，可以打开“选择颜色”对话框，在该对话框中可以对“调色板编辑器”中所选色样进行选择，如图 8-15 所示。
- “添加颜色”：单击该按钮，可以打开“选择颜色”对话框，在该对话框中选择一种颜色后单击“确定”按钮，可以将选择的颜色添加到调色板中，如图 8-16 所示。

图 8-15 选择颜色

图 8-16 添加颜色

- “删除颜色”：单击该按钮，可以将选择的颜色删除，在删除之前会弹出如图 8-17 所示的警告对话框。

图 8-17 删除颜色警告对话框

- “将颜色排序”：用来设置所选色板中色样的排列方式，在其下拉列表中可以选择排列的方式。
- “重置调色板”：用来将编辑后的调色板进行复原。
- “名称”：用来显示所选颜色色块的名称。
- “视为”：用来设置所选颜色为“印刷色”“专色”。
- “组件”：用来显示所选颜色的颜色值。

技巧

“文档调色板”在默认情况下会显示在文档的左下角，在最初状态，该调色板中没有颜色，在编辑文档的同时，会自动将使用过的颜色添加到“文档调色板”中。

技巧

选择已经添加颜色的对象之后，按住【Ctrl】键就可以为已经填充颜色的对象添加少许之后选取的颜色。例如，对于已经填充了黄色的对象，在按住【Ctrl】键的同时单击调色板中的红色，单击的次数越多，其颜色越接近橘色，如图 8-18 所示。

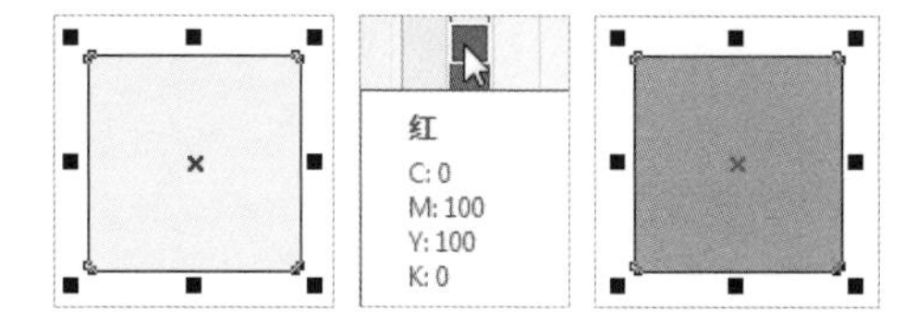

图 8-18 填充其他颜色

8.2 使用“颜色”泊坞窗进行填充

在 CorelDRAW 2018 中，除了可以使用“调色板”快速进行颜色填充，使用“颜色”泊坞窗同样可以快速为对象填充单一颜色。选择菜单栏中的“窗口”/“泊坞窗”/“色彩”命令，打开“颜色”泊坞窗。在该泊坞窗中，可以通过“显示颜色滑块”“显示颜色查看器”“显示调色板”为对象填充颜色或轮廓色，还可以通过“吸管”快速选择一种颜色对选择的对象进行填充，如图 8-19 所示。

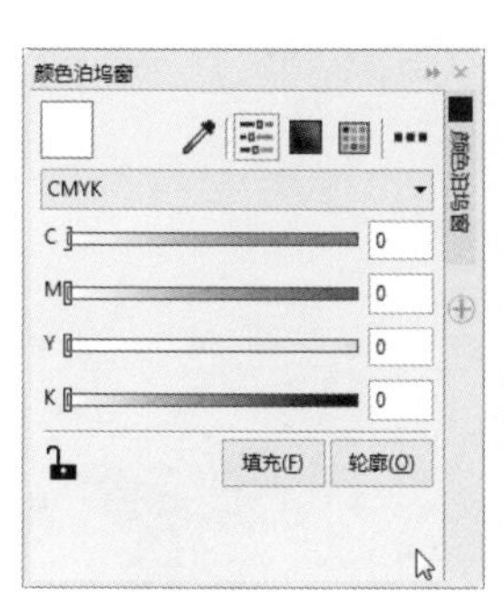

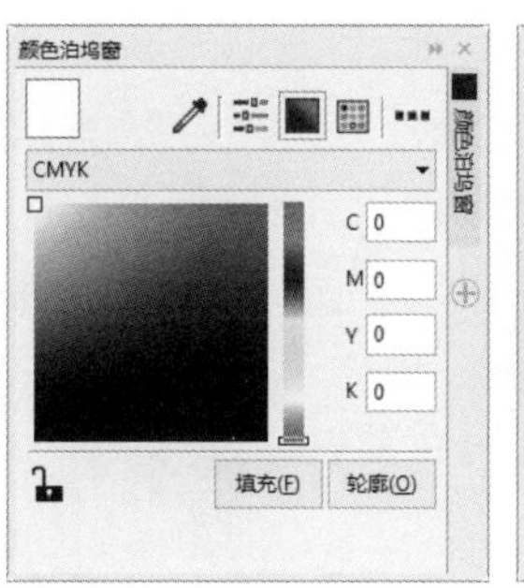

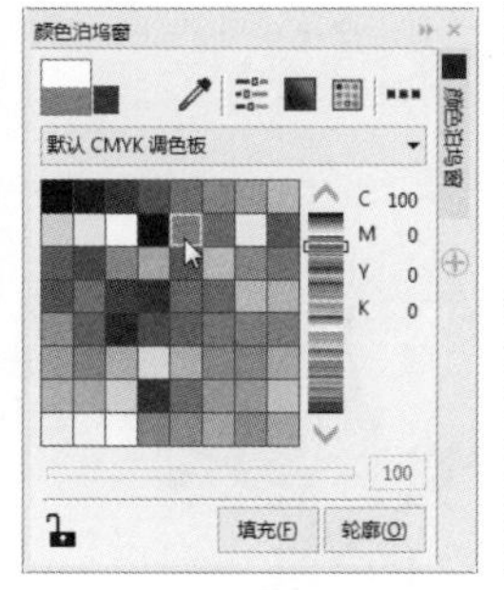

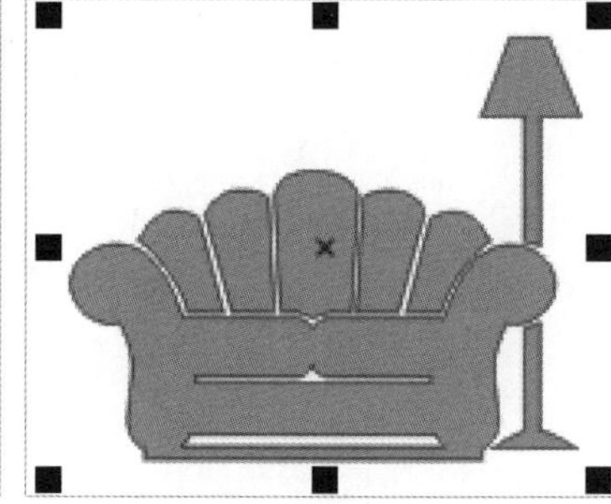

图 8-19 “颜色”泊坞窗

8.3 智能填充工具

在 CorelDRAW 2018 中，使用“智能填充工具”可以快速为重叠交叉的区域或轮廓填充单一颜色，还可以保留之前对象的原始属性。在工具箱中单击“智能填充工具”按钮，属性栏中会显示该工具对应的选项，如图 8-20 所示。

图 8-20 “智能填充工具”的属性栏

"智能填充工具"属性栏中各选项的含义如下。

- "填充选项"：用来将选择的填充属性应用到新对象，包含"使用默认值""指定""无填充"3个选项，如图8-21所示。
  - ➢ "使用默认值"：选择该选项后，会应用系统默认的设置对对象进行填充。
  - ➢ "指定"：选择该选项后，可以在后面的"填充色"拾色器中选择要为对象填充的颜色，如图8-22所示。

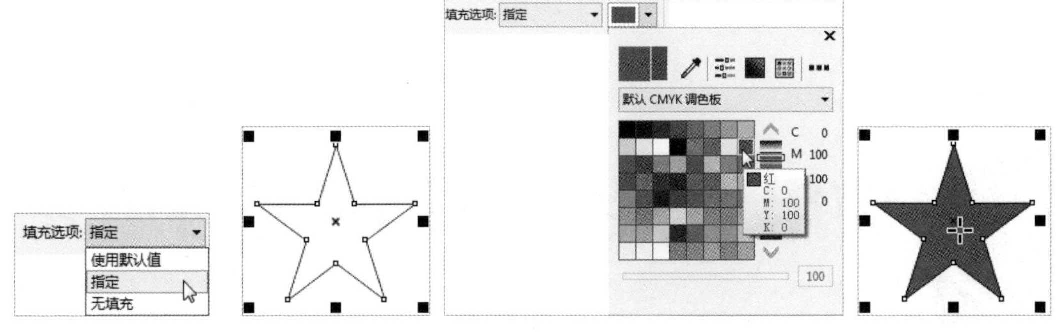

图8-21 填充选项　　图8-22 指定颜色

  - ➢ "无填充"：选择该选项后，将不会为对象颜色填充。
- "填充色"：用来为对象设置填充颜色，该选项只有在将"填充选项"设置为"指定"时才能使用。
- "轮廓选项"：用来将选择的轮廓属性应用到新对象，包含"使用默认值""指定""无填充"3个选项。
  - ➢ "使用默认值"：选择该选项后，会应用系统默认的设置对对象进行轮廓填充。
  - ➢ "指定"：选择该选项后，可以在后面的"轮廓宽度"下拉列表中选择轮廓的宽度，以及在"轮廓色"拾色器中选择要为对象进行轮廓填充的颜色，如图8-23所示。
  - ➢ "无填充"：选择该选项后，将不会对对象进行轮廓颜色填充。
- "轮廓色"：用来为对象设置填充轮廓的颜色，该选项只有在将"轮廓选项"设置为"指定"时才能使用。

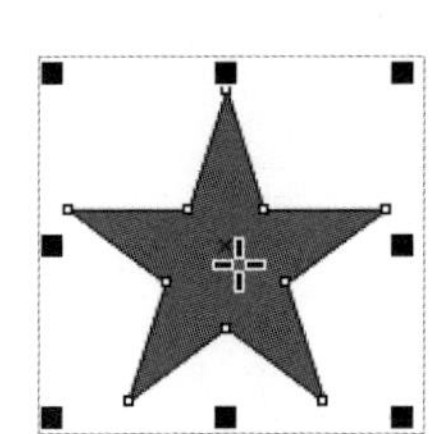

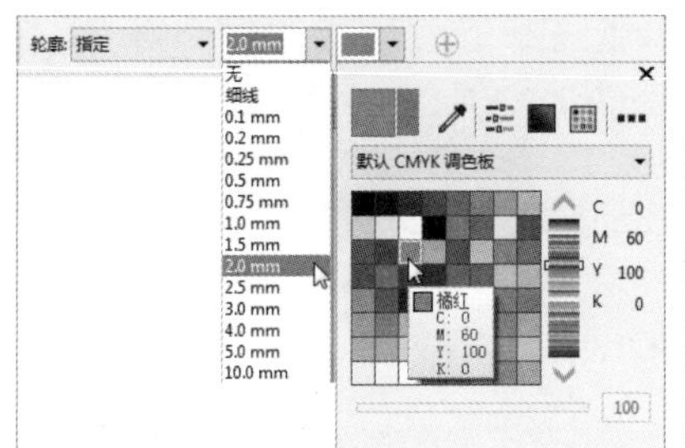

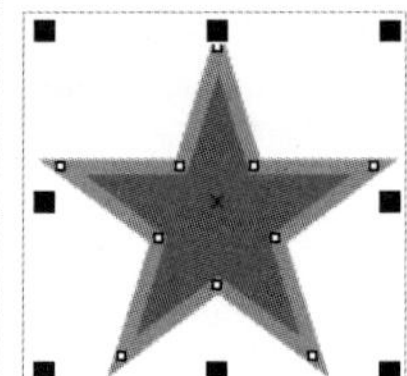

图8-23 指定轮廓

8.3.1 填充单一对象

使用"智能填充工具"，只要在绘制的单一对象内部单击，就可以为其填充颜色，如图8-24所示。

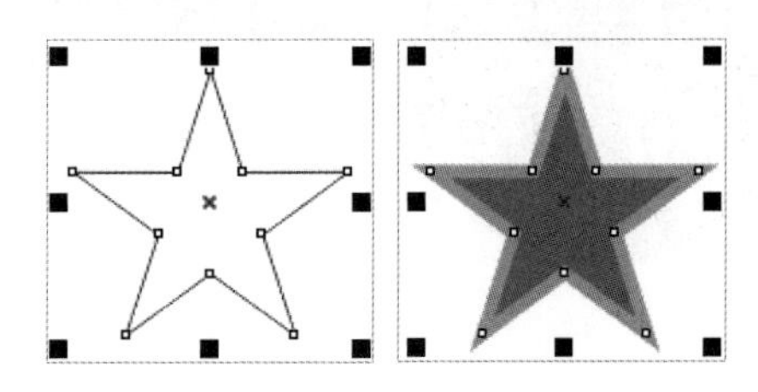

图8-24 填充对象

技巧

当文档中只有一个对象时，使用"智能填充工具"在任意位置单击，都可以为该对象填充颜色。当文档中存在多个对象时，要填充对象就必须使用"智能填充工具"在对象上单击。

8.3.2 填充多个对象

在页面中绘制多个心形后，只要使用“智能填充工具”在页面的空白区域单击，就可以对多个对象进行填充，如图 8-25 所示。如果这几个对象叠加在一起，就会为这几个叠加在一起的对象填充一个外边界，如图 8-26 所示。

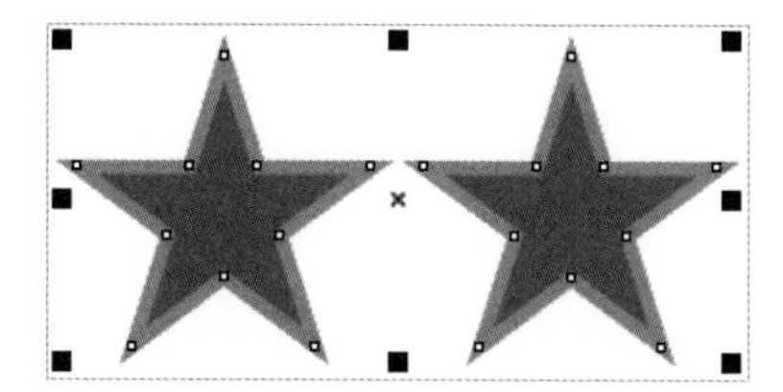

图 8-25 填充多个对象

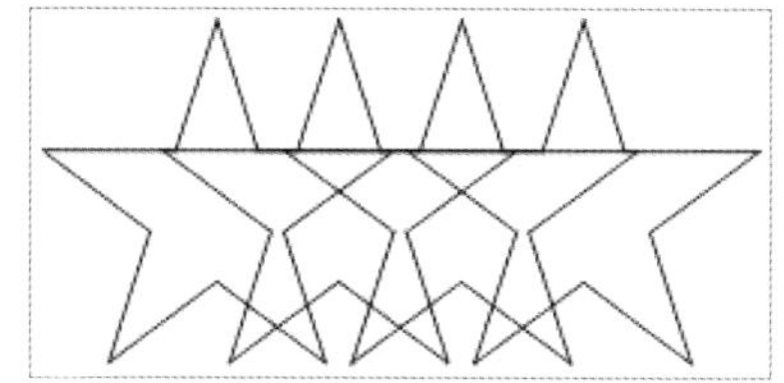

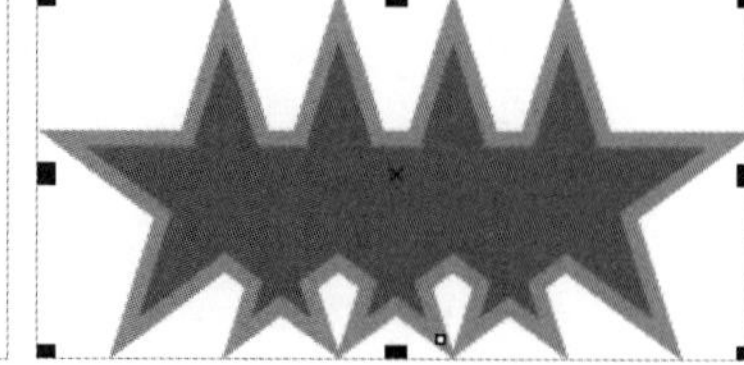

图 8-26 填充外边界

在对叠加在一起的多个对象进行填充时，填充后的对象会以一个全新的对象独立存在，将填充后的对象拖动到旁边，会发现原来的多个重叠对象只是跑到了填充对象后面，如图 8-27 所示。

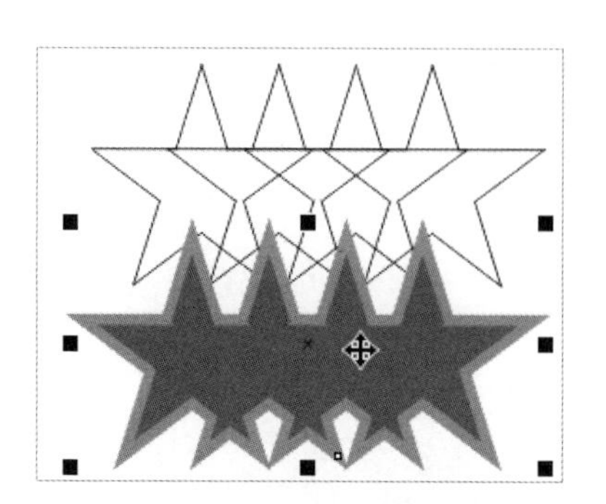

图 8-27 移动智能填充对象

课堂案例 通过“智能填充工具”为复杂图形填充颜色

素材文件	源文件 / 第 08 章 /< 课堂案例——通过“智能填充工具”为复杂图形填充颜色 >	扫码观看视频
视频教学	录屏 / 第 08 章 / 课堂案例——通过“智能填充工具”为复杂图形填充颜色	
案例要点	掌握“智能填充工具”的使用方法	

操作步骤

Step 01 新建空白文档，使用“复杂星形工具”绘制一个八角星，如图 8-28 所示。

Step 02 使用“手绘工具”在星形上绘制直线，如图 8-29 所示。

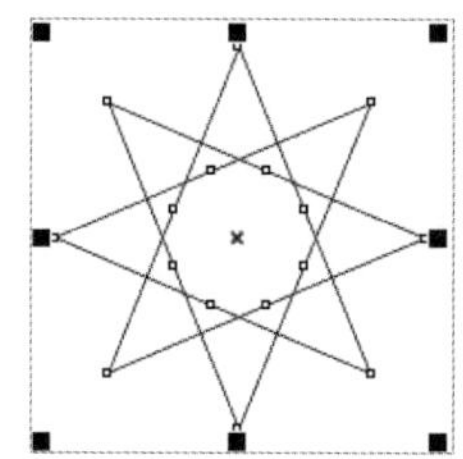

图 8-28 绘制八角星

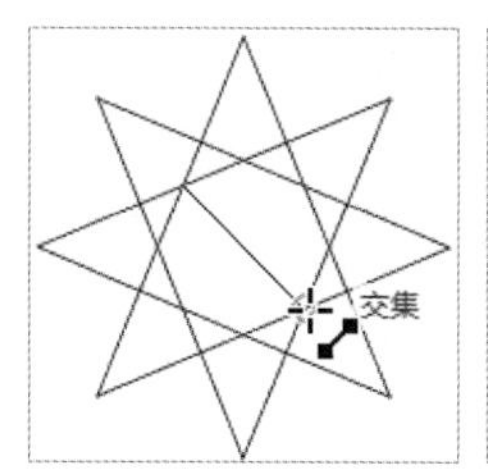

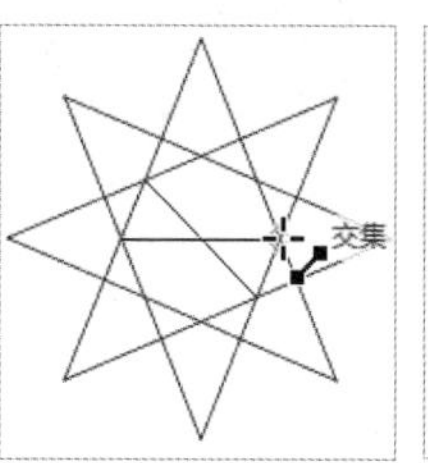

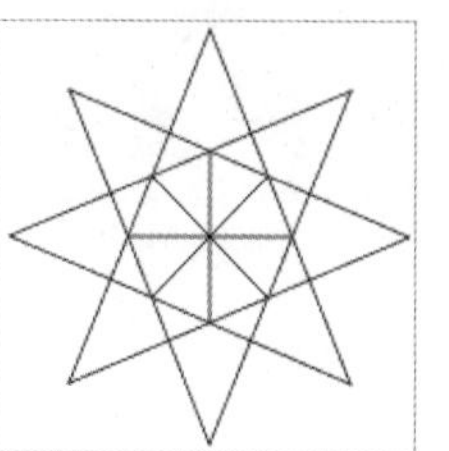

图 8-29 绘制直线

Step 03 线条绘制完毕，选择“智能填充工具”，在属性栏中设置“填充色”为红褐色、“轮廓色”为绿色，如图 8-30 所示。

图 8-30 设置填充颜色及轮廓色

Step 04 使用“智能填充工具”在八角星上单击，填充颜色，如图 8-31 所示。

Step 05 在属性栏中设置“填充色”为天蓝色、“轮廓色”为绿色，如图 8-32 所示。

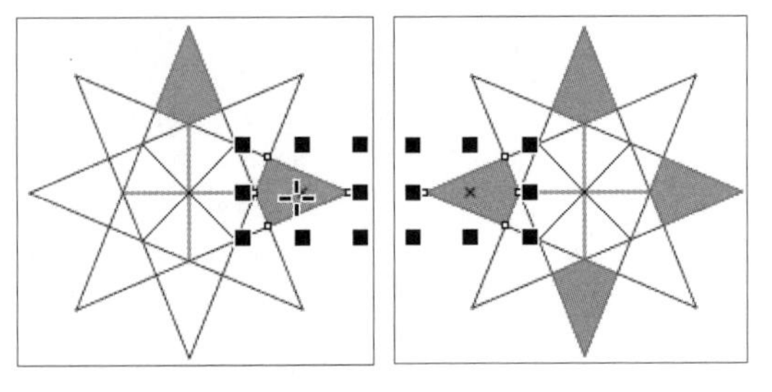

图 8-31 填充

图 8-32 设置颜色

Step 06 使用“智能填充工具”在八角星外围的另 4 个角上单击，填充颜色，效果如图 8-33 所示。

Step 07 在属性栏中设置“填充色”为浅黄色、“轮廓色”为绿色，如图 8-34 所示。

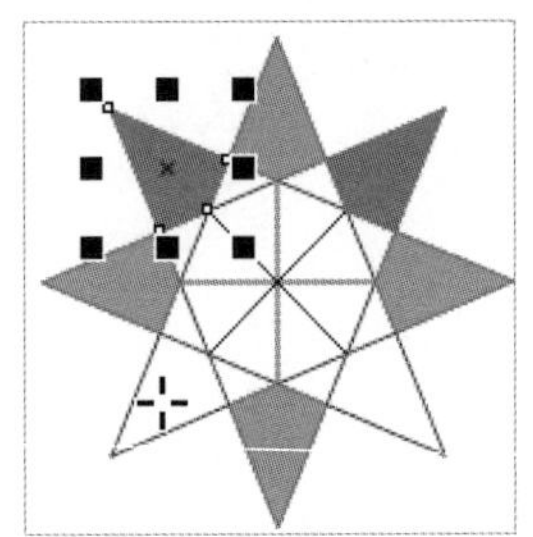

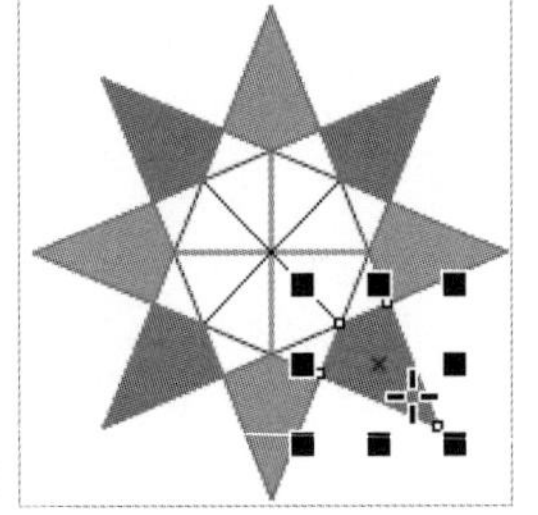

图 8-33 填充

图 8-34 设置颜色

Step 08 使用“智能填充工具”在八角星内部的小角上单击，填充颜色，效果如图 8-35 所示。

Step 09 在属性栏中设置“填充色”为红色、“轮廓色”为绿色，使用“智能填充工具”在八角星内部用直线连接形成的角上进行填充。至此，本例制作完毕，效果如图 8-36 所示。

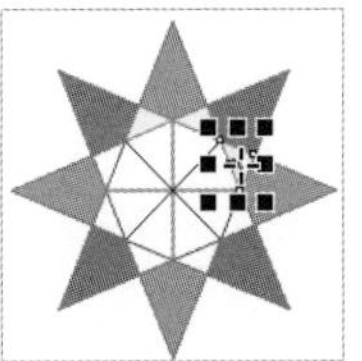

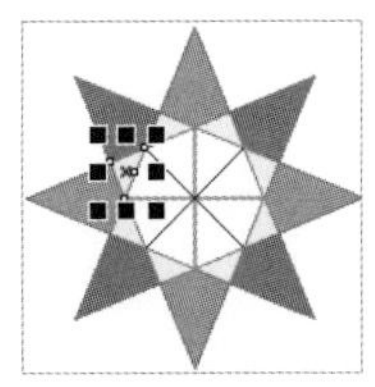

图 8-35 填充颜色

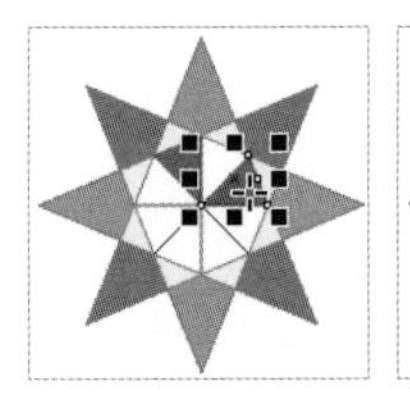

图 8-36 最终效果

8.4 填充工具

在 CorelDRAW 2018 中，单击工具箱中的“交互式填充工具”按钮，在属性栏中会看到“无填充”“均匀填充”“渐变填充”“向量图样填充”“位图图样填充”“双色图样填充”“底纹填充”“PostScript 填充”8 种填充方式，如图 8-37 所示。在状态栏中双击“填充工具”按钮，在打开的“编辑填充”对话框中同样可以看到上述 8 种填充方式，如图 8-38 所示。

图 8-37 填充方式

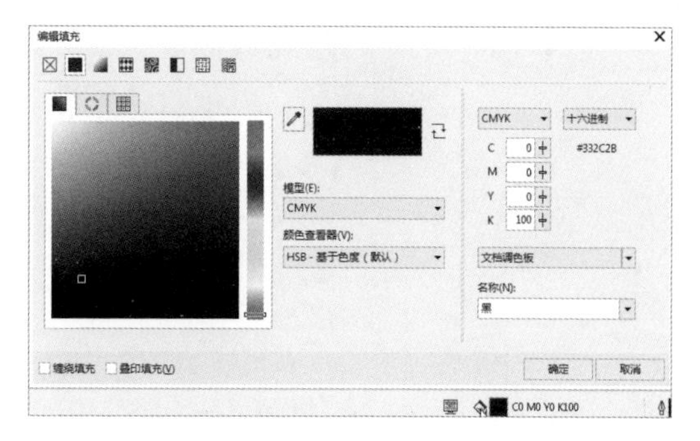

图 8-38 “编辑填充”对话框

8.4.1 无填充

使用“无填充”工具☒可以将之前填充的颜色或样式清除掉。选择已填充颜色或样式的对象，单击工具箱中的“交互式填充工具”按钮，在属性栏中单击“无填充”按钮☒，即可清除填充的内容，如图 8-39 所示。

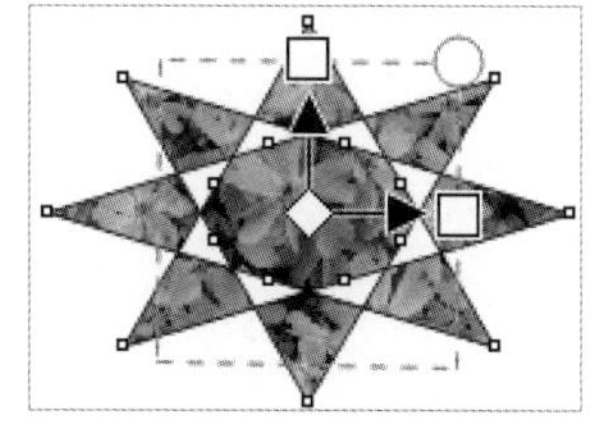

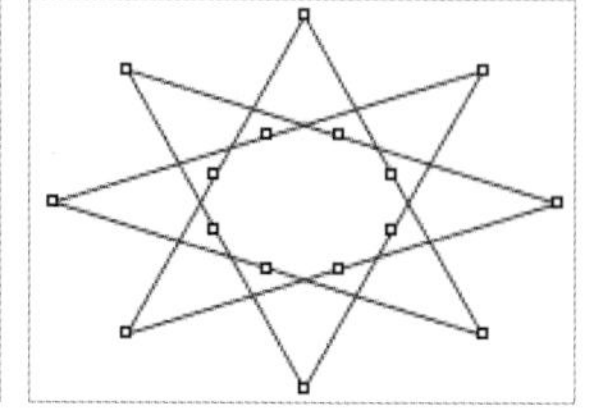

图 8-39 无填充

8.4.2 均匀填充

“均匀填充”工具■用来为当前对象填充单一颜色。单击工具箱中的“交互式填充工具”按钮，在属性栏中单击“均匀填充”按钮■，选择一种颜色后会为当前对象填充一种颜色，如图 8-40 所示。此时属性栏会显示与“均匀填充”■相关的选项，如图 8-41 所示。

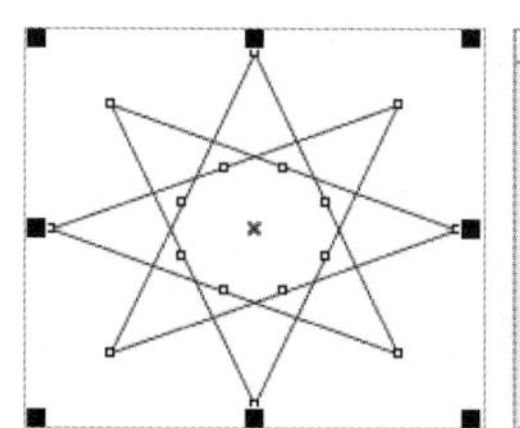

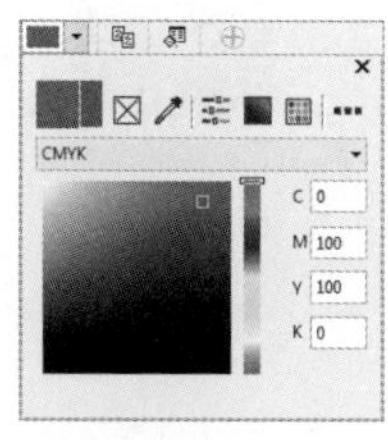

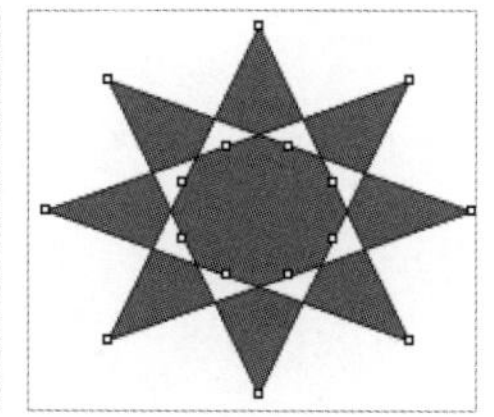

图 8-40 均匀填充

图 8-41 “均匀填充”的属性栏

“均匀填充”属性栏中各选项的含义如下。

- “填充色”：用来选择填充颜色，在其下拉列表中可以选择填充颜色的方式，主要有 3 种，包含“显示调色板”“显示颜色滑块”“显示颜色查看器”。
- “复制填充”：可以将文档中任意填充颜色复制到选择对象中。
- “编辑填充”：用来设置或改变填充属性，单击该按钮即可打开“编辑填充”对话框，在该对话框中可以看到“显示调色板”“显示颜色混合器”“显示颜色查看器”3 个颜色调整选项卡，如图 8-42 所示。

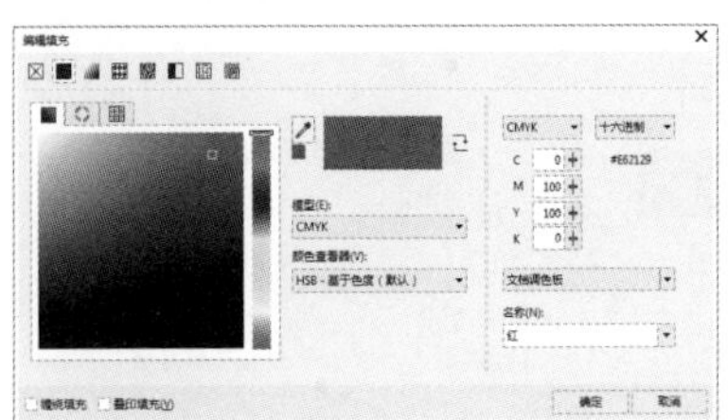
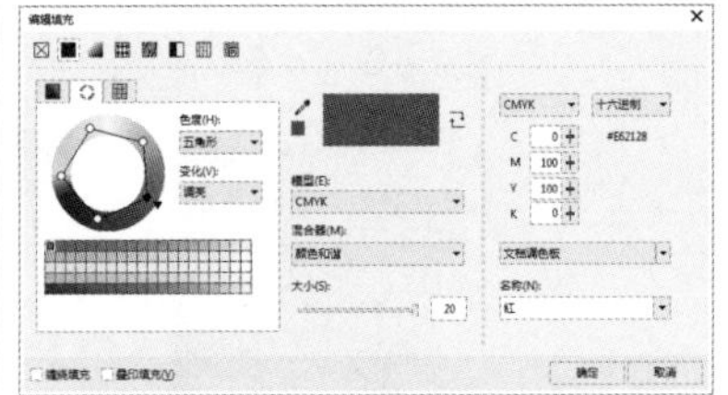
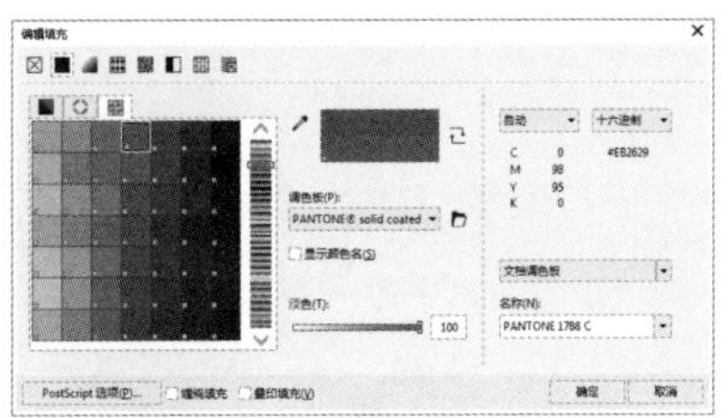

图 8-42 “编辑填充”对话框中的 3 个颜色调整选项卡

在属性栏中单击“编辑填充”按钮，打开的“编辑填充”对话框与在状态栏中双击“填充工具”按钮弹出的“编辑填充”对话框是同一个对话框。

课堂案例 “复制填充”命令的应用

视频教学	录屏 / 第 08 章 / 课堂案例——“复制填充”命令的应用	扫码观看视频
案例要点	掌握“复制填充”命令的使用方法	

操作步骤

Step 01 新建空白文档，使用“多边形工具”在页面中绘制一个六边形。单击工具箱中的“交互式填充工具”按钮，在属性栏中单击“均匀填充”按钮，为其填充红色，如图 8-43 所示。

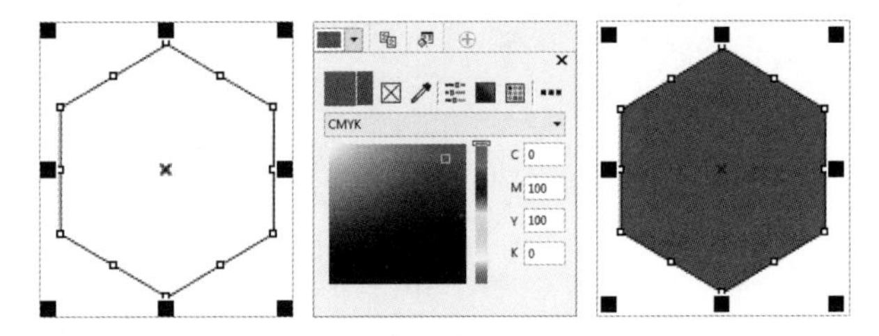

图 8-43 绘制矩形填充红色

Step 02 使用“基本形状工具”在页面中绘制一个心形，单击工具箱中的“交互式填充工具”按钮，在属性栏中单击“复制填充”按钮，将鼠标指针移动到红色六边形上，如图 8-44 所示。

Step 03 在红色六边形上单击，就可以将矩形的填充颜色复制到心形上，如图 8-45 所示。

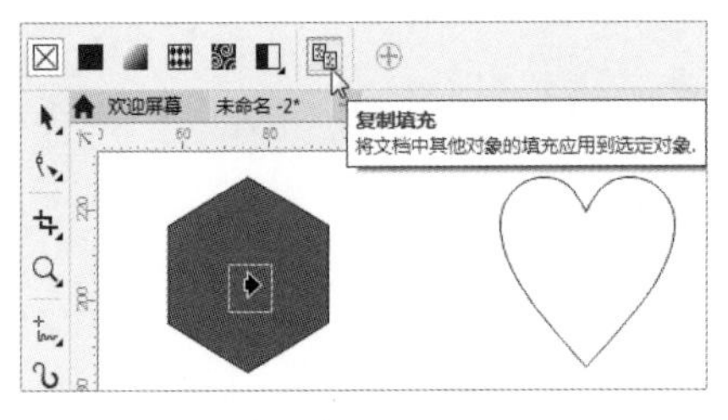

图 8-44 单击“复制填充”按钮

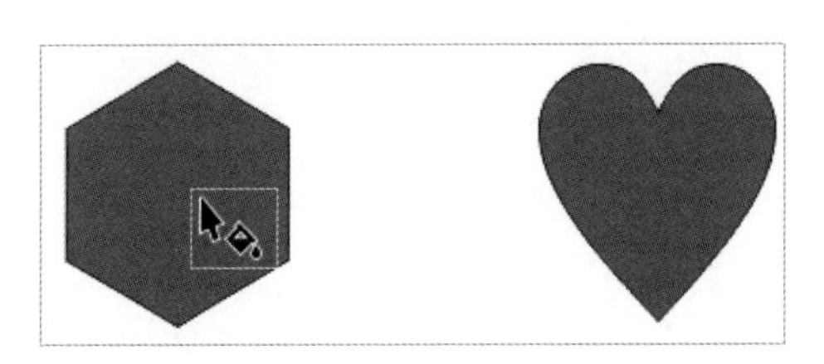

图 8-45 复制填充

8.4.3 渐变填充

“渐变填充”工具可以用来在对象中填充两种或两种以上的平滑渐变颜色。单击工具箱中的“交互式填充工具”按钮，在属性栏中单击“渐变填充”按钮，即可显示“渐变填充”的属性栏。“渐变填充”主要分为“线性渐变填充”、“椭圆形渐变填充”、“圆锥形渐变填充”、“矩形渐变填充” 4 种填充类型，设置“节点颜色”后，单击“确定”按钮，即可完成渐变填充，如图 8-46 所示。此时属性栏中会显示与“渐变填充”对应的选项设置，如图 8-47 所示。

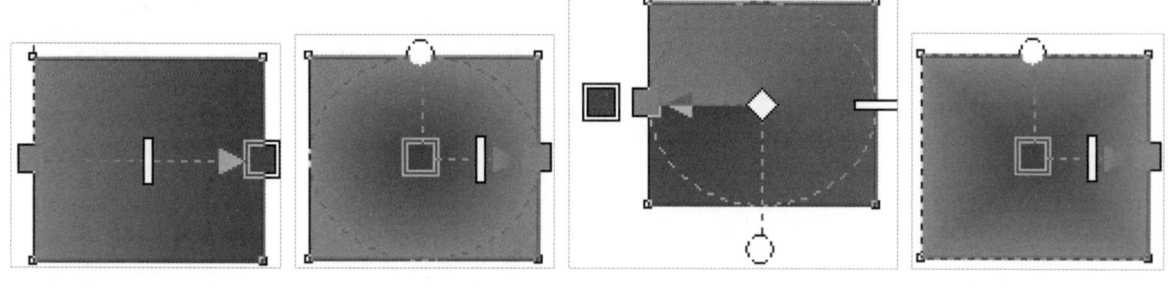

图 8-46 渐变填充

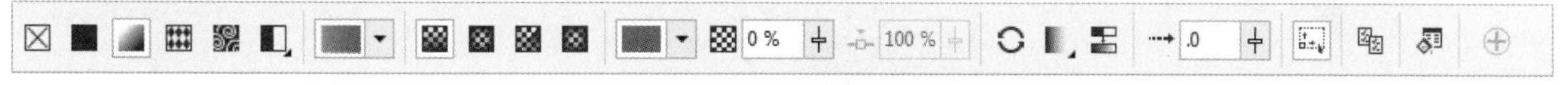

图 8-47 “渐变填充”的属性栏

“渐变填充”属性栏中各选项的含义如下。

- “填充挑选器”：用来在收藏夹或用户内容中选择填充效果，如图 8-48 所示。
- “填充类型”：用来设置在对象中填充渐变的类型，其中包含“线性渐变填充”、“椭圆形渐变填充”、“圆锥形渐变填充”和“矩形渐变填充”。
- “节点颜色”：用来设置填充对象中填充渐变色节点的颜色，选择节点后，单击“节点颜色”图标，即可在其下拉列表中选择节点颜色，每次只能设置一个节点的颜色。
- “节点透明度”：用来设置当前填充节点颜色的透明效果，数值越大，越透明。

图 8-48 填充挑选器

技巧

在渐变色的节点上单击，系统会弹出一个编辑当前节点的快捷菜单，可以用来改变节点颜色和透明度效果。在两个节点的中间线上双击，会重新添加一个颜色节点，如图 8-49 所示。在新添加的颜色节点上双击，可以将当前节点删除，不是新添加的节点不能被删除。

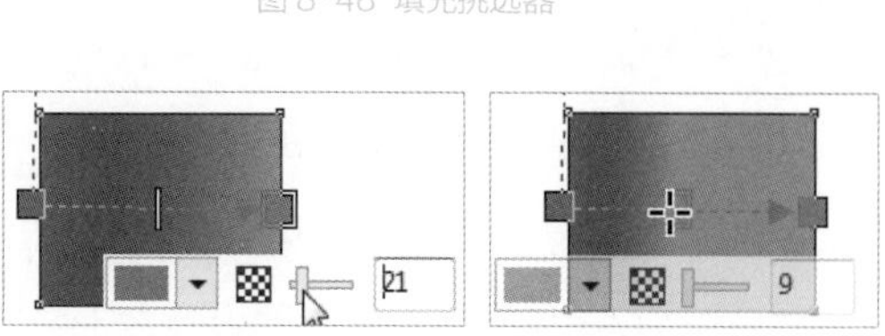

图 8-49 添加颜色节点

- “节点位置” 45%：用来设置新添加节点在最初两个节点之间的位置。
- “反转填充” ：单击该按钮，可以将渐变填充的顺序进行反转。
- “排列” ：用来设置镜像或重复渐变填充，单击该按钮可以在其下拉列表中看到填充模式，将后面颜色节点位置向中间拖动，可以看到不同排列填充时的效果，如图 8-50 所示。
- “平滑” ：用来设置渐变填充时两个节点之间更加平滑的过渡效果。
- “速度” .0：用来指定渐变填充从一个颜色调和到另一个颜色的速度，数值在 -100 到 100 之间。
- “自由缩放和倾斜” ：单击该按钮，将允许填充时不按比例倾斜和显示延伸。

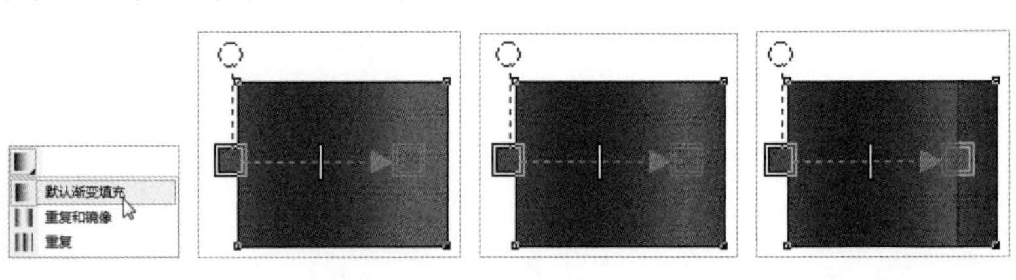

图 8-50 排列填充

线性渐变填充

“线性渐变填充”工具可以用于在两个或多个颜色之间产生直线形颜色渐变。

使用“渐变填充”工具可以在属性栏中进行渐变设置及填充，通过改变节点位置来改变线性渐变的填充效果，如图 8-51 所示，还可以在“编辑填充”对话框中进行更加细致的设置，如图 8-52 所示。

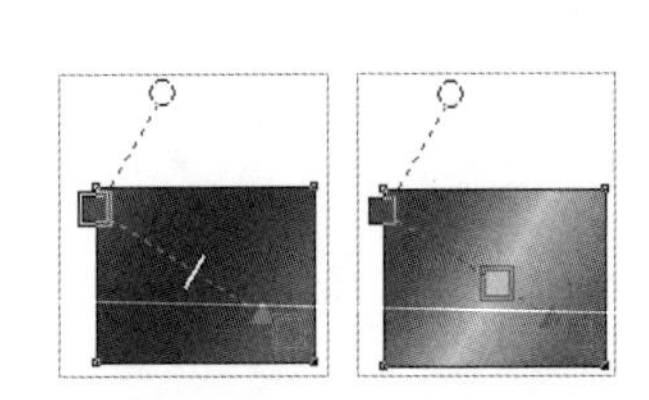
图 8-51 填充线性渐变

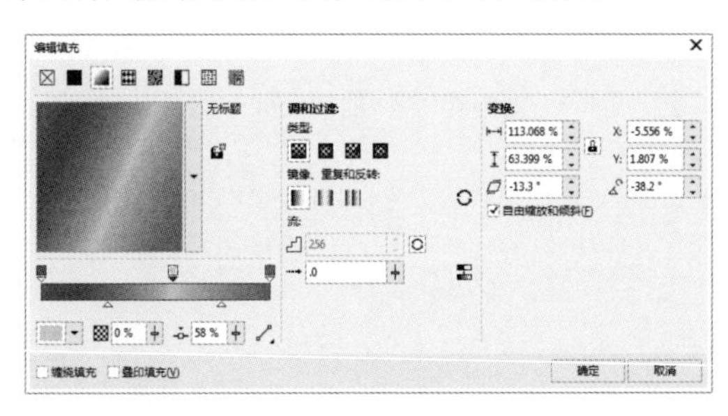

图 8-52 “编辑填充”对话框

技巧

使用“渐变填充”工具可以通过在对象上选择从起点向终点位置拖动的方式填充渐变色，之后再设置渐变颜色，还可以直接选择“交互式填充工具”，在页面中拖动。在默认情况下填充的就是渐变颜色，并且是线性渐变。

椭圆形渐变填充

使用“椭圆形渐变填充”工具可以在两个或多个颜色之间以同心圆的形式，由对象中心向外径辐射生成渐变效果，该渐变经常用在制作立体球体及一些光晕效果上。

选择“椭圆形渐变填充”工具，可以通过改变节点位置来改变椭圆形渐变的填充效果，还可以在“编辑填充”对话框中进行更加细致的设置，如图 8-53 所示。

圆锥形渐变填充

使用“圆锥形渐变填充”工具可以在两个或多个颜色之间产生色彩渐变，该渐变常用在光线照射在圆锥上的视觉效果，使平面对象具有立体感。

选择“圆锥形渐变填充”工具，可以通过改变节点位置来改变圆锥形渐变的填充效果，还可以在“编辑填充”对话框中进行更加细致的设置，如图 8-54 所示。

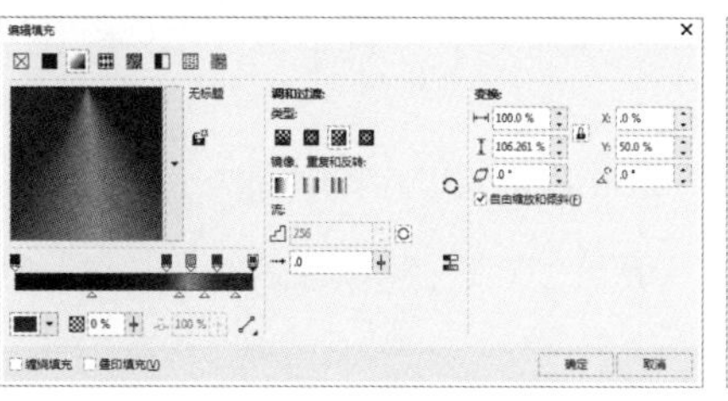

图 8-53 填充椭圆形渐变　　图 8-54 填充圆锥形渐变

矩形渐变填充

使用“矩形渐变填充”工具▣可以在两个或多个颜色之间以同心菱形的形式，产生从对象中心向外扩散的色彩渐变效果。

选择“矩形渐变填充”工具▣，可以通过改变节点位置来改变菱形渐变的填充效果，还可以在“编辑填充”对话框中进行更加细致的设置，如图 8-55 所示。

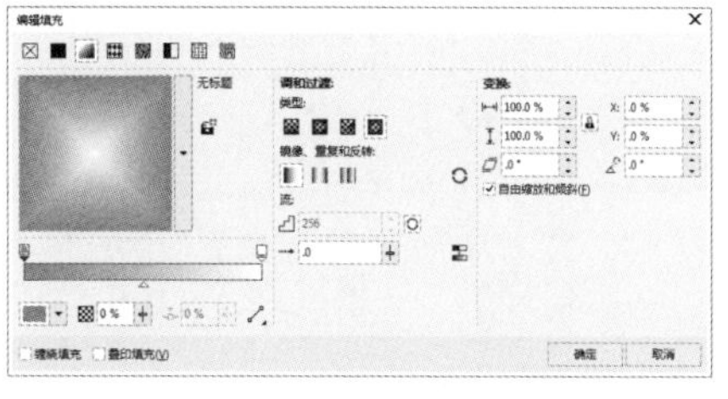

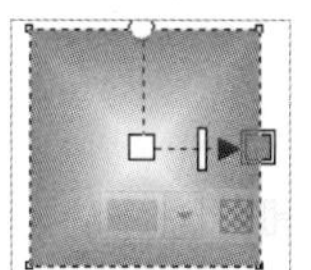

图 8-55 填充矩形渐变

8.4.4 向量图样填充

向量图样又称为矢量图样，是比较复杂的矢量图形，可以由线条和填充组成。下面详细讲解 CorelDRAW 软件的向量图样填充。

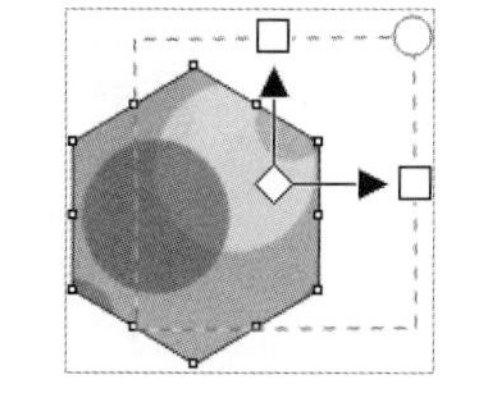

图 8-56 向量图样填充

选择要填充的对象，在工具箱中单击“交互式填充工具”按钮◈，在属性栏中单击“向量图样填充”按钮▦，会将默认的向量图案应用到对象上，如图 8-56 所示。此时属性栏中会显示与“向量图样填充”▦相关的选项，如图 8-57 所示。

“向量图样填充”属性栏中各选项的含义如下。

图 8-57 “向量图样填充”的属性栏

- “填充挑选器”：用来在收藏夹或用户内容中选择填充效果，如图 8-58 所示。
- “水平镜像平铺”▦：排列平铺可以在水平方向上形成反射，如图 8-59 所示。
- “垂直镜像平铺”▦：排列平铺可以在垂直方向上形成反射，如图 8-60 所示。
- “变换对象”▦：将变换应用到填充中。

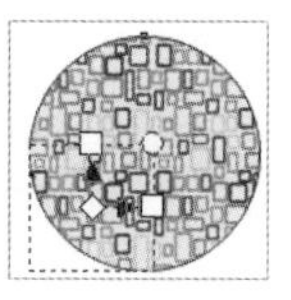

图 8-58 填充挑选器

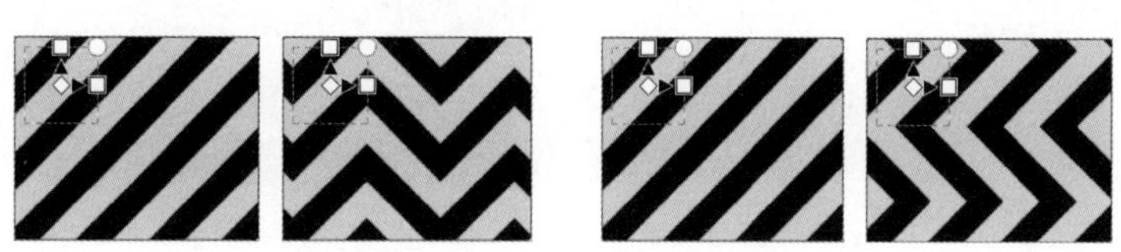

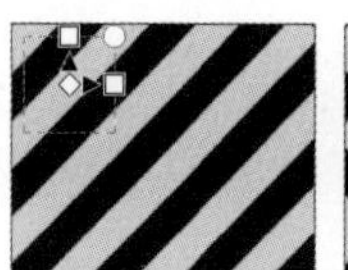

图 8-59 水平镜像平铺

图 8-60 垂直镜像平铺

在属性栏中单击“编辑填充”按钮，打开“编辑填充”对话框，在其中可以更加细致地设置向量填充，如图 8-61 所示。

“编辑填充”对话框中各选项的含义如下。

- “填充挑选器”：用来在个人或公共填充库中选择填充效果。
- “另存为新”：用来保存和共享当前的填充效果。
- “源”：用来设置填充的源图像区域。
  - “来自工作区的源”：单击该按钮后，可以通过框选来重新定义填充源。
  - “来自文件的新源”：用来在打开的文件夹中选择图片作为新的填充源。
- “变换”：用来设置填充源的精确变换。
- “变换对象”：选中该复选框后，在变换填充后的对象时，填充源跟随变换。

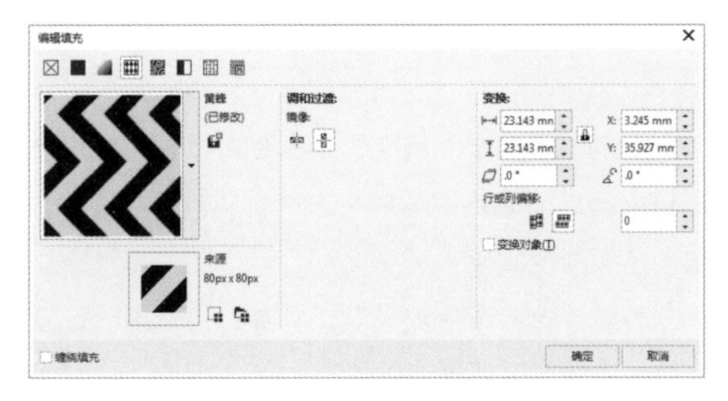

图 8-61 “编辑填充”对话框

课堂案例 通过来自工作区的新源制作小猴填充

素材文件	素材文件 / 第 08 章 /< 小猴 .cdr>	扫码观看视频
案例文件	源文件 / 第 08 章 /< 课堂案例——通过来自工作区的新源制作小猴填充 >	
视频教学	录屏 / 第 08 章 / 课堂案例——通过来自工作区的新源制作小猴填充	
案例要点	掌握“向量图样填充”命令的使用方法	

操作步骤

Step 01 选择菜单栏中的“文件”/“新建”命令，新建一个空白文档，使用“矩形工具”在文档中绘制矩形并填充颜色，如图 8-62 所示。

Step 02 导入素材“小猴.cdr”，如图 8-63 所示。

Step 03 复制一个背景并将其移动到边上，使用“向量图案填充”工具，在“编辑填充”对话框中，单击“来自工作区的新源”按钮，单击“确定”按钮后，在小猴上创建选取框，如图 8-64 所示。

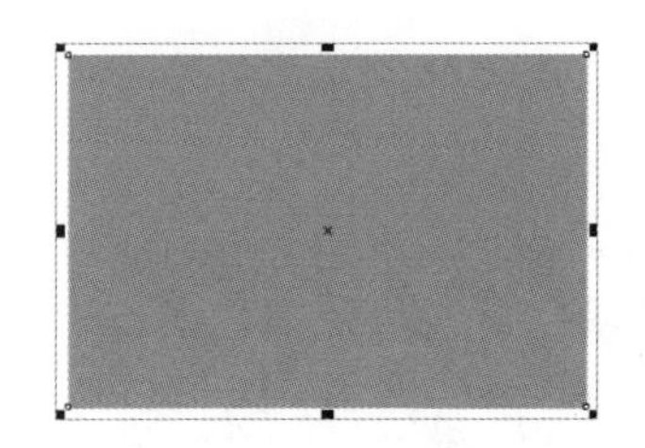

图 8-62 绘制矩形并填充颜色

图 8-63 导入素材

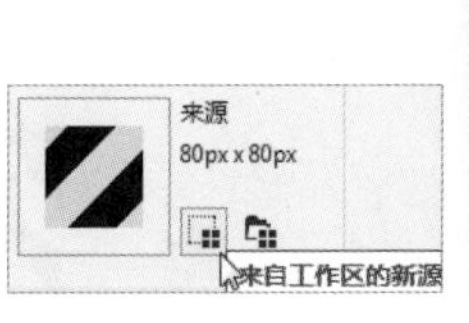

图 8-64 设置填充

Step 04 创建完毕后，单击“接受”按钮，如图 8-65 所示。

Step 05 再次打开“编辑填充”对话框，设置“变换”选项，如图 8-66 所示。

Step 06 单击“确定”按钮，效果如图 8-67 所示。

图 8-65 填充

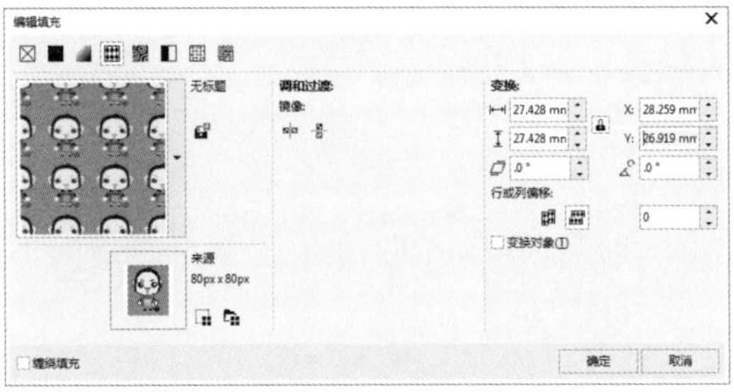

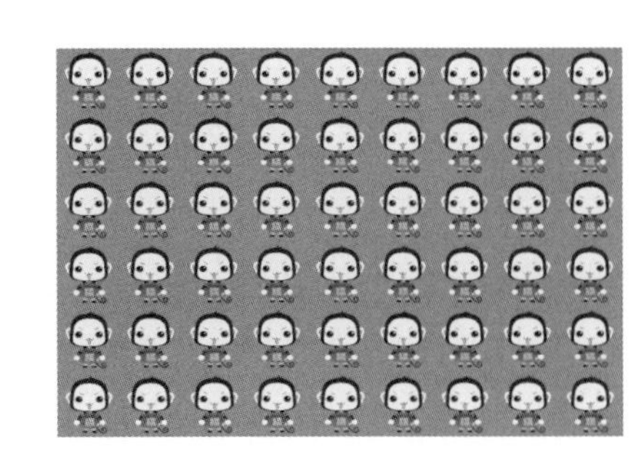

图 8-66 设置“变换”选项

图 8-67 填充后

Step 07 将填充矢量图的矩形拖动到橘色矩形上，使用“透明度工具”在矩形上单击，在下面设置不透明度，如图 8-68 所示。

Step 08 按住【Alt】键选取后面的矩形，为矩形设置渐变填充，效果如图 8-69 所示。

Step 09 填充渐变色后，效果如图 8-70 所示。

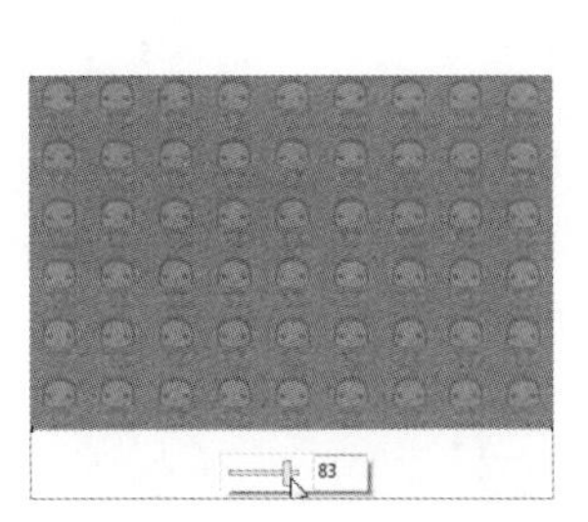

图 8-68 设置不透明度

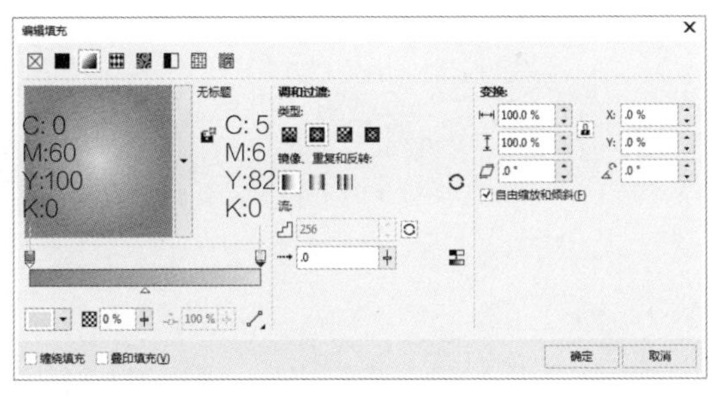

图 8-69 设置渐变填充

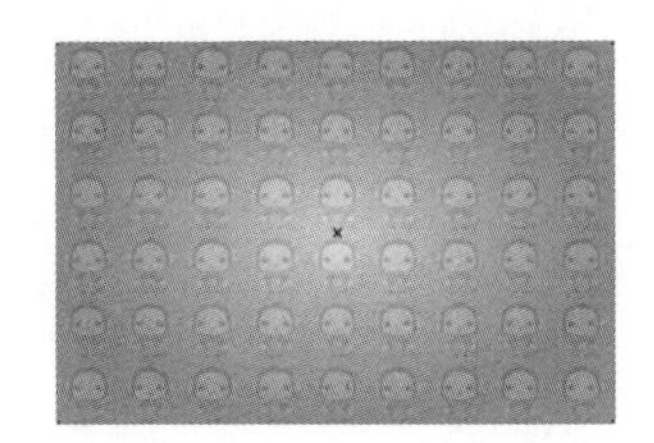

图 8-70 填充渐变色效果

Step 10 将小猴移动到背景上面，如图 8-71 所示。

Step 11 使用“椭圆形工具”在小猴脚上绘制一个黑色的椭圆形，使用“透明度工具”在椭圆形上单击，在下面设置不透明度，如图 8-72 所示。

Step 12 将椭圆形调整到小猴后面，再输入修饰文字，完成本例的制作，最终效果如图 8-73 所示。

图 8-71 移入小猴

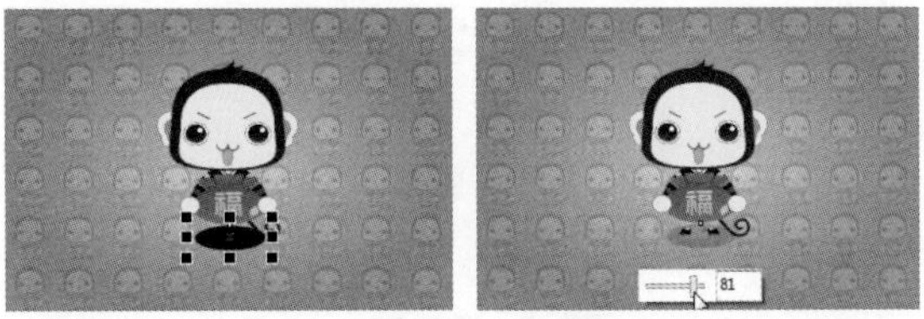

图 8-72 添加阴影

图 8-73 最终效果

8.4.5 位图图样填充

位图图样填充是指将预先设置好的很多规则的彩色图片填充到对象中，这种图案和位图图像一样，具有丰富的色彩。

选择要填充的对象，在工具箱中单击“交互式填充工具”按钮，在属性栏中单击“位图图样填充”按钮，此时属性栏中会显示与“位图图样填充”相关的选项，如图 8-74 所示。

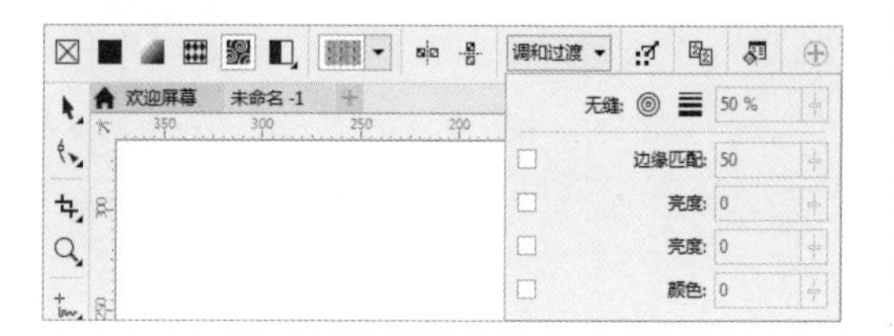

图 8-74 “位图图样填充”的属性栏

“位图图样填充”属性栏中各选项的含义如下。

- “径向调和”：用来在每个图样平铺中，在对角线方向调和图像的一部分。
- “线性调和” 50 %：用来调和图样平铺边缘和相对边缘。
- “边缘匹配”：用来使图样平铺边缘与相对边缘的颜色过渡平滑。
- “亮度”：用来提高或降低图样的亮度。
- “亮度”：用来提高或降低图样的灰阶对比度。
- “颜色”：用来提高或降低图样的颜色对比度。

在属性栏中单击“编辑填充”按钮，在打开的“编辑填充”对话框中，选择一个填充图案，单击“确定”按钮，即可将选择的位图填充到图形中，如图 8-75 所示。

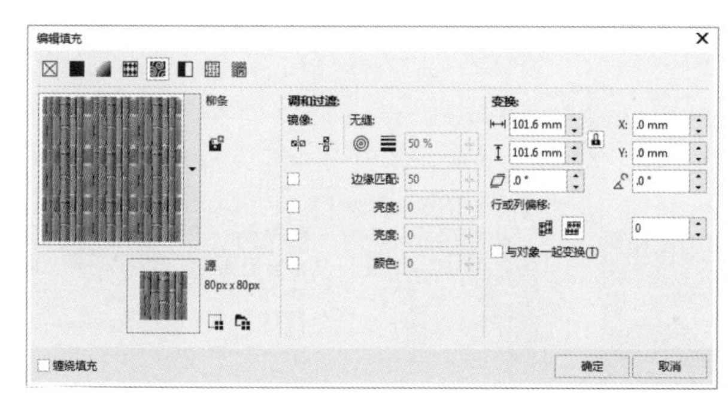

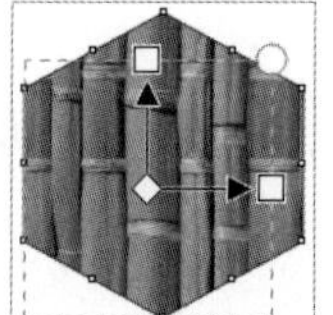

图 8-75 填充位图

8.4.6 双色图样填充

双色图样填充只有两种颜色可供选择，虽然没有丰富的颜色，但刷新和打印速度较快，是用户非常喜爱的一种填充方式。

选择要填充的对象，在工具箱中单击“交互式填充工具”按钮，在属性栏中单击“双色图样填充”按钮，此时属性栏中会显示与“双色图样填充”相关的选项，如图 8-76 所示。

图 8-76 “双色图样填充”的属性栏

在属性栏中单击“编辑填充”按钮，在打开的“编辑填充”对话框中选择一个双色填充图案，设置填充的颜色后，单击“确定”按钮，即可将选择的双色图样填充到图形中，如图 8-77 所示。

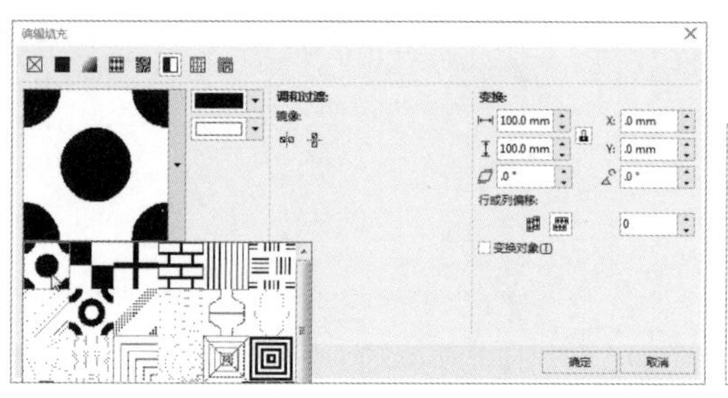

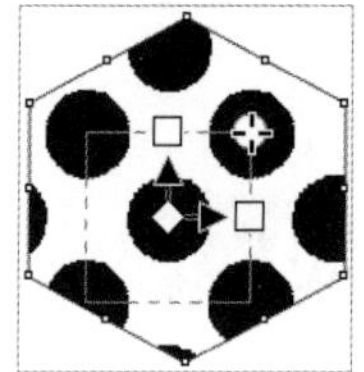

图 8-77 填充双色图样

8.4.7 底纹填充

底纹填充是指随机生成填充，可用于赋予对象自然的外观。

选择要填充的对象，在工具箱中单击“交互式填充工具”按钮，在属性栏中单击“底纹填充”按钮，此时属性栏中会显示与“底纹填充”相关的选项，如图 8-78 所示。

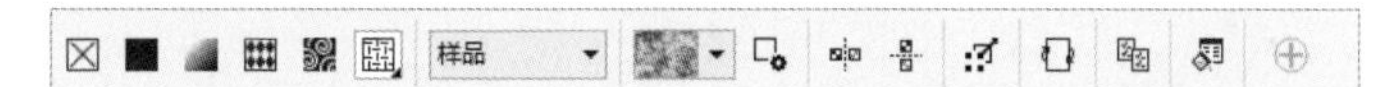

图 8-78 “底纹填充”的属性栏

“底纹填充”属性栏中各选项的含义如下。

- “底纹库”：用来存放填充底纹，默认存在 7 个底纹库。
- “填充挑选器”：用来选择底纹库中的填充纹理，如图 8-79 所示。
- “底纹选项”：用于设置位图分辨率和最大平铺宽度。
- “重新生成底纹”：单击该按钮，可以重新设置各个填充参数，以此来改变底纹效果。

在属性栏中单击“编辑填充”按钮，在打开的“编辑填充”对话框中选择一个底纹库，在“填充选择器”下拉列表中选择一个底纹，单击“确定”按钮，即可将选择的底纹填充到图形中，如图 8-80 所示。

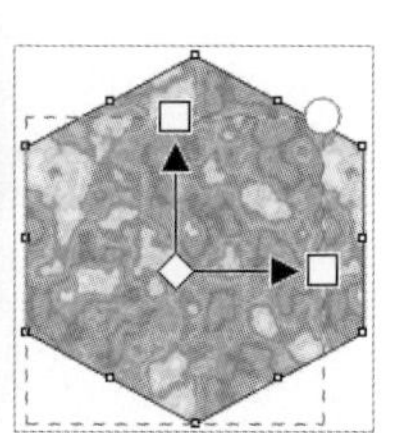

图 8-79 选择底纹

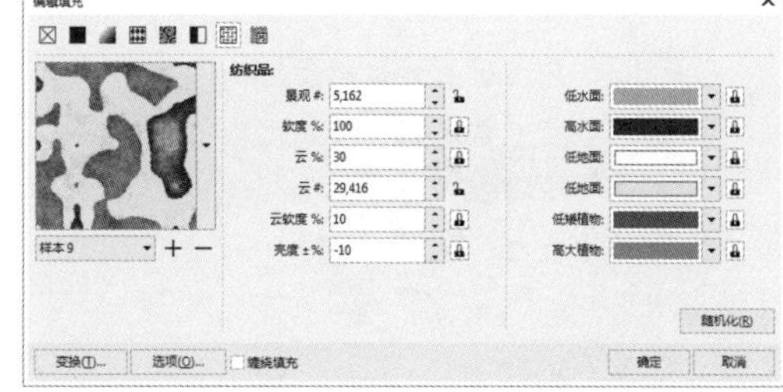

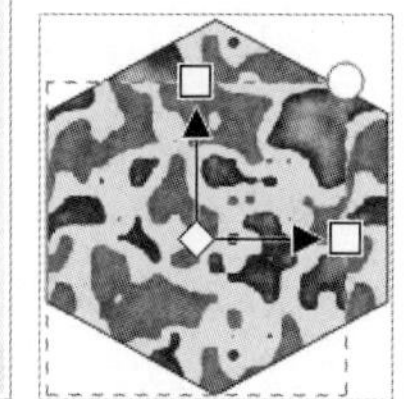

图 8-80 填充底纹

“编辑填充”对话框中各选项的含义如下。

- “变换”：单击该按钮，可以设置“镜像”“位置”“大小”“变换”“行或列偏移”等参数。用户可以更改底纹中心来创建自定义填充。
- “选项”：单击该按钮，可以设置位图分辨率和最大平铺宽度。
- “随机化”：单击该按钮，可以使用不同的参数重新进行填充。
- “保存底纹”：单击该按钮，弹出“保存底纹为”对话框，在“底纹名称”文本框中输入底纹名称，并在“库名称”下拉列表中选择保存的位置，然后单击“确定”按钮，即可保存自定义的底纹填充效果。
- “删除底纹”：用来将当前编辑的底纹删除。

8.4.8 PostScript填充

PostScript 填充是使用 PostScript 语言创建的。有些底纹非常复杂，因此打印或屏幕更新可能需要较长时间。有时可能不显示填充，而显示字母 PS，这取决于使用的视图模式。在应用 PostScript 底纹填充时，可以更改如大小、线宽、底纹的前景和背景中出现的灰色量等属性。

选择要填充的对象，在工具箱中单击“交互式填充工具”按钮，在属性栏中单击“PostScript 填充”按钮，此时属性栏中会显示与“PostScript 填充”相关的选项，如图 8-81 所示。

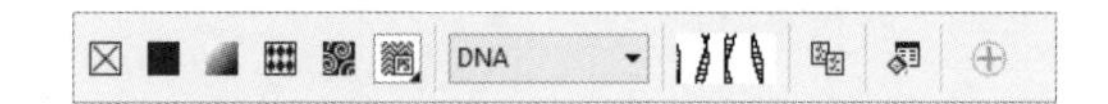

图 8-81 “PostScript 填充”的属性栏

“PostScript 填充”属性栏中各选项的含义如下。

- “PostScript 填充底纹”：用来存放填充底纹，在其下拉列表中选择底纹，即可对图形对象进行填充，如图 8-82 所示。

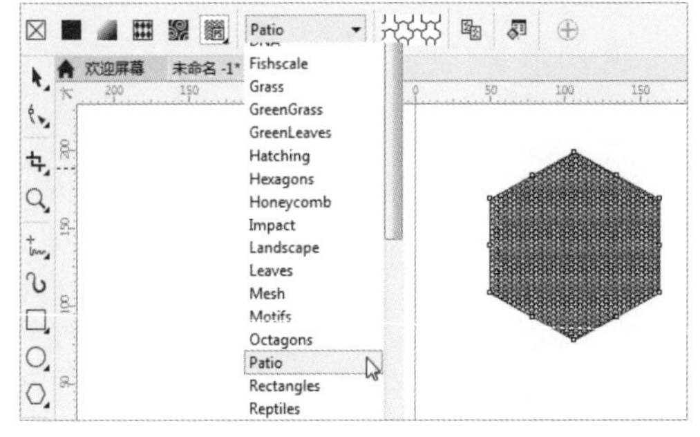

图 8-82 PostScript 填充底纹

技巧

在使用“PostScript 填充”工具进行填充时，当视图对象处于“简单相框”“线框”模式时，填充的效果将不会被显示；当视图对象处于“草稿”“普通”模式时，填充的效果会以字母 PS 的形式显示；只有视图对象处于“增强”“像素”“模拟叠印”模式时，填充的效果才能被显示。

在属性栏中单击“编辑填充”按钮，在打开的“编辑填充”对话框中选择一个底纹库，在“填充选择器”中选择一种底纹，单击“确定”按钮，即可将选择的底纹填充到图形中，如图 8-83 所示。

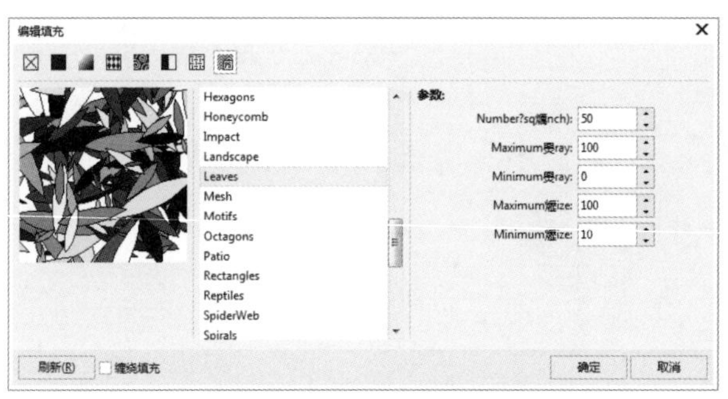

图 8-83 填充底纹

8.5 通过“对象属性”泊坞窗进行填充

在 CorelDRAW 2018 中，选择绘制的图形后，在“对象属性”泊坞窗中可以对对象的轮廓、填充内容、透明度等快速进行设置。选择菜单栏中的“窗口”/“泊坞窗”/“对象属性”命令，即可打开“对象属性”泊坞窗，默认停靠在软件窗口右侧，为了查看方便，可以将其拖动到任何位置，如图 8-84 所示。

"对象属性"泊坞窗中各选项的含义如下。

- "轮廓"：在此选项卡中可以对绘制的图形边框进行详细的设置。
- "填充"：在此选项卡中可以对绘制的图形进行详细的填充，选择绘制的矩形后，在"填充"选项卡中单击"位图图样填充"按钮，在"填充选择器"中选择一个位图图案，即可对图形进行填充，如图 8-85 所示。
- "透明度"：在此选项卡中可以对绘制的图形或已经进行填充的对象设置透明度，如图 8-86 所示。

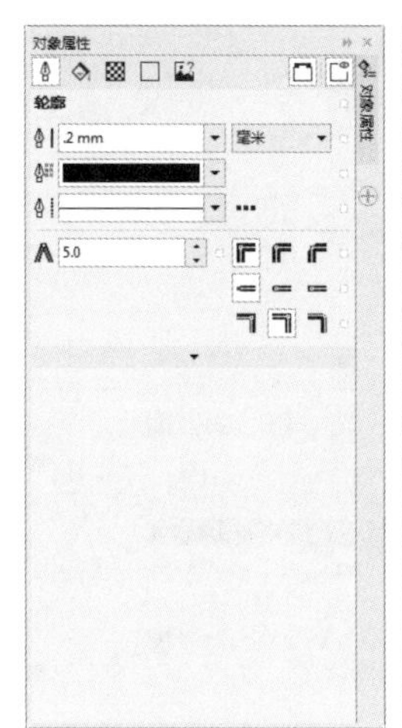
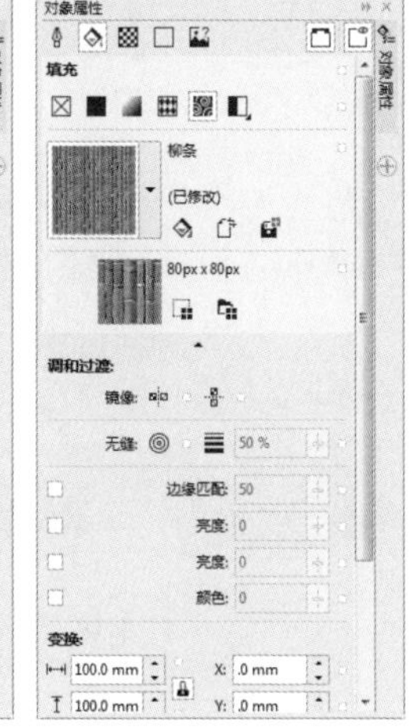
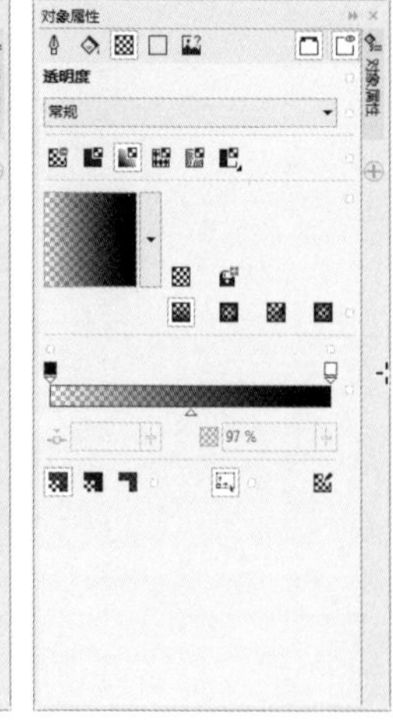

图 8-84 "对象属性"泊坞窗

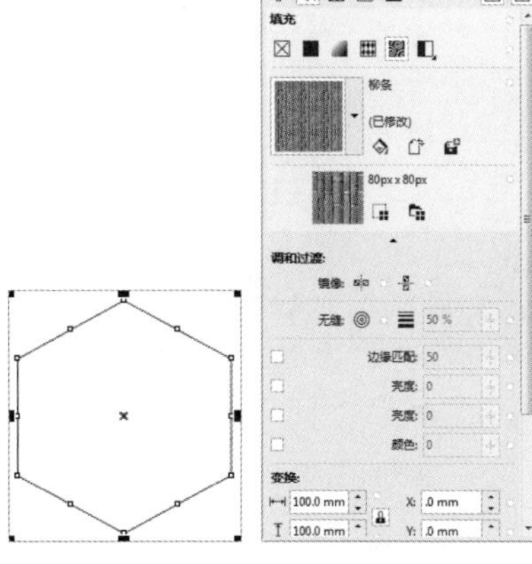

图 8-85 填充位图图案

图 8-86 设置透明度

> "无透明"：不为对象设置透明度。

> "均匀透明度"：用来为对象设置均匀透明度，如图 8-87 所示。

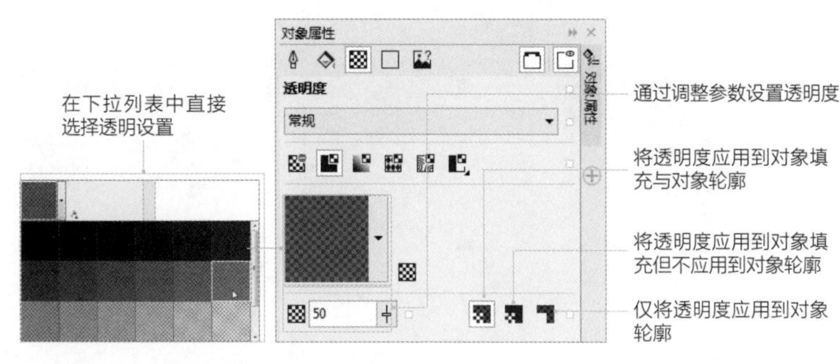

图 8-87 设置均匀透明度

> "渐变透明度"：用来为对象设置渐变透明度，如图 8-88 所示。

> "向量图样透明度"：用来为对象应用向量图样透明度，如图 8-89 所示。

> "位图图样透明度"：用来为对象应用位图图样透明度，如图 8-90 所示。

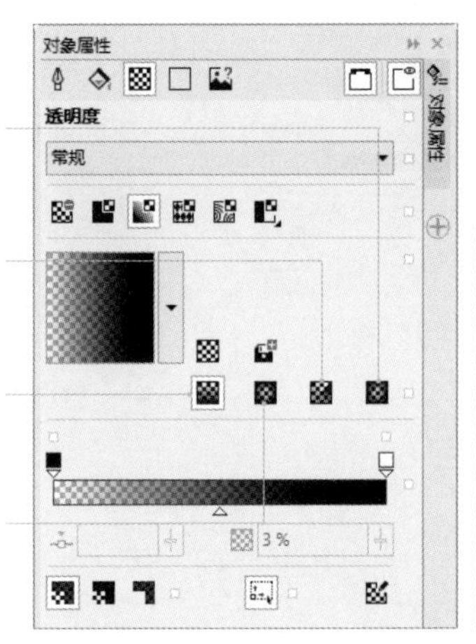

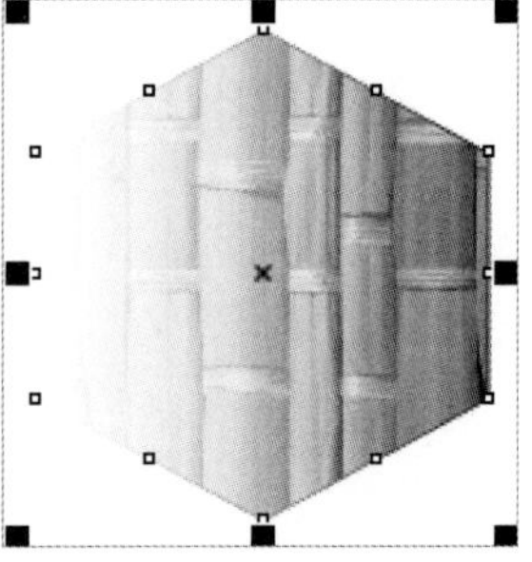

图 8-88 设置渐变透明度

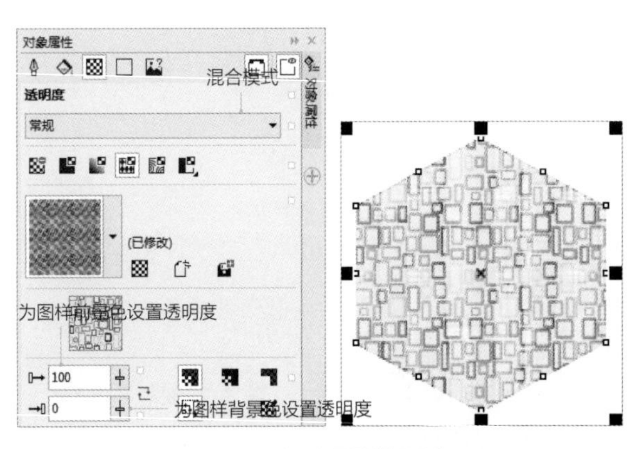

图 8-89 应用向量图样透明度

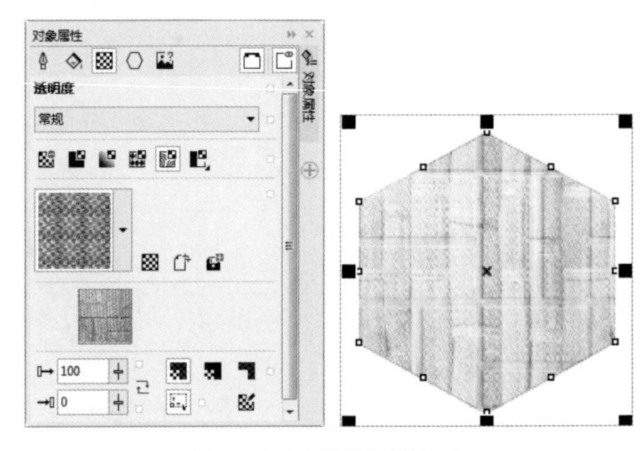

图 8-90 应用位图图样透明度

- “双色图样透明度”：用来为对象应用双色图样透明度，如图 8-91 所示。
- “底纹透明度”：用来为对象应用底纹透明度，如图 8-92 所示。

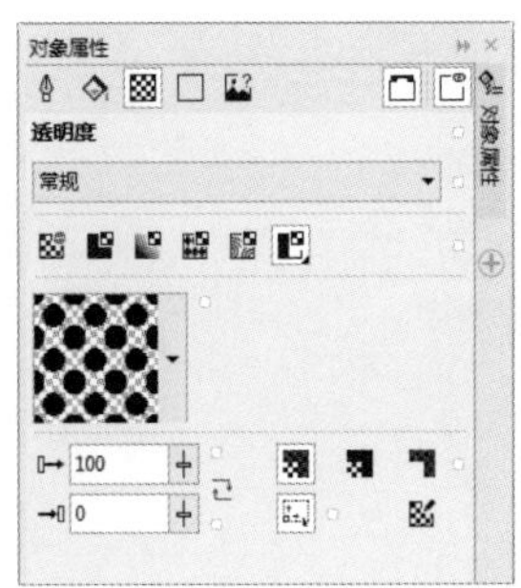

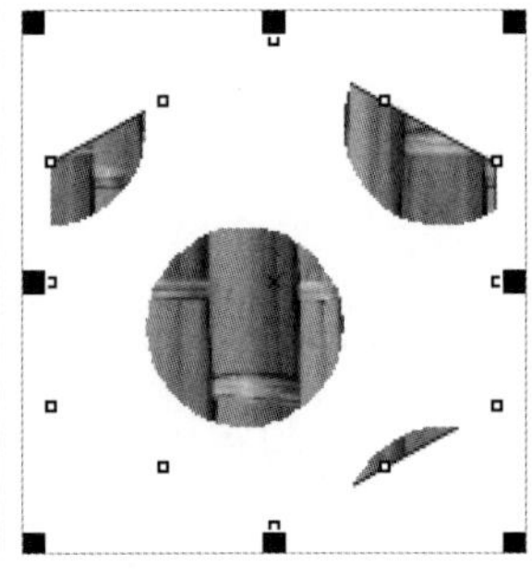

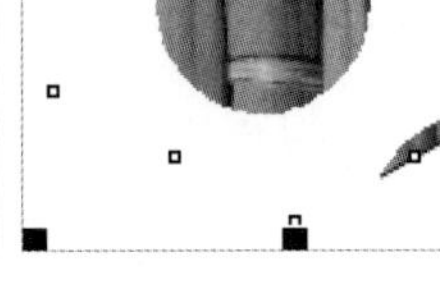

图 8-91 应用双色图样透明度

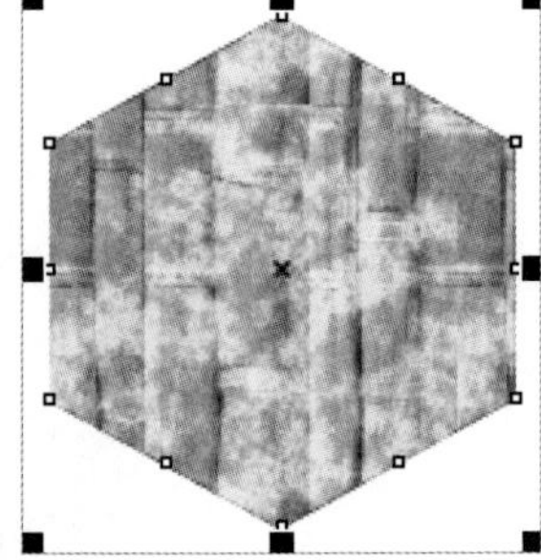

图 8-92 应用底纹透明度

- “滚动 / 选型卡模式”：用于在“滚动”“选型卡”模式之间切换。选择“滚动”模式，“对象属性”泊坞窗会将所有的功能属性都显示出来；选择“选型卡”模式，“对象属性”泊坞窗中只显示当前选择功能的属性，如图 8-93 所示。
- “样式指示器”：用来显示与隐藏样式指示器，如图 8-94 所示。

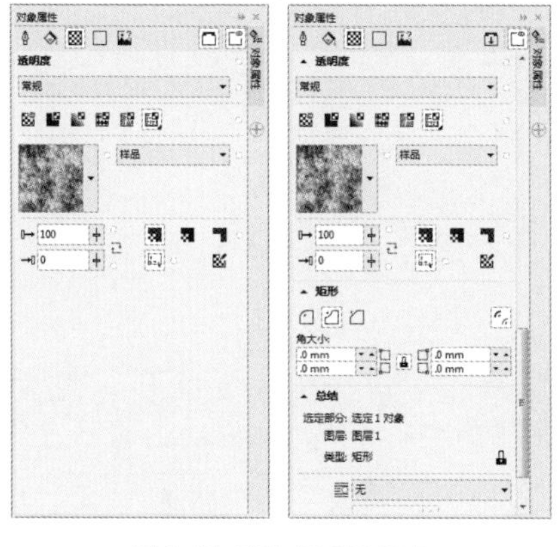

图 8-93 滚动 / 选型卡模式

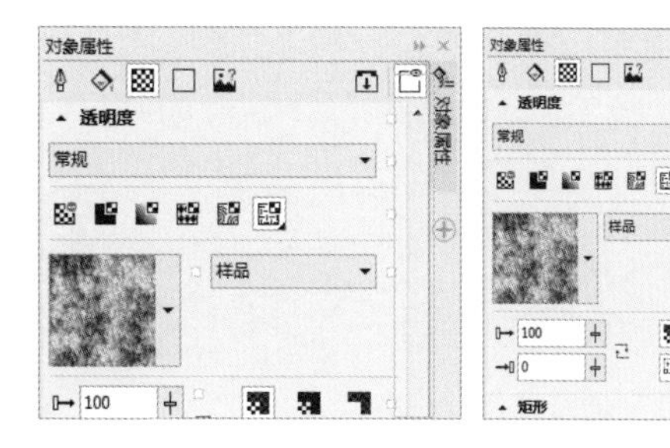

图 8-94 样式指示器

吸管工具

在 CorelDRAW 2018 中，吸管工具包括“颜色滴管工具”和“属性滴管工具”两个工具，一个用来吸取颜色并进行填充，另一个可以复制已经应用的属性效果并将其用于新对象。

8.6.1 颜色滴管工具

“颜色滴管工具”是系统提供给用户的取色和填充的辅助工具，可从绘图窗口或桌面对象中选择并复制颜色，将鼠标指针移动到需要的颜色范围内，此时会在吸管右下方显示吸取的颜色，单击后鼠标指针变为颜料桶，将鼠标指针移动到要填充的对象上单击，即可用吸取的颜色进行填充，如图 8-95 所示。

图 8-95 吸取并填充

在工具箱中单击“颜色滴管工具”按钮，此时属性栏中的“选择颜色”按钮处于启用状态，滴管形状的鼠标指针会显示当前位置的颜色。

图 8-96 “颜色滴管工具”属性栏

“颜色滴管工具”属性栏（图 8-96）中各选项的含义如下。

- “选择颜色”：用来在文档窗口中进行颜色取样。单击任意一点，即可选取该位置的颜色。
- “应用颜色”：用来将所取色应用到对象中。在图形内部单击，为图形填充颜色；在图形轮廓上单击，为其指定轮廓色。

- “1×1” ：单像素颜色取样。
- “2×2” ：对 2×2 像素区域中的平均颜色值进行取样。
- “5×5” ：对 5×5 像素区域中的平均颜色值进行取样。
- “所选颜色”：显示当前“选择颜色” 吸取的颜色。
- “添加到调色板”：将当前吸取的颜色添加到当前调色板中。

8.6.2 属性滴管工具

“属性滴管工具” 是系统提供给用户的取色和填充的辅助工具，可以为绘图窗口中的对象选择并复制对象属性，例如线条粗细、大小和效果。将鼠标指针移动到带有阴影的对象上单击，鼠标指针变为颜料桶，将鼠标指针移动到要复制属性的对象上单击，即可将阴影、变换和填充添加到新对象上，如图 8-97 所示。

图 8-97 复制并应用

在工具箱中单击“属性滴管工具”按钮，此时属性栏中的“选择对象属性”按钮处于启用状态，以此选择“属性”“变换”“效果”。“属性滴管工具”的属性栏如图 8-98 所示。

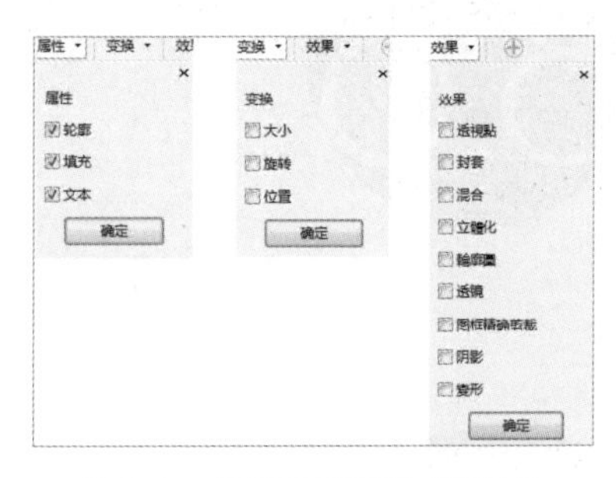

图 8-98 “颜色滴管工具”的属性栏

技巧

当使用“属性滴管工具” 时，在属性栏中选中的复选框越多，被复制的属性内容也就越多。

8.7 网状填充工具

CorelDRAW 2018 中的“网状填充工具” 主要用来为造型进行立体感的填充。使用它可以轻松地制作出复杂多变的网状填充效果，还可以生成一种比较细腻的渐变效果，实现不同颜色之间的自然融合，更好地对图形进行变形和多样填色处理。绘制一个灰色的正圆后，使用“网状填充工具” 在正圆中双击，即可添加颜色填充点，再选择一种颜色，即可得到网状填充效果，如图 8-99 所示。

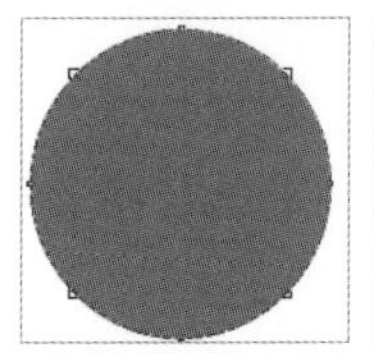
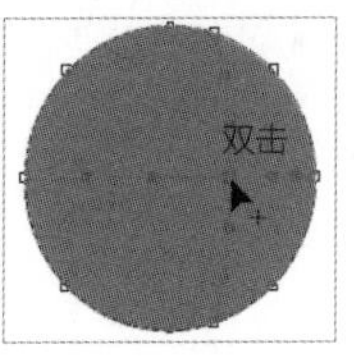

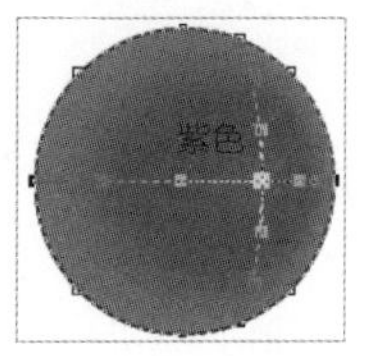

图 8-99 网状填充效果

在工具箱中单击“网状填充工具”按钮，属性栏中会显示与“网状填充工具” 相关的选项，如图 8-100 所示。

图 8-100 “网状填充工具”的属性栏

"网状填充工具"属性栏中各选项的含义如下。

- "网格大小" ：用来选择网状填充的行数与列数，如图 8-101 所示。
- "选取模式"：用来在矩形与手绘之间转换。
- "对网状填充颜色进行取样" ：用来在桌面中吸取任意颜色作为填充颜色。
- "透明度" ：用来设置网状填充节点的透明效果。

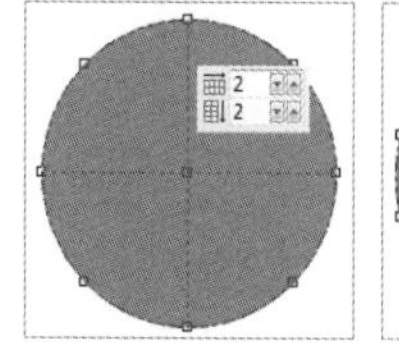
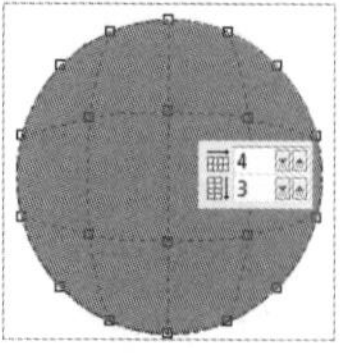

图 8-101 不同行数与列数

技巧

选择"网状填充工具" ，在绘制的图形内部双击，即可在此位置添加一个节点，在节点上双击可以将当前节点删除；使用"网状填充工具" 可以随意拖动在图形中添加的节点，填充颜色也会根据拖动的位置进行混合，当将鼠标指针移动到节点之间的曲线上时，按住鼠标左键可以随意调整曲线。

8.8 "轮廓笔"对话框

在"轮廓笔"对话框中可以对绘制的轮廓线设置颜色、宽度、样式、箭头等属性。在状态栏中双击"轮廓笔工具"按钮 或按【F12】键，系统便可以打开"轮廓笔"对话框，如图 8-102 所示。

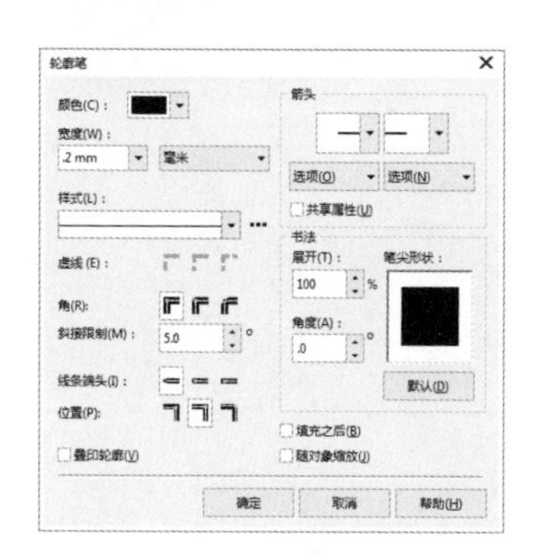

图 8-102 "轮廓笔"对话框

技巧

在绘图过程中，修改对象的轮廓属性，可以起到修饰对象的作用。在默认状态下，绘制的图形的轮廓线为黑色，宽度为 0.2mm，线条样式为直线型。

"轮廓笔"对话框中各选项的含义如下。

- "颜色"：单击"颜色"按钮，在展开的颜色选取器中选择合适的轮廓颜色，如图 8-103 所示。
- "宽度"：用户可以根据需求设定轮廓线的宽度，在右侧的下拉列表中可以选择轮廓线的单位。
- "样式"：在其下拉列表中可以选择系统预设的轮廓线样式。
- "编辑样式" ：用于自定义轮廓线样式。单击"编辑样式"按钮 ，可以打开"编辑线条样式"对话框，在该对话框中可以自定义设置轮廓线的样式，如图 8-104 所示。
- "角"：用于设置轮廓线夹角的样式，包括斜接角、圆角和斜角。
  - "斜接角"：轮廓线的夹角以尖角显示，如图 8-105 所示。
  - "圆角"：轮廓线的夹角以圆角显示，如图 8-106 所示。
  - "平角"：轮廓线的夹角以平角显示，如图 8-107 所示。

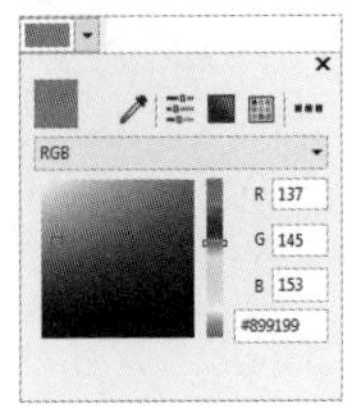

图 8-103 设置颜色

图 8-104 编辑线条样式

图 8-105 斜接角

图 8-106 圆角

图 8-107 平角

- “斜接限制”：用于设置节点连接处所允许的笔画粗细和连接角度。当数值较小时，会在节点处出现尖突，当数值较大时，尖突会变小，如图 8-108 所示。
- “线条端头”：用于设置线段或未封闭曲线端头的样式。
  - “方形端头”：节点在线段边缘，如图 8-109 所示。
  - “圆形端头”：以圆头显示端点，使端点更平滑，如图 8-110 所示。
  - “延伸方形端头”：用于添加可延伸长度的方形端头，如图 8-111 所示。

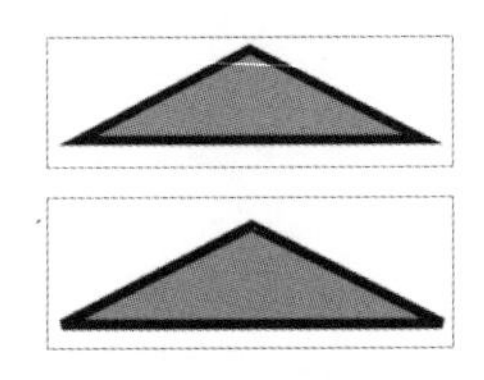
图 8-108 斜接限制

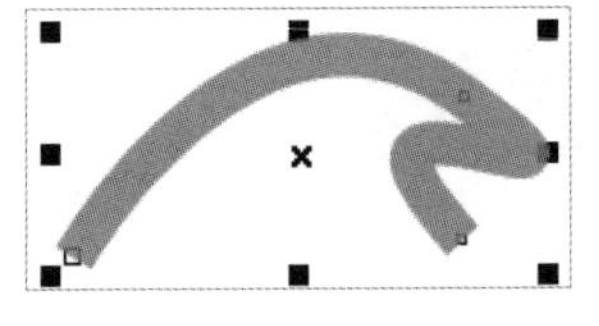
图 8-109 方形端头

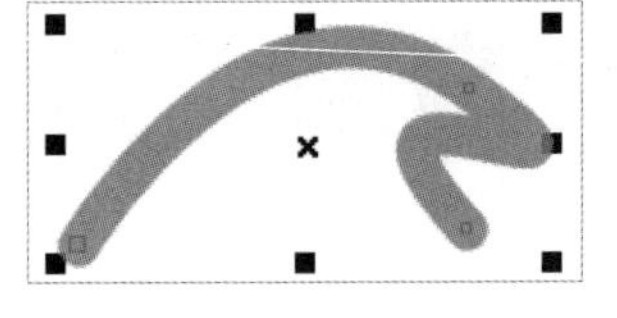
图 8-110 圆形端头

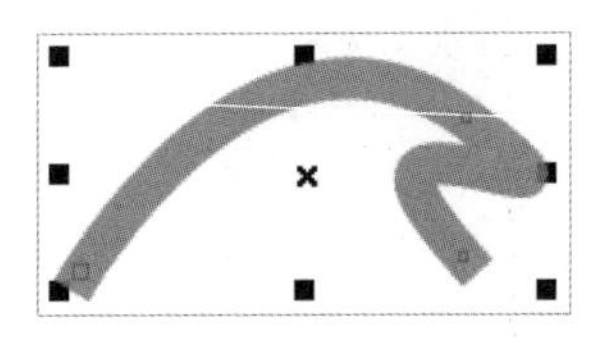
图 8-111 延伸方形端头

- “箭头”：用于在线段或未封闭曲线的起点或终点添加箭头样式，如图 8-112 所示。
- “选项”：用于对箭头样式进行快速设置和编辑操作，左、右两个“选项”按钮用来控制起始端与终点的箭头，单击该按钮会弹出下拉列表，如图 8-113 所示。
  - “无”：用于去掉两端的箭头。
  - “对换”：用于将起始端与终点的箭头进行互换。
  - “属性”：用于在“箭头属性”对话框中设置与编辑箭头。
  - “新建”：用于在“箭头属性”对话框中新建箭头样式。
  - “编辑”：用于在“箭头属性”对话框中对箭头进行调试。
  - “删除”：用于删除上一次编辑的箭头。

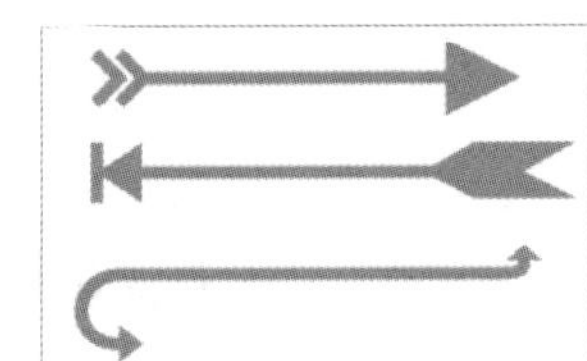
图 8-112 箭头

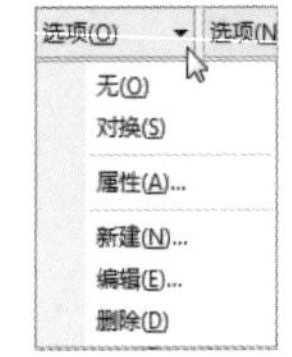

图 8-113 “选项”下拉列表

- “共享属性”：选中该复选框后，会同时应用“箭头属性”中设置的属性。
- “书法”：用于设置书法效果，可以将单一粗细的线条修饰为书法线条，如图 8-114 所示。
- “展开”：通过输入数值来改变线条笔尖的大小。

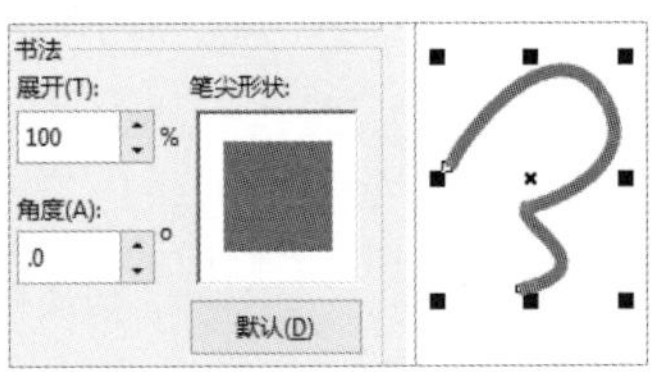

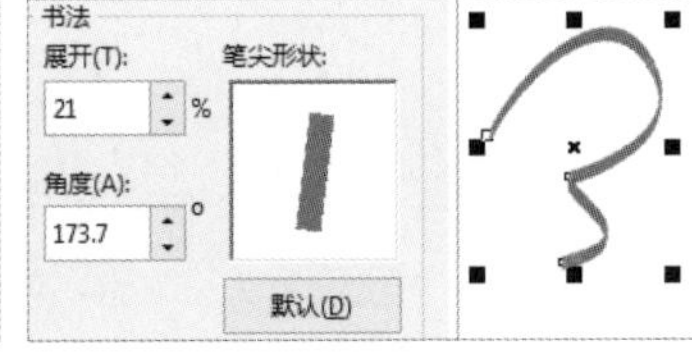

图 8-114 书法

- “角度”：通过输入数值来改变线条笔尖的旋转角度。
- “笔尖形状”：用于预览线条笔尖的形状。
- “默认”：用于将“展开”“角度”复位到初始状态，“展开”为 100%、“角度”为 0°。
- “填充之后”：选中该复选框，轮廓线会在填充颜色的下面，填充颜色会覆盖一部分轮廓线。
- “随对象缩放”：选中该复选框，在对图形按比例缩放时，其轮廓线的宽度会按比例进行相应的缩放。
- “叠印轮廓”：选中该复选框，可以让轮廓叠印在底层颜色上方。

课堂案例 设置自定义轮廓样式

视频教学	录屏 / 第 08 章 / 课堂案例——设置自定义轮廓样式
案例要点	掌握设置轮廓笔样式的方法

扫码观看视频

操作步骤

Step 01 选择菜单栏中的“文件”/“新建”命令，新建一个空白文档，使用“星形工具”在文档中绘制一个五角星，如图 8-115 所示。

Step 02 按【F12】键打开“轮廓笔”对话框，单击“编辑样式”按钮，打开“编辑样式线条”对话框，在其中设置添加黑色的小方块，如图 8-116 所示。

Step 03 单击“添加”按钮，在“样式”下拉列表中可以看到编辑的线条样式，如图 8-117 所示。

Step 04 设置完毕后，单击“确定”按钮，完成自定义线条的设置，效果如图 8-118 所示。

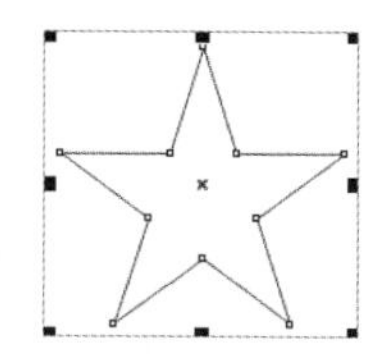

图 8-115 绘制的矩形

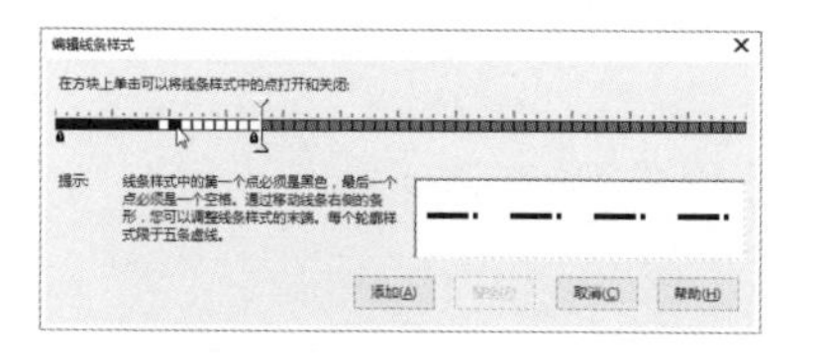

图 8-116 编辑样式线条

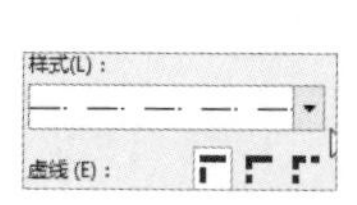

图 8-117 线条样式

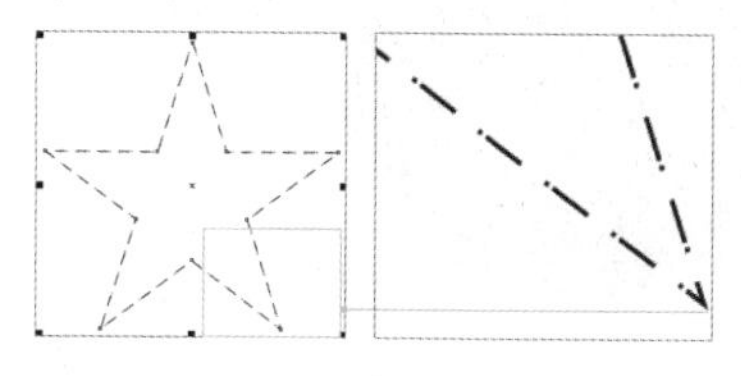

图 8-118 自定义的线条

8.9 轮廓线宽度

设置轮廓线宽度可以丰富图像内容和增强对象醒目程度。选择需要设置轮廓线宽度的对象后，在属性栏中单击“轮廓宽度”按钮，在弹出的下拉列表中可以选择不同的轮廓宽度。除此之外，也可以在文本框中直接输入数值，来设置轮廓线的宽度，数值越大，轮廓线越宽，如图 8-119 所示。

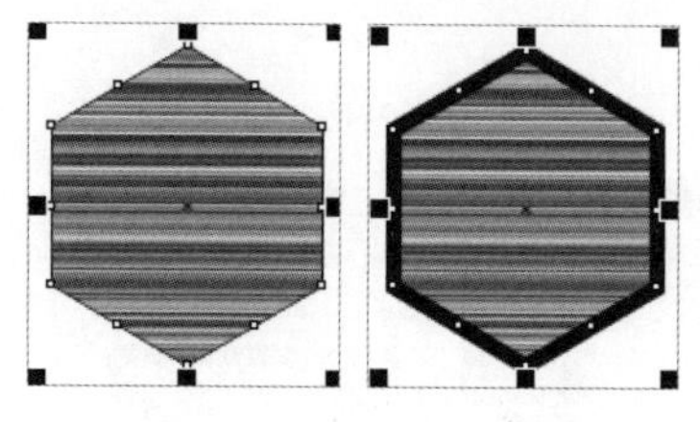

图 8-119 不同宽度的轮廓线

技巧

还可以通过“轮廓笔”对话框和“对象属性”泊坞窗来设置轮廓线的宽度。

消除轮廓线

在绘制图形时，轮廓线默认宽度为 0.2mm、颜色为黑色。如果不想要轮廓线，那么可以在“颜色表”泊坞窗中的“无填充”☒色块上单击鼠标右键，将对象的轮廓线清除；在属性栏中单击“轮廓宽度”按钮 5.0 mm ，在弹出的下拉列表中选择“无”选项，即可将轮廓线去掉；打开“轮廓笔”对话框，在该对话框的“宽度”下拉列表中选择“无”选项，也可以清除轮廓线；选择菜单栏中的“窗口”/“泊坞窗”/“对象属性”命令，打开“对象属性”泊坞窗，单击“轮廓宽度”按钮 5.0 mm ，在弹出的下拉列表中选择“无”选项，即可清除轮廓线，如图 8-120 所示。

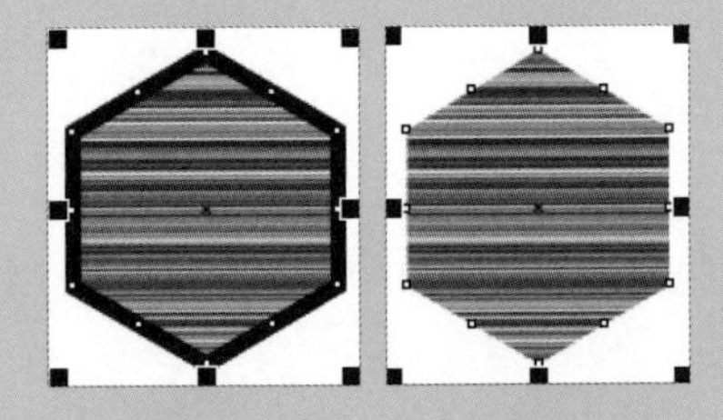

图 8-120 清除轮廓线

8.11 轮廓线颜色

设置轮廓线的颜色可以更加有效地将轮廓与对象进行区分，也可以让轮廓线更加丰富多彩。选择对象后，在“颜色表”泊坞窗中需要的色块上单击鼠标右键，可以将对象的轮廓线按选择的颜色进行填充；打开“轮廓笔”对话框，在该对话框的“颜色”下拉列表中选择需要的颜色，可以改变轮廓线的颜色；打开“对象属性”泊坞窗，单击“轮廓颜色”按钮，在弹出的下拉列表中选择需要的颜色，即可改变轮廓线的颜色，如图 8-121 所示。

图 8-121 改变轮廓线的颜色

8.12 轮廓线样式

在绘制对象时，为其应用不同的轮廓线样式，可以大大提升图形的美观度，还可以起到醒目和提示的作用，打开“轮廓笔”对话框，在该对话框中的“轮廓样式”下拉列表中选择需要的样式，可以改变轮廓线的样式；选择菜单栏中的“窗口”/“泊坞窗”/“对象属性”命令，打开“对象属性”泊坞窗，单击“轮廓样式”按钮，在弹出的下拉列表中选择需要的样式，即可改变轮廓线的样式。应用不同轮廓线样式的效果如图 8-122 所示。

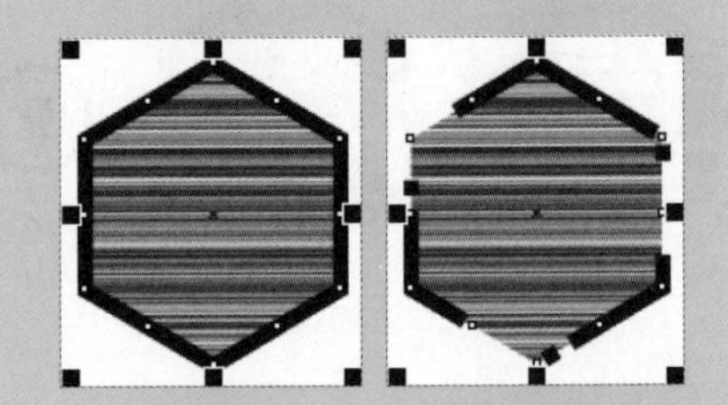

图 8-122 应用不同轮廓线样式的效果

8.13 将轮廓线转换为对象

在编辑 CorelDRAW 2018 中的轮廓线时，除了可以调整其宽度、均匀地填充颜色、改变样式效果，是不能对其进行渐变填充、图案填充等填充操作的，只有将绘制的轮廓线转换为对象后，才能赋予其多种填充效果。

选择要编辑的轮廓线后，选择菜单栏中的“对象”/“将轮廓转换为对象”命令，即可将其转换为对象，如图 8-123 所示。

将轮廓线转换为对象后，就可以对其进行图样、渐变等填充，效果如图 8-124 所示。

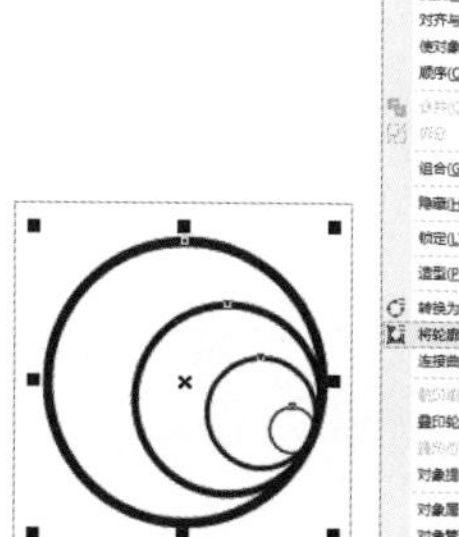

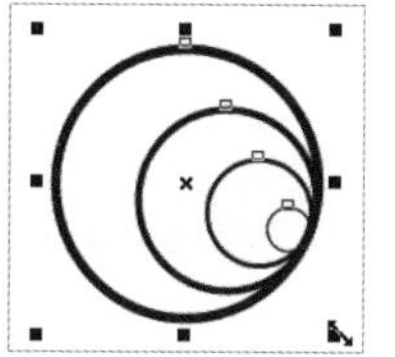

图 8-123 转换为对象

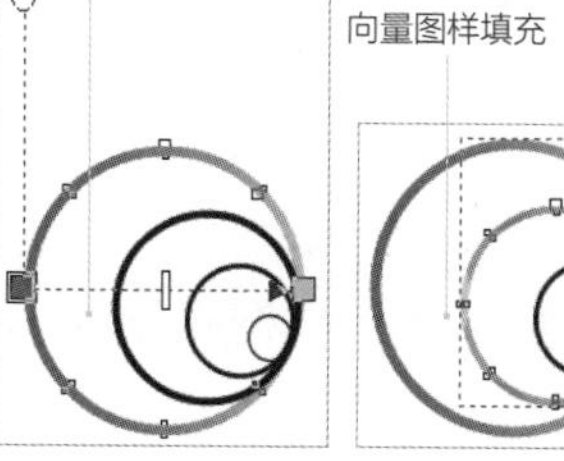

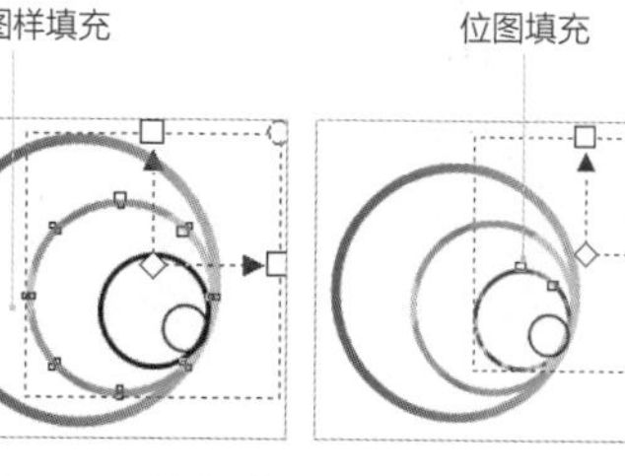

图 8-124 填充对象

课堂练习 通过渐变填充制作水晶苹果

素材文件	源文件 / 第 08 章 /< 课堂练习——通过渐变填充制作水晶苹果 >	扫码观看视频
视频教学	录屏 / 第 08 章 / 课堂练习——通过渐变填充制作水晶苹果	
案例要点	掌握将输入文字转换为曲线，以及使用“艺术笔”泊坞窗描边曲线、拆分曲线的方法	

1. 练习思路

（1）使用“椭圆形工具”绘制椭圆形。

（2）按【Ctrl+Q】组合键将文字转换为曲线。

（3）绘制椭圆形并将其转换为曲线。

（4）使用“形状工具”调整椭圆形的形状。

（5）使用“交互式填充工具”为椭圆形填充渐变色。

（6）使用“钢笔工具”绘制曲线并填充渐变色。

（7）使用“透明度工具”设置渐变透明。

2. 操作步骤

Step 01 新建空白文档，使用“椭圆形工具”在文档中绘制一个椭圆形，按【Ctrl+Q】组合键将椭圆转换为曲线，使用“形状工具”调整椭圆形的形状，如图 8-125 所示。

Step 02 选择“交互式填充工具”后，在属性栏中单击“渐变填充”按钮，再单击“编辑填充”按钮，打开“编辑填充”对话框，其中的参数设置如图 8-126 所示。

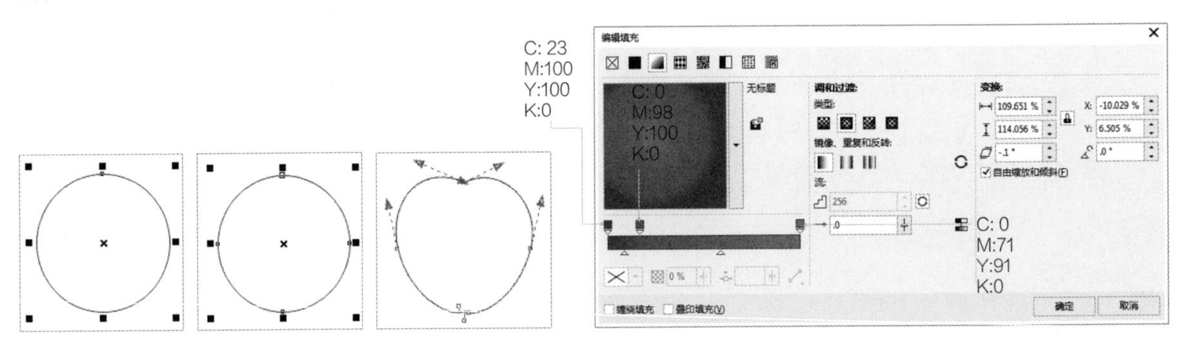

图 8-125 绘制椭圆形并将其转换为曲线

图 8-126 设置相关参数

Step 03 设置完毕后，单击“确定”按钮，效果如图 8-127 所示。

Step 04 使用“钢笔工具”在苹果上面绘制一条封闭的曲线，如图 8-128 所示。

Step 05 选择上一步绘制的封闭图形，在工具箱中单击“交互式填充工具”按钮，在属性栏中单击“渐变填充”按钮，再单击“编辑填充”按钮，进入“编辑填充”对话框中，在其中对渐变色进行精确的设置，如图 8-129 所示。

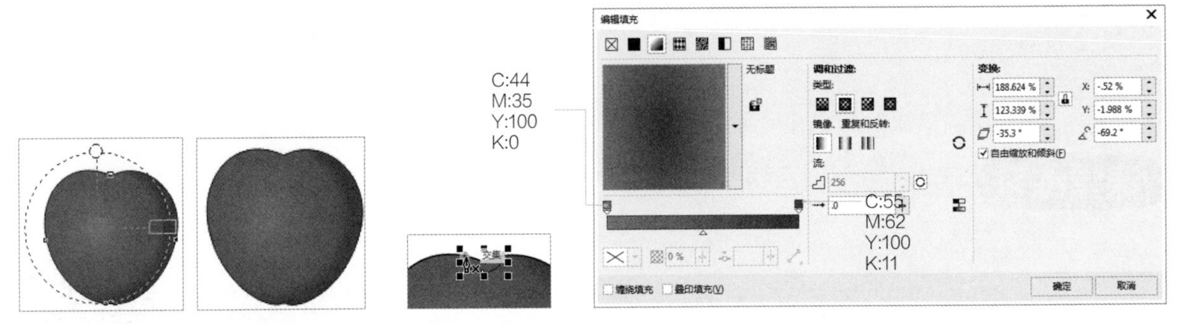

图 8-127 填充效果

图 8-128 绘制封闭的曲线

图 8-129 编辑渐变色

Step 06 设置完毕后，单击“确定”按钮，效果如图 8-130 所示。

Step 07 使用“透明度工具”选择对象后，在属性栏中单击“渐变透明度”按钮，再单击“编辑透明度”按钮，打开“编辑透明度”对话框，其中的参数设置如图 8-131 所示。

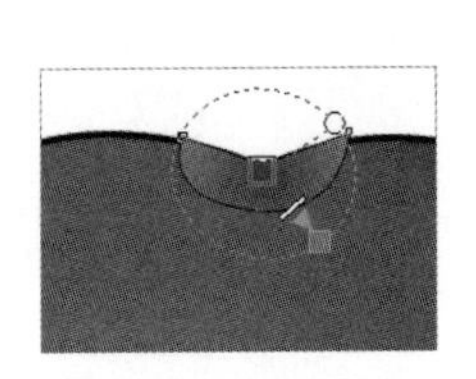

图 8-130 填充渐变色

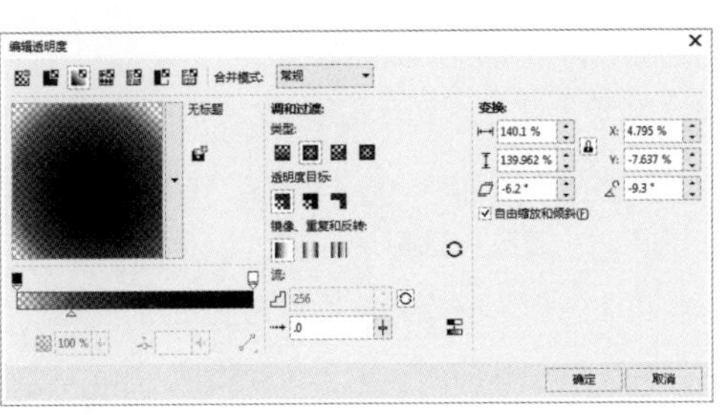

图 8-131 设置相关参数

Step 08 设置完毕后，单击“确定”按钮，去掉轮廓，效果如图 8-132 所示。

Step 09 使用“贝济埃工具” 在上面绘制封闭的曲线，如图 8-133 所示。

Step 10 在工具箱中单击“交互式填充工具”按钮，在属性栏中单击“渐变填充”按钮，再单击“编辑填充”按钮，打开“编辑填充”对话框，其中的参数设置如图 8-134 所示。

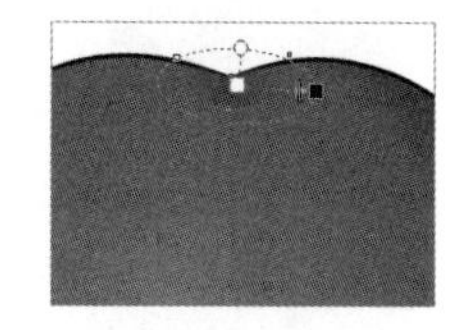

图 8-132 调整透明度的效果

图 8-133 绘制封闭的曲线

Step 11 设置完毕后，单击“确定”按钮，效果如图 8-135 所示。

Step 12 使用“椭圆形工具” 在文档中绘制一个椭圆形，按【Ctrl+Q】组合键将椭圆形转换为曲线，使用“形状工具” 调整椭圆形的形状，效果如图 8-136 所示。

Step 13 使用“交互式填充工具” 在叶子上拖动鼠标，在属性栏中单击“椭圆形渐变填充”按钮，设置渐变色，效果如图 8-137 所示。

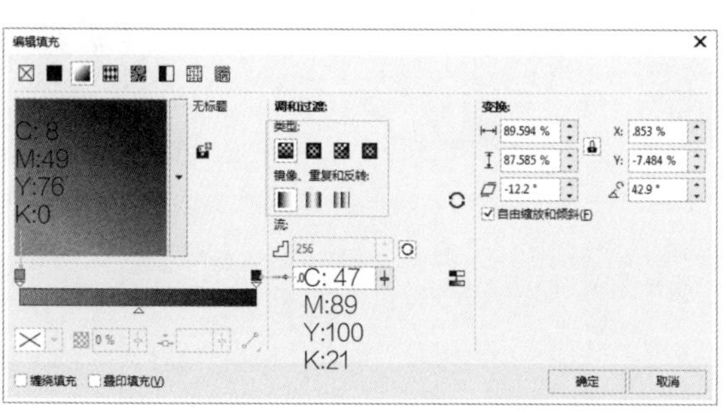

图 8-134 设置相关参数

图 8-135 填充渐变色

图 8-136 绘制叶子

图 8-137 填充渐变色

Step 14 绘制一个白色小正圆形，调整不透明度，为叶子添加高光，效果如图 8-138 所示。

Step 15 使用“钢笔工具” 在苹果上面绘制一个白色封闭的图形，去掉轮廓，效果如图 8-139 所示。

Step 16 使用“钢笔工具” 在白色封闭的图形上绘制黑色线条，如图 8-140 所示。

Step 17 选择菜单栏中的“对象”/“将轮廓转换为对象”命令，将绘制的线条转换为填充对象，将下方的白色图形一同选取，如图 8-141 所示。

Step 18 选择菜单栏中的“对象”/“造型”/“移除前面的对象”命令，对两个图形进行造型处理，如图 8-142 所示。

图 8-138 添加高光

图 8-139 绘制白色封闭的图形

图 8-140 绘制黑色线条

图 8-141 转换为对象

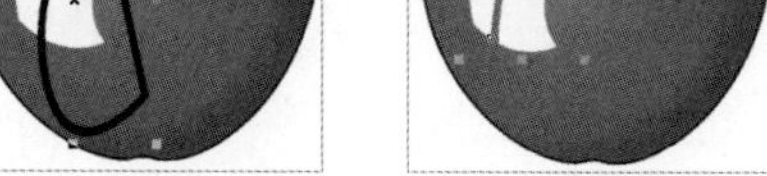

图 8-142 进行造型处理

Step 19 使用“透明度工具” 在白色图形上从左向右拖动鼠标添加渐变透明，如图 8-143 所示。

Step 20 复制叶子上的高光，将其拖动到苹果右下角处，效果如图 8-144 所示。

Step 21 绘制一个灰色椭圆形，效果如图 8-145 所示。

Step 22 使用“交互式填充工具” 在灰色椭圆形上拖动鼠标，在属性栏中单击“椭圆形渐变填充”按钮，设置渐变色，设置节点颜色透明度为“100”，效果如图 8-146 所示。

Step 23 按【Shift+PgDn】组合键调整阴影的顺序，效果如图 8-147 所示。

图 8-143 添加渐变透明

图 8-144 复制高光

图 8-145 绘制灰色椭圆形

图 8-146 设置渐变色并调整透明度

图 8-147 调整阴影的顺序

Step 24 使用同样的方法制作另外两个不同颜色的苹果，最终效果如图 8-148 所示。

图 8-148 最终效果

课后习题

一、选择题

1. 可以在多个封闭的轮廓中任意填充颜色的工具是（ ）。

A. 智能填充工具　B. 位图图样填充　C. 双色图样填充　D. 线性渐变填充

2. 使用“颜色滴管”取样时可以应用在什么范围内？（ ）

A. 1 像素 ×1 像素　B. 2 像素 ×2 像素　C.3 像素 ×3 像素　D. 5 像素 ×5 像素

二、案例习题

习题要求：通过“交互式填充工具”填充立体图形，如图 8-149 所示。

案例习题文件：案例文件 / 第 08 章 / 案例习题——通过“交互式填充工具”填充立体图形.cdr

视频教学：录屏 / 第 08 章 / 案例习题——通过“交互式填充工具”填充立体图形

习题要点：

（1）使用“矩形工具”绘制矩形。

（2）使用“椭圆形工具”绘制椭圆形。

（3）通过“交互式填充工具”为图形填充线性渐变。

（4）去掉图形的轮廓。

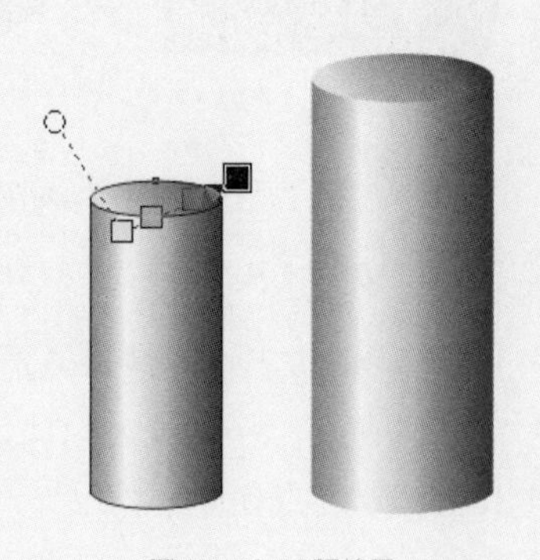
图 8-149 习题效果

第09章

创建交互式特殊效果

通过前面章节的学习，读者已经对图形的基本绘制、对象的编辑、对象的填充等有所了解，但这只是 CorelDRAW 强大功能的一部分，要创作出具有专业水准的作品，还应当使用 CorelDRAW 提供的各种特效工具。通过这些特效工具，可以创建调和效果、轮廓图效果、阴影效果、块阴影、立体化效果及变形等特殊效果，除工具外还可以通过“添加透视点”“斜角”等命令来创建对象的特殊效果。

CORELDRAW

学习要点

- 调和效果
- 轮廓图效果
- 阴影工具
- 块阴影工具
- 变形工具
- 封套工具
- 立体化工具
- 透明度工具
- 添加透视点
- 斜角

技能目标

- 掌握“调和工具”的使用方法
- 掌握“轮廓图工具”的使用方法
- 掌握“阴影工具”的使用方法
- 掌握“块阴影工具”的使用方法
- 掌握“变形工具”的使用方法
- 掌握“封套工具”的使用方法
- 掌握“立体化工具”的使用方法
- 掌握“透明度工具”的使用方法
- 掌握添加透视点的操作方法
- 掌握“斜角”泊坞窗的使用方法

9.1 调和效果

调和效果是通过“调和工具”在两个矢量图形对象之间产生形状、颜色、轮廓及尺寸上的平滑变化的。在调和过程中，对象的外形、填充方式、节点位置和步数都会直接影响调和效果。单击工具箱中的“调和工具”按钮，在其中一个对象上按住鼠标左键，拖动光标到另一对象上，松开鼠标，系统便可以为两个对象创建交互式调和效果，如图 9-1 所示。此时属性栏会变为“调和工具”对应的选项内容，如图 9-2 所示。

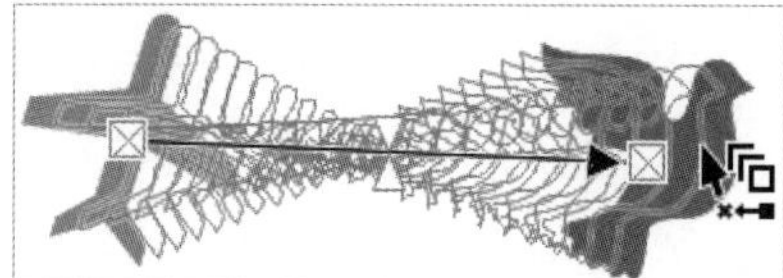
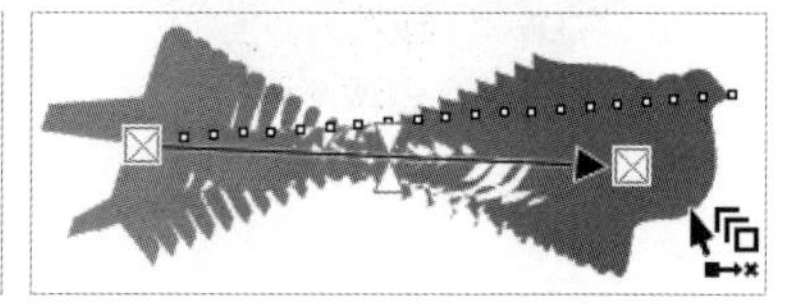

图 9-1 调和效果

图 9-2 “调和工具”属性栏

“调和工具”属性栏中各选项的含义如下（之前讲解过的功能将不再讲解）。

- “预设列表”：在该下拉列表中可以选择 CorelDRAW 2018 系统自带的几种调和方式。
- “对象原点”：定位或变换对象时，用来设置要使用的参考点。
- “对象位置”：在该文本框中，显示了对象在绘图页面中的位置。
- “对象大小”：在该文本框中，显示了当前对象的大小。
- “调和步长”：将“调和工具”放置到新路径上后，该按钮会被激活，单击即可按照已经确定的步长和固定的间距进行调和。
- “调和间距”：用来设置与路径匹配的调和对象之间的间距，仅在调和已附加到路径时适用，如图 9-3 所示。
- “调和对象”：用于调整对象步长数和对象之间的间距。
- “调和方向”：在该列表框中输入数值，可以设置图像的调和角度，如图 9-4 所示。
- “环绕调和”：单击该按钮，调和的中间对象除自身的旋转外，同时将以起始对象和终点对象的中间位置为旋转中心进行旋转分布，形成一种弧形旋转调和效果。

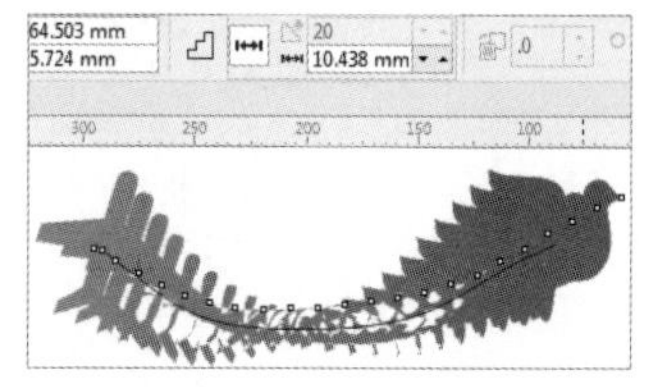
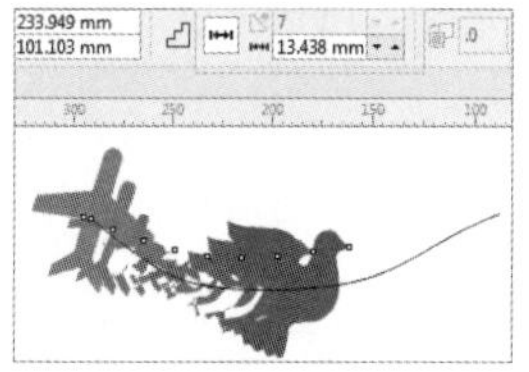

图 9-3 调和间距

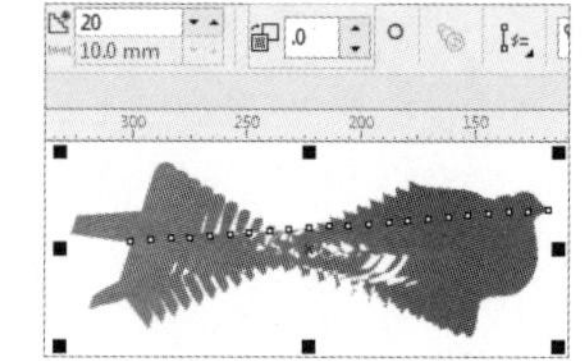
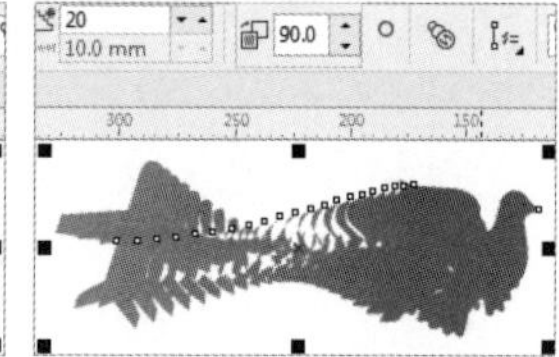

图 9-4 调和方向

- “路径属性”：单击该按钮可以打开一个选项菜单，通过此菜单可以为调和对象设置新的路径、显示路径、将调和从路径分离，如图 9-5 所示。
- “直接调和”：用来直接调和图形颜色，如图 9-6 所示。
- “顺时针调和”：用来顺时针调和图形颜色，如图 9-7 所示。

技巧

“环绕调和”按钮只有在使用了“调和方向”功能之后，才能被激活。

- “逆时针调和”：用来逆时针调和图形颜色，如图 9-8 所示。

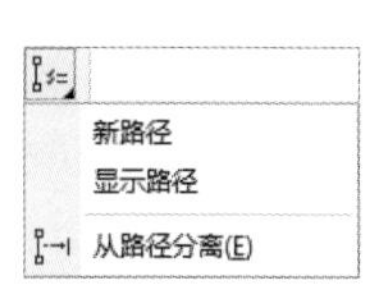

图 9-5 路径属性

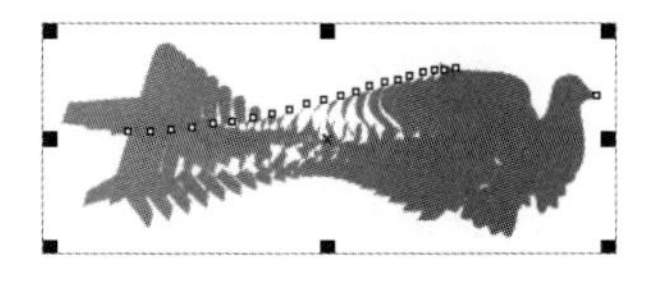

图 9-6 直接调和

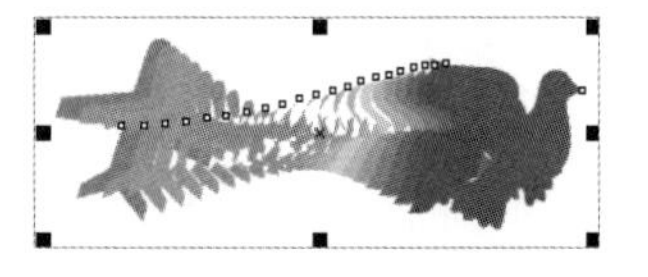

图 9-7 顺时针调和

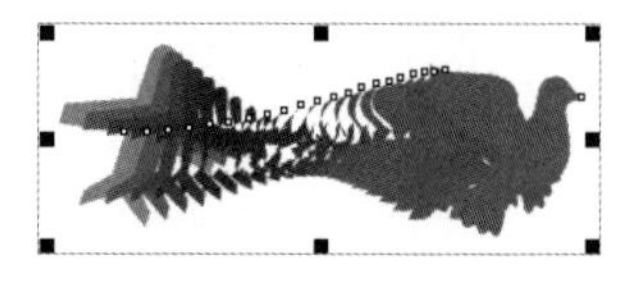

图 9-8 逆时针调和

- “对象和颜色加速”：单击该按钮后在弹出的面板中通过拖动控制滑块来设置调和对象显示与颜色更改的速率，如图 9-9 所示。
- “调整加速大小”：用于设置混合图形之间对象大小更改的速率。
- “更多调和选项”：单击该按钮，在弹出的下拉列表中可以选择“映射节点”“拆分”“熔合始端”“熔合末端”“沿全路径调和” “旋转全部对象”选项，如图 9-10 所示。
  - “映射节点”：用来将调和对象形状的节点映射到结束形状的节点上，改变调和形状，过程如图 9-11 所示。

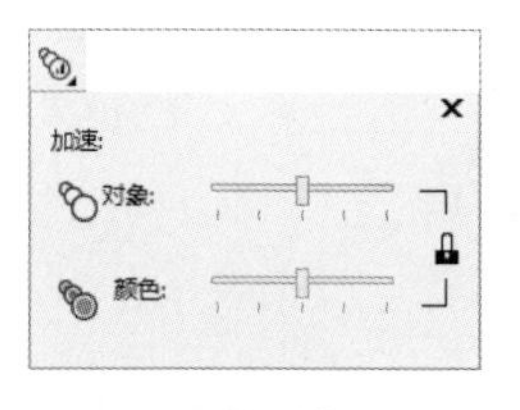

图 9-9 “加速”面板

图 9-10 更多调和选项

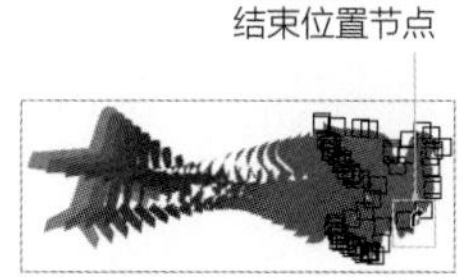

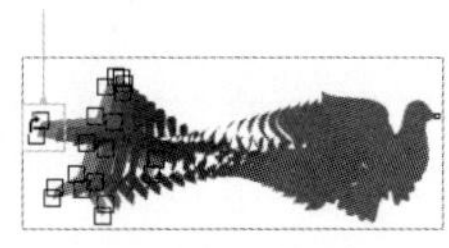

图 9-11 映射节点

提示

在“对象和颜色加速”面板中，单击“锁定”按钮，拖动控制滑块可以同时调整“对象”“颜色”，解锁后，拖动控制滑块可以单独对“对象”“颜色”进行调整。

  - “拆分”：用来将调和从中间截为两个调和，如图 9-12 所示。
  - “熔合始端”：用来将拆分后的调和按照起始端位置重新熔合。
  - “熔合末端”：用来将拆分后的调和按照结束端位置重新熔合。
- “起始和结束属性”：单击该按钮，可以打开一个选项菜单，通过此菜单可以显示调和对象的起点和终点，如图 9-13 所示。
- “复制调和属性”：单击该按钮，可以将一个应用调和属性的对象效果复制到当前调和效果上。
- “清除调和”：单击该按钮，可以清除对象的调和效果。

创建调和后，选择菜单栏中的“效果”/“混合”命令，可以打开“混合”泊坞窗，在“混合”泊坞窗中同样可以对调和进行参数设置，如图 9-14 所示。

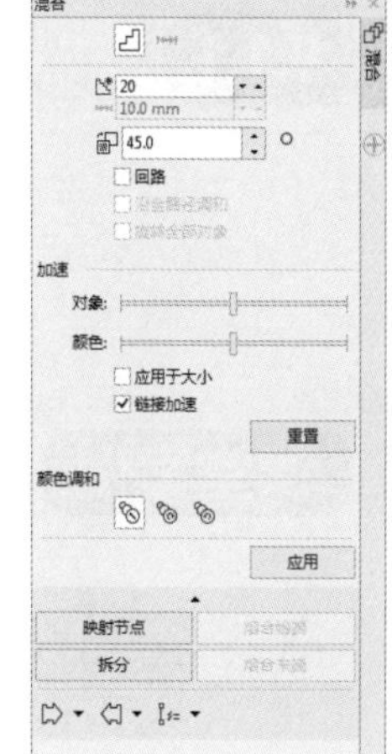

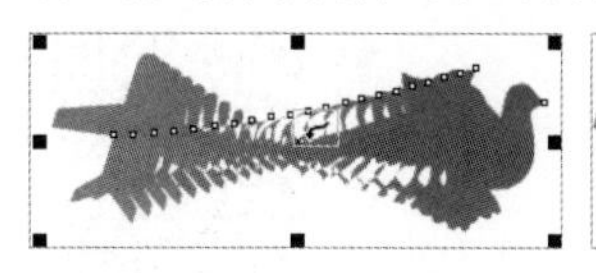

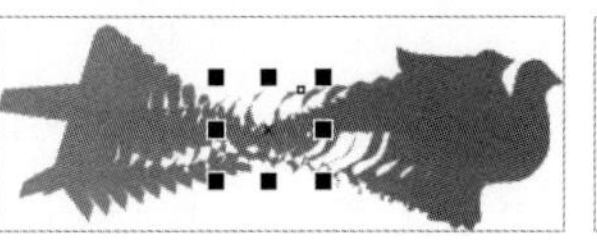

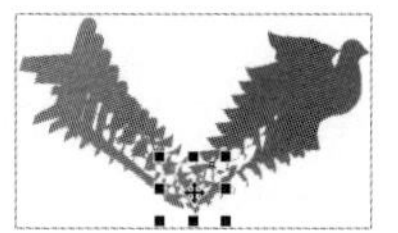

图 9-12 拆分

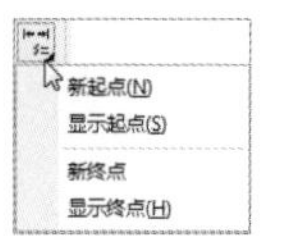

图 9-13 起始和结束属性

图 9-14 “混合”泊坞窗

“混合”泊坞窗中各选项的含义如下（之前讲解过的功能将不再讲解）。

- “沿全路径调和”：为调和创建新路径后，使用该命令可以将调和在整个路径上进行延伸，如图 9-15 所示。
- “旋转全部对象”：为调和创建新路径后，使用该命令可以将沿路径调和的所有对象进行旋转，如图 9-16 所示。

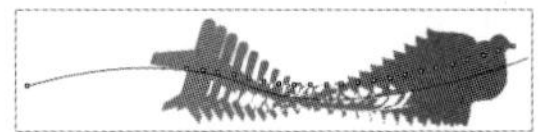

图 9-15 沿全路径调和

图 9-16 旋转全部对象

- “应用于大小”：选中该复选框，可以将加速应用到对象大小。
- “链接加速”：选中该复选框，可以同时调整对象加速和颜色加速。
- “重置”：用来将调整的对象加速和颜色加速还原为默认效果。
- “映射节点”：用来将调和对象形状的节点映射到结束形状的节点上，改变调和形状。
- “拆分”：用来将调和从中间截为两个调和。
- “熔合始端”：用来将拆分后的调和按照起始端位置重新熔合，如图 9-17 所示。
- “熔合末端”：用来将拆分后的调和按照结束端位置重新熔合，如图 9-18 所示。
- “始端对象”：用来更改和显示调和对象的起始端对象。
- “末端对象”：用来更改和显示调和对象的结束端对象。
- “路径属性”：用来为调和对象添加新路径、显示路径，以及从路径中分离。

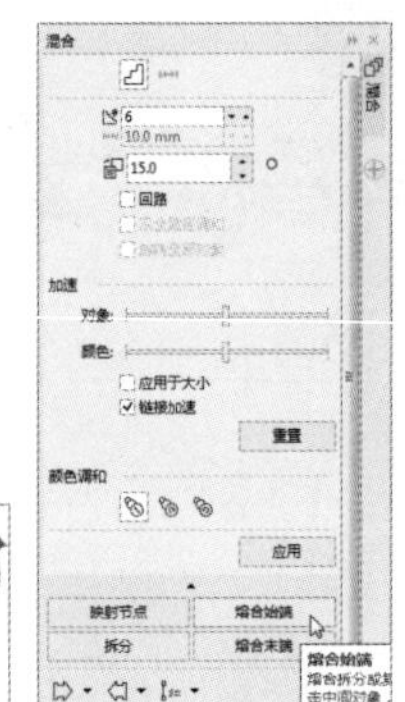

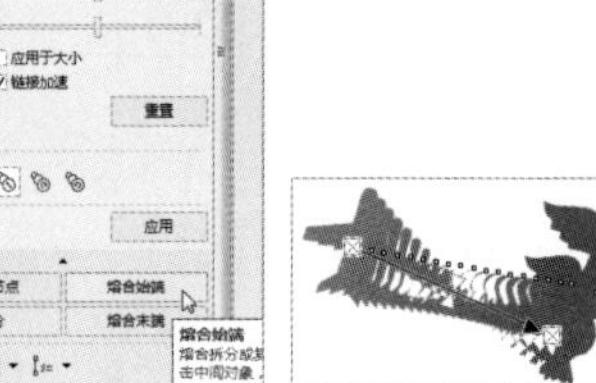

图 9-17 熔合始端

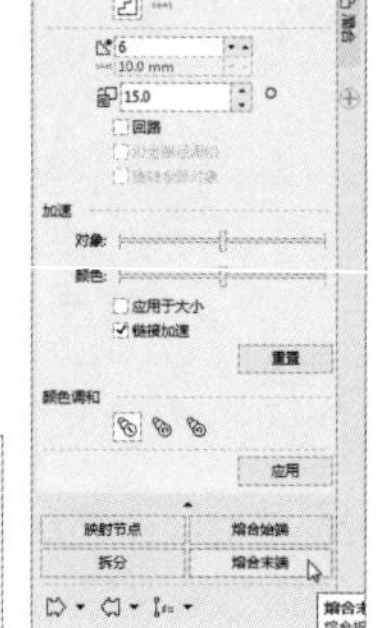

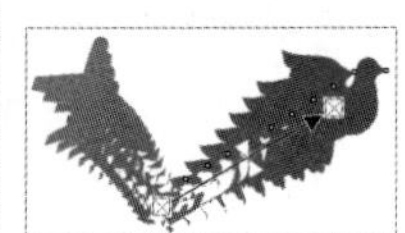

图 9-18 熔合末端

9.1.1 创建调和效果

在为对象或轮廓创建调和效果时，可以是在形状之间创建调和效果、在曲线之间创建调和效果，也可以是在形状与曲线之间创建调和效果。

课堂案例 在形状之间创建调和效果

视频教学	录屏 / 第 09 章 / 课堂案例——在形状之间创建调和效果	扫码观看视频
案例要点	掌握“调和工具”的使用方法	

操作步骤

Step 01 使用“多边形工具”和“星形工具”在页面中分别绘制一个六边形和一个五角星，如图 9-19 所示。

Step 02 使用“调和工具”在绘制的六边形上按住鼠标左键，如图 9-20 所示。

Step 03 按住鼠标左键后向右侧的五角星上拖动鼠标，将光标停留在五角星上，如图 9-21 所示。

图 9-19 绘制形状

图 9-20 选择

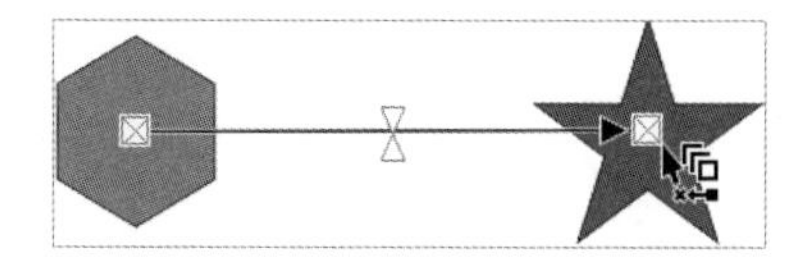

图 9-21 拖动鼠标

Step 04 松开鼠标后，调和效果便创建出来了，效果如图 9-22 所示。

技巧

使用“调和工具”在不同对象之间创建调和效果时不但可以以直线的形式进行创建，还可以通过按住【Alt】键的同时，按住鼠标左键以曲线路径拖动到另一个对象上松开鼠标来创建曲线的调和效果，过程如图 9-23 所示。

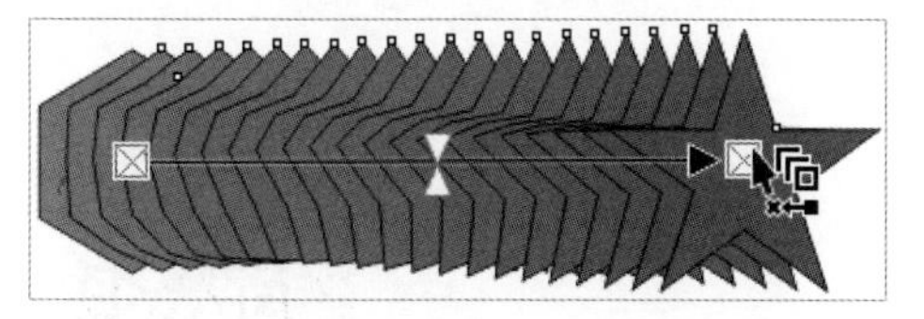

图 9-22 创建的调和效果

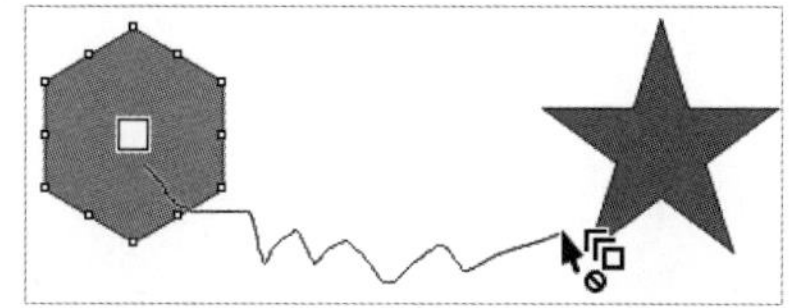

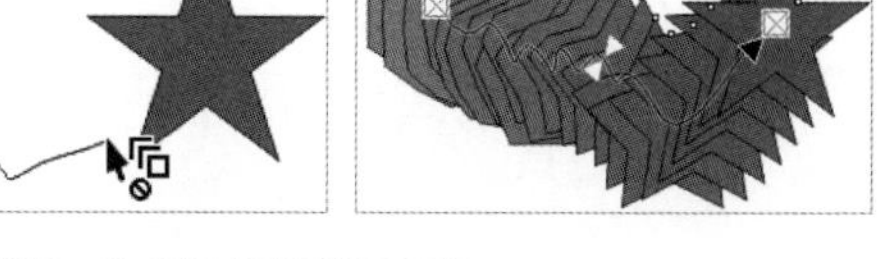

图 9-23 创建曲线的调和效果

课堂案例 在形状与曲线之间创建调和效果

视频教学	录屏 / 第 09 章 / 课堂案例——在形状与曲线之间创建调和效果	扫码观看视频
案例要点	掌握“调和工具”的使用方法	

操作步骤

Step 01 使用“多边形工具”和“三点曲线工具”在页面中分别绘制一个六边形和一条曲线，如图 9-24 所示。

Step 02 使用“调和工具”在绘制的六边形上按住鼠标左键，如图 9-25 所示。

Step 03 向右侧曲线上拖动鼠标，将光标停留在曲线上，如图 9-26 所示。

Step 04 松开鼠标后，调和效果便创建出来了，效果如图 9-27 所示。

技巧

在形状与曲线之间创建调和效果时，必须有轮廓线存在，创建的调和效果只是轮廓线之间的调和效果。

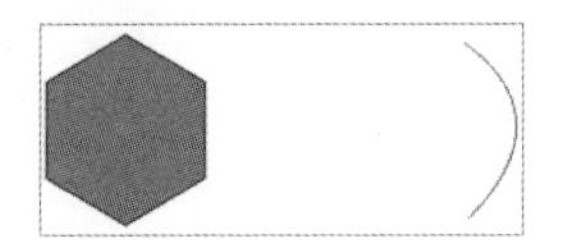

图 9-24 绘制形状和曲线

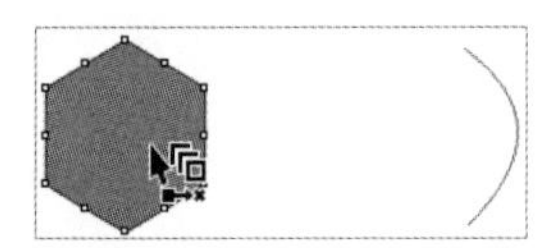

图 9-25 选择

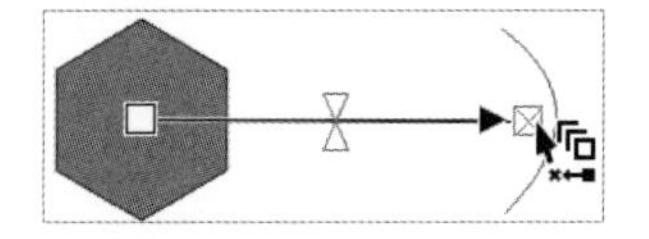

图 9-26 拖动鼠标

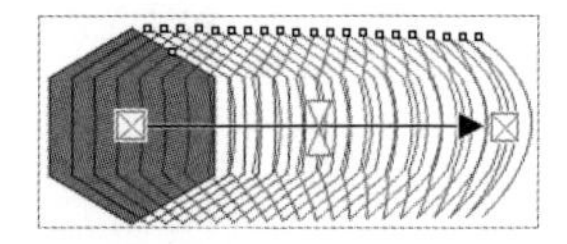

图 9-27 创建的调和效果

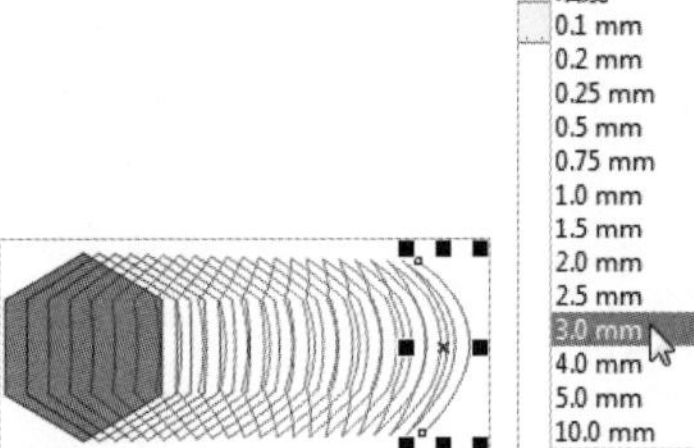

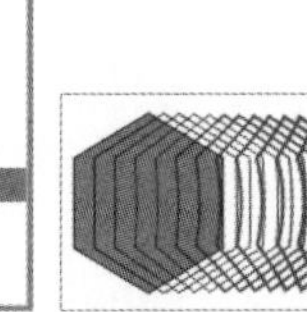

图 9-28 创建调和效果后的曲线宽度

技巧

对轮廓线创建调和效果时，改变其中的一条轮廓线宽度后，调和后的效果会出现轮廓线宽度之间的一个过渡，如图 9-28 所示。

课堂案例 在多个对象之间创建调和效果

视频教学	录屏 / 第 09 章 / 课堂案例——在多个对象之间创建调和效果	扫码观看视频
案例要点	掌握"调和工具"的使用方法	

操作步骤

Step 01 使用"多边形工具"、"星形工具"和"椭圆形工具"在页面中分别绘制一个六边形、一个五角星和一个正圆形，如图 9-29 所示。

Step 02 使用"调和工具"在绘制的六边形上按住鼠标左键向正圆上拖动，松开鼠标后创建调和效果，如图 9-30 所示。

Step 03 在空白处单击，使用"调和工具"在绘制的正圆上按住鼠标左键向五角星上拖动，松开鼠标后创建调和效果，如图 9-31 所示。

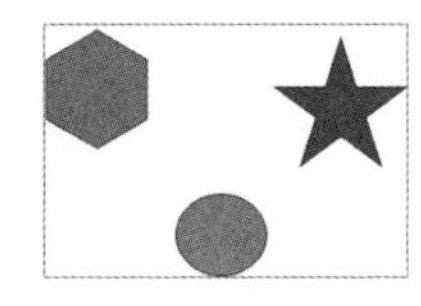

图 9-29 绘制形状

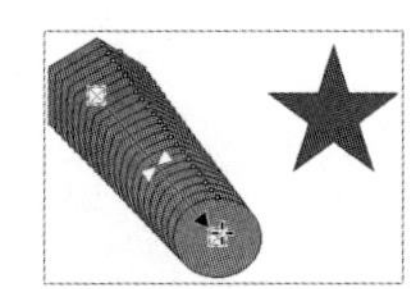

图 9-30 创建调和效果（1）

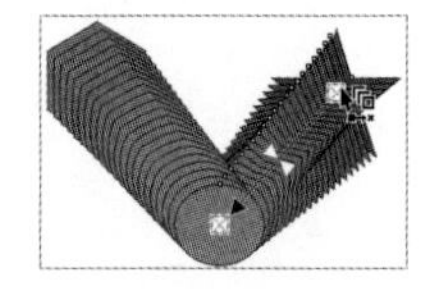

图 9-31 创建调和效果（2）

9.1.2 编辑调和效果

创建调和效果后，还可以对调和效果进行详细的编辑。下面通过上机实战的方式来进行讲解。

课堂案例 改变调和顺序

视频教学	录屏 / 第 09 章 / 课堂案例——改变调和顺序	扫码观看视频
案例要点	掌握“调和工具”的编辑方法	

操作步骤

Step 01 绘制两个对象并对其进行调和，如图 9-32 所示。

Step 02 单击工具箱中的“选择工具”按钮，在右侧五角星上单击，将其选取，如图 9-33 所示。

Step 03 选择五角星后，按【Shift+PgDn】组合键将其顺序放在底层，效果如图 9-34 所示。

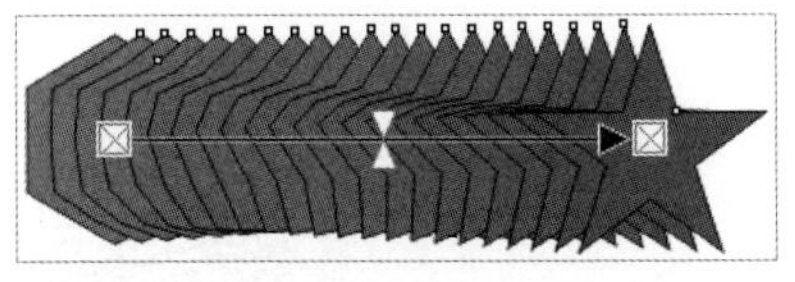

图 9-32 调和对象

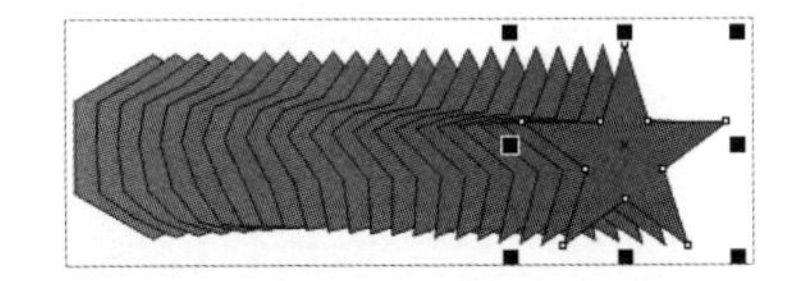

图 9-33 选取五角星

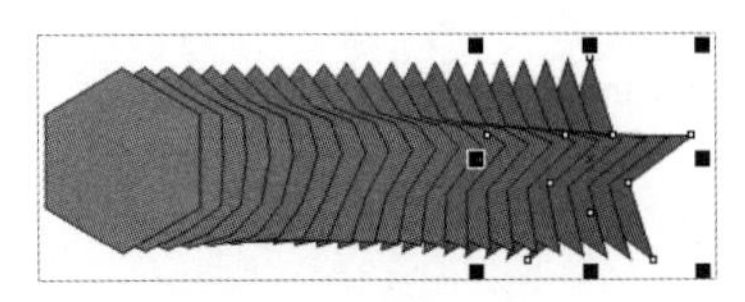

图 9-34 调整顺序后的效果

技巧

创建调和效果后，选择菜单栏中的“对象”/“顺序”/“逆序”命令，可以将调和顺序进行起始与终止对换。

课堂案例 变更调和对象的起始位置和终止位置

视频教学	录屏 / 第 09 章 / 课堂案例——变更调和对象的起始位置和终止位置	扫码观看视频
案例要点	掌握“调和工具”的编辑方法	

操作步骤

Step 01 绘制一个六边形和一个五角星，为其添加调和效果，如图 9-35 所示。

Step 02 在调和效果下方绘制一个椭圆，按【Shift+PgDn】组合键将其顺序放在底层，如图 9-36 所示。

Step 03 选择调和对象后，在属性栏中单击“起始和结束属性”按钮，在下拉列表中选择“新起点”选项，如图 9-37 所示。

Step 04 在五角星上单击，此时会改变之前调和对象的起始位置，如图 9-38 所示。

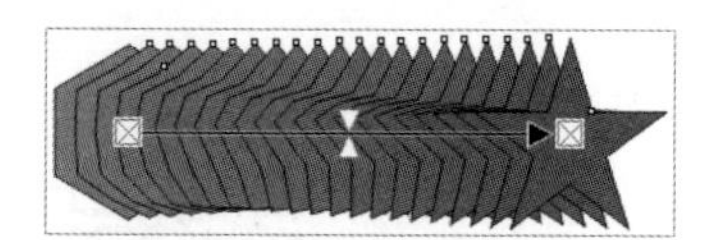
图 9-35 绘制并添加调和效果

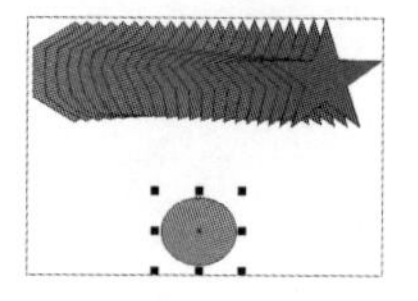
图 9-36 绘制椭圆

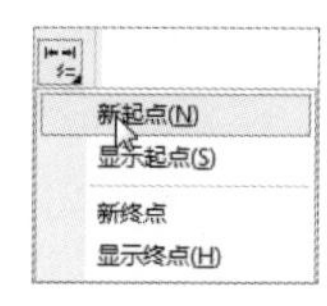

图 9-37 选择“新起点”选项

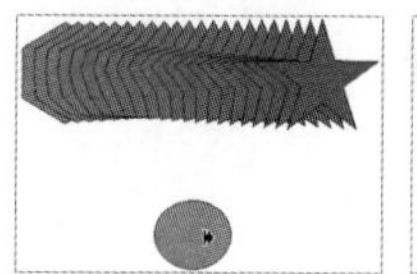

图 9-38 改变起始位置

Step 05 返回到步骤 2 中，选择正圆，按【Shift+Pgup】组合键将其调整到顶层，选择调和对象后，在属性栏中单击“起始和结束属性”按钮，在下拉列表中选择“新终点”选项，如图 9-39 所示。

Step 06 在五角星上单击，此时会改变之前调和对象的终止位置，如图 9-40 所示。

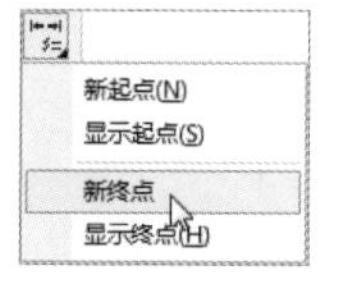

图 9-39 选择“新终点”命令

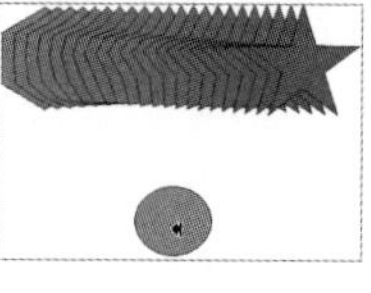
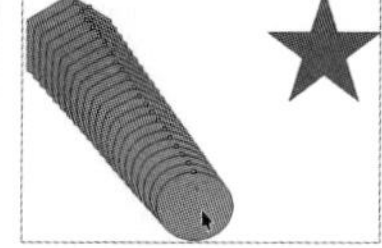
图 9-40 改变终止位置

课堂案例 沿路径调和对象

视频教学	录屏 / 第 09 章 / 课堂案例——将对象沿路径调和	扫码观看视频 
案例要点	掌握“调和工具”的编辑方法	

操作步骤

Step 01 使用工具箱中的“多边形工具”在绘图窗口中绘制两个六边形，分别为其填充青色和橙色并去掉其外轮廓线，如图 9-41 所示。

Step 02 使用“调和工具”，将两个六边形进行调和，效果如图 9-42 所示。

Step 03 使用“钢笔工具”绘制一条如图 9-43 所示的曲线。

图 9-41 绘制两个六边形并填充颜色

图 9-42 调和后的效果

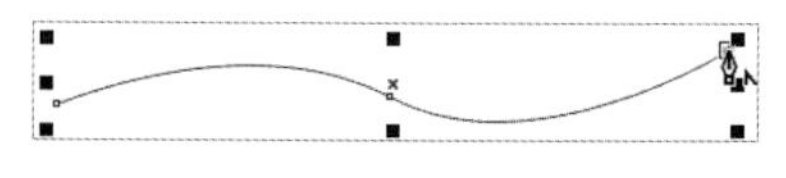
图 9-43 绘制曲线

Step 04 使用“选择工具”选择调和后的对象，单击属性栏中的“路径属性”按钮，在弹出的下拉列表中选择“新路径”选项，如图 9-44 所示。

Step 05 此时光标形状会变为，在步骤 3 中绘制的曲线上单击，如图 9-45 所示。

Step 06 使用“选择工具”在左侧青色的六边形上单击，将其选中，如图 9-46 所示。

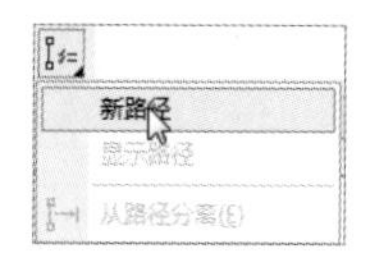

图 9-44 选择“新路径”选项

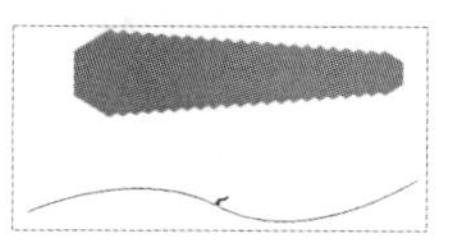
图 9-45 在路径上单击

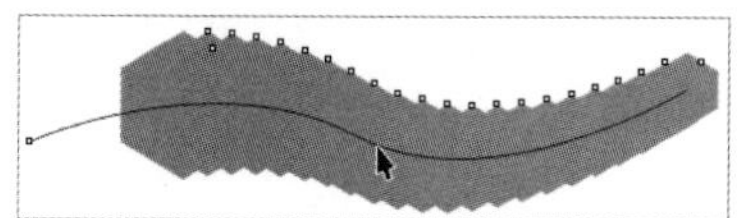
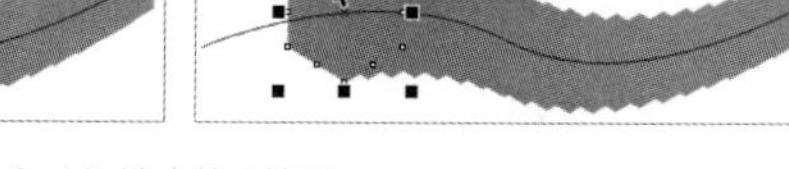
图 9-46 选中的六边形

Step 07 选取左侧的六边形后，顺着路径的弧度继续向左侧拖动，直到出现图 9-47 所示的效果。

技巧

将调和效果应用到新路径后，在属性栏中单击“更多调和选项”按钮，在弹出的下拉列表中选择“沿全路径调和”选项，可以将调和对象沿整个路径进行调和，如图 9-48 所示。

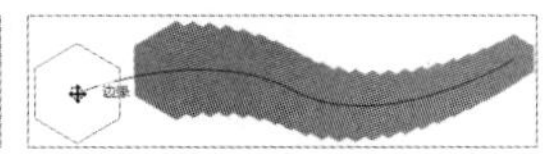

图 9-47 拖动六边形后的效果

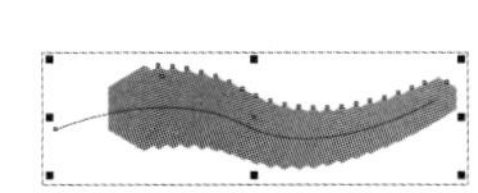
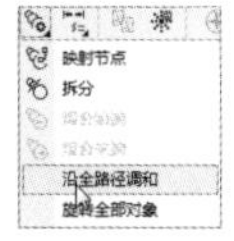

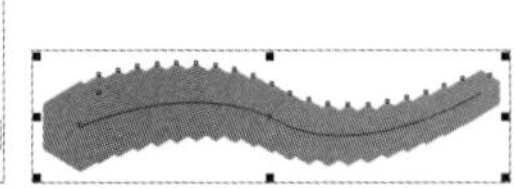

图 9-48 选择“沿全路径调和”选项

课堂案例 复制调和效果的属性

视频教学	录屏 / 第 09 章 / 课堂案例——复制调和效果的属性	扫码观看视频
案例要点	掌握“调和工具”的编辑方法	

操作步骤

Step 01 制作两个调和效果，选择上面的调和效果，在属性栏中单击“复制调和属性”按钮，此时会出现箭头光标，将光标移动到下面的调和对象上，如图 9-49 所示。

Step 02 在下面的调和对象上单击，即可将下面的调和效果的属性复制到上面的调和对象中，效果如图 9-50 所示。

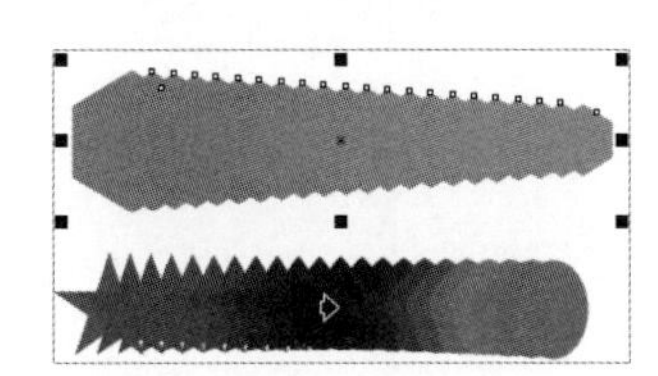

图 9-49 选择对象

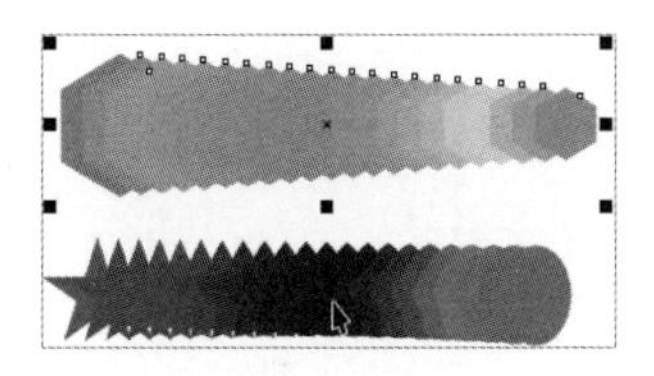

图 9-50 复制调和效果的属性

课堂案例 拆分调和对象

视频教学	录屏 / 第 09 章 / 课堂案例——拆分调和对象	扫码观看视频
案例要点	掌握“调和工具”的编辑方法	

操作步骤

Step 01 绘制两个对象，创建调和效果，选择调和后的对象，如图 9-51 所示。

Step 02 选择菜单栏中的“对象”/“拆分调和对象群组”命令，此时选择中间的对象向下拖动，会发现起点和终点对象被单独拆分开来，如图 9-52 所示。

Step 03 再次选择菜单栏中的“对象”/“组合”/“取消组合对象”命令，此时会将每个对象单独分离开来，效果如图 9-53 所示。

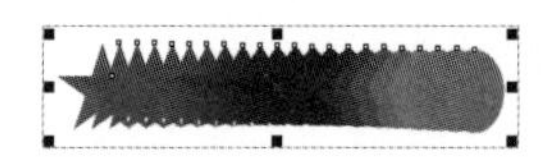

图 9-51 选择对象

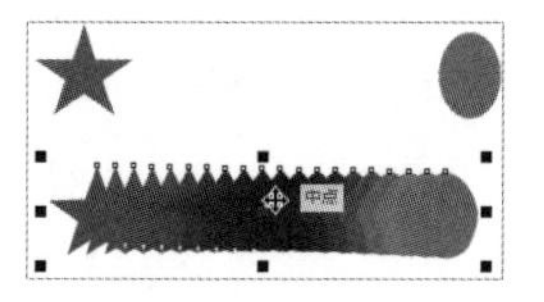

图 9-52 拆分

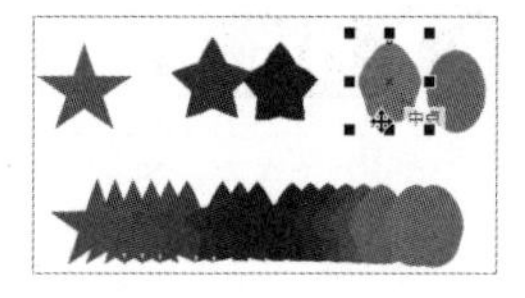

图 9-53 取消组合

轮廓图效果

轮廓图效果可以使选定对象的轮廓向中心、向内或向外增加一系列的同心线圈，产生一种放射的层次效果。选择工具箱中的“轮廓图工具”，在绘制的对象轮廓上按住鼠标左键，向中心拖动，松开鼠标，系统便可以为当前轮廓线创建轮廓图，如图 9-54 所示。此时属性栏会变为“轮廓图工具”对应的选项设置，如图 9-55 所示。

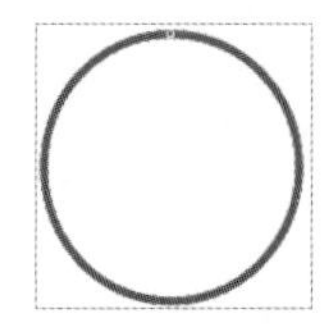

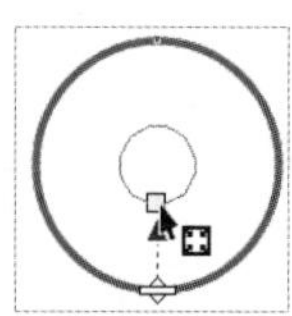

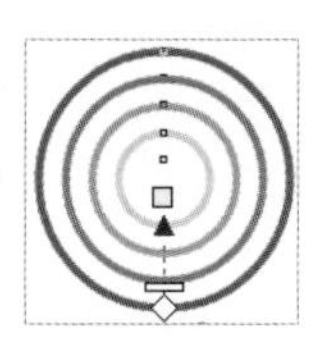

图 9-54 创建轮廓图

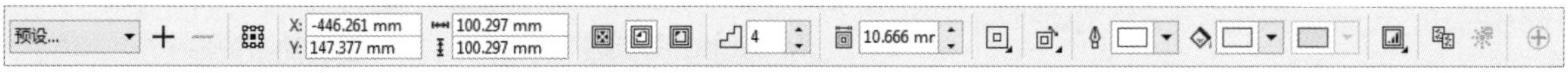

预设... X: -446.261 mm Y: 147.377 mm 100.297 mm 100.297 mm 4 10.666 mm

图 9-55 “轮廓图工具”属性栏

“轮廓图工具”属性栏中各选项的含义如下（之前讲解过的功能将不再讲解）。

- “到中心”：四周的轮廓线向对象中心平均收缩。
- “内部轮廓”：所选对象轮廓自动向内收缩。
- “外部轮廓”：所选对象轮廓自动向外扩展。
- “轮廓图步长”：用于设置轮廓图的扩展个数，数值越大，轮廓越密集。
- “轮廓图偏移”：设置的数值越大，轮廓线与轮廓线之间的距离越大。
- “轮廓图角”：用来设置轮廓图角的样式，包含“斜接角”“圆角”“斜切角”3 种效果，如图 9-56 所示。
- “轮廓色”：用来设置轮廓色的渐变序列，包含“线性轮廓色”“顺时针轮廓色”“逆时针轮廓色”3 种轮廓色渐变序列，如图 9-57 所示。“线性轮廓色”：单击该按钮，可以使轮廓对象按色谱直线渐变。“顺时针轮廓色”：单击该按钮，可以使轮廓对象按色谱顺时针渐变。“逆时针轮廓色”：单击该按钮，可以使轮廓对象按色谱逆时针渐变。

技巧

“轮廓图角”效果中的“圆角”“斜切角”只能应用于“外部轮廓”。

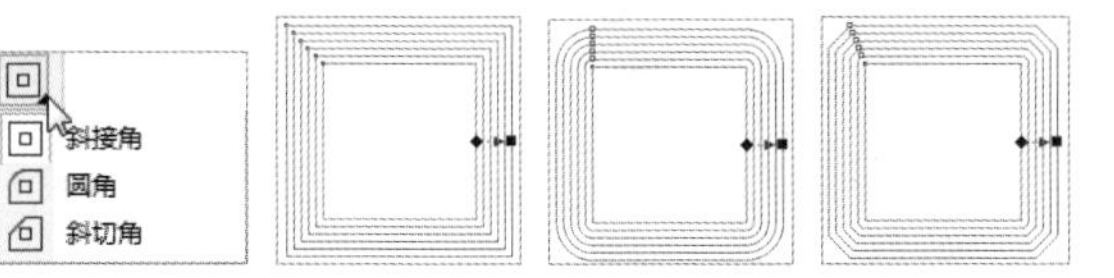

图 9-56 轮廓图角

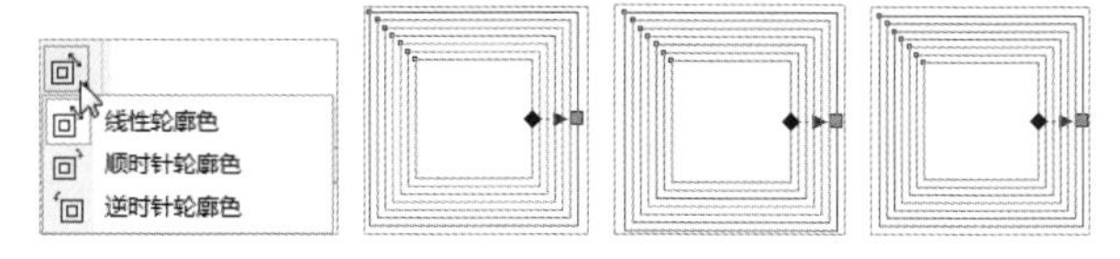

图 9-57 轮廓色

- “轮廓线色”：用来设置轮廓线的颜色，如图 9-58 所示。
- “填充色”：用来设置创建轮廓图填充色的颜色，如图 9-59 所示。
- “最后一个填充选取器”：用来设置填充的第二种颜色，前提是填充颜色必须是渐变色，如图 9-60 所示。

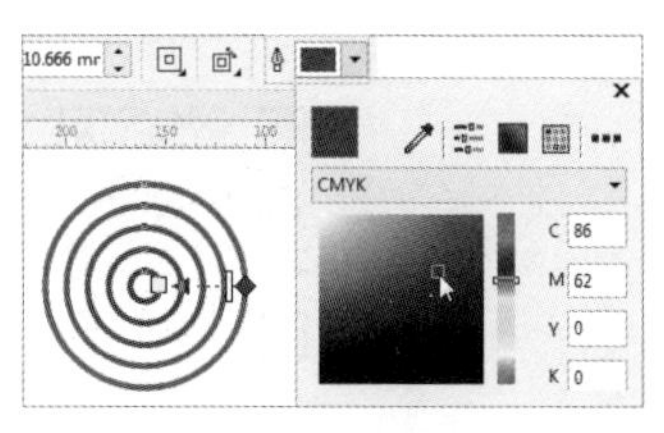

图 9-58 轮廓线的颜色

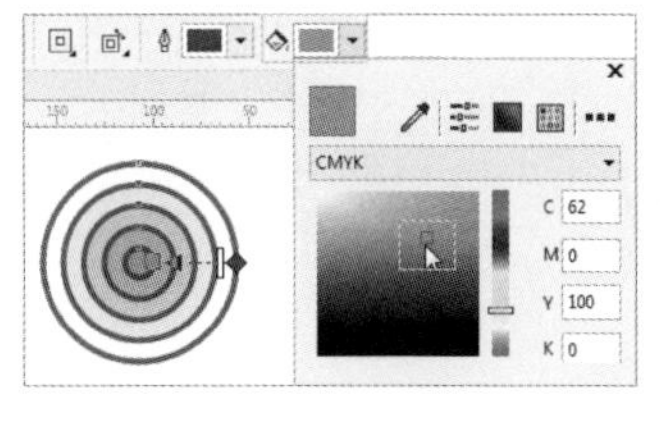

图 9-59 填充色

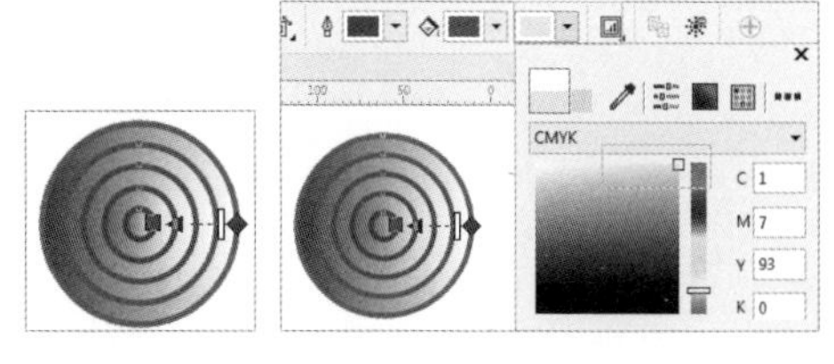

图 9-60 最后一个填充选取器

技巧

创建轮廓图后，选择菜单栏中的“效果”/“轮廓图”命令，可以打开“轮廓图”泊坞窗，在“轮廓图”泊坞窗中同样可以对轮廓图进行参数设置。

9.2.1 创建轮廓图

在 CorelDRAW 2018 中创建轮廓图的对象可以是封闭路径，也可以是开放路径，还可以是美术字文本对象。在创建过程中只有“到中心”“内部轮廓”“外部轮廓”3 种方法。

课堂案例 创建中心轮廓图

视频教学	录屏 / 第 09 章 / 课堂案例——创建中心轮廓图	扫码观看视频
案例要点	掌握“轮廓图工具”的使用方法	

操作步骤

Step 01 使用“多边形工具”在页面中绘制一个六边形轮廓，如图 9-61 所示。

Step 02 选择工具箱中的“轮廓图工具”，在属性栏中单击“到中心”按钮，如图 9-62 所示。

Step 03 选择六边形边缘向中心拖动，此时会自动生成从边框到中心的依次渐变层次效果，为了看得清楚，将“轮廓色”设置为“红色”，如图 9-63 所示。

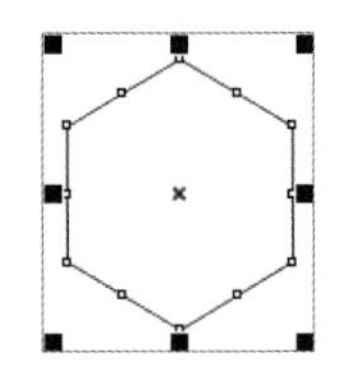
图 9-61 绘制六边形

图 9-62 “绘制形状”属性栏

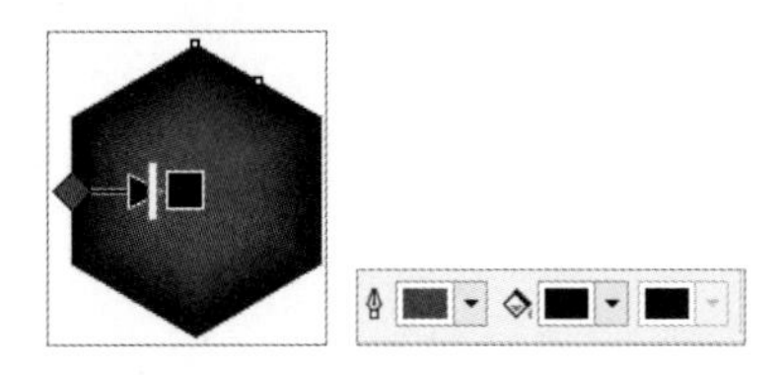
图 9-63 创建从边框到中心的轮廓图效果

课堂案例 创建内部轮廓图

视频教学	录屏 / 第 09 章 / 课堂案例——创建内部轮廓图	扫码观看视频
案例要点	掌握“轮廓图工具”的使用方法	

操作步骤

Step 01 使用“多边形工具”在绘图窗口中绘制一个五边形轮廓，如图 9-64 所示。

Step 02 确认绘制的五边形处于被选中状态，选择工具箱中的“轮廓图工具”，此时光标形状变为，按住鼠标左键向绘制的矩形中间拖动，即可创建内部轮廓图效果，如图 9-65 所示。

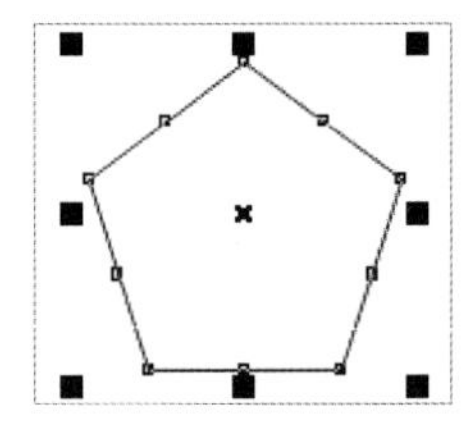
图 9-64 绘制五边形

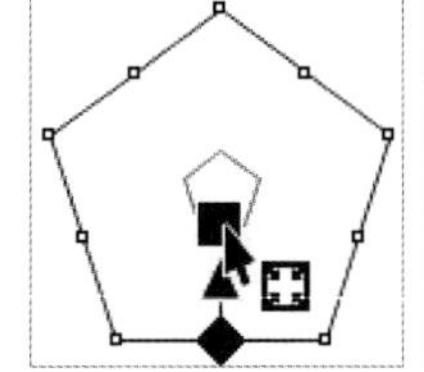
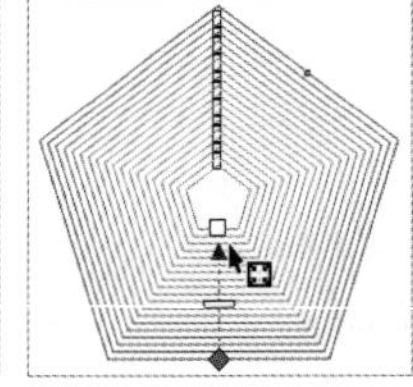
图 9-65 创建内部轮廓图效果

课堂案例 创建外部轮廓图

视频教学	录屏 / 第 09 章 / 课堂案例——创建外部轮廓图	扫码观看视频
案例要点	掌握“轮廓图工具”的使用方法	

操作步骤

Step 01 使用“多边形工具”，按住【Ctrl】键在绘图窗口中绘制一个五边形轮廓，如图 9-66 所示。

Step 02 确认绘制的五边形处于被选中状态，选择工具箱中的“轮廓图工具”，此时光标形状变为，按住鼠标左键向绘制的五边形外部拖动，即可创建外部的轮廓图效果，如图 9-67 所示。

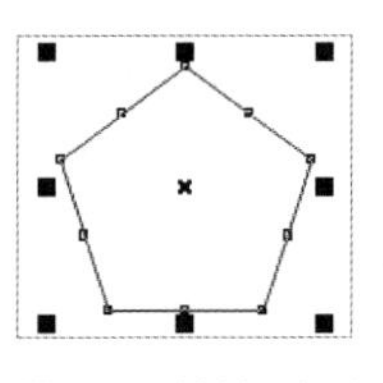
图 9-66 绘制五边形

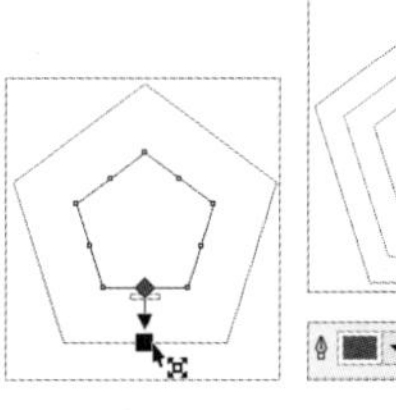
图 9-67 创建的外部轮廓图效果

9.2.2 编辑轮廓图

为对象创建轮廓图后可以对其进行轮廓步长、偏移量、改变轮廓颜色、调整对象加速等设置。下面通过上机实战的方式来进行讲解。

课堂案例 修改步长值和轮廓图偏移量

视频教学	录屏 / 第 09 章 / 课堂案例——修改步长值和轮廓图偏移量	扫码观看视频
案例要点	掌握“轮廓图工具”的编辑方法	

操作步骤

Step 01 使用“椭圆形工具”绘制一个“轮廓宽度”为“1mm”的红色正圆，并运用“轮廓图工具”为正圆创建轮廓图，如图 9-68 所示。

Step 02 确认创建轮廓图后的正圆处于被选中状态，将属性栏中的“轮廓图步长”4的数值设置为“4”，“轮廓图偏移”5.0 mm的数值设置为“5.0”，设置完成后效果如图 9-69 所示。

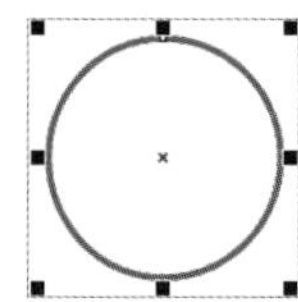

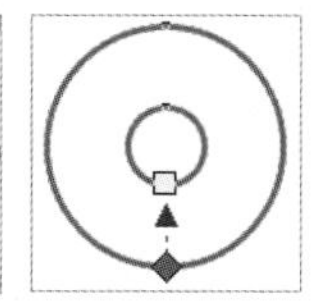

图 9-68 绘制正圆并创建轮廓图

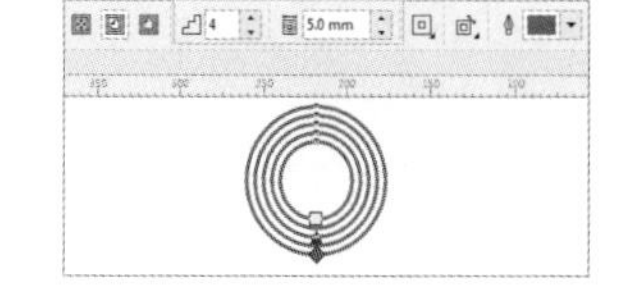

图 9-69 修改轮廓图偏移量后的效果

课堂案例 设置轮廓图颜色

视频教学	录屏 / 第 09 章 / 课堂案例——设置轮廓图颜色	扫码观看视频
案例要点	掌握“轮廓图工具”的编辑方法	

操作步骤

Step 01 使用“星形工具”绘制一个五角星，并运用“轮廓图工具”为其创建轮廓图，如图 9-70 所示。

Step 02 确认创建轮廓后的图形处于被选中状态，在属性栏中设置“轮廓线色”为绿色，如图 9-71 所示。

Step 03 确认创建轮廓后的五角星处于被选中状态，在绘图窗口右侧调色板中的青色色块上单击鼠标右键，将其轮廓线的颜色设置为青色，设置完成后，效果如图 9-72 所示。

Step 04 单击 CorelDRAW 2018 绘图窗口右侧调色板中的橘色色块，将对象进行填充，在属性栏中将“填充色”设置为白色，填充后的效果如图 9-73 所示。

图 9-70 绘制五角星并创建轮廓图

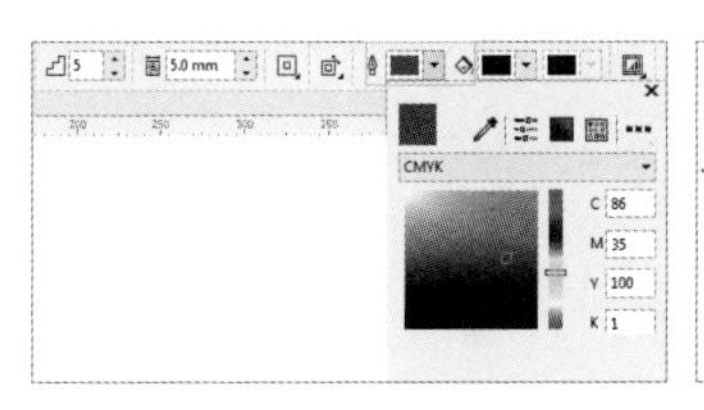

图 9-71 设置轮廓线色

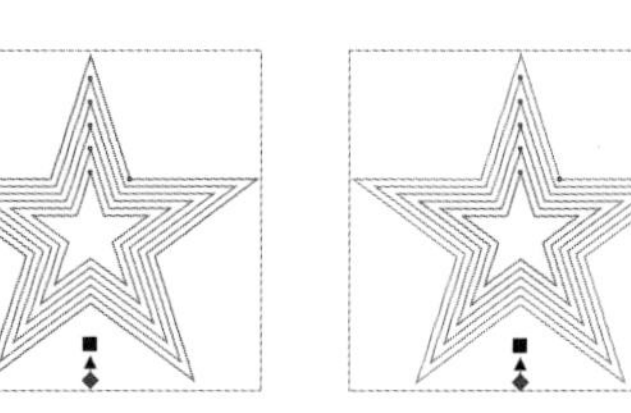

图 9-72 设置轮廓线色后的效果

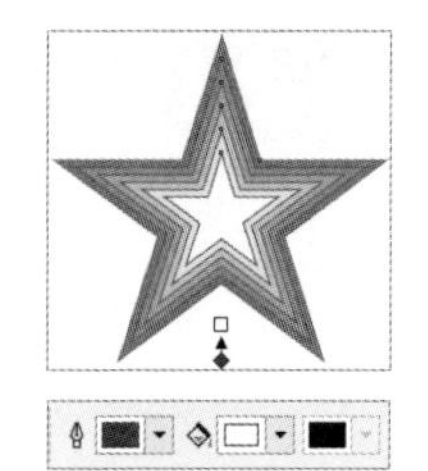

图 9-73 对象填充后的效果

课堂案例 设置对象和颜色加速

视频教学	录屏 / 第 09 章 / 课堂案例——设置对象和颜色加速	扫码观看视频
案例要点	掌握“轮廓图工具”的编辑方法	

操作步骤

Step 01 选中添加颜色后的轮廓图对象，如图 9-74 所示。

Step 02 单击属性栏中的“对象和颜色加速”按钮，在其下方会弹出如图 9-75 所示的面板。

Step 03 调整“加速”面板中的滑动杆，可以调整其对象和颜色的加速，如图 9-76 所示。

Step 04 调整完成后的效果如图 9-77 所示。

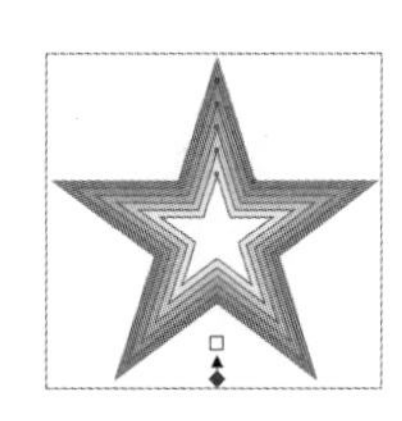

图 9-74 选中的对象

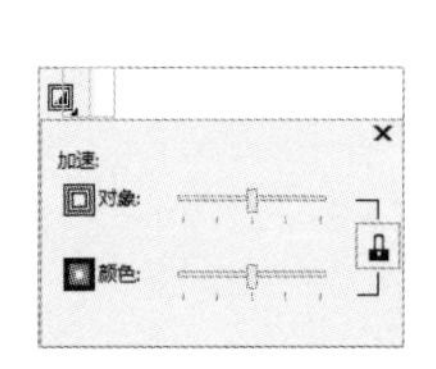

图 9-75 “加速”面板

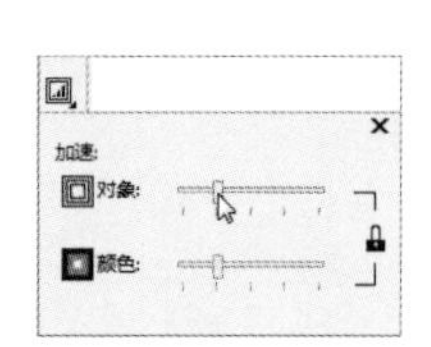

图 9-76 调整滑动杆

图 9-77 调整完成后的效果

课堂案例 清除轮廓图

操作步骤

Step 01 使用“星形工具”，在按住【Ctrl】键的同时拖动鼠标，绘制一个星形，如图 9-78 所示。

Step 02 再次使用“星形工具”在步骤 1 中绘制的星形内侧绘制一个小星形，如图 9-79 所示。

Step 03 使用“选择工具”进行框选，将绘制的两个星形全部选取，单击属性栏中的“对齐与分布”按钮，在弹出的“对齐与分布”泊坞窗中单击“垂直居中”按钮和“水平居中”按钮，如图 9-80 所示。

Step 04 设置完成后，星形效果如图 9-81 所示。

Step 05 使用“轮廓图工具”，沿大星形向小星形拖动鼠标，为星形创建轮廓图效果，如图 9-82 所示。

Step 06 如果不满意创建的轮廓图效果，可以将效果删除，单击属性栏中的“清除轮廓”按钮，即可将创建的轮廓图效果删除，如图 9-83 所示。

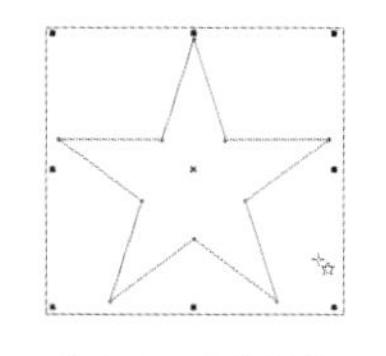
图 9-78 绘制星形

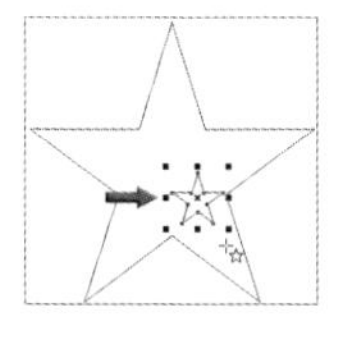
图 9-79 绘制小星形

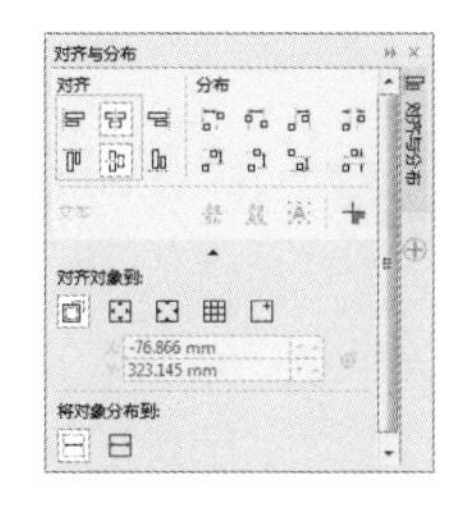
图 9-80 “对齐与分布”泊坞窗

图 9-81 对齐后的效果

图 9-82 创建的轮廓图效果

图 9-83 删除轮廓图效果

9.3 阴影工具

使用“阴影工具”可以为对象添加阴影效果，增加景深，增加视觉层次，使图像更加逼真。使用“阴影工具”在对象上拖动就可以为其添加阴影，如图 9-84 所示。此时属性栏会变为“阴影工具”对应的选项设置，如图 9-85 所示。

图 9-84 添加阴影

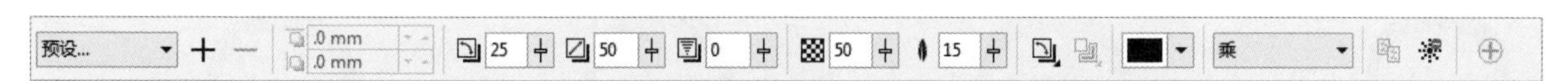

图 9-85 “阴影工具”属性栏

“阴影工具”属性栏中各选项的含义如下（之前讲解过的功能将不再讲解）。

- “阴影方向” 22：用来设置阴影的角度方向，数值在 -360° ~ 360° 之间。
- “阴影延展” 50：用来设置阴影的延伸长度，数值在 0 ~ 100 之间。
- “阴影淡出” 0：用来调节阴影的淡出效果，数值越大，阴影外端越透明，此选项只有在设置有角度的阴影时才会被激活。
- “阴影的不透明” 50：用来调节阴影的不透明度，数值在 0 ~ 100 之间，数值越大，颜色越深，数值越小，颜色越淡。
- “阴影羽化” 15：在该选项中输入数值可以调节阴影边缘的羽化程度，使边缘更加柔和，数值越大，边缘越柔和，如图 9-86 所示。
- “阴影羽化方向”：单击该按钮将弹出下拉列表，在此下拉列表中可以选择不同的羽化方向，如图 9-87 所示。
  - 高斯式模糊：选择该选项，阴影将以高斯模糊的模糊状态开始计算羽化值，如图 9-88 所示。

图 9-86 阴影羽化

图 9-87 阴影羽化方向

图 9-88 高斯式模糊

- "向内"：选择此选项，阴影从内部开始计算羽化值，如图 9-89 所示。
- "中间"：选择此选项，阴影从中间开始计算羽化值，如图 9-90 所示。
- "向外"：选择此选项，阴影从外部开始计算羽化值，如图 9-91 所示。
- "平均"：选择此选项，阴影以平均状态介于内外之间计算羽化值，如图 9-92 所示。

• "羽化边缘"：用来设置阴影羽化边缘效果，在下拉列表中可以选择边缘样式，如图 9-93 所示。

图 9-89 向内

图 9-90 中间

图 9-91 向外

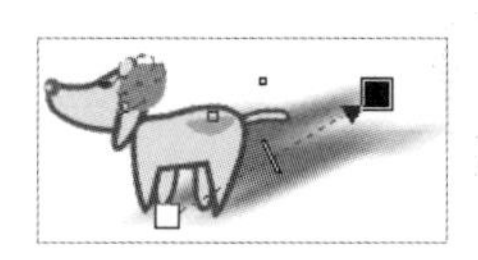

图 9-92 平均

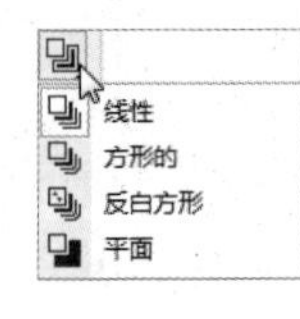

图 9-93 设置阴影羽化边缘效果

- "线性"：选择此选项，阴影从边缘开始进行羽化，如图 9-94 所示。
- "方形的"：选择此选项，阴影从边缘外进行羽化，如图 9-95 所示。
- "反白方形"：选择此选项，阴影从边缘向外进行羽化，如图 9-96 所示。
- "平面"：选择此选项，阴影以平面方式不进行羽化，如图 9-97 所示。

• "阴影颜色"：单击下拉箭头，会弹出颜色面板，在该面板中可以选择阴影的颜色。

• "合并模式"：用来设置阴影的混合模式，单击右侧的倒三角形按钮，可以在弹出的下拉列表中选择不同的模式。

图 9-94 线性

图 9-95 方形的

图 9-96 反白方形

图 9-97 平面

技巧

对于阴影颜色，我们可以在颜色表中选择颜色后向阴影色块内拖动，松开鼠标后，同样可以改变阴影颜色。

9.3.1 创建阴影

在 CorelDRAW 2018 中可以在属性栏中创建预设阴影，也可以通过拖动鼠标的方式来创建不同效果的阴影。

课堂案例 在不同位置创建阴影

视频教学	录屏 / 第 09 章 / 课堂案例——在不同位置创建阴影
案例要点	掌握“阴影工具”的使用方法

扫码观看视频

操作步骤

Step 01 使用“文本工具”字在页面中输入一个青色的文本，如图 9-98 所示。

Step 02 使用“阴影工具”在文字的底部向另一方向拖动鼠标，此时会出现一个蓝色的文本外框，作为阴影的位置预览，松开鼠标完成阴影的创建，如图 9-99 所示。

图 9-98 输入文本

图 9-99 从底部创建阴影

Step 03 使用“阴影工具”在文字的顶部向另一方向拖动鼠标，此时会出现一个蓝色的文本外框，作为阴影的位置预览，松开鼠标完成阴影的创建，如图 9-100 所示。

Step 04 使用“阴影工具”在文字的左边向另一方向拖动鼠标，此时会出现一个蓝色的文本外框，作为阴影的位置预览，松开鼠标完成阴影的创建，如图 9-101 所示。

Step 05 使用“阴影工具”在文字的右边向另一方向拖动鼠标，此时会出现一个蓝色的文本外框，作为阴影的位置预览，松开鼠标完成阴影的创建，如图 9-102 所示。

图 9-100 从顶部创建阴影

图 9-101 从左边创建阴影

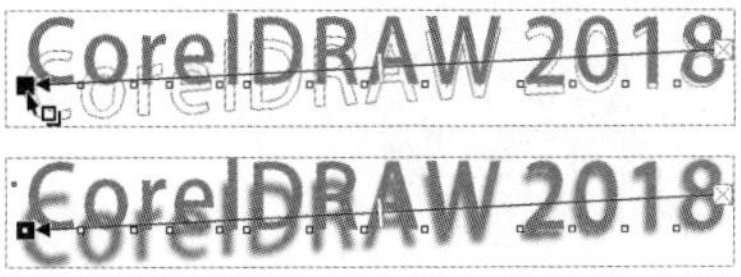

图 9-102 从右边创建阴影

Step 06 使用“阴影工具”在文字的中间向另一方向拖动鼠标，此时会出现一个蓝色的文本外框，作为阴影的位置预览，松开鼠标完成阴影的创建，如图 9-103 所示。

图 9-103 从中间创建阴影

9.3.2 编辑阴影

通过“阴影工具”为对象添加的阴影，有时会不尽如人意，需要我们对添加的阴影进行编辑。

课堂案例 拆分阴影

视频教学	录屏 / 第 09 章 / 课堂案例——拆分阴影
案例要点	掌握“阴影工具”的编辑方法

扫码观看视频

操作步骤

Step 01 使用“文本工具”字输入英文“CorelDRAW 2018”，使用“阴影工具”为输入的文本添加阴影效果，如图 9-104 所示。

Step 02 使用“选择工具”框选文字和阴影，选择菜单栏中的“排列”/“拆分阴影群组”命令，此时文字和阴影就成了两个单独的个体，可以单独被移动，效果如图 9-105 所示。

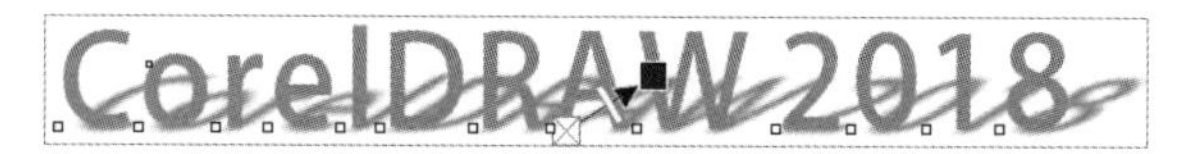

CorelDRAW 2018

图 9-104 添加阴影后的效果

CorelDRAW 2018
CorelDRAW 2018

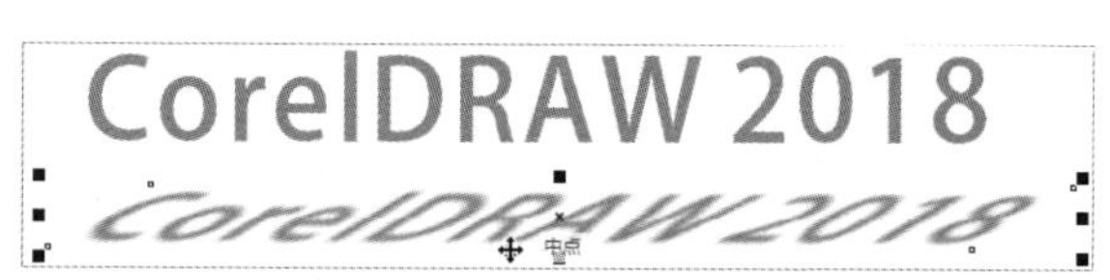

图 9-105 拆分后的效果

9.4 块阴影工具

“块阴影工具”和“阴影工具”不同，可以将适量阴影应用到对象和阴影，块阴影由简单的线条构成，因此它是屏幕打印和标牌制作的理想之选。使用“块阴影工具”在对象上拖动就可以为其添加一个按拖动方向上创建的块阴影，如图 9-106 所示。此时属性栏会变为“块阴影工具”对应的选项设置，如图 9-107 所示。

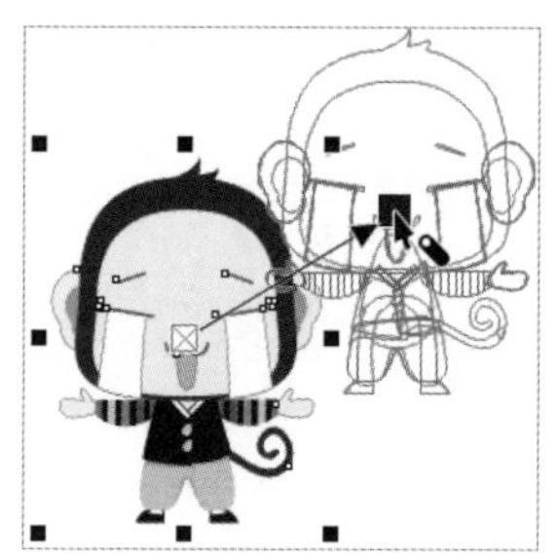

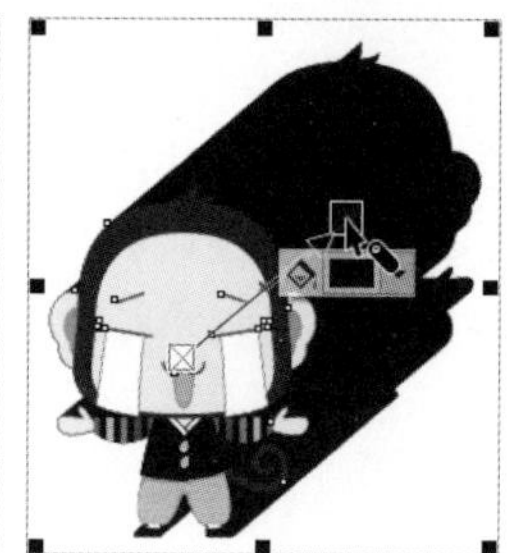

图 9-106 添加块阴影

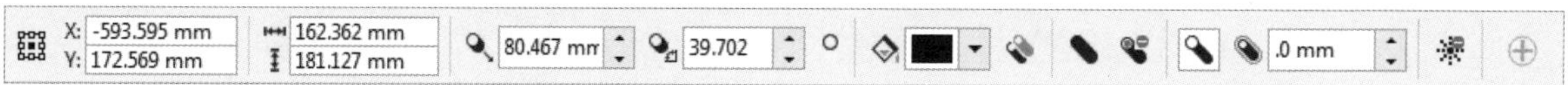

X: -593.595 mm
Y: 172.569 mm
162.362 mm
181.127 mm
80.467 mm
39.702
.0 mm

图 9-107 “块阴影工具”属性栏

"块阴影工具"属性栏中各选项的含义如下（之前讲解过的功能将不再讲解）。

- "深度"：用来调整块阴影的深度。
- "方向"：用来设置块阴影的角度，如图 9-108 所示。
- "块阴影颜色"：用来设置块阴影的颜色。
- "简化"：用来修剪对象与块阴影之间重合的区域，如图 9-109 所示。
- "移除孔洞"：将块阴影设置为不带孔的实线曲线对象。
- "从对象轮廓生成"：为对象创建块阴影时包括对象的轮廓。
- "延展块阴影"：以指定量增加块阴影尺寸，如图 9-110 所示。

图 9-108 设置块阴影的角度

图 9-109 简化

图 9-110 延展块阴影

9.5 变形工具

使用工具箱中的"变形工具"可以不规则地改变对象外观，使对象的变形操作更方便、快捷。选择工具箱中的"变形工具"，在绘制的对象上按住鼠标左键，将鼠标向外拖动，松开鼠标，系统便可以为当前对象创建变形效果，如图 9-111 所示。此时属性栏会变为"变形工具"对应的选项设置，如图 9-112 所示。

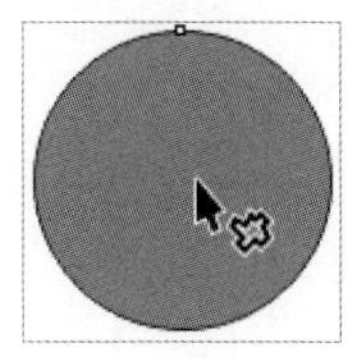
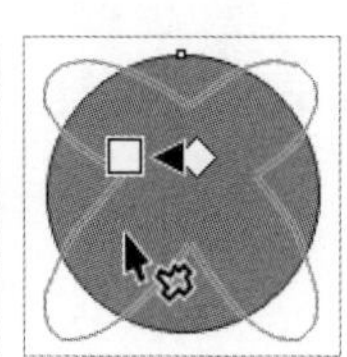
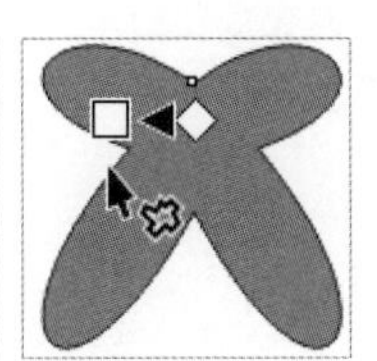

图 9-111 创建变形效果

图 9-112 "变形工具"属性栏

"变形工具"属性栏中各选项的含义如下（之前讲解过的功能将不再讲解）。

- "推拉变形"：单击该按钮后，按住鼠标左键在选中的对象上拖动，可以将选中的对象添加推拉变形效果。
- "拉链变形"：单击该按钮后，按住鼠标左键在选中的对象上拖动，可以将选中的对象添加拉链变形效果。
- "扭曲变形"：单击该按钮后，按住鼠标左键在选中的对象上拖动，可以将选中的对象添加扭曲变形效果。
- "居中变形"：将对象添加变形效果后，该按钮才可用。单击该按钮，从对象的中间进行变形。图 9-113 所示为居中与非居中时的变形对比。

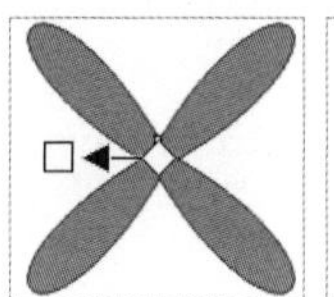
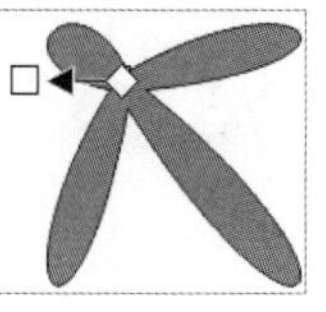

图 9-113 居中与非居中时的变形对比

- “推拉振幅” ：通过设置数值可以控制对象的变形效果。
- “添加新的变形” ：用来对已经变形的对象添加变形效果。

9.5.1 推拉变形

推拉变形允许推进对象的边缘或拉出对象的边缘使对象变形，推拉变形只能在水平方向上进行推拉，并且左右拖动后得到的变形效果是不同的。

课堂案例 创建推拉变形效果

视频教学	录屏 / 第 09 章 / 课堂案例——创建推拉变形效果
案例要点	掌握“变形工具”的使用方法

扫码观看视频

操作步骤

Step 01 使用“多边形工具” 在页面中绘制一个六边形，选择“变形工具” ，在属性栏中单击“推拉变形”按钮 ，如图 9-114 所示。

Step 02 按住鼠标左键向右拖动，单击“居中变形”按钮 ，效果如图 9-115 所示。

Step 03 单击属性栏中的“清除变形”按钮 ，将变形清除，再按住鼠标左键向左拖动，单击“居中变形”按钮 ，效果如图 9-116 所示。

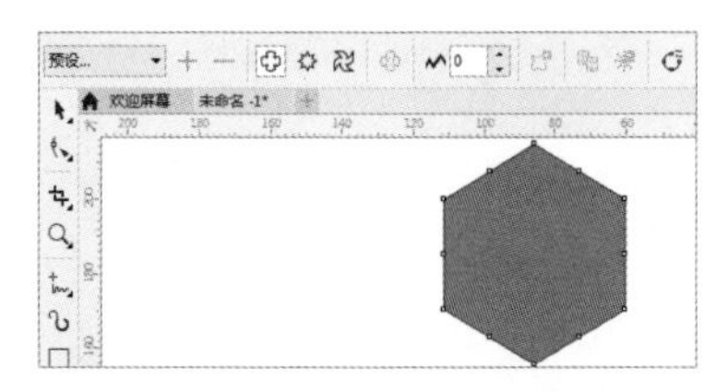

图 9-114 绘制六边形并设置变形

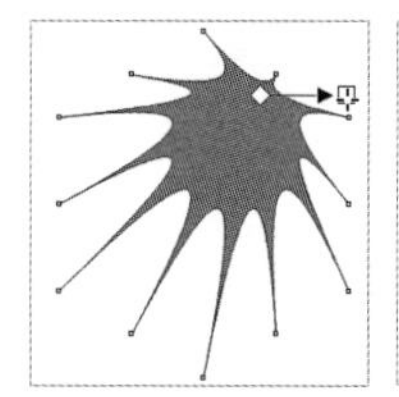

图 9-115 居中变形

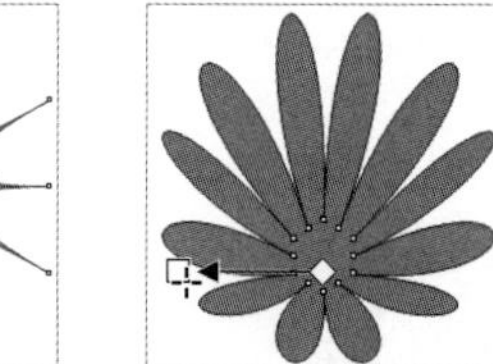

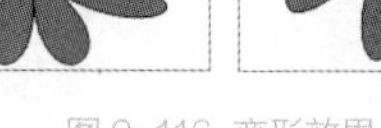

图 9-116 变形效果

> **技巧**
>
> 在应用“推拉变形”工具 时，可以通过直接在属性栏中设置“推拉振幅” 的数值来确定变形效果，数值为正数时变形效果相当于将鼠标向右拖动，数值为负数时变形效果相当于将鼠标向左拖动。

9.5.2 拉链变形

在进行拉链变形操作时允许将锯齿效果应用于对象的边缘，可以调整效果的振幅与频率，在属性栏中单击“拉链变形”按钮 后，属性栏会变成“拉链变形” 对应的选项设置，如图 9-117 所示。

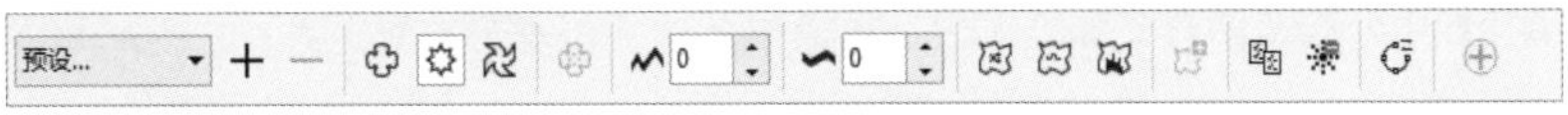

图 9-117 “拉链变形”属性栏

“拉链变形”属性栏中各选项的含义如下（之前讲解过的功能将不再讲解）。

- “拉链振幅”：用于设置拉链变形中锯齿的高度，如图 9-118 所示。
- “拉链频率”：用于设置拉链变形中锯齿的数量，如图 9-119 所示。
- “随机变形”：激活该按钮，可以将拉链变形效果按系统默认方式随机变形。
- “平滑变形”：激活该按钮，可以将拉链变形节点变得平滑。
- “局限变形”：激活该按钮，可以将拉链变形降低变形效果。

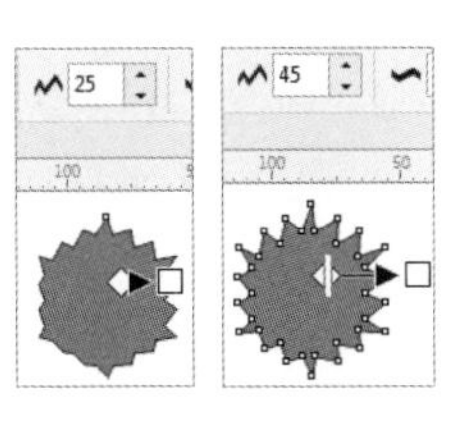

图 9-118 不同振幅

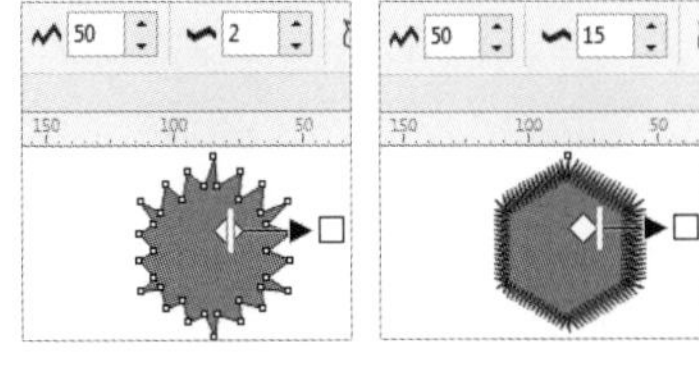

图 9-119 不同频率

课堂案例 创建拉链变形效果

视频教学	录屏 / 第 09 章 / 课堂案例——创建拉链变形效果	扫码观看视频
案例要点	掌握“变形工具”的使用方法	

操作步骤

Step 01 使用“多边形工具”在页面中绘制一个六边形，选择“变形工具”，在属性栏中单击“拉链变形”按钮，如图 9-120 所示。

Step 02 按住鼠标左键向右拖动，单击“居中变形”按钮，效果如图 9-121 所示。

Step 03 单击“添加新的变形”按钮，使用“拉链变形”工具再次拖动鼠标，效果如图 9-122 所示。

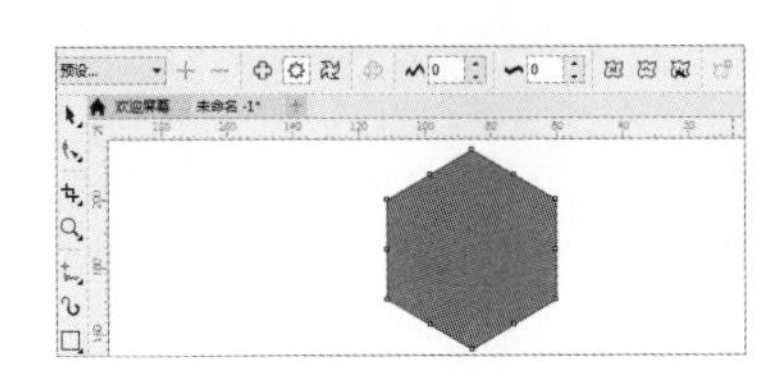

图 9-120 绘制六边形并设置变形

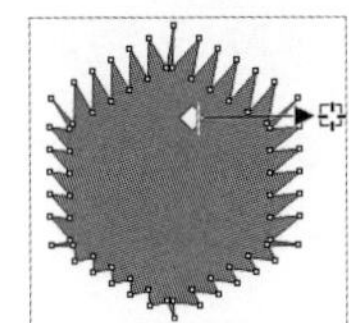

图 9-121 居中变形

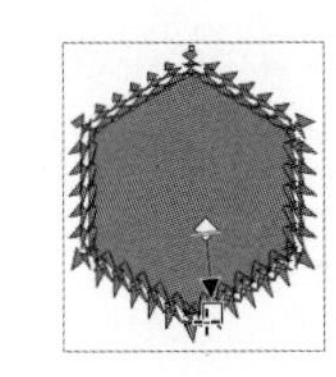

图 9-122 变形效果

9.5.3 扭曲变形

通过扭曲变形可以旋转选择的对象，形成漩涡效果。在属性栏中单击“扭曲变形”按钮，属性栏会变成“扭曲变形”对应的选项设置，如图 9-123 所示。

图 9-123 “扭曲变形”属性栏

“扭曲变形”属性栏中各选项的含义如下（之前讲解过的功能将不再讲解）。

- “顺时针旋转”：激活该选项，可以将扭曲变形进行顺时针方向旋转变形，如图 9-124 所示。
- “逆时针旋转”：激活该选项，可以将扭曲变形进行逆时针方向旋转变形，如图 9-125 所示。

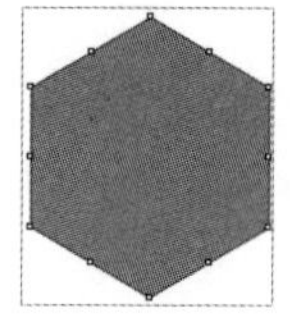
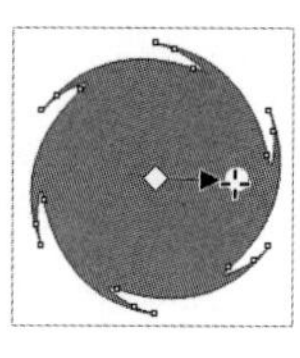

图 9-124 顺时针旋转

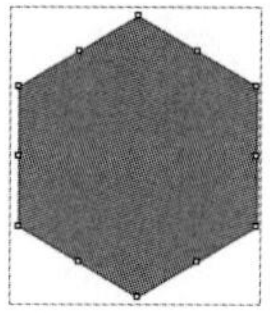
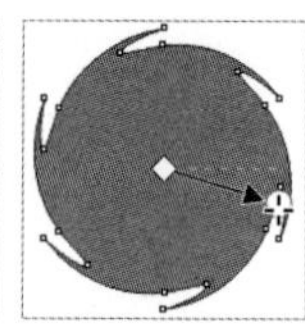

图 9-125 逆时针旋转

- “完整旋转”：用数值直接控制旋转扭曲变形的次数，如图 9-126 所示。
- “附加度数”：用数值直接控制超出完全旋转的度数，如图 9-127 所示。

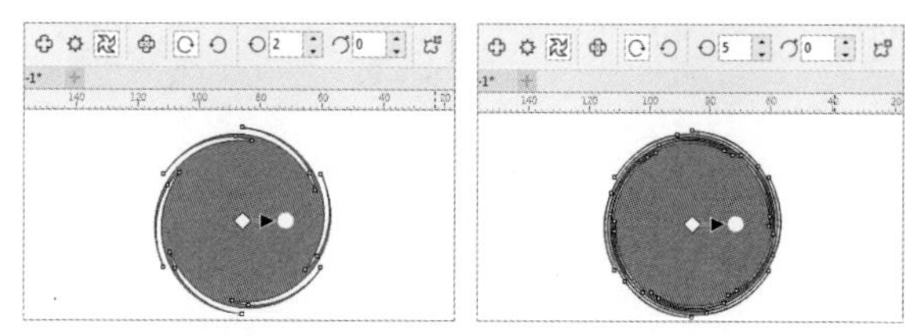
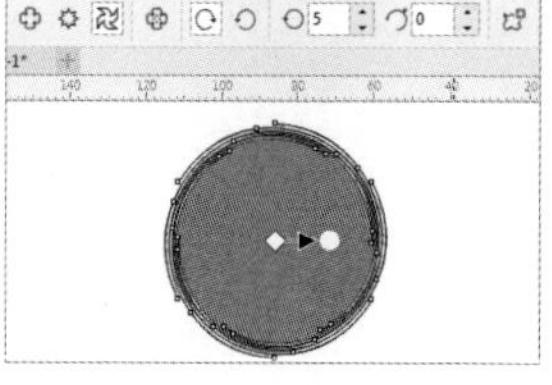

图 9-126 完全旋转

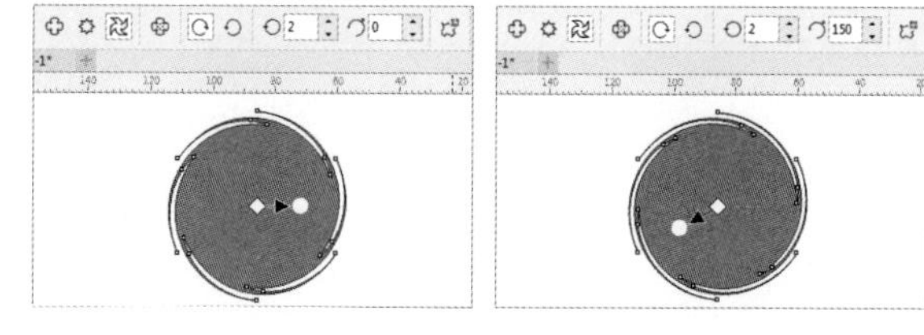
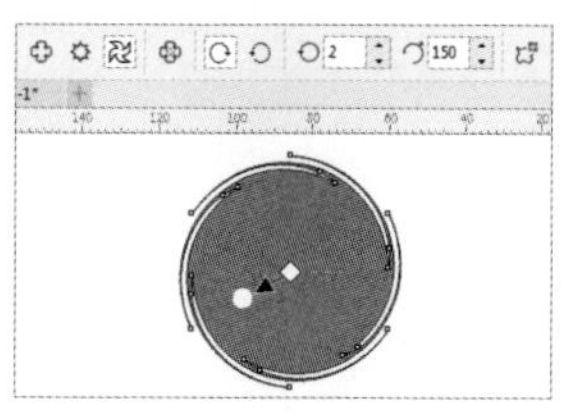

图 9-127 附加角度

课堂案例 创建扭曲变形效果

视频教学	录屏 / 第 09 章 / 课堂案例——创建扭曲变形效果	扫码观看视频
案例要点	掌握“变形工具”的使用方法	

操作步骤

Step 01 使用“多边形工具”绘制一个六边形并为其填充红色，选择“变形工具”，在属性栏中单击“扭曲变形”按钮，如图 9-128 所示。

Step 02 在属性栏中单击“逆时针旋转”按钮，设置“完整旋转”为“1”，将“附加度数”设置为“50”，如图 9-129 所示。

Step 03 单击“清除变形”按钮，恢复之前绘制的六边形，在六边形上按住鼠标左键进行顺时针旋转，效果如图 9-130 所示。

Step 04 单击“清除变形”按钮，恢复之前绘制的六边形，在六边形上按住鼠标左键进行逆时针旋转，效果如图 9-131 所示。

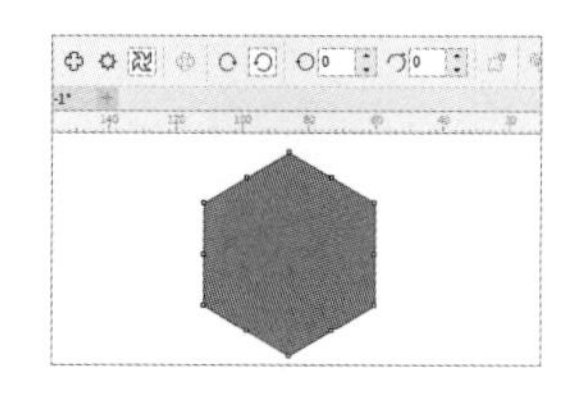

图 9-128 绘制六边形并设置变形

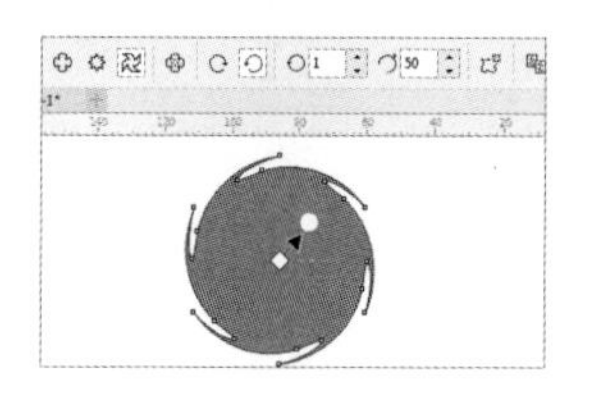

图 9-129 设置变形参数

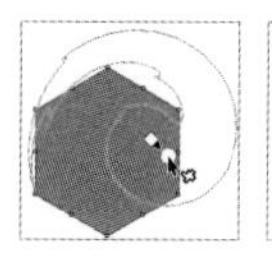

图 9-130 顺时针旋转变形

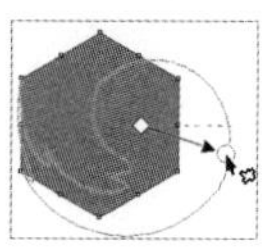
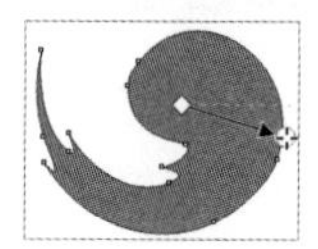

图 9-131 逆时针旋转变形

技巧

使用“扭曲变形”工具对绘制的图形进行旋转变形时，选择的起点就是对象的旋转中心点。

9.5.4 将变形对象转换为曲线

在 CorelDRAW 2018 中，将对象进行变形后，还可以将变形后的对象转换为可以编辑的曲线来进行编辑。

课堂案例 将对象添加变形效果并转换为曲线

视频教学	录屏 / 第 09 章 / 课堂案例——将对象添加变形效果并转换为曲线
案例要点	掌握“变形工具”的编辑方法

扫码观看视频

操作步骤

Step 01 使用“星形工具”在绘图窗口中绘制一个五角星。

Step 02 选择工具箱中的“变形工具”，在属性栏中单击“推拉变形”按钮，将“推拉振幅”的数值设置为“-50”，设置完成后五角星的效果如图 9-132 所示。

Step 03 确认变形后的矩形处于被选择状态，单击属性栏中的“转换为曲线”按钮，此时就将变形后的五角星转换为可以编辑的曲线，使用“形状工具”可以对节点进行调整，调整后的效果如图 9-133 所示。

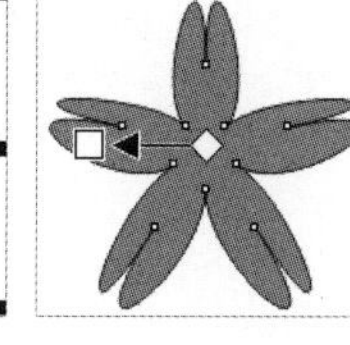

图 9-132 五角星的推拉变形效果

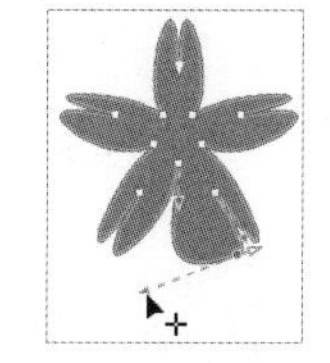

图 9-133 调整后的效果

9.6 封套工具

封套是通过调整边界框来改变对象形状的，其效果类似于印在塑料袋上的图案，扯动塑料袋则图案会随之变形。使用工具箱中的“封套工具”可以方便、快捷地创建对象的封套效果，如图 9-134 所示。此时属性栏会变为“封套工具”对应的选项设置，如图 9-135 所示。

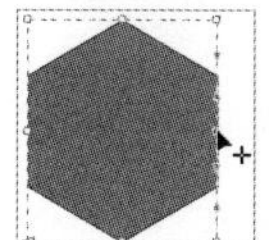

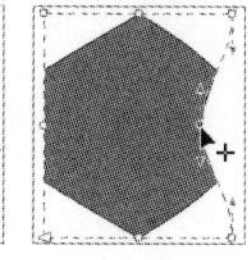

图 9-134 封套变形

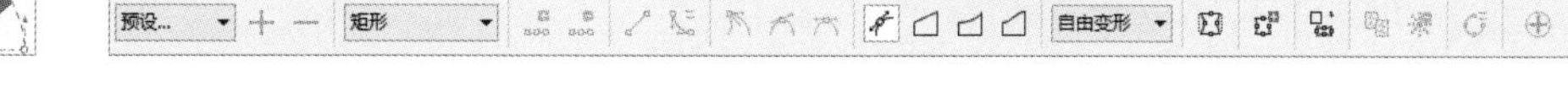

图 9-135 “封套工具”属性栏

“封套工具”属性栏中各选项的含义如下（之前讲解过的功能将不再讲解）。

- “选取模式” 矩形: 用来设置封套的选择方式，有矩形和手绘两种方式。
- “非强制模式”: 单击该按钮，可以任意拖动封套节点，添加或删除节点，制作自己想要的外形，通常该按钮是默认被开启的，如图 9-136 所示。
- “直线模式”: 单击该按钮，可以启动“直线模式”，“直线模式”只能对封套节点进行水平或垂直移动，使封套的外形呈直线变化，如图 9-137 所示。

图 9-136 非强制模式

图 9-137 直线模式

- “单弧模式”: 单击该按钮，可以使封套外形的某一边呈单弧形曲线变化，如图 9-138 所示。
- “双弧模式”: 单击该按钮，可以使封套外形的某一边呈双弧形曲线变化，使对象变形形成 S 形弧度，如图 9-139 所示。
- “映射模式” 自由变形: 在此下拉列表中可以改变对象的变形方式。
- “保留线条”: 单击该按钮，可以对应用封套的图形保留图形中的直线不变。
- “添加新封套”: 单击该按钮，可以在已改动过的封套上再添加一个新封套。
- “创建封套自”: 单击该按钮，可以把另一个封套的外形复制到当前的封套对象上，激活该选项后，光标会变成箭头，使用此箭头在图形上单击，即可用选择图形的外形对源对象进行封套变形，如图 9-140 所示。

图 9-138 单弧模式

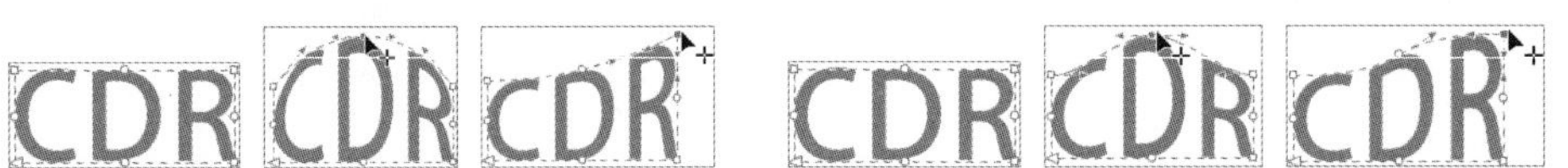

图 9-139 双弧模式

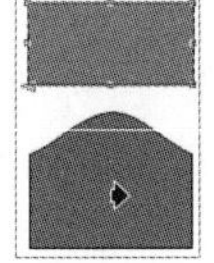

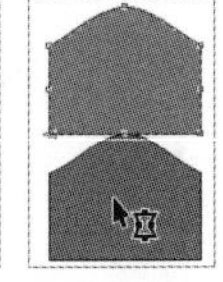

图 9-140 创建封套自

技巧

绘制图形后，选择菜单栏中的“效果”/“封套”命令，可以打开“封套”泊坞窗，在“封套”泊坞窗中同样可以对图形进行封套设置。

9.7 立体化效果

在使用“立体化工具”时，利用三维空间的立体旋转和光源照射功能产生明暗变化的阴影，从而制作出仿真的 3D 立体效果。使用“立体化工具”在对象上拖动就可以为其添加立体效果，如图 9-141 所示。此时属性栏会变为“立体化工具”对应的选项设置，如图 9-142 所示。

图 9-141 添加立体效果

图 9-142 “立体化工具”属性栏

"立体化工具"属性栏中各选项的含义如下（之前讲解过的功能将不再讲解）。

- "立体化类型"：单击该按钮，打开此选项的下拉列表，其中预置了6种立体化类型，如图9-143所示。

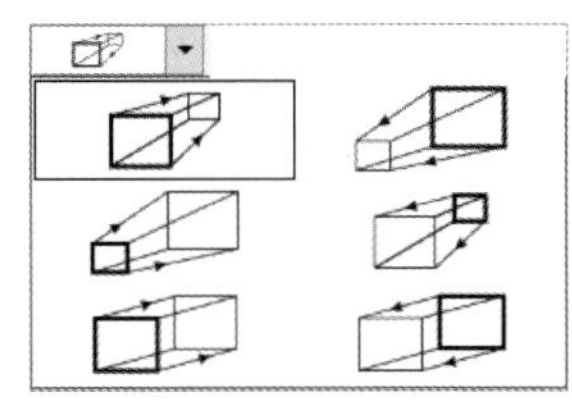
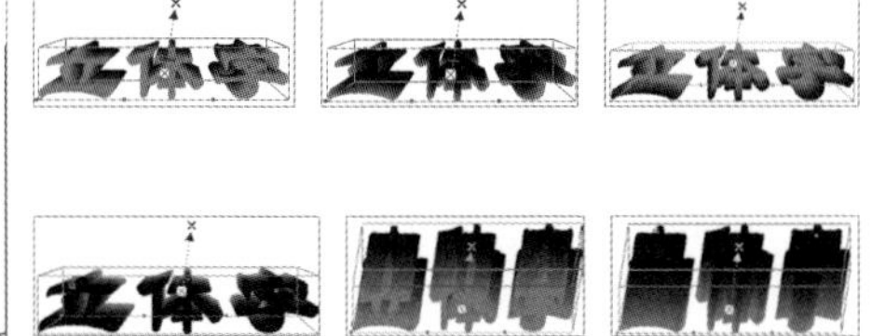

图9-143 立体化类型

- "灭点坐标"：在此下拉列表框中输入数值可以控制灭点的坐标位置，灭点就是对象透视线相交的消失点，变更灭点位置可以变更立体化效果的进行方向，如图9-144所示。
- "灭点属性"：在此下拉列表中设置了4种灭点属性供用户选择，包括"灭点锁定到对象""灭点锁定到页面""复制灭点，自…""共享灭点"。
- "页面或对象灭点"：用于将灭点锁定相对于对象的中点，还是相对于页面的中心点。
- "深度"：在此数值框中输入数值可以设置立体化的深度，数值范围是1～99，数值越大，进深越深。
- "立体化旋转"：单击该按钮，打开面板，如图9-145所示。将光标移动到红色"3"上，当光标变为抓手形状时，按住鼠标左键拖动，即可调整立体对象的显示角度，如图9-146所示。

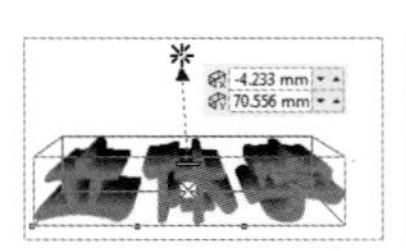
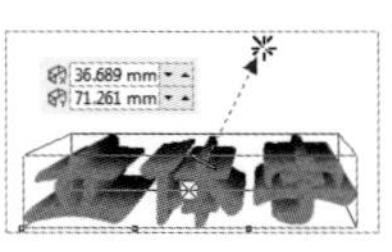

图9-144 灭点坐标

图9-145 "立体化旋转"面板

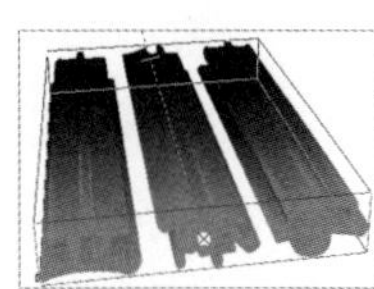

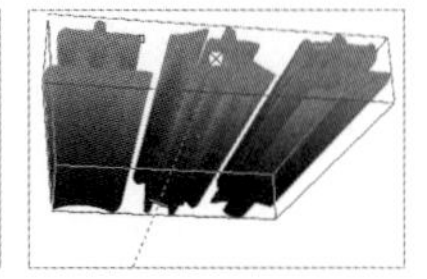

图9-146 立体化旋转

  - ：单击该按钮，可以将旋转后的立体效果还原为旋转前。
  - ：单击该按钮，可以弹出如图9-147所示的面板，在其中输入参数值可以调整立体化旋转方向。
- "立体化颜色"：单击该按钮，在弹出的面板中可以设置立体化对象的颜色，如图9-148所示。
  - "使用对象填充"：按照当前对象的颜色进行立体化区域的颜色填充，如图9-149所示。

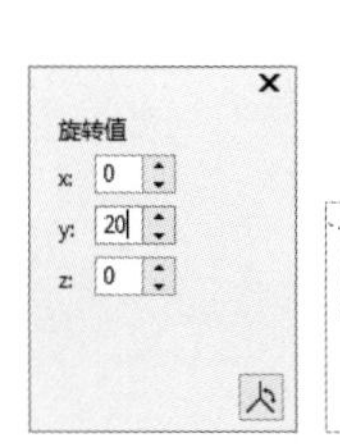

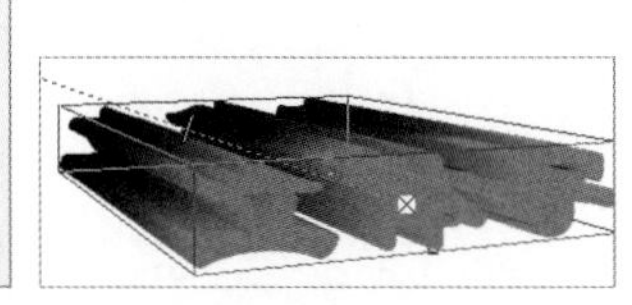

图9-147 设置参数

图9-148 设置颜色

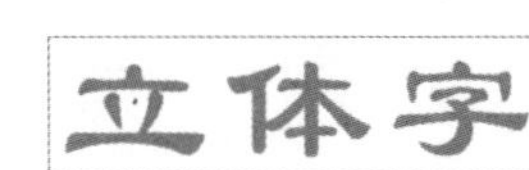

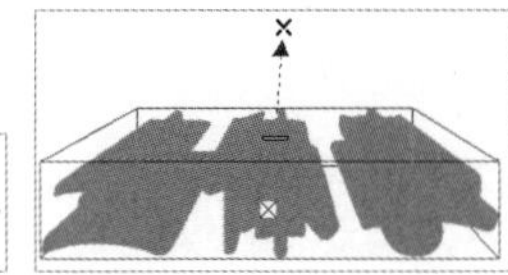

图9-149 使用对象填充

  - "使用纯色"：在"颜色"面板中选择一种颜色作为立体化区域的颜色，如图9-150所示。
  - "使用递减的颜色"：在"颜色"面板中选择两种颜色，以渐变的颜色作为立体化区域的颜色，如图9-151所示。
  - "覆盖式填充"：用颜色覆盖立体化区域。此复选框只有在选择"使用对象填充"选项时才能被激活。

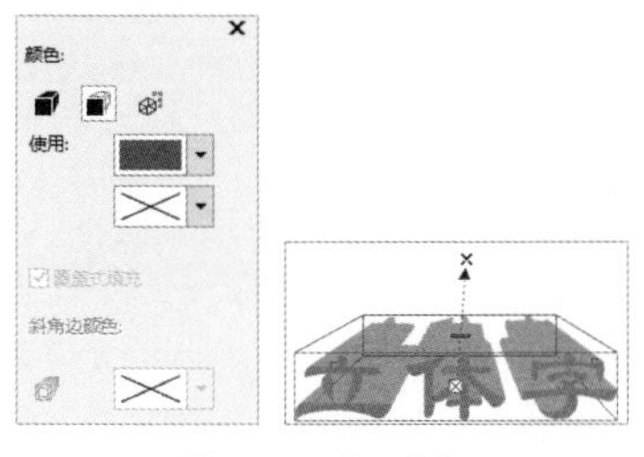

图9-150 使用纯色

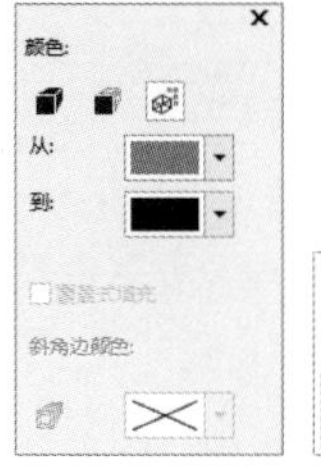

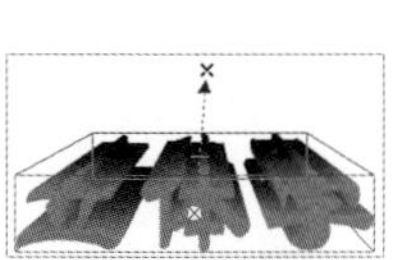

图9-151 使用递减的颜色

➢ “斜角边颜色”：对斜角边使用立体化颜色和斜角修饰边颜色，如图 9-152 所示。

- “立体化倾斜” ：用来设置立体化对象的斜角修饰边的深度和角度，如图 9-153 所示。

➢ “使用斜角修饰边”：选中该复选框后，可以激活“立体化倾斜”面板进行设置。

➢ “只显示斜角修饰边”：选中该复选框后，立体化效果会被隐藏，只显示斜角修饰边，如图 9-154 所示。

图 9-152 斜角边颜色

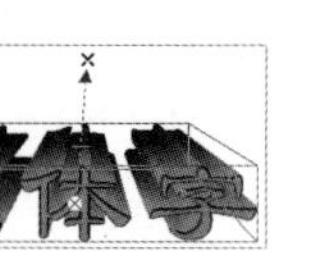

图 9-153 立体化倾斜

➢ “斜角修饰边深度” ：在文本框中输入数值，可以改变斜角修饰边深度，如图 9-155 所示。

➢ “斜角修饰边角度” ：在文本框中输入数值，可以改变斜角修饰边角度，数值越大，斜角越大，如图 9-156 所示。

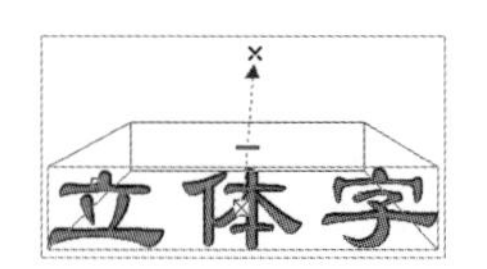

图 9-154 只显示斜角修饰边

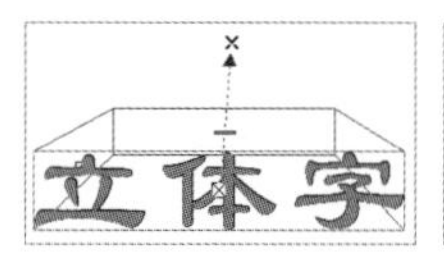

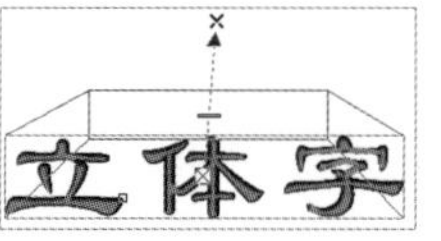

图 9-155 斜角修饰边深度

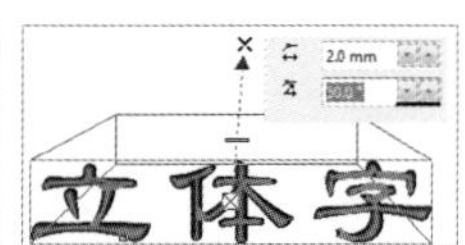

图 9-156 斜角修饰边角度

- “立体化照明” ：单击该按钮，可以在弹出的面板中为对象添加灯光，模拟灯光的效果，如图 9-157 所示。

➢ “光源”：单击该按钮，可以为立体化对象添加光源，最多可以添加 3 个光源，可以在预览区域改变光源位置，如图 9-158 所示。

➢ “强度”：拖动控制滑块可以控制光源的强弱，数值越大，光源越亮。

➢ “使用全色范围”：用来控制全色范围的光源。

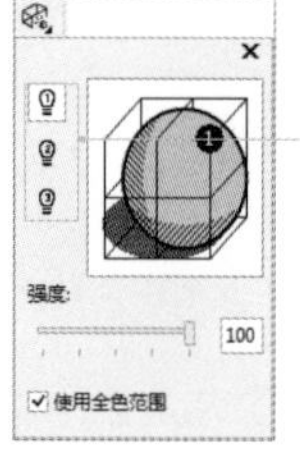

图 9-157 立体化照明

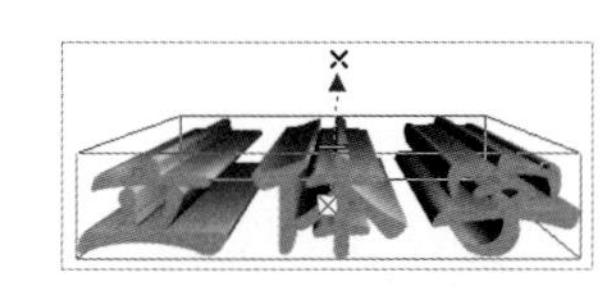

图 9-158 光源

9.7.1 创建立体化效果

使用“立体化工具” 能使平面的对象产生立体化的视觉效果，在 CorelDRAW 2018 中创建的对象、文字等都可以使用立体化效果。下面讲解怎样创建立体化效果。

课堂案例 创建立体化效果

视频教学	录屏 / 第 09 章 / 课堂案例——创建立体化效果	扫码观看视频
案例要点	掌握“立体化工具”的使用方法	

操作步骤

Step 01 使用“螺纹工具” 在页面中绘制一个螺纹，设置“轮廓宽度”为“4.0mm”，选择菜单栏中的“对象” / “将轮廓转换为对象”命令或按【Ctrl+Shift+Q】组合键，将轮廓转换为对象后，再为其填充红色，将“轮廓”设置为黑色，如图 9-159 所示。

Step 02 使用“立体化工具” 在螺纹的中间位置按住鼠标左键向上拖动，效果如图 9-160 所示。

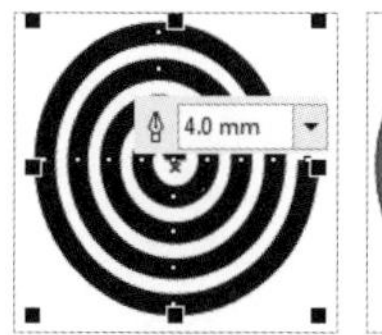

图 9-159 绘制螺纹并进行设置

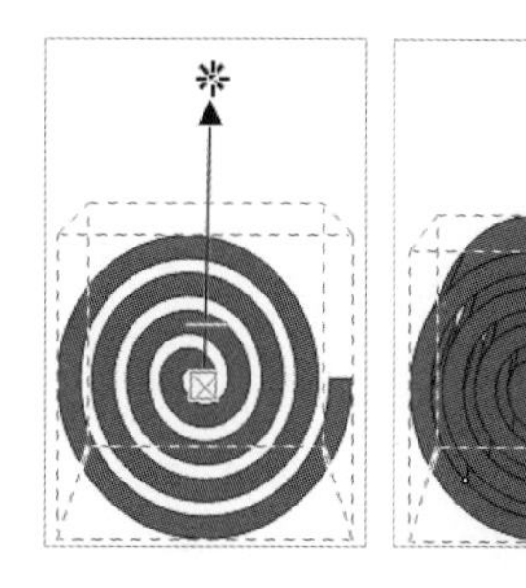

图 9-160 创建立体化效果

9.7.2 编辑立体化效果

将对象运用“立体化工具”添加立体化效果后，可以通过其属性栏对添加了立体化效果的对象进行编辑，以达到更完美的效果。

课堂案例 编辑立体化效果

视频教学	录屏 / 第 09 章 / 课堂案例——编辑立体化效果	扫码观看视频
案例要点	掌握“立体化工具”的编辑方法	

操作步骤

Step 01 选择刚才创建的螺纹立体化效果（见图 9-160）。

Step 02 单击属性栏中的“立体化旋转”按钮，弹出一个面板，在该面板中通过拖动鼠标可以调整立体化对象的方向，如图 9-161 所示。

Step 03 单击属性栏中的“立体化倾斜”按钮，在弹出的面板中选中“使用斜角修饰边”复选框，在“斜角修饰边深度”文本框中输入数值“3.0mm”，在“斜角修饰边角度”文本框中输入数值“45.0° ”，如图 9-162 所示。

图 9-161 “立体化工具”属性栏

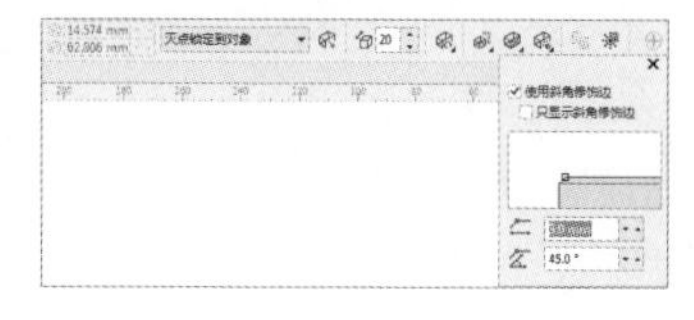

图 9-162 在属性栏中设置参数

Step 04 此时螺纹效果如图 9-163 所示。

Step 05 确认螺纹处于被选中状态，单击属性栏中的“立体化照明”按钮，在弹出的面板中单击“光源 1”按钮，为螺纹添加光源，添加后的效果如图 9-164 所示。

图 9-163 螺纹效果

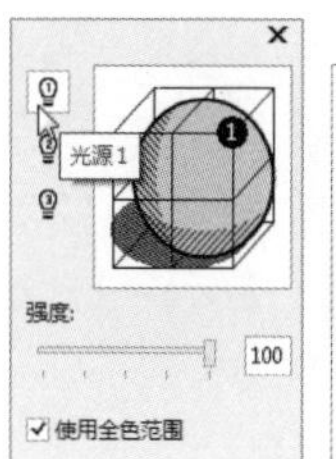

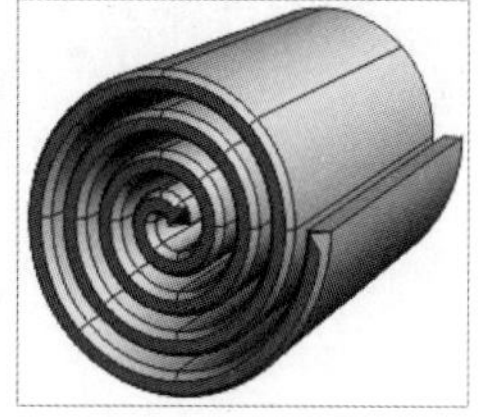

图 9-164 立体化效果

课堂案例 拆分立体化效果

视频教学	录屏 / 第 09 章 / 课堂案例——拆分立体化效果	扫码观看视频
案例要点	掌握“立体化工具”的编辑方法	

操作步骤

Step 01 使用“选择工具”，使用框选的方法将刚刚编辑的螺纹立体图形选取，如图 9-165 所示。

Step 02 选择菜单栏中的“排列”/“拆分立体化群组”命令，对立体螺纹进行拆分处理，分解后的效果如图 9-166 所示。

Step 03 此时可以发现立体螺纹并没有完全分解开，使用“选择工具”在分解后的立体上方的对象上单击，然后单击属性栏中的“取消群组”按钮，将其进行完全拆分，拆分后的效果如图 9-167 所示。

图 9-165 选择图形

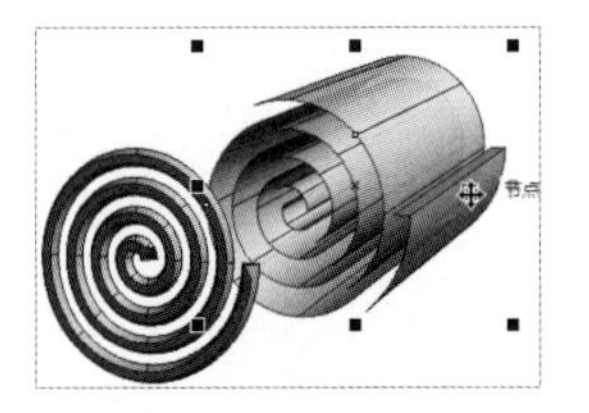

图 9-166 立体螺纹分解后的效果

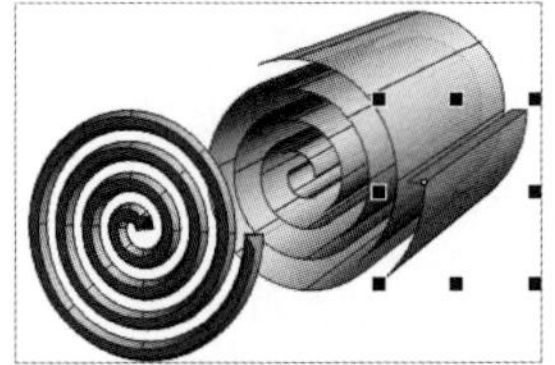

图 9-167 完全拆分后的效果

9.8 透明效果

使用“透明度工具”可以对图形对象、位图、文字应用各种透明效果，以达到将其进行透明化处理的目的。在默认情况下，透明效果会应用到整个对象上，用户可以根据需要将透明效果应用到对象上。使用“透明度工具”在对象上单击，拖动下方的控制滑块可以为其添加均匀透明效果，如图 9-168 所示。此时属性栏会变为“透明度工具”对应的选项设置，如图 9-169 所示。

图 9-168 添加透明效果

图 9-169 “透明度工具”属性栏

"透明度工具"属性栏中各选项的含义如下（之前讲解过的功能将不再讲解）。

- "无透明度"：单击该按钮，对象没有任何透明效果，即使之前有透明效果，单击该按钮后也会清除透明效果。
- "均匀透明度"：单击该按钮，可以为对象添加均匀的透明效果。
- "渐变透明度"：单击该按钮，属性栏会变为"渐变透明度"对应的选项设置，如图 9-170 所示。

图 9-170 "渐变透明度"属性栏

  - "线性渐变透明度"：单击该按钮，可以沿直线方向进行渐变透明设置，如图 9-171 所示。
  - "椭圆形渐变透明度"：单击该按钮，可以应用从同心椭圆形中心向外逐渐更改不透明度的透明度，如图 9-172 所示。
  - "圆锥形渐变透明度"：单击该按钮，可以应用以锥形逐渐更改不透明度的透明度，如图 9-173 所示。
  - "矩形渐变透明度"：单击该按钮，可以应用从同心矩形中心向外逐渐更改不透明度的透明度，如图 9-174 所示。

图 9-171 线性渐变透明度

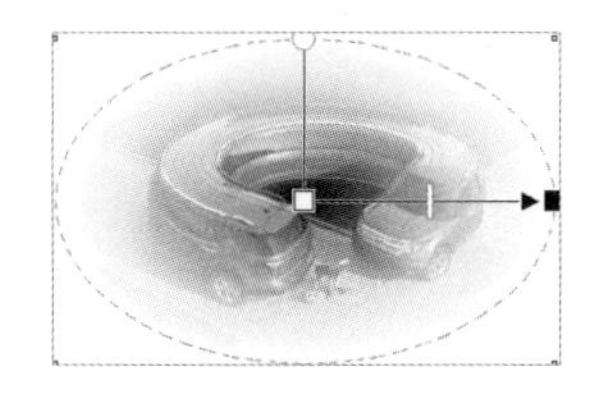

图 9-172 椭圆形渐变透明度

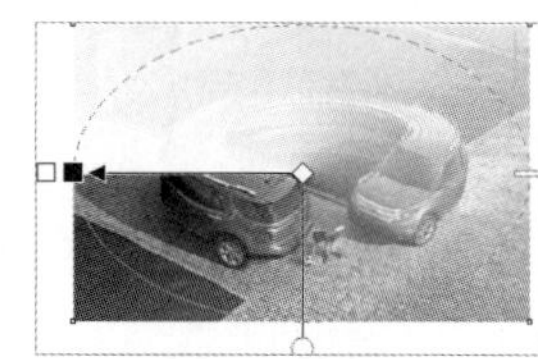

图 9-173 圆锥形渐变透明度

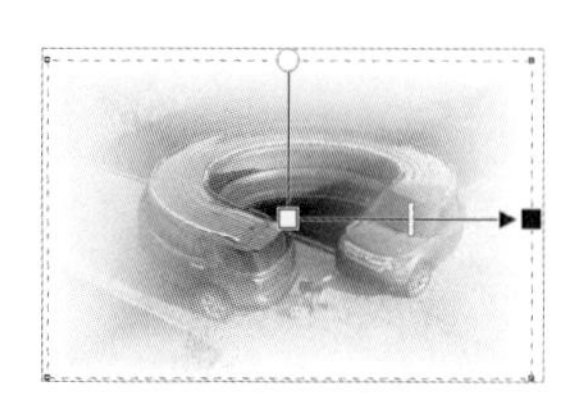

图 9-174 矩形渐变透明度

  - "节点透明度"：选择渐变节点后，可以在此处设置透明度。
  - "节点位置"：指定中间节点相对于第一个节点和最后一个节点的位置。
  - "旋转"：用来控制渐变透明的旋转方向。
- "向量图样透明度"：单击该按钮，属性栏会变为"向量图样透明度"对应的选项设置，如图 9-175 所示。

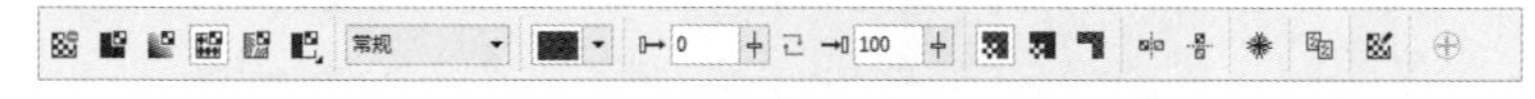

图 9-175 "向量图样透明度"属性栏

  - "透明度挑选器"：可以在其下拉列表中选择用于向量图样透明的图样，如图 9-176 所示。
  - "前景透明度"：用来设置图样前景色的透明度，如图 9-177 所示。
  - "背景透明度"：用来设置图样背景色的透明度，如图 9-178 所示。
  - "反转"：用来反转前景色与背景色透明，如图 9-179 所示。

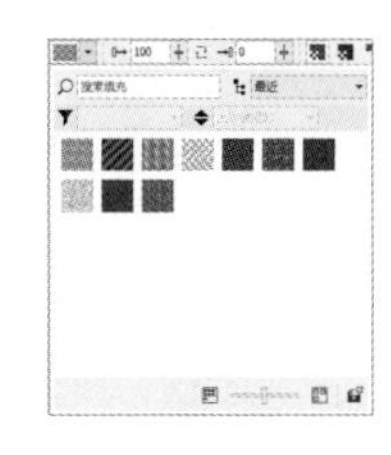

图 9-176 用于向量图样透明的图样

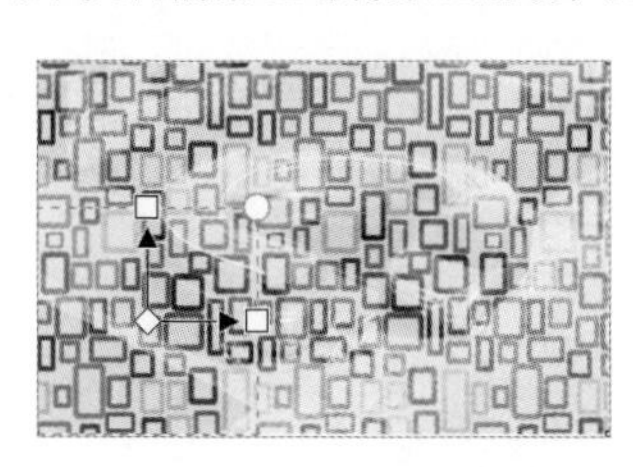

图 9-177 前景透明度

图 9-178 背景透明度

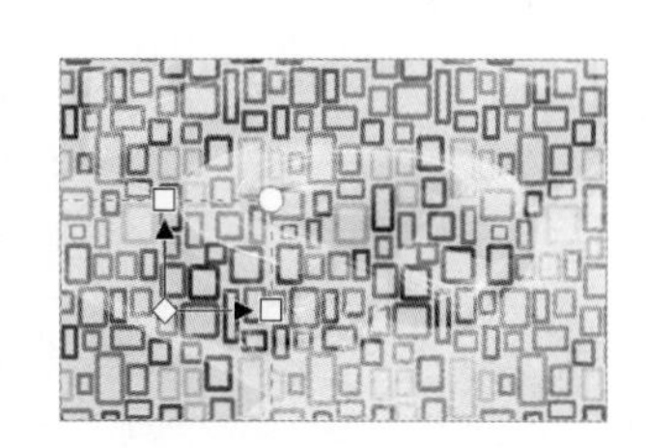

图 9-179 反转前景色与背景色透明

  - "水平镜像平铺"：单击该按钮，可以将所选的排列图样相互镜像，达成在水平方向相互反射对称的效果。
  - "垂直镜像平铺"：单击该按钮，可以将所选的排列图样相互镜像，达成在垂直方向相互反射对称的效果。
- "位图图样透明度"：单击该按钮，属性栏会变为"位图图样透明度"对应的选项设置，如图 9-180 所示，添加透明后的效果如图 9-181 所示。

➢ “调和过渡”：用来调整图样平铺的颜色和边缘过渡，如图 9-182 所示。

图 9-180 “位图图样透明度”属性栏

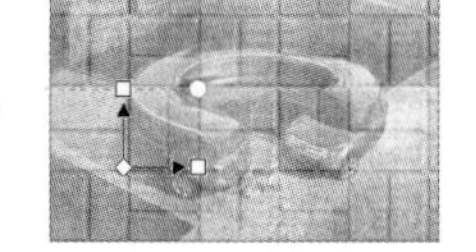

图 9-181 位图图样透明度

图 9-182 调和过渡

• “双色图样透明度”：用来为透明度添加默认为黑、白两种颜色图样的透明效果，如图 9-183 所示。

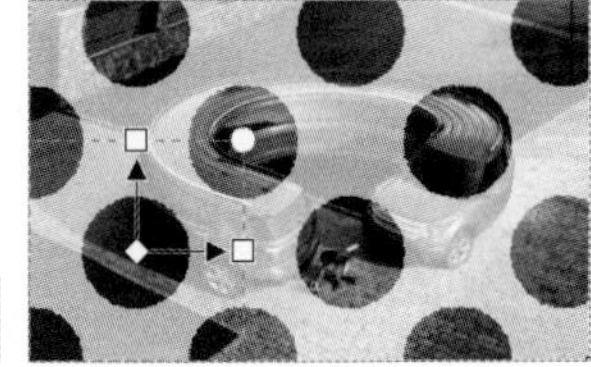

图 9-183 “双色图样透明度”属性栏

➢ “底纹透明度”：用来为透明度添加系统自带的底纹库内的底纹透明效果，如图 9-184 所示。

➢ “合并模式”：在其下拉列表中可以选择透明对象与下层对象之间的混合模式。

➢ “全部”：用来将透明度应用到填充和轮廓上。

➢ “填充”：用来将透明度应用到填充上，轮廓不会透明。

➢ “轮廓”：用来将透明度应用到轮廓上，填充不会透明。

➢ “冻结”：用来将当前透明显示的画面内容固定在对象中。

➢ “编辑透明度”：单击该按钮，可以打开“编辑透明度”对话框，在该对话框中可以进行更加详细的透明度设置，如图 9-185 所示。

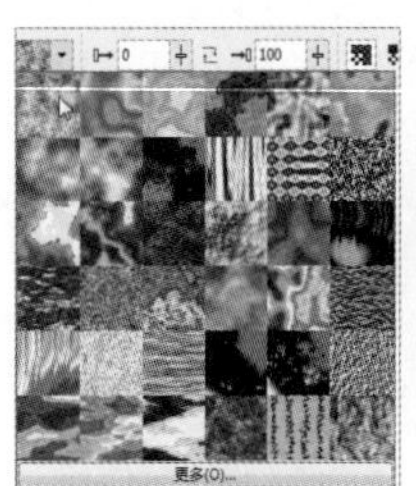

图 9-184 底纹透明度

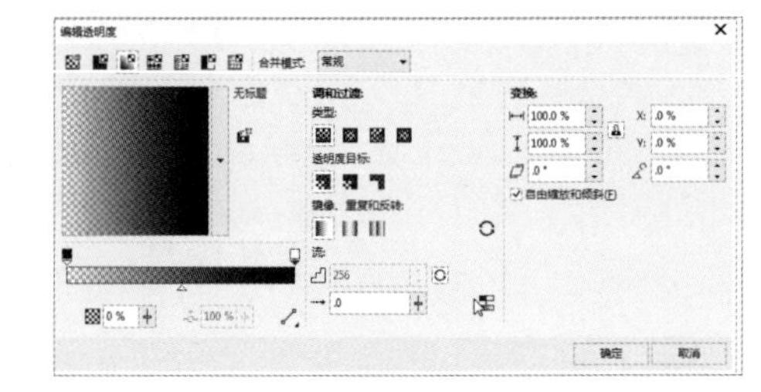

图 9-185 编辑透明度

9.8.1 创建透明效果

使用“透明度工具”不仅可以为矢量图图像创建立体化效果，还可以给位图添加透明效果。

课堂案例 创建透明效果

素材文件	素材文件 / 第 09 章 /< 飞机 >、< 手表 >
案例文件	源文件 / 第 09 章 /< 课堂案例——创建透明效果 >
视频教学	录屏 / 第 09 章 / 课堂案例——创建透明效果
案例要点	掌握使用“透明度工具”创建透明效果的方法

扫码观看视频

操作步骤

Step 01 新建一个空白文档，导入“飞机和手表”素材，如图 9-186 所示。

Step 02 使用“选择工具”将“飞机”素材拖动到“手表”素材上面，使用“透明度工具”在飞机图像上面按住鼠标左键拖动，此时会呈现线性渐变透明效果，如图 9-187 所示。

Step 03 在属性栏中单击“椭圆形渐变透明度”按钮，效果如图 9-188 所示。

图 9-186 导入素材

图 9-187 线性渐变透明效果

图 9-188 椭圆形渐变透明效果 1

Step 04 拖动外侧的颜色控制节点，调整椭圆渐变透明框大小，改变透明度，效果如图 9-189 所示。

Step 05 选择其他的透明度，例如选择“位图图样透明度”，在“透明度挑选器”中选择一个位图图案，效果如图 9-190 所示。

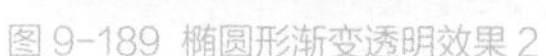

图 9-189 椭圆形渐变透明效果 2

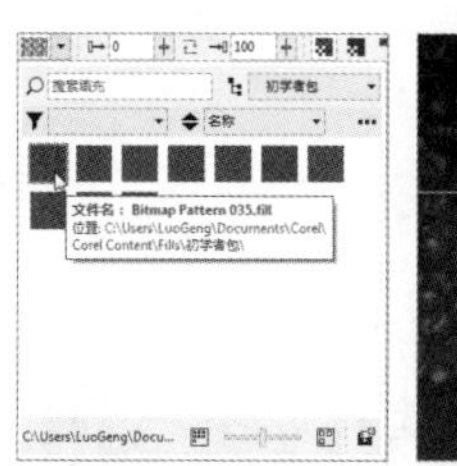

图 9-190 位图图样透明效果

9.8.2 编辑透明效果

使用“透明度工具”创建透明效果后，可以通过属性栏中的“编辑透明度”进行详细的透明编辑，也可以直接通过单击或拖动的方法对其进行编辑。

课堂案例 编辑透明效果

素材文件	素材文件 / 第 09 章 /< 飞机 >、< 手表 >	扫码观看视频
案例文件	源文件 / 第 09 章 /< 课堂案例——编辑透明效果 >	
视频教学	录屏 / 第 09 章 / 课堂案例——编辑透明效果	
案例要点	掌握“透明度工具”的编辑方法	

操作步骤

Step 01 再次导入“手表”素材，绘制一个与素材大小一致的白色矩形，使用“透明度工具”在白色矩形上单击，调整透明度为“36”，如图 9-191 所示。

Step 02 单击属性栏中的“编辑透明度”按钮，打开“编辑透明度”对话框，其中的参数设置如图 9-192 所示。

Step 03 设置完毕，单击“确定”按钮，效果如图 9-193 所示。

Step 04 在“圆锥渐变透明”效果的中心位置按住鼠标左键向左上角拖动，效果如图 9-194 所示。

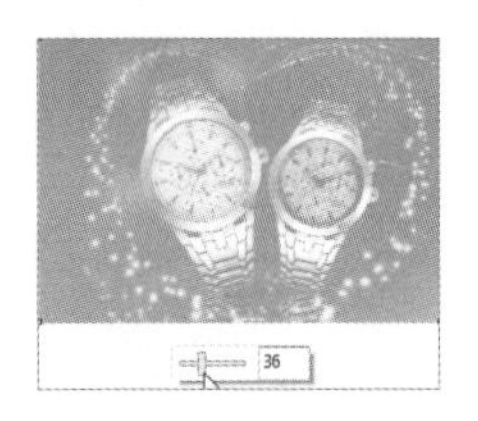

图 9-191 添加透明效果

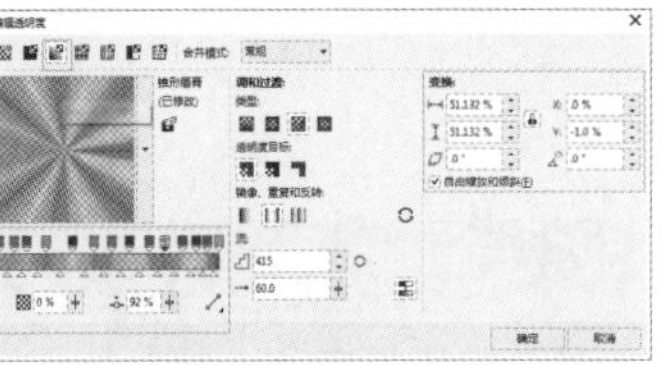

图 9-192 “编辑透明度”对话框

图 9-193 效果

图 9-194 编辑透明度

Step 05 在色标上双击，可以将色标删除，在两个色标中间双击可以重新添加一个色标，选择其中的几个色标调整透明度，效果如图 9-195 所示。

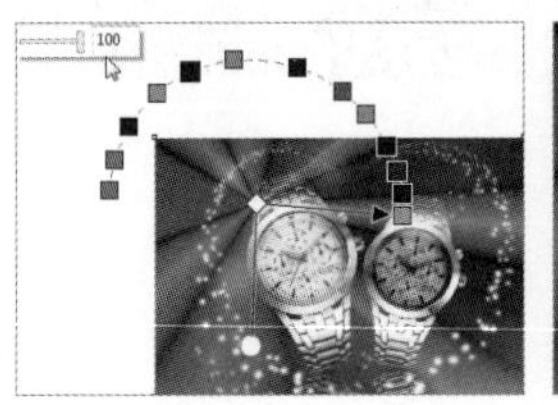

图 9-195 调整透明度

9.9 添加透视点

使用 CorelDRAW 2018 中的透视点命令可以对对象创建透视点效果，为对象制作出具有三维空间距离和深度的视觉透视效果。

9.9.1 创建透视

选择菜单栏中的“效果”/“添加透视”命令，可以为对象添点透视点。“添加透视”命令可以应用于矢量图、群组后的对象和单个的对象。

课堂案例 为对象添加透视点

素材文件	素材文件 / 第 09 章 /< 卯兔 .cdr>
视频教学	录屏 / 第 09 章 / 课堂案例——为对象添加透视点
案例要点	掌握“透明度工具”的使用方法

扫码观看视频

操作步骤

Step 01 打开“卯兔 .cdr”素材，如图 9-196 所示。

Step 02 确认打开的对象处于被选择状态，选择菜单栏中的“效果”/“添加透视”命令，此时对象上将出现网格框，如图 9-197 所示。

Step 03 此时光标的形状变为▶，使用鼠标拖动控制点，直到出现比较满意的效果，如图 9-198 所示。

图 9-196 打开素材

图 9-197 添加透视

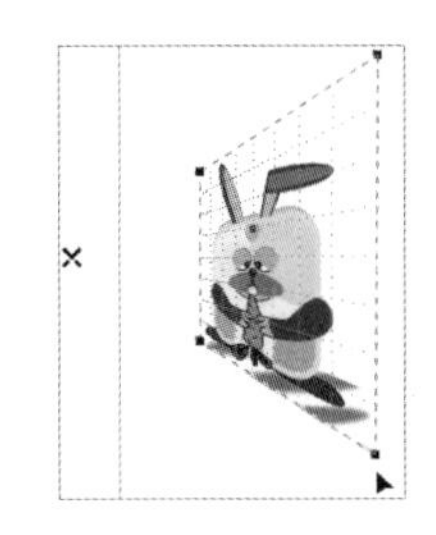

图 9-198 添加透视点后的效果

技巧

添加透视效果后，按键盘上的“空格”键即可。如果要修改透视效果，那么可以运用工具箱中的“形状工具”进行修改，也可以直接在对象上双击。

9.9.2 清除透视

清除透视的方法很简单，只要选中需要清除的对象，然后选择菜单栏中的“效果”/“清除透视点”命令，就可以将添加的透视效果清除掉。

9.10 斜角

使用“斜角”命令可以通过增加元素边缘倾斜程度，达到不同的浮雕视觉效果，斜角修饰边可以随时被移除。需要注意的是，这种效果只能应用于矢量对象和美术字，并不能应用到位图中，应用斜角的效果如图 9-199 所示，选择菜单栏中的“效果”/“斜角”命令，可以打开“斜角”泊坞窗，如图 9-200 所示。

图 9-199 应用斜角的效果

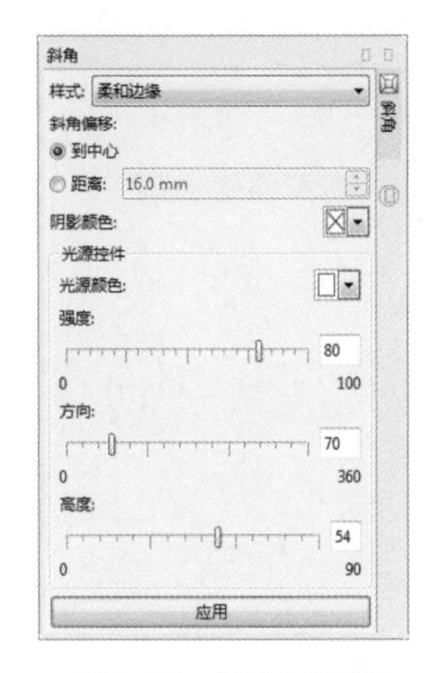

图 9-200 “斜角”泊坞窗

“斜角”泊坞窗中各选项的含义如下（之前讲解过的功能将不再讲解）。

- “样式”：在其下拉列表中包含“柔和边缘”“浮雕”两个效果。“柔和边缘”可以使某些区域显示为隐隐的斜面；“浮雕”可以使对象有浮雕效果，如图 9-201 所示。
- “斜角偏移”：通过指定斜面的宽度可以控制斜角效果的强度，“到中心”选项可以用来设置斜角边缘到中心点的斜角，“距离”选项可以通过数值来控制斜角，如图 9-202 所示。

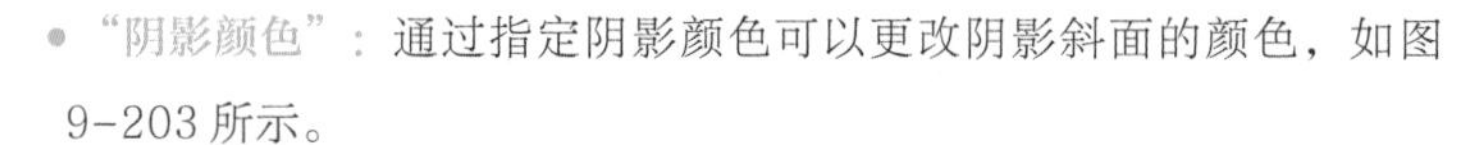

- “阴影颜色”：通过指定阴影颜色可以更改阴影斜面的颜色，如图 9-203 所示。

图 9-201 “柔和边缘”和“浮雕”效果

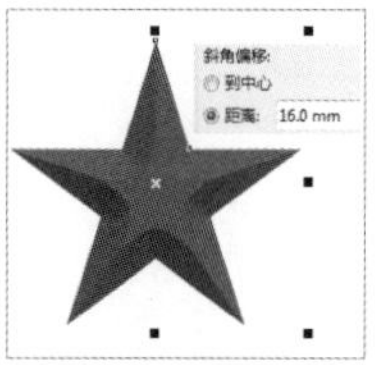

图 9-202 斜角偏移

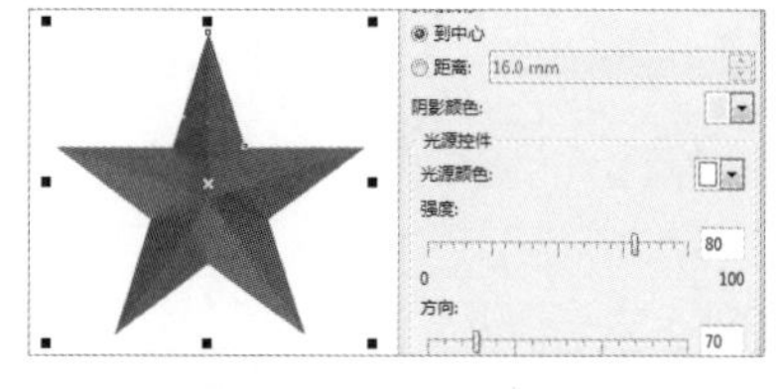

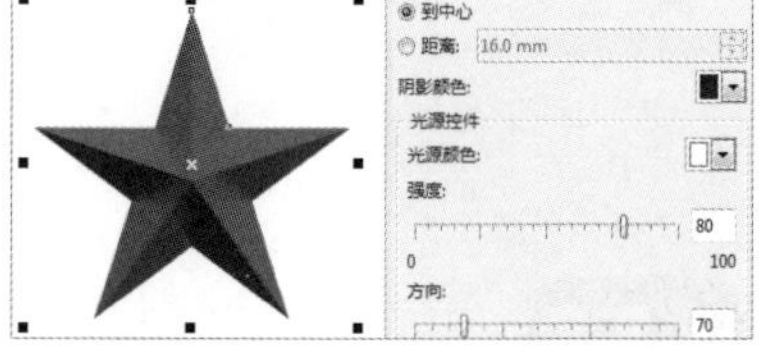

图 9-203 阴影颜色

- “光源控件”：带斜角效果的对象看上去像被白色自然（环绕）光和聚光灯照亮。自然光强度不高且不能改变。聚光灯默认为白色，但是可以更改其颜色、强度和位置。更改聚光灯的颜色会影响斜面的颜色。更改聚光灯的强度会使斜角变亮或变暗。更改聚光灯的位置会确定哪个斜角看起来像被照亮。通过指定聚光灯的方向和高度，可以更改聚光灯的位置。方向用来确定光源在对象平面中的位置（例如，对象左侧或右侧）。高度用来确定聚光灯相对于对象平面的高度。例如，用户可以将聚光灯放置在对象的水平方向（高度为“0”）或对象的正上方（高度为“90”），如图 9-204 所示。

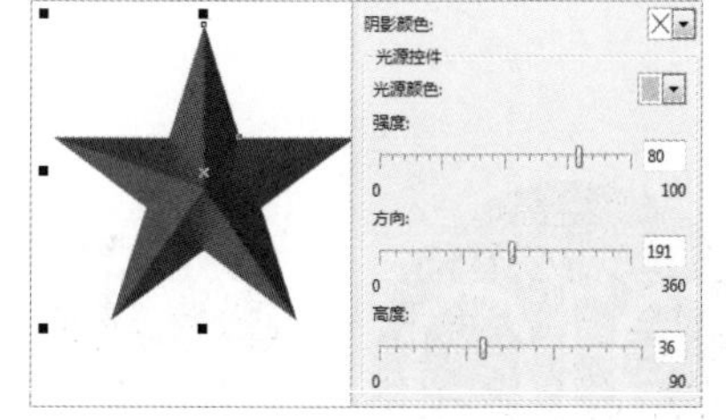

图 9-204 光源控件

课堂练习 绘制UI图标

素材文件	源文件 / 第 09 章 /< 课堂练习——绘制 UI 图标 >	扫码观看视频
视频教学	录屏 / 第 09 章 / 课堂练习——绘制 UI 图标	
案例要点	掌握“调和工具”“相交命令”“钢笔工具”的使用方法	

1. 练习思路

（1）使用“交互式填充工具”进行渐变填充。

（2）使用“调和工具”创建调和效果。

（3）使用“阴影工具”添加阴影。

（4）使用“立体化工具”添加立体效果。

（5）将轮廓转换为对象。

（6）使用“透明度工具”添加透明效果。

2. 操作步骤

Step 01 使用“矩形工具”在页面中绘制一个矩形，在属性栏中设置“圆角值”为“8.0mm”，如图 9-205 所示。

Step 02 选择“交互式填充工具”，在属性栏中单击“渐变填充”按钮，再单击属性栏中的“编辑填充”按钮，打开“编辑填充”对话框，其中的参数设置如图 9-206 所示。

Step 03 设置完毕，单击“确定”按钮，效果如图 9-207 所示。

Step 04 使用“阴影工具”在圆角矩形底部按住鼠标左键向上拖动，为其添加阴影，效果如图 9-208 所示。

Step 05 使用“立体化工具”在圆角矩形上向上拖动，为其添加立体化效果并设置立体颜色，效果如图 9-209 所示。

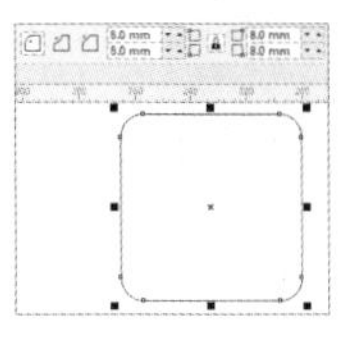
图 9-205 绘制圆角矩形

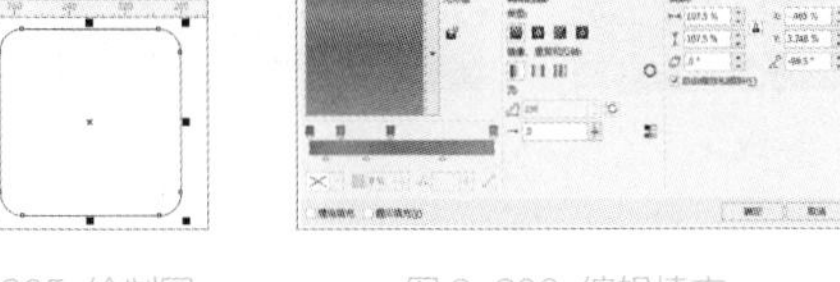
图 9-206 编辑填充

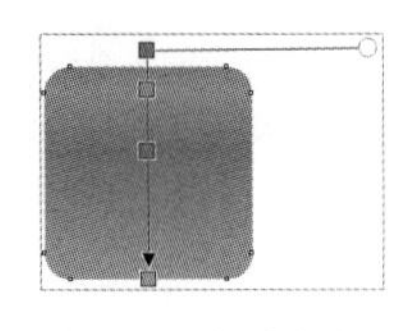
图 9-207 填充渐变色

图 9-208 添加阴影

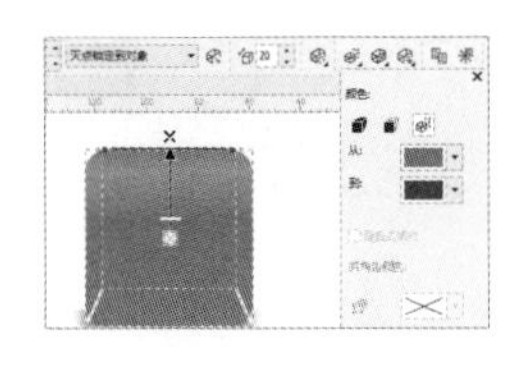
图 9-209 添加立体化效果并设置立体颜色

Step 06 使用“矩形工具”在圆角矩形上绘制一个圆角矩形轮廓，设置“轮廓宽度”为“3.0mm”，效果如图 9-210 所示。

Step 07 选择菜单栏中的“对象”/“将轮廓转换为对象”命令或按【Ctrl+Shift+Q】组合键，将轮廓转换为对象后，复制圆角矩形的渐变填充，效果如图 9-211 所示。

Step 08 使用“立体化工具”在圆角矩形上向上拖动，为其添加立体化效果并设置立体颜色，效果如图 9-212 所示。

Step 09 使用“阴影工具”为圆角矩形环添加阴影，效果如图 9-213 所示。

Step 10 选择圆角矩形环，复制一个副本，将其轮廓设置为白色，填充设置为“无”，效果如图 9-214 所示。

图 9-210 绘制圆角矩形

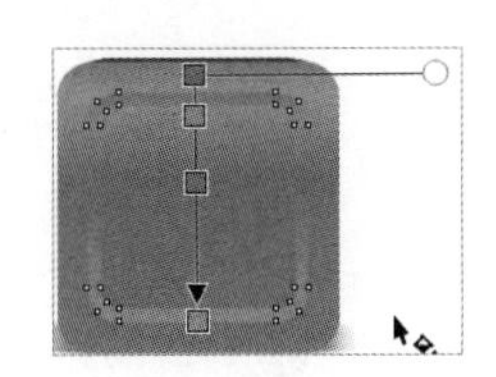
图 9-211 复制渐变色

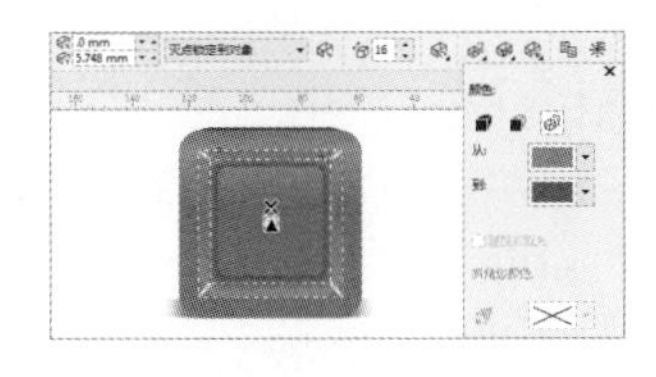
图 9-212 添加立体化效果并设置立体颜色

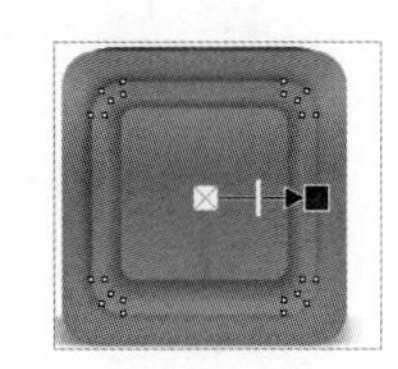
图 9-213 添加阴影

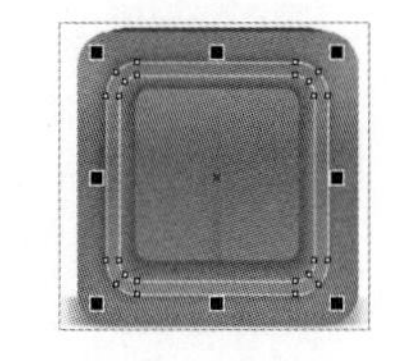
图 9-214 白色轮廓

Step 11 使用“透明度工具”在白色轮廓上拖动，为其创建线性渐变透明，效果如图 9-215 所示。

Step 12 使用“矩形工具”绘制一个白色圆角矩形，将其轮廓设置为灰色，效果如图 9-216 所示。

Step 13 使用“钢笔工具”绘制一个封闭轮廓图形，效果如图 9-217 所示。

Step 14 使用“选择工具”将钢笔绘制的图形和白色圆角矩形一同选取，单击属性栏中的“相交”按钮，为相交区域填充深灰色，效果如图 9-218 所示。

Step 15 在图形上面绘制椭圆、正圆、线条和曲线，效果如图 9-219 所示。

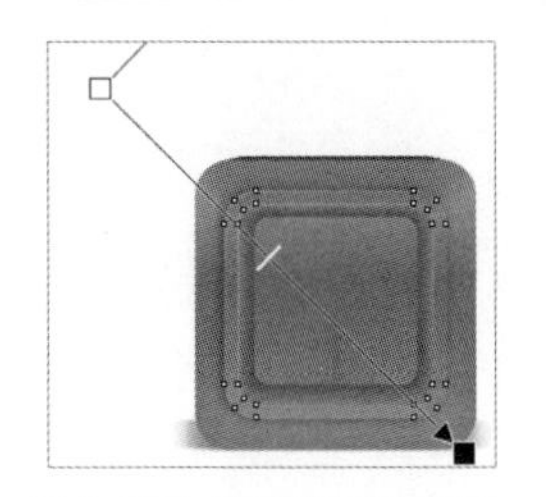
图 9-215 创建线性渐变透明

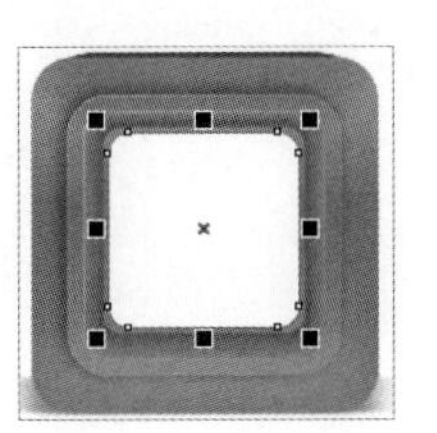
图 9-216 绘制圆角矩形

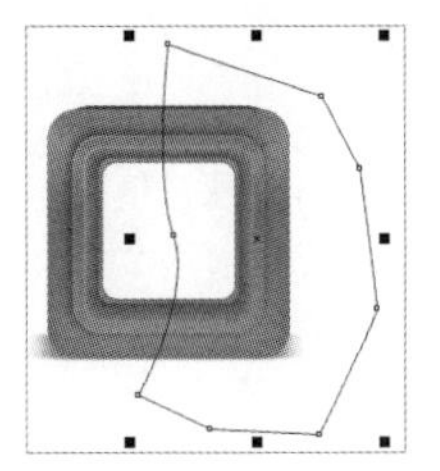
图 9-217 绘制封闭轮廓图形

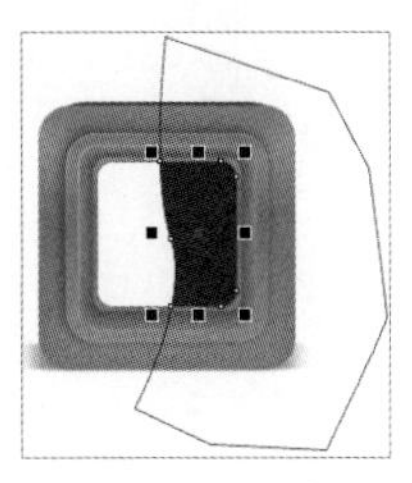
图 9-218 相交

图 9-219 绘制

Step 16 将曲线和后面的深灰色一同选取，单击属性栏中的“相交”按钮，为相交区域填充白色，效果如图 9-220 所示。

Step 17 使用“矩形工具”在旁边绘制一个矩形，使用“交互式填充工具”为其填充渐变色，从上到下依次为“C:74 M:71 Y:71 K:35、C:69 M:53 Y:84 K:11、C:75 M:90 Y:69 K:54”，效果如图 9-221 所示。

Step 18 使用“矩形工具”在渐变矩形上、下两处分别绘制一个黑色矩形，效果如图 9-222 所示。

Step 19 将绘制的 UI 图标移动到背景上，完成本例的制作，效果如图 9-223 所示。

图 9-220 相交

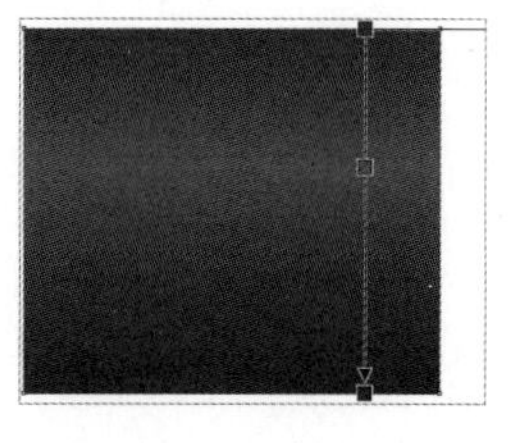

图 9-221 填充

图 9-222 绘制矩形

图 9-223 将图标移动到背景上

课后习题

一、选择题

1. 在编辑 3D 文字时，怎样得到能够在三维空间内旋转 3D 文字的角度控制框？（ ）

A. 使用“选择工具” 单击 3D 文字。

B. 使用“交互立体工具”单击 3D 文字。

C. 使用“交互立体工具”双击 3D 文字。

D. 使用“交互立体工具”先选中 3D 文字，再单击。

2. 如图 9-224 所示，对象 A 应用了交互式变形效果，如果对象 B 也想复制 A 的变形属性，那么该如何操作？（ ）

A. 同时选择对象 A 和对象 B，然后单击属性栏中的“复制变形属性”按钮

B. 先选择对象 A，再选择对象 B，最后单击属性栏中的“复制变形属性”按钮

C. 先选择对象 B，再选择对象 A，最后单击属性栏中的“复制变形属性”按钮

D. 先选择对象 B，再单击属性栏中的“复制变形属性”按钮，最后选择对象 A

图 9-224

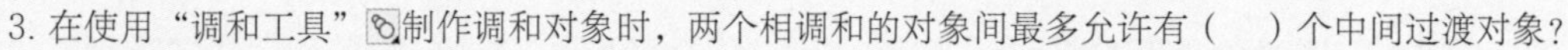

3. 在使用“调和工具”制作调和对象时，两个相调和的对象间最多允许有（ ）个中间过渡对象？

A. 1000　B. 999　C. 99　D. 100

二、案例习题

习题要求：练习对线条进行交互式调和，如图 9-225 所示。

案例习题文件：案例文件 / 第 08 章 / 案例习题——练习对线条进行交互式调和.cdr。

视频教学：录屏 / 第 09 章 / 案例习题——练习对线条进行交互式调和

习题要点：

（1）绘制线条。

（2）使用“调和工具”创建线条之间的调和效果。

（3）编辑调和。

（4）复制对象。

（5）群组对象。

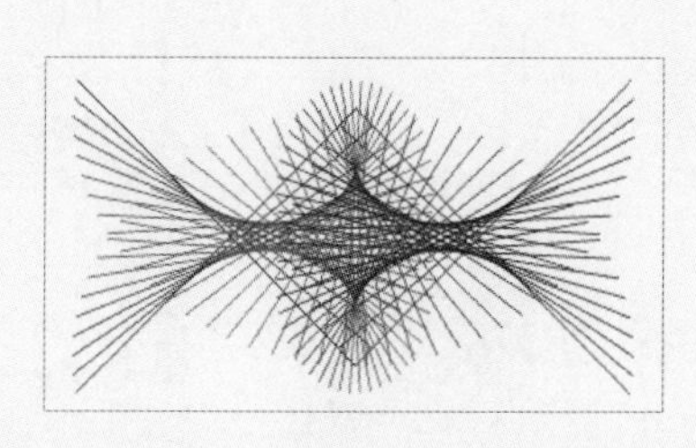

图 9-225 将线条进行交互式调和

第10章 文本的编辑与表格

文本处理在平面设计中是非常重要的内容，CorelDRAW 2018 不仅对图形有很强的处理功能，对专业文字的处理和编辑排版也有很强大的功能。在 CorelDRAW 2018 中的文字分为美术文本和段落文本两种。除了对文字进行创建与编辑，还可以对表格进行相应的创建与编辑，在工作中为用户带来更加便捷的应用。

CORELDRAW

学习要点

- 美术文本
- 段落文本
- 导入文本
- 编辑文本
- 使文本适合路径
- 将文字转换为曲线
- 将文本适配图文框
- 插入符号和图形对象
- 表格工具
- 创建表格
- 文本、表格互转
- 编辑表格

技能目标

- 掌握美术文本的创建方法
- 掌握段落文本的创建方法
- 掌握导入文本与编辑文本的方法
- 掌握文本适合路径的方法
- 掌握将美术文字转换为曲线的方法
- 掌握将文本适配图文框的方法
- 掌握插入符号和图形对象的方法
- 掌握利用表格工具创建表格的方法
- 掌握文本、表格互转的方法
- 掌握编辑表格的方法

10.1 美术文本

在 CorelDRAW 2018 中美术文本是一种特殊的图形对象，用户可以将其进行文本方面的有关编辑，如改变颜色、改变文字大小等，也可以为其应用特殊效果，如添加阴影、立体化效果、透明效果等。

10.1.1 美术文本的输入

美术文本的输入比较简单，单击工具箱中的“文本工具”按钮字，此时光标的形状变为“字”，在工作区中单击后，光标变为闪烁的“|”，在闪烁的光标处输入文字即可，如图 10-1 所示。

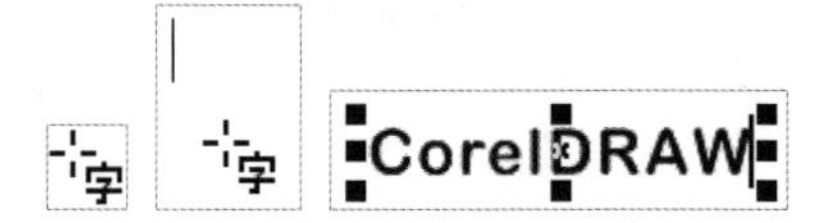

图 10-1 输入美术文本

输入的美术文本，按【Enter】键可以换行。

单击工具箱中的“文本工具”按钮字或输入文本后，此时属性栏会变成该工具对应的选项设置，如图 10-2 所示。

图 10-2 “文本工具”属性栏

“文本工具”属性栏中各选项的含义如下（之前讲解过的功能将不再讲解）。

- “字体列表”：用来为新文本或选择的文本应用一种理想的文字字体，单击右侧的倒三角形按钮，可以在弹出的下拉列表中显示系统预装的所有字体，选择后即可为输入的文本应用字体，如图 10-3 所示。
- “字体大小”：用来设置输入文本或选择文本的字体大小，单击右侧的倒三角形按钮，可以在弹出的下拉列表中选择文字字号，也可以在文本框中输入数值。
- “粗体”B：单击该按钮，可以使输入的文本加粗显示。

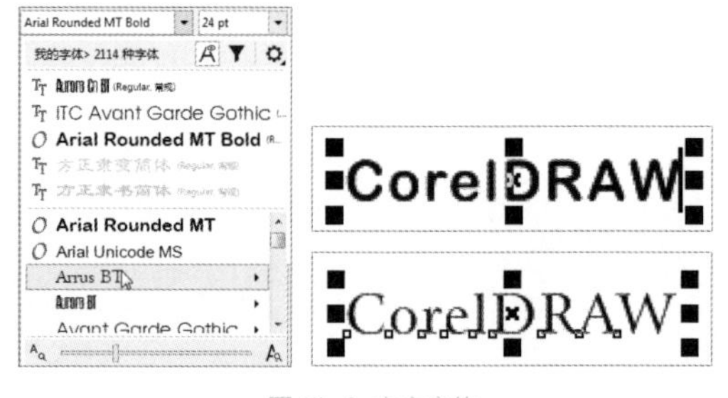

图 10-3 文字字体

在 CorelDRAW 2018 中只有选择的文字字体本身具有粗体样式时，才能应用“粗体”B，如果当前字体没有粗体样式，那么“粗体”B将处于不可用状态。

- “斜体”I：用来将输入的文本设置为斜体效果，该选项只适用于有斜体样式的文字字体。
- “下画线”U：用来为输入的文本添加下画线。
- “文本对齐”：用来设置文本的对齐方式，单击后可在弹出的下拉列表中进行选择，如图 10-4 所示。

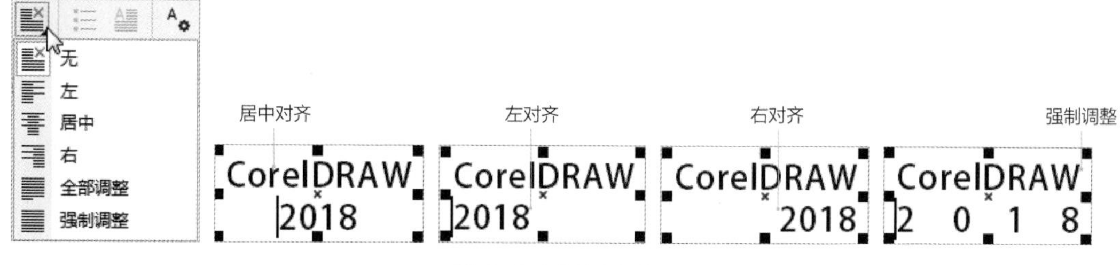

图 10-4 文本对齐方式

- “项目符号”：用来为新文本或选择的文本添加或删除项目符号，该选项只能应用于段落文本。
- “首字下沉”：用来为新文本或选择的文本添加或删除首字下沉，该选项只能应用于段落文本。
- “文本属性”：单击该按钮，可以打开“文本属性”泊坞窗，在其中可以编辑美术文本和段落文本，如图 10-5 所示。
- “编辑文本”：单击该按钮，可以打开“编辑文本”对话框，在其中可以对输入的文本进行编辑和修改，也可以重新输入文本，如图 10-6 所示。
- “水平方向”：单击该按钮，可以将文本变为水平方式输入，如图 10-7 所示。
- “垂直方向”：单击该按钮，可以将文本变为垂直方式输入，如图 10-8 所示。
- “交互式 OpenType”：当某种 OpenType 功能用于选定文本时，可以在屏幕上显示指示。

图 10-5 “文本属性”泊坞窗

图 10-6 “编辑文本”对话框

图 10-7 水平方向

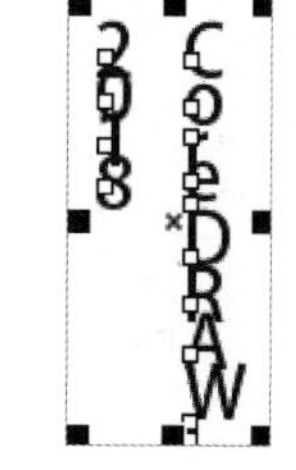

图 10-8 垂直方向

技巧

在 CorelDRAW 2018 中使用“编辑文本”对话框既可以编辑美术文本，也可以编辑段落文本。使用“文本工具”在页面中以单击的形式输入的文本，在“编辑文本”对话框中编辑的就是美术文本；在页面中绘制出文本框后再输入的文本，在“编辑文本”对话框中编辑的就是段落文本。

课堂案例 美术文本的选择

视频教学	录屏 / 第 10 章 / 课堂案例——美术文本的选择	扫码观看视频
案例要点	掌握使用“文本工具”创建美术字后进行选择的方法	

操作步骤

对于已经输入的文本，如果想要对其进行选取，那么可以使用如下 3 种方法：

（1）使用“文本工具”字单击要选择的文本字符的起始位置，然后在按住【Shift】键的同时，按【←】键或【→】键，每按一次方向键就会选择一个字符或取消一个字符的选择，如图 10-9 所示。

单击起始位置　　在按住【Shift】键的同时按向右键一次　　在按住【Shift】键的同时按向右键 5 次

CorelDRAW 2018　CorelDRAW 2018　CorelDRAW 2018

图 10-9　按方向键选择字符

（2）使用“文本工具”字在文本的字符上按住鼠标左键拖动，松开鼠标即可将鼠标经过区域的字符选取，如图 10-10 所示。

（3）使用“选择工具”在输入的文本上单击，可以将当前输入的文本全部选取。

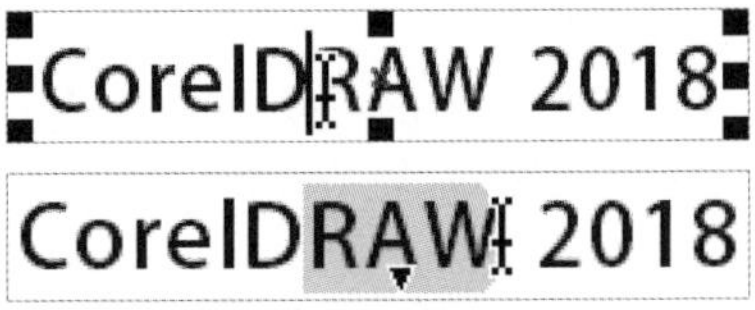

CorelDRAW 2018

图 10-10　拖动选择字符

技巧

对文本中选择的字符可以单独设置文本属性，如改变文字字体、文字大小等。

10.1.2 将美术文本转换为段落文本

输入美术文本后，如果想要对美术文本进行段落文本的编辑，那么可以将美术文本转换为段落文本，使用“文本工具”字在页面中输入美术文本后，单击鼠标右键，在弹出的快捷菜单中选择“转换为段落文本”命令，即可将输入的美术文本转换为段落文本，如图 10-11 所示。

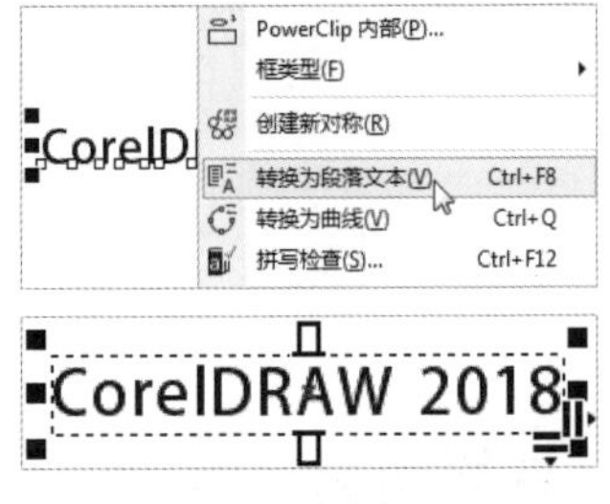

CorelDRAW 2018

图 10-11　将美术文本转换为段落文本

技巧

选择美术文本后，选择菜单栏中的“文本”/“转换为段落文本”命令，或按【Ctrl+F8】组合键，同样可以将美术文本转换为段落文本。

10.2 段落文本

在 CorelDRAW 2018 中，为了能够排列出各种复杂的版面，还对段落文本的输入进行了设置，对段落文本应用了排版系统框架的理念，可以将文字框架任意地缩放和移动，并且美术文本和段落文本可以互相转换。

10.2.1 段落文本的输入

段落文本的输入和美术文本的输入基本类似，只需在输入段落文本前画一个段落文本的虚线框，在虚线框内输入文字即可。使用“文本工具”字在绘图窗口中按住鼠标左键拖动，在闪烁的光标处输入需要的文本。此时，在文本框内输入的文本即为段落文本，如图 10-12 所示。

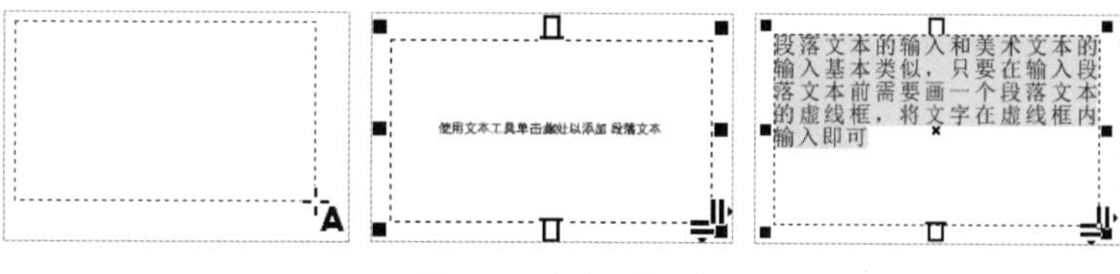

图 10-12 输入段落文本

10.2.2 段落文本框的调整

如果创建的段落文本框容纳不下所输入的文本，就可以通过调整段落文本框来解决这一问题。

课堂案例 调整段落文本框

视频教学	录屏 / 第 10 章 / 课堂案例——调整段落文本框	扫码观看视频
案例要点	掌握使用“文本工具”创建段落文本后调整文本框的方法	

操作步骤

Step 01 使用“文本工具”字在绘图窗口中按住鼠标左键拖动，创建一个段落文本框，如图 10-13 所示。

Step 02 在创建的段落文本框中输入一段文字，如图 10-14 所示。

Step 03 此时可以发现输入的文字没有显示完整，可以使用鼠标拖动段落文本框下方的▼按钮，如图 10-15 所示。

Step 04 直到▼按钮变为□时，表示段落文本框中的文字已经显示完整，如图 10-16 所示。

Step 05 使用鼠标拖动右下角的按钮，同样可以等比例调整段落文本框的大小，如图 10-17 所示。

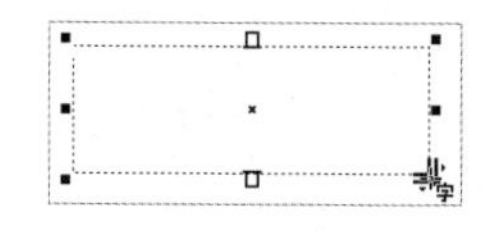

图 10-13 创建段落文本框

图 10-14 输入一段文字

图 10-15 拖动按钮

图 10-16 显示完整的段落文本

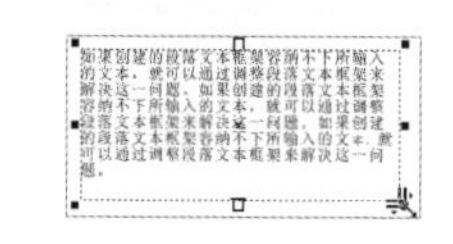

图 10-17 调整段落文本框的大小

10.2.3 隐藏段落文本框

在输入段落文本后，其四周会出现一个虚线的文本框，在排版中会影响版面的美观，需要通过设置来将其隐藏。

课堂案例 隐藏段落文本的文本框

视频教学	录屏 / 第 10 章 / 课堂案例——隐藏段落文本的文本框	扫码观看视频
案例要点	掌握使用“文本工具”创建段落文本后隐藏文本框的方法	

操作步骤

Step 01 使用“文本工具”字在绘图窗口中输入段落文本，如图 10-18 所示。

Step 02 选择菜单栏中的“工具”/“选项”命令，打开“选项”对话框，选择该对话框中的“段落文本框”选项，然后取消选中右侧的“显示文本框”复选框即可，如图 10-19 所示。

Step 03 设置完毕后，单击“确定”按钮，文本四周的虚线文本框已经被隐藏了，效果如图 10-20 所示。

图 10-18 输入段落文本

图 10-19 取消选中“显示文本框”复选框

我们在输入段落文本后，其四周会出现一个虚线的文本框，在排版中会影响版面的美观，只要通过设置其选项就可以将其隐藏。我们在输入段落文本后，其四周会出现一个虚线的文本框，在排版中会影响版面的美观，只要通过设置其选项就可以将其隐藏。我们在输入段落文本后，其四周会出现一个虚线的文本框，在排版中会影响版面的美观，只要通过设置其选项就可以将其隐藏。

图 10-20 文本框被隐藏后的效果

10.2.4 文本框之间的链接

如果一个段落文本框中的文字没有显示完，那么可以通过链接的方法将其完整地显示在另一个文本框中。

课堂案例 将超出段落文本框的内容链接到另一个文本框中

视频教学	录屏 / 第 10 章 / 课堂案例——将超出段落文本框的内容链接到另一个文本框中	扫码观看视频
案例要点	掌握编辑段落文本的方法	

操作步骤

Step 01 创建一个段落文本框，输入一段文字，使输入的段落文本在框架中的文字不完全显示，如图 10-21 所示。

Step 02 使用“选择工具”在段落文本框下方的按钮上单击，此时鼠标指针的形状变为，如图 10-22 所示。

Step 03 在页面的适当位置拖动鼠标创建一个文本框，此时未显示完整的文本已自动流向新的文本框，如图 10-23 所示。

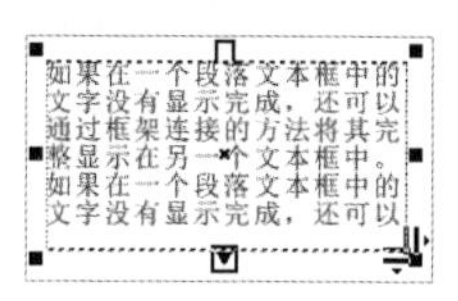

图 10-21 不完全显示的段落文本（1）

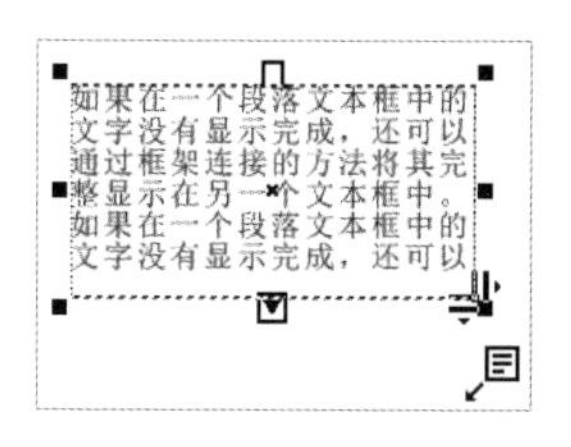

图 10-22 不完全显示的段落文本（2）

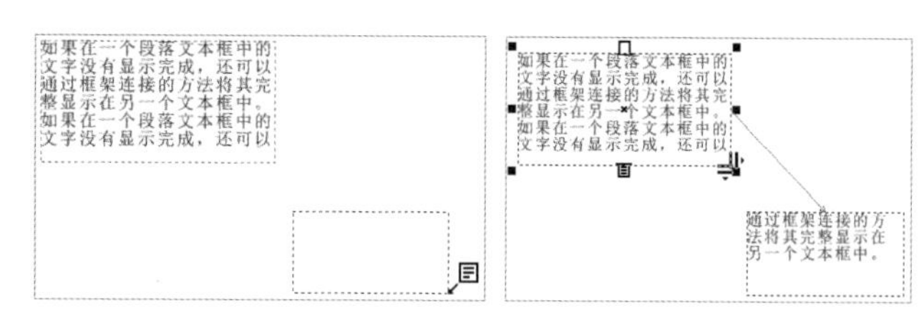

图 10-23 文字流向新的文本框

技巧

若要将第二次创建的文本框删除，则先选中段落文本框，按【Delete】键即可。

10.2.5 文本框与路径之间的链接

如果在一个段落文本框中的文字没有显示完成，那么可以通过框架与路径链接的方法将剩余部分显示在旁边的封闭路径中或开放路径上面。

课堂案例 将超出段落文本框的内容链接到一个闭合路径形成的图形中

视频教学	录屏 / 第 10 章 / 课堂案例——将超出段落文本框的内容链接到一个闭合路径形成的图形中	扫码观看视频
案例要点	掌握编辑段落文本的方法	

操作步骤

Step 01 创建一个段落文本框，输入段落文本，使输入的段落文本在框架中的文字不完全显示，在旁边绘制一个由封闭的路径形成的图形，如图 10-24 所示。

Step 02 使用“选择工具”在段落文本框下方的按钮上单击，如图 10-25 所示，此时鼠标指针的形状变为，将鼠标指针移动到绘制的封闭路径上，此时鼠标指针会变成➡。

Step 03 在由封闭路径形成的图形中单击，会将溢出的文本显示出来，如图 10-26 所示。

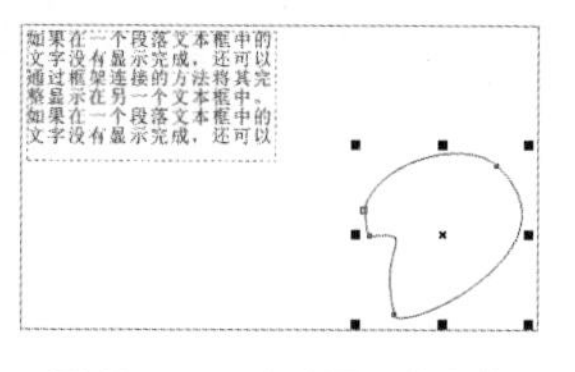

图 10-24 不完全显示的段落文本和绘制的封闭路径

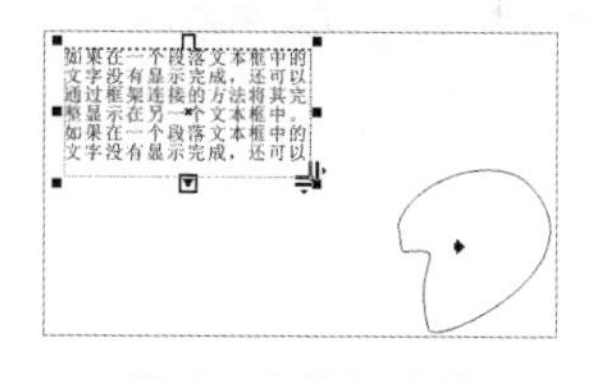

图 10-25 单击按钮

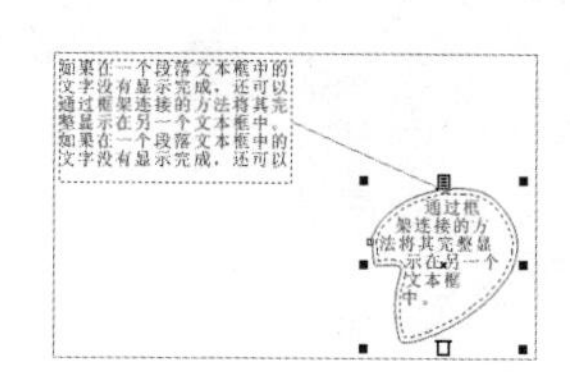

图 10-26 将文本框内溢出的文本显示在封闭路径形成的图形中

课堂案例 将溢出的文字放置到开放路径上

视频教学	录屏 / 第 10 章 / 课堂案例——将溢出的文字放置到开放路径上	扫码观看视频
案例要点	掌握编辑段落文本的方法	

操作步骤

Step 01 创建一个段落文本框，输入段落文本，使输入的段落文本在框架中的文字不完全显示，在旁边绘制一条开放的路径，如图 10-27 所示。

Step 02 使用“选择工具”在段落文本框下方的按钮上单击，此时鼠标指针变为，将鼠标指针移动到绘制的开放路径上，此时鼠标指针会变成➡，如图 10-28 所示。

Step 03 在开放的路径上单击，溢出的文本将显示在开放的路径上，如图 10-27 所示。

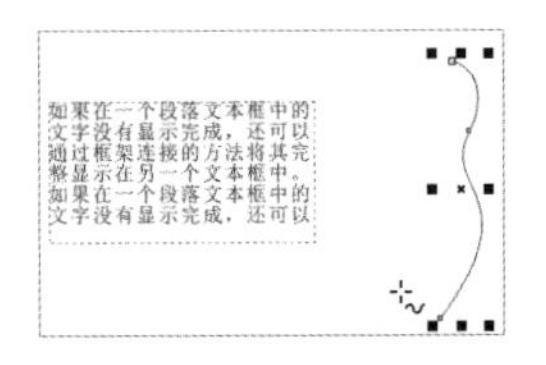

图 10-27 不完全显示的段落文本和绘制的开放路径

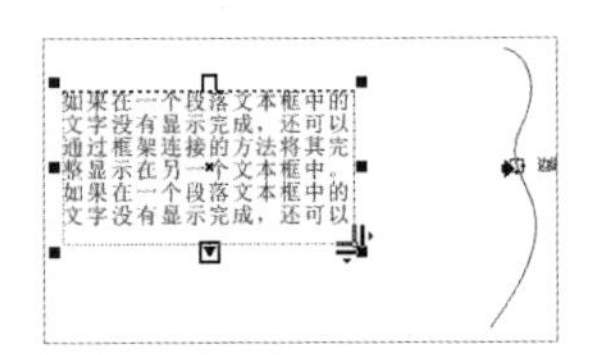

图 10-28 单击按钮

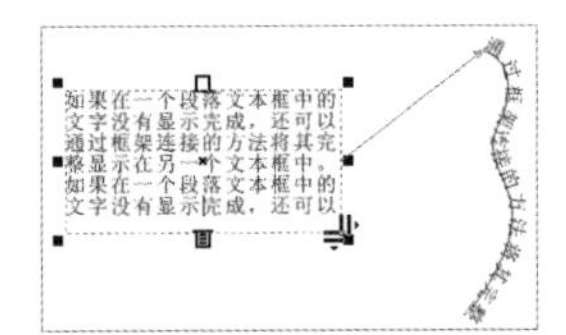

图 10-29 将文本框内溢出的文本显示在开放路径上

当文本与开放路径创建链接后，开放路径上的文本就具有了沿路径显示的属性，此时可以将其作为沿路径文本对其进行设置。

10.2.6 将段落文本转换为美术字

使用“文本工具”在页面中输入段落文本后，单击鼠标右键，在弹出的快捷菜单中选择“转换为美术字”命令，即可将输入的段落文本转换为美术字，如图 10-30 所示。

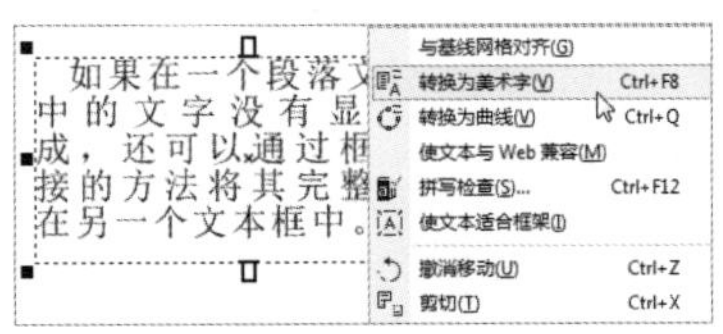

图 10-30 将段落文本转换为美术字

10.3 导入文本

在 CorelDRAW 2018 中，除了可以输入文本，还可以将其他软件中的文本通过导入的方法输入到 CorelDRAW 的绘图窗口中。

10.3.1 从剪贴板中获得文本

CorelDRAW 2018 与其他的应用程序类似，可以通过剪贴板互相交换两个软件间的信息，复制 Word 办公软件内的文字可以将其粘贴到 CorelDRAW 2018 的文档窗口中。

课堂案例 将Word中的文本粘贴在CorelDRAW的文档窗口中

素材文件	素材文件 / 第 10 章 /< 诗词 .doc>	扫码观看视频
视频教学	录屏 / 第 10 章 / 课堂案例——将 Word 中的文本粘贴在 CorelDRAW 的文档窗口中	
案例要点	掌握不同软件间粘贴文档的方法	

操作步骤

Step 01 打开“素材”文件夹中的一个名称为“诗词.doc”的文档，如图 10-31 所示。

Step 02 在 Word 操作窗口内，拖动鼠标选中一段文本，如图 10-32 所示。

Step 03 按【Ctrl+C】组合键，将选中的文本复制到 Windows 剪贴板中。在 CorelDRAW 2018 中使用“文本工具”字在绘图窗口中拖动鼠标，创建一个段落文本框，如图 10-33 所示。

Step 04 按【Ctrl+V】组合键，将打开如图 10-34 所示的对话框，选择默认的第一种导入模式。

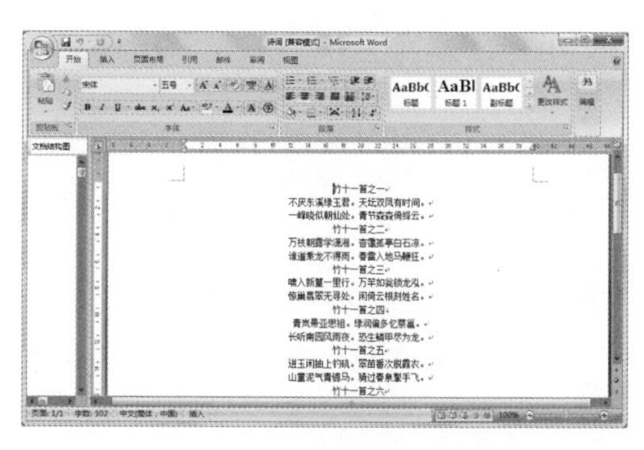

图 10-31 打开的 Word 文档

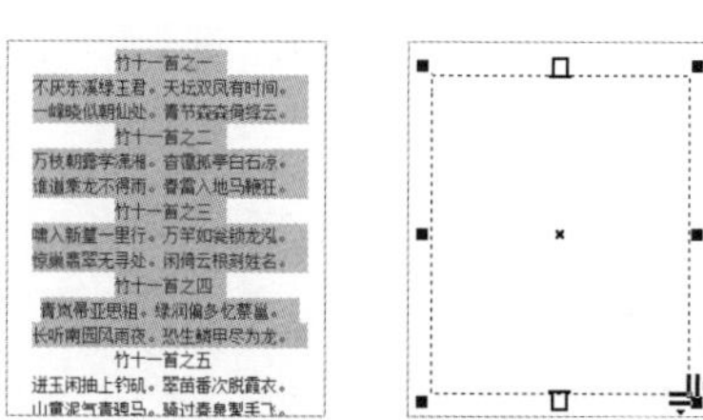

图 10-32 选中文本

图 10-33 绘制文本框

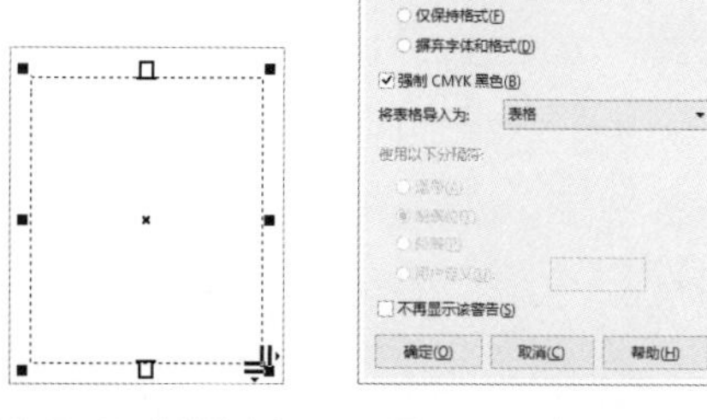

图 10-34 “导入 / 粘贴文本”对话框

“导入 / 粘贴文本”对话框中各选项的含义如下。

- “保持字体和格式”：选中该单选按钮后，文本将以原系统设置的样式导入。
- “仅保持格式”：选中该单选按钮后，文本将以原系统的文字字号、当前系统设置的样式导入。
- “摒弃字体和格式”：选中该单选按钮后，文本将以当前系统设置的样式导入。
- “强制 CMYK 黑色”：选中该复选框，可以使导入的文本统一为 CMYK 色彩模式的黑色。

Step 05 单击“导入 / 粘贴文本”对话框中的“确定”按钮，将文字粘贴到段落文本框内，如图 10-35 所示。

图 10-35 粘贴上的文字

技巧

如果是在网页中复制的文本，那么可以直接按【Ctrl+V】组合键粘贴到软件的绘图窗口中，并且以软件中设置的样式显示。

10.3.2 选择性粘贴

选择性粘贴可以用来设置粘贴内容的格式，可以将复制后的文字以图片的格式粘贴在绘图窗口中，也可以文字的格式粘贴在绘图窗口中。

课堂案例 将文本进行选择性粘贴

素材文件	素材文件 / 第 10 章 /< 诗词 .doc>	扫码观看视频
视频教学	录屏 / 第 10 章 / 课堂案例——将文本进行选择性粘贴	
案例要点	掌握不同软件间粘贴文档的方法	

操作步骤

Step 01 打开“素材”文件夹中一个名称为“诗词 .doc”的文档。

Step 02 选中一段需要复制的文字，按【Ctrl+C】组合键，将选中的文字复制到 Windows 剪贴板中，如图 10-36 所示。

Step 03 在 CorelDRAW 2018 中选择菜单栏中的“编辑”/“选择性粘贴”命令，此时会弹出“选择性粘贴”对话框，让用户选择一种粘贴模式，这里选择粘贴模式为“文本”，如图 10-37 所示。

Step 04 单击“选择性粘贴”对话框中的“确定”按钮，此时，文本已被粘贴在 CorelDRAW 2018 的绘图窗口中，如图 10-38 所示。

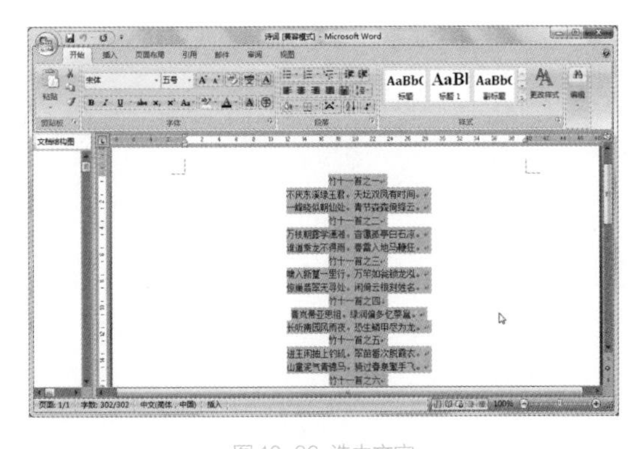

图 10-36 选中文字

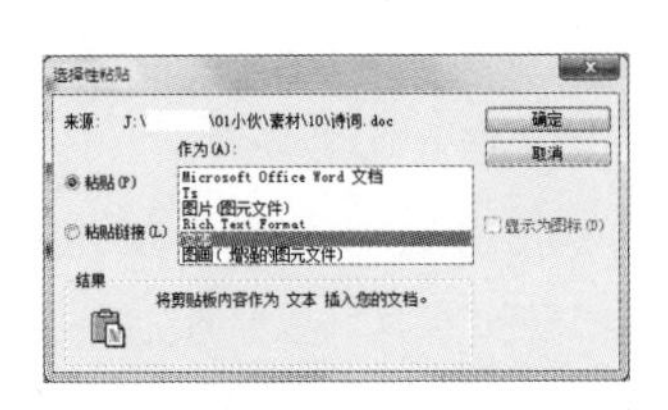

图 10-37 选择文字粘贴模式

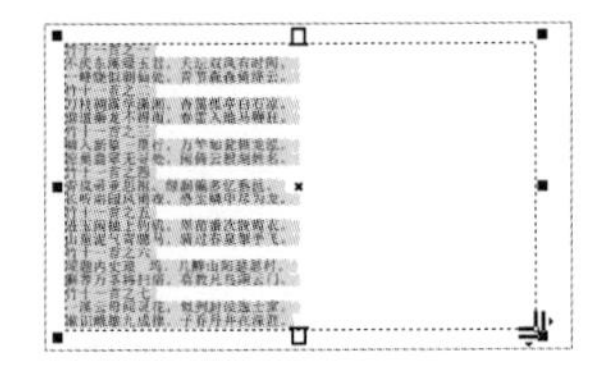

图 10-38 粘贴的文本

10.3.3 使用导入命令导入文档

文本的导入和图片的导入大致相同，用户可以将一个完整的 Word 文档中的内容全部导入绘图窗口中。

课堂案例 将整个Word文档导入绘图窗口

素材文件	素材文件 / 第 10 章 /< 诗词 .doc>	扫码观看视频
视频教学	录屏 / 第 10 章 / 课堂案例——将整个 Word 文档导入绘图窗口	
案例要点	掌握不同软件间粘贴文档的方法	

操作步骤

Step 01 选择菜单栏中的“文件” / “导入”命令，打开“素材”文件夹中一个名称为“诗词.doc”的文档，如图 10-39 所示。

Step 02 单击对话框中的“导入”按钮，将文本导入绘图窗口，如图 10-40 所示。

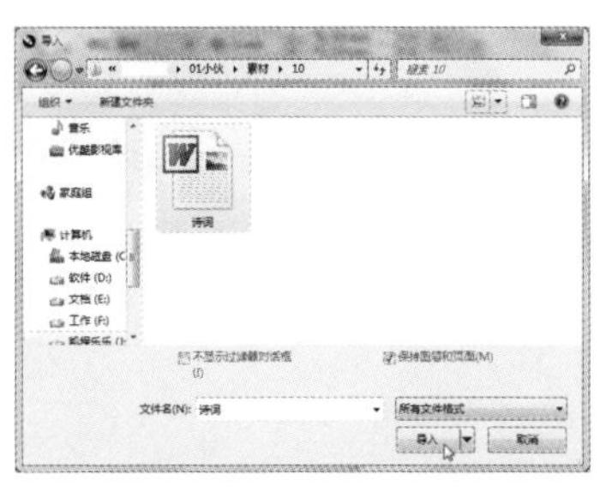

图 10-39 选择需要导入的文档

图 10-40 导入的文本

10.4 编辑文本

在 CorelDRAW 2018 中，无论是美术文本还是段落文本，都可以对其进行文本编辑和属性设置。

10.4.1 使用“形状工具”调整文本

使用“形状工具”选择输入的美术文本后，每个文字左下角处都会出现一个白色小方框，该小方框称为“字元控制点”，单击或按住鼠标左键拖动框选这些字元控制点，使其呈黑色选取状态，就可以通过属性栏对所选文本进行旋转、缩放、改变颜色等操作，如图 10-41 所示。

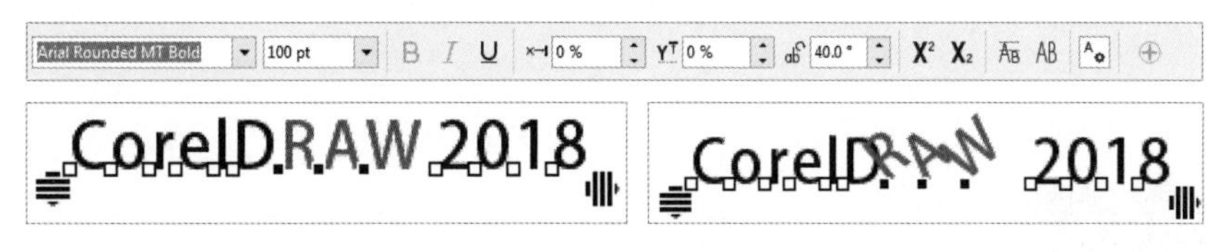

图 10-41 调整文本

该属性栏中各选项的含义如下（之前讲解过的功能将不再讲解）。

- “字符水平偏移” 0 %：用来指定文本之间的水平间距，如图 10-42 所示。
- “字符垂直偏移” 0 %：用来指定文本之间的垂直间距，如图 10-43 所示。

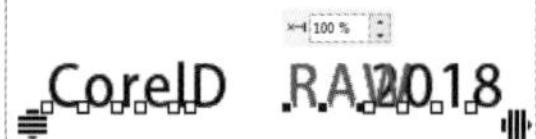

图 10-42 字符水平偏移

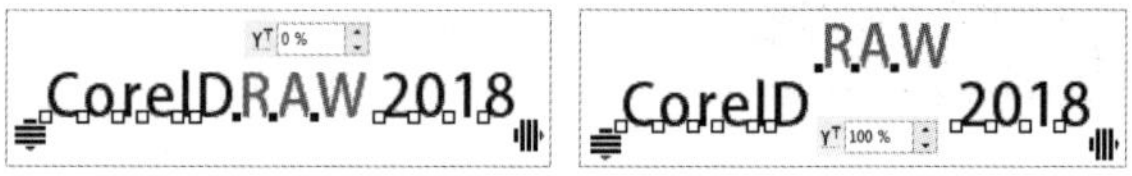

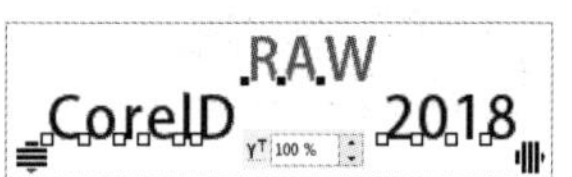

图 10-43 字符垂直偏移

- “字符角度”：用来指定文本旋转的角度，如图 10-44 所示。
- “上标”：用来将选择的文本放置到基线上面，如图 10-45 所示。
- “下标”：用来将选择的文本放置到基线下面，如图 10-46 所示。
- “小型大写字母”：用来为选择的文本应用 OpenType 版的设置（如果字体中有该效果）。
- “全大写”：用来将选择的文本中的字母改为大写。

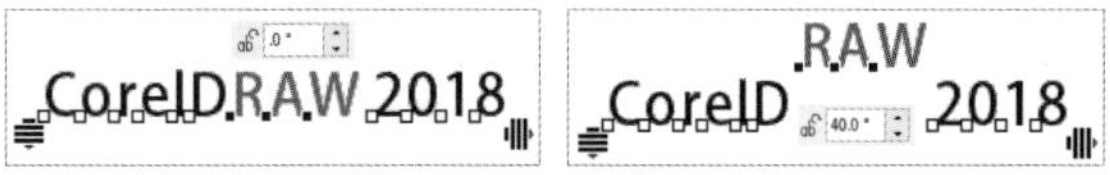

图 10-44 字符角度

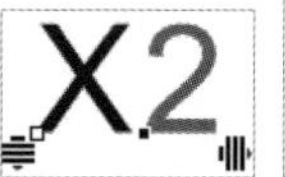

图 10-45 上标

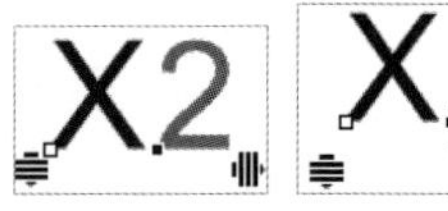

图 10-46 下标

课堂案例 设置文本的行距和字距

视频教学	录屏 / 第 10 章 / 课堂案例——设置文本的行距和字距	扫码观看视频 
案例要点	掌握使用“形状工具”调整文本行距和字距的方法	

操作步骤

Step 01 使用“文本工具”在绘图窗口中输入如图 10-47 所示的文字。

Step 02 使用“形状工具”在输入的一段文字上单击，文字的周围将出现美术文字的控制点，如图 10-48 所示。

Step 03 拖动鼠标可以调整控制行距的箭头和控制字距的箭头，文字调整后的效果如图 10-49 所示。

其实感情并没有绝对的所谓对与错，只要是你自己的选择，并且在多少年后不后悔当初的决定，也就没有谁是谁非的问题。你将永远记得曾经在人生的第几集里，对方陪你演了一出悲剧，然后就将那专属于你的悲伤锁在自己的记忆。因为退而求其次地想，虽然没有人愿意在自己的人生戏剧中上演悲剧，但就算你想曾经拥有过一场惊天动地的感情戏，也还是得要有对手，才能成戏，有些人是连想体验那股无能为力的感伤都还找不到人对戏……

图 10-47 输入文字

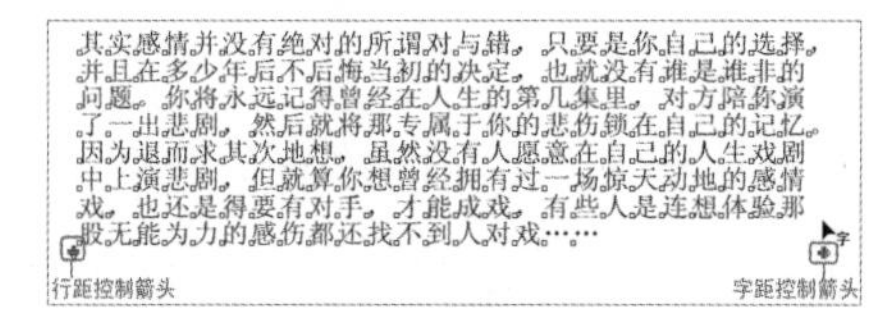

图 10-48 文字周围出现控制点

其实感情并没有绝对的所谓对与错，只要是你自己的选择，并且在多少年后不后悔当初的决定，也就没有谁是谁非的问题。你将永远记得曾经在人生的第几集里，对方陪你演了一出悲剧，然后就将那专属于你的悲伤锁在自己的记忆。因为退而求其次地想，虽然没有人愿意在自己的人生戏剧中上演悲剧，但就算你想曾经拥有过一场惊天动地的感情戏，也还是得要有对手，才能成戏，有些人是连想体验那股无能为力的感伤都还找不到人对戏……

图 10-49 文字调整后的效果

10.4.2 字符设置

在编辑文本的过程中，有时可以根据内容需要，为文字添加相应的效果，以达到区分、突出文字内容的目的。设置字符效果可通过“文本属性”泊坞窗来完成。在属性栏中单击“文本属性”按钮，可以打开“文本属性”泊坞窗。选择菜单栏中的“文本”/“文本属性”命令，也可以打开“文本属性”泊坞窗，如图 10-50 所示。

“文本属性”泊坞窗中各选项的含义如下。

- “脚本”：在其下拉列表中可以选择要限制的文本类型。

图 10-50 “文本属性”泊坞窗

技巧

在“脚本”下拉列表中共包含“所有脚本”“拉丁文”“亚洲”“中东”4 个选项。选择“拉丁文”选项，在“文本属性”泊坞窗中设置的各个选项只能针对所选文本中的英文和数字起作用；选择“亚洲”选项，在“文本属性”泊坞窗中设置的各个选项只能针对所选文本中的中文起作用（在默认情况下，选择“所有脚本”选项，即对选择的全部文本起作用）。

- “字体列表”：用来为新文本或选择的文本应用一种理想的字体，单击该选项右侧的倒三角形按钮，可以在弹出的下拉列表中显示系统预装的所有字体。
- “字体样式”：用来选择当前文本的字体样式。
- “字体大小”：用来设置当前文本的字体大小。
- “字距调整范围”：用来扩大或缩小所选范围内单个字符之间的间距。
- “下画线”：用来为文本添加下画线效果。单击该按钮可以在弹出的下拉列表中选择一种下画线样式，单击就可以为选择的字符应用下画线样式，如图 10-51 所示。

CorelDRAW 2018 CorelDRAW 2018

图 10-51 应用下画线

- “填充类型”：用来选择当前文本的填充类型，单击该按钮可以在弹出的下拉列表中选择类型，选择后可以为其填充对应的类型，如图 10-52 所示。

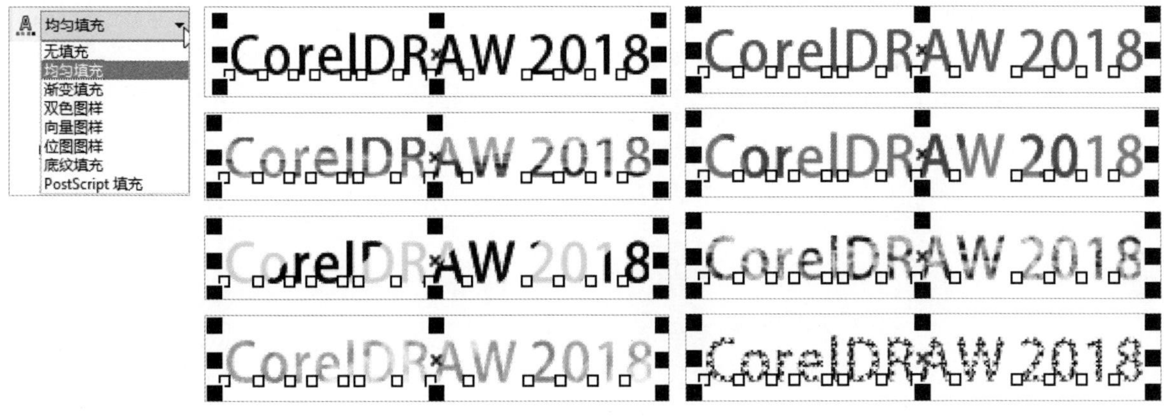

图 10-52 不同文本填充类型的效果

技巧

除了使用“文本属性”对文本设置填充，还可以通过“交互式填充工具”对其进行精细的填充。

- “背景填充类型”：用于设置当前文本背景的填充类型，在下拉列表中选择所需类型后即可为文本的背景进行填充，如图 10-53 所示。

图 10-53 不同背景填充类型的效果

技巧

对文本应用填充及背景填充后，选择菜单栏中的“对象”/“拆分美术字”命令，可以将美术字的每个字符单独进行填充设置。

- “轮廓宽度”：用于设置字符的轮廓宽度，可以在下拉列表中选择系统预设的宽度，也可以在文本框中输入数值。
- “轮廓颜色”：用于设置字符的轮廓颜色。
- “设置”：用于设置字符的轮廓、填充和背景填充的相关样式。
- “大写字母”：用于改变字母或英文文本为大写字母或小型大写字母。
- “位置”：用于设置字符的上标和下标，通常应用在某些专业数据中。
- “其他更多样式”：提供了更多字符样式，用于特殊排版，如图 10-54 所示。

图 10-54 更多样式

技巧

在 CorelDRAW 2018 中选择菜单栏中的“文本”/“更改大小写”命令，打开“更改大小写”对话框，在该对话框中可以设置文本的大小写。

10.4.3 设置段落

在编辑段落文本的过程中，有时可以根据内容需要，为文本添加相应的段落设置，例如文本的对齐、缩进等。在属性栏中单击“文本属性”按钮，可以打开“文本属性”泊坞窗。选择菜单栏中的“文本”/“文本属性”命令，也可以打开“文本属性”泊坞窗，展开“段落”设置面板，如图 10-55 所示。

“文本属性”泊坞窗中各选项的含义如下（之前讲解过的功能将不再讲解）。

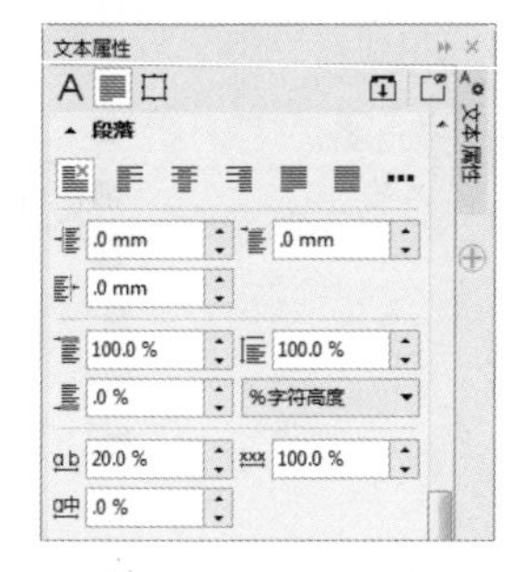

图 10-55 “文本属性”泊坞窗

- “无水平对齐”：使文本不与文本框对齐（该选项为默认选项）。
- “左对齐”：使文本与文本框左侧对齐，如图 10-56 所示。
- “居中”：使文本基于文本框的中间位置对齐，如图 10-57 所示。
- “右对齐”：使文本与文本框右侧对齐，如图 10-58 所示。
- “两端对齐”：使文本与文本框两侧对齐，最后一排除外，如图 10-59 所示。

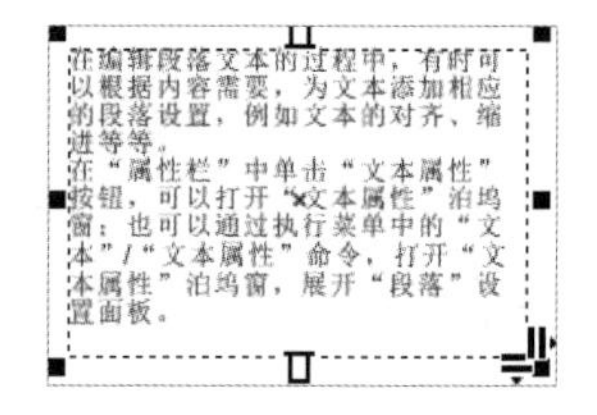

图 10-56 左对齐

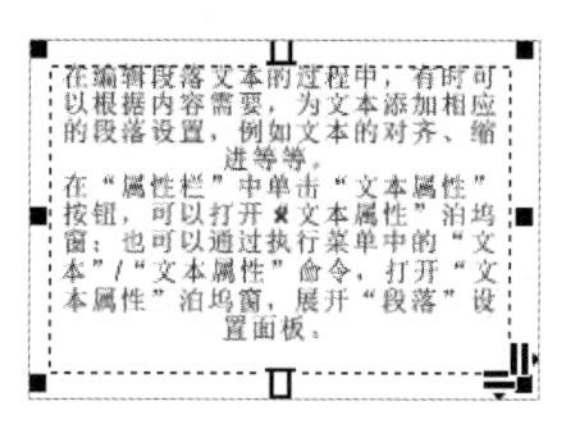

图 10-57 居中

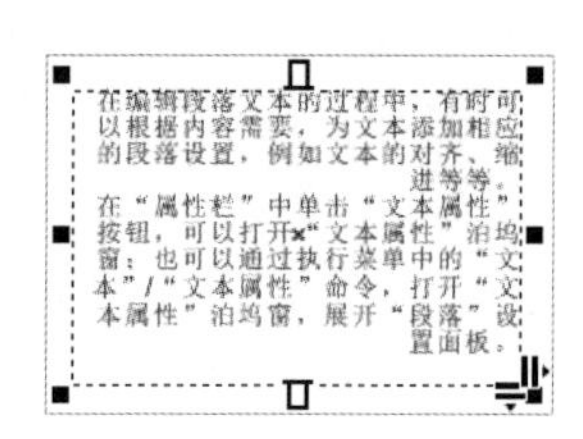

图 10-58 右对齐

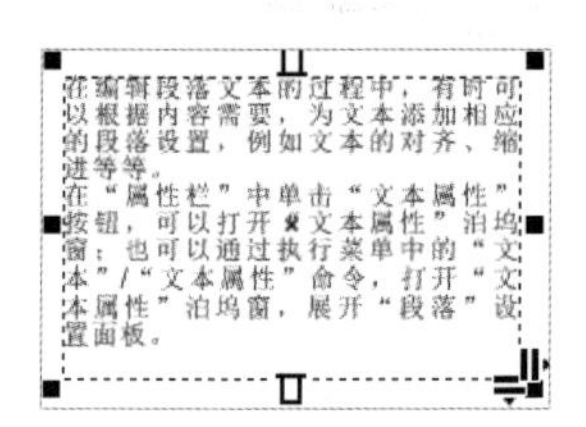

图 10-59 两端对齐

技巧

当设置段落文本的对齐方式为“两端对齐”时，如果在输入的过程中按回车键进行换行，那么设置该选项后，“文本对齐”方式为“左对齐”。

- “强制两端对齐”：使文本与文本框两侧对齐，如图 10-60 所示。
- “调整间距设置”：单击该按钮，可以打开“间距设置”对话框，在该对话框中可以进行文本间距的自定义设置，如图 10-61 所示。
  - “水平对齐”：单击该选项右侧的倒三角形按钮，可以在弹出的下拉列表中选择文本的对齐方式。
  - “最大字间距”：用来设置文本间的最大间距。
  - “最小字间距”：用来设置文本间的最小间距。
  - “最大字符间距”：用来设置单个字符之间的间距。

图 10-60 强制两端对齐

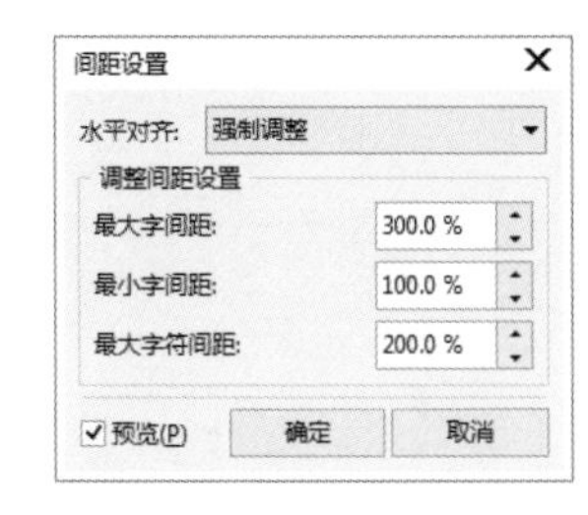

图 10-61 “间距设置”对话框

技巧

“间距设置”对话框中的“最大字间距”“最小字间距”“最大字符间距”只有在“水平对齐”下拉列表中选择“全部调整”“强制调整”选项时才可以被激活。

- “左行缩进”：用来设置段落文本（除首行外）相对于文本框左侧的缩进距离，如图 10-62 所示。
- “首行缩进”：用来设置段落文本的首行相对于文本框左侧的缩进距离，如图 10-63 所示。
- “右行缩进”：用来设置段落文本相对于文本框右侧的缩进距离，如图 10-64 所示。

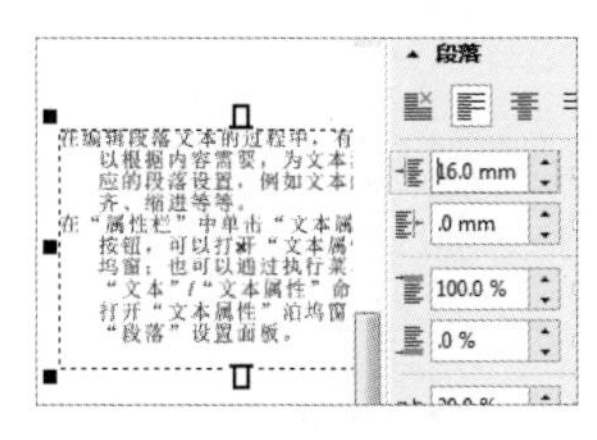

图 10-62 左行缩进

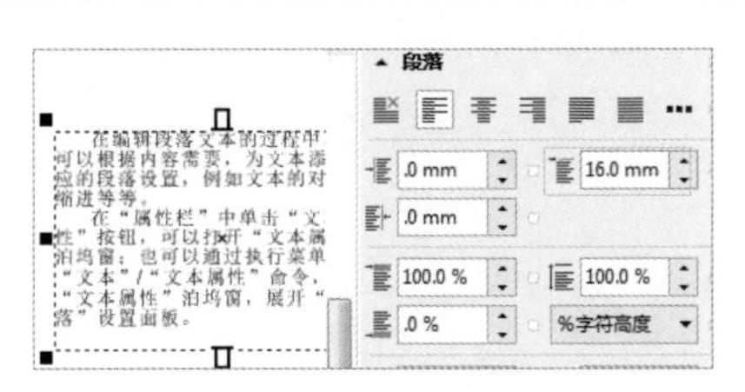

图 10-63 首行缩进

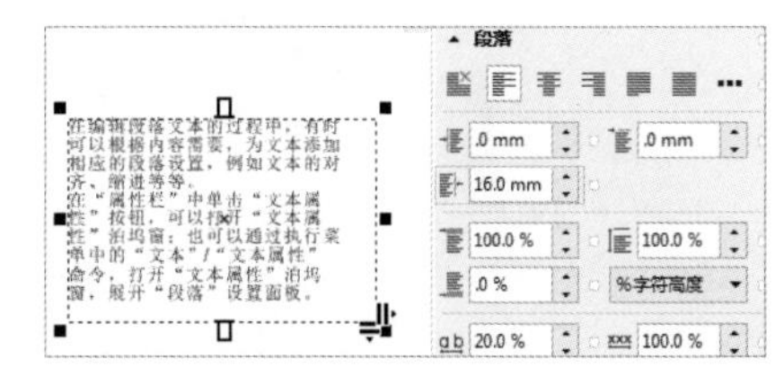

图 10-64 右行缩进

- “段前间距”：用来指定在段落上方插入的间距值，范围为 0 ~ 2000%，如图 10-65 所示。
- “行间距”：用来指定段落中各行之间的间距（行距）值，如图 10-66 所示。
- “段后间距”：用来指定在段落下方插入的间距值，范围为 0 ~ 2000%。
- “垂直间距单位”：用来设置文本间距的度量单位。
- “字符间距”：用来指定一个词中单个文本字符之间的间距。
- “字间距”：用来指定单个字之间的间距。
- “语言间距”：用来控制文档中多语言文本的间距。

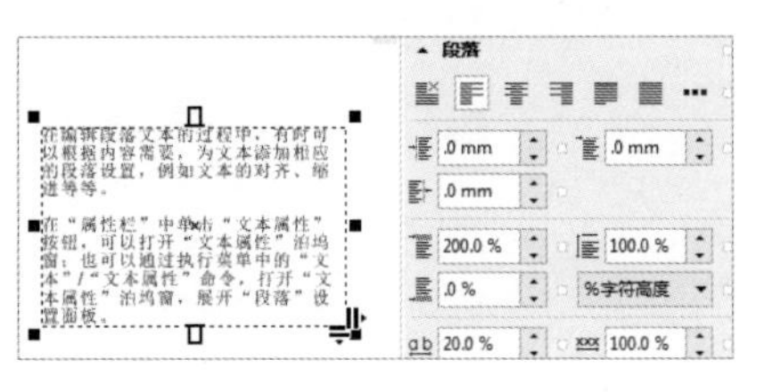

图 10-65 段前间距

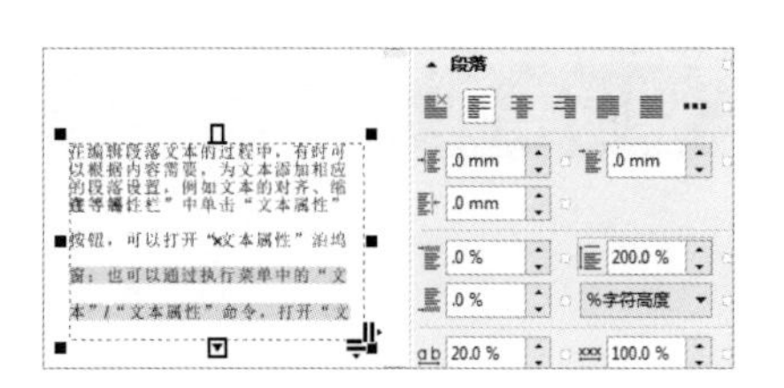

图 10-66 行间距

10.4.4 使用项目符号

在对 CorelDRAW 2018 中的段落文本进行排版时，可以和其他的排版软件一样在段落的开头添加项目符号。

课堂案例 添加项目符号

视频教学	录屏 / 第 10 章 / 课堂案例——添加项目符号	扫码观看视频
案例要点	掌握为段落文本添加项目箱号的方法	

操作步骤

Step 01 在 CorelDRAW 2018 绘图窗口中输入如图 10-67 所示的段落文本。

Step 02 使用“选择工具”选择输入的文字，选择菜单栏中的“文本”/“项目符号”命令，打开“项目符号”对话框，选中“使用项目符号”复选框，如图 10-68 所示。

Step 03 在“项目符号”对话框中选择“星形”作为项目符号，设置其大小为“20.0pt”，其他选项采用默认值，如图 10-69 所示。

Step 04 如果要看设置完成后的效果，那么可以在“项目符号”对话框中选中“预览”复选框，预览设置后的效果。

Step 05 感觉满意后单击“项目符号”对话框中的“确定”按钮，完成项目符号的添加，效果如图 10-70 所示。

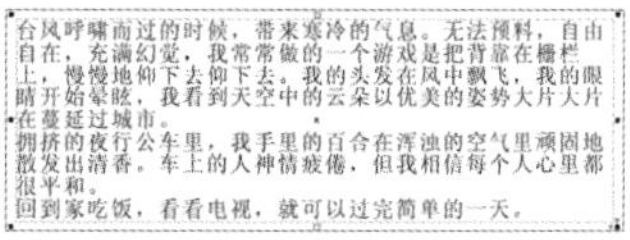

图 10-67 输入段落文本

图 10-68 选中复选框

图 10-69 设置符号和符号大小

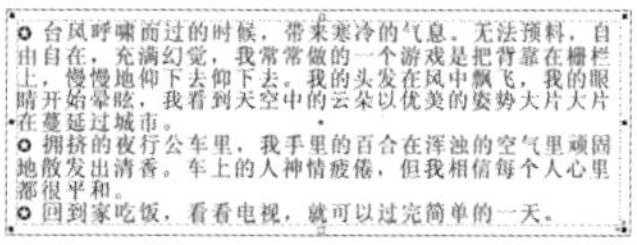

图 10-70 添加项目符号后的效果

10.4.5 设置首字下沉

在 Word 软件中可以设置首字下沉，在 CorelDRAW 2018 中也可以设置首字下沉。

课堂案例 设置首字下沉

视频教学	录屏 / 第 10 章 / 课堂案例——设置首字下沉	扫码观看视频
案例要点	掌握设置段落文本首字下沉的方法	

操作步骤

Step 01 在 CorelDRAW 2018 的空白文档中输入段落文本。

Step 02 使用“选择工具”选择输入的文字，选择菜单栏中的“文本”/“首字下沉”命令，打开“首字下沉”对话框，选中“使用首字下沉”复选框，如图 10-71 所示。

Step 03 在“首字下沉”对话框中设置“下沉行数”为“2”，如图 10-72 所示。

Step 04 设置完成后，单击“首字下沉”对话框中的“确定”按钮，完成首字下沉的效果如图 10-73 所示。

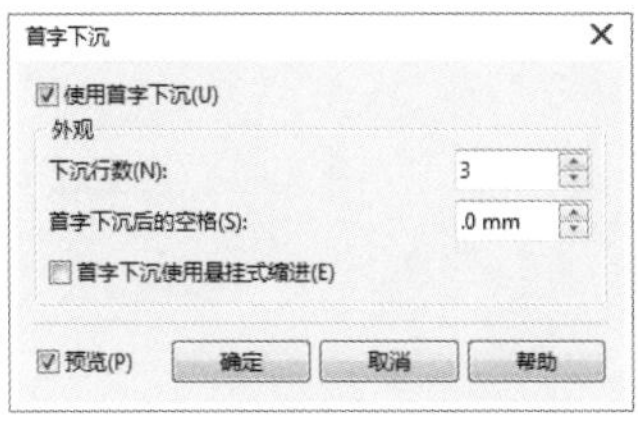

图 10-71 选中复选框

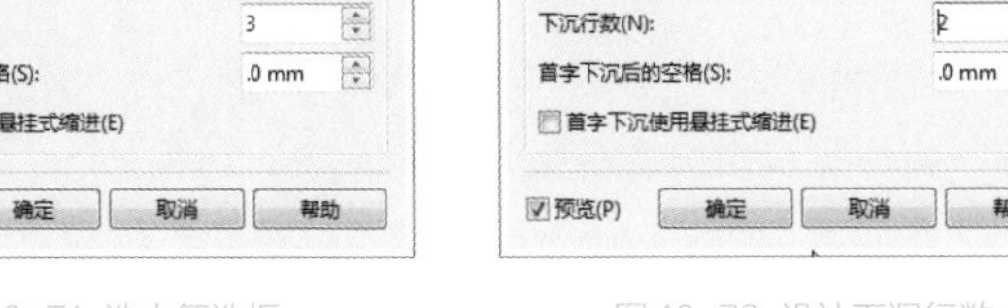

图 10-72 设计下沉行数

台风呼啸而过的时候，带来寒冷的气息。无法预料，自由自在，充满幻觉，我常常做的一个游戏是把背靠在栅栏上，慢慢地仰下去仰下去。我的头发在风中飘飞，我的眼睛开始晕眩，我看到天空中的云朵以优美的姿势大片大片在蔓延过城市。

拥挤的夜行公车里，我手里的百合在浑浊的空气里顽固地散发出清香。车上的人神情疲倦，但我相信每个人心里都很平和。

回到家吃饭，看看电视，就可以过完简单的一天。

图 10-73 完成首字下沉的效果

10.4.6 栏

使用“栏”命令可以对输入的段落文本进行分栏处理，以达到版面设计的要求。

课堂案例 将文本分栏

视频教学	录屏 / 第 10 章 / 课堂案例——将文本分栏	扫码观看视频
案例要点	掌握将文本分栏的方法	

操作步骤

Step 01 在 CorelDRAW 2018 的空白文档中输入段落文本。

Step 02 使用“选择工具”选择输入的文字，选择菜单栏中的“文本”/“栏”命令，打开“栏设置”对话框，在该对话框中设置其分栏的“栏数”为“2”，如图 10-74 所示。

Step 03 设置完成后，单击“栏设置”对话框中的“确定”按钮，文字分栏后的效果如图 10-75 所示。

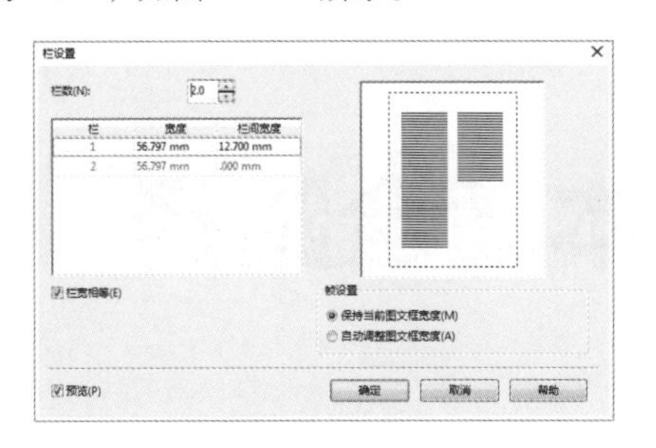

图 10-74 “栏设置”对话框

图 10-75 文字分栏后的效果

10.4.7 断行规则

选择菜单栏中的“文本”/“断行规则”命令，打开“亚洲断行规则”对话框，如图 10-76 所示。

技巧

必须在操作系统上安装亚洲文本支持功能才能查看“亚洲断行规则”对话框。

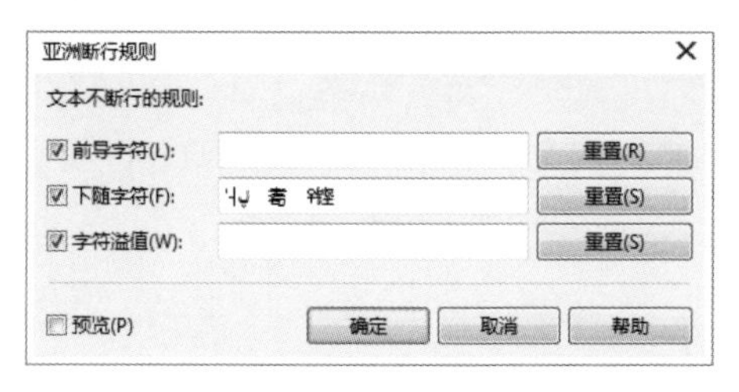

图 10-76 “亚洲断行规则”对话框

“亚洲断行规则”对话框中各选项的含义如下。

- “前导字符”：确保不会在列表中的任何字符前面断行（指那些不能出现在行尾的字符）。
- “下随字符”：确保不会在列表中的任何字符后面断行（指那些不能出现在行首的字符）。
- “字符溢值”：确保允许列表中的字符延伸到行的页边距之外（指不能换行的字符，文字可以延伸到右侧页边距或底部页边距文本框之外）

10.4.8 字体乐园

在“字体乐园”泊坞窗中引入了一种更易于浏览、体验和选择最合适字体的方法，还可以访问受支持字体的高级 OpenType 功能，选择菜单栏中的“文本”/“字体乐园”命令，打开“字体乐园”泊坞窗，如图 10-77 所示。

“字体乐园”泊坞窗中各选项的含义如下。

- “字体列表”：在其下拉列表中可以选择需要的文本字体。
- “单行”：单击该按钮，可以在“字体乐园”泊坞窗中以单行文字的形式显示，如图 10-78 所示。
- “多行”：单击该按钮，可以在“字体乐园”泊坞窗中以一段文字的形式显示，如图 10-79 所示。
- “瀑布式”：单击该按钮，可以在“字体乐园”泊坞窗中以从小到大逐渐变大的方式显示文字，如图 10-80 所示。

图 10-77 “字体乐园”泊坞窗

图 10-78 单行

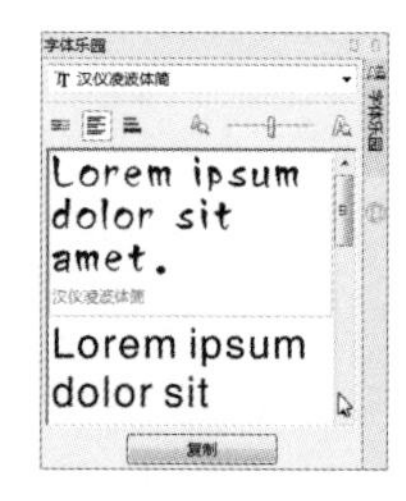

图 10-79 多行

图 10-80 从小到大

10.5 使文本适合路径

在 CorelDRAW 2018 中，还可以使文字沿路径排列，打造更多的外观效果。

10.5.1 在路径上直接输入文字

在 CorelDRAW 2018 中绘制一条开放或封闭的路径，选择“文本工具”字，将鼠标指针移动到路径上，当鼠标指针右下角出现“~”时，输入的文字就会沿路径排列。

课堂案例 在路径上直接输入文字

视频教学	录屏 / 第 10 章 / 课堂案例——在路径上直接输入文字	扫码观看视频
案例要点	掌握在路径上输入文字的方法	

操作步骤

Step 01 使用工具箱中的“钢笔工具”在工作窗口中绘制一条如图 10-81 所示的非封闭曲线。

Step 02 使绘制的曲线处于被选中状态，选择“文本工具”字，将鼠标指针移动至绘制的路径上，此时鼠标指针变为如图 10-82 所示的形状。

Step 03 在曲线上单击，此时在曲线上会出现一个闪烁的光标，如图 10-83 所示。

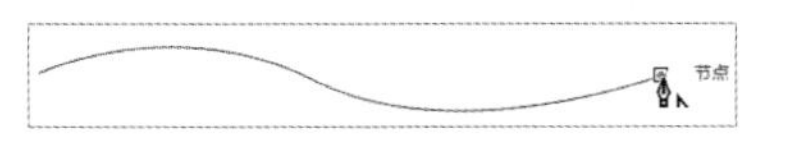

图 10-81 绘制曲线

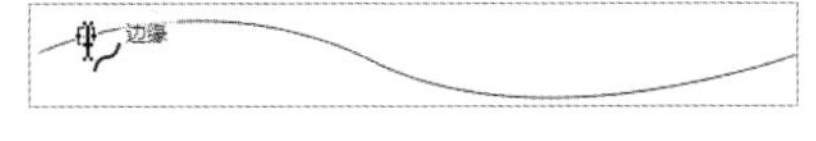

图 10-82 光标的形状

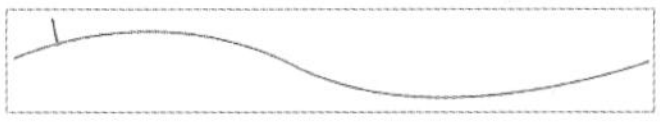

图 10-83 出现一个闪烁的光标

Step 04 在闪烁光标处输入文字，效果如图 10-84 所示。

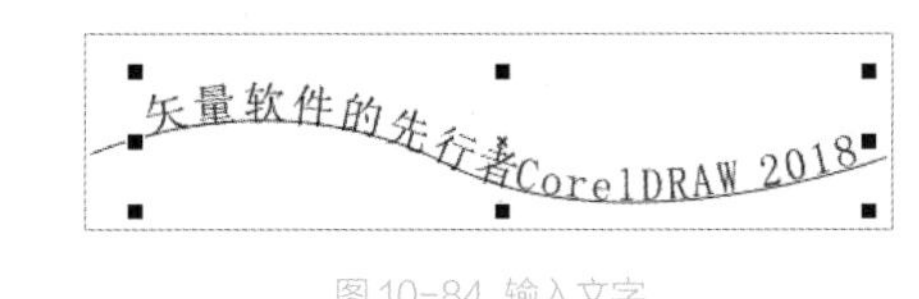

图 10-84 输入文字

10.5.2 通过鼠标使文字适合路径

在 CorelDRAW 2018 中绘制一条曲线，再输入美术字，选择菜单栏中的“文本”/“使文本适合路径”命令，通过鼠标来调整沿路径排列的文字。

课堂案例 通过鼠标使文字适合路径

视频教学	录屏 / 第 10 章 / 课堂案例——通过鼠标使文字适合路径	扫码观看视频
案例要点	掌握使文字适合路径的方法	

操作步骤

Step 01 使用“文本工具”字在绘图窗口中输入文字“矢量软件的先行者 CorelDRAW 2018”，如图 10-85 所示。

Step 02 使用“钢笔工具”绘制一条如图 10-86 所示的曲线。

图 10-85 输入文字

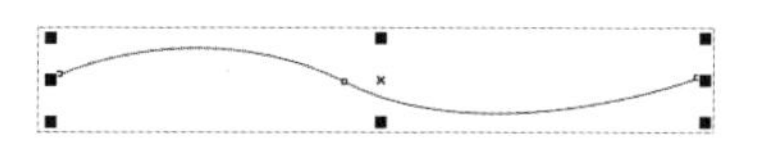

图 10-86 绘制曲线

Step 03 使用“选择工具”选中步骤 1 中输入的文字，然后选择菜单栏中的“文本”/“使文本适合路径”命令，此时，鼠标指针变为形状。

Step 04 将鼠标指针移动至步骤 2 中绘制的曲线上，此时会出现文字预览效果，如图 10-87 所示。

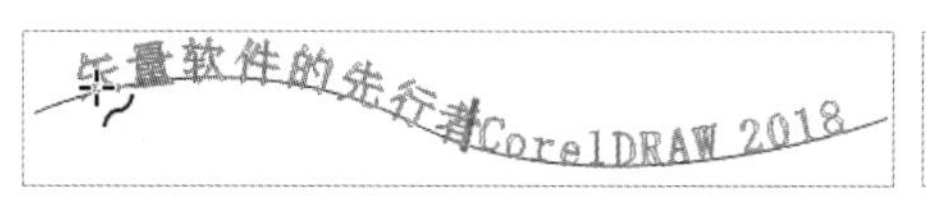

图 10-87 文字预览效果

Step 05 如果对预览效果满意，那么在曲线上单击。此时，文字会随曲线的弧度而变化，如图 10-88 所示。

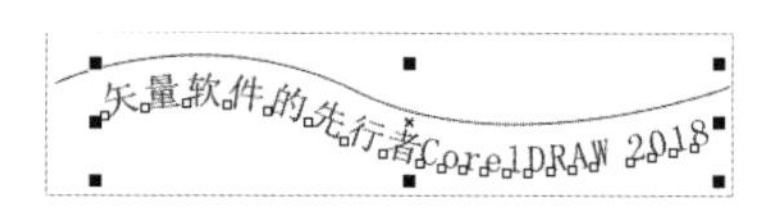

图 10-88 文字效果

10.5.3 通过鼠标右键制作依附路径

在 CorelDRAW 2018 中选择文本后使用鼠标右键将文本拖动到路径上，当鼠标指针变为⊕形状时，松开鼠标，在弹出的快捷菜单中选择“使文本适合路径”命令，可以文本依附到路径上，如图 10-89 所示。

图 10-89 通过鼠标右键使文本依附到路径上

技巧

沿路径排列后的文本仍具有文本的基本属性，用户可以添加或删除文字，也可以更改文字的字体和字体大小等属性。

10.6 将文字转换为曲线

选择文字后，选择菜单栏中的“对象”/“转换为曲线”命令，即可将当前选择的文字转换为曲线。将文本转换为曲线后，文字在外形上和转换前没有区别，但其属性却发生了本质的变化，不再具有任何文本属性，而是具有了曲线的属性。将文本转换为曲线后，可以使用“形状工具”对转换为曲线的文字图形进行调整，如图 10-90 所示。

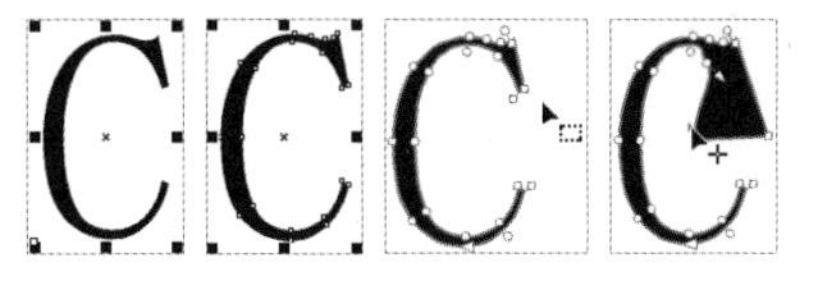

图 10-90 调整转换为曲线后的文字

10.7 将文本适配图文框

在段落文本框中输入文字后，其中的文字大小不会随文本框或图形对象的大小而变化，可以通过菜单栏中的相关命令自动调整输入文本的大小，以与文本框适配。

10.7.1 将段落文本置入对象中

当人们在进行版式排列时，会遇到很多特殊的版式。例如，将一段段落文本置于一个封闭的对象中。下面通过实战案例进行讲解。

课堂案例 将段落文本置于对象中

视频教学	录屏 / 第 10 章 / 课堂案例——将段落文本置于对象中	扫码观看视频
案例要点	掌握将段落置入形状内的方法	

操作步骤

Step 01 使用工具箱中的“文本工具”在页面中输入段落文本，如图 10-91 所示。

Step 02 选择工具箱中的“基本形状工具”，单击属性栏中的“完美形状”按钮，在弹出的面板中选择一种图案样式，如图 10-92 所示。

Step 03 按住鼠标左键在绘图窗口中绘制如图 10-93 所示的对象。

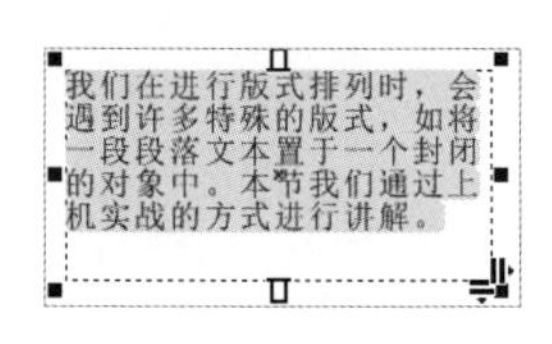

图 10-91 输入的段落文本

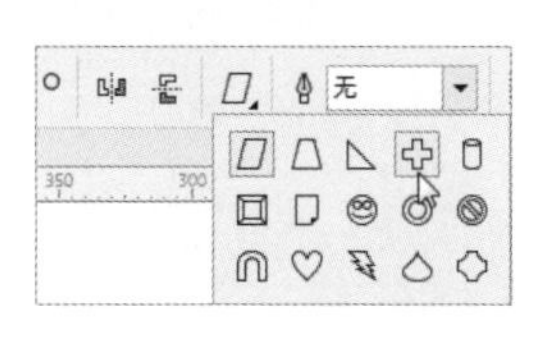

图 10-92 选择图案样式

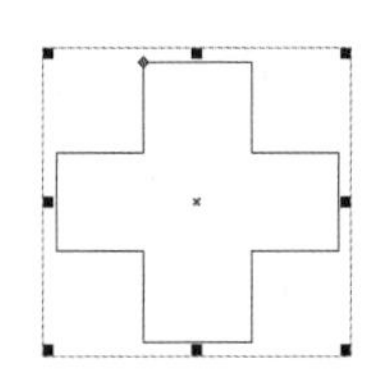

图 10-93 绘制对象

Step 04 使用“选择工具”将鼠标指针移动到文本对象上，按住鼠标右键将文字对象拖动到步骤 3 中绘制的对象上，当鼠标指针变为⊕形状时松开鼠标，在弹出的快捷菜单中选择“内置文本”命令，如图 10-94 所示。

Step 05 此时，段落文本已被置入图形中，效果如图 10-95 所示。

图 10-94 选择“内置文本”命令

图 10-95 段落文本被置入对象后的效果

10.7.2 分离对象与段落文本

段落文本被置入对象后，当对象变动时，文字也会随其发生变化。如果不想让文字和对象同时变化，那么可以将对象和文本分离。下面通过实战案例进行讲解。

课堂案例 将对象和文本分离

视频教学	录屏 / 第 10 章 / 课堂案例——将对象和文本分离
案例要点	掌握分离对象与文本的方法

扫码观看视频

操作步骤

Step 01 使用“选择工具”选中页面中置入对象的文本框，如图 10-96 所示。

Step 02 选择菜单栏中的“对象” / “拆分路径内的段落文本”命令，就将文字和对象进行了拆分，拆分后的效果如图 10-97 所示。

图 10-96 选中对象内的文本框

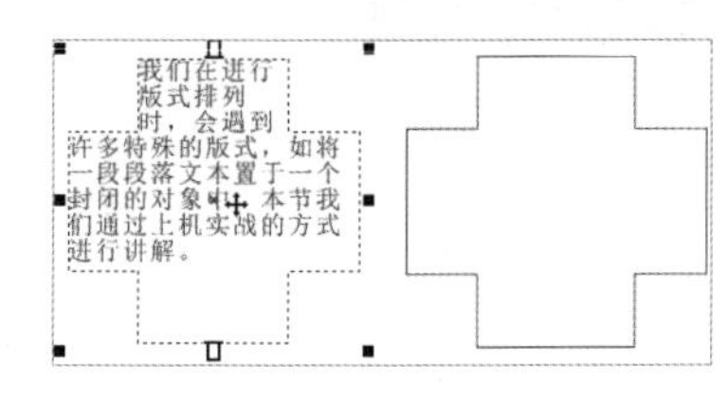

图 10-97 文字和对象被拆分后的效果

10.8 插入符号和图形对象

在 CorelDRAW 2018 中，除了可以输入文字，系统还提供了大量的符号供用户选择输入符号是一种特殊的字符，可以将其添加到绘图页面中或插入文本中，也可以将图像插入段落文本，以完成一些特殊版面的设计。

10.8.1 在绘图页面中插入字符

在绘图页面中插入字符，能实现一些特殊的编排效果，CorelDRAW 2018 提供了大量精美的符号供用户选择。下面通过实战案例进行讲解。

课堂案例 在文档页面中插入符号

视频教学	录屏 / 第 10 章 / 课堂案例——在文档页面中插入符号	扫码观看视频
案例要点	掌握插入字符的方法	

操作步骤

Step 01 选择菜单栏中的“文本” / “插入字符”命令，打开“插入字符”泊坞窗，如图 10-98 所示。

Step 02 在“插入字符”泊坞窗中的“字符过滤器”中选择“整个字体”选项，在“字体”下拉列表中选择一种字体（例如 Webdings），如图 10-99 所示。

Step 03 选择要插入的图案字符，将其拖入绘图窗口即可。也可以单击“复制”按钮，在页面中按【Ctrl+V】组合键，将选择的字符粘贴到页面中，如图 10-100 所示。

图 10-98 “插入字符”泊坞窗

图 10-99 选择文字样式

图 10-100 插入图案字符

10.8.2 在文本中插入字符

在 CorelDRAW 2018 中，除了可以在绘图页面中插入字符，还可以在输入的段落文本中插入字符。

课堂案例 在文本中插入字符

视频教学	录屏 / 第 10 章 / 课堂案例——在文本中插入符号	扫码观看视频
案例要点	掌握在文本中插入字符的方法	

操作步骤

Step 01 使用“文本工具”字在页面中输入段落文本，如图 10-101 所示。

Step 02 将光标定位至段落文本中的任意位置，然后选择菜单栏中的“文本” / “插入字符”命令，打开“插入字符”泊坞窗，选择一种符号样式，单击“插入字符”泊坞窗中的“复制”按钮。回到段落文本中，按【Ctrl+V】组合键，将选中的字符插入段落文本，效果如图 10-102 所示。

图 10-101 输入段落文本

图 10-102 插入字符

10.8.3 在文本中插入图形对象

在 CorelDRAW 2018 中，不仅可以在文本中插入字符，还可以在文本中插入图形对象。

课堂案例 在文本中插入图形对象

素材文件	素材文件 / 第 10 章 /< 小猴 .cdr>	扫码观看视频
视频教学	录屏 / 第 10 章 / 课堂案例——在文本中插入图形对象	
案例要点	掌握在文本中插入图形对象的方法	

操作步骤

Step 01 使用“文本工具”字在页面中输入段落文本。

Step 02 单击属性栏中的“导入”按钮，选择“小猴.cdr”文件，如图 10-103 所示。

Step 03 选择需要导入的对象后，单击“导入”对话框中的“导入”按钮，将其导入绘图窗口中，如图 10-104 所示。

Step 04 使用“选择工具”选取导入的小猴，按【Ctrl+C】组合键进行复制。

Step 05 使用“文本工具”字在段落文本中单击，将光标定位至段落文本的任意位置，然后按【Ctrl+V】组合键将复制后的小猴图案粘贴到段落文本中，效果如图 10-105 所示。

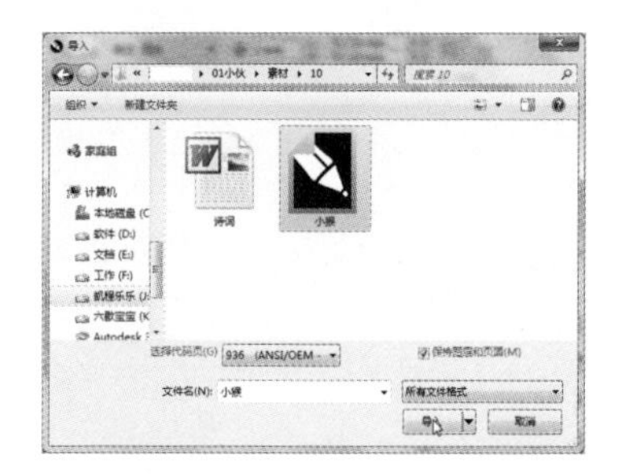

图 10-103 选择“小猴”文件

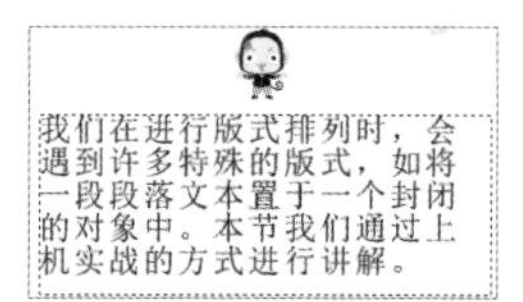

图 10-104 导入文件

我们在进行版式排列时，会
遇到许多特殊的版式，如将
一段段落文本置于一个封闭
的对象中。本节我们通过上
机实战的方式进行讲解。

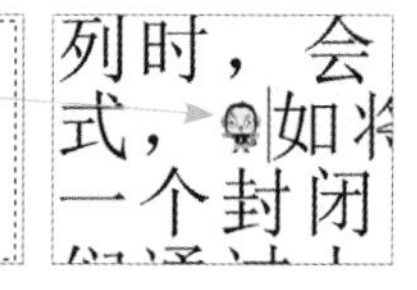

图 10-105 图案粘贴后的效果

10.9 表格工具

在 CorelDRAW 2018 中，使用“表格工具”可以对创建的文本进行更好的管理，对文本和图形进行结构布局。使用“表格工具”创建表格的方法与使用“图纸工具”创建图纸的方法差不多，选择“表格工具”后，在属性栏中设置表格的行数与列数后，在页面中按住鼠标左键拖动，即可创建最初的表格，如图 10-106 所示。此时，属性栏中会显示“表格工具”的选项，如图 10-107 所示。

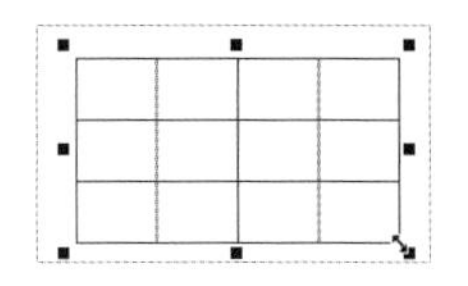
图 10-106 创建表格

图 10-107 “表格工具”的属性栏

“表格工具”属性栏中各选项的含义如下。

- “行数与列数”：用来设置表格的行与列。
- “背景”：用来设置表格的背景颜色。单击该选项右侧的倒三角形按钮，可以在弹出的面板中选择一个背景颜色，应用背景色的表格如图 10-108 所示。
- “编辑填充”：用来自定义表格的背景颜色。单击该按钮可以打开“编辑填充”对话框，在该对话框中可以为表格进行均匀填充、渐变填充、双色图样填充、向量图样填充、位图图样填充、底纹填充和 PostScript 填充。设置完毕后，只需单击“确定”按钮，即可为表格重新填充背景，效果如图 10-109 所示。
- “轮廓宽度” 边框: 2 mm：用来设置表格边框的宽度。单击该选项右侧的倒三角形按钮，可以在弹出的下拉列表中选择一种默认的宽度作为表格宽度，如图 10-110 所示。

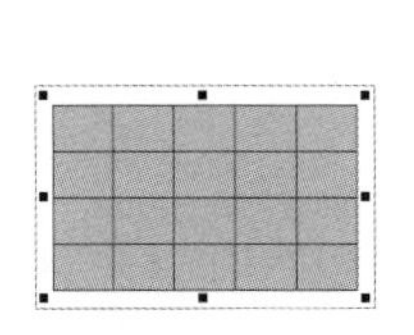
图 10-108 背景

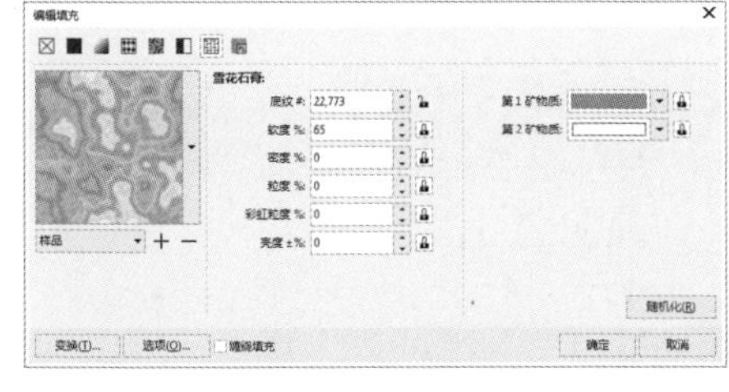
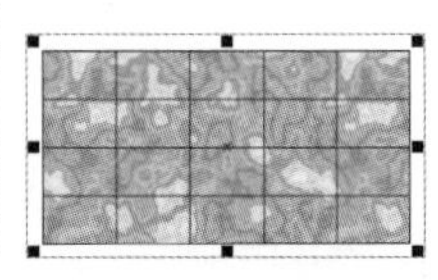
图 10-109 编辑填充

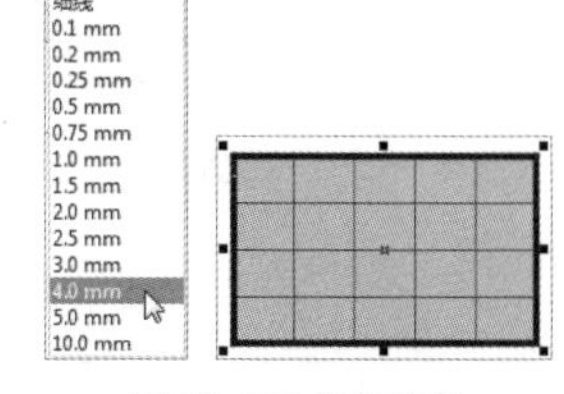
图 10-110 轮廓宽度

- “边框选择”：用来设置表格的边框。单击此按钮，可以在弹出的下拉列表中选择一种样式，此时再设置“轮廓宽度”就会对选取的范围起作用，如图 10-111 所示。
- “轮廓颜色”：用来设置表格边框的颜色。单击该选项右侧的倒三角形按钮，可以在弹出的面板中选择一种轮廓颜色。

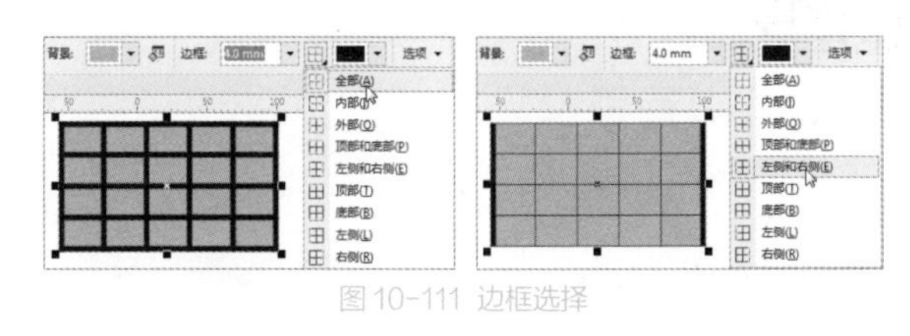
图 10-111 边框选择

技巧

在进行边框颜色、边框样式、边框宽度等设置时，可以在“轮廓笔”对话框中进行详细的设置，具体的设置方法与轮廓设置方法一致。

- “选项”：用来设置是否在单元格中输入内容时自动调整单元格大小，以及在单元格中添加间隔。单击该选项右侧的倒三角形按钮，可以弹出如图 10-112 所示的面板。
  - “在键入时自动调整单元格大小”：选中该复选框后，当人们在单元格内输入文本时，单元格大小会自动根据输入文本的多少进行调整。如果不选中该复选框，那么输入的文字超出单元格范围后，超出的内容会被隐藏，如图 10-113 所示。
  - “单独的单元格边框”：选中该复选框后，可以在“水平单元格间距”“垂直单元格间距”文本框中输入数值，来调整单元格之间的间距，如图 10-114 所示。

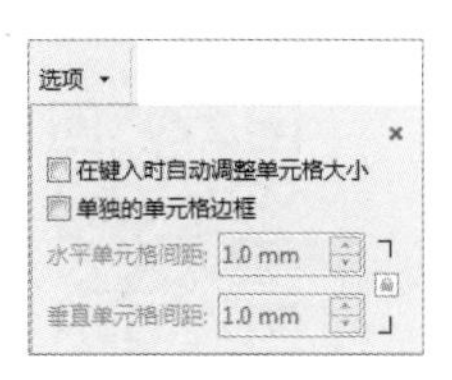

图 10-112 “选项”面板

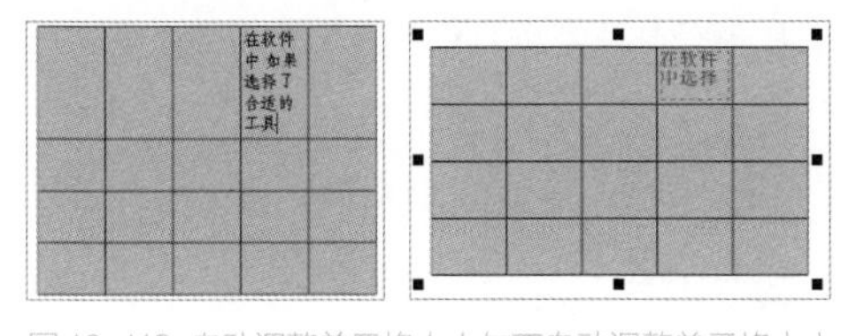
图 10-113 自动调整单元格大小与不自动调整单元格大小

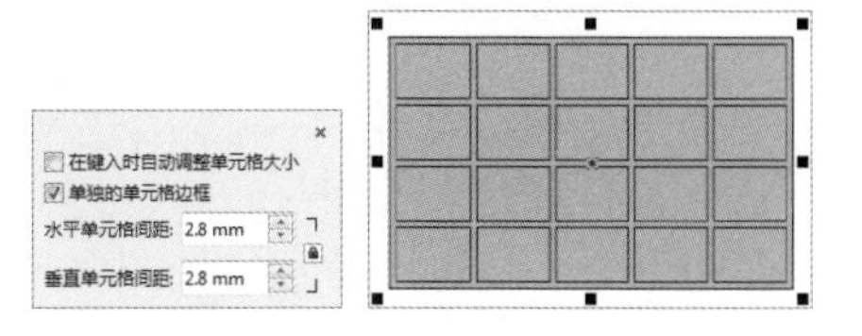

图 10-114 单独的单元格边框

创建表格

通过“表格工具”▦可以快速创建表格。除此之外，还可以利用菜单栏中的相关命令来创建表格。

10.10.1 使用“表格工具”创建表格

单击“表格工具”按钮▦，在属性栏中设置“行数”为“4”、“列数”为“5”，当鼠标指针变为形状时，在页面中按住鼠标左键拖动，松开鼠标即可创建表格，如图 10-115 所示。

10.10.2 使用菜单命令创建表格

选择菜单栏中的“表格”/“创建新表格”命令，打开“创建新表格”对话框，设置“行数”为“4”、“列数”为“5”、“高度”为“100.0mm”、“宽度”为“75.0mm”，设置完毕后，单击“确定”按钮，即可创建表格，如图 10-116 所示。

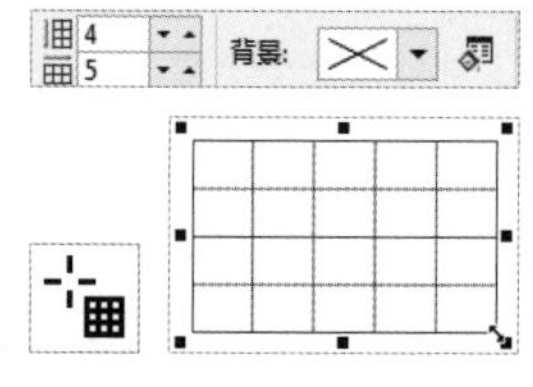

图 10-115 使用表格工具创建表格

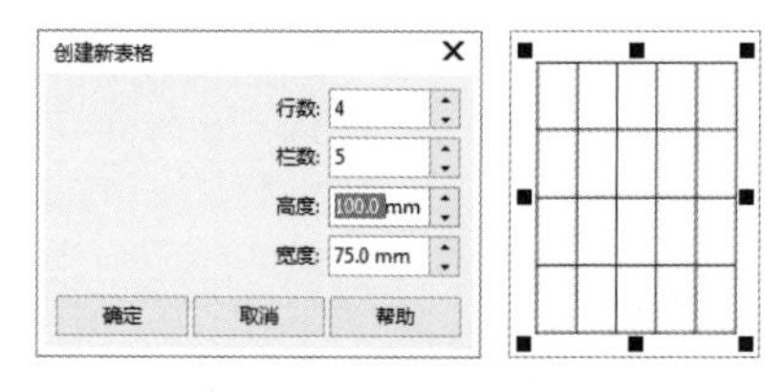

图 10-116 使用菜单命令创建表格

文本、表格互转

在 CorelDRAW 2018 中，可以将文本转换成表格的样式，也可以将表格中的内容转换为单独的文本。

10.11.1 将文本转换为表格

用户可以通过将文本转换成表格的方法来创建表格。

课堂案例 将文本转换为表格

视频教学	录屏/第 10 章/课堂案例——将文本转换为表格	扫码观看视频
案例要点	掌握文本与表格相互转换的方法	

操作步骤

Step 01 使用“文本工具”字创建一个文本框，输入段落文本，如图 10-117 所示。

Step 02 选择菜单栏中的“表格”/“将文本转换为表格”命令，打开“将文本转换为表格”对话框，选中“用户定义”单选按钮，将其设置为“：”，如图 10-118 所示。

Step 03 设置完毕后，单击“确定”按钮，即可将输入的段落文本转换为表格的样式，如图 10-119 所示。

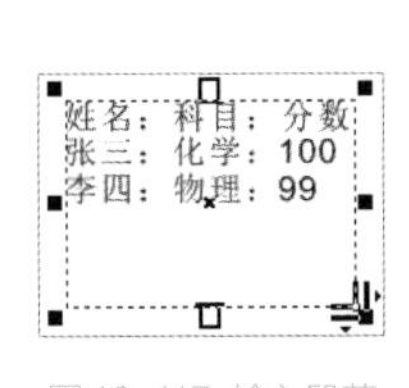

图 10-117 输入段落文本

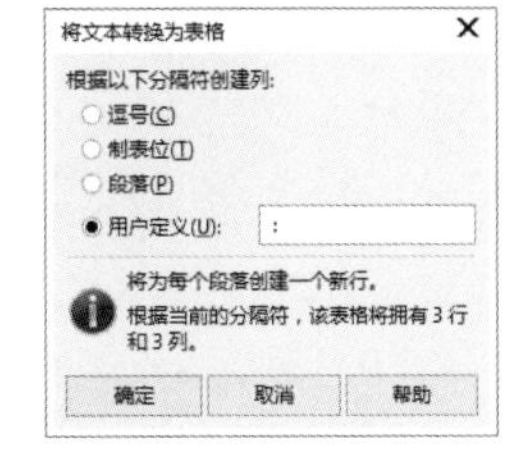

图 10-118 选中“用户定义”单选按钮并进行设置

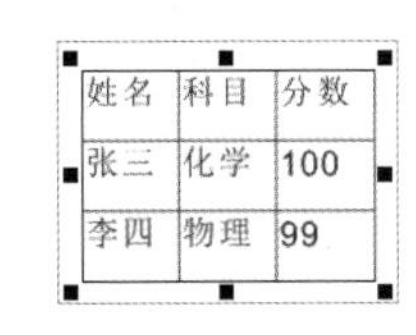

图 10-119 转换为表格

10.11.2 将表格转换为段落文本

在表格中输入相应的文本后，可以将整个表格中的内容转换为段落文本。

课堂案例 将表格转换为段落文本

视频教学	录屏 / 第 10 章 / 课堂案例——将表格转换为段落文本	扫码观看视频
案例要点	掌握文本与表格相互转换的方法	

操作步骤

Step 01 使用“表格工具”创建一个 3 行 3 列的表格，如图 10-120 所示。

Step 02 在单元格内双击，之后输入文本，如图 10-121 所示。

Step 03 在表格内输入文本后，选择菜单栏中的“表格”/“将表格转换为文本”命令，打开“将表格转换为文本”对话框，选中“用户定义”单选按钮，将其设置为“：”，如图 10-122 所示。

Step 04 设置完毕后，单击“确定”按钮，即可将表格转换为文本，如图 10-123 所示。

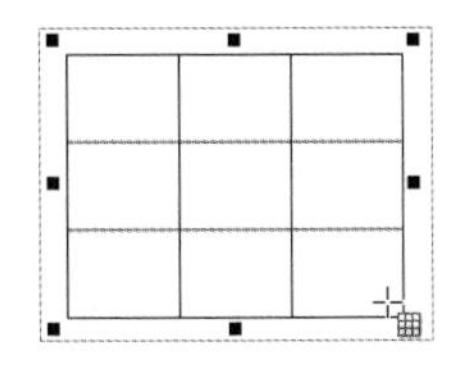
图 10-120 创建表格

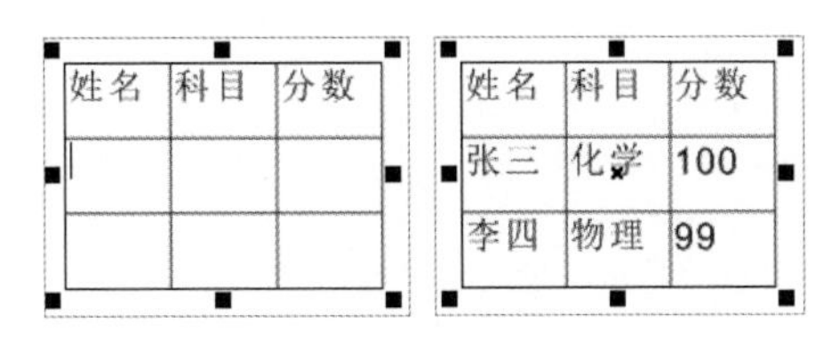

图 10-121 输入文本

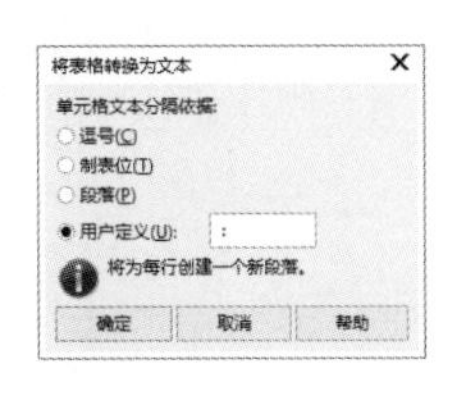

图 10-122 “将表格转换为文本”对话框

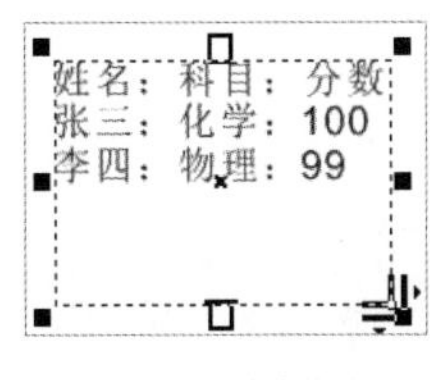

图 10-123 转换为文本

编辑表格

表格创建完毕后，可以对其进行详细的选取、拆分、合并等编辑，使表格更加美观，表格中的内容更加有条理。

10.12.1 选择行、列或单元格

表格创建完毕后，可以对表格中的整行、整列和单元格进行选取，使操作更加便捷。

课堂案例 选择行、列或单元格

视频教学	录屏 / 第 10 章 / 课堂案例——选择行、列或单元格
案例要点	掌握编辑表格的方法

扫码观看视频

操作步骤

Step 01 使用“表格工具”在页面中创建一个行数为 5、列数为 6 的表格，将鼠标指针移动到表格左侧，此时鼠标指针变成向右的箭头，单击就会选取整行，如图 10-124 所示。

Step 02 使用“表格工具”在页面中创建一个行数为 5、列数为 6 的表格，将鼠标指针移动到表格上面，此时鼠标指针变成向下的箭头，单击就会选取整列，如图 10-125 所示。

Step 03 使用“表格工具”在页面中创建一个行数为 5、列数为 6 的表格，将鼠标指针移动到表格的单元格内单击，此时在单元格内出现输入文字的标志，将鼠标指针移动到输入文字的位置按住鼠标左键拖动，此时鼠标指针会变成一个十字样式，拖动鼠标时，鼠标指针经过的单元格便会被选取，如图 10-126 所示。

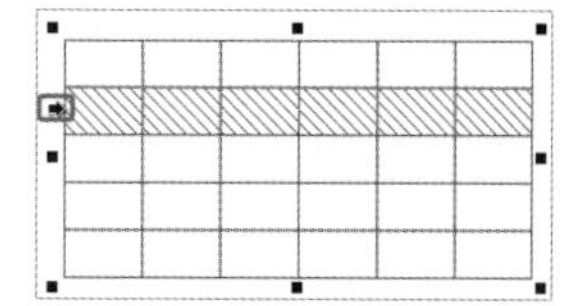

图 10-124 选择行

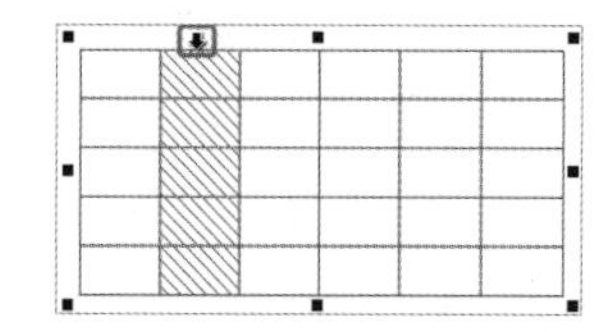

图 10-125 选择列

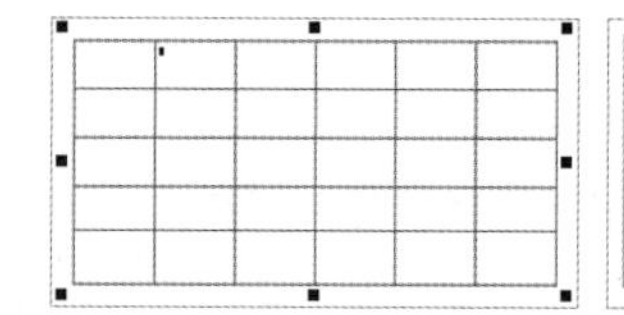

图 10-126 选择单元格

10.12.2 合并单元格

在页面中使用“表格工具”创建一个行数为 5、列数为 6 的表格，在创建的表格中选取两个相近的单元格，选择菜单栏中的“表格”/“合并单元格”命令，可以将选取的单元格合并，效果如图 10-127 所示。

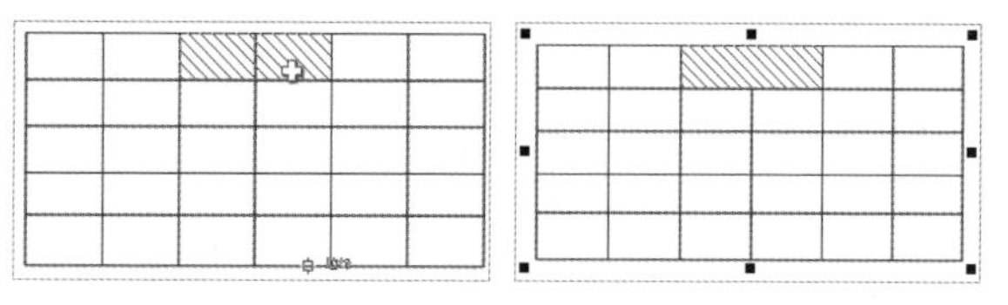

图 10-127 合并单元格

技巧

在选择行、列的同时按住【Ctrl】键，在行左侧、列上方单击可以选择多个行或列，在单元格上单击可以选择不连续的单元格。

10.12.3 拆分单元格

选择合并后的单元格，选择菜单栏中的“表格”/“拆分单元格”命令，选取的单元格会被拆分为合并之前的样式，效果如图 10-128 所示。

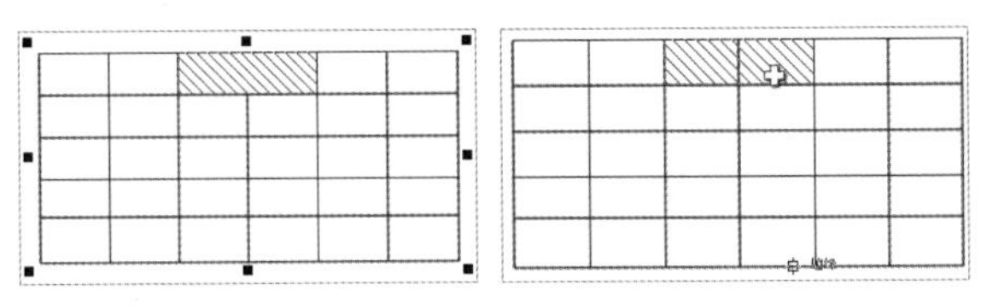

图 10-128 拆分单元格

10.12.4 拆分为列

在页面中使用“表格工具”创建一个行数为 5、列数为 6 的表格，在创建的表格中选取一个单元格，如图 10-129 所示。选择菜单栏中的“表格”/“拆分为列”命令，弹出如图 10-130 所示的“拆分单元格”对话框，设置相应的拆分“栏数”后，单击“确定”按钮，即拆分完毕，效果如图 10-131 所示。

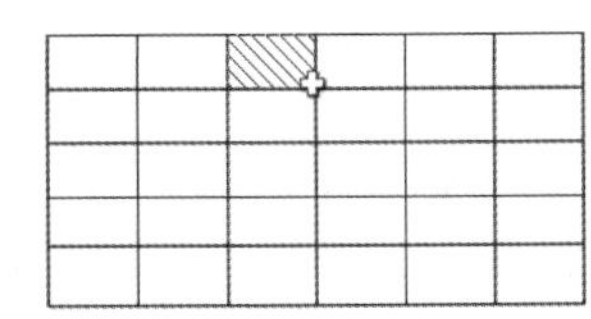

图 10-129 选取单元格

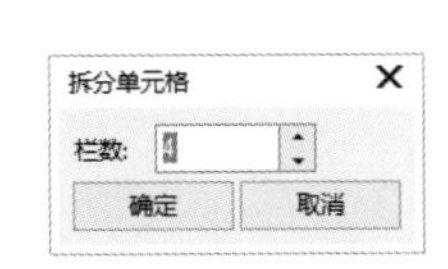

图 10-130 “拆分单元格”对话框

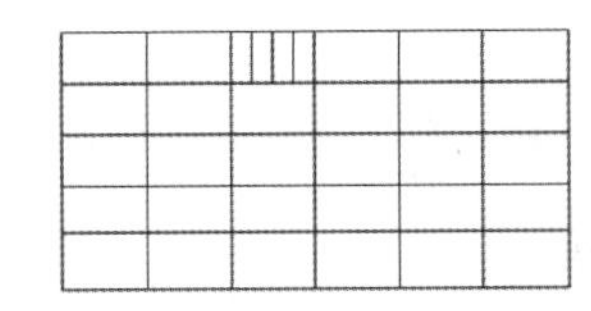

图 10-131 拆分为列

10.12.5 拆分为行

在页面中使用“表格工具”创建一个行数为 5、列数为 6 的表格，在创建的表格中选取一个单元格，如图 10-132 所示。选择菜单栏中的“表格”/“拆分为行”命令，弹出如图 10-133 所示的“拆分单元格”对话框，设置相应的拆分“栏数”后，单击“确定”按钮，拆分完毕，效果如图 10-134 所示。

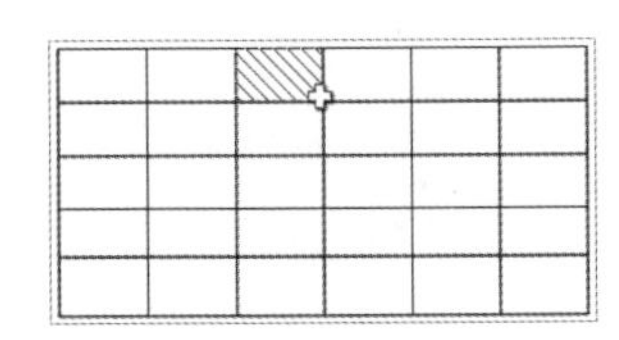

图 10-132 选取单元格

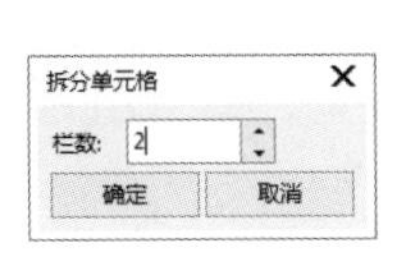

图 10-133 “拆分单元格”对话框

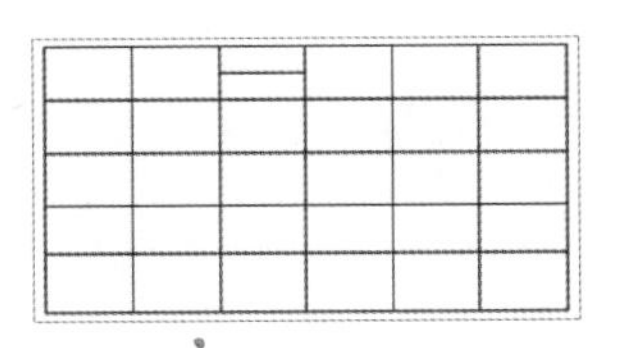

图 10-134 拆分为行

10.12.6 调整行、列尺寸

在页面中使用“表格工具”创建一个行数为 5、列数为 6 的表格。选取单元格的边框，拖动鼠标即可改变行、列尺寸，如图 10-135 所示。

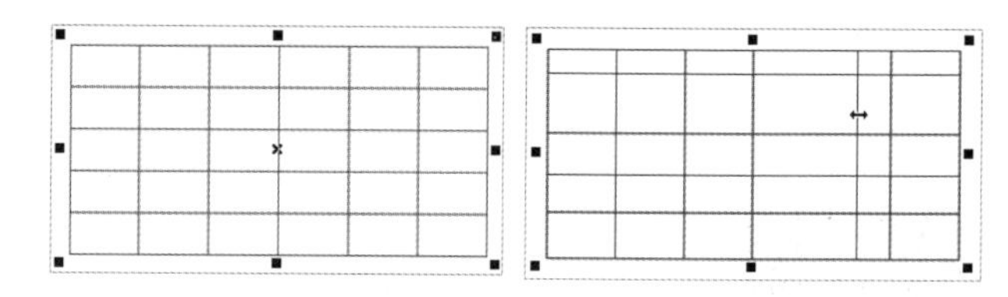

图 10-135 改变行、列尺寸

课堂练习 制作捣蛋猪胸针

素材文件	源文件 / 第 10 章 /< 课堂练习——制作捣蛋猪胸针 >
视频教学	录屏 / 第 10 章 / 课堂练习——制作捣蛋猪胸针
练习要点	掌握绘制正圆形及创建调和效果的方法，并沿正圆轮廓输入文字，为文字创建轮廓图

扫码观看视频

1. 练习思路

（1）使用“椭圆形工具”绘制正圆形。

（2）使用“调和工具”创建调和效果。

（3）使用“文本工具”在轮廓上输入文字。

（4）使用“钢笔工具”绘制曲线。

（5）沿曲线输入文字。

（6）使用“轮廓图工具”为文字创建轮廓图效果。

2. 操作步骤

Step 01 新建一个空白文档，使用“椭圆形工具”在页面中绘制两个正圆形并为其填充不同的颜色，并去掉轮廓，如图 10-136 所示。

Step 02 使用“调和工具”将前面的正圆形向后面的正圆形拖动，为其创建调和效果，如图 10-137 所示。

Step 03 使用“椭圆形工具”在调和对象上绘制一个灰色的正圆形，如图 10-138 所示。

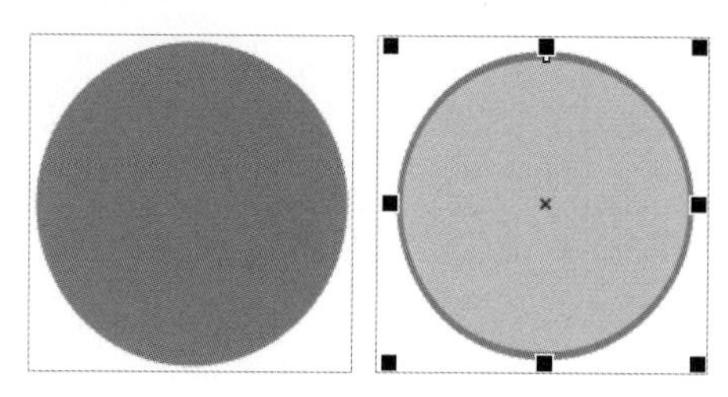

图 10-136 绘制正圆形并填充颜色

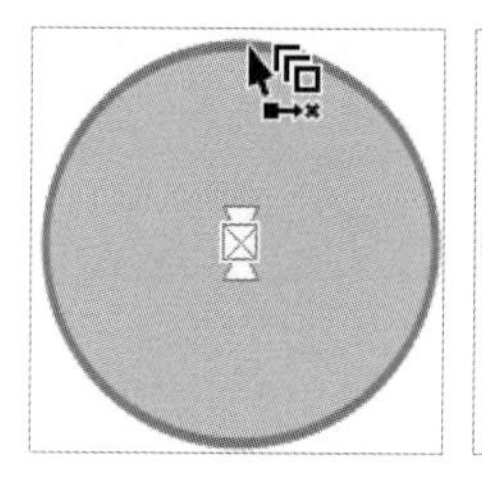

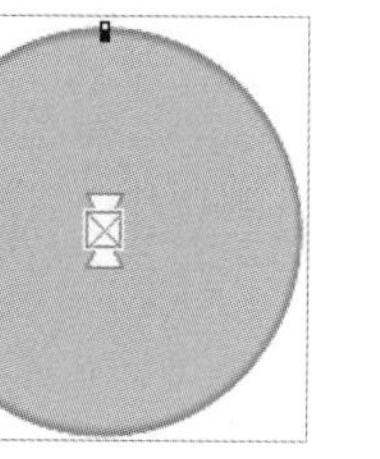

图 10-137 创建调和效果

图 10-138 绘制灰色的正圆形

Step 04 选择“文本工具”字，设置“字体”为“微软雅黑”、“字体大小”为“31pt”，将鼠标指针移动到灰色正圆边缘上，输入需要的文本，效果如图 10-139 所示。

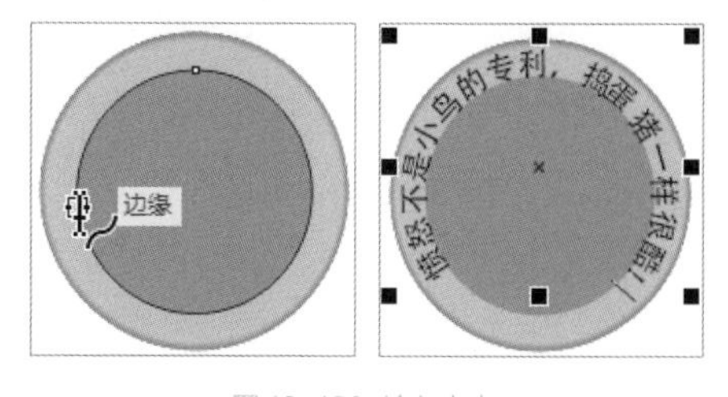

图 10-139 输入文本

技巧

沿路径创建文字后，使用“形状工具”将文字全部选取，可以通过拖动的方式来改变文字在路径上的位置。

Step 05 导入“捣蛋猪”素材，将其拖动到灰色的正圆上，并调整其大小，效果如图 10-140 所示。

Step 06 使用“钢笔工具”在捣蛋猪下面绘制一条曲线，如图 10-141 所示。

Step 07 选择“文本工具”字，设置“字体”为“华文琥珀”、“字体大小”为“36pt”，将鼠标指针移动到曲线上，输入文本并为文本填充绿色，效果如图 10-142 所示。

图 10-140 导入素材

图 10-141 绘制曲线

图 10-142 输入文本并填充绿色

Step 08 使用“轮廓图工具”从文字边缘向文字内部拖动，为文字创建轮廓图效果，如图 10-143 所示。

Step 09 选择绘制的曲线，在颜色表中的“无填充”选项上单击鼠标右键，去掉轮廓。至此，本例制作完毕，最终效果如图 10-144 所示。

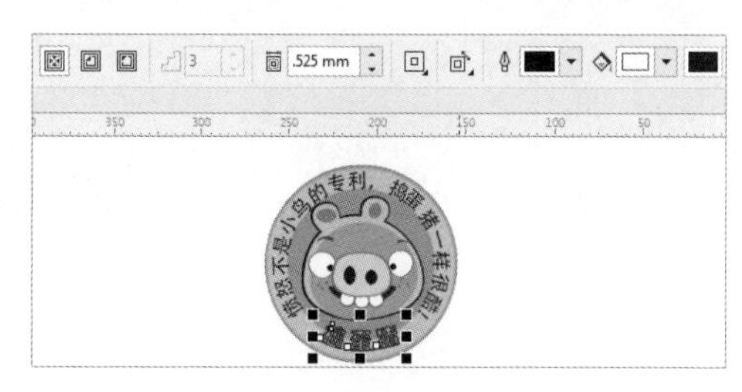

图 10-143 添加轮廓图

图 10-144 最终效果

课后习题

一、选择题

1. 图 10-145 所示为输入完毕，处于选中状态的文字，由该图可以判断它属于（　）？

A. 美术字

B. 段落文字

C. 既不是美术字，也不是段落文字

D. 可能是美术字，也可能是段落文字

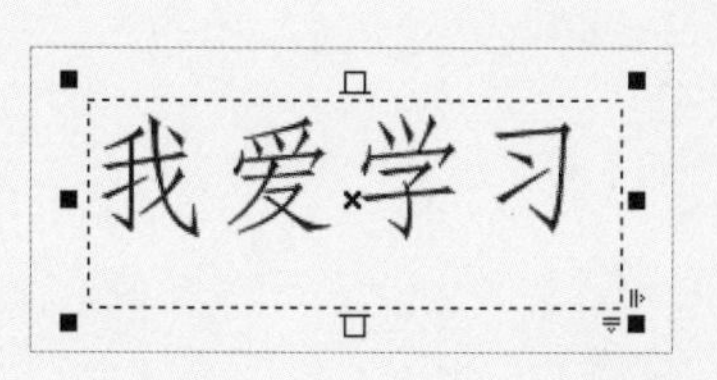

图 10-145 处于选中状态的文字

2. 在图 10-146 中，文字处于选中对象的状态，这说明（　）。

A. 在其他的文本框中有链接的文本

B. 在这个文本框中还有没展开的文字

C. 这已经不是文字，而是被转换为曲线了

D. 只是表示当前这个文本块被选中，没有其他含义

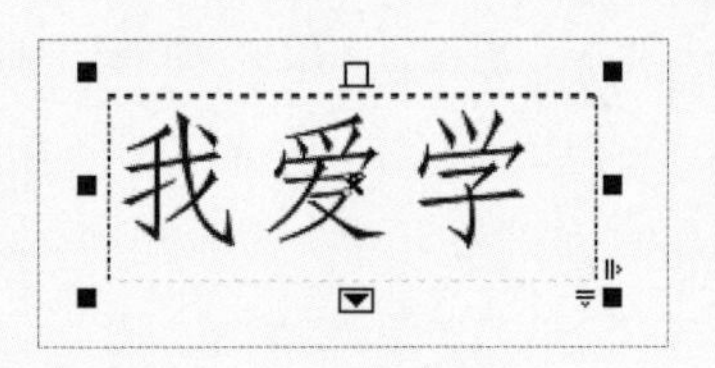

图 10-146 文字处于选中对象的状态

二、案例习题

习题要求：通过文本与表格制作日历，如图 10-147 所示。

案例习题文件：案例文件 / 第 10 章 / 案例习题——通过文本与表格制作日历.cdr

视频教学：录屏 / 第 10 章 / 案例习题——通过文本与表格制作日历

习题要点：

（1）使用“矩形工具”绘制矩形。

（2）编辑矩形，将其调整为圆角矩形。

（3）使用“透明度工具”调整透明效果。

（4）使用“表格工具”创建表格。

（5）使用“文本工具”在表格内输入文字。

图 10-147 日历效果

第11章

位图的操作与编辑

在绘图工作中，无论是进行商品包装设计、图像的后期制作，还是广告设计及版面的排列，都离不开位图的处理。CorelDRAW 对位图的处理同样拥有强大的功能，在 CorelDRAW 中，不仅可以编辑位图，还可以为位图增加很多特殊的滤镜效果，从而制作出精美的作品。

CORELDRAW

学习要点

- 矢量图与位图之间的转换
- 位图的操作
- 位图的颜色调整
- 位图的变换调整
- 为位图应用滤镜

技能目标

- 掌握矢量图与位图之间相互转换的方法
- 掌握关于位图的操作方法
- 掌握关于调整位图颜色的方法
- 掌握关于变换位图的方法
- 掌握在位图中应用滤镜的方法

矢量图与位图之间的转换

在 CorelDRAW 2018 中，不仅可以绘制和编辑矢量图，还可以对导入的位图进行编辑。位图与矢量图都有自己的属性，用户在创作作品时，难免会遇到将矢量图与位图进行相互转换的情况，而矢量图与位图之间的转换，在 CorelDRAW 2018 中只需一个命令即可实现。

11.1.1 将矢量图转换为位图

在使用 CorelDRAW 设计作品时，有时需要将矢量图转换为位图来添加滤镜、进行颜色调整等。在CorelDRAW 2018中，选择菜单栏中的“位图”/“转换为位图”命令，可以打开“转换为位图”对话框。在该对话框中设置转换的各项参数后，单击“确定”按钮，即可将绘制或打开的矢量图转换为位图，如图 11-1 所示。

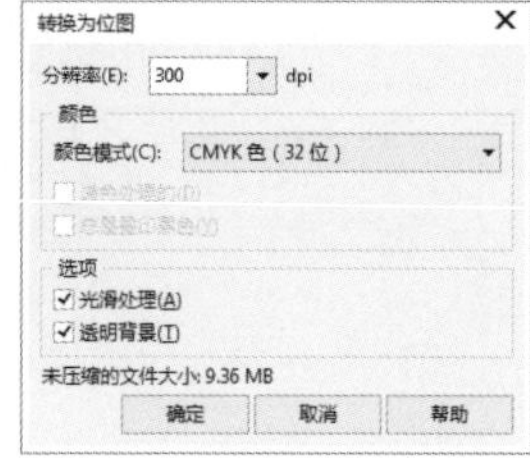

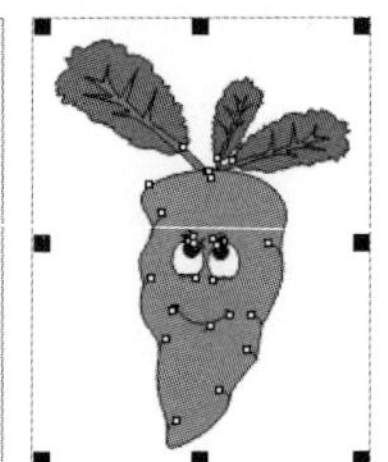

图 11-1 将矢量图转换为位图

“转换为位图”对话框中的各选项的含义如下。

- “分辨率”：用来设置矢量图转换为位图后的清晰度，单击后面的倒三角形按钮，在弹出的下拉列表中可以选择不同的分辨率，还可以直接在文本框中输入数值。数值越大，图像越清晰；数值越小，图像越模糊。
- “颜色模式”：用来设置位图的颜色相似模式，包括“黑白（1 位）”“16 色（4 位）”“灰度（8 位）”“调色板色（8 位）”“RGB 色（24 位）”“CMYK 色（32 位）”，颜色位数越少，图像丰富程度越低。
- “递色处理的”：以模拟的颜色块数目来显示更多的颜色，该选项在可使用的颜色位数少时，才会被激活，如 8 位或更少。
- “总是叠印黑色”：可以在印刷时避免套版不准和露白现象，该选项只有在选择“CMYK 色（32 位）”模式时才会被激活。
- “光滑处理”：使转换为位图的图像边缘平滑，去除锯齿状边缘。
- “透明背景”：选中此复选框，转换为位图后图像没有背景；不选中此复选框，转换为位图后图像背景以白色填充，如图 11-2 所示。

选中“透明背景”复选框

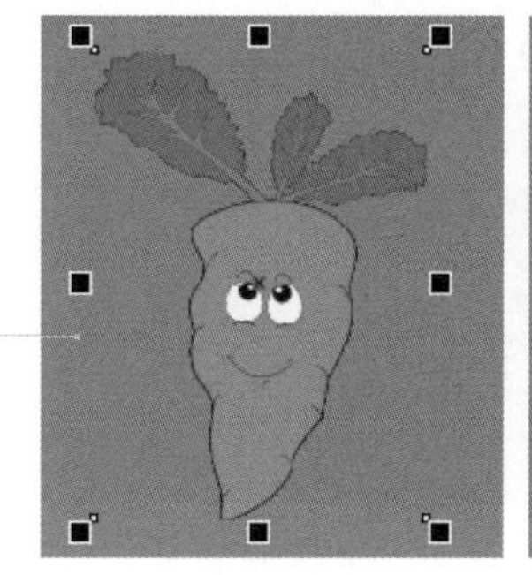

不选中“透明背景”复选框

图 11-2 是否为透明背景的效果对比

11.1.2 将位图转换为矢量图

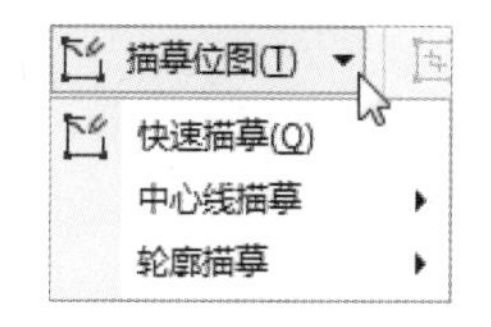

图 11-3 “描摹位图”下拉列表

在CorelDRAW 2018中，将位图转换为矢量图后，就可以对其应用矢量图的所有操作。选择菜单栏中的“位图”命令，在弹出的下拉列表中，有3个选项用来将位图转换为矢量图，包含“快速描摹”“中心线描摹”“轮廓描摹”。导入位图后，在属性栏中单击“描摹位图”按钮，可以在弹出的下拉列表中进行选择，如图11-3所示。

快速描摹

在CorelDRAW 2018中，使用“快速描摹”命令可以进行一键描摹，快速将选择的位图转换为矢量图。方法是导入一张位图后，选择菜单栏中的“位图”/“快速描摹”命令，如图11-4所示。

图 11-4 快速描摹

技巧

“快速描摹”命令通过使用系统默认的参数来进行自动描摹，无法进行自定义参数设置。执行“快速描摹”命令后，可以将位图转换为矢量图，并且在矢量图下面保留原来的位图；对于通过“快速描摹”命令转换为矢量图的对象，用户可以通过“取消群组”命令对矢量图进行编辑。

中心线描摹

在CorelDRAW 2018中，“中心线描摹”也称为笔触描摹，可以将对象以线描的形式描摹出来，用于技术图解、线描画、拼版等。“中心线描摹”包含“技术图解”“线条画”选项。

选择菜单栏中的“位图”/“中心线描摹”/“技术图解”或“线条画”命令，或者在属性栏中单击“描摹位图”按钮，在弹出的下拉列表中选择“中心线描摹”/“技术图解”或“线条画”命令，打开“PowerTRACE”对话框，设置相关参数后，单击“确定”按钮，即可进行转换，如图11-5所示。

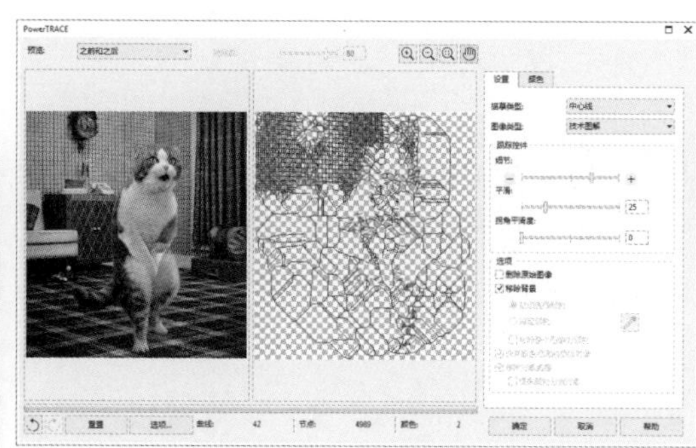

图 11-5 中心线描摹

“PowerTRACE”对话框中各选项的含义如下。

- “预览”：在其下拉列表中可以选择描摹的预览模式，包括“之前和之后”“较大预览”“线框叠加”3个选项。
  - “之前和之后”：选择该模式后，描摹对象和描摹结果都排列在预览区内，可以进行效果对比。
  - “较大预览”：选择该模式后，描摹后的结果最大化显示，方便用户查看描摹整体效果和细节。
  - “线框叠加”：选择该模式后，描摹后的结果显示在描摹对象的前面，描摹效果以轮廓线形式显示。这种方式方便用户查看色块的分割位置和细节，如图 11-6 所示。

- “透明度”：该选项只有在选择“线框叠加”预览模式时才会被激活，用于调整底层图片的透明程度，数值越大，透明度越高。
- “放大”：单击该按钮，可以放大预览视图，方便查看细节。
- “缩小”：单击该按钮，可以缩小预览视图，方便查看整体效果。
- “按窗口大小显示”：单击该按钮，可以将预览视图按预览窗口大小显示。
- “平移”：放大显示预览视图后，单击该按钮可以平移视图。
- “描摹类型”：在其下拉列表中可以选择“中心线描摹”“轮廓描摹”两种类型。
- “图像类型”：在其下拉列表中可以选择显示的图像类型，包含“技术图解”“线条画”。
  - “技术图解”：使用细线描摹黑白线条图解。
  - “线条画”：使用细线描摹对象的轮廓，用于描摹黑白草图。
- “细节”：用来控制描摹后的精细程度。精细程度越低，描摹速度越快；反之，则越慢。用户可以通过拖动控制滑块来调整精细程度。
- “平滑”：用来控制描摹后线条的平滑程度，减少节点和平滑细节，数值越大，线条越平滑。
- “拐角平滑度”：用来控制描摹后尖角的平滑程度，减少节点。
- “删除原始图像”：选中该复选框，描摹后可以将原图删除。
- “移除背景”：选中该复选框，描摹后可以删除背景色块。
- “自动选择颜色”：选中该单选按钮，系统会将图片中默认的背景色删除，如果背景色存在白色，那么默认的颜色就是白色。该选项只有在“描摹类型”为“轮廓”时才会被激活。
- “指定颜色”：选中该单选按钮后，单击后面的“指定要移除的颜色”按钮，可以在描摹对象上选择颜色，此时在描摹结果上可以看到此颜色已被删除，此方法方便用户快速删除不需要的颜色，如图 11-7 所示。

图 11-6 线框叠加

图 11-7 指定颜色

- “移除整个图像的颜色”：选中该复选框后，可以将选择的颜色全部删除，即使两个颜色不是连续的，也会被删除。
- “合并颜色相同的相邻对象”：选中该复选框后，可以合并描摹中颜色相同且相邻的区域。
- “移除对象重叠”：选中该复选框后，可以删除对象之间重叠的部分，起到简化描摹对象的作用。
- “根据颜色分组对象”：选中该复选框后，可以根据颜色来区分对象以移除重叠部分。
- “跟踪结果详细资料”：用来显示描摹对象的信息，包含“曲线”“节点”“颜色”。
- “撤销”：用来将当前操作取消，返回上一步。
- “重做”：单击该按钮，可以恢复撤销的步骤。
- “重置”：单击该按钮，可以删除所有的设置，回到操作之前的状态。
- “选项”：单击该按钮，可以打开“选项”对话框，在“PowerTRACE”选项卡中设置相关参数，如图 11-8 所示。
  - “快速描摹方法”：用来设置快速描摹的方法，选择“上次使用的”选项，可以将设置的描摹参数应用到快速描摹上。
  - “性能”：拖动控制滑块可以调节描摹的性能和质量。
  - “平均合并颜色”：选中该单选按钮，合并的颜色为所选颜色的平均色。
  - “合并为选定的第一种颜色”：选中该单选按钮，合并的颜色为所选的一种颜色。
- “颜色参数”：用来设置“PowerTRACE”对话框中的“颜色”参数，如图 11-9 所示。

- “颜色模式”：在其下拉列表中可以选择描摹的颜色模式。
- “颜色数”：用来显示当前描摹对象的颜色数量，在默认情况下为该对象所包含的颜色数量，可以在文本框中输入需要的颜色数量进行描摹，最大数值为图像本身包含的颜色数量。
- “颜色排序依据”：可以在其下拉列表中选择颜色显示的排序方式。
- “打开调色板”：单击该按钮，可以打开之前保存的其他调色板。
- “保存调色板”：单击该按钮，可以将描摹对象的颜色保存为调色板。
- “合并”：选择两个或多个颜色可以激活该按钮，单击该按钮，可以将选择的颜色合并为一个颜色。
- “编辑”：单击该按钮，可以编辑选中的颜色，更改或修改所选颜色。
- “选择颜色”：单击该按钮，可以从描摹的对象中选择颜色。
- “删除颜色”：单击该按钮，可以将选择的颜色删除。

图 11-8 “选项”对话框

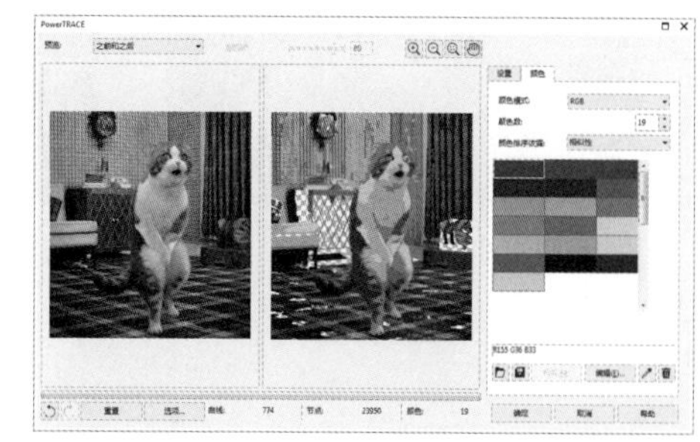
图 11-9 颜色参数

轮廓描摹

在 CorelDRAW 2018 中，轮廓描摹又称填充描摹，使用无轮廓的闭合路径描摹对象，适用于描摹照片、剪贴画等高质量的图片。“轮廓描摹”包含“线条图”“徽标”“详细徽标”“剪贴画”“低品质图像”“高质量图像”选项。

选择菜单栏中的“位图”/“轮廓描摹”/“线条图”“徽标”“详细徽标”“剪贴画”“低品质图像”或“高质量图像”命令，或者在属性栏中单击“描摹位图”按钮，在弹出的下拉列表中选择“中心线描摹”/“轮廓描摹”/“线条图”“徽标”“详细徽标”“剪贴画”“低品质图像”或“高质量图像”选项，打开“PowerTRACE”对话框，如图 11-10 所示。

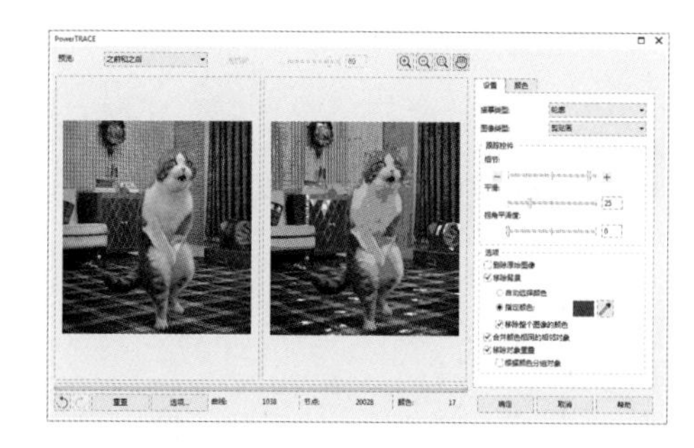
图 11-10 “PowerTRACE”对话框

“PowerTRACE”对话框中各选项的含义如下。

“图像类型”：在其下拉列表中可以选择显示的图像类型，包含“线条图”“徽标”“详细徽标”“剪贴画”“低品质图像”“高质量图像”。

- “线条图”：用于突出描摹对象的轮廓效果，如图 11-11 所示。
- “徽标”：用于描摹细节和颜色相对较少的简单徽标，如图 11-12 所示。
- “徽标细节”：用于描摹细节和颜色较精细的徽标，如图 11-13 所示。
- “剪贴画”：用于根据复杂程度、细节和颜色数量来描摹对象，如图 11-14 所示。
- “低品质图像”：用于描摹细节不多或相对模糊的对象，可以减少不必要的细节，如图 11-15 所示。
- “高质量图像”：用于描摹精细的高质量图片，描摹质量很高，如图 11-16 所示。

图 11-11 线条图　　图 11-12 徽标　　图 11-13 徽标细节

图 11-14 剪贴画　　图 11-15 低品质图像　　图 11-16 高质量图像

11.2 位图的操作

在CorelDRAW 2018中导入的位图，并非每个图像都符合用户的要求，用户可以通过“位图”菜单中的相应命令对导入的位图进行编辑操作。

11.2.1 矫正位图

当导入的位图有倾斜或桶状与枕状畸变时，可以通过“矫正图像”命令，将其矫正为正常效果。导入一张位图后，选择菜单栏中的“位图”/“矫正图像”命令，打开“矫正图像”对话框，在其中设置相关参数可以对图像进行矫正处理，如图 11-17 所示。

“矫正图像”对话框中各选项的含义如下。

- “更正镜头畸变”：拖动控制滑块可以修正镜头畸变，向左拖动修正桶形畸变，向右拖动修正枕形畸变，如图 11-18 所示。
- “旋转图像”：拖动控制滑块，调整图像的倾斜角度，在预览区可以看到调整后的效果，如图 11-19 所示。

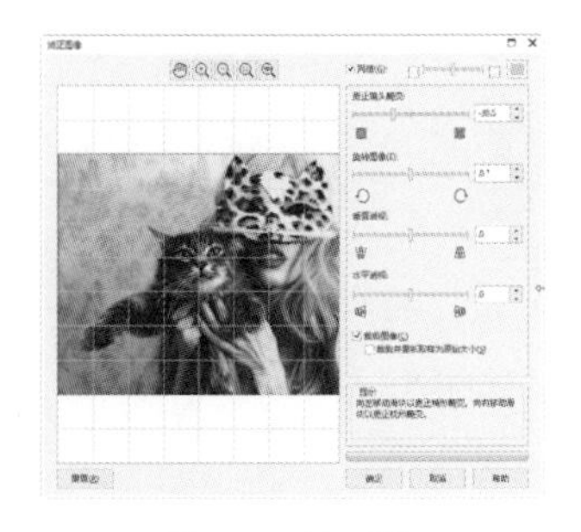

图 11-17 矫正图像

图 11-18 更正镜头畸变

- “垂直透视”：用来矫正垂直透视图像，可以通过拖动控制滑块来调整出现垂直透视问题的图像，如图 11-20 所示。
- “水平透视”：用来矫正水平透视图像，可以通过拖动控制滑块来调整出现水平透视问题的图像，如图 11-21 所示。
- “裁剪图像”：选中该复选框，将对旋转、透视矫正处理的图像进行修剪以保持原始图像的比例。不选中该复选框，将不会对图像进行修剪，也不会移除任何图像。
- “裁剪并重新取样为原始大小”：选中该复选框，可以对旋转、透视后的图像进行裁剪并重新取样。
- “网格颜色”：选中“网格”复选框，可以在后面的下拉列表中选择网格的颜色。
- “网格大小”：选中“网格”复选框，可以通过拖动控制滑块来调整网格的密度，向左拖动，网格空隙变大，向右拖动，网格空隙变小。

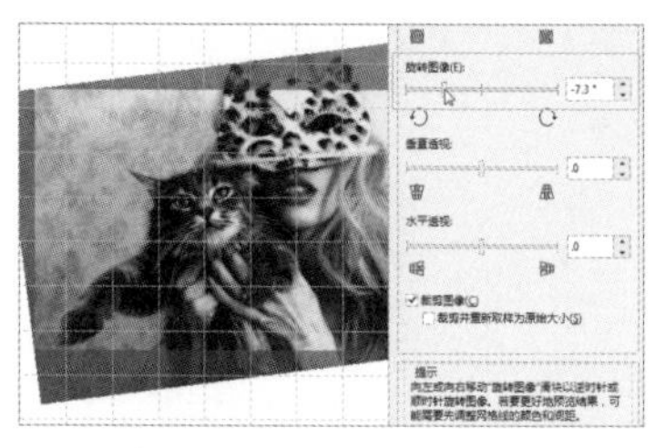

图 11-19 旋转图像

图 11-20 垂直透视

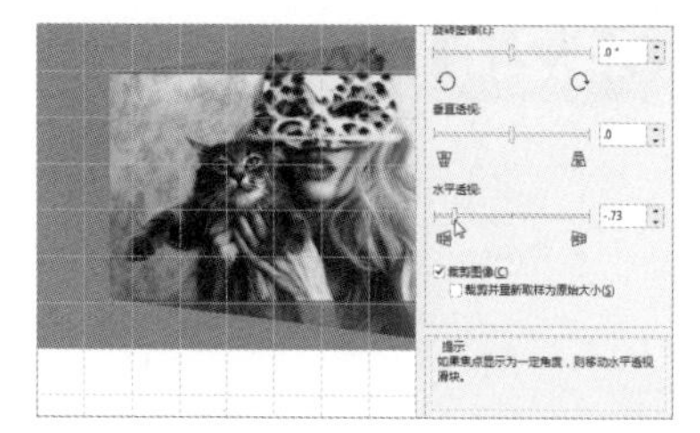

图 11-21 水平透视

11.2.2 编辑位图

选择导入的位图，选择菜单栏中的“位图”/“编辑位图”命令，此时会在 CorelPHOTO-PAINT 2018 中将位图打开并在此软件中对位图进行编辑。编辑完毕，可回到 CorelDRAW 2018 中继续操作，如图 11-22 所示。

图 11-22 “CorelPHOTO-PAINT 2018- 图集”窗口

11.2.3 重新取样

通过“重新取样”命令，可以对导入的位图重新调整尺寸和分辨率。根据分辨率的大小决定文档输出的模式，分辨率越大，文件越大。选择菜单栏中的“位图”/“重新取样”命令，可以打开“重新取样”对话框，在其中可以重新设置位图的尺寸和分辨率，在如图 11-23 所示。

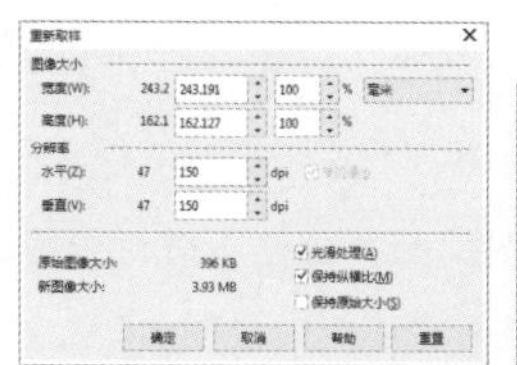

图 11-23 “重新取样”对话框

“重新取样”对话框中各选项的含义如下。

- “图像大小”：在“图像大小”选项组中，在“宽度”和“高度”选项后面的文本框中输入数值，可以改变位图的尺寸。
- “分辨率”：在“分辨率”选项组中，在“水平”和“垂直”选项后面的文本框中输入数值，可以改变位图的分辨率。

- “光滑处理”：选中该复选框，可以在调整大小和分辨率的同时平滑图像。
- “保持纵横比”：选中该复选框，可以在设置时保持图像的长宽比例，保证调整后图像不变形。
- “保持原始大小”：选中该复选框，调整后原大小保持不变。

在对位图重新取样时，如果只调整图像的分辨率，就不用选中“保持原始大小”复选框。

11.2.4 位图边框扩充

当对位图进行操作时，有时需要得到一个图片的边框，在CorelDRAW 2018中包括“自动扩充位图边框”“手动扩充位图边框”两种方式。

自动扩充位图边框

选择菜单栏中的“位图”/“位图边框扩充”/“自动扩充位图边框”命令时，会在该命令前会出现一个√图标，表示该命令已经被激活，激活后导入的位图均会自动扩充边框。

手动扩充位图边框

选择导入的位图，选择菜单栏中的“位图”/“位图边框扩充”/“手动扩充位图边框”命令，打开“位图边框扩充”对话框，调整“宽度”和“高度”，单击“确定”按钮，即可完成手动扩充位图边框，如图11-24所示。

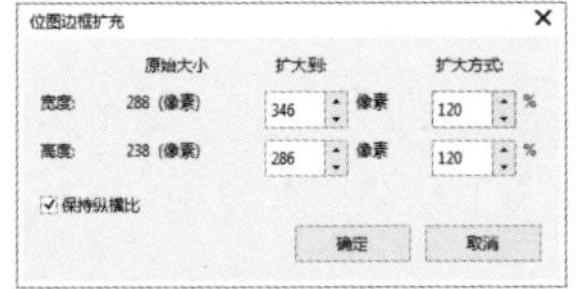

图11-24 手动扩充位图边框

“位图边框扩充”对话框中各选项的含义如下。

- “宽度”：用来设置图像扩充的宽度。
- “高度”：用来设置图像扩充的高度。
- “保持纵横比”：扩充位图时，选中该复选框，“宽度”和“高度”会按照原始图像的长宽比例进行扩充。

11.2.5 位图颜色遮罩

使用“位图颜色遮罩”命令，可以将位图中的某个颜色区域进行隐藏，遮罩时可以通过吸管吸取颜色，也可以设置颜色。选择菜单栏中的“位图”/“位图颜色遮罩”命令，打开“位图颜色遮罩”泊坞窗，在该泊坞窗中可以对位图颜色遮罩进行设置，如图11-25所示。

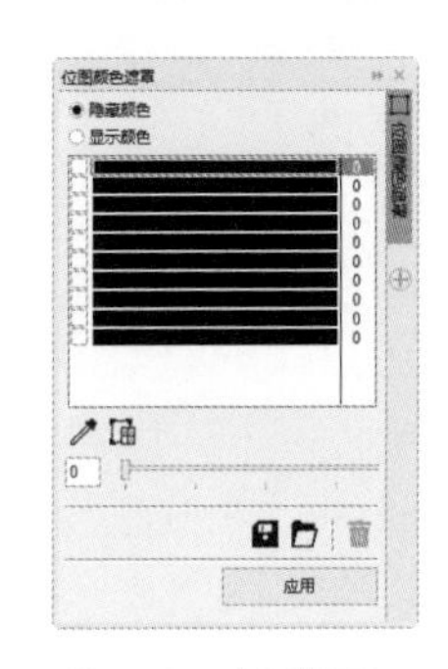

图11-25 “位图颜色遮罩”泊坞窗

“位图颜色遮罩”泊坞窗中各选项的含义如下。

- “隐藏颜色”：选中该单选按钮，遮罩区域的颜色会被隐藏，如图11-26所示。
- “显示颜色”：选中该单选按钮，遮罩区域的颜色会被显示，其他区域会被隐藏，如图11-27所示。
- “选择颜色”：激活该按钮后，在图像中需要创建遮罩区域单击，再单击“应用”按钮，效果如图11-28所示。

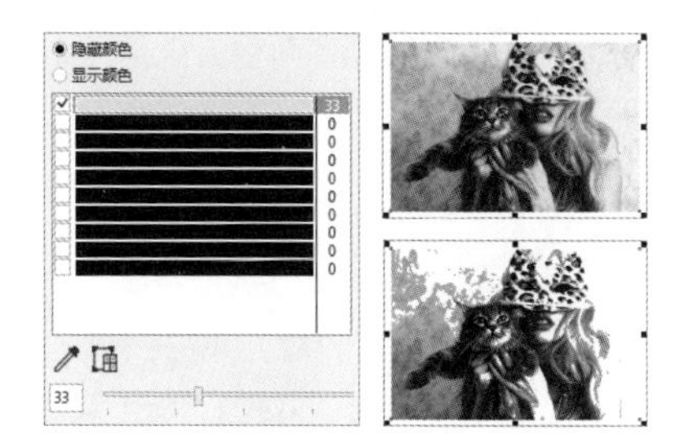

图 11-26 隐藏颜色

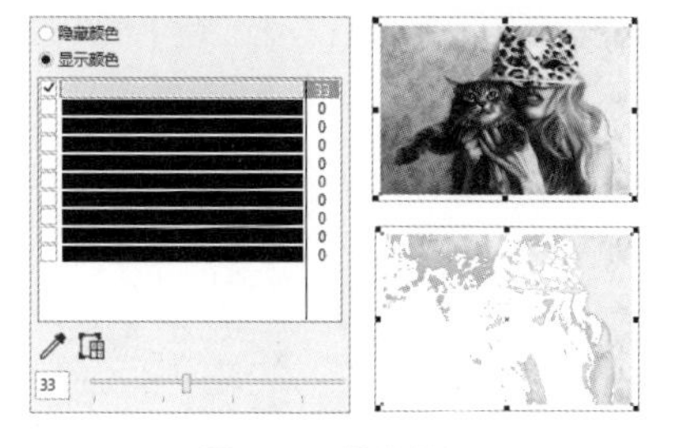

图 11-27 显示颜色

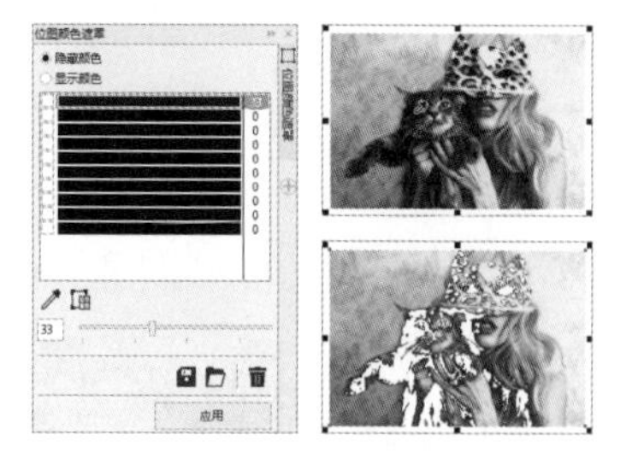

图 11-28 选择颜色

- “编辑颜色”：激活该按钮后，系统会打开“选择颜色”对话框，可以选择一个与图像颜色相近的颜色，软件会按选择的颜色创建遮罩。
- “遮罩范围”：用来控制遮罩的颜色范围，数值越大，范围越广，可以通过输入数值或拖动控制滑块来调整。
- “保存遮罩”：单击该按钮，可以将当前编辑的遮罩进行保存。
- “打开遮罩”：单击该按钮，可以将之前保存的遮罩打开。
- “删除遮罩”：单击该按钮，可以将当前编辑的遮罩删除。

11.2.6 位图模式转换

在 CorelDRAW 2018 中，可应用的位图颜色模式非常丰富，包括“黑白（1 位）”“灰度（8 位）”“双色（8 位）”“调色板色（8 位）”“RGB 颜色（24 位）”“Lab 色（24 位）”“CMYK（32 位）”。

技巧

在转换位图模式时，每转换一次，位图的颜色信息就会减少一些，效果就会比原图差一些，所以在转换时最好先对图像进行备份。

转换为黑白图像

黑白模式的图像，每个像素只有 1 位深度，只显示黑、白颜色。任何位图都可以转换成黑白模式，在“转换方法”下拉列表中选择一个样式，即可进行转换。导入位图后，选择菜单栏中的“位图”/“模式”/“黑白（1 位）”命令，打开“转换为 1 位”对话框，在该对话框中设置相关参数后，可以在预览区看到转换效果，如图 11-29 所示。

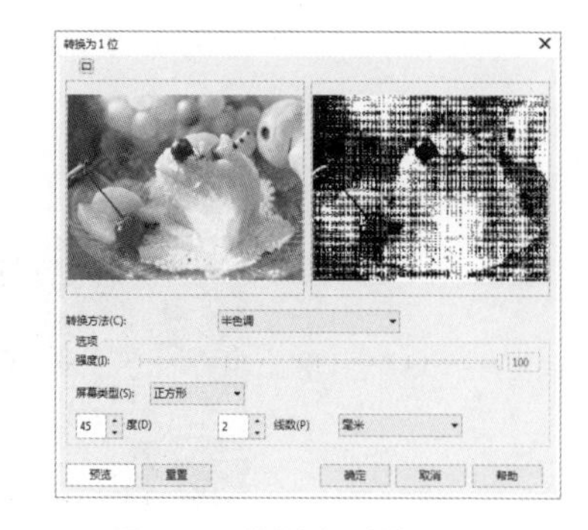

图 11-29 “转换为 1 位”对话框

“转换为 1 位”对话框中各选项的含义如下。

- “转换方法”：在其下拉列表中可以选择具体的转换样式，包含“线条图”“顺序”“jarvis”“Stucki”“Floyd-Steinberg”“半色调”“基数分布”等。

➢ “线条图”：用来产生对比明显的黑白效果，灰色区域高于阈值设置变为白色，低于阈值设置则变为黑色，如图 11-30 所示。

➢ “顺序”：用来产生比较柔和的效果，突出纯色，使图像边缘变硬，如图 11-31 所示。

➢ “jarvis”：用来对图像进行 jarvis 运算，形成独特的偏差扩散，多用于摄影图像，如图 11-32 所示。

图 11-30 线条图

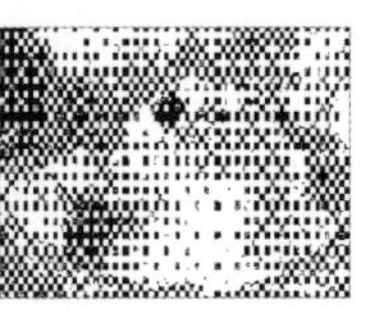

图 11-31 顺序

图 11-32 jarvis

➢ “Stucki”：用来对图像进行 Stucki 运算，形成独特的偏差扩散，多用于摄影图像，比 jarvis 运算细腻，如图 11-33 所示。

➢ “Floyd-Steinberg”：用来对图像进行 Stucki 运算，形成独特的偏差扩散，多用于摄影图像，比 Stucki 运算细腻，如图 11-34 所示。

➢ “半色调”：通过改变图像中的黑白图案来创建不同的灰度，如图 11-35 所示。

图 11-33 Stucki

图 11-34 Floyd-Steinberg

图 11-35 半色调

➢ “基数分布”：用来将计算后的结果分布到屏幕上，创建带底纹的外观效果，如图 11-36 所示。

图 11-36 基数分布

- “阈值”：用来调整线条图效果的灰度阈值，分割白色和黑色的颜色范围。数值越小，变为黑色区域的灰阶越少；数值越大，变为黑色区域的灰阶越多。当将“转换方法”设置为“线条图”时，才会显示“阈值”选项。
- “强度”：用来设置运算形成偏差扩散的强度。数值越小，扩散越小，反之，扩散越大。
- “屏幕类型”：在“半色调”转换方法下，可以选择相应的屏幕显示图案来丰富转换效果，可以通过调整“角度”“线数”来显示图案效果，在其下拉列表中包含“正方形”“圆角”“线条”“交叉”“固定的 4×4”“固定的 8×8”选项，转换后的效果依次如图 11-37 所示。

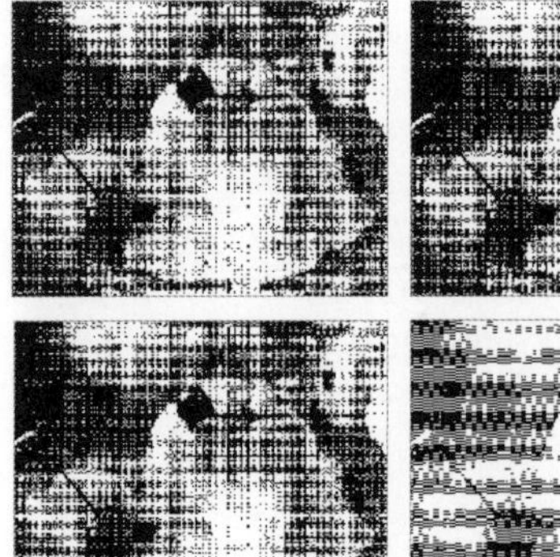

图 11-37 不同屏幕类型效果

转换为灰度模式

在 CorelDRAW 2018 中，可以将导入的位图快速转换为包含灰色区域的黑白图像，使用灰度模式可以生成黑白照片。选择位图后，选择菜单栏中的“位图”/“模式”/“灰度(8位)”命令，就可以将灰度模式应用到位图中，如图 11-38 所示。

图 11-38 转换为灰度模式

转换为双色模式

在 CorelDRAW 2018 中，双色模式可以将位图以一种或多种颜色进行混合显示。

选择导入的位图，选择菜单栏中的“位图”/“模式”/“双色（8位）”命令，打开“双色调”对话框，在“类型”下拉列表中选择“双色调”选项，调整对话框中的曲线，设置单色，就可以调整位图的双色调效果，如图 11-39 所示。

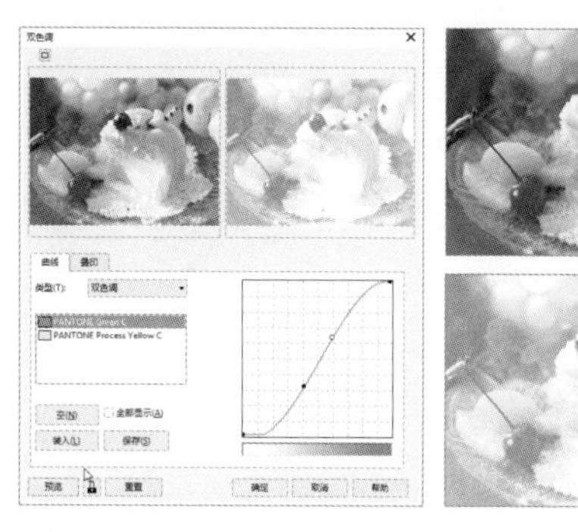

图 11-39 转换为双色模式

“双色调”对话框中各选项的含义如下。

- “类型”：用来调整双色调为单色还是多色。
- “设置颜色”：用来控制单色调的颜色，选择该选项可以打开“选择颜色”对话框，在该对话框中可以选择需要的颜色，如图 11-40 所示。
- “空”：单击该按钮，可以取消选择当前调整的参数。
- “全部显示”：选中该复选框，可以显示全部色调调整曲线。
- “载入”：用来载入系统中存在的色调。
- “保存”：用来将当前调整的双色调参数进行保存。

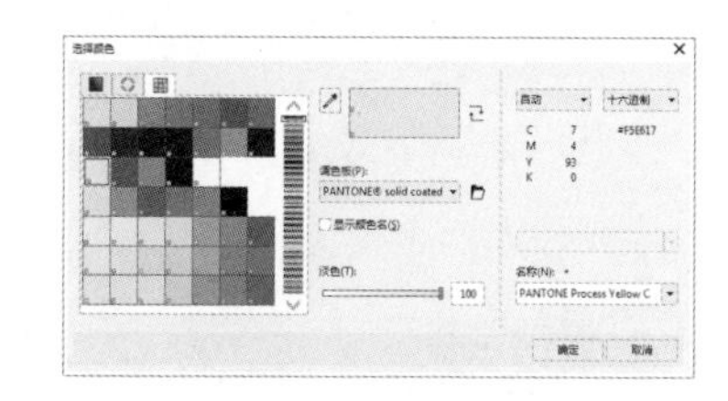

图 11-40 选择颜色

转换至调色板色图像

选择导入的位图，选择菜单栏中的“位图”/“模式”/“调色板色（8位）”命令，打开“转换至调色板色”对话框，设置相关参数后单击“确定”按钮，就可以将位图转换为调色板色图像，如图 11-41 所示。

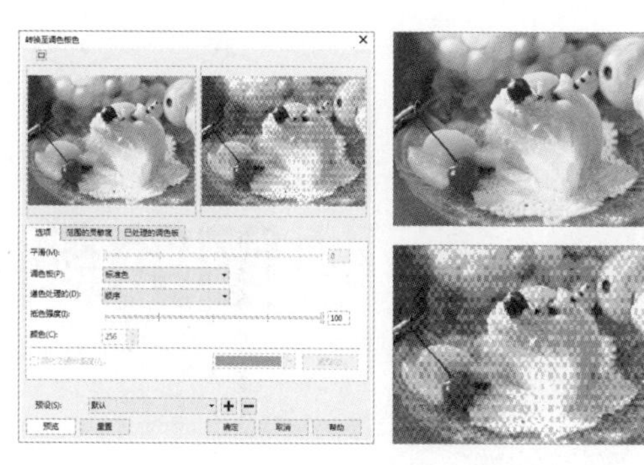

图 11-41 转换至调色板色

转换为 RGB 颜色模式

RGB 是一种以三原色（R 为红色、G 为绿色、B 为蓝色）为基础的加光混色系统，RGB 模式也称为光源色彩模式，原因是 RGB 模式能够产生和太阳光一样的颜色，在 CorelDRAW 中 RGB 颜色使用的范围比较广。一般来说，RGB 颜色只用于屏幕，不用于印刷。选择位图后，选择“位图”/“模式”/“RGB 颜色（24 位）”命令，即可将位图转换为 RGB 颜色。

转换为 Lab 颜色模式图像

Lab 色彩模式常用于图像或图形的不同色彩模式之间的转换，通过它可以将各种色彩模式在不同系统或平台之间进行转换，因为该色彩模式是独立于设备的色彩模式。L（lightness）代表光亮度的强弱，其取值范围为 0 ~ 100；a 代表从绿色到红色的光谱变化，其取值范围为 -128 ~ 127；b 代表从蓝色到黄色的光谱变化，其取值范围在 -128 ~ 127。选择位图后，选择“位图”/“模式”/“Lab 颜色（24 位）”命令，即可将位图转换为 Lab 颜色模式的图像。

转换为 CMYK 颜色模式图像

CMYK 模式是一种印刷模式，与 RGB 模式不同的是，RGB 是加色模式，CMYK 是减色模式。C 为青色，M 为洋红，Y 为黄色，K 为黑色。这 4 种颜色都是以百分比的形式进行描述的，每一种颜色所占的百分比可以从 0 到 100%，百分比越高，它的颜色就越暗。选择位图后，选择“位图”/“模式”/“CMYK 颜色（32 位）”命令，即可将位图转换为 CMYK 颜色模式的图像。

11.2.7 移除尘埃与刮痕

在 CorelDRAW 2018 中，可以通过“尘埃与刮痕”命令，快速提升位图质量。选择菜单栏中的“效果”/“校正”/“尘埃与刮痕”命令，打开“尘埃与刮痕”对话框，如图 11-42 所示。

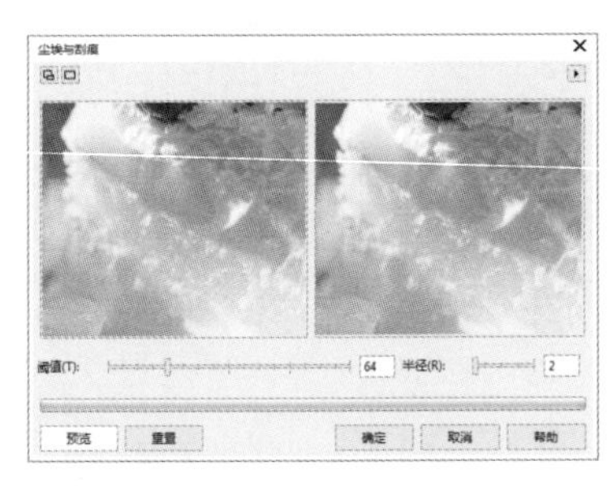

图 11-42 “尘埃与刮痕”对话框

“尘埃与刮痕”对话框中各选项的含义如下。

- “阈值”：用来设置杂点减少的数量。要保留图像细节，应该选择尽可能高的设置。
- “半径”：用来设置为产生效果而使用的像素范围。要保留图像细节，应选择尽可能低的设置。

技巧

如果要移除在黑色背景上的白色尘埃或刮痕，可以设置它的半径像素；如果相似的刮痕位于浅色背景上，那么应该设置更高的对比度阈值。

11.3 位图的颜色调整

在 CorelDRAW 2018 中导入位图后，用户可以通过选择菜单栏中的“效果”/“调整”命令，在弹出的子菜单中选择相应的命令对位图进行颜色调整，使位图在设计中表现得更加丰富。

11.3.1 高反差

高反差命令用于在保留阴影和高亮度显示细节的同时，调整颜色、色调和位图的对比度。交互式柱状图可以更改亮度值或将其压缩到可打印限制，也可以通过从位图取样来调整柱状图。导入位图后，选择菜单栏中的“效果”/“调整”/“高反差”命令，打开“高反差”对话框。在该对话框中设置相关参数后，单击“确定”按钮，完成调整，如图 11-43 所示。

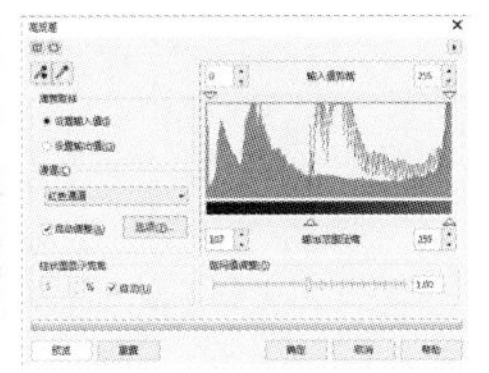

图 11-43 高反差

“高反差”对话框中各选项的含义如下。

- “深色滴管”：单击该按钮，在图像上单击，会在直方图中自动按选择的颜色调整暗部区域。
- “浅色滴管”：单击该按钮，在图像上单击，会在直方图中自动按选择的颜色调整亮部区域。
- “设置输入值”：选中该单选按钮，可以吸取输入的通道值，颜色在选定的范围内重新分布，并应用到“输入值剪裁”选项中。
- “设置输出值”：选中该单选按钮，可以吸取输出的通道值，颜色在选定的范围内重新分布，并应用到“输出范围压缩”选项中。
- “通道”：在其下拉列表中可以选择需要的通道类型。
- “自动调整”：选中该复选框，可以在当前色阶范围内自动调整像素值。
- “选项”：单击该按钮，可以在弹出的“自动调整范围”对话框中设置自动调整的色阶范围。
- “柱状图显示剪裁”：用来设置“输入值剪裁”选项的柱状图显示大小，数值越大，形状图越高。在设置参数时可以取消选中后面的“自动”复选框。
- “伽马值调整”：拖动控制滑块可以设置图像中所选颜色通道的显示亮度和范围。

11.3.2 局部平衡

“局部平衡”命令用来提高边缘附近的对比度，以显示明亮区域的细节，在此区域周围设置高度和宽度可以强化对比度。导入位图后，选择菜单栏中的“效果”/“调整”/“局部平衡”命令，打开“局部平衡”对话框。在该对话框中设置相关参数后，可以在预览区看到转换效果。设置完毕后，单击“确定”按钮，完成调整，如图 11-44 所示。

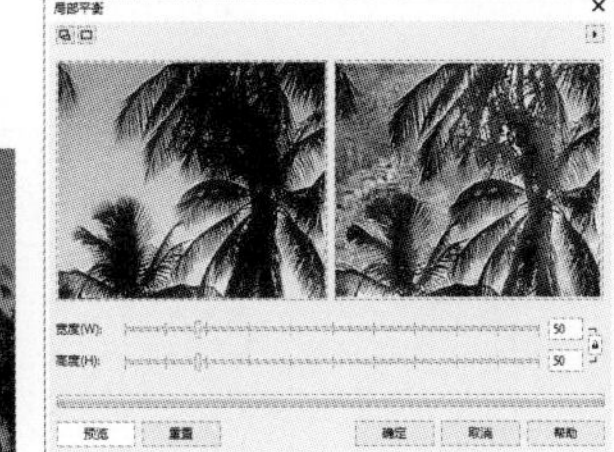

图 11-44 局部平衡

11.3.3 取样/目标平衡

通过“取样/目标平衡”命令可以使用从图像中选取的色样调整位图中的颜色。用户可以从图像的黑色、中间色调及浅色部分选取色样，并将目标颜色应用于每个色样。导入位图后，选择菜单栏中的“效果”/“调整”/“取样/目标平衡”命令，弹出“取样/目标平衡”对话框。单击“黑色吸管工具”按钮，然后吸取图像中最深的颜色；选择“中间色调吸管工具”，吸取图像中的中间色调；选择“白色吸管工具”，吸取图像中最浅的颜色。然后分别单击黑色、中间色、白色的目标色，从弹出的“选择颜色”对话框中选择颜色。单击“预览”按钮，观察颜色调整效果。单击“确定”按钮，即可完成位图颜色的调整，如图 11-45 所示。

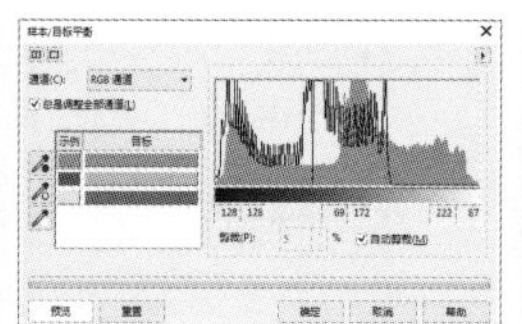

图 11-45 取样 / 目标平衡

技巧

在“目标”下面的色块上单击，可以弹出“选择颜色”对话框，在该对话框中可以选择需要的颜色；当分别调整每个通道的“目标”颜色时，必须取消选中“总是调整全部通道”复选框。

11.3.4 调和曲线

在 CorelDRAW 2018 中使用“调和曲线”命令，可以通过调整单个颜色通道或复合通道，来进行的色调校正。通过色调曲线可以调整阴影（图形底部）、中间色调（图形中间）和高光（图形顶部）之间的平衡。图形中的 *X* 轴代表原始图像的色调值，图形中的 *Y* 轴代表调整后的色调值。选择菜单栏中的“效果”/“调整”/“调和曲线”命令，打开“调和曲线”对话框。在该对话框中拖动曲线可以调整位图的色调。单击“预览”按钮，观察颜色调整效果。单击“确定”按钮，完成调整，如图 11-46 所示。

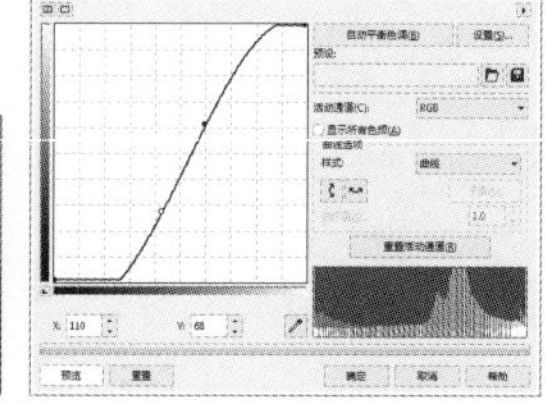

图 11-46 调和曲线

“调和曲线”对话框中各选项的含义如下。

- “自动平衡色调”：单击该按钮，可以自动平衡设置的范围，单击后面的“设置”按钮，在弹出的“自动调整范围”对话框中可以设置具体范围。
- “活动通道”：在其下拉列表中可以选择颜色通道，包含“RGB”“红”“绿”“蓝”4 种，用户可以在不同的通道中进行调整。
- “显示所有色频”：选中该复选框，可以将所有的活动通道曲线显示在同一个调整窗口中。
- “样式”：在其下拉列表中可以选择曲线的调节样式，包括“曲线”“直线”“手绘”“伽马值”。在绘制手绘曲线时，单击下面的“平滑”按钮，可以平滑曲线。曲线样式如图 11-47 所示。
- “重置活动通道”：单击该按钮，可以将当前编辑的通道恢复为默认值。

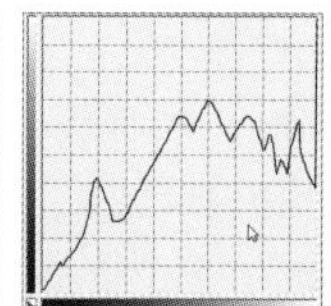

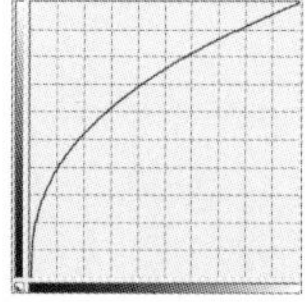

图 11-47 曲线样式

注：本书截图中的“调合”应为“调和”。

11.3.5 亮度/对比度/强度

“亮度 / 对比度 / 强度”命令用于调整位图的亮度及深色区域和浅色区域的差异。选择菜单栏中的“效果”/“调整”/“亮度 / 对比度 / 强度”命令，打开“亮度 / 对比度 / 强度”对话框。在该对话框中可以调整“亮度”“对比度”“强度”。单击“预览”按钮，观察颜色调整效果。单击“确定”按钮，完成调整，如图 11-48 所示。

图 11-48 亮度 / 对比度 / 强度

11.3.6 颜色平衡

“颜色平衡”命令用于调整位图的偏色。选择菜单栏中的“效果”/“调整”/“颜色平衡”命令，打开“颜色平衡”对话框。在该对话框中调整位图不同范围的偏色。单击“预览”按钮，观察颜色调整效果。单击“确定”按钮，完成调整，如图 11-49 所示。

图 11-49 颜色平衡

“颜色平衡”对话框中各选项的含义如下。

- “阴影”：选中该复选框，只针对位图的阴影区域进行颜色平衡处理。
- “中间色调”：选中该复选框，只针对位图的中间色调区域进行颜色平衡处理。
- “高光”：选中该复选框，只针对位图的高光区域进行颜色平衡处理。
- “保持亮度”：选中该复选框，当调整位图的颜色平衡时，位图中的亮度保持不变。
- “颜色通道”：用来在相对颜色中进行偏色调整。

技巧

当在“范围”选项组中选中不同的复选框时，会出现不同的效果，用户可以根据对位图的需求，灵活地选择调整范围。

11.3.7 伽马值

“伽马值”命令用于在对比度较低的区域进行细节强化，不会影响位图中的高光和阴影。选择位图，选择菜单栏中的“效果”/“调整”/“伽马值”命令，打开“伽马值”对话框。在该对话框中调整“伽马值”参数。单击“预览”按钮，观察颜色调整效果。单击“确定”按钮，完成调整，如图 11-50 所示。

图 11-50 伽马值

11.3.8 色度/饱和度/亮度

“色度/饱和度/亮度”命令用于调整位图中的色频通道，并改变色谱中颜色的位置，这种效果可以改变位图的颜色、浓度和白色所占比例。选择位图，选择菜单栏中的“效果”/“调整”/“色度/饱和度/亮度”命令，打开“色度/饱和度/亮度”对话框。在该对话框中分别调整各个通道。单击“预览”按钮，观察颜色调整效果。单击“确定”按钮，完成调整，如图 11-51 所示。

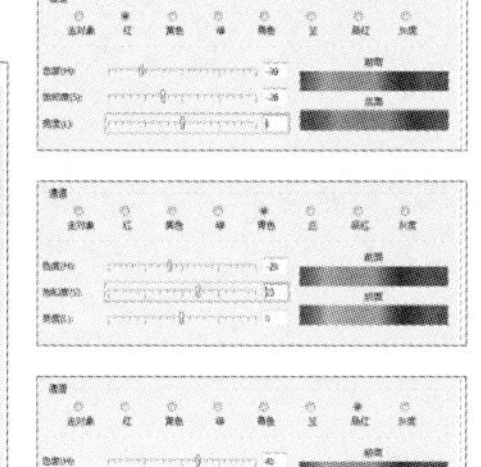
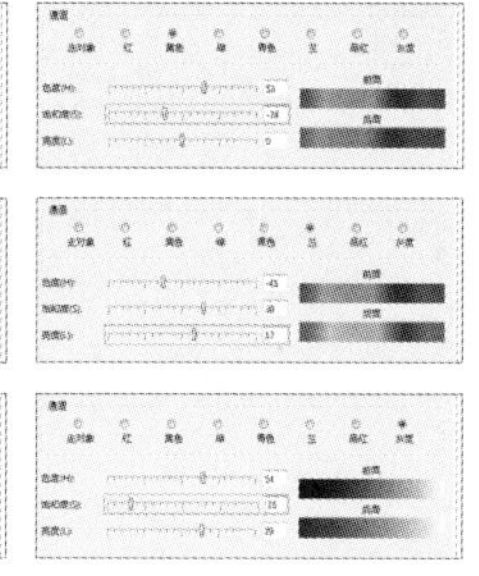

图 11-51 色度 / 饱和度 / 亮度

11.3.9 所选颜色

“所选颜色”命令通过调整位图色谱中的 CMYK 值来改变颜色。选择位图，选择菜单栏中的“效果”/“调整”/“所选颜色”命令，打开“所选颜色”对话框。在该对话框中选择“色谱”中的“红色”，在“调整”选项组中分别调整“青”“品红”“黄”“黑”参数值。单击“预览”按钮，观察颜色调整效果。单击“确定”按钮，完成调整，如图 11-52 所示。

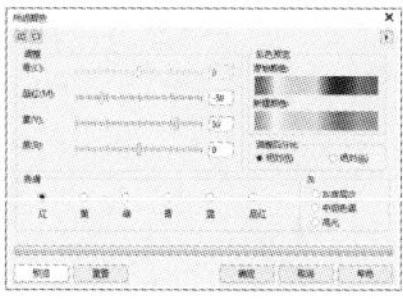

图 11-52 所选颜色

11.3.10 替换颜色

“替换颜色”命令通过选取位图中的颜色，再设置替换后的颜色，来改变位图颜色。选择位图，选择菜单栏中的“效果”/“调整”/“替换颜色”命令，打开“替换颜色”对话框。在该对话框中单击“原颜色”按钮，选择需要替换的颜色，这里选择“蓝色”，设置“新建颜色”为“绿色”。单击“预览”按钮，观察颜色调节效果。单击“确定”按钮，完成调整，如图 11-53 所示。

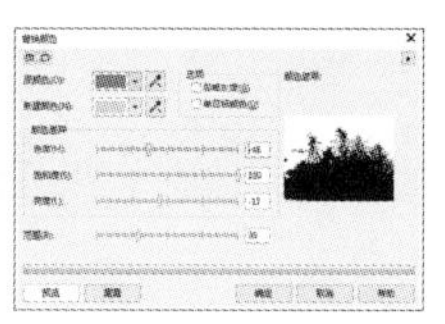

图 11-53 替换颜色

11.3.11 取消饱和

“取消饱和”命令用于将位图中每种颜色的饱和度都降为零，转换为相应的灰度，形成灰度图。选择位图后，选择菜单栏中的“效果”/“调整”/“取消饱和”命令，即可取消位图中颜色的饱和度，效果如图 11-54 所示。

图 11-54 取消饱和

11.3.12 通道混合器

“通道混合器”命令通过改变不同颜色通道的数值来改变图像的色调。选择位图，选择菜单栏中的“效果”/“调整”/“通道混合器”命令，打开“通道混合器”对话框。在该对话框中设置“色彩模型”为“RGB”、“输出通道”

为“红”，调整“输入通道”的参数。单击“预览”按钮，观察颜色调整效果。单击“确定”按钮，完成调整，如图 11-55 所示。

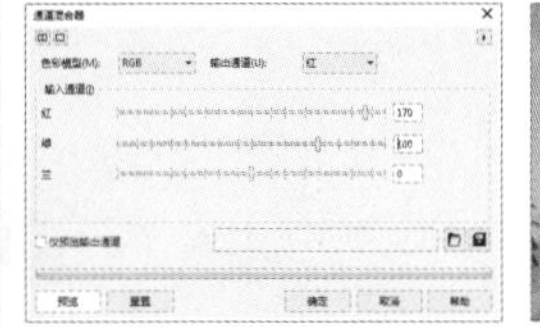

图 11-55 通道混合器

11.4 位图的变换调整

在 CorelDRAW 2018 中导入位图后，用户可以通过选择菜单栏中的“效果”/“变换”命令，在弹出的子菜单中选择相应的命令对位图颜色和色调进行变换。

1. 去交错

“去交错”命令用于从扫描或隔行显示的图像中移除线条。导入位图后，选择菜单栏中的“效果”/“调整”/“去交错”命令，打开“去交错”对话框。在该对话框中，选择扫描行的方式和替换方法。单击“预览”按钮，观察颜色调整效果。单击“确定”按钮，完成调整，如图 11-56 所示。

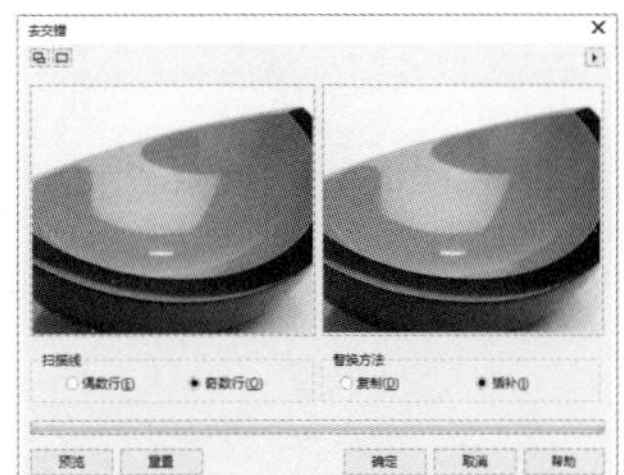

图 11-56 去交错

2. 反转颜色

“反转颜色”命令可以用来反转图像的颜色。反转图像颜色会使图像形成摄影底片效果。导入位图后，选择菜单栏中的“效果”/“调整”/“反转颜色”命令，打开“反转颜色”对话框。在该对话框中选择扫描行的方式和替换方法后，单击“预览”按钮，观察颜色调整效果。单击“确定”按钮，完成调整，如图 11-57 所示。

图 11-57 反转颜色

3. 极色化

“极色化”命令用于减少图像中的色调数量。“极色化”命令可以去除颜色层次并产生大面积缺乏层次感的颜色。导入位图后，选择菜单栏中的“效果”/“调整”/“极色化”命令，打开“极色化”对话框。在该对话框中设置“层次”数值后，单击“预览”按钮，观察颜色调整效果。单击“确定”按钮，完成调整，如图 11-58 所示。

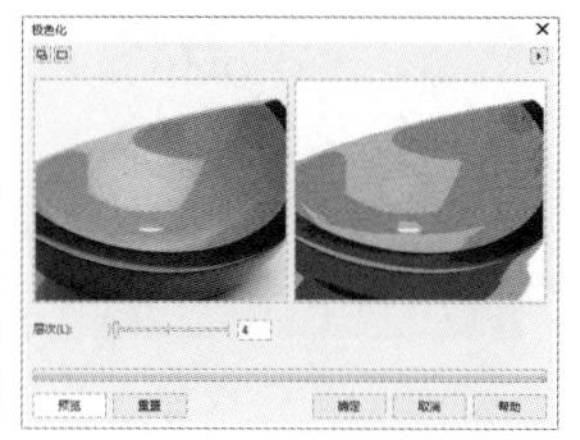

图 11-58 极色化

为位图应用滤镜

滤镜是用来进行图像处理的一种功能强大的工具，使用滤镜可以为位图设置一些特殊效果。这些滤镜命令均放置在“位图”菜单中，使用时只需选择相应的滤镜命令，然后在弹出的对话框中设置相关参数即可。

1. 三维效果

“三维效果”滤镜用于将平面的图像处理成立体的效果。在CorelDRAW 2018中包括“三维旋转”“柱面”“浮雕”“卷页”“透视”“挤远/挤近”“球面”7种三维效果。如图11-59所示为原图与应用“三维效果”滤镜后的效果对比。

原图

卷页

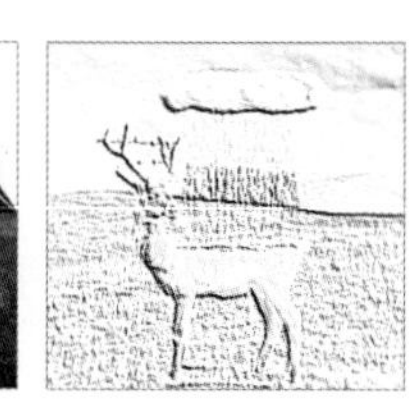
浮雕

图 11-59 原图与应用“三维效果”滤镜后的效果对比

2. 艺术笔触

通过使用“艺术笔触”滤镜可以模拟类似于现实世界中各种表现手法所产生的奇特效果，使用户在处理位图时可以随心所欲地发挥自己的想象力。“艺术笔触”滤镜包含“炭笔画”“单色蜡笔画”“蜡笔画”“立体派”“印象派”“调色刀”“彩色蜡笔画”“钢笔画”“点彩派”“木版画”“素描”“水彩画”“水印画”“波纹纸画”14种效果，通过使用这些艺术笔触可以模拟各种特效。如图11-60所示为原图与应用艺术笔触效果后的对比。

原图

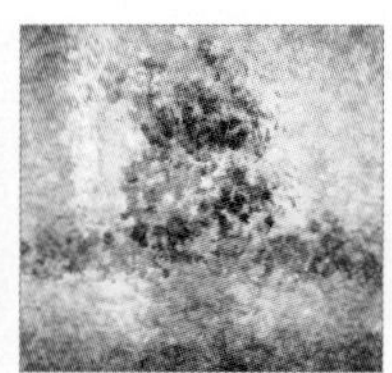
印象派

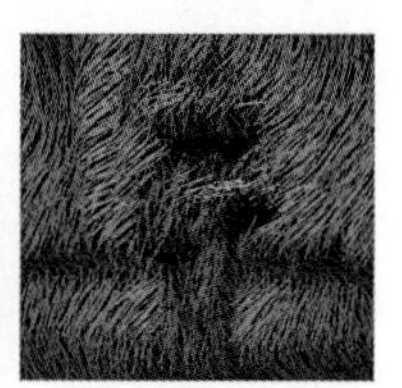
木版画

图 11-60 原图与应用“艺术笔触”滤镜后的效果对比

3. 模糊

利用CorelDRAW中的“模糊”滤镜可以使位图中的像素软化并混合，产生平滑的图案效果，可以使图像画面柔化，边缘平滑。CorelDRAW 2018 提供了 10 种不同的模糊滤镜效果，分别为“定向平滑”“高斯式模糊”“锯齿状模糊”“低通滤波器”“动态模糊”“放射式模糊”“平滑”“柔和”“缩放”“智能模糊”。如图 11-61 所示为原图与应用模糊效果后的对比。

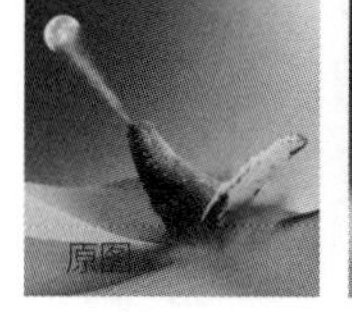

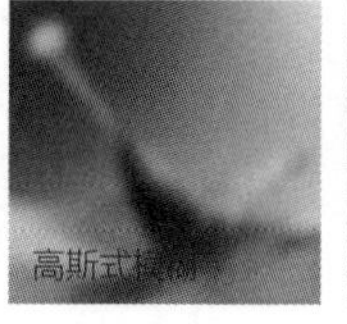
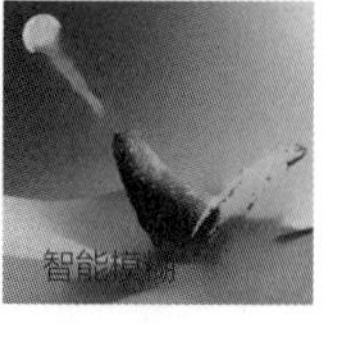

图 11-61 原图与应用“模糊”滤镜后的效果对比

4. 相机

应用“相机”效果可以使图像变得类似于使用相机拍摄后的效果，包含“着色”“扩散”“照片过滤器”“棕褐色色调”“延时”等类型。如图11-62所示为原图与应用相机效果后的对比。

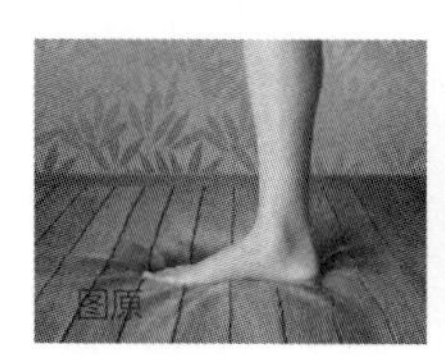

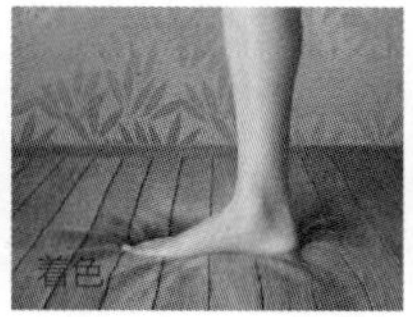

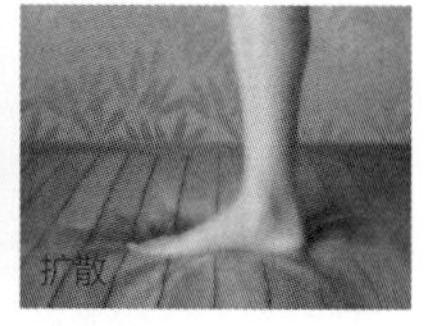

图 11-62 原图与应用“相机”滤镜后的效果对比

5. 颜色转换

“颜色转换”滤镜主要用于改变位图的色彩，使位图产生各种色彩变化，给人多种强烈的视觉效果。“颜色转换”滤镜包括“位平面”“半色调”“梦幻色调”“曝光”4 种效果。如图 11-63 所示为原图与应用“颜色转换”滤镜后的效果对比。

图 11-63 原图与应用“颜色转换”滤镜后的效果对比

6. 轮廓图

“轮廓图”滤镜可以用来检测位图的边缘，将位图边缘线勾勒出来，显示出一种素描的效果。它包括 3 种滤镜效果，分别为“边缘检测”“查找边缘”“描摹轮廓”。如图 11-64 所示为原图与应用“轮廓图”滤镜后的效果对比。

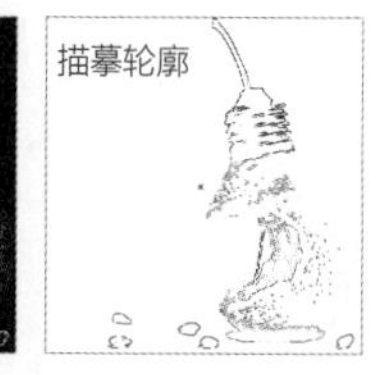

图 11-64 原图与应用“轮廓图”滤镜后的效果对比

7. 创造性

“创造性”滤镜是最具创造力的滤镜效果，它提供了 10 种滤镜效果，分别为“晶体化”“织物”“框架”“玻璃砖”“马赛克”“散开”“茶色玻璃”“彩色玻璃”“虚光”“旋涡”。如图 11-65 所示为原图与应用“创造性”滤镜后的效果对比。

图 11-65 原图与应用“创造性”滤镜后的效果对比

8. 自定义

通过“自定义”滤镜可以为位图添加“凹凸贴图”效果。如图 11-66 所示为原图与应用“凹凸贴图”效果后的对比。

图 11-66 原图与应用“凹凸贴图”效果后的对比

9. 扭曲

“扭曲”滤镜可以使图像产生各种几何变形，方便用户创建多种变形效果。CorelDRAW 2018 提供了 11 种扭曲效果，分别为“块状”“网孔扭曲”“置换”“偏移”“像素”“龟纹”“旋涡”“平铺”“湿笔画”“涡流”“风吹效果”。如图 11-67 所示为原图与应用“扭曲”滤镜后的效果对比。

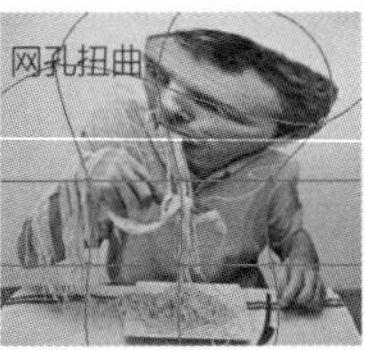

图 11-67 原图与应用“扭曲”滤镜后的效果对比

10. 杂点

应用“杂点”滤镜可以使位图表面的杂乱像素形成颗粒，在位图中添加杂点，可以模糊过于锐化的区域。CorelDRAW 2018 提供了 6 种杂点效果，分别为“添加杂点”“最大值”“中值”“最小”“去除龟纹”“去除杂点”。如图 11-68 所示为原图与应用“杂点”滤镜后的效果对比。

图 11-68 原图与应用“杂点”滤镜后的效果对比

11. 鲜明化

使用“鲜明化”滤镜能够通过查找及锐化产生明显的颜色改变区域，提高相应像素的对比度使模糊的图像变得清晰。CorelDRAW 2018 提供了 5 种鲜明化效果，分别为“适应非鲜明化”“定向柔化”“高通滤波器”“鲜明化”“非鲜明化遮罩”。如图 11-69 所示为原图与应用“鲜明化”滤镜后的效果对比。

图 11-69 原图与应用“鲜明化”滤镜后的效果对比

12. 底纹

应用“底纹”滤镜可以产生丰富的底纹肌理。CorelDRAW 2018提供了6种底纹效果，分别为“鹅卵石”“折皱”“蚀刻”“塑料”“浮雕”“石头”。如图11-70所示为原图与应用“底纹”滤镜后的效果对比。

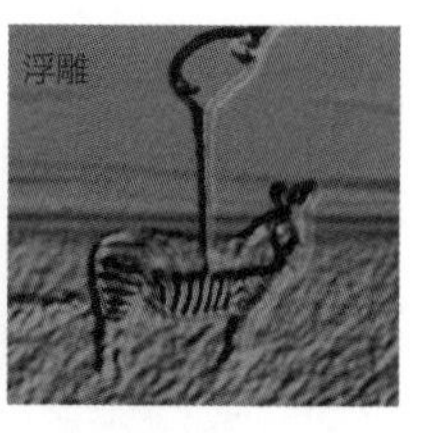

图11-70 原图与应用“底纹”滤镜后的效果对比

课堂练习 使用“图像调整实验室”命令调整照片

素材文件	素材文件/第11章/<风景>
案例文件	源文件/第11章/<课堂练习——使用“图像调整实验室”命令调整照片>
视频教学	录屏/第11章/课堂练习——使用“图像调整实验室”命令调整照片
练习要点	掌握“图像调整实验室”命令的使用方法，以及使用“裁剪工具”裁剪图像、绘制矩形并添加阴影的方法

扫码观看视频

1. 练习思路

（1）导入素材。

（2）使用“裁剪工具”裁剪素材图像。

（3）使用“图像调整实验室”命令调整素材的色调。

（4）使用“矩形工具”绘制一个比裁剪素材稍微大一点的矩形。

（5）使用“阴影工具”为矩形添加阴影。

2. 操作步骤

Step 01 选择菜单栏中的“文件”/“新建”命令，新建一个空白文档，导入“风景”素材，如图11-71所示。

Step 02 使用“裁剪工具”在素材上创建一个裁剪框，如图11-72所示。

Step 03 按【Enter】键完成对位图的裁剪，效果如图11-73所示。

Step 04 选择菜单栏中的“位图”/“图像调整实验室”命令，打开“图像调整实验室”对话框，其中的参数设置如图11-74所示。

图11-71 导入素材

图11-72 创建裁剪框

图11-73 裁剪

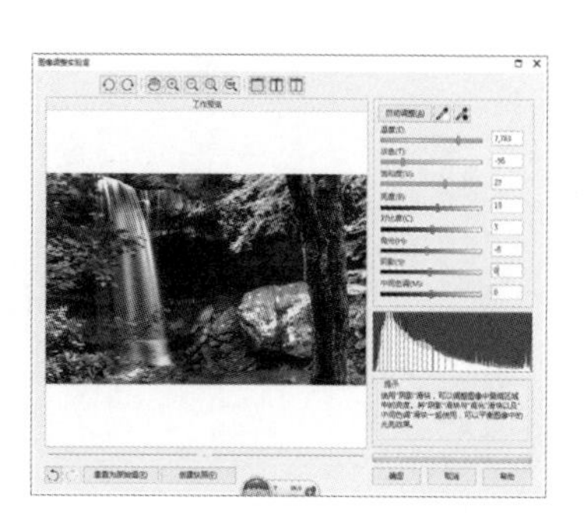

图11-74 “图像调整实验室”对话框

Step 05 设置完毕后，单击“确定”按钮，效果如图 11-75 所示。

Step 06 使用“矩形工具”□绘制一个白色矩形，将轮廓设置为“灰色”，效果如图 11-76 所示。

Step 07 使用“阴影工具”□在矩形上拖动，添加黑色阴影，效果如图 11-77 所示。

Step 08 将调整后的位图移动到白色矩形上，按【Ctrl+PgUp】组合键调整顺序。至此，本例制作完毕，最终效果如图 11-78 所示。

图 11-75 调整后的效果

图 11-76 绘制矩形

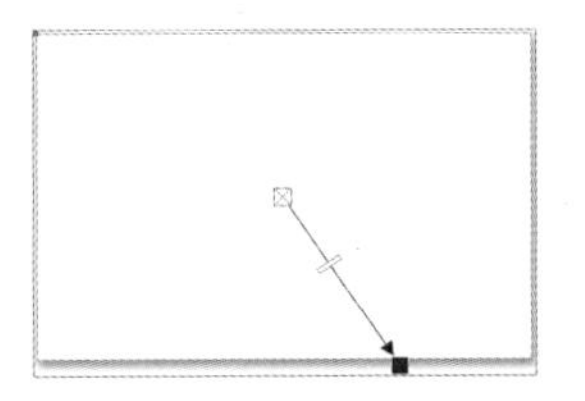

图 11-77 添加黑色阴影

图 11-78 最终效果

课后习题

案例习题

习题要求：使用滤镜和刻刀制作倒影，如图 11-79 所示。

案例习题文件：案例文件 / 第 11 章 / 案例习题——使用滤镜和刻刀制作倒影.cdr

视频教学：录屏 / 第 11 章 / 案例习题——使用滤镜和刻刀制作倒影

习题要点：

（1）导入素材。

（2）使用“刻刀工具”分割素材。

（3）垂直翻转素材并调整高度。

（4）应用“茶色玻璃”滤镜。

（5）应用“锯齿状模糊”滤镜。

（6）使用“透明度工具”为倒影添加透明效果。

图 11-79 制作倒影

第12章 综合案例

本章通过 8 个综合案例让大家巩固前面章节讲解的基础知识。

CORELDRAW

本章重点

- LOGO
- 名片
- 一次性纸杯
- UI 扁平铅笔图标
- UI 旋转控件
- 插画
- 手机海报
- 三折页

综合案例1 LOGO

案例文件	源文件 / 第 12 章 /< 综合案例——LOGO >	扫码观看视频
视频教学	录屏 / 第 12 章 / 综合案例——LOGO	
案例要点	绘制矩形后将其转换为曲线，使用“形状工具”调整矩形曲线，再次绘制曲线后应用“相交”造型命令制作相交图形，使用“艺术笔工具”绘制叶脉，使用“转动工具”编辑图形	

1. 案例思路

（1）使用“矩形工具”绘制矩形。

（2）按【Ctrl+Q】组合键将矩形转换为曲线。

（3）使用“形状工具”调整曲线形状。

（4）使用“钢笔工具”绘制曲线。

（5）通过“相交”造型命令制作相交图形。

（6）使用“艺术笔工具”和“预设”画笔笔触来制作叶脉效果。

（7）使用“转动工具”旋转图形。

（8）输入文字并将其转换为对象后，应用“转动工具”旋转单个文字图形。

2. 操作步骤

Step 01 新建空白文档，使用“矩形工具”在页面中绘制一个矩形，如图 12-1 所示。

Step 02 选择菜单栏中的“对象 / 转换为曲线”命令或按【Ctrl+Q】组合键，将绘制的矩形转换为曲线，并使用“形状工具”调整矩形曲线，如图 12-2 所示。

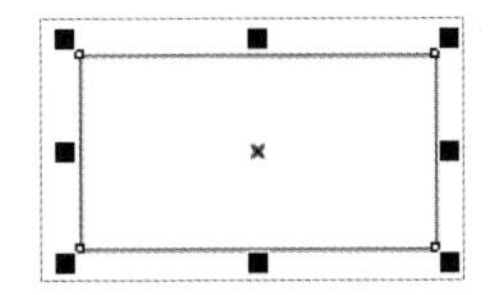

图 12-1 绘制矩形

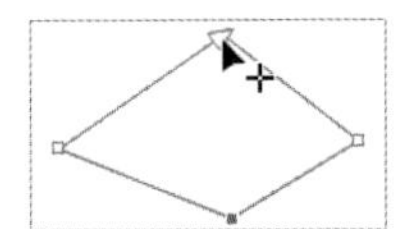

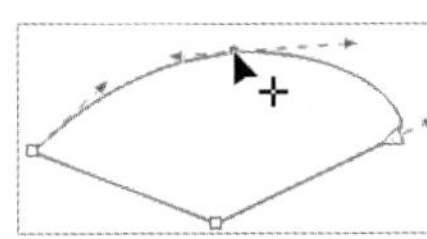

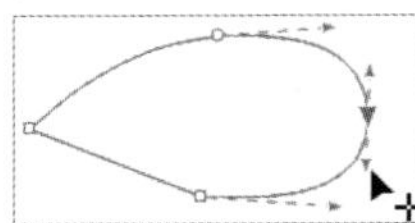

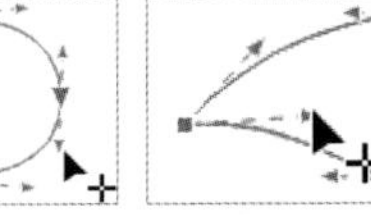

图 12-2 调整曲线

Step 03 为调整后的曲线填充颜色（C:100M:0Y:100K:0），效果如图 12-3 所示。

Step 04 使用“钢笔工具”在调整后的图形上绘制一条封闭的曲线，如图 12-4 所示。

Step 05 使用“选择工具”框选两个图形，在属性栏中单击“相交”按钮，得到图形，效果如图 12-5 所示。

Step 06 将使用“钢笔工具”绘制的封闭图形删除，选择相交后的图形并为其填充颜色（C:40M:0Y:100K:0），再框选两个对象，将轮廓去掉，效果如图 12-6 所示。

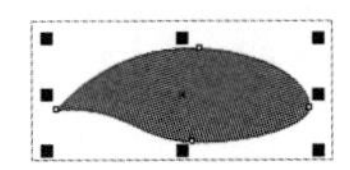

图 12-3 填充颜色

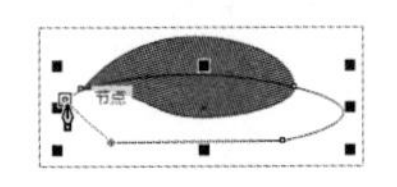

图 12-4 绘制封闭的曲线

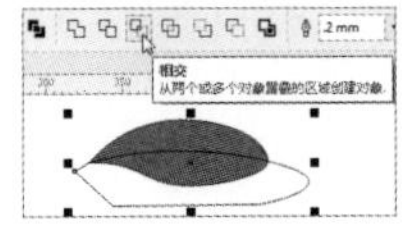

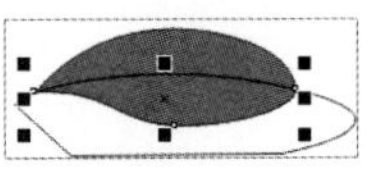

图 12-5 相交造型

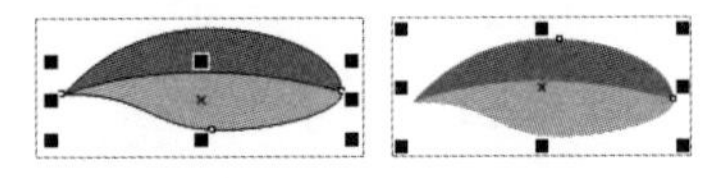

图 12-6 填充并去掉轮廓

Step 07 使用“钢笔工具”绘制一条曲线，设置“轮廓宽度”为“1.5mm”，效果如图 12-7 所示。

Step 08 选择菜单栏中的“对象”/“将轮廓转换为对象”命令或按【Ctrl+Shift+Q】组合键，将绘制的曲线转换为填充对象，为其填充颜色（C:90M:54Y:100K:28），使用“形状工具”调整对象的形状，效果如图 12-8 所示。

Step 09 选择“艺术笔工具”，单击属性栏中的“预设”按钮，在下拉列表中选择笔触，在页面中直接拖动鼠标可以绘制叶脉纹路，效果如图 12-9 所示。

技巧

选择菜单栏中的“效果 / 艺术笔”命令，打开“艺术笔”泊坞窗，在该泊坞窗中选择笔触后，在页面中直接拖动鼠标即可绘制笔触效果，如图 12-10 所示。

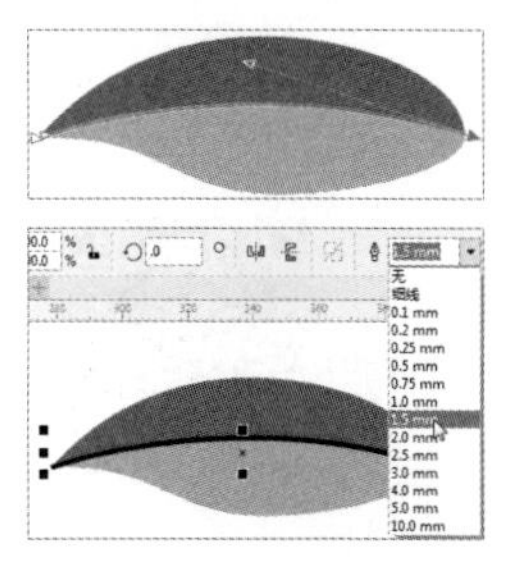

图 12-7 绘制曲线并设置轮廓

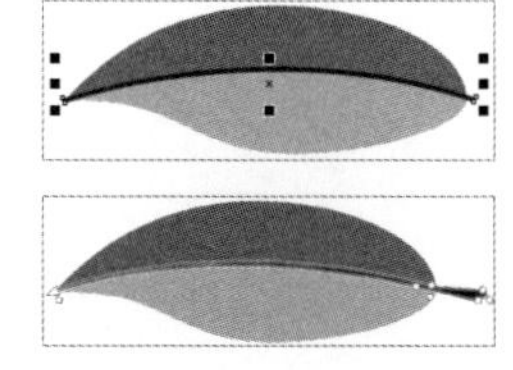

图 12-8 填充颜色并调整形状

图 12-9 绘制叶脉纹路

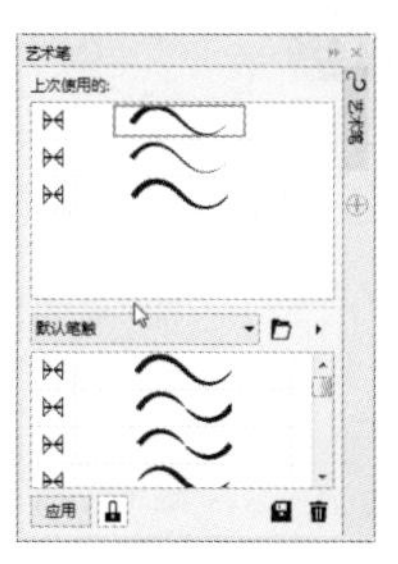

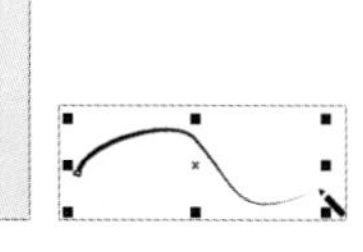

图 12-10 绘制笔触效果

Step 10 选择叶脉画笔，为其填充颜色（C:90M:54Y:100K:28），效果如图 12-11 所示。

Step 11 选择叶子的下半部分，使用“透明度工具”将其透明度值设置为“62”，效果如图 12-12 所示。

Step 12 框选整片叶子，按【Ctrl+G】组合键将其群组，再在树叶上双击，调出旋转变换框，旋转叶子，效果如图 12-13 所示。

Step 13 移动叶子的旋转中心点，选择菜单栏中的“对象”/“变换”/“旋转”命令，打开“变换”泊坞窗，设置“旋转角度”为“30.0° ”，设置“副本”为“1”，单击“应用”按钮两次，效果如图 12-14 所示。

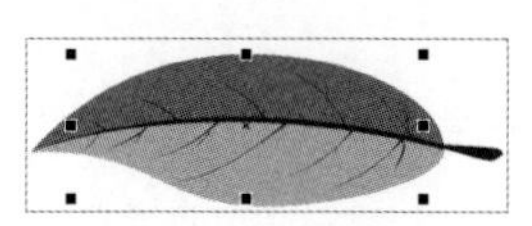

图 12-11 填充颜色

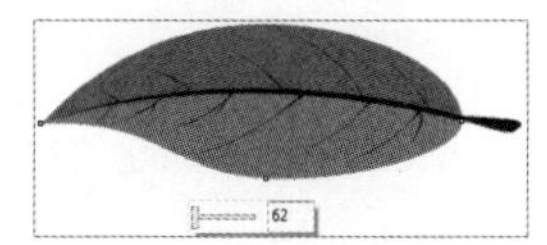

图 12-12 设置透明度值

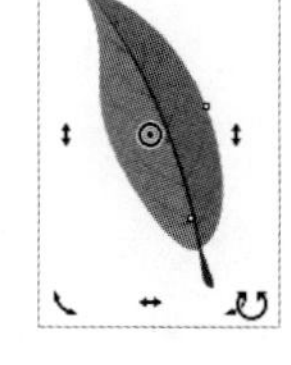

图 12-13 旋转

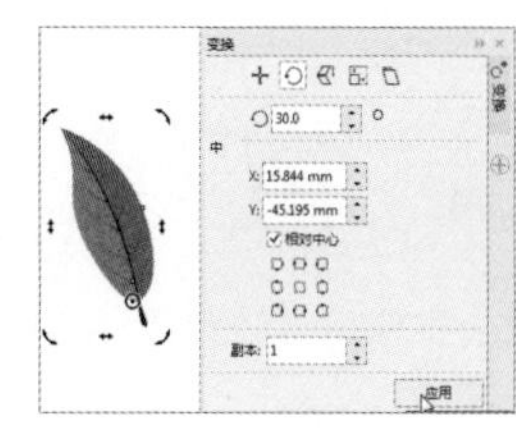

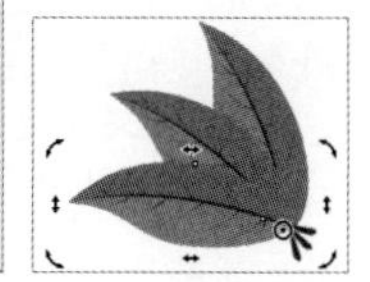

图 12-14 旋转变换

Step 14 框选所有叶子，选择菜单栏中的“对象”/“组合”/“取消组合对象”命令，将其取消群组，再选择“转动工具”，在属性栏中设置“笔尖半径”为“80.0mm”、“速度”为“50”，单击“顺时针转动”按钮，在叶子的根部按住鼠标左键对此区域进行转动操作，效果如图 12-15 所示。

Step 15 使用“文本工具”在编辑后的图形下方输入文字，选择菜单栏中的“对象”/“转换为曲线”命令或按【Ctrl+Q】组合键，将文字转换为曲线，如图 12-16 所示。

Step 16 选择“转动工具”，设置“笔尖半径”为“10.0mm”，

图 12-15 顺时针转动

“速度”为“50”，单击“顺时针转动”按钮，在文字的边缘按住鼠标左键将其进行旋转，效果如图 12-17 所示。

Step 17 至此，本例制作完毕，最终效果如图 12-18 所示。

图 12-16 输入文字

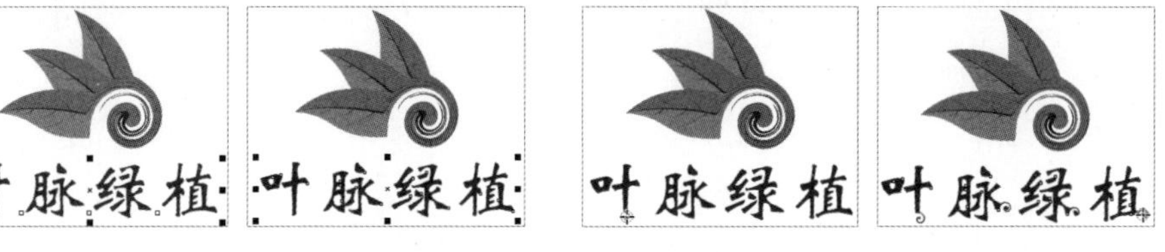

图 12-17 旋转效果

图 12-18 最终效果

综合案例2 名片

素材文件	素材文件 / 第 12 章 /< 综合案例——LOGO>	扫码观看视频
案例文件	源文件 / 第 12 章 /< 综合案例——名片 >	
视频教学	录屏 / 第 12 章 / 综合案例——名片	
案例要点	绘制矩形后将其转换为圆角矩形，通过“插入字符”泊坞窗插入字符，并调整不透明度	

1. 案例思路

（1）使用“矩形工具”绘制矩形。

（2）将矩形转换成圆角矩形。

（3）使用“插入字符”泊坞窗插入字符。

（4）使用“透明度工具”调整透明度。

（5）使用“文本工具”输入对应的文字。

2. 名片知识

名片是现代社会中应用得较为广泛的一种交流工具，也是现代交际中不可或缺的展现个性风貌的必备工具。名片的标准尺寸为 90mm × 55mm、90mm × 50mm 和 90mm × 45mm，但是加上上、下、左、右各 3mm 的出血，制作尺寸则必须设定为 96mm × 61mm、96mm × 56mm 和 96mm × 51mm。设计名片时还要确定名片上所要印刷的内容。名片的主体是其所提供的信息，主要包括姓名、工作单位、电话、手机号码、职称、地址、网址、E-mail、经营范围、企业的标志、图片、公司的企业语等。

3. 操作步骤

名片正面

Step 01 新建空白文档，使用“矩形工具”在页面中绘制一个矩形，设置尺寸为 90mm × 55mm。在属性栏中单击“圆角”按钮，设置4个角的“圆角半径”均为“3.0mm”，如图12-19所示。

Step 02 使用“矩形工具”在页面中绘制一个颜色为“C:87M:45Y:100K:7”的矩形。在属性栏中单击“圆角”按钮，设置右侧两个角的“圆角半径”为“3.0mm”，如图12-20所示。

Step 03 选择菜单栏中的“文本”/“插入字符”命令，打开“插入字符”泊坞窗。设置“字体”为“Webdings”，在下面的字符面板中选择一个字符，将其拖动到页面中，为其填充白色并调整大小，如图12-21所示。

Step 04 使用“透明度工具”调整透明度为“82”，如图12-22所示。

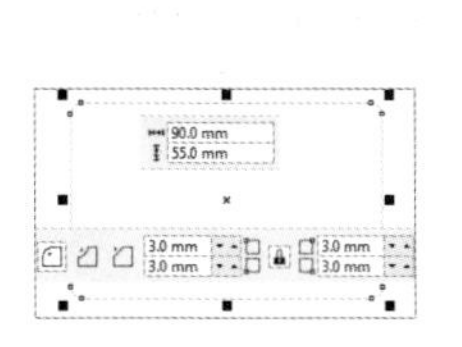

图12-19 绘制圆角矩形（1）

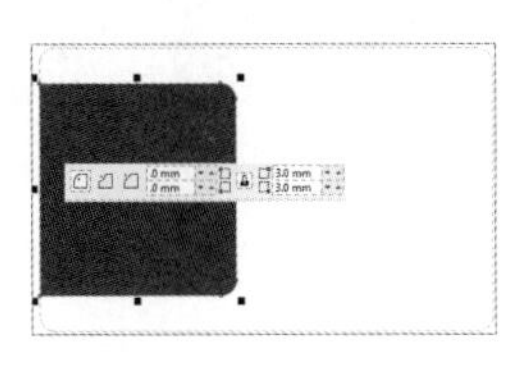

图12-20 绘制圆角矩形（2）

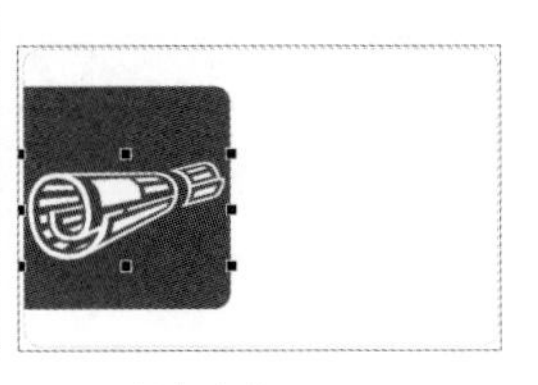

图12-21 插入字符

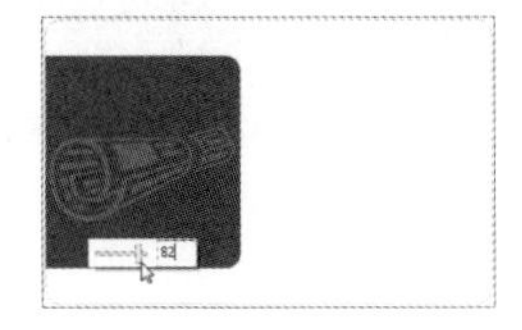

图12-22 调整透明度

Step 05 复制绿色矩形，为其填充白色并调整大小。再使用“透明度工具”调整透明度为“82”，如图12-23所示。

Step 06 导入之前制作的LOGO并调整其大小和位置，效果如图12-24所示。

Step 07 复制绿色矩形，调整其大小后将其移动到名片左侧，再复制绿色矩形，将其拖动到名片右侧，效果如图12-25所示。

图12-23 复制并调整透明度

图12-24 导入LOGO

图12-25 复制

Step 08 在属性栏中单击“水平镜像”按钮，将对象进行翻转，效果如图12-26所示。

Step 09 使用“矩形工具”在页面中绘制一个颜色为“C:87M:45Y:100K:7”的矩形。在属性栏中单击“圆角”按钮，设置4个角的“圆角半径”均为“1.8mm”，再复制出两个副本，效果如图12-27所示。

Step 10 在“插入字符”泊坞窗中选择字符，将其拖动到名片中的圆角矩形上，再为其填充白色，效果如图12-28所示。

Step 11 使用“文本工具”在名片上输入文字，将文本进行左对齐，效果如图12-29所示。

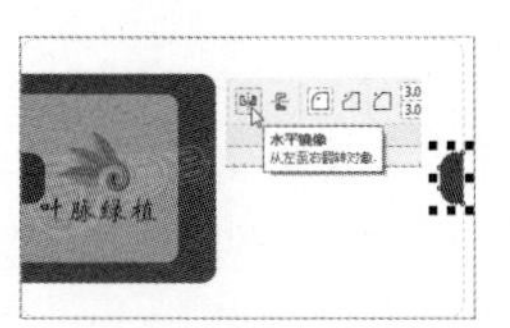

图12-26 镜像翻转

图12-27 绘制圆角矩形

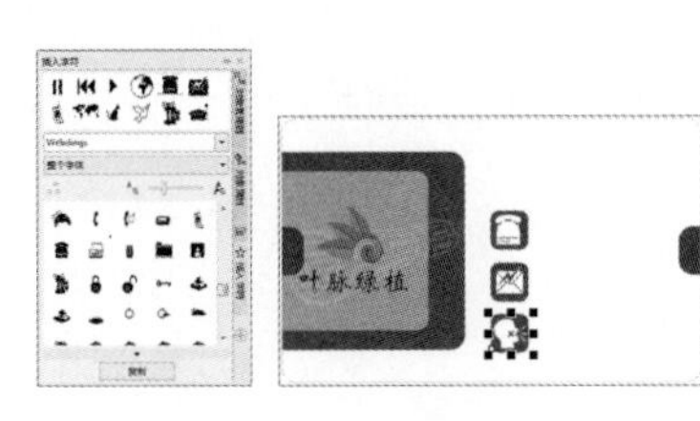

图12-28 插入字符

图12-29 名片正面效果

名片背面

Step 01 选择名片的大圆角矩形，复制出一个副本，将其移动到一边，再为其填充“C:87M:45Y:100K:7”颜色，效果如图12-30所示。

Step 02 选择名片正面的字符，复制一个副本并将其拖动到背面圆角矩形上，再拖动选择框调整大小，效果如图 12-31 所示。

Step 03 使用“透明度工具”调整透明度为“83”，效果如图 12-32 所示。

Step 04 复制名片正面的左、右两个绿色小圆角矩形，将副本移动到名片背面并为其填充白色，效果如图 12-33 所示。

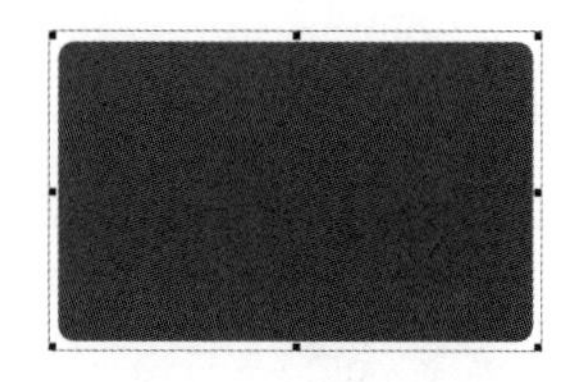

图 12-30 复制圆角矩形并填充颜色

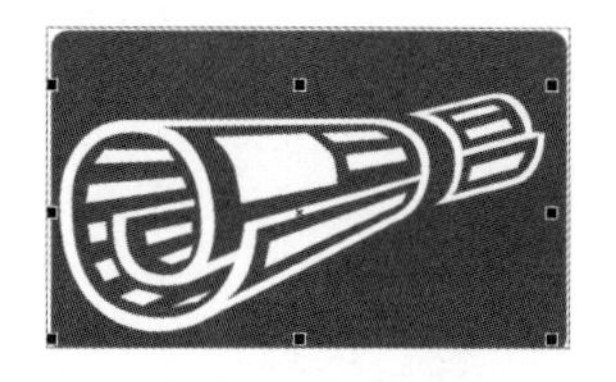

图 12-31 复制“地图”字符

图 12-32 调整透明度

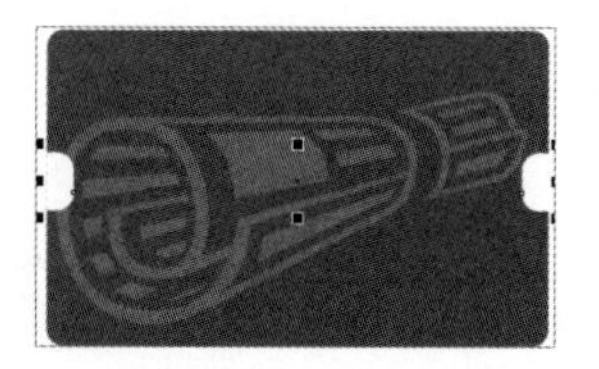

图 12-33 复制两个绿色小圆角矩形并为其填充白色

Step 05 使用“矩形工具”在页面中绘制一个白色矩形，在属性栏中单击“圆角”按钮，设置上侧两个角的“圆角半径”为“3.0mm”，效果如图 12-34 所示。

Step 06 使用“透明度工具”调整透明度为“50”，效果如图 12-35 所示。

Step 07 复制一个白色小圆角矩形，将其旋转 90°，再为其填充“C:87M:45Y:100K:7”颜色，效果如图 12-36 所示。

Step 08 将 LOGO 复制出一个副本，将副本移动到名片背面并调整大小，效果如图 12-37 所示。

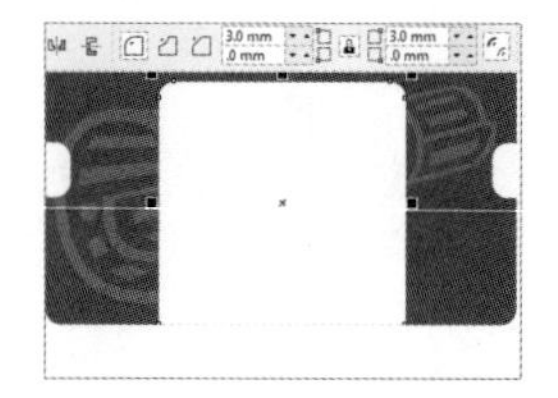

图 12-34 绘制圆角矩形

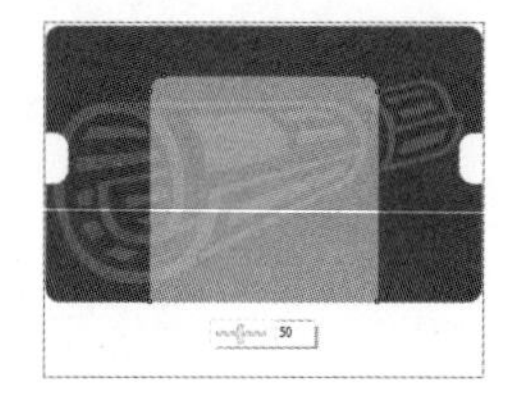

图 12-35 调整透明度

图 12-36 复制并填充颜色

图 12-37 复制并移入 LOGO

Step 09 使用“文本工具”在名片背面的 LOGO 下方输入文字，将文本与 LOGO 进行水平居中对齐，案例即制作完毕，最终效果如图 12-38 所示。

图 12-38 最终效果

综合案例3 一次性纸杯

素材文件	素材文件 / 第 12 章 /< 综合案例——LOGO>	扫码观看视频
案例文件	源文件 / 第 12 章 /< 综合案例——一次性纸杯 >	
视频教学	录屏 / 第 12 章 / 综合案例——一次性纸杯	
案例要点	绘制椭圆和直线段，通过“虚拟段删除”工具删除多余线条，绘制圆角矩形后设置透明度并应用“封套工具”调整封套效果，使用“交互式填充工具”填充渐变色以呈现立体效果	

1. 案例思路

（1）使用“椭圆形工具”和“两点线工具”绘制椭圆和线段。

（2）使用“虚拟段删除”工具删除多余线条。

（3）使用“矩形工具”绘制圆角矩形。

（4）使用“封套工具”调整形状。

（5）使用“透明度工具”设置透明度。

（6）使用“交互式填充工具”填充渐变色。

（7）通过“置于图文框内部”命令制作杯子上的图形区域。

2. 操作步骤

纸杯展开图

Step 01 新建空白文档，使用“椭圆形工具”在页面中绘制一大一小两个椭圆，如图 12-39 所示。

Step 02 使用“两点线工具”在两个椭圆上绘制直线，复制直线，单击属性栏中的“水平镜像”按钮，将副本进行水平翻转，如图 12-40 所示。

Step 03 使用“虚拟段删除”工具在图形线上单击，删除多余的区域，如图 12-41 所示。

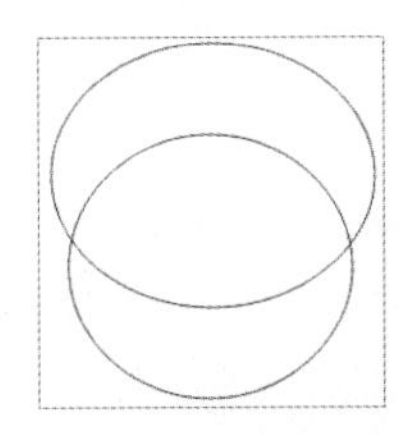

图 12-39 绘制椭圆

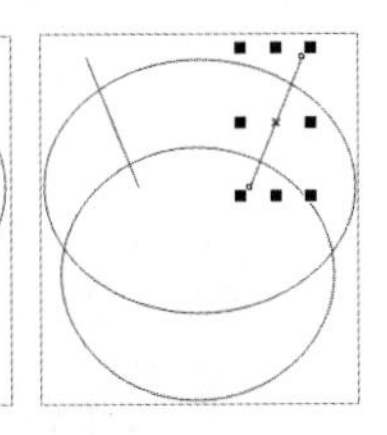

图 12-40 复制并翻转

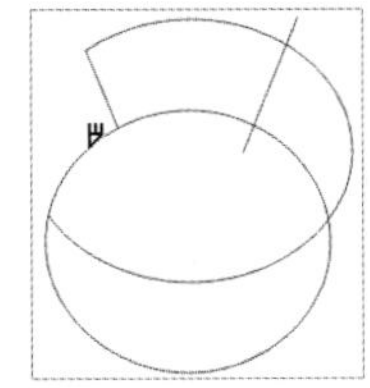

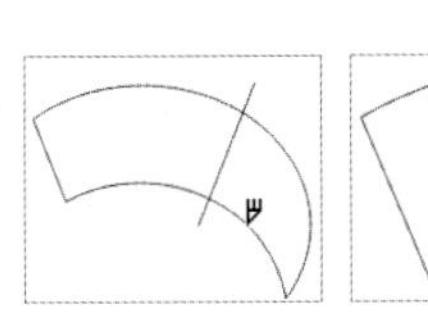

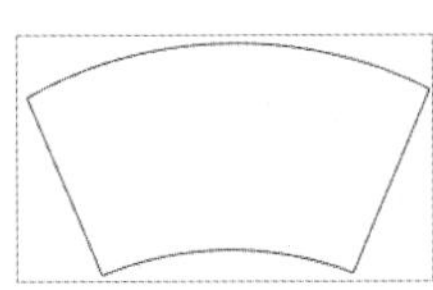

图 12-41 删除多余的区域

Step 04 使用“选择工具”框选剩余的曲线，在属性栏中单击“创建边界”按钮，将创建边界后的图形移动到一边，如图 12-42 所示。

Step 05 为创建轮廓的图形填充“C:88M:46Y:100K:9”颜色，如图 12-43 所示。

Step 06 选择删除多余区域后图形的上面弧线，复制副本并将其移动到创建边界后的图形上面，设置“轮廓颜色”为“灰色”、“轮廓宽度”为“2.5mm”，如图 12-44 所示。

Step 07 复制两段上面的弧线，设置“轮廓颜色”为“灰色”，如图 12-45 所示。

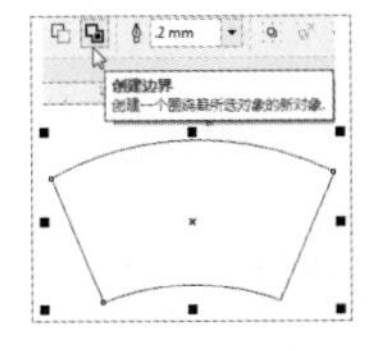

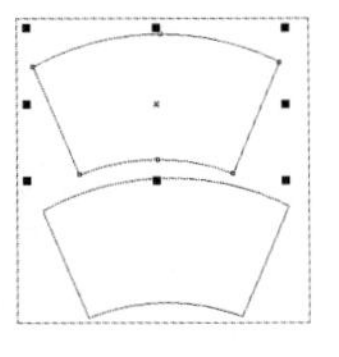

图 12-42 创建边界

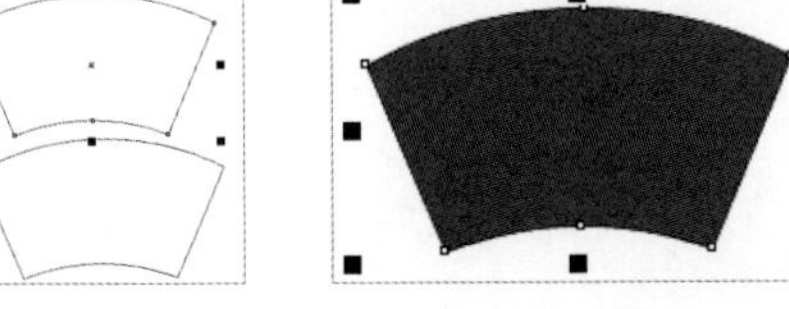

图 12-43 填充颜色

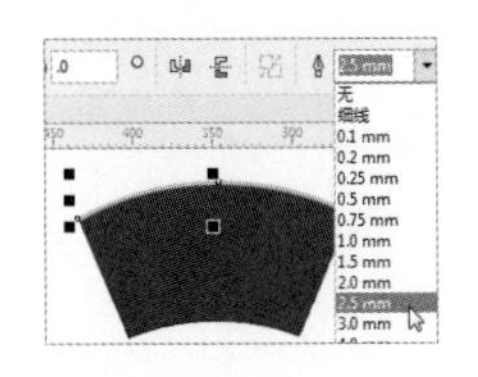

图 12-44 复制并移动

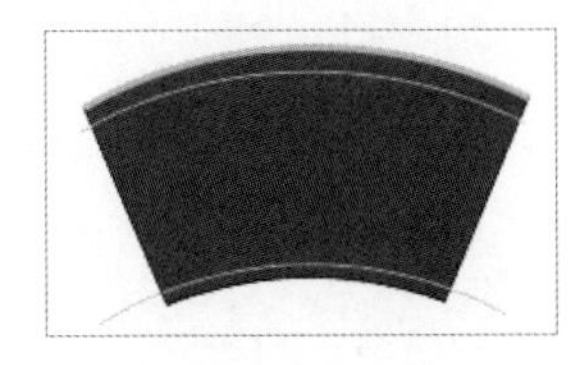

图 12-45 复制弧线

Step 08 使用“虚拟段删除”工具删除多余的线条，如图 12-46 所示。

Step 09 使用“矩形工具”绘制一个白色矩形，在属性栏中单击“圆角”按钮，设置上侧两个角的“圆角半径”

为“3.0mm”，如图 12-47 所示。

Step 10 选择“封套工具”，在属性栏中单击“单弧模式”按钮，再将矩形的上、下两条线都调整为弧线，如图 12-48 所示。

Step 11 单击“直线模式”按钮，将右上角的点向外拖动。调整完毕后，将左上角的点向外拖动，效果如图 12-49 所示。

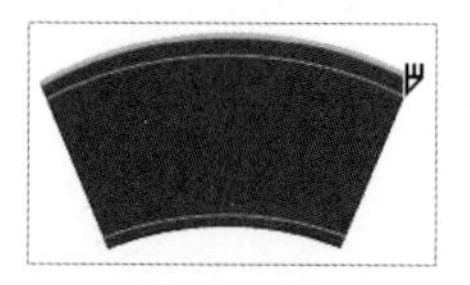
图 12-46 删除多余的线条

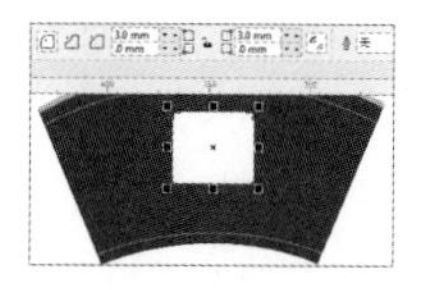
图 12-47 绘制矩形

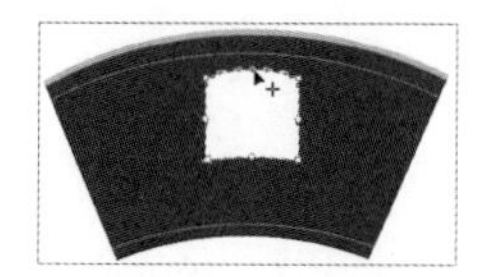
图 12-48 调整弧线

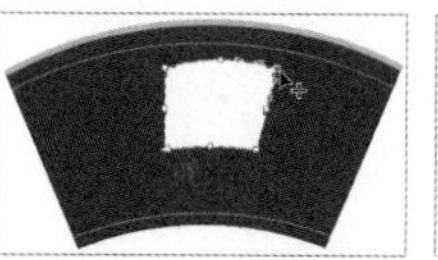
图 12-49 调整直线

Step 12 使用“透明度工具”调整透明度为“50”，效果如图 12-50 所示。

Step 13 导入 LOGO 并调整其大小和位置，选择“封套工具”，在属性栏中单击“单弧模式”按钮，将 LOGO 的上、下两面调整成弧线，效果如图 12-51 所示。

Step 14 单击“直线模式”按钮，将 LOGO 顶部的两端向外拖动，效果如图 12-52 所示。

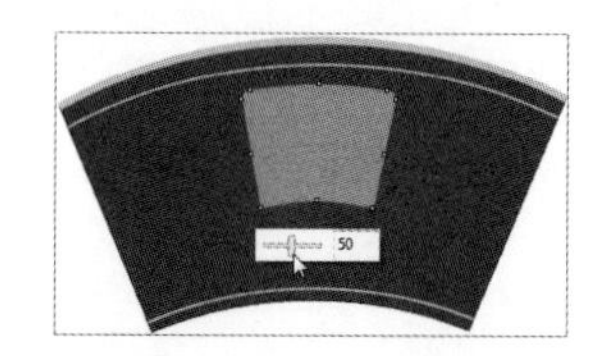
图 12-50 调整透明度

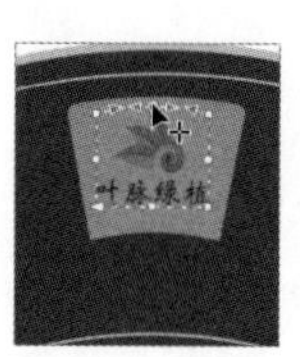
图 12-51 导入并调整 LOGO

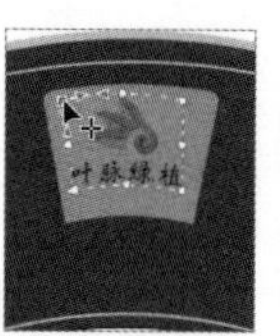
图 12-52 继续调整

Step 15 导入 LOGO，选择上面的图形区域，调整大小和位置后，将填充设置为“无”，将“轮廓颜色”设置为“C:60M:0Y:60K:20”。复制出一个副本，即完成展开图的绘制，效果如图 12-53 所示。

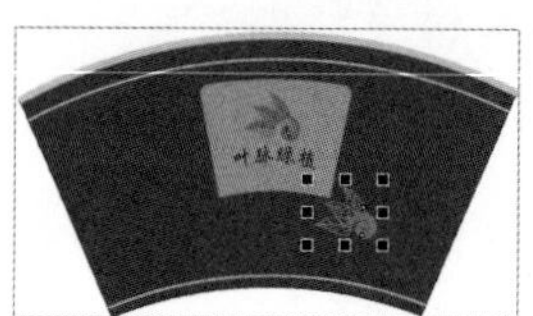
图 12-53 展开图效果

纸杯正视图

Step 01 使用“矩形工具”在页面中绘制一个矩形，如图 12-54 所示。

Step 02 选择菜单栏中的“对象”/“转换为曲线”命令或按【Ctrl+Q】组合键，将绘制的矩形转换为曲线，并使用“形状工具”调整矩形曲线，如图 12-55 所示。

Step 03 使用“三点椭圆形工具”在顶端和底部分别绘制一个椭圆，如图 12-56 所示。

Step 04 使用“虚拟段删除”工具删除多余的线条，如图 12-57 所示。

Step 05 使用“智能填充工具”为杯身随意填充一种颜色，如图 12-58 所示。

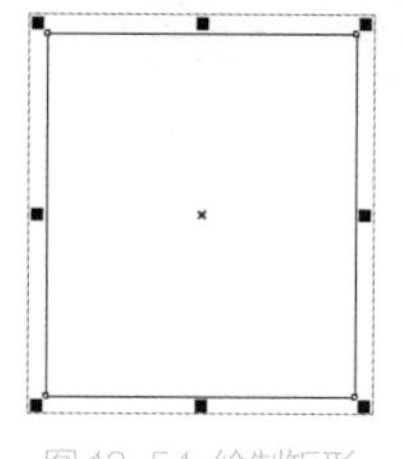
图 12-54 绘制矩形

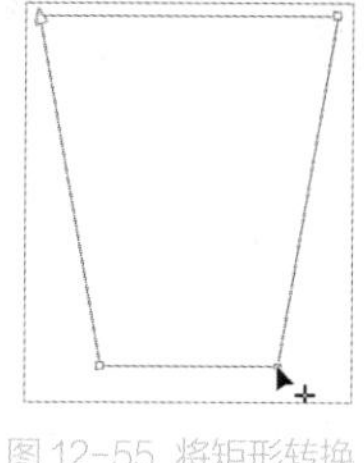
图 12-55 将矩形转换为曲线并调整

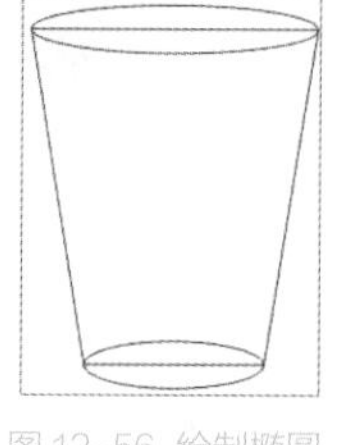
图 12-56 绘制椭圆

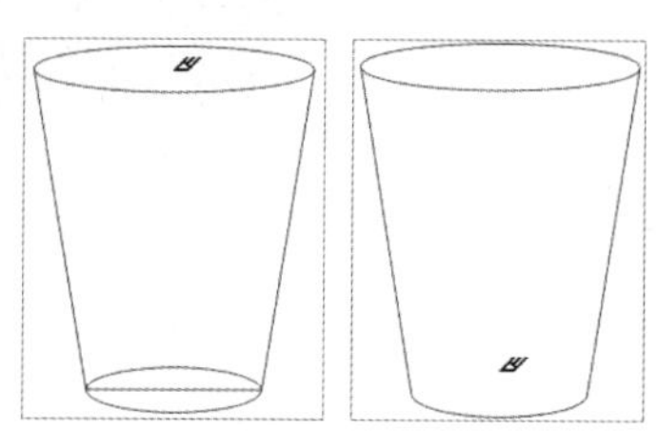
图 12-57 删除多余的线条

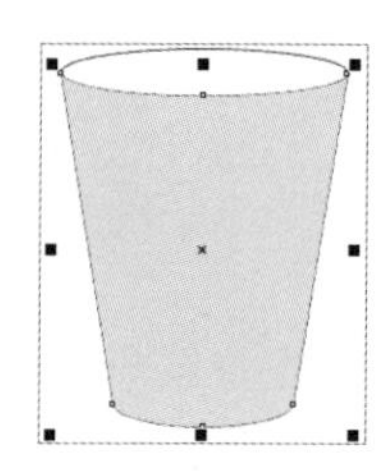
图 12-58 填充颜色

Step 06 选择杯身，单击“交互式填充工具”按钮，在属性栏中单击“渐变填充”按钮，再单击“圆锥形渐变填充”按钮，接着单击“编辑填充”按钮，打开“编辑填充”对话框，参数设置如图 12-59 所示。

Step 07 设置完毕后，单击“确定”按钮，效果如图 12-60 所示。

Step 08 选择上面的椭圆，设置“轮廓颜色”为“灰色”、“轮廓宽度”为“2.0mm”，效果如图 12-61 所示。

Step 09 使用“交互式填充工具”为椭圆填充线性渐变色，效果如图 12-62 所示。

Step 10 复制椭圆，将填充设置为“无”，将“轮廓宽度”设置为“0.75mm”，调整大小和位置，效果如图 12-63 所示。

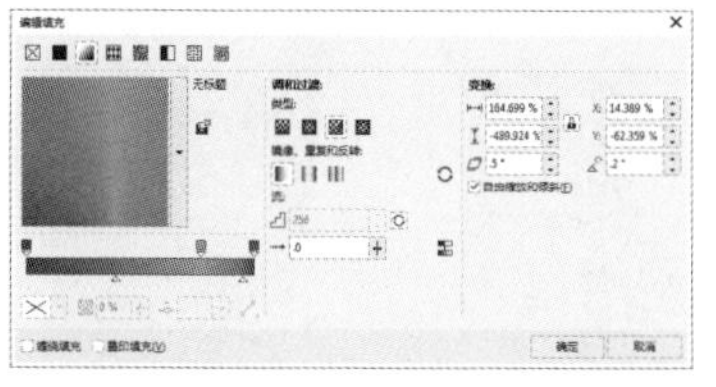

图 12-59 “编辑填充”对话框

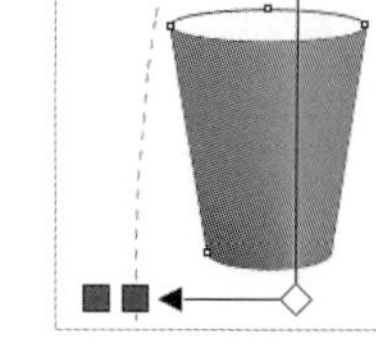

图 12-60 填充后的效果

图 12-61 设置椭圆

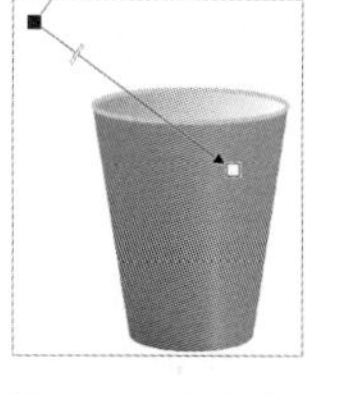

图 12-62 渐变填充

图 12-63 设置并调整大小和位置

Step 11 使用“虚拟段删除”工具删除多余的线条，效果如图 12-64 所示。

Step 12 选择剩余的曲线，按【Ctrl+K】组合键拆分曲线，选取多余的区域后按【Delete】键，效果如图 12-65 所示。

Step 13 选择曲线，按【Ctrl+Shift+Q】组合键，将轮廓转换为对象，使用“形状工具”调整曲线对象，效果如图 12-66 所示。

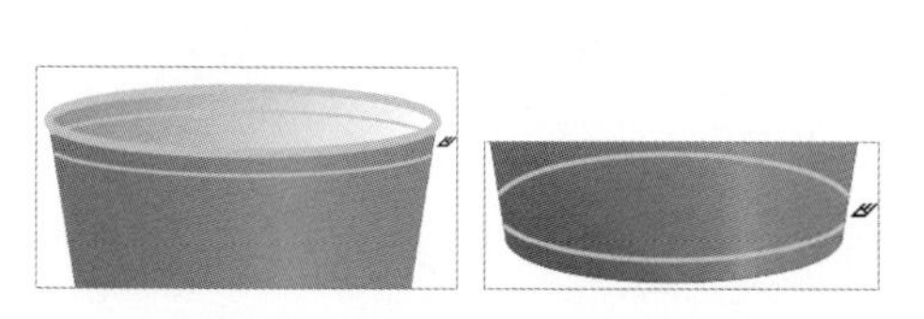

图 12-64 删除多余的线条

图 12-65 拆分后删除多余的区域

图 12-66 调整曲线对象

Step 14 调整完毕后，使用“矩形工具”绘制一个白色矩形。在属性栏中单击“圆角”按钮，设置上侧两个角的“圆角半径”为“3.0mm”，效果如图 12-67 所示。

Step 15 选择“封套工具”，在属性栏中单击“单弧模式”按钮，再将矩形的上、下两条线都调整为弧线，如图 12-68 所示。

Step 16 单击“直线模式”按钮，选择右上角的点向外拖动。调整完毕后，将左上角的点向外拖动，效果如图 12-69 所示。

Step 17 使用“透明度工具”调整透明度为“50”，效果如图 12-70 所示。

图 12-67 绘制矩形并设置圆角半径

图 12-68 调整弧线

图 12-69 调整直线

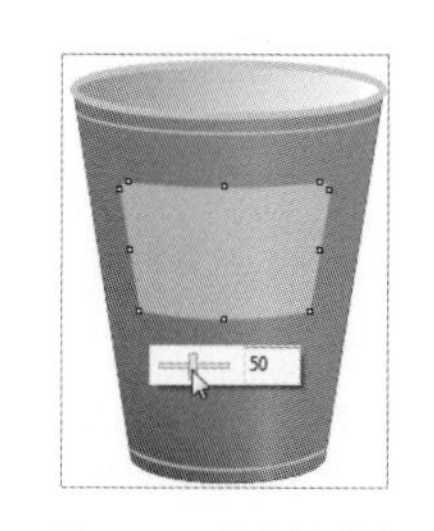

图 12-70 调整透明度

Step 18 导入 LOGO 并调整其大小和位置，单击“封套工具”按钮，在属性栏中单击“单弧模式”按钮，将 LOGO 的上、下两调整成弧线，效果如图 12-71 所示。

Step 19 单击“直线模式”按钮，将 LOGO 顶部的两端向外拖动，效果如图 12-72 所示。

Step 20 导入 LOGO，选择上面的图形区域，调整大小和位置后，将填充设置为“无”，将“轮廓颜色”设置为“C:20M:0Y:0K:20”，复制出一个副本，效果如图 12-73 所示。

Step 21 使用“钢笔工具”绘制一个封闭的梯形，如图 12-74 所示。

图 12-71 导入并调整 LOGO

图 12-72 继续调整 LOGO

图 12-73 复制出副本

图 12-74 绘制梯形

Step 22 选择两个图标图形，选择菜单栏中的“对象”/“PowerClip”/“置于图文框内部”命令，此时鼠标指针变为箭头符号，使用箭头在梯形上单击，如图 12-75 所示。

Step 23 选择梯形，在颜色表中的“无填充”按钮上单击鼠标右键，去掉轮廓，如图 12-76 所示。

Step 24 框选整个杯子正视图，复制出一个副本，选择菜单栏中的“位图”/“转换为位图”命令，打开“转换为位图”对话框，其中的参数设置如图 12-77 所示。

Step 25 设置完毕后，单击“确定”按钮，将选择的杯子转换成位图。单击属性栏中的“垂直镜像”按钮，将其移动到之前杯子的下方，如图 12-78 所示。

图 12-75 置于图文框内部

图 12-76 去掉轮廓

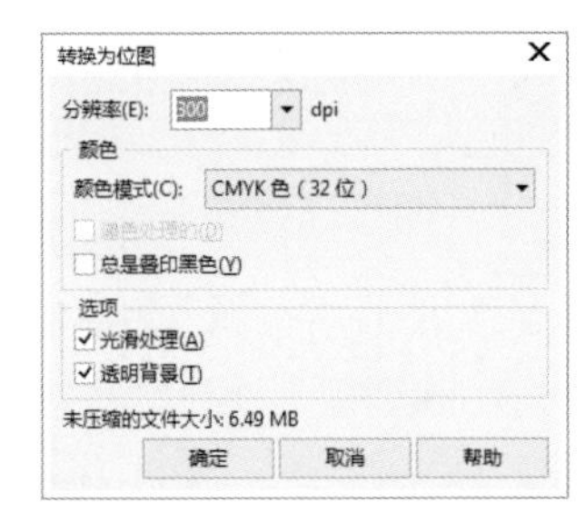

图 12-77 设置参数

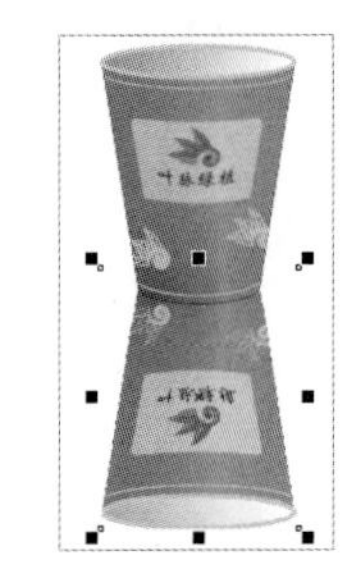

图 12-78 垂直镜像

Step 26 使用“透明度工具”在位图上从上向下拖动为其添加渐变透明效果，如图 12-79 所示。

Step 27 至此，纸杯正视图制作完毕，效果如图 12-80 所示。

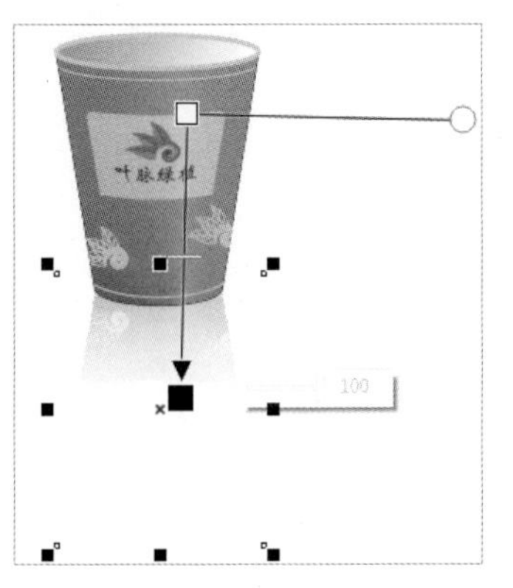

图 12-79 添加渐变透明效果

图 12-80 正视图

综合案例4 UI扁平铅笔图标

案例文件	源文件 / 第 12 章 /< 综合案例——UI 扁平铅笔图标 >	扫码观看视频
视频教学	录屏 / 第 12 章 / 综合案例——UI 扁平铅笔图标	
案例要点	绘制矩形并将其转换为圆角矩形，按【Ctrl+Q】组合键将其转换为曲线后，使用“形状工具”编辑形状，通过“相交”造型命令得到曲线与椭圆相交后的造型，再通过“透明度工具”设置透明度，最后使用“块阴影工具”为铅笔添加阴影	

1. 案例思路

（1）使用“矩形工具”绘制圆角矩形。

（2）将矩形转换为曲线后通过“形状工具”进行编辑。

（3）使用“椭圆形工具”绘制正圆和椭圆，应用“相交”造型命令。

（4）绘制矩形后通过“透明度工具”设置透明度。

（5）使用“块阴影工具”添加阴影。

（6）拆分后应用“相交”造型命令，再调整透明度。

2. 操作步骤

Step 01 新建空白文档，使用“矩形工具”在页面中绘制一个正方形，为其填充“C:0M:60Y:100K:0”颜色。在属性栏中单击“圆角”按钮，设置 4 个角的“圆角半径”均为“10.0mm”，如图 12-81 所示。

Step 02 使用“矩形工具”在页面中绘制一个矩形，在属性栏中单击“圆角”按钮，设置右侧两个角的“圆角半径”均为“5.0mm”，如图 12-82 所示。

Step 03 选择菜单栏中的“对象” / “转换为曲线”命令或按【Ctrl+Q】组合键，将绘制的矩形转换为曲线，使用“形状工具”在左侧线条中间双击，添加节点后调整矩形曲线，如图 12-83 所示。

Step 04 为调整后的图形填充“C:0M:40Y:20K:0”颜色，再将轮廓去掉，效果如图 12-84 所示。

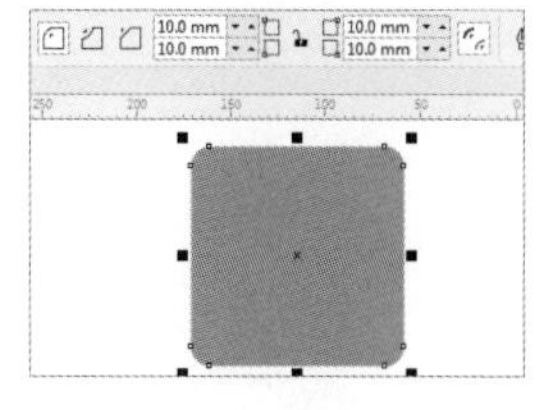

图 12-81 绘制圆角矩形并填充颜色

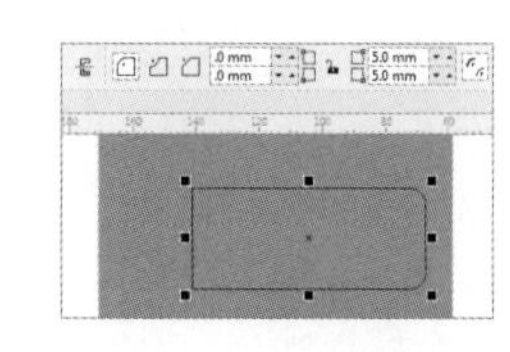

图 12-82 绘制圆角矩形

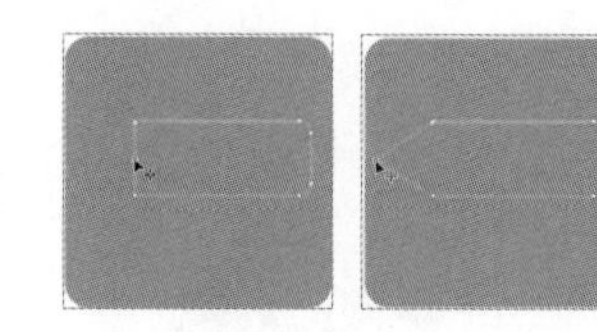
图 12-83 转换为曲线并调整

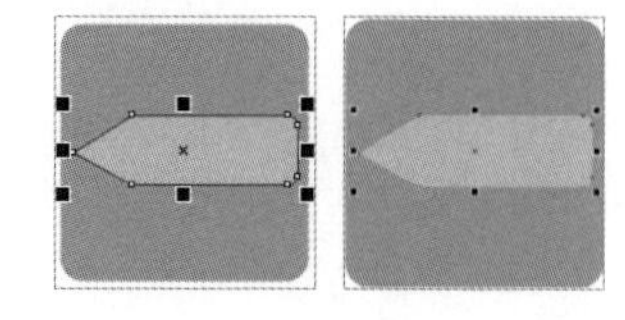
图 12-84 填充并去掉轮廓

Step 05 复制出一个副本，拖动右侧的控制点将其调短，为其填充颜色“C:40M:0Y:100K:0”，效果如图 12-85 所示。

Step 06 使用“矩形工具”绘制一个浅灰色矩形，效果如图 12-86 所示。

Step 07 使用“椭圆形工具”在铅笔头处绘制一个正圆，效果如图 12-87 所示。

Step 08 将正圆和后面的铅笔一同选取，单击属性栏中的“相交”按钮，得到一个相交区域，为相交区域填充黑色，如图 12-88 所示。

Step 09 删除绘制的正圆，再使用“椭圆形工具”绘制 3 个白色椭圆，如图 12-89 所示。

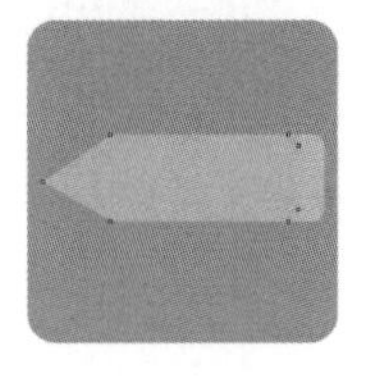

图 12-85 复制并填充

图 12-86 绘制矩形

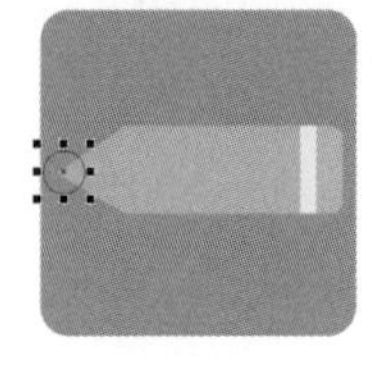

图 12-87 绘制正圆

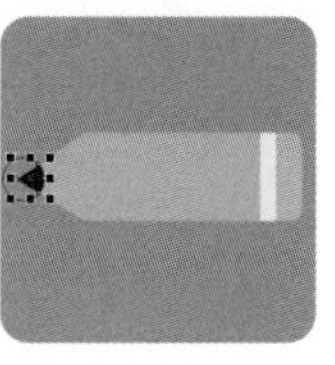

图 12-88 设置相交并填充相交区域

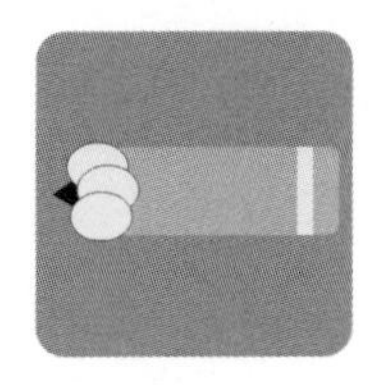

图 12-89 绘制椭圆

Step 10 将 3 个白色椭圆一同选取，在属性栏中单击“焊接”按钮，将 3 个椭圆合并，如图 12-90 所示。

Step 11 将合并后的图形与铅笔一同选取，单击属性栏中的“相交”按钮，得到相交区域，为其填充白色，再将合并的图形删除，如图 12-91 所示。

Step 12 使用“矩形工具”绘制一个灰色矩形，使用“透明度工具”在矩形上拖动为其添加渐变透明效果，如图 12-92 所示。

Step 13 复制矩形并向下移动，如图 12-93 所示。

Step 14 选择铅笔头处的黑色和白色区域，按【Ctrl+PgUn】组合键向上调整顺序，如图 12-94 所示。

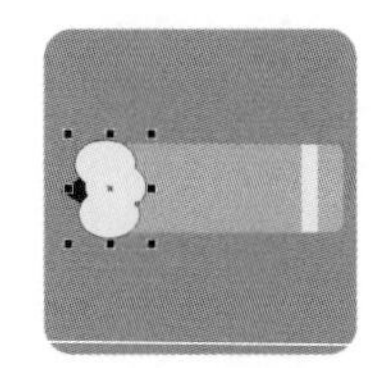

图 12-90 合并椭圆

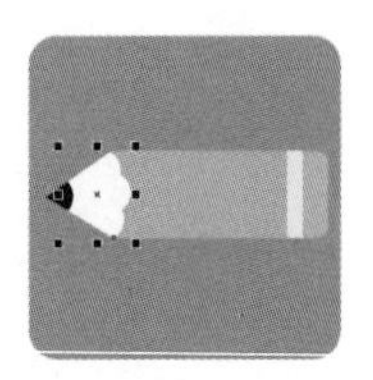

图 12-91 设置相交并填充相交区域

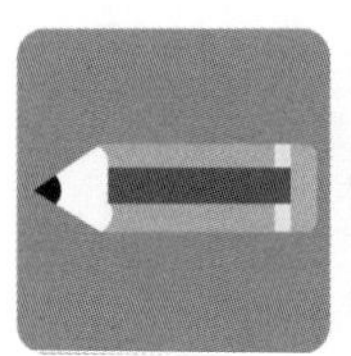

图 12-92 添加渐变透明效果

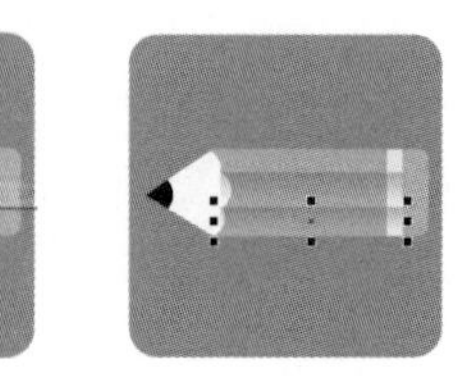

图 12-93 复制矩形并向下移动

图 12-94 调整顺序

Step 15 选择整个铅笔，按【Ctrl+G】组合键将其群组，再将其进行旋转，效果如图 12-95 所示。

Step 16 使用“块阴影工具”在铅笔上向右下角拖动，为其添加块阴影效果，如图 12-96 所示。

Step 17 按【Ctrl+K】组合键将块阴影与铅笔进行拆分，选择块阴影和后面的圆角矩形，单击属性栏中的“相交”按钮，为相交区域填充黑色，删除块阴影，如图 12-97 所示。

Step 18 选择“透明度工具”，设置“透明度”为“74”，如图 12-98 所示。

Step 19 至此本例制作完毕，最终效果如图 12-99 所示。

图 12-95 群组并旋转

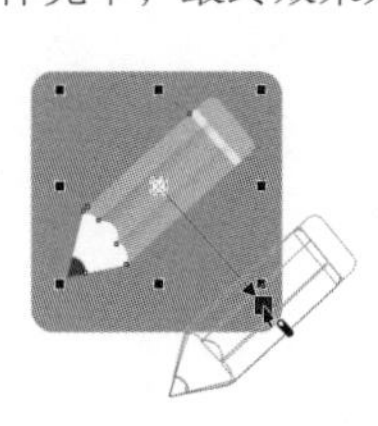

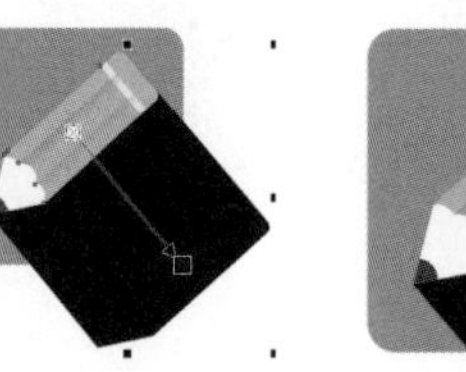

图 12-96 添加块阴影

图 12-97 拆分并设置相交

图 12-98 设置透明度

图 12-99 最终效果

综合案例5 UI旋转控件

案例文件	源文件 / 第 12 章 /< 综合案例——UI 旋转控件 >	扫码观看视频 
视频教学	录屏 / 第 12 章 / 综合案例——UI 旋转控件	
案例要点	使用“矩形工具”绘制矩形，通过“交互式填充工具”为矩形填充渐变色，使用“椭圆形工具”绘制正圆，使用“弧形”工具绘制弧线并将其转换为对象，再通过“阴影工具”为其添加阴影。使用“透明度工具”为对象编辑渐变透明，为图形添加轮廓后，插入字符并添加块阴影	

1. 案例思路

（1）使用“矩形工具”绘制矩形，使用“交互式填充工具”为矩形填充渐变色。

（2）使用“椭圆形工具”绘制正圆，使用“弧形”工具绘制弧线。

（3）按【Ctrl+Shift+Q】组合键将轮廓转换为对象。

（4）使用“阴影工具”为其添加阴影。

（5）使用“透明度工具”编辑透明渐变。

（6）为图形添加轮廓。

（7）插入字符，并使用“块阴影工具”为其添加阴影。

2. 操作步骤

Step 01 新建空白文档，使用“矩形工具”在页面中绘制一个矩形，使用“交互式填充工具”在属性栏中单击“渐变填充”按钮，再单击“椭圆形渐变填充”按钮，然后单击“编辑填充”按钮，打开“编辑填充”对话框，参数设置如图 12-100 所示。

Step 02 设置完毕后，单击“确定”按钮，效果如图 12-101 所示。

Step 03 选择“椭圆形工具”，在属性栏中单击“弧形”按钮，设置起始角度和结束角度后，再将“轮廓宽度”设置为“1.5mm”，在“对象属性”泊坞窗中单击“圆形端头”按钮，效果如图 12-102 所示。

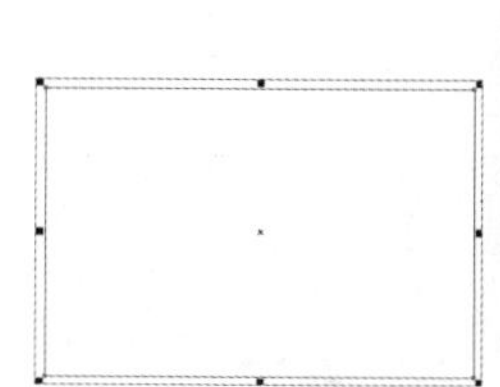

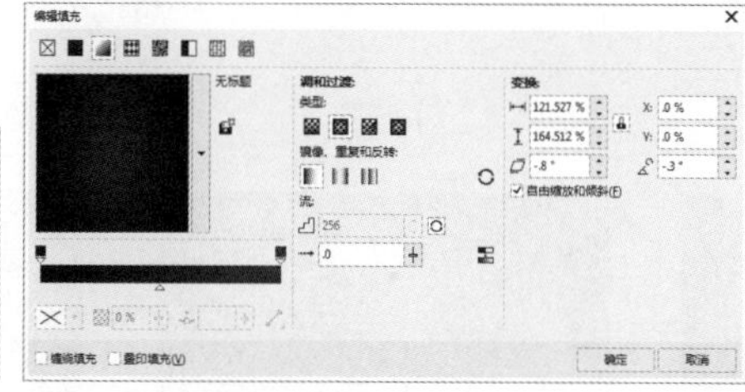

图 12-100 绘制矩形并设置填充颜色

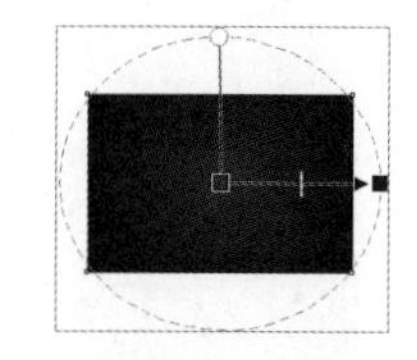

图 12-101 填充效果

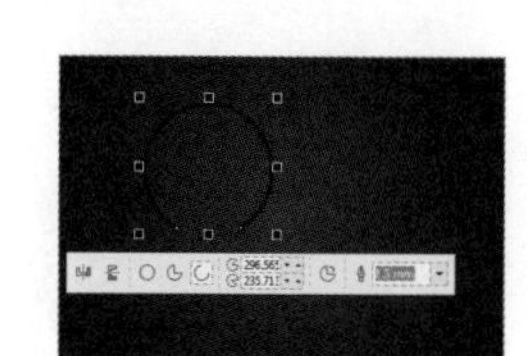

图 12-102 绘制圆弧

Step 04 选择菜单栏中的“对象”/“将轮廓转换为对象”命令或按【Ctrl+Shift+Q】组合键，将绘制的圆弧转换为填充对象，再将轮廓设置为灰色，效果如图 12-103 所示。

Step 05 使用“阴影工具”为圆弧添加阴影，设置“阴影颜色”为灰色，设置“阴影不透明度”为“41”、“阴影羽化”为“6”，效果如图 12-104 所示。

Step 06 使用“椭圆形工具”◯在圆弧上绘制一个红色椭圆，再将其进行旋转，效果如图 12-105 所示。

Step 07 使用“透明度工具”在绘制的椭圆上单击，在属性栏中单击“渐变透明度”按钮，再单击“编辑透明度”按钮，打开“编辑透明度”对话框，参数设置如图 12-106 所示。

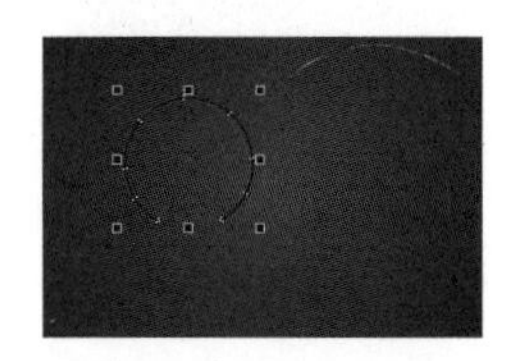
图 12-103 转换为对象

图 12-104 添加阴影

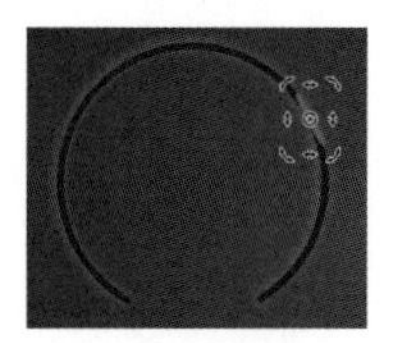
图 12-105 绘制椭圆并旋转

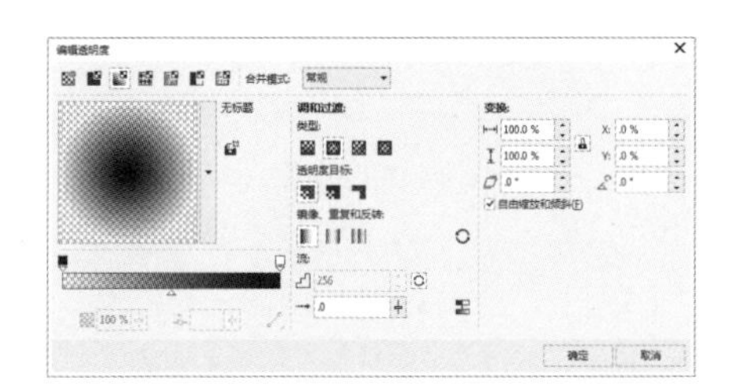
图 12-106 参数设置

Step 08 设置完毕后，单击“确定”按钮，效果如图 12-107 所示。

Step 09 使用“椭圆形工具”◯在弧形内部绘制一个正圆轮廓，设置“轮廓宽度”为“1.5mm”，效果如图 12-108 所示。

Step 10 选择绘制的正圆，选择菜单栏中的“对象”/“将轮廓转换为对象”命令或按【Ctrl+Shift+Q】组合键，将绘制的正圆转换为填充对象，使用“交互式填充工具”在转换为对象的圆形上拖动，为其填充渐变色，设置渐变颜色，效果如图 12-109 所示。

Step 11 为填充渐变色的圆环添加轮廓，设置“轮廓宽度”为“0.4mm”，效果如图 12-110 所示。

图 12-107 添加透明效果

图 12-108 绘制正圆

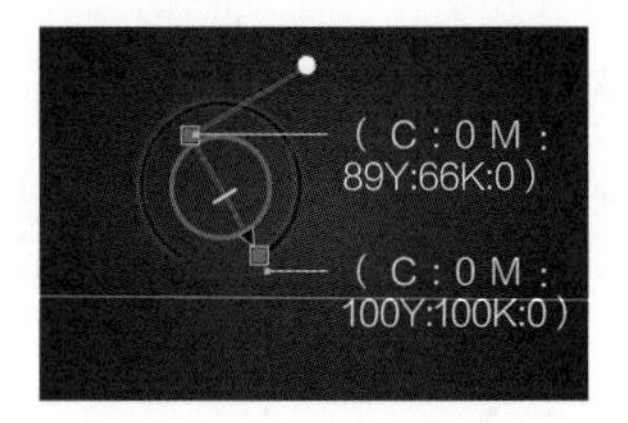

图 12-109 填充渐变色

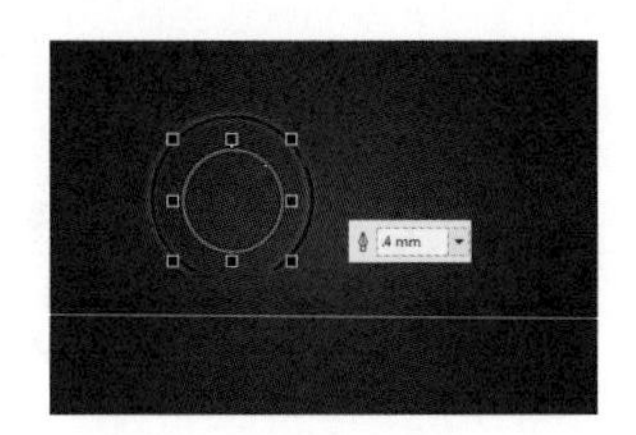
图 12-110 添加轮廓并设置宽度

Step 12 使用“阴影工具”为圆弧添加阴影，设置“阴影颜色”为“红色”、“阴影不透明度”为“100”、“阴影羽化”为“6”，效果如图 12-111 所示。

Step 13 使用“椭圆形工具”◯在圆环内部绘制正圆形轮廓，设置“轮廓颜色”为红色，效果如图 12-112 所示。

Step 14 使用“交互式填充工具”在属性栏中单击“渐变填充”按钮，再单击“椭圆形渐变填充”按钮，设置渐变填充颜色并调整渐变位置，如图 12-113 所示。

Step 15 使用“椭圆形工具”◯绘制正圆形白色轮廓，如图 12-114 所示。

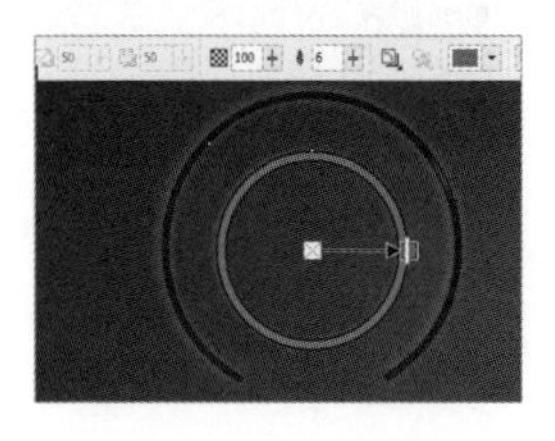
图 12-111 添加阴影

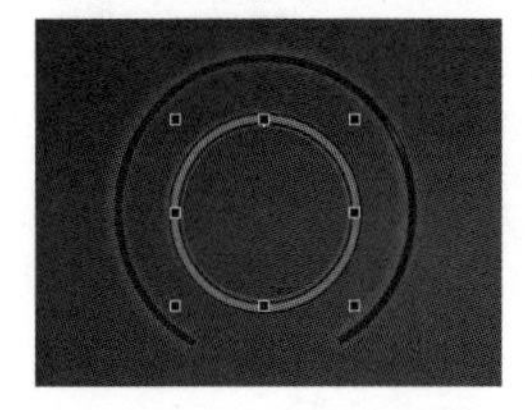
图 12-112 绘制正圆形轮廓并设置颜色

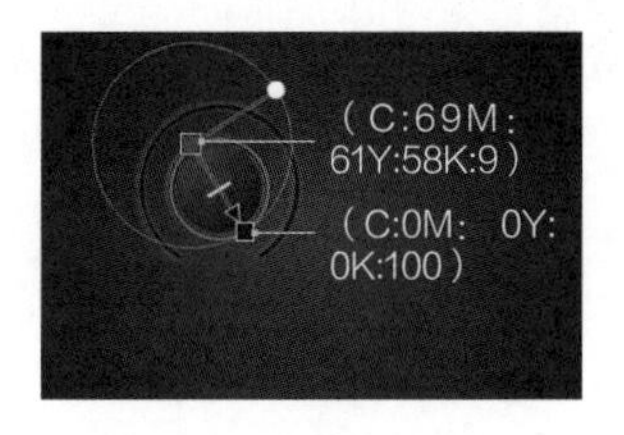

图 12-113 填充渐变色

图 12-114 绘制正圆形白色轮廓

Step 16 使用“透明度工具”在白色轮廓上拖动，为其创建线性透明渐变，效果如图 12-115 所示。

Step 17 使用“椭圆形工具”◯绘制一个正圆，使用“交互式填充工具”在正圆上拖动，为其填充线性渐变色，效果如图 12-116 所示。

Step 18 使用“椭圆形工具”绘制一个正圆，使用“交互式填充工具”在属性栏中单击“渐变填充”按钮，再单击“椭圆形渐变填充”按钮，设置渐变填充颜色并调整渐变位置，效果如图 12-117 所示。

Step 19 使用“椭圆形工具”绘制一个灰色椭圆，按【Ctrl+PgDn】组合键向后调整顺序，效果如图 12-118 所示。

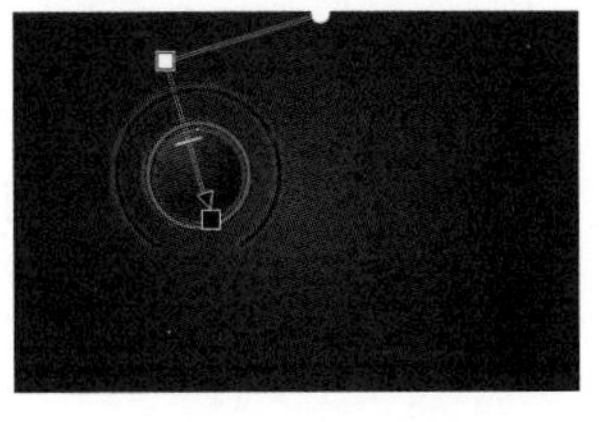

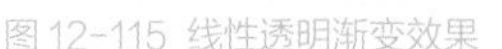

图 12-115 线性透明渐变效果

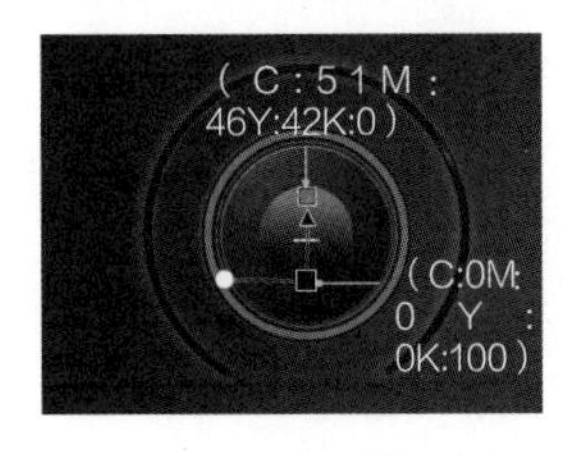

图 12-116 填充线性渐变色

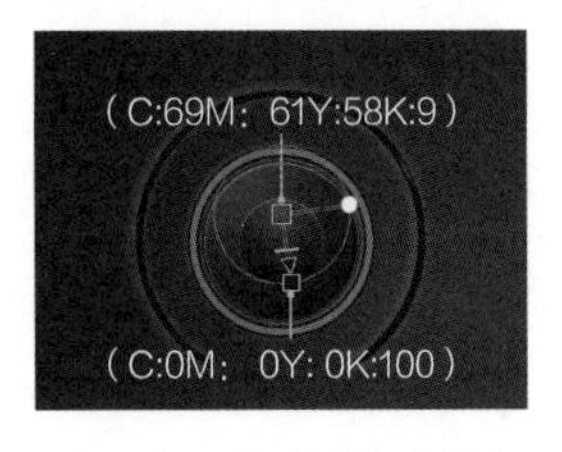

图 12-117 填充椭圆形渐变色

图 12-118 绘制椭圆并调整顺序

Step 20 使用“透明度工具”在绘制的椭圆上单击，在属性栏中单击“渐变透明度”按钮，再单击“椭圆形渐变透明”按钮，设置椭圆形透明渐变，效果如图 12-119 所示。

Step 21 使用“椭圆形工具”绘制一个黑灰色椭圆，按【Ctrl+PgDn】组合键向后调整顺序，使用“透明度工具”设置透明渐变，效果如图 12-120 所示。

图 12-119 设置椭圆形透明渐变

图 12-120 绘制椭圆、调整顺序并设置透明渐变

Step 22 使用“椭圆形工具”绘制正圆，使用“交互式填充工具”填充渐变色，效果如图 12-121 所示。

Step 23 使用“透明度工具”设置透明渐变，效果如图 12-122 所示。

Step 24 使用“矩形工具”在页面中绘制一个矩形，在属性栏中单击“圆角”按钮，设置 4 个角的“圆角半径”均为“5.0mm”，效果如图 12-123 所示。

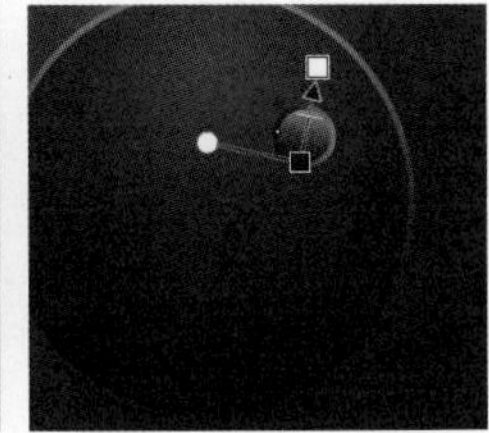

图 12-121 绘制正圆并填充渐变色

图 12-122 设置透明渐变

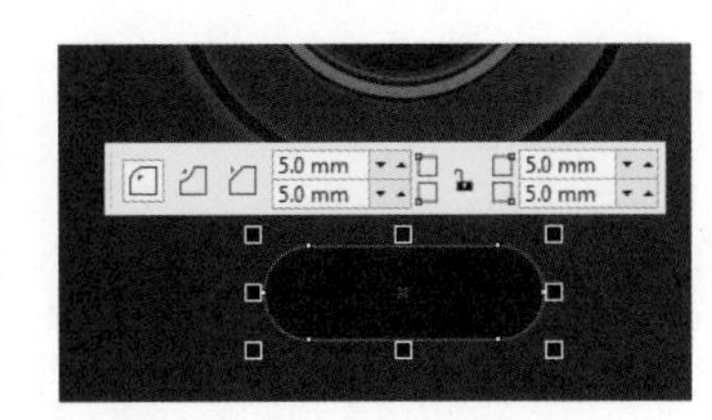

图 12-123 绘制圆角矩形

Step 25 使用“交互式填充工具”填充渐变色，效果如图 12-124 所示。

Step 26 复制圆角矩形并将其缩小，使用“交互式填充工具”填充渐变色，效果如图 12-125 所示。

Step 27 使用“手绘工具”在小圆角矩形上绘制一条灰色线条，效果如图 12-126 所示。

Step 28 选择菜单栏中的“文本”/“插入字符”命令，打开“插入字符”泊坞窗，选择其中的字符并将其拖动到文档中，为其填充红色，效果如图 12-127 所示。

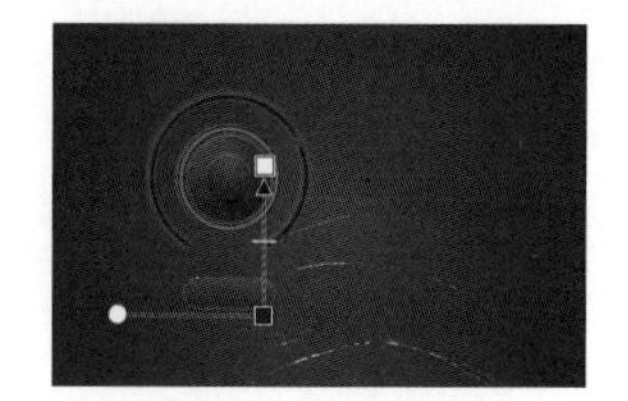

图 12-124 填充渐变色

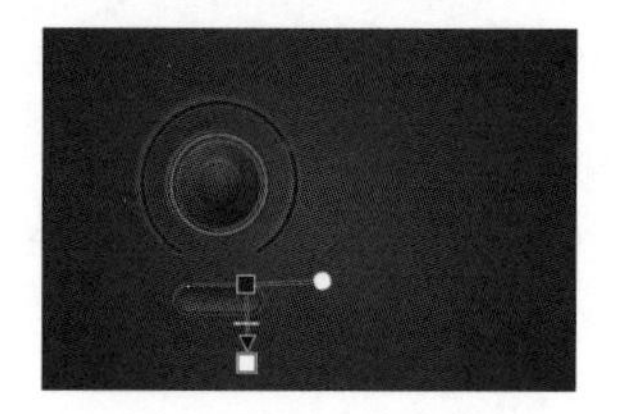

图 12-125 复制圆角矩形并填充渐变色

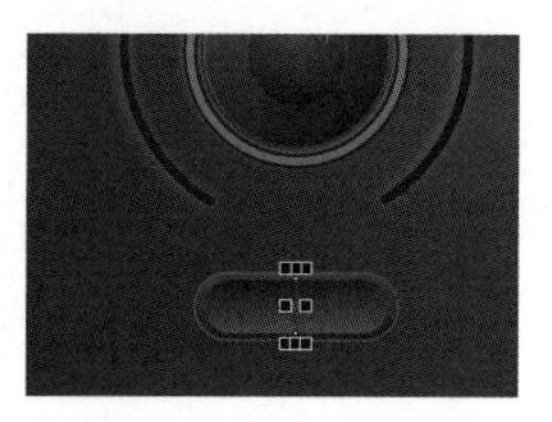

图 12-126 绘制线条

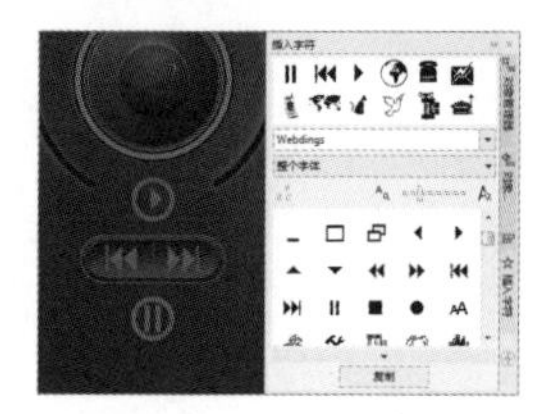

图 12-127 插入字符

Step 29 使用“块阴影工具”在字符上拖动，为其添加块阴影。在属性栏中设置“深度”和“定向”均为“0.1”，效果如图 12-128 所示。

Step 30 使用“文本工具”输入红色文字，再使用“块阴影工具”为文字添加块阴影。至此，本例制作完毕，最终效果如图 12-129 所示。

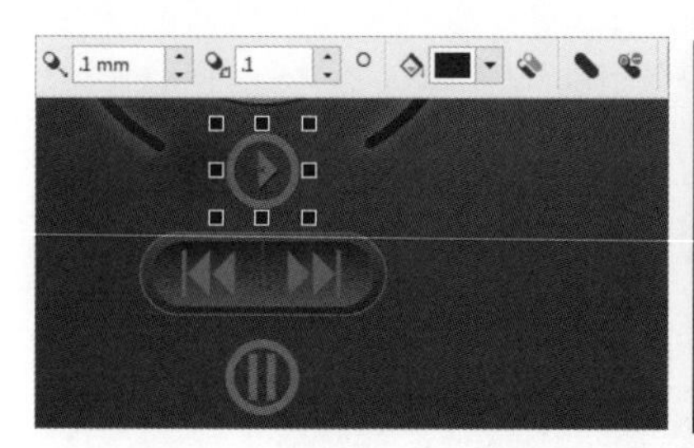

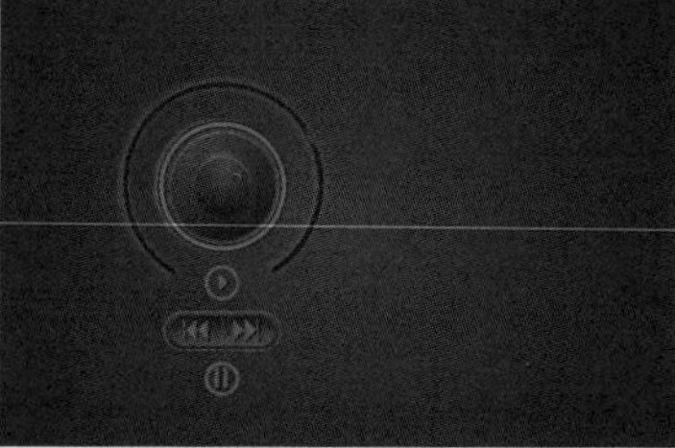

图 12-128 添加块阴影

图 12-129 最终效果

综合案例6 插画

素材文件	素材文件 / 第 12 章 /< 月亮 >、< 草 >
案例文件	源文件 / 第 12 章 /< 综合案例——插画 >
视频教学	录屏 / 第 12 章 / 综合案例——插画
案例要点	使用“矩形工具”绘制矩形，使用“交互式填充工具”为矩形填充渐变色，导入素材后使用“椭圆形工具”绘制正圆，再使用“透明度工具”为对象编辑透明渐变，通过“艺术笔”泊坞窗插入笔触后进行拆分并取消组合

扫码观看视频

1. 案例思路

（1）使用“矩形工具”绘制矩形，通过“交互式填充工具”为其填充渐变色。

（2）导入素材。

（3）使用“椭圆形工具”绘制正圆。

（4）使用“透明度工具”为对象编辑透明渐变。

（5）通过“艺术笔”泊坞窗插入笔触。

（6）按【Ctrl+K】组合键拆分艺术笔。

（7）按【Ctrl+U】组合键取消组合。

（8）输入文字。

2. 操作步骤

Step 01 新建空白文档，使用“矩形工具”□在页面中绘制一个矩形。使用“交互式填充工具”在属性栏中单击“渐变填充”按钮，再单击“椭圆形渐变填充”按钮，然后单击“编辑填充”按钮，打开“编辑填充”对话框，参数设置如图 12-130 所示。

Step 02 设置完毕后，单击“确定”按钮，效果如图 12-131 所示。

Step 03 导入“月亮”素材，并调整其大小和位置，效果如图 12-132 所示。

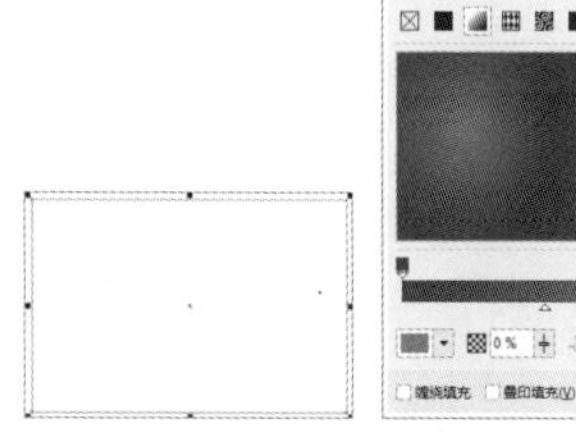
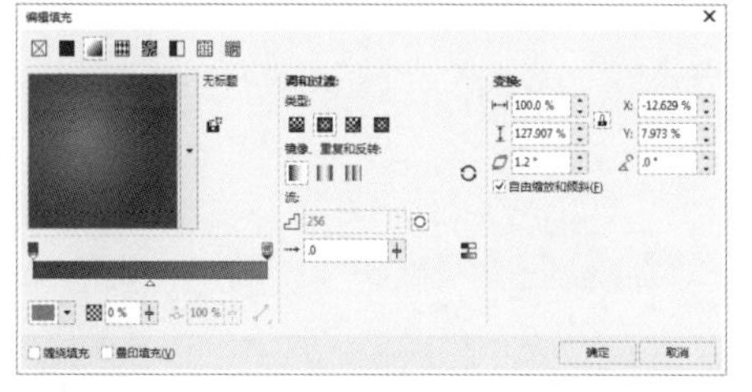

图 12-130 绘制矩形并设置填充色

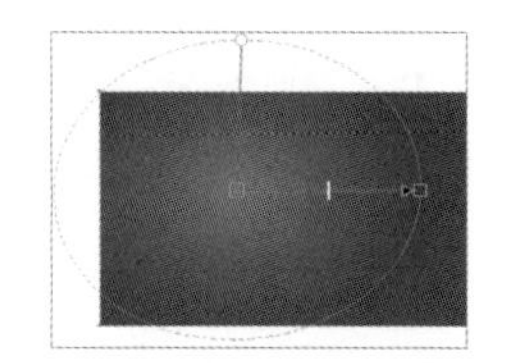

图 12-131 填充效果

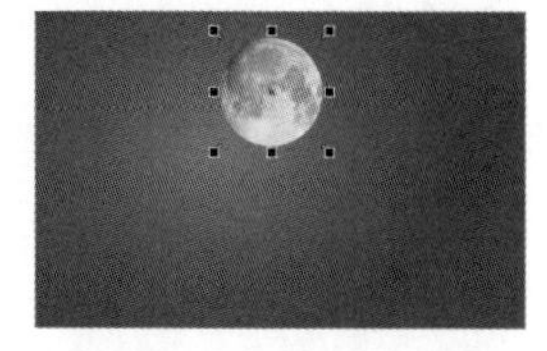

图 12-132 导入素材并调整其大小和位置

Step 04 使用“椭圆形工具”○在月亮上绘制一个白色正圆，使用“透明度工具”设置透明度为“30”，效果如图 12-133 所示。

Step 05 使用“椭圆形工具”○在月亮上绘制一个大一点的白色正圆，使用“透明度工具”编辑透明渐变，效果如图 12-134 所示。

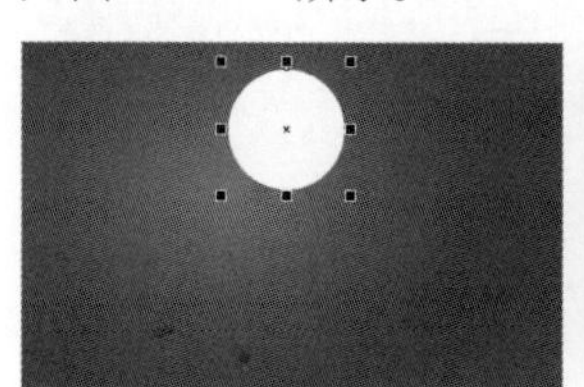

图 12-133 绘制正圆并设置透明度

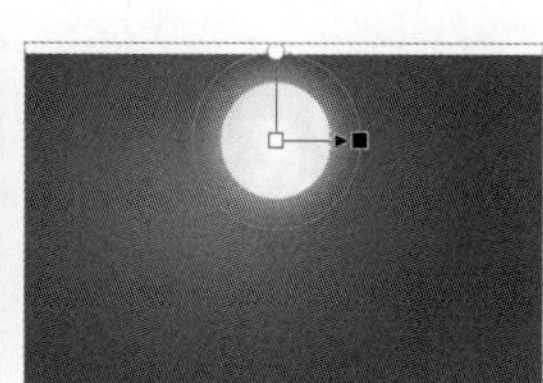

图 12-134 绘制正圆并编辑透明渐变

Step 06 使用“矩形工具”□绘制一个矩形。选择“交互式填充工具”，在属性栏中单击“底纹填充”按钮，在“底纹库”中选择“样品”选项，在“填充挑选器”中选择一个底纹进行填充，效果如图 12-135 所示。

Step 07 使用“透明度工具”在填充底纹的矩形上拖动，为其创建线性透明渐变，效果如图 12-136 所示。

Step 08 使用“椭圆形工具”○绘制白色小正圆，制作与月亮发光一样的效果，以此作为天空中的星星，效果如图 12-137 所示。

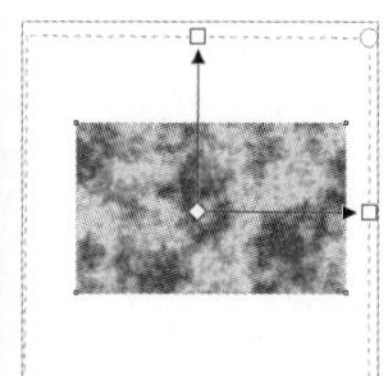

图 12-135 绘制矩形并填充底纹

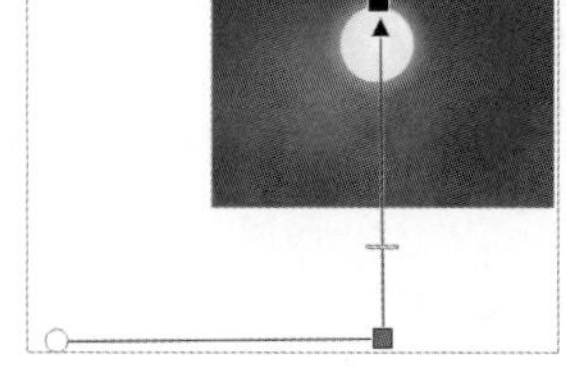

图 12-136 创建线性透明渐变

图 12-137 制作星星

Step 09 导入“草”素材，并调整其大小和位置，再使用“矩形工具”□在底部绘制一个黑色矩形，效果如图 12-138 所示。

Step 10 选择菜单栏中的“效果”/“艺术笔”命令，打开“艺术笔”泊坞窗。选择一个画笔笔触，在页面中绘制，效果如图 12-139 所示。

Step 11 选择菜单栏中的“对象”/“拆分艺术笔组”命令或按【Ctrl+K】组合键，将画笔拆分，选择上面的路径将其删除，如图 12-140 所示。

Step 12 选择剩下的笔触，选择菜单栏中的“对象”/“组合”/“取消组合对象”命令或按【Ctrl+U】组合键，将笔触取消群组。选择其中的单个笔触，将其移动到插画背景上并为其填充黑色，效果如图 12-141 所示。

图 12-138 导入素材并绘制矩形

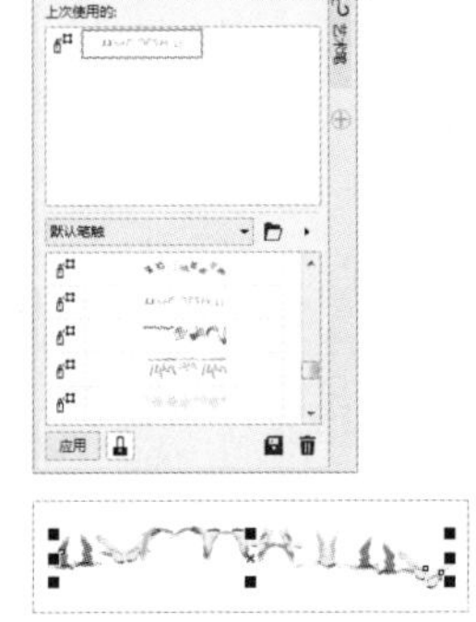

图 12-139 选择画笔笔触并绘制

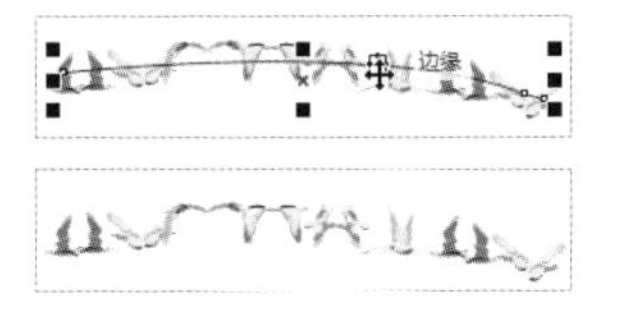

图 12-140 拆分并删除路径

图 12-141 取消群组并移动

Step 13 使用“文本工具”字在插画中输入字体合适的字母，效果如图 12-142 所示。

Step 14 在“艺术笔”泊坞窗中选择小动物笔触，效果如图 12-143 所示。

Step 15 按【Ctrl+K】组合键拆分艺术笔组，删除路径后，再按【Ctrl+U】组合键，将艺术笔取消群组。选择其中的一个小动物，将其拖动到插画中并为其填充黑色。至此，本例制作完毕，最终效果如图 12-144 所示。

图 12-142 输入文字

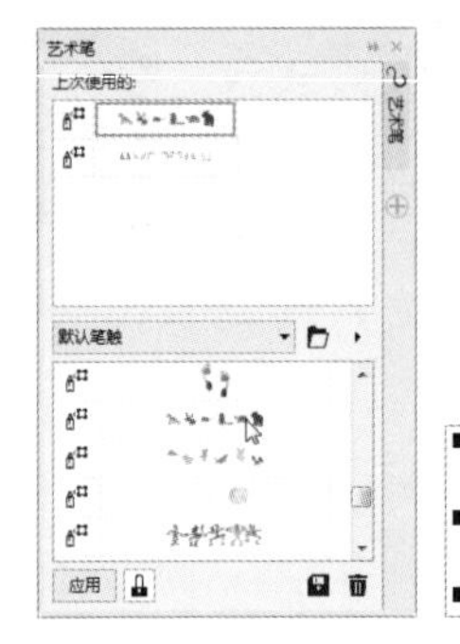

图 12-143 选择笔触并绘制

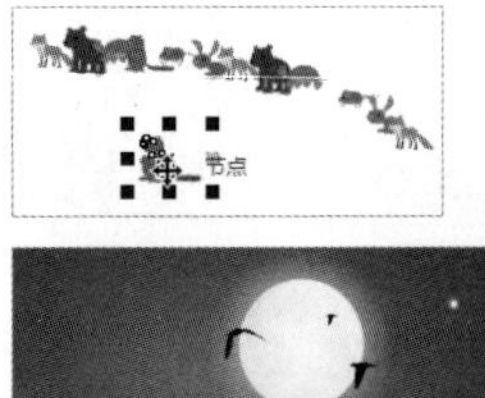

图 12-144 最终效果

综合案例7 手机海报

素材文件	素材文件 / 第 12 章 /< 海边 >、< 手机 >、< 水珠 >、< 叶子 >、< 幼苗 >
案例文件	源文件 / 第 12 章 /< 综合案例——手机海报 >
视频教学	录屏 / 第 12 章 / 综合案例——手机海报
案例要点	导入“海边”素材，复制出副本并通过“图像调整实验室”命令调整素材，使用“透明度工具”为对象编辑透明渐变，使用“矩形工具”绘制圆角矩形轮廓并将其转换为对象

扫码观看视频

1. 案例思路

（1）导入素材。

（2）通过“图像调整实验室”命令调整色调。

（3）使用“透明度工具”▩为对象编辑透明渐变。

（4）使用“矩形工具”□绘制圆角矩形轮廓。

（5）将轮廓转换为对象。

（6）使用“阴影工具”❏添加白色阴影。

（7）通过“PowerClip”命令进行“置于图文框内部”操作。

（8）输入文字。

2. 操作步骤

Step 01 新建空白文档，导入“海边”素材，如图 12-145 所示。

Step 02 按【Ctrl+C】组合键复制，再按【Ctrl+V】组合键粘贴，得到一个该素材的副本。选择菜单栏中的“位图”/“图像调整实验室”命令，打开“图像调整实验室”对话框，其中的参数设置如图 12-146 所示。

Step 03 设置完毕后，单击“确定”按钮，效果如图 12-147 所示。

Step 04 使用“透明度工具”▩编辑透明渐变，效果如图 12-148 所示。

图 12-145 导入素材

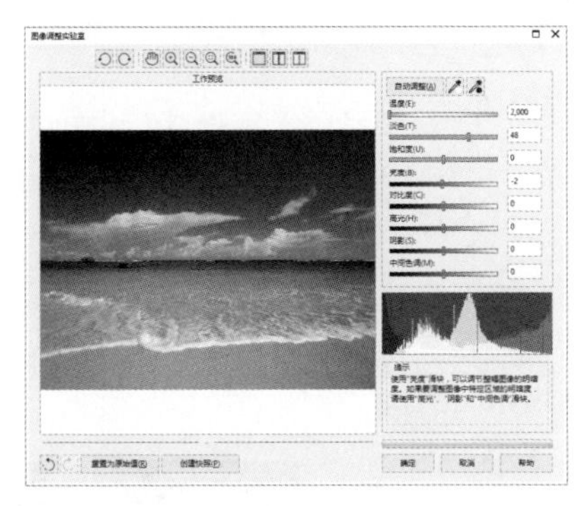

图 12-146 “图像调整实验室”对话框

图 12-147 调整后的效果

图 12-148 添加渐变透明效果

Step 05 使用“矩形工具”□在左侧边上绘制一个矩形。框选右侧的图像后，选择菜单栏中的“对象”/“PowerClip”/“置于图文框内部”命令，将鼠标指针移动到左侧矩形上单击，如图 12-149 所示。

Step 06 单击后，将图像放置到矩形框内，去掉矩形的轮廓，效果如图 12-150 所示。

图 12-149 绘制矩形并进行“置于图文框内部”操作

图 12-150 “置于图文框内部”效果

Step 07 使用"矩形工具"□在页面中绘制一个白色矩形轮廓。在属性栏中单击"圆角"按钮，设置 4 个角的"圆角半径"均为"6.303mm"、"轮廓宽度"为"1.5mm"，如图 12-151 所示。

Step 08 使用"阴影工具"在圆角矩形上拖动，为其添加白色阴影，如图 12-152 所示。

Step 09 框选圆角矩形和阴影复制出一个副本，拖动控制点将副本缩小，如图 12-153 所示。

Step 10 导入"手机"素材，如图 12-154 所示。

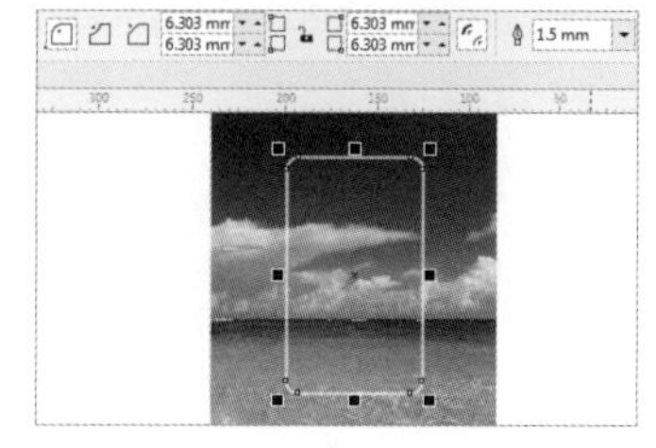

图 12-151 绘制圆角矩形

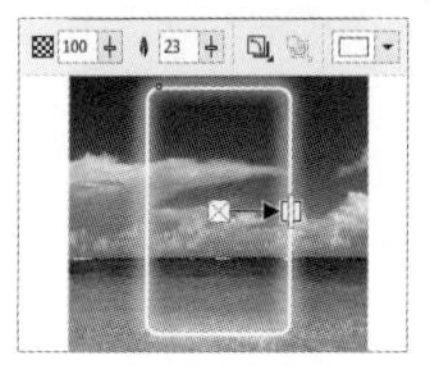

图 12-152 添加阴影

Step 11 复制出一个手机副本，单击属性栏中的"垂直镜像"按钮，再移动副本。使用"透明度工具"在副本上拖动，为其添加透明效果，如图 12-155 所示。

Step 12 导入"水珠"素材，调整其位置和大小后，选择"透明度工具"，在属性栏中设置"合并模式"为"添加"，效果如图 12-156 所示。

图 12-153 复制并缩小

图 12-154 导入素材

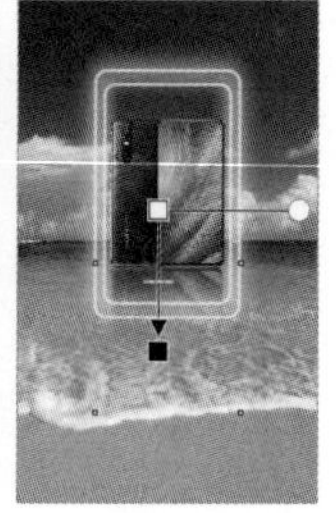

图 12-155 复制并添加透明效果

图 12-156 导入素材并进行设置

Step 13 导入"叶子和幼苗"素材，并调整其位置和大小，如图 12-157 所示。

Step 14 使用"阴影工具"在叶子上拖动，为其添加阴影，效果如图 12-158 所示。

Step 15 使用"矩形工具"□在页面中绘制一个颜色为"C:100M:0Y:0K:0"的矩形。在属性栏中单击"圆角"按钮，设置下侧两个角的"圆角半径"为"5.5mm"，效果如图 12-159 所示。

Step 16 导入"图标"素材，调整大小后将其放置到青色圆角矩形上，如图 12-160 所示。

Step 17 使用"矩形工具"□在手机上面绘制一个青色的矩形，使用"文本工具"字在矩形上输入白色的文字，如图 12-161 所示。

图 12-157 导入素材并调整位置和大小

图 12-158 添加阴影

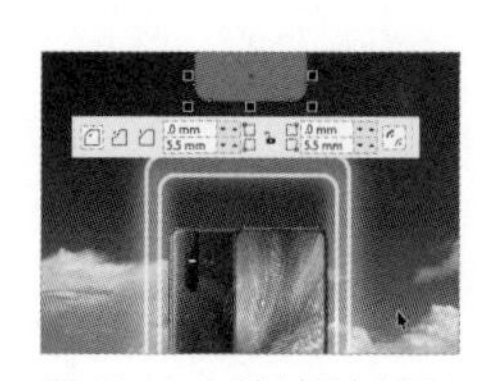

图 12-159 绘制圆角矩形

图 12-160 导入素材

图 12-161 绘制矩形并输入文字

Step 18 复制图标下面的圆角矩形，将副本调整得大一点，使用"透明度工具"设置透明度为"55"，如图 12-162 所示。

Step 19 使用"矩形工具"□在底部绘制一个青色的矩形，使用"透明度工具"设置透明度为"55"，效果如图 12-163 所示。

Step 20 使用"文本工具"字输入文字，设置自己喜欢的字体和颜色，使其呈现对比效果，如图 12-164 所示。

Step 21 复制出一个手机副本，使用"椭圆形工具"○在文字中间绘制一个正圆，使用鼠标右键将手机拖动到正圆上，如图 12-165 所示。

图 12-162 设置透明度

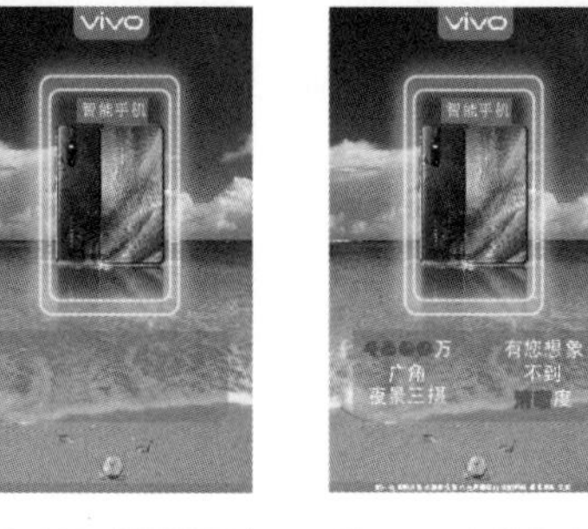

图 12-163 设置透明度

图 12-164 输入文字

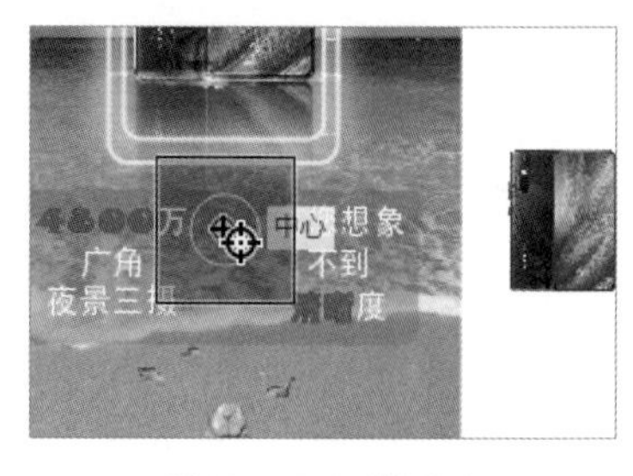

图 12-165 复制并移动

Step 22 松开鼠标后，在弹出的快捷菜单中选择“PowerClip 内部”命令，如图 12-166 所示。

Step 23 复制出两个副本，将其缩小后，单击“编辑 PowerClip”按钮，进入编辑状态，调整位置后，单击“完成编辑 PowerClip”按钮，如图 12-167 所示。

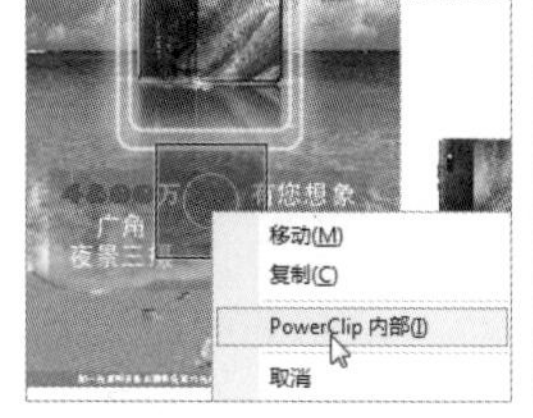

图 12-166 选择“PowerClip 内部”命令

图 12-167 编辑 PowerClip

Step 24 使用“矩形工具”在文档的上半部分绘制一个矩形框，再导入“竹叶”素材，如图 12-168 所示。

Step 25 选择“竹叶”素材，用鼠标右键将其拖动到矩形框上，松开鼠标后，在弹出的快捷菜单中选择“PowerClip 内部”命令，将竹叶放置到矩形框内，如图 12-169 所示。

Step 26 单击“编辑 PowerClip”按钮，进入编辑状态，调整竹叶的位置，如图 12-170 所示。

Step 27 编辑完毕，单击“完成编辑 PowerClip”按钮，去掉矩形轮廓。至此，本例制作完毕，最终效果如图 12-171 所示。

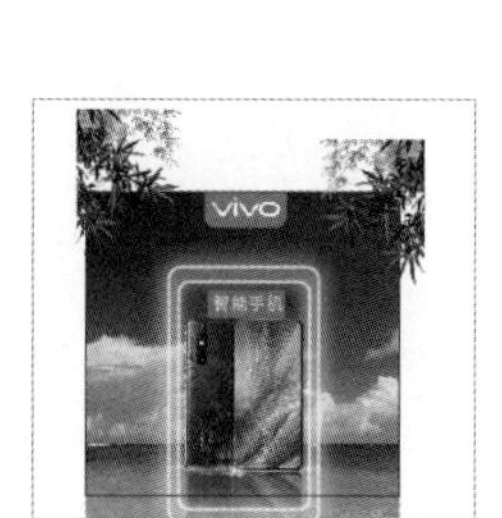

图 12-168 绘制矩形框并导入素材

图 12-169 置入矩形框内

图 12-170 调整竹叶位置

图 12-171 最终效果

综合案例8 三折页

素材文件	素材文件 / 第 12 章 /< 绿植 01>、< 绿植 02>、< 绿植 03>、< 二维码 >	扫码观看视频
案例文件	源文件 / 第 12 章 /< 综合案例——三折页 >	
视频教学	录屏 / 第 12 章 / 综合案例——三折页	
案例要点	使用“矩形工具”绘制矩形和圆角矩形，将圆角矩形复制出一个副本，应用“简化”造型命令，再应用“置于图文框内部”命令和“编辑 PowerClip”命令，复制出副本并进行位置的排版，完成编辑后绘制圆角矩形，导入素材后再次应用“置于图文框内部”命令，最后输入文字	

1. 案例思路

（1）使用“矩形工具”□绘制矩形和圆角矩形。

（2）通过“简化”造型命令编辑图形。

（3）应用“置于图文框内部”命令。

（4）编辑 PowerClip 内容。

（5）导入素材。

（6）输入文字并为文字添加投影

2. 三折页知识

三折页可以大，也可以小。大的尺寸一般为 417mm×280mm（A3），折后尺寸为 140mm×140mm×137mm，最后一折小一点，以免折的时候因偏位而拱起。小的尺寸是 297mm×210mm（A4），折后尺寸为 100mm×100mm× 97mm。

在设计三折页时都是连着设计的，四周各多出 3mm 作为出血位。当三折页连着设计时，从左到右第二折（中间的这一折）为封底，第三折（右边的这一折）为封面。最左边的一折一般印有公司简介，反面的三折都印上产品内容。分辨率都为 300dpi，若图片不够大，则可以用 250dpi。

3. 操作步骤

Step 01 新建空白文档，使用“矩形工具”□在页面中绘制一个黑色的矩形，设置尺寸为 297mm×210mm，如图 12-172 所示。

图 12-172 绘制矩形

Step 02 使用“矩形工具”□绘制一个颜色为“C:87M:45Y:100K:7”的矩形。在属性栏中单击“圆角”按钮，设置 4 个角的“圆角半径”为“10.0mm”，如图 12-173 所示。

Step 03 复制出一个圆角矩形，将其向下移动，如图 12-174 所示。

Step 04 框选两个圆角矩形，在属性栏中单击“简化”按钮，再将简化区域删除，效果如图 12-175 所示。

Step 05 选择简化后的对象，选择菜单栏中的“对象”/“PowerClip”/“置于图文框内部”命令，在黑色矩形上单击，将其放置到矩形内，效果如图 12-176 所示。

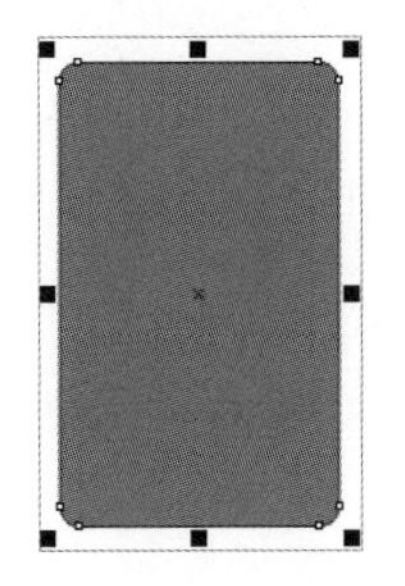

图 12-173 绘制圆角矩形

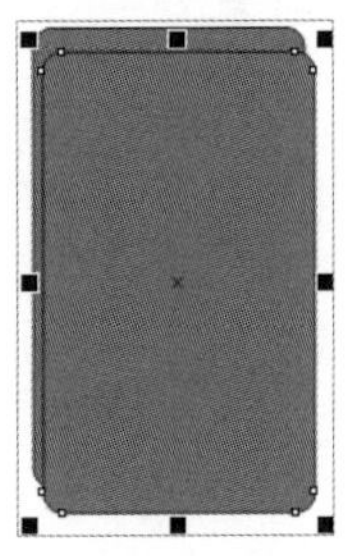

图 12-174 复制圆角矩形并向下移动

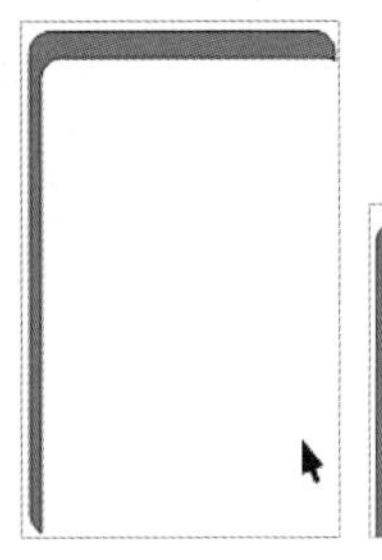

图 12-175 简化

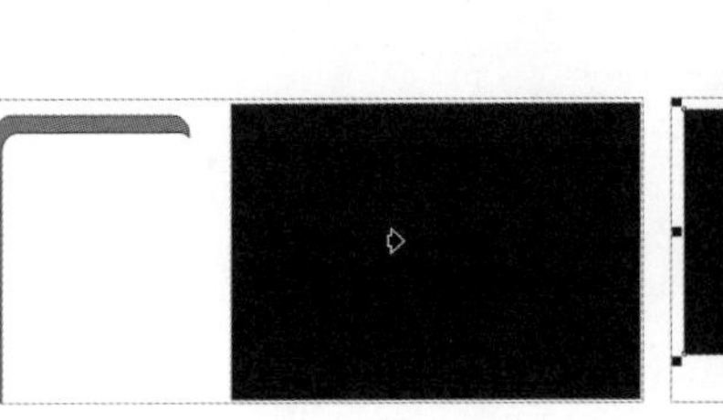

图 12-176 置于图文框内部

Step 06 单击“编辑 PowerClip”按钮，进入编辑状态，复制简化后的图形，并调整其位置，再将不同的图形填充为灰色，效果如图 12-177 所示。

Step 07 使用“矩形工具”绘制两个灰色的矩形。在属性栏中单击“圆角”按钮，设置 4 个角的“圆角半径”为“9.0mm”，效果如图 12-178 所示。

Step 08 导入“绿植 02”“绿植 03”两个素材，将两个素材分别通过“置入图文框内部”命令置入两个灰色圆角矩形中，效果如图 12-179 示。

Step 09 单击“完成编辑 PowerClip”按钮，完成编辑，效果如图 12-180 所示。

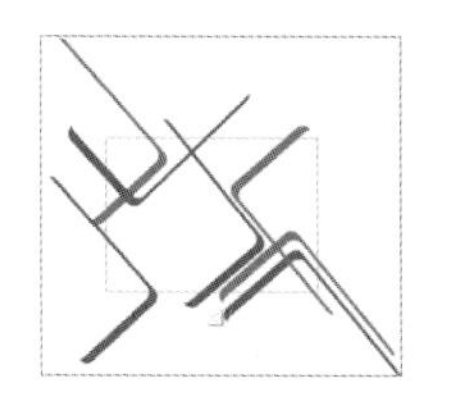

图 12-177 编辑 PowerClip

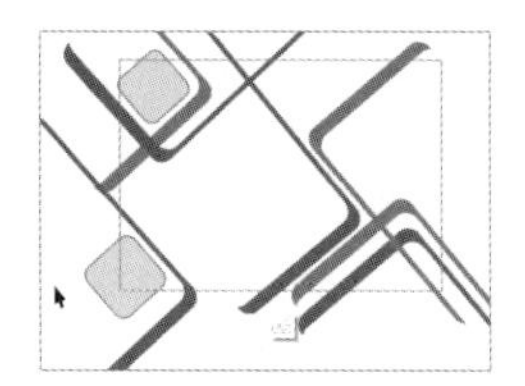

图 12-178 绘制圆角矩形

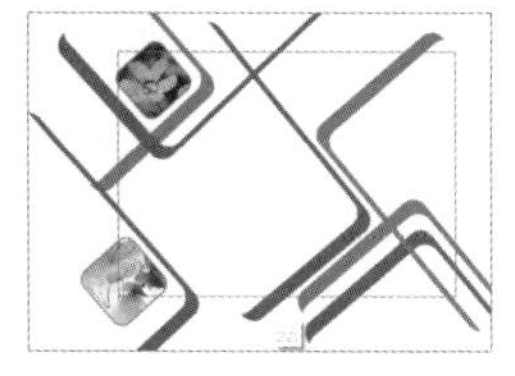

图 12-179 将素材置入灰色圆角矩形中

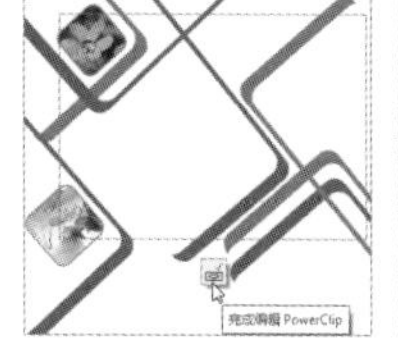

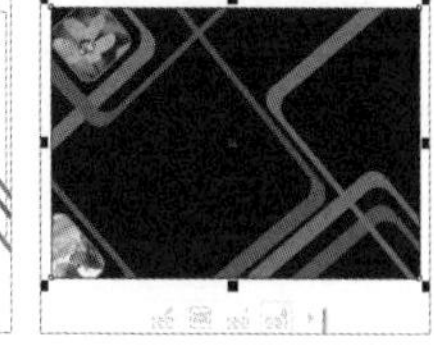

图 12-180 完成编辑 PowerClip

Step 10 使用“钢笔工具”绘制一个绿色的三角形，效果如图 12-181 所示。

Step 11 复制绿色的三角形，将其缩小后，导入“绿植 03”素材，并将素材置入小三角形中，效果如图 12-182 所示。

Step 12 导入“二维码”素材，并调整其大小和位置，效果如图 12-183 所示。

Step 13 使用“矩形工具”绘制一个白色的圆角矩形，再导入 LOGO 素材，效果如图 12-184 所示。

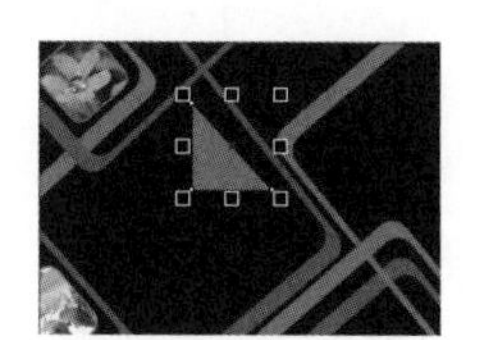

图 12-181 绘制三角形

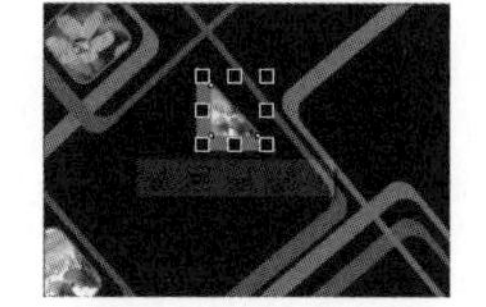

图 12-182 将素材置入小三角形中

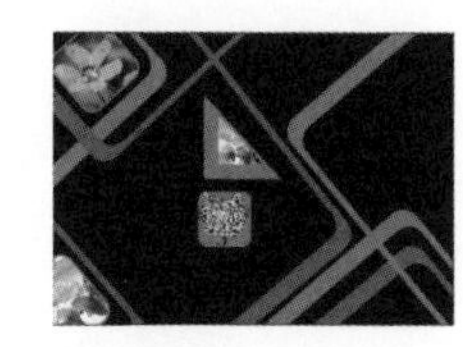

图 12-183 导入素材并调整其大小和位置

图 12-184 导入素材

Step 14 使用“矩形工具”绘制一个灰色的圆角矩形，导入“绿植 01”素材，再将其置入圆角矩形内，效果如图 12-185 所示。

Step 15 复制圆角矩形并将其缩小，效果如图 12-186 所示。

Step 16 使用“文本工具”在页面中输入文字，效果如图 12-187 所示。

Step 17 使用“阴影工具”在文字“牡丹江叶脉绿植”上拖动，为其添加绿色阴影，效果如图 12-188 所示。

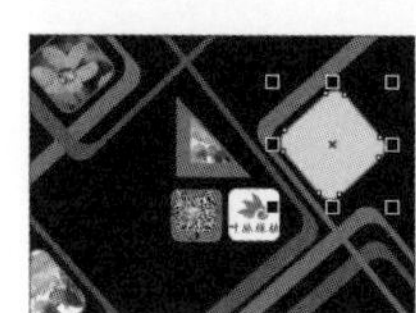

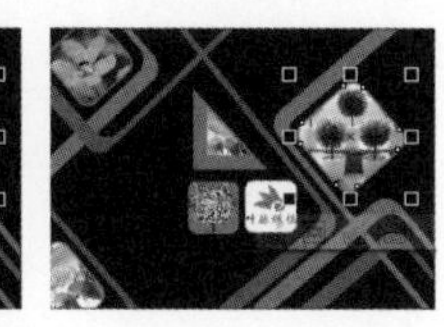

图 12-185 导入素材并将其置入圆角矩形内

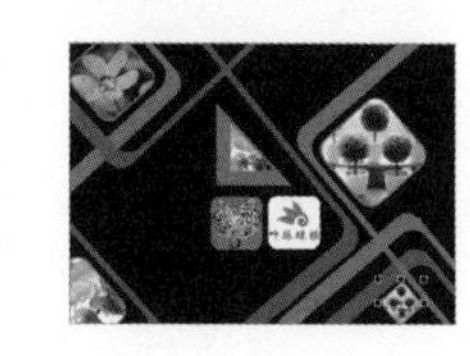

图 12-186 复制圆角矩形并将其缩小

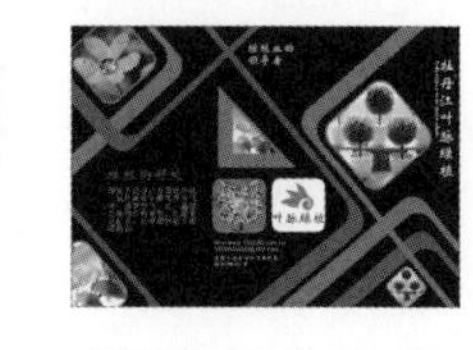

图 12-187 输入文字

图 12-188 添加阴影

Step 18 使用“矩形工具”在文档中绘制一个灰色的矩形，将其放置到折页处，效果如图 12-189 所示。

Step 19 使用“透明度工具”在灰色矩形上拖动，为其添加线性透明渐变效果，如图 12-190 所示。

Step 20 复制出一个副本并将其移动到另一折页处，效果如图 12-191 所示。

Step 21 复制出一个副本，单击属性栏中的“水平镜像”按钮，效果如图 12-192 所示。

图 12-189 绘制矩形

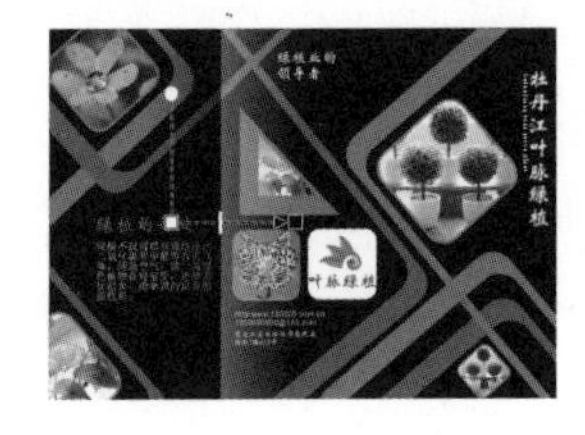
图 12-190 添加线性透明渐变

图 12-191 复制并移动

图 12-192 镜像

Step 22 为副本填充黑色，效果如图 12-193 所示。

Step 23 复制一个黑色的矩形，将其向左移动。至此，本例制作完毕，最终效果如图 12-194 所示。

图 12-193 为副本填充黑色

图 12-194 最终效果

习题答案

第 01 章

一、选择题 1.A 2.A 3.B 二、填空题 1. 矢量图像 2. 屏幕 3. 位图 文本

第 02 章

一、选择题 1.B 二、填空题 1. 直角 2. 曲线

第 03 章

一、选择题 1.B 2.D 二、填空题 1. 正方 2. 2 ~ 500 5 ~ 500

第 04 章

一、选择题 1.A 2.B 二、填空题 1. 调节对象的大小 2. 移动 填充的颜色

第 05 章

一、选择题 1.C 2.A 3.A

第 06 章

一、选择题 1.C 2.D

第 07 章

一、选择题 1.D 2. ABCDE

第 08 章

一、选择题 1. A 2.ABD

第 09 章

一、选择题 1. D 2. D 3.B

第 10 章

一、选择题 1.B 2.B